高等学校通信工程专业“十二五”规划教材

电磁场与微波技术

张具琴　主编
乐丽琴　贺素霞　董雪峰　王　勇　副主编
吴显鼎　主审

中国铁道出版社有限公司
CHINA RAILWAY PUBLISHING HOUSE CO., LTD.

内容简介

本书按照教育部应用科技大学改革的战略要求，重点着眼于培养学生实践应用能力。本书将电磁场与电磁波、微波技术、天线与电波传播3部分内容有机结合，按照“由简单到复杂、由基础到应用”的顺序，介绍了电磁场和电磁波的基本理论和分析方法、长线传输线理论、微波传输线、微波网络理论、微波元件、微波有源器件与电路和天线概论等内容。每章末都有相应内容的小结，并给出了相关习题。附录中给出了基本坐标系的关系、常用矢量恒等式和一些微波材料参数，以便读者查阅。

本书中引入了MATLAB软件，给出了其在各部分具体实例的应用分析和详细程序，充分体现了现代分析方法与经典理论的融合，有利于读者对各部分内容的自主化和形象化学习，提高学习效率。

本书适合作为本科信息类相关专业学生的教材，也可以作为相关工程技术人员的参考书。

图书在版编目（CIP）数据

电磁场与微波技术/张具琴主编．—北京：中国铁道出版社，2015.8（2024.8重印）
高等学校通信工程专业“十二五”规划教材
ISBN 978-7-113-19932-6

Ⅰ. ①电… Ⅱ. ①张… Ⅲ. ①电磁场-高等学校-教材 ②微波技术-高等学校-教材 Ⅳ. ①O441.4 ②TN015

中国版本图书馆CIP数据核字（2015）第194387号

书　　名：电磁场与微波技术
作　　者：张具琴

策划编辑：周　欣
责任编辑：周海燕　　　　**编辑部电话：**（010）63549501
封面设计：一克米工作室
责任校对：汤淑梅
责任印制：樊启鹏

出版发行：中国铁道出版社有限公司（100054，北京市西城区右安门西街8号）
网　　址：https://www.tdpress.com/51eds/
印　　刷：北京铭成印刷有限公司
版　　次：2015年8月第1版　　2024年8月第4次印刷
开　　本：787 mm×1 092 mm　1/16　**印张：**20.5　**字数：**533千字
书　　号：ISBN 978-7-113-19932-6
定　　价：43.00元

前言

FOREWORD

黄河科技学院作为全国33所入选应用科技大学改革试点战略研究项目的本科院校之一，全面、深入展开了转型发展工作，不断探索“产学研一体、教学做合一”的应用型人才培养模式，积极促进我国现代职业教育发展和现代职业教育体系建设。

本书积极吸取黄河科技学院应用科技大学改革试点的转型发展思路，认真整合相关教学改革成果，从培养学生的实践应用能力出发，对教材的内容及编排进行了仔细的推敲和研究，与传统的相关教材相比，有如下鲜明的特点：

(1) 教学内容遵循“淡化数学分析，强化技术应用；淡化抽象概念，强化量纲分析；淡化过程分析，强化逻辑思路；淡化内部原理分析，强化系统外部特性；淡化微观细节，强化宏观设计；淡化定量推导，强化定性分析”的原则，更倾向于与工程应用相结合。在理论分析上，注重抓住基本概念、基本理论、基本分析思路和基本分析方法，舍去了不必要的数学分析和推导，充分突出重要结论的分析和应用，并通过引入大量工程应用实例，做到理论与实践结合，明确知识的具体应用方向和应用方法，这对培养学生的工程意识和工程概念、培养学生理论和实践相结合的能力、锻炼学生的创新意识和创新能力具有重要作用。

(2) 引入 MATLAB 软件辅助教学，将 MATLAB 软件应用到各章的具体学习中，使得抽象的电波传输和复杂的天线特性分析能够更加形象生动地呈现出来，有利于学生的理解和掌握。通过具体程序仿真，也有利于学生的自主学习和实践，同时，用计算机辅助分析电磁场、微波系统和天线本身就给学生提供了一种分析问题和解决问题的方法，提高了学生解决问题的能力。

(3) 将电磁场与电磁波、微波技术、天线与电波传播 3 部分内容有机结合，按照“由简单到复杂，由基础到应用”的顺序，介绍了电磁场与电磁波、微波技术、天线与电波传播的基本概念、基本理论、基本分析方法及基本应用。增加了微波有源器件与电路的分析，改变了以往只能学习微波无源器件的现状，使学生能够真正接触到微波系统，锻炼了学生用所学知识解决实际微波系统问题的能力。

本书由黄河科技学院张具琴担任主编，完成了全书的结构设计、内容修改和定稿工作，并编写了第 1 章和第 2 章；黄河科技学院乐丽琴、贺素霞、董雪峰，中国电子科技集团公司第二十七研究所王勇担任副主编，分别编写了第 3 章、第 4 章、第 6 章、第 5 章，第 7 章由乐丽琴、董雪峰、贺素霞共同编写。全书由郑州大学吴显鼎教授主审。

本书在编写过程中，参考和引用了不少相关的文献，并采纳了 MATLAB 软件的运行结果，谨向相关编著者表示感谢。

由于编者水平有限，书中难免有疏漏之处，敬请广大读者指正。

编　者

2015 年 6 月

前言

目 录

CONTENTS

第0章 绪　　论

0.1 电磁场理论和电路理论

无线电中的电磁理论体系可分为两大类：电磁场理论和电路理论。电磁场是指在无限大空间中或在一定区域范围内所发生的电磁过程，这时要研究的是电场 $\boldsymbol{E}$ 和磁场 $\boldsymbol{H}$ 随空间位置(x, y, z)和时间 t 的变化规律，对电磁场问题通常是用电磁场理论，即通过麦克斯韦方程组结合边界条件来求解，这种方法通常称为“场解法”；对于较复杂的边界值问题，可借助于计算机、用数值计算方法来解决。电路通常由电感、电容和电阻等集总参数的无源电路元件以及电源构成，要研究的是电路各节点电压、各支路电流与时间的关系，对电路问题的分析通常用基尔霍夫定律为基础的电路理论来求解，这种求解方法通常称为“路解法”。

电磁场理论和电路理论两者是不同的，但又是相辅相成的。电磁场理论是微波理论和技术的基础，它是分析微波问题的主要工具，但是应该指出：电路理论的许多概念和方法在微波技术中仍具有十分重要的意义，例如，在微波中所应用的等效电压、等效电流和阻抗等参数就是电路中相应参数的推广；对有些微波问题，可以用等效电路概念把场的问题转化为电路的问题，因为用电路理论进行求解比较方便，微波网络也就是低频网络在微波条件下的推广。相反，在低频技术中，不但电感、电容的计算需要电磁场理论，而且其信号的辐射和在空间的传播、相邻电路间的耦合等问题也必须应用电磁场理论来解决，因此，不应当把电磁场理论和电路理论割裂开来，片面地认为在微波中只需要电磁场理论而在低频中只需要电路理论，正确的方法是全面地掌握电磁场理论和电路理论，根据实际问题的需要选用，或将“场”和“路”的概念和方法结合起来进行处理。

0.2 电磁波的频谱

从“场”的观点出发，让我们来观察无线电磁波：当非匀速运动的电荷（如交变电流）将激发时变电磁场，而离开激发源的自由电磁场在空间以电磁波的形式传播，复杂波形的电磁波总可用傅里叶级数（或积分）展开成简谐电磁波的叠加。因而可将电磁波按其频率的高低来分类，如图 0.2.1 所示，表 0.2.1 列出了国际无线电频谱的波段划分。

表 0.2.1　国际无线电频谱的波段划分

波　段　号	符号（中译名）	频率范围（下限除外包括上限）	相当米制划分	波段的米制缩写
4	VLF（甚低频）	3～30 kHz	万米波	B. Mam.
5	LF（低频）	30～300 kHz	千米波	B. km.
6	MF（中频）	300～3 000 kHz	百米波	B. hm.
7	HF（高频）	3～30 MHz	十米波	B. dam.
8	VHF（甚高频）	30～300 MHz	米　波	B. m.
9	UHF（超高频）	300～3 000 MHz	分米波（十分之一米波）	B. dm.
10	SHF（特高频）	3～30 GHz	厘米波（百分之一米波）	B. cm.
11	EHF（极高频）	30～300 GHz	毫米波（千分之一米波）	B. mm.
12	超极高频	300～3 000 GHz	亚毫米波（万分之一米波）	B. dmm.

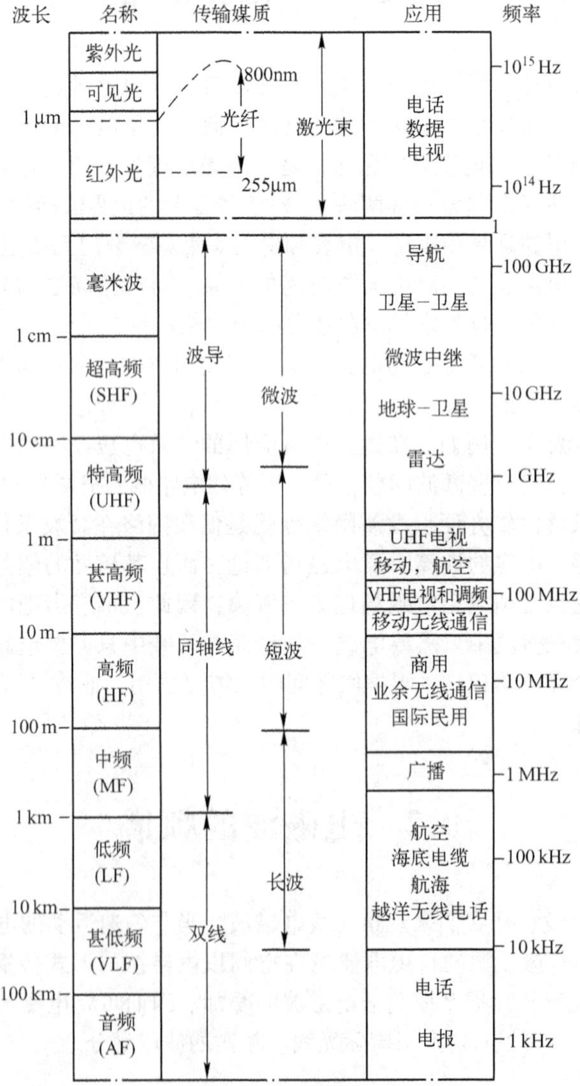

图 0.2.1　电磁波频谱

微波是无线电波中高频率波段，其频率范围为 300 MHz ～ 3 000 GHz。微波波段是相当宽的，它几乎是普通无线电波的长、中、短各波段总和的 10 000 倍。这就给目前比较拥挤的频率资源提供了广阔的应用空间。在通信和雷达工程中，常使用英文字母来表示微波波段的名称，如表 0. 2. 2 所示。

表 0. 2. 2　微波常用波段代号、对应波长与频率

波段代号	标称波长/cm	波长范围/cm	频率范围/GHz
L	22	15～30	1. 0～2. 0
S	10	7. 5～15	2. 0～4. 0
C	5	3. 75～7. 5	4. 0～8. 0
X	3	2. 4～3. 75	8. 0～12. 5
Ku	2	1. 67～2. 4	12. 5～18. 0
K	1. 25	1. 1～1. 67	18. 0～27. 0
Ka	0. 8	0. 75～1. 1	27. 0～40. 0

注：1 MHz = 10^6 Hz，1 GHz = 10^9 Hz，1 THz = 10^{12} Hz。

0. 3　微波的特点及其应用

（1）微波的特点。既然微波也是电磁波，为什么又要把微波从整个电磁波谱中划分出来专门加以研究呢？主要是因为其波长比普通无线电波小得多，相应的频率高得多，引起电磁波性质发生了变化，使得微波具有一系列不同于普通无线电波的特点。

① 微波波长短：微波的波长范围为 0. 1 mm ～ 1 m，如此短的波长与地球上的物体（如建筑物，飞机，导弹）的尺寸相比要小得多或属于同一个数量级。当波长比物体尺寸小得多时，微波的性质类似于可见光（0. 76 ～ 0. 40 μm），称为似光特性。利用这个特性可以获得方向性很高的天线（如抛物面天线）。还可利用其直线传播的特点进行微波中继通信、无线电定位等。当微波波长与物体尺寸是属同一个数量级时，微波与声波相似，许多波导系统的元件可以在声学系统中找到相应的器件，例如：波导管相当于声学中的传声筒，号角天线相当于声学中的扬声器；各种谐振腔也可以在声学中找到相应的音响器件，如开槽天线相当于声学中的笛或箫等。

② 微波振荡周期短（10^{-8} ～ 10^{-12} s）：这样短的周期已和真空器件中的电子渡越时间属同一个数量级，使得常用的真空电子器件已经不能满足微波信号的使用要求。下面以 NPN 晶体管为例加以说明。

NPN 晶体管电路示意图如图 0. 3. 1 所示，其基极 b 接入信号如图 0. 3. 2 所示，R 上的输出电压经过直流滤波后得到的交流信号为图 0. 3. 2 所示信号的放大信号。但考虑到电子渡越时间（即电子由发射极 e 极传输到集电极 c 极所需要的时间，记为 T_d）后，输出信号会发生严重的失真。

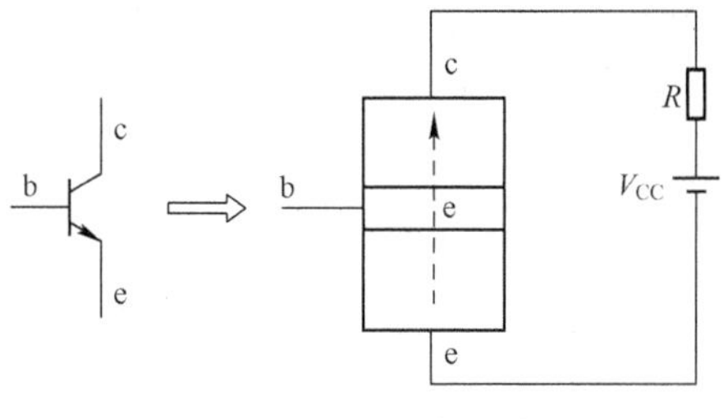

图 0. 3. 1　NPN 晶体管电路示意图

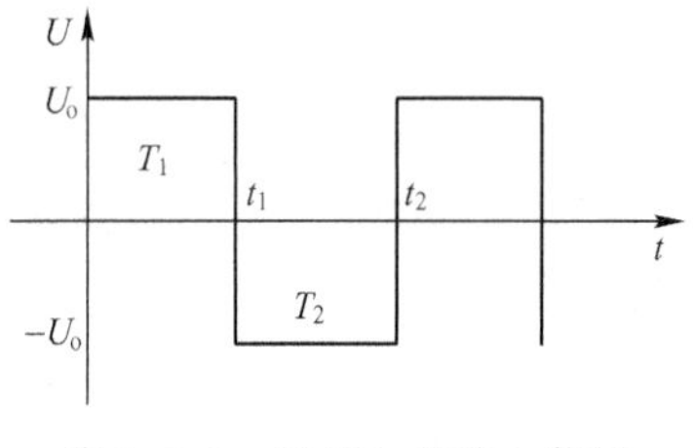

图 0. 3. 2　基极 b 的输入信号

电子渡越时间对信号传输的影响：对交流信号而言，在 T_1 期间发射结正偏，e 极发射的电子向 c 极运动，若不考虑电子渡越时间，晶体管导通，R 上有放大信号输出；在 T_2 期间，发射结反偏，晶体管截止。而当需要考虑渡越时间 T_d时，且 $T_d > T_1$，$T_d > T_2$，则

正偏时：晶体管不导通。因为 $T_d > T_1$，即在 T_1 期间电子从 e 极向 c 极运动所需的时间 $T_d > T_1$，电子尚未到达 c 极，晶体管为截止状态。

反偏时：可能有一定的集电极电流。因为在 T_2 期间，e 极已经停止发射电子，但在 T_1 期间发射的电子可能会因为惯性到达 c 极，晶体管也不截止。

这就造成输出信号严重失真。

因此微波所用的晶体管必须采用新的方法来制造。如微波电子管有速调管、磁控管和行波管等，微波固体器件有体效应管、PIN 管和场效应管等。

③ 微波能穿透电离层：由于微波频率很高，它能穿透高空的电离层。利用这一特点可以进行卫星通信和宇航通信，这为天文观察提供了一个窗口，使射电天文学的研究成为可能。

由于太阳紫外线及宇宙射线的照射使大气层产生电离，形成多层等离子体层状结构，如图 0.3.3所示，按电子密度一般可分为 D 层、E 层、F_1层和 F_2层，电离层是一种带电粒子层，对电磁波的传播产生严重影响。

对普通无线电波（300 MHz 以下的电磁波），产生极强的反射（几乎为全反射），能实现环球通信，如图 0.3.4 示；另一方面，普通电磁被屏蔽于地球附近，无法实现宇宙通信。

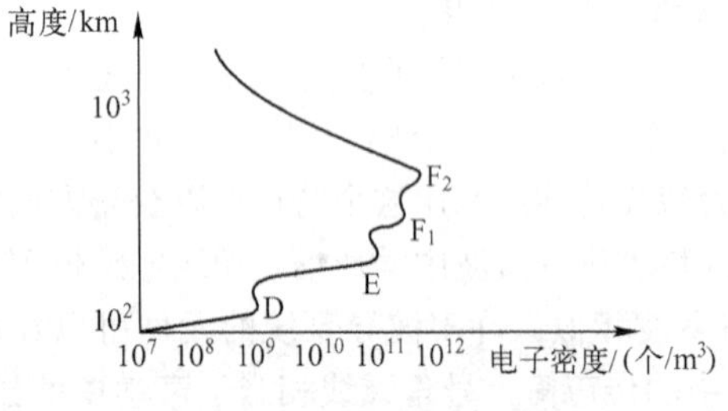

图 0.3.3　大气电离层分布图

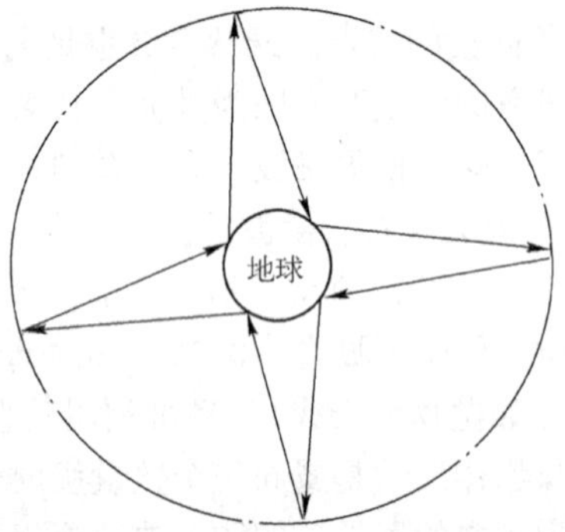

图 0.3.4　环球通信原理示意图

而微波由于其波长很短，能穿透电离层，则可实现宇宙通信，故称为观察宇宙之窗。在此基础上，宇宙通信、卫星通信及导航、射电天文学都得到很大的发展。

④ 微波具有明显的量子特性：微波像光波一样具有波粒二象性（即表征传播特性的波动性和表征能量特性的粒子性），其量子特性的能量子能量为

$$E = h \cdot f \qquad (\text{单位:焦[耳]},\text{J})$$

其中，普朗克常量 $h = 6.626 \times 10^{-34}$ J · s。考虑微波的频率范围 300 MHz ～ 3000 GHz，则微波能量子的能量 E 为 10^{-6} ～ 10^{-2} eV。这个能量范围刚好处于生物细胞精细能级的能带之中，当微波与生物体发生相互作用时，可改变生物细胞结构。利用该特性，微波被广泛的用于食品加热、医疗卫生、制药、工业生产、生物遗传学等。

由于微波具有这些特点，使微波的应用范围、研究方法、传输系统、微波元件和器件以及测量方法均与普通无线电波不同，因此把微波从普通电磁波中划分出来专门研究，尤其是近些年来其发展越来越快，新应用更是层出不穷。

（2）微波的应用。微波的实际应用相当广泛，这里介绍几种典型应用：

① 雷达是微波技术最早期应用。微波雷达能够准确地测定目方位、距离和高度。它不仅用来发现敌机，跟踪和侦察导弹、宇宙火箭，导航飞机和船只，跟踪人造卫星，控制宇宙飞船飞行，而且能够测定风速、风向、雨和雪的分布、云层的高度和厚度，从而对天气进行预报；探测地下资源，测定水下目标，实现汽车防撞系统和绘制地图等。

② 微波通信是微波技术的重要应用。由于微波频带宽，信息容量大，因此微波设备可用于多路通信，例如，960 路、1 860 路等；特别是目前广泛应用的移动通信，几乎都在微波频率范围内，电视广播主要采用的也是微波频率。由于微波频率高，它既不受外界工业干扰及天电干扰的影响，又不受季节、昼夜变化的影响，因而性能稳定，通信质量高，由于微波波长短，可以用合理尺寸制作出高增益、强方向性的天线，这就提供了小功率发射机实现稳定通信的可能性；由于微波会穿透电离层，因此，不能利用电离层的反射来实现远距离通信，只能借助于微波中继通信和卫星通信来实现远距离通信。理论上只要利用太平洋、大西洋和印度洋上空 3 个卫星就能进行全球通信。

③ 微波加热器是微波技术的新应用。在最近几十年，微波单纯作为能源，在微波技术应用发展史上是一个新突破。微波加热具有加热均匀、内外同热、加热时间短、产品质量好等优点。因此微波加热在工农业生产、食品加工和造纸工业等方面得到了广泛的应用。

④ 在生物医学方面，微波技术具有更广泛的应用。应用微波不仅可以诊断疾病，如诊断肺气肿、肺水肿、癌症及测量心电图等，又能用来治病，如微波理疗机和微波针灸可以治疗关节炎、风湿等疾病。

⑤ 微波遥感和微波全息照相。因为各种物质都会不同程度地辐射微波，因此，在人造卫星上利用微波遥感技术通过接收和处理目标的微波辐射信号可确定目标的特性，如可测定大气、海洋、土壤的成份和温度的分布等，由于微波的传播不受昼夜变化和天气变化的限制，故它优于红外和可见光遥感。

微波全息照相是利用微波能够穿透不透光的非金属介质的特性对物体进行照相的技术，安保人员可利用微波全息照相发现隐藏的手枪，利用卫星对地球作全天候微波全息照相，可及时掌握火山及冰川的活动情况、农作物的生长和病虫害情况。美国阿波罗宇宙飞船还拍摄了月球表面浮土下的地层情况，金星探测器拍摄了由不透光大气包围着的金星表面照片。

⑥ 科学研究方面的应用。根据各种物质对微波吸收的情况不同，可以用来研究物质内部的结构，这种技术称为微波波谱技术。有关这方面的知识称为微波波谱学；利用微波能穿透电离层并受天体反射的特点，可借助雷达来观察天体情况，为研究宇宙天体提供了新的途径，应用微波技术来研究天文现象的科学称为射电天文学和雷达天文学；利用大气对微波的吸收和反射特性，借助雷达来观察雨、雪、冰雹、雾、云等的存在和变化的情况，可以预报附近地区的天气情况，把微波技术应用于气象研究而形成一门新的科学，称为微波电气象学。

在微波广泛应用的同时，应该注意对微波辐射的防护。因为任何一个辐射源向空间辐射电磁波，除接收对象外，必然对其他区域造成干扰或污染。微波辐射对人体有害，其影响的效果随波长的增加而减小，而这种伤害主要是由于微波对人体的热效应和非热生物效应所引起的。

微波的热效应是指微波加热引起人体组织升温而产生的生理损伤，其中眼睛和睾丸部位最为敏感。人眼组织富含水分，而血液流通量少，所以，易吸收微波辐射，导致温度升高。若辐射强度超过 80 mW/cm^2 时，就会伤害人眼晶状体。当其强度达到 100 mW/cm^2 时，可以导致"微波白内障"。然而，职业性的低强度微波慢性作用可加速晶状体衰老，还可能引起视网膜改变。很多微波作业人员，还有眼疲劳或眼痛等症状。睾丸由于血液循环不良，它对电磁辐射也十分敏感，较高强度的微波辐射，可能抑止精子的生长，从而影响生育。

微波的非热生物效应是指除热效应外对人体的其他生理损伤，主要是对神经和心血管系统的影响，对于微波非热生物效应的影响和机理至今还在继续研究。为了确保人体安全，对大功率微波设备的操作人员应采取适当的防护措施，如用铜丝或铅丝等细的金属丝与柞蚕丝混合织成的防护服、围裙等，可降低辐射功率密度。还有防护眼镜、防护头盔和面罩均能有效地保护眼睛或整个头部。

0.4 本书的主要内容

本书计划学时为72学时。全书主要内容为7章（除“绪论”），重点介绍电磁场的基本理论和微波技术分析方法及应用。第1章介绍电磁场和电磁波的基本理论，主要介绍电磁场的基本概念、基本定理和基本分析方法，电磁波的传播规律及特性。第2章介绍的长线理论是微波传输线的工程计算基础，解决了沿纵向传送（传输方向）中的工作状态、工程计算、匹配等一系列问题。第3章介绍的波导理论是微波传输线分析方法的理论基础，解决了传输线沿横截面上的分部特性及相应传传输的特性参数。其基本概念也适用于光导纤维（光纤）。第4章介绍的网络理论是微波的等效电路理论，解决了“化场为路”的方法，并把场与路的描述统一起来。第5章 微波元件是微波系统中所出现的各种不均匀部分，用来完成传输过程中的各种功能（连接、分支、耦合、滤波、匹配、隔离等），编者应用前几章的理论来描述它们的机理。第6章 微波有源元件与电路，主要介绍几种典型的有源电路及其简单的设计方法。第7章 天线主要介绍了天线的主要特性参数和几种常用天线设备特性，对于电波传播也做了概述。

本书采用国际单位制（SI），用到的基本单位包括：长度单位米（m）；质量单位千克（kg）；时间单位秒（s）；电流单位安［培］（A），并有相应的导出单位。对于简谐电磁场使用时间因子 $e^{j\omega t}$ 表示。

第❶章 电磁场与电磁波的基本理论

本章结构

本章主要讨论电磁场和电磁波的基本概念和基本理论。在普通物理电磁学部分的基础上，引出麦克斯韦方程组，导出电磁场的边界条件和能量关系，然后分别对静电场、恒流电场和恒流磁场进行介绍，最后讨论平面电磁波在无界媒质和有界媒质中的传播规律。

1.1 电磁场中的基本矢量

电磁场是物质的基本形态之一，除了用力和功这 2 个普遍的物质特性参数来进行描述外，这里引用电磁学中的 4 个基本场矢量：电场强度($\boldsymbol{E}$)、电位移矢量($\boldsymbol{D}$)、磁感应强度($\boldsymbol{B}$)和磁场强度($\boldsymbol{H}$)对其进行介绍（这里的粗写体 $\boldsymbol{E}$、$\boldsymbol{D}$、$\boldsymbol{B}$、$\boldsymbol{H}$ 均表示矢量）。

1.1.1 电场强度

由库仑实验定律可知，在点电荷 $+Q$ 形成的电场中，如图 1.1.1 所示，电荷为 $+q$ 点电荷所受电场力 $\boldsymbol{F}$ 为

$$\boldsymbol{F}=\frac{Qq}{4\pi\varepsilon_0\varepsilon_r r^2}\boldsymbol{r}_0 \tag{1.1.1}$$

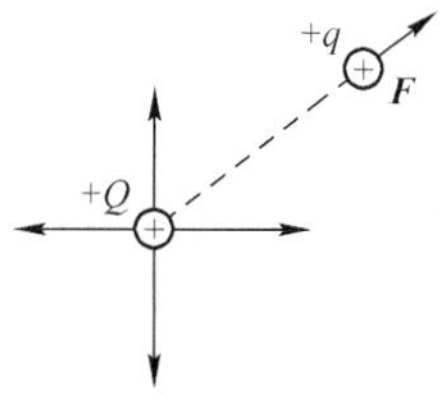

图 1.1.1 点电荷相互作用示意图

式中：q 为检验电荷的电荷量，它必须足够小，不致会影响 $+Q$ 的电场分布。$\boldsymbol{F}$ 为 $+q$ 所受到的电场力。ε_0 为真空介电常数，ε_r 为相对介电常数，r 为 $+Q$ 和 $+q$ 之间的距离，$\boldsymbol{r}_0$ 为 $\boldsymbol{r}$ 单位矢量（方向由 $+Q$ 指向 $+q$）。

电场中某点的电场强度 $\boldsymbol{E}$ 定义为单位正电荷在该点所受的力，即

$$\boldsymbol{E}=\frac{\boldsymbol{F}}{q} \tag{1.1.2}$$

在国际单位制(SI)中，力 $\boldsymbol{F}$ 的单位为牛[顿](N)，电荷量 q 的单位为库[仑](C)，电场强度 $\boldsymbol{E}$ 的单位为伏/米(V/m)。

所以可得点电荷 $+Q$ 的电场中的电场强度为

$$\boldsymbol{E}=\frac{\boldsymbol{F}}{q}=\frac{Q}{4\pi\varepsilon_0\varepsilon_r r^2}\boldsymbol{r}_0 \tag{1.1.3}$$

式（1.1.3）可以看出，电场强度是其源（这里为电荷 $+Q$）和物质 $\varepsilon_0\varepsilon_r$ 共同作用的结果。为了深入研究电场强度，下面将这 2 个方面的影响分开讨论。

1.1.2 电位移矢量

如果电介质中存在电场，则电介质中分子将被极化，极化的程度用极化强度来表示。此时电介质中的电场采用电位移矢量 $\boldsymbol{D}$ 来描写。其定义为

$$\boldsymbol{D}=\varepsilon\boldsymbol{E} \tag{1.1.4 a}$$

式中：ε 为介质中的介电常数，$\varepsilon=\varepsilon_0\varepsilon_r$，$\varepsilon_0$ 为真空或空气的介电常数，$\varepsilon_0=8.85\times10^{-12}$ 法/米（F/m）。在SI单位制中，$\boldsymbol{D}$ 的单位为库/米^2（C/m^2）。由量纲分析法可以看出，电位移矢量即为面电荷密度，对真空而言有

$$\boldsymbol{D}_0=\varepsilon_0\boldsymbol{E}_0 \tag{1.1.4 b}$$

注意，这里的 $\boldsymbol{D}$ 为与 ε 无关的量！以点电荷为例，由 $\boldsymbol{D}$ 的计算式可以明显看出来。由式（1.1.3）、式（1.1.4 a）可得

$$\boldsymbol{D}=\varepsilon\boldsymbol{E}=\frac{Q}{4\pi r^2}\boldsymbol{r}_0 \tag{1.1.4 c}$$

量纲分析 $[\boldsymbol{D}]=\left[\dfrac{Q}{4\pi r^2}\right]=\left[\dfrac{库}{米^2}\right]$，引入电位移矢量 $\boldsymbol{D}$ 使得求电场强度 $\boldsymbol{E}$ 的问题分解为求 $\boldsymbol{D}$、ε，其中反映电荷源的影响 $\boldsymbol{D}$ 可以由高斯定理求出，本书的第1.2.3节将具体分析，这里重点讨论介质对电场的影响，即确定 ε 的方法。

通常 ε 确定的方法有2种。

1. 测量法

已知 Q、q、r，测量力 $\boldsymbol{F}$，可得

$$\varepsilon=\frac{Qq}{4\pi Fr^2} \tag{1.1.5}$$

2. 理论分析法

（1）介质的电极化现象。取 $+Q$、$+q$ 置于介质中，由于电荷的相互作用，使得在 $+Q$ 和 $+q$ 周围将产生异号的附加电荷，这些异号的附加电荷是由介质中的原子或分子的核外电子受电荷 $+Q$ 和 $+q$ 的吸引力作用，使得介质中原子或分子的正负电荷中心不再重合而等效出来，如图1.1.2所示。

（a）无外电场时正负电荷中心重合　　（b）外场 $+Q$、$+q$ 存在时介质电极化

图1.1.2　电介质的电极化

（2）电极化的影响。由于该异号附加电荷的存在，使得 $+Q$ 和 $+q$ 的等效电荷量下降，代入库仑定律可得介质中的电场力相对于真空中电场力下降为真空中的 $1/\varepsilon_r$，即

$$\frac{F_0}{F_{介质}}=\frac{1}{\varepsilon_r} \tag{1.1.6}$$

这是因为真空中的库仑力为 $F_0=\dfrac{Qq}{4\pi\varepsilon_0 r^2}$，而介质中的库仑力 $F_{介质}=\dfrac{Qq}{4\pi\varepsilon_0\varepsilon_r r^2}$，故可导出式（1.1.6）。

（3）异号附加电荷的计算。介质中的电场力的下降量，取决于 $+Q$、$+q$ 在介质中引起的电

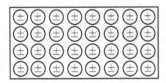

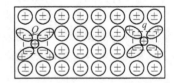

极化作用的强弱，也即由它们所激发的异号电荷量的多少决定。由于 $+q$ 为足够小的检验电荷，其对介质的影响可以忽略不计，这里主要计算 $+Q$ 周围激发的异号电荷量的大小，为计算该异号电荷量的大小，需引入电极化强度矢量 $\boldsymbol{P}$，对于各向同性的线性媒质，其定义为

$$\boldsymbol{P} \triangleq \chi_e \varepsilon_0 \boldsymbol{E} \tag{1.1.7}$$

式中：χ_e为物质的电极化率，为常数（对不同物质而言为不同的常数）。由量纲分析法可知，$[\boldsymbol{P}]=[\varepsilon_0 \boldsymbol{E}]=\left[\frac{法}{米}\cdot\frac{伏}{米}\right]=\left[\frac{库}{米^2}\right]$，所以，电极化强度矢量 $\boldsymbol{P}$ 就是 $+Q$ 周围的异号附加电荷的面密度。

为了保持介质中的电场力相对于真空的电场力不变化，就必须对介质中的 $+Q$ 增加同号的电荷，使得其在介质中产生的电场与其在真空中的电场相同，所增加的同号电荷的面密度大小必等于 $\boldsymbol{P}$，方向与 $+Q$ 在真空中的 $\boldsymbol{D}_0$相同，即

$$\boldsymbol{D}=\boldsymbol{D}_0+\boldsymbol{P}=\varepsilon_0\boldsymbol{E}+\chi_e\varepsilon_0\boldsymbol{E}=\varepsilon_0(1+\chi_e)\boldsymbol{E}=\varepsilon_0\varepsilon_r\boldsymbol{E} \tag{1.1.8}$$

此处的 $\boldsymbol{D}$ 为电介质中的电位移矢量。又由公式（1.1.4a）可知，$\boldsymbol{D}=\varepsilon\boldsymbol{E}$，$\varepsilon=\varepsilon_0\varepsilon_r$，所以

$$\varepsilon_r=1+\chi_e \tag{1.1.9}$$

用实验的方法（测量 $\boldsymbol{F}$、$\boldsymbol{F}_0$；其中 Q、q、$\boldsymbol{r}$ 不变）即可测量 ε_r，应用式（1.1.9）可求出 χ_e。再应用式（1.1.7）即可求出电极化强度矢量 $\boldsymbol{P}$。对于各向异性的介质，$\boldsymbol{P}$ 的方向和 $\boldsymbol{E}$ 的方向不一定相同，$\boldsymbol{D}$ 的方向和 $\boldsymbol{E}$ 的方向也不一定相同，即 ε_r和χ_e为张量。

1.1.3 磁感应强度

磁感应强度（$\boldsymbol{B}$）是描述磁场性质的基本物理量。它表示运动电荷在磁场中某点受洛伦兹力的大小。如一个速度为 $\boldsymbol{v}$ 的电荷 q 在磁场 $\boldsymbol{B}$ 中运动时，运动电荷 q 受到磁场的作用力 $\boldsymbol{F}_e$为

$$\boldsymbol{F}_e=q\boldsymbol{v}\times\boldsymbol{B} \tag{1.1.10}$$

式中：$\boldsymbol{F}_e$、$\boldsymbol{v}$、$\boldsymbol{B}$ 方向满足矢量的右手螺旋定则，即四指由 $\boldsymbol{v}$ 的方向转向 $\boldsymbol{B}$ 的方向，拇指所指的方向即为 $\boldsymbol{F}_e$的方向（数学“叉乘”规定）。这和物理学中规定的左手定则（四指指向 $\boldsymbol{v}$ 方向，让 $\boldsymbol{B}$ 垂直穿过手心，拇指指向 $\boldsymbol{F}_e$的方向）是一致的，这里为了避免左右手的混淆，本书统一使用右手螺旋定则。其大小为 $F_e=qvB\sin<\boldsymbol{v},\boldsymbol{B}>$，$<\boldsymbol{v},\boldsymbol{B}>$表示矢量 $\boldsymbol{v}$ 与 $\boldsymbol{B}$ 之间的内角。

该磁场的磁感应强度 $\boldsymbol{B}$ 的大小为 $B=\dfrac{F_e}{qv\sin<\boldsymbol{v},\boldsymbol{B}>}$，方向在垂直 $\boldsymbol{F}_e$的平面内与 $\boldsymbol{v}$ 呈 $\arcsin<\boldsymbol{v},\boldsymbol{B}>$。

在国际单位制中，$\boldsymbol{B}$ 的单位为特[斯拉](T)。为了加深对磁感应强度 $\boldsymbol{B}$ 的理解，下面对磁场产生的原因进行以下分析：

（1）理论和实践表明：产生磁场的唯一原因是电流。

（2）实践表明：在同样电流作用下，其周围物质不同，产生的 $\boldsymbol{B}$ 的值不同，物质对 $\boldsymbol{B}$ 的影响常用磁导率 μ 来描述。测得真空中的磁导率 $\mu_0=4\pi\times10^{-7}$ H/m（亨/米）。

（3）仿照电场的分析方法，引入一个辅助量：磁场强度 $\boldsymbol{H}$，该矢量与周围介质无关。

由上面的分析可知，影响 $\boldsymbol{B}$ 的因素有 2 个：电流 I（用参数 $\boldsymbol{H}$ 表征）和磁场周围的介质（用参数 μ 表征），下面将分别进行讨论。

1.1.4 磁场强度

如果磁介质中有磁场，则磁介质被磁化。此时磁介质中的磁场必须引入磁场强度($\boldsymbol{H}$)来描写，其定义为

$$H = \frac{B}{\mu} \tag{1.1.11 a}$$

磁场强度的量纲为 A/m，由量纲可以看出，$\boldsymbol{H}$ 物理意义为每米导线上的电流值。真空中的磁场强度

$$H_0 = \frac{B_0}{\mu_0} \tag{1.1.11 b}$$

将式（1.1.11 a）进行简单的变形可得

$$B = \mu H \tag{1.1.11 c}$$

由式（1.1.11 c）可知，测出 $\boldsymbol{B}-\boldsymbol{H}$ 的关系曲线，其斜率就是 μ。$\boldsymbol{B}-\boldsymbol{H}$ 的关系曲线称为磁化曲线，如图 1.1.3所示。曲线②：真空的磁化曲线；曲线①：铁磁性物质的磁化曲线，其中 Oa：弯曲段；ab：近似直线段；bc：饱和段。

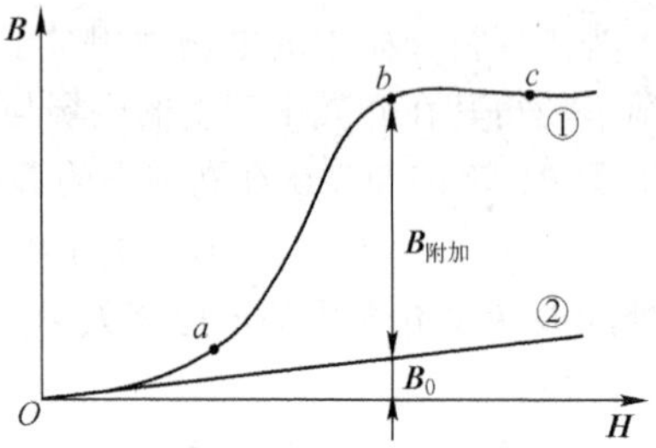

图 1.1.3　磁化曲线图

下面对于铁磁性物质的磁化曲线进行分析，这里将 $\boldsymbol{H}$，即每米导线上的电流视为激励磁场的源（因为产生磁场的唯一原因是电流），而 $\boldsymbol{B}$ 是 $\boldsymbol{H}$ 与 μ 共同作用的结果。其磁化过程如下：

（1）铁磁物质内部可以分成很多具有磁极性的磁性小区域，称为磁畴，磁畴大小一般在微米数量级。当不加激励源 $\boldsymbol{H}$ 时，热运动使磁畴极性相抵消，对外不显磁性，即为曲线原点（$\boldsymbol{H}=0, \boldsymbol{B}=0$）。

（2）外加较小 $\boldsymbol{H}$（电流小），磁畴开始旋转（同性斥、异性吸），使其趋向与外加 $\boldsymbol{H}$ 相同的方向，但由于静摩擦力大，所以这种旋转使介质中的 $\boldsymbol{B}$ 增加较慢，对应 Oa 段。

（3）外加 $\boldsymbol{H}$ 增大，磁畴旋转加快，其趋向与外加 $\boldsymbol{H}$ 相同的方向速度加快，$\boldsymbol{B}$ 快速增加，$\boldsymbol{B}$ 和 $\boldsymbol{H}$ 近似线性关系，对应 ab 段（直线段）；

（4）外加 $\boldsymbol{H}$ 继续增大，几乎所有磁畴都已经趋向与外加 $\boldsymbol{H}$ 方向一致，磁畴旋转近似停止，即 $\boldsymbol{B}$ 近似不变，对应 bc 段（饱和段）。

由磁化曲线②和①的形成机理可得

$$B_{介} = B_0 + B_{附加} \tag{1.1.12}$$

而真空中的磁感应强度 $\boldsymbol{B}_0 = \mu_0 \boldsymbol{H}$。

由式（1.1.12）可知，欲求出介质中的磁感应强度 $\boldsymbol{B}_{介}$，必须求出 $\boldsymbol{B}_{附加}$。仿照电场强度的分析方法，引出磁化强度 $\boldsymbol{M}$，它定义为

$$B_{附加} = \mu_0 M = \mu_0 \chi_m H \tag{1.1.13}$$

式中：$\boldsymbol{M}$ 为磁化强度，χ_m 为磁化率。

将式（1.1.13）代入式（1.1.12），可得到磁场中的基本矢量之间的关系：

$$\begin{aligned} B &= B_0 + B_{附加} = \mu_0 H + \mu_0 M \\ &= \mu_0 H + \mu_0 \chi_m H \\ &= (1+\chi_m)\mu_0 H \\ &= \mu_r \mu_0 H \\ &= \mu H \end{aligned} \tag{1.1.14}$$

这里

$$\mu = \mu_r \mu_0 \tag{1.1.15}$$

$$\mu_r = (1 + \chi_m) \tag{1.1.16}$$

通过本节的分析我们认知了电磁场的 4 个基本物理量，那么这 4 个量在空间中按什么规律分布呢？这就需要研究电磁场的基本关系，这些基本的关系就概括为电磁场的基本方程。

1.2 电磁场的基本方程

电磁场的基本方程就是对描述电磁场基本矢量之间关系的 4 个实验定律的概括，这 4 个定律分别为：全电流定律、电磁感应定律、高斯定律、磁通量连续性定律，由这 4 个定律可以得到电磁场在空间的分布规律。

1.2.1 全电流定律

在普通物理中，曾经讨论过恒流磁场中的安培环路定律，即

$$\oint_l \boldsymbol{H} \cdot \mathrm{d}\boldsymbol{l} = \sum i_c = \int_S \boldsymbol{J}_c \cdot \mathrm{d}\boldsymbol{S} \tag{1.2.1}$$

式中：i_c为传导电流，它是导体中电子定向移动而产生的电流；$\oint_l$ 为沿封闭曲线的闭合线积分；$\boldsymbol{l}$ 为积分路径，通常选为一条磁感线，且取 $\mathrm{d}\boldsymbol{l}$ 与 $\boldsymbol{H}$ 方向相同；$\boldsymbol{J}_c$为传导电流体密度矢量；$\boldsymbol{S}$ 为积分路径所包围的面积（$\boldsymbol{S}$ 方向与 $\boldsymbol{l}$ 方向满足右手螺旋关系）。

式（1.2.1）表明，磁场强度 $\boldsymbol{H}$ 沿任一闭合曲线的线积分等于此闭合曲线所包围区域内的传导电流的代数和。

【例 1–1】 如图 1.2.1 所示，流过某长直导线的电流为 I，求距导线距离为 r 处的各点的 $\boldsymbol{H}$；若介质为空气，求 $\boldsymbol{B}$。

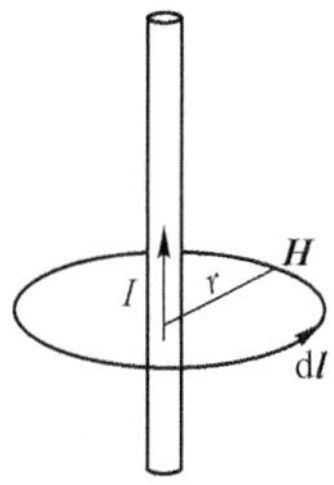

图 1.2.1　通电直导线的磁场分布图

解： 在垂直导线的平面内，以导线中心为圆心，作一个半径为 r 的闭合圆周，如图 1.2.1 所示，由安培环路定律得

$$\oint_l \boldsymbol{H} \cdot \mathrm{d}\boldsymbol{l} = I$$

因为 $\mathrm{d}\boldsymbol{l}$ 与 $\boldsymbol{H}$ 方向相同，且圆周上的 $\boldsymbol{H}$ 大小处处相等，则有

$$H \oint_l \mathrm{d}l = I$$

$$2\pi r H = I$$

所以

$$H = \frac{I}{2\pi r}$$

$\boldsymbol{H}$ 的方向为图 1.2.1 所示，俯视为逆时针方向，即 $\boldsymbol{H} = \frac{I}{2\pi r}\boldsymbol{a}_l$（$\boldsymbol{a}_l$表示闭合有向曲线 $\boldsymbol{l}$ 的单位矢量）。

导线周围的介质为空气，由 $\boldsymbol{B} = \mu_0 \boldsymbol{H}$ 得

$$\boldsymbol{B} = \mu_0 \boldsymbol{H} = \frac{\mu_0 I}{2\pi r}\boldsymbol{a}_l$$

方向与磁场强度 $\boldsymbol{H}$ 的方向相同。

需要注意的是安培环路定律的适用条件是具有对称分布的稳恒电流所产生的磁场，对于非恒流磁场则不适用。

如对于电容器充放电的情况，如图 1.2.2 所示，由暂态过程可知，充电时导线上的传导电

流为$i(t)=I_0\mathrm{e}^{-t/\tau}=\dfrac{U_S}{R}\mathrm{e}^{-t/RC}(t\geqslant 0)$，该电流为非稳恒电流。在任何时刻穿过金属导体横截面的电流总是相等的，但在电容器的两块极板间的传导电流等于零。因此，就整个电路而言，传导电流是不连续的，此时应用安培环路定律将会得出矛盾的结果。如图 1.2.2（a）所示作一个包围电容器 A 极板的封闭曲面，这个封闭曲面由平面 S_1 和曲面 S_2 组成。根据安培环路定律，将 $\boldsymbol{H}$ 沿两个面的交界线 $\boldsymbol{l}$ 做闭合积分，则得出两个矛盾的结果。如取 S_1 面，则有

$$\oint_l \boldsymbol{H}\cdot \mathrm{d}\boldsymbol{l}=i \tag{1.2.2}$$

如取 S_2 面，则有

$$\oint_l \boldsymbol{H}\cdot \mathrm{d}\boldsymbol{l}=0 \tag{1.2.3}$$

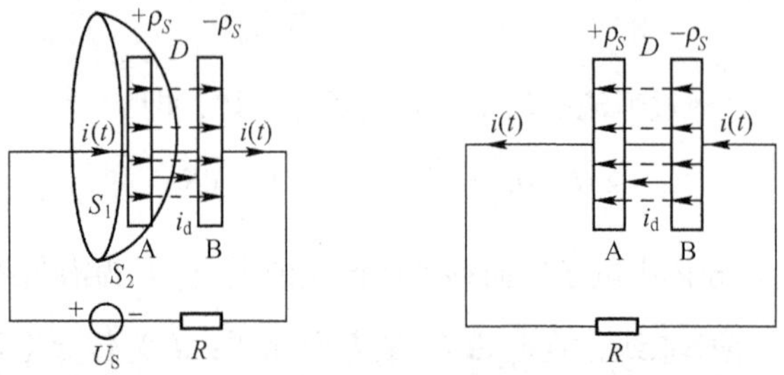

（a）充电时　　（b）放电时

图 1.2.2　电容器充放电实验原理图

由式（1.2.2）和式（1.2.3）的结果可知，在非恒流磁场中，$\boldsymbol{H}$ 的环量与闭合回路 $\boldsymbol{l}$ 为边界的曲面有关，选取不同的曲面，环量值就不同。这说明求解非恒流磁场时，安培环路定律不再适用。

在实验室用磁场仪进行测量的结果表明：

（1）在导线周围和电容器内部均有磁场；

（2）在导线上有传导电流 i_c，而电容器内部为绝缘材料，其传导电流必为零。

这就引出了 2 个矛盾：

① 串联电路中的电流不连续；

② 电容器上无传导电流，也有磁场产生。

为了解决上述的矛盾现象，麦克斯韦提出了位移电流的假说，修正了安培环路定律，使它适用于非恒流磁场。

位移电流的定义为

$$i_d=\frac{\mathrm{d}\Phi_D}{\mathrm{d}t}=\frac{\mathrm{d}\boldsymbol{S}\cdot\boldsymbol{D}}{\mathrm{d}t}=\boldsymbol{S}\cdot\frac{\mathrm{d}\boldsymbol{D}}{\mathrm{d}t} \tag{1.2.4}$$

位移电流密度的定义为

$$\boldsymbol{J}_d=\frac{\mathrm{d}\boldsymbol{D}}{\mathrm{d}t}=\varepsilon\frac{\mathrm{d}\boldsymbol{E}}{\mathrm{d}t} \tag{1.2.5}$$

式中：$\boldsymbol{D}$ 为电位移矢量，其量纲为［库/米^2］，则电位移矢量的通量 $\Phi_D=\boldsymbol{S}\cdot\boldsymbol{D}$ 的量纲为［库］，与电荷量具有相同的量纲。依据串联电路电流连续性，传导电流携带的电荷在绝缘介质中不能运动，则必将堆积在电容器极板上；由电荷守恒定律得 $\Phi_D=q=S\rho_S$，Φ_D的物理意义为传导电流携带的电荷在电容器极板上的堆积。

由传导电流的定义为

$$i_c = \frac{dq}{dt} \tag{1.2.6}$$

所以式（1.2.4）和式（1.2.5）对位移电流 i_d 和位移电流密度 $\boldsymbol{J}_d$ 的定义是正确的，且满足 $i_c = i_d$。

可见，当电容器充放电时，极板间的电位移矢量的通量随时间的变化率 $d\Phi_D/dt$ 在数值上等于极板间的位移电流 i_d，而极板间电位移矢量随时间的变化率 $d\boldsymbol{D}/dt$ 则等于板内的位移电流密度 $\boldsymbol{J}_d$。在电容器充电时，$d\boldsymbol{D}/dt$ 的方向和 $\boldsymbol{D}$ 的方向相同；而放电时，$d\boldsymbol{D}/dt$ 的方向和 $\boldsymbol{D}$ 的方向相反，即

$$\frac{d\Phi_D}{dt} = \frac{dq}{dt} = S\frac{d\rho_S}{dt} = i_d \tag{1.2.7}$$

$$\frac{dD}{dt} = \frac{d\rho_S}{dt} = J_d \tag{1.2.8}$$

引入位移电流以后，极板间的位移电流和电容器外的传导电流形成了全电流 i，实现了电流的连续性。此时安培环路定律可以修正为

$$\oint_l \boldsymbol{H} \cdot d\boldsymbol{l} = \sum i = i_c + i_d = \int_S (\boldsymbol{J}_c + \boldsymbol{J}_d) \cdot d\boldsymbol{S} \tag{1.2.9}$$

式中：$\boldsymbol{J}_c$ 和 $\boldsymbol{J}_d$ 分别为传导电流密度和位移电流密度；i_c 和 i_d 分别为传导电流和位移电流。

式（1.2.9）表明磁场强度 $\boldsymbol{H}$ 沿任意闭合回路的环量等于通过此闭合回路所包围区域的全电流，这就是全电流定律。这个定律揭示了除传导电流会产生磁场外，位移电流同样会产生磁场。换言之，变化的电场也能产生磁场。在麦克斯韦提出位移电流假说的基础上，理论上所导出的结果与实验符合得很好，从而证明了麦克斯韦位移电流假说的正确性。

1.2.2 电磁感应定律

由全电流定律可知，变化的电场会产生磁场，那么变化的磁场能否产生电场呢？大量的实验证明：变化的磁场也会产生电场。

如图 1.2.3 所示，当穿过线圈所包围面积的磁通量随时间变化时，线圈内会产生感应电动势。它的大小等于磁通量随时间的变化率，它的方向是阻止磁通变化的方向。所以，用数学公式表示为

$$e = -\frac{d\Phi_m}{dt} \tag{1.2.10}$$

这就是电磁感应定律（微分形式），式中 e 为感应电动势，单位为 V。$d\Phi_m/dt$ 是磁通量随时间的变化率，单位为 Wb/s。

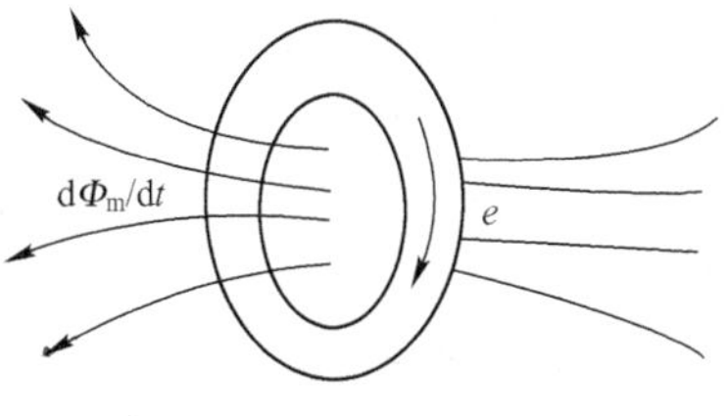

图 1.2.3　线圈内产生感应电动势示意图

由于感应电动势的存在，使得闭合线圈中产生感应电流，即说明线圈中存在电场，促使电子做规则运动，从而形成感应电流。这个电场不是由电荷产生的，而是由磁通量的变化产生的，故称为感应电场，感应电场沿着任意的封闭曲线的积分应等于感应电动势，用数学公式表示为

$$e = \oint_l \boldsymbol{E} \cdot d\boldsymbol{l} = -\frac{d\Phi_m}{dt} \tag{1.2.11}$$

由此得出一个结论：随时间变化的磁场会产生电场，而且磁通量随时间的变化率愈大，则感应电动势愈大、电场愈强；反之则愈弱。

同时，穿过一个曲面 S 的磁通量可表示为

$$\Phi_m = \int_S \boldsymbol{B} \cdot d\boldsymbol{S} \tag{1.2.12}$$

将式（1.2.12）代入式（1.2.11），则有

$$\oint_l \boldsymbol{E} \cdot d\boldsymbol{l} = -\frac{d}{dt}\int_S \boldsymbol{B} \cdot d\boldsymbol{S} \tag{1.2.13}$$

式中：$\boldsymbol{S}$ 面是以封闭曲线 l 为周界的任意曲面，其方向与封闭曲线 $\boldsymbol{l}$ 的方向呈右手螺旋关系。

通常取 S 面上磁通量的变化是由磁场变化引起的，保持 $\boldsymbol{S}$ 不随时间变化，则式（1.2.13）可简单变换为

$$\oint_l \boldsymbol{E} \cdot d\boldsymbol{l} = -\int_S \frac{\partial \boldsymbol{B}}{\partial t} \cdot d\boldsymbol{S} \tag{1.2.14}$$

以上结论是由实验得到的，即假设 $\boldsymbol{S}$ 面的周界 $\boldsymbol{l}$ 是个导体线圈。而麦克斯韦把这个实验定律推广到包括真空在内的任意介质中，即认为变化磁场引起的感应电场的现象不仅发生在导体回路中，而且在一切介质中，只要有变化的磁场就会产生感应电场。

麦克斯韦对安培环路定律和电磁感应定律所作的推广，通过大量的实验证明是正确的。

1.2.3 高斯定律

在普通物理中讨论了静电场的高斯定律，即

$$\oint_S \boldsymbol{D} \cdot d\boldsymbol{S} = \sum q = \int_V \rho dV \tag{1.2.15}$$

式中：$\oint_S$ 表示闭合曲面上的面积分；$\int_V$ 为闭合曲面 $\boldsymbol{S}$ 包围的体积的体积分；ρ 为自由电荷体密度；$\sum q$ 为闭合曲面 $\boldsymbol{S}$ 包围的自由电荷的代数和。

这个定律说明了电荷和电场强度之间的关系，即电荷是产生电场的重要原因之一，它是静电场的一个基本定律。这个定律可推广到任意电场，即不仅适用于静电场，而且适用于时变电场。换言之，在任意电场中穿过任意闭合曲面的电位移矢量的通量都等于该闭合曲面所包围的自由电荷的代数和。

【例 1–2】 已知一点电荷的电荷量为 $+q$，求距该点电荷 r 处的电位移矢量 $\boldsymbol{D}$；若周围介质为空气，求电场强度 $\boldsymbol{E}$。

解： 以该点电荷 $+q$ 为球心，r 为半径作一闭合球面，如图 1.2.4所示。

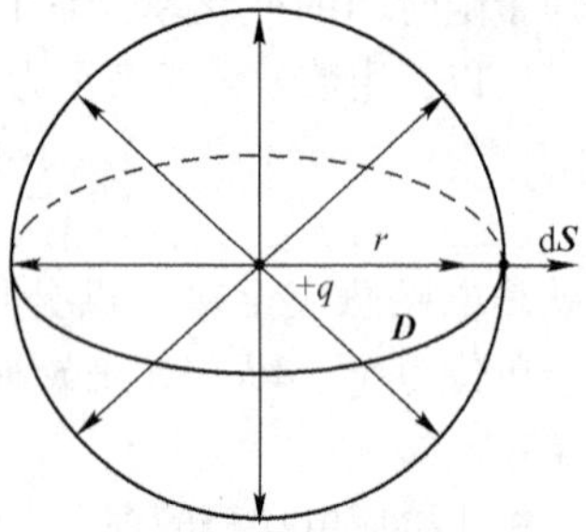

图 1.2.4　点电荷 $+q$ 场分布图

由高斯定律得

$$\oint_S \boldsymbol{D} \cdot dS = q$$

又因为 $\boldsymbol{D}$ 和 d$\boldsymbol{S}$ 的方向相同，则有

$$D\int_S dS = q$$

即

$$D \cdot 4\pi r^2 = q$$

所以

$$\boldsymbol{D} = \frac{q}{4\pi r^2}\boldsymbol{r}_0 \tag{1.2.16}$$

这里的 $\boldsymbol{r}_0$ 为半径 $\boldsymbol{r}$ 矢量的单位矢量。

又因为介质为空气，故 $\boldsymbol{D} = \varepsilon_0 \boldsymbol{E}$

所以

$$\boldsymbol{E} = \frac{\boldsymbol{D}}{\varepsilon_0} = \frac{q}{4\pi\varepsilon_0 r^2}\boldsymbol{r}_0 \tag{1.2.17}$$

式（1.2.17）为点电荷电场的一般表达式，与普通物理中由库仑定律所求结果一致。

1.2.4 磁通量连续性定律

在普通物理中讨论了恒流磁场的磁通量连续性定律，即

$$\oint_S \boldsymbol{B} \cdot \mathrm{d}\boldsymbol{S} = 0 \tag{1.2.18}$$

式（1.2.18）表明：

（1）磁感线永远是连续的、闭合的、无头无尾的。

（2）对比高斯定律，表明单极磁荷不存在。如果在磁场中取一个封闭曲面，那么进入闭合曲面的磁感线等于穿出闭合曲面的磁感线。

这个定律可推广到任意磁场，即不仅适用于恒流磁场，而且适用于时变磁场。

1.3 麦克斯韦方程组

麦克斯韦方程是电磁场的基本方程，是麦克斯韦在提出位移电流的假说下，全面总结变化的电场产生磁场和变化的磁场产生电场的现象后提出来的。它描写了电磁场的场矢量 $\boldsymbol{D}$、$\boldsymbol{E}$、$\boldsymbol{B}$、$\boldsymbol{H}$ 之间的基本关系，因此，它是研究和分析电磁场和电磁波的依据。根据其应用的场合不同，下面分为积分形式和微分形式这 2 种，分别介绍。

1.3.1 麦克斯韦方程组的积分形式

将式（1.2.9）、式（1.2.14）、式（1.2.15）和式（1.2.18）放在一起就构成麦克斯韦方程组积分形式的 4 个主方程。

1. 4 个主方程

$$\oint_l \boldsymbol{H} \cdot \mathrm{d}\boldsymbol{l} = \int_S (\boldsymbol{J}_c + \boldsymbol{J}_d) \cdot \mathrm{d}\boldsymbol{S} \tag{1.3.1 a}$$

$$\oint_l \boldsymbol{E} \cdot \mathrm{d}\boldsymbol{l} = -\int_S \frac{\partial \boldsymbol{B}}{\partial t} \cdot \mathrm{d}\boldsymbol{S} \tag{1.3.1 b}$$

$$\oint_S \boldsymbol{D} \cdot \mathrm{d}\boldsymbol{S} = \int_V \rho \mathrm{d}V \tag{1.3.1 c}$$

$$\oint_S \boldsymbol{B} \cdot \mathrm{d}\boldsymbol{S} = 0 \tag{1.3.1 d}$$

该方程组的等式左边都是结果，等式右边都是原因。式（1.3.1 a）为全电流定律，表明电流是产生磁场的唯一原因，这个电流为全电流，包括传导电流和位移电流，其中位移电流的实质是变化的电场，它揭示了变化的电场也能产生磁场；（1.3.1 b）为电磁感应定律，表明变化的磁场是产生电场的一个原因；（1.3.1 c）为高斯定律，表明产生电场的另一个原因为自由电荷；（1.3.1 d）为磁通量连续性定律，表明磁场是恒连续的、闭合的，对比式（1.3.1 c）可得单极磁荷是不存在的。麦克斯韦在式（1.3.1 a）和式（1.3.1 b）的基础上，预言了电场波的存在，这一预言在 1887 年由德国科学家赫兹在实验室得到了验证，为今天无线电科学的发展奠定了基础。

2. 3 个辅助方程

主方程中 $\boldsymbol{D}$ 和 $\boldsymbol{E}$、$\boldsymbol{J}$ 和 $\boldsymbol{E}$、$\boldsymbol{B}$ 和 $\boldsymbol{H}$ 的关系，决定于媒质特性。对于线性、均匀、各向同性的媒质，这些基本矢量之间的关系可概括为 3 个辅助方程。

电位移矢量和电场强度关系为

$$\boldsymbol{D} = \varepsilon \boldsymbol{E} \tag{1.3.2}$$

磁感应强度和磁场强度关系为

$$\boldsymbol{B} = \mu \boldsymbol{H} \tag{1.3.3}$$

传导电流密度和电场强度关系为

$$\boldsymbol{J}_c = \sigma \boldsymbol{E} \tag{1.3.4}$$

其中，式（1.3.2）和式（1.3.3）前面已经详细介绍过，这里重点分析式（1.3.4）。式（1.3.4）中的 σ 为媒质的电导率$\left(\sigma = \dfrac{1}{\rho}，\rho \text{ 为媒质的电阻率}\right)$，其量纲为[S/m]。式（1.3.4）又称欧姆定律的微分形式，下面简单分析它的正确性。

对于图 1.3.1 所示的单位正方体，取其各边长 l 均为 1。

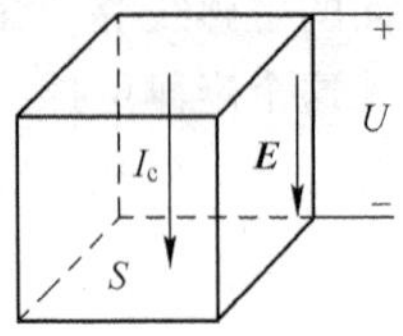

图 1.3.1　通有传导电流的单位正方体

由电阻的计算公式得

$$R = \frac{\rho l}{S} = \frac{1}{\sigma} \qquad (\text{因为 } l=1, S=l^2=1\times1=1)$$

由均匀电场中的电位差计算公式得

$$U = El$$

由欧姆定律得

$$i_c = \frac{U}{R} = \sigma U = \sigma El = \sigma E \qquad (\text{因为 } l=1)$$

由传导电流密度定义得

$$\boldsymbol{J}_c = \frac{i_c}{\boldsymbol{S}} = \sigma \boldsymbol{E} \qquad (\text{因为 } S=l^2=1\times1=1)$$

当将该立方体取为微分元时，其大小接近一个点，形状的影响也就可以忽略，所以，对于空间任一点，$\boldsymbol{J}_c = \dfrac{i_c}{\boldsymbol{S}} = \sigma \boldsymbol{E}$ 均成立，式（1.3.4）也即称为欧姆定律的微分形式。

1.3.2　麦克斯韦方程组的微分形式

将麦克斯韦方程的积分形式转化为微分形式，既可以用矢量分析的方法进行推导，也可以利用物理概念进行分析。这里采用矢量分析的方法进行讨论。

应用矢量分析中的散度定理和斯托克斯定理，即

$$\oint_S \boldsymbol{A} \cdot \mathrm{d}\boldsymbol{S} = \int_V \nabla \cdot \boldsymbol{A} \mathrm{d}V \qquad (\text{散度定理}) \tag{1.3.5}$$

$$\oint_l \boldsymbol{A} \cdot \mathrm{d}\boldsymbol{l} = \int_S (\nabla \times \boldsymbol{A}) \cdot \mathrm{d}\boldsymbol{S} \qquad (\text{斯托克斯定理}) \tag{1.3.6}$$

分别对式（1.3.1a）～式（1.3.1d）的左边进行简单的变化，即可得到其微分形式的 4 个主方程：

$$\nabla \times \boldsymbol{E} = -\frac{\partial \boldsymbol{B}}{\partial t} \tag{1.3.7 a}$$

$$\nabla \times \boldsymbol{H} = \boldsymbol{J}_c + \varepsilon \frac{\partial \boldsymbol{E}}{\partial t} \tag{1.3.7 b}$$

$$\nabla \cdot \boldsymbol{D} = \rho \tag{1.3.7 c}$$

$$\nabla \cdot \boldsymbol{B} = 0 \tag{1.3.7 d}$$

其中，矢量 $\boldsymbol{D}$ 和 $\boldsymbol{E}$、$\boldsymbol{J}$ 和 $\boldsymbol{E}$、$\boldsymbol{B}$ 和 $\boldsymbol{H}$ 的关系同积分形式。

微分形式的物理意义：式（1.3.7 a）表明变化的磁场是电场的旋涡源，其产生的电场为涡旋电场；式（1.3.7 b）表明电流是磁场的旋涡源，该电流为全电流，包括传导电流和变化电场

产生的位移电流；式（1.3.7 c）表明自由电荷是电场的散度源，其产生的电场是发散的电场；式（1.3.7 d）表明磁场是无散的，磁感线是恒连续且闭合的，单极磁荷是不存在的。

麦克斯韦方程组的积分形式是讨论场中某一个区域内场矢量之间关系的方程。在讨论实际问题时，经常需要知道连续区域某一点场矢量之间的关系，此时不能应用麦克斯韦方程组的积分形式来求解，而必须采用麦克斯韦方程组的微分形式。

1.3.3 数学知识补充

为了加强对于矢量散度和旋度的理解及应用，我们对矢量分析的知识进行相应补充。这里以直角坐标系为例，简要介绍一下在矢量分析中涉及的基本算符及运算，其他坐标系下的运算关系请参见附录 A。

哈密顿算符

$$\nabla = \boldsymbol{a}_x \frac{\partial}{\partial x} + \boldsymbol{a}_y \frac{\partial}{\partial y} + \boldsymbol{a}_z \frac{\partial}{\partial z} \tag{1.3.8}$$

该算符表示一种矢性微分算符，运算中具有矢量的特性（满足矢量的点乘和叉乘）和对空间微分的特性。

拉普拉斯算子

$$\nabla^2 = \nabla \cdot \nabla = \frac{\partial^2}{\partial x^2} + \frac{\partial^2}{\partial y^2} + \frac{\partial^2}{\partial z^2} \tag{1.3.9}$$

标量场的梯度

$$\nabla \phi = \boldsymbol{a}_x \frac{\partial \phi}{\partial x} + \boldsymbol{a}_y \frac{\partial \phi}{\partial y} + \boldsymbol{a}_z \frac{\partial \phi}{\partial z} \tag{1.3.10}$$

式中：$\phi = \phi(x,y,z)$为任意标量场，式（1.3.10）表示标量场中某场点处的最大变化率及其方向。

矢量场的散度

$$\nabla \cdot \boldsymbol{A} = \frac{\partial A_x}{\partial x} + \frac{\partial A_y}{\partial y} + \frac{\partial A_z}{\partial z} \qquad (\boldsymbol{A} = \boldsymbol{a}_x A_x + \boldsymbol{a}_y A_y + \boldsymbol{a}_z A_z) \tag{1.3.11}$$

式中：$\boldsymbol{A} = \boldsymbol{A}(x,y,z)$为任意矢量场，式（1.3.11）表示某场点处产生矢量场的发散源的大小。

矢量场的旋度

$$\begin{aligned} \nabla \times \boldsymbol{A} &= \left(\boldsymbol{a}_x \frac{\partial}{\partial x} + \boldsymbol{a}_y \frac{\partial}{\partial y} + \boldsymbol{a}_z \frac{\partial}{\partial z}\right) \times (\boldsymbol{a}_x A_x + \boldsymbol{a}_y A_y + \boldsymbol{a}_z A_z) = \begin{vmatrix} \boldsymbol{a}_x & \boldsymbol{a}_y & \boldsymbol{a}_z \\ \frac{\partial}{\partial x} & \frac{\partial}{\partial y} & \frac{\partial}{\partial z} \\ A_x & A_y & A_z \end{vmatrix} \\ &= \boldsymbol{a}_x \left(\frac{\partial A_z}{\partial y} - \frac{\partial A_y}{\partial z}\right) + \boldsymbol{a}_y \left(\frac{\partial A_x}{\partial z} - \frac{\partial A_z}{\partial x}\right) + \boldsymbol{a}_z \left(\frac{\partial A_y}{\partial x} - \frac{\partial A_x}{\partial y}\right) \end{aligned} \tag{1.3.12}$$

式（1.3.12）表明某场点处产生矢量场的旋涡源的大小及其方向。

常用矢量恒等式

$$\nabla \cdot \nabla \times \boldsymbol{A} = 0 \tag{1.3.13}$$

$$\nabla \times \nabla \phi = 0 \tag{1.3.14}$$

$$\nabla \cdot (\nabla \phi) = \nabla^2 \phi \tag{1.3.15}$$

$$\nabla \times \nabla \times \boldsymbol{A} = \nabla(\nabla \cdot \boldsymbol{A}) - \nabla^2 \boldsymbol{A} \tag{1.3.16}$$

由于篇幅有限，这里不再给出具体的推导和证明过程，具体过程参见相关的《电磁场与电磁波》书籍。

1.4 边界条件

在讨论电磁场的实际问题时，经常会遇到两种不同媒质特性的分界面（属于区域问题）。在分界面上电磁场的分布规律称为边界条件。由于分界面上的媒质特性是不连续的，故不能采用麦克斯韦方程组的微分形式，只能采用麦克斯韦方程组的积分形式来进行分析。

1.4.1 边界上的电场强度和磁场强度

由麦克斯韦方程组的积分形式即式（1.3.1a）～式（1.3.1d）可以看出，关于电场强度（$\boldsymbol{E}$）和磁场强度（$\boldsymbol{H}$）的方程都是闭合线积分形式，因此只需在边界面上做出合适的闭合线积分即可分析。

1. 边界上的电场强度（$\boldsymbol{E}$）

由电磁感应定律的积分形式：

$$\oint_l \boldsymbol{E}\cdot \mathrm{d}\boldsymbol{l} = -\int_S \frac{\partial \boldsymbol{B}}{\partial t}\cdot \mathrm{d}\boldsymbol{S} \tag{1.4.1}$$

为求边界上的电场强度 $\boldsymbol{E}$，把式（1.4.1）等号左边积分的闭合回路取为媒质分界面的两边，并使矩形长边 Δl_1 和 Δl_2 与分界面平行且相等，矩形的两短边 Δh 垂直于分界面，且无限缩短并趋于零，如图 1.4.1 所示。那么，式（1.4.1）等号左边积分为

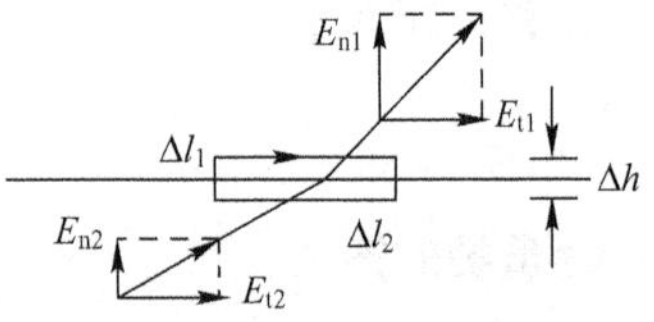

图 1.4.1 边界上的电场强度 $\boldsymbol{E}$

$$\oint_l \boldsymbol{E}\cdot \mathrm{d}\boldsymbol{l} = (E_{t1} - E_{t2})\Delta l \tag{1.4.2}$$

而式（1.4.1）等号的右边积分：当 $\Delta h\to 0\,(\Delta S = \Delta h\cdot\Delta l\to 0)$ 时，由于 $\partial \boldsymbol{B}/\partial t$ 不可能为无限大，故右边积分为零，即得到

$$E_{t1} = E_{t2} \tag{1.4.3}$$

式（1.4.3）表明，不同媒质分界面上的电场强度的切向分量是连续的。

2. 边界上的磁场强度（$\boldsymbol{H}$）

由全电流定律的积分形式：

$$\oint_l \boldsymbol{H}\cdot \mathrm{d}\boldsymbol{l} = \int_S \left(\boldsymbol{J}_c + \frac{\partial \boldsymbol{D}}{\partial t}\right)\cdot \mathrm{d}\boldsymbol{S} \tag{1.4.4}$$

用相同的方法做出闭合线积分，$\boldsymbol{l}$ 的画法亦同上，则式（1.4.4）等号左边的积分为

$$\oint_l \boldsymbol{H}\cdot \mathrm{d}\boldsymbol{l} = (H_{t1} - H_{t2})\Delta l \tag{1.4.5}$$

而式（1.4.4）等号右边是要讨论界面上有没有 $\boldsymbol{J}_c$ 的存在，可以分为以下 2 种情况：

① 两媒质均为绝缘介质时，因 $\boldsymbol{J}_c = 0$，$\dfrac{\partial \boldsymbol{D}}{\partial t}$ 为有限值，故当 $\Delta h\to 0\,(\Delta S = \Delta h\cdot\Delta l\to 0)$ 时，式（1.4.4）等号右边积分等于零，于是得到磁场强度的边界条件为

$$H_{t1} = H_{t2} \tag{1.4.6}$$

即不同媒质分界面上，磁场强度的切向分量是连续的。

② 如果媒质 1 为绝缘介质，媒质 2 为理想导体（σ_2 为无限大），取理想导体中的传导电流体密度为 $\boldsymbol{J}_c$，对于有限的 $\boldsymbol{E}$ 和无限大的 σ_2，在分界面处电流密度 $\boldsymbol{J}_c = \sigma_2 \boldsymbol{E}$ 趋于无限大，且有 $\lim\limits_{\Delta h\to 0}\Delta h J_c = J_l$ 为有限值，则式（1.4.4）等号右边可以表示为

$$\int_S \left(\boldsymbol{J}_c + \frac{\partial \boldsymbol{D}}{\partial t}\right) \cdot \mathrm{d}\boldsymbol{S} = \lim_{\Delta h \to 0} J_c \Delta h \Delta l = J_l \Delta l \tag{1.4.7}$$

由此可以得到

$$H_{t1} - H_{t2} = J_l \tag{1.4.8}$$

式中：J_l为理想导体表面的电流的面密度，它的方向与磁场方向垂直，单位为 A/m。如图 1.4.2所示，J_l为传导电流面密度，由 J_l的方向可知 $H_{t1} > H_{t2}$，因为 J_l产生的磁场加强了 H_{t1}，削弱了 H_{t2}。

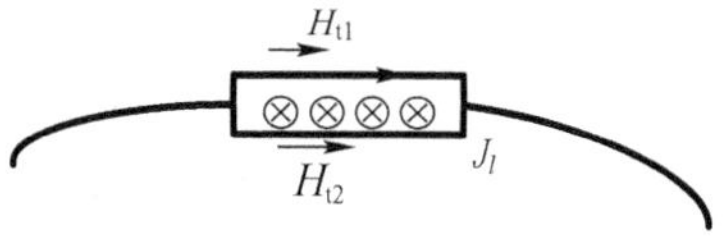

1.4.2　有电流分布时边界上的磁场情况

1.4.2　边界上的电位移矢量和磁感应强度

1. 边界上的电位移矢量（$\boldsymbol{D}$）

由高斯定律的积分形式：

$$\oint_S \boldsymbol{D} \cdot \mathrm{d}\boldsymbol{S} = \int_V \rho \mathrm{d}V \tag{1.4.9}$$

在分界面的两边做一个小的封闭圆柱体，如图 1.4.3 所示。ΔS_1和 ΔS_2分别为圆柱体的上底面和下底面，且 $\Delta S_1 = \Delta S_2 = \Delta S$，它们分别与分界面平行且无限接近，即柱体的高 Δh 很小并趋近于零，则穿过圆柱体侧面的电通量可以略去不计。故式（1.4.9）等号左边积分为

$$\oint_S \boldsymbol{D} \cdot \mathrm{d}\boldsymbol{S} = (D_{n1} - D_{n2})\Delta S \tag{1.4.10}$$

对于式（1.4.9）等号右边，有无电荷分布，对结果的影响比较大，这里要分 2 种具体情况进行讨论：

① 若分界面上不存在自由电荷，则式（1.4.9）等号右边积分为零，于是得界面上无自由电荷时电位移矢量的边界条件为

$$D_{n1} = D_{n2} \tag{1.4.11a}$$

即表明在无自由电荷的分界面上，电位移矢量的法向分量是连续的。

② 若分界面上存在自由电荷时，并设电荷的面密度为 ρ_S，且 $\int_S \rho_S \mathrm{d}S = \int_V \rho \mathrm{d}V = q$，则由高斯定律可以得到

$$D_{n1} - D_{n2} = \rho_S \tag{1.4.11b}$$

ρ_S为自由电荷的面密度，单位为 C/m^2，如图 1.4.4 所示。由 ρ_S为正电荷，可知 $D_{n1} > D_{n2}$，其原因可解释为：ρ_S产生的电场加强了 D_{n1}，削弱了 D_{n2}。

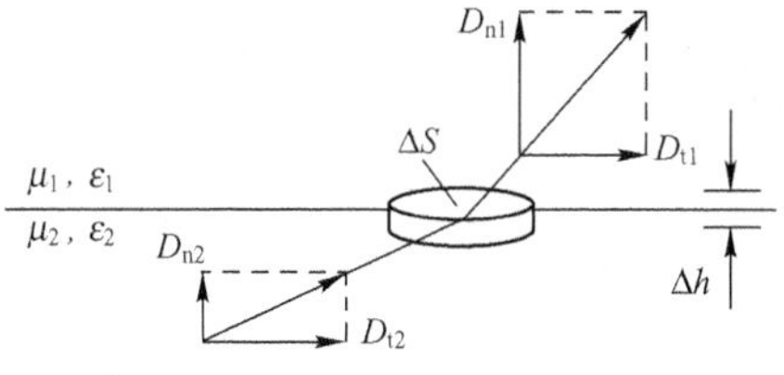

图 1.4.3　边界上的电位移矢量 $\boldsymbol{D}$

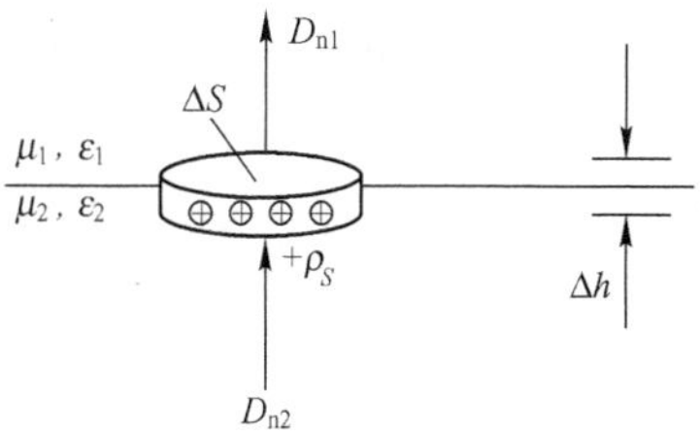

图 1.4.4　有电荷存在时边界上的电位移矢量

2. 边界面上的磁感应强度（$\boldsymbol{B}$）

由磁通连续性定理的积分形式：

$$\oint_S \boldsymbol{B} \cdot \mathrm{d}\boldsymbol{S} = 0 \tag{1.4.12}$$

在分界面的两边作一个小的封闭圆柱体，具体画法同上，采用上面相同的分析方法，便可得到

$$B_{n1} = B_{n2} \tag{1.4.13}$$

即分界面上磁感应强度的法向分量连续。

综上所述，电磁场的边界条件可归纳如下：

$$\begin{cases} E_{t1} = E_{t2} \\ H_{t1} = H_{t2}(J_l = 0), H_{t1} - H_{t2} = J_l(J_l \neq 0) \\ D_{n1} = D_{n2}(\rho_S = 0), D_{n1} - D_{n2} = \rho_S(\rho_S \neq 0) \\ B_{n1} = B_{n2} \end{cases} \tag{1.4.14}$$

若选取界面的法线单位矢量 $\boldsymbol{n}$ 为由媒质 2 指向媒质 1，则边界条件的矢量形式可表示为

$$\begin{cases} \boldsymbol{n} \times (\boldsymbol{E}_1 - \boldsymbol{E}_2) = 0 \\ \boldsymbol{n} \times (\boldsymbol{H}_1 - \boldsymbol{H}_2) = \boldsymbol{J}_l \\ \boldsymbol{n} \cdot (\boldsymbol{D}_1 - \boldsymbol{D}_2) = \rho_S \\ \boldsymbol{n} \cdot (\boldsymbol{B}_1 - \boldsymbol{B}_2) = 0 \end{cases} \tag{1.4.15}$$

1.5 交变电磁场的能量及能流

电磁场是物质的一种特殊形式，具有物质的两个重要属性，即力的特性和能量特性，前面电场强度和磁感应强度描述了电磁场的力的特征，下面讨论电磁场的能量特性。

1. 基本概念

电磁场中能量守恒定律可由麦克斯韦方程的微分形式导出，在具体推导之前先介绍几个基本概念。

① 交变电磁场的能量：指针对某一个确定的封闭区域（如封闭曲面）的电磁能量，无限区域的能量无法计算。

② 能流：单位时间通过单位面积的能量，其量纲为$\left[\frac{焦}{秒 \cdot 米^2}\right] = \left[\frac{瓦}{米^2}\right]$，称为能流密度，即功率流。

对于电磁波的能量描述是由英国物理学家约翰·坡印廷（John Poynting）在 1884 年提出的，并且通过坡印廷定理验证了其正确性。所以，能流密度矢量又称坡印廷矢量，用 $\boldsymbol{S}$ 表示，其表达式为

$$\boldsymbol{S} = \boldsymbol{E} \times \boldsymbol{H} \qquad (\mathrm{W/m^2}) \tag{1.5.1}$$

式中：$\boldsymbol{S}$、$\boldsymbol{E}$ 和 $\boldsymbol{H}$ 均为瞬时值。$\boldsymbol{S}$ 的大小为 $E \cdot H$（相关场的 $\boldsymbol{E} \perp \boldsymbol{H}$），其方向满足右手螺旋定则：四指由 $\boldsymbol{E}(\boldsymbol{r},t)$ 方向转到 $\boldsymbol{H}(\boldsymbol{r},t)$ 方向，拇指指向 $\boldsymbol{S}$ 方向。

对于正弦信号可用复能流密度 $\dot{\boldsymbol{S}}$ 表示，即

$$\dot{\boldsymbol{S}}(\boldsymbol{r}) = \frac{1}{2}\dot{\boldsymbol{E}}(\boldsymbol{r}) \times \dot{\boldsymbol{H}}^*(\boldsymbol{r}) \qquad (\mathrm{W/m^2}) \tag{1.5.2}$$

式中：$\dot{\boldsymbol{E}}(\boldsymbol{r})$、$\dot{\boldsymbol{H}}(\boldsymbol{r})$ 只是空间位置的函数，称为复振幅矢量；$\dot{\boldsymbol{H}}^*(\boldsymbol{r})$ 为磁场的复振幅矢量的共轭复数；用 $\boldsymbol{E}_m(\boldsymbol{r})$、$\boldsymbol{H}_m(\boldsymbol{r})$ 和 $\varphi_E(\boldsymbol{r})$、$\varphi_H(\boldsymbol{r})$ 分别为电场和磁场的振幅和相位，它们都只是位置的函数，则复振幅矢量 $\dot{\boldsymbol{E}}(\boldsymbol{r}) = \boldsymbol{E}_m(\boldsymbol{r})e^{j\varphi_E(\boldsymbol{r})}$、$\dot{\boldsymbol{H}}(\boldsymbol{r}) = \boldsymbol{H}_m(\boldsymbol{r})e^{j\varphi_H(\boldsymbol{r})}$。

由于正弦电磁场（又称时谐电磁场）的电场和磁场的瞬时值分别为

$$\boldsymbol{E}(\boldsymbol{r},t) = \mathrm{Re}[\dot{\boldsymbol{E}}(\boldsymbol{r})e^{j\omega t}] = \boldsymbol{E}_m(\boldsymbol{r})\cos[\omega t + \varphi_E(\boldsymbol{r})] \tag{1.5.3 a}$$

$$\boldsymbol{H}(\boldsymbol{r},t)=\mathrm{Re}[\dot{\boldsymbol{H}}(\boldsymbol{r})\mathrm{e}^{\mathrm{j}\omega t}]=\boldsymbol{H}_{\mathrm{m}}(\boldsymbol{r})\cos[\omega t+\varphi_{\mathrm{H}}(\boldsymbol{r})] \tag{1.5.3 b}$$

式中：$\dot{\boldsymbol{E}}(\boldsymbol{r})$、$\dot{\boldsymbol{H}}(\boldsymbol{r})$为电磁场的复振幅矢量；$\mathrm{e}^{\mathrm{j}\omega t}$为正弦时间因子，且有$\frac{\partial}{\partial t}\mathrm{e}^{\mathrm{j}\omega t}=\mathrm{j}\omega\mathrm{e}^{\mathrm{j}\omega t}$，$\frac{\partial^2}{\partial t^2}\mathrm{e}^{\mathrm{j}\omega t}=(\mathrm{j}\omega)^2\mathrm{e}^{\mathrm{j}\omega t}=-\omega^2\mathrm{e}^{\mathrm{j}\omega t}$。

由式（1.5.3a）和式（1.5.3b）可知，对于正弦电磁场的分析，可以先求解其复振幅矢量$\dot{\boldsymbol{E}}(\boldsymbol{r})$、$\dot{\boldsymbol{H}}(\boldsymbol{r})$，它们只是位置的函数，而正弦电磁场随时间的变化，可概括为正弦时间因子 $\mathrm{e}^{\mathrm{j}\omega t}$，且有$\frac{\partial}{\partial t}\rightarrow\mathrm{j}\omega$，$\frac{\partial^2}{\partial t^2}\rightarrow(\mathrm{j}\omega)^2=-\omega^2$。如果需要求其瞬时值，则瞬时值与复振幅之间的关系满足式（1.5.3 a）和式（1.5.3 b）。

由上面的分析，可定义瞬时能流密度为

$$\boldsymbol{S}(\boldsymbol{r},t)=\boldsymbol{E}(\boldsymbol{r},t)\times\boldsymbol{H}(\boldsymbol{r},t) \tag{1.5.4}$$

由平均值的定义可知，对正弦电磁场，其瞬时能流密度的平均值为

$$\boldsymbol{S}_{\mathrm{av}}=\frac{1}{T}\int_0^T\boldsymbol{S}(\boldsymbol{r},t)\,\mathrm{d}t \tag{1.5.5}$$

可证明正弦时谐电磁场中有

$$\boldsymbol{S}_{\mathrm{av}}=\mathrm{Re}[\dot{\boldsymbol{S}}(\boldsymbol{r})]=\mathrm{Re}\left[\frac{1}{2}\dot{\boldsymbol{E}}(\boldsymbol{r})\times\dot{\boldsymbol{H}}^*(\boldsymbol{r})\right] \tag{1.5.6}$$

即复能流密度的实部为平均能流密度，表示实际信号传输的有功功率的功率流密度。

对正弦信号，其平均能流密度不随时间变化，更具有的实际应用价值。由式（1.5.5）和式（1.5.6）可知，求解正弦信号平均能流密度的方法有2种，其中利用式（1.5.6）的复能流密度进行求解更加方便快捷。

2. 坡印廷定理

坡印廷在定义了能流密度矢量之后，又证明了能流密度矢量用来描写电磁场能量的正确性，即给出了坡印廷定理：

$$-\oint_S(\boldsymbol{E}\times\boldsymbol{H})\cdot\mathrm{d}\boldsymbol{S}=\frac{\partial}{\partial t}\left[\int_V\left(\frac{1}{2}\mu H^2+\frac{1}{2}\varepsilon E^2\right)\mathrm{d}V+\int_V\sigma E^2\mathrm{d}V\right] \tag{1.5.7}$$

式中：

① 曲面面元 d$\boldsymbol{S}$ 的方向：按照惯例，取为曲面的外法线方向，d$\boldsymbol{S}$ 方向与进入曲面的能流密度 $\boldsymbol{S}=\boldsymbol{E}\times\boldsymbol{H}$ 方向相反；

② 公式等号左侧的负号“－”表示是单位时间进入封闭曲面的能量为正值；

③ 公式等号右侧的$\frac{1}{2}\mu H^2$为磁能的体密度、$\frac{1}{2}\varepsilon E^2$为电能的体密度、$\int_V\left(\frac{1}{2}\mu H^2+\frac{1}{2}\varepsilon E^2\right)\mathrm{d}V$即为球面内存储的电磁能，其再对时间求导，即$\frac{\partial}{\partial t}\int_V\left(\frac{1}{2}\mu H^2+\frac{1}{2}\varepsilon E^2\right)\mathrm{d}V$表示单位时间球面内区域存储的电磁能，也即球面内区域存储的电磁能的功率；

④ 公式等号右侧的$\int_V\sigma E^2\mathrm{d}V$为球面内区域消耗的电磁能，其再对时间求导，即$\frac{\partial}{\partial t}\int_V\sigma E^2\mathrm{d}V$表示球面内区域单位时间消耗的电磁能，也即球面内区域消耗的功率。

式（1.5.7）符合能量守恒定律，即进入封闭曲面 S 的电磁能的功率等于该闭合曲面包围空间内存储的电磁能功率及该区域所消耗电磁能的功率之和。

式（1.5.7）具体证明过程如下：

设空间中有某封闭曲面 $\boldsymbol{S}$，则进入该曲面的电磁能为 $-\oint_S(\boldsymbol{E}\times\boldsymbol{H})\cdot\mathrm{d}\boldsymbol{S}$，由散度定理得

$$-\oint_S(\boldsymbol{E}\times\boldsymbol{H})\cdot\mathrm{d}\boldsymbol{S}=-\int_V\nabla\cdot(\boldsymbol{E}\times\boldsymbol{H})\mathrm{d}V \tag{1.5.8}$$

又由矢量分析中的矢量恒等式

$$\nabla\cdot(\boldsymbol{E}\times\boldsymbol{H})=\boldsymbol{H}\cdot(\nabla\times\boldsymbol{E})-\boldsymbol{E}\cdot(\nabla\times\boldsymbol{H}) \tag{1.5.9}$$

将式（1.5.9）带入式（1.5.8）得

$$-\oint_S(\boldsymbol{E}\times\boldsymbol{H})\cdot\mathrm{d}\boldsymbol{S}=-\int_V[\boldsymbol{H}\cdot(\nabla\times\boldsymbol{E})-\boldsymbol{E}\cdot(\nabla\times\boldsymbol{H})]\mathrm{d}V \tag{1.5.10}$$

上式中的两个旋度可由麦克斯韦方程得到

$$\begin{cases}\nabla\times\boldsymbol{E}=-\dfrac{\partial\boldsymbol{B}}{\partial t}\\ \nabla\times\boldsymbol{H}=\boldsymbol{J}_\mathrm{c}+\dfrac{\partial\boldsymbol{D}}{\partial t}\end{cases} \tag{1.5.11}$$

对于各向同性媒质，则有下列关系：

$$\boldsymbol{D}=\varepsilon\boldsymbol{E},\quad \boldsymbol{B}=\mu\boldsymbol{H},\quad \boldsymbol{J}_\mathrm{c}=\sigma\boldsymbol{E} \tag{1.5.12}$$

将式（1.5.11）、式（1.5.12）带入式（1.5.10）得

$$-\oint_S(\boldsymbol{E}\times\boldsymbol{H})\cdot\mathrm{d}\boldsymbol{S}=\frac{\partial}{\partial t}\left[\int_V\left(\frac{1}{2}\mu H^2+\frac{1}{2}\varepsilon E^2\right)\mathrm{d}V+\int_V\sigma E^2\mathrm{d}V\right]$$

【例 1–3】 设同轴线内外导体半径分别为 a、b，它们都是理想导体，两导体间填充介电常数为 ε、磁导率为 μ_0 的理想介质，内外导体分别通过电流 I 和 $-I$，内外导体间电压为 U。

（1）试求同轴线内的坡印廷矢量；

（2）证明内外导体间向负载传送的功率为 UI。

解：（1）电场垂直于导体表面沿径向，其大小沿横截面圆周方向是轴对称的，设内外导体上单位长度的带电量分别为 ρ_l 和 $-\rho_l$，应用高斯定理，沿同轴线轴线方向取长度为 l，半径为 $\rho(a<\rho<b)$ 的圆柱高斯面，可得

$$\oint_S\boldsymbol{D}\cdot\mathrm{d}\boldsymbol{S}=\varepsilon E\cdot 2\pi\rho l=\rho_l l$$

解得

$$\boldsymbol{E}=\boldsymbol{a}_\rho\frac{\rho_l}{2\pi\varepsilon\rho}$$

则内外导体间电压为

$$U=\int_a^b\boldsymbol{E}\cdot\mathrm{d}\boldsymbol{\rho}=\int_a^b\frac{\rho_l}{2\pi\varepsilon\rho}\mathrm{d}\rho=\frac{\rho_l}{2\pi\varepsilon}\ln\frac{b}{a}$$

所以内外导体间电场强度为

$$\boldsymbol{E}=\boldsymbol{a}_\rho\frac{U}{\rho\ln\dfrac{b}{a}}$$

$\boldsymbol{\rho}$ 表示圆柱坐标系的底面半径矢量。

因内外导体分别通过电流 I 和 $-I$，所以内外导体间的磁场只能由内导体上恒定电流 I 产生，由安培环路定律得

$$\int_0^{2\pi}\boldsymbol{H}\cdot\boldsymbol{a}_\varphi\rho\mathrm{d}\varphi=2\pi\rho H=I$$

所以导体间的磁场为

$$\boldsymbol{H} = \boldsymbol{a}_{\varphi} \frac{I}{2\pi\rho}$$

所以同轴线内的坡印廷矢量为

$$\boldsymbol{S} = \boldsymbol{E} \times \boldsymbol{H} = \boldsymbol{a}_z \frac{UI}{2\pi\rho^2 \ln \dfrac{b}{a}}$$

（2）由坡印廷矢量的量纲知，它表示垂直能流密度方向的单位面积上的功率，所以该同轴线内外导体间向负载传送的功率应该等于坡印廷矢量在内外导体间区域的横截面积上的积分，即

$$P = \int_a^b S \cdot 2\pi\rho \mathrm{d}\rho = \frac{UI}{2\pi \ln \dfrac{b}{a}} \cdot \int_a^b \frac{2\pi\rho}{\rho^2} \mathrm{d}\rho = UI$$

该例题说明传输线所传输的功率其实是通过内外导体间的电磁场传送的，导体结构只起着引导的作用。

【例 1-4】 已知无源（$\rho_V = 0$ 和 $\boldsymbol{J} = 0$）的自由空间中，时谐电场的电场强度复矢量为$\boldsymbol{E}(z) = \boldsymbol{a}_y E_0 \mathrm{e}^{-\mathrm{j}kz}$，式中 k、E_0均为常数。求：

（1）磁场强度的复矢量；

（2）坡印廷矢量的瞬时值；

（3）平均坡印廷矢量。

解：（1）由空气介质中 $\boldsymbol{B} = \mu \boldsymbol{H}$，时谐电磁场的时间因子为 $\mathrm{e}^{\mathrm{j}\omega t}$，所以由麦克斯韦方程组中的电磁感应定律$\nabla \times \boldsymbol{E} = -\dfrac{\partial \boldsymbol{B}}{\partial t}$得

$$\nabla \times \boldsymbol{E} = -\mathrm{j}\omega\mu_0 \boldsymbol{H}$$

解得

$$\boldsymbol{H} = -\frac{1}{\mathrm{j}\omega\mu_0} \nabla \times \boldsymbol{E} = -\frac{1}{\mathrm{j}\omega\mu_0}(-\boldsymbol{a}_x) \frac{\partial}{\partial z}(E_0 \mathrm{e}^{-\mathrm{j}kz}) = -\boldsymbol{a}_x \frac{k}{\omega\mu_0} E_0 \mathrm{e}^{-\mathrm{j}kz}$$

（2）电场、磁场的瞬时值分别为

$$\boldsymbol{E}(z,t) = \mathrm{Re}[\boldsymbol{E}(z)\mathrm{e}^{\mathrm{j}\omega t}] = \boldsymbol{a}_y E_0 \cos(\omega t - kz)$$

$$\boldsymbol{H}(z,t) = \mathrm{Re}[\boldsymbol{H}(z)\mathrm{e}^{\mathrm{j}\omega t}] = -\boldsymbol{a}_x \frac{k}{\omega\mu_0} E_0 \cos(\omega t - kz)$$

坡印廷矢量的瞬时值为

$$\boldsymbol{S}(z,t) = \boldsymbol{E}(z,t) \times \boldsymbol{H}(z,t) = \boldsymbol{a}_z \frac{k}{\omega\mu_0} E_0^2 \cos^2(\omega t - kz)$$

（3）平均坡印廷矢量为

$$S_{\mathrm{av}} = \frac{1}{2}\mathrm{Re}[\boldsymbol{E}(z) \times \boldsymbol{H}^*(z)] = \frac{1}{2}\mathrm{Re}\left[\boldsymbol{a}_y E_0 \mathrm{e}^{-\mathrm{j}kz} \times \left(-\boldsymbol{a}_x \frac{k}{\omega\mu_0} E_0 \mathrm{e}^{-\mathrm{j}kz}\right)^*\right]$$

$$= \boldsymbol{a}_z \frac{1}{2} \frac{k}{\omega\mu_0} E_0^2$$

也可由平均能流密度定义来求，即

$$\boldsymbol{S}_{\mathrm{av}} = \frac{1}{T}\int_0^T \boldsymbol{S}(z,t)\mathrm{d}t = \frac{1}{T}\int_0^T \boldsymbol{a}_z \frac{k}{\omega\mu_0} E_0^2 \cos^2(\omega t - kz)\mathrm{d}t = \boldsymbol{a}_z \frac{1}{2} \frac{k}{\omega\mu_0} E_0^2$$

1.6 静　态　场

由麦克斯韦方程组可知，电场和磁场是不可分割的统一整体。但在某些特殊情况下，电场

和磁场可以单独地表现出来。例如，对于观察者来说在静止不动的电荷周围，只能发现电场；在静止不动的永久磁铁周围，只能发现磁场。因此，就有可能将电场和磁场分开来加以研究。

1.6.1 静电场

静电场是电磁现象中的一种特殊情况，即电荷相对观察者来说是静止不动的。因此，静电场是不随时间变化的。这样麦克斯韦方程组的微分形式就可以得到极大简化。

1. 静电场的基本方程

由于静态场的 $\boldsymbol{B}$、$\boldsymbol{H}$ 均不随时间变化，所以麦克斯韦方程组的微分形式［式（1.3.7）］可简化为

$$\begin{cases}\nabla\times\boldsymbol{E}=0\\\nabla\times\boldsymbol{H}=\boldsymbol{J}_c\\\nabla\cdot\boldsymbol{D}=\rho\\\nabla\cdot\boldsymbol{B}=0\end{cases}\tag{1.6.1}$$

式（1.6.1）表明电场和磁场是相互独立的，可以分别加以讨论。于是静电场的基本方程为

$$\begin{cases}\nabla\times\boldsymbol{E}=0\\\nabla\cdot\boldsymbol{D}=\rho\end{cases}\tag{1.6.2}$$

$$\boldsymbol{D}=\varepsilon\boldsymbol{E}$$

因此，静电场是无旋场，即静电场所在的空间电场强度的旋度处处为零；静电场又是一个有源场，即电位移矢量 $\boldsymbol{D}$ 来自空间电荷分布。

2. 高斯定律

由静电场的基本方程可知，静电场是一个有源场，即

$$\nabla\cdot\boldsymbol{D}=\rho$$

写成积分形式即为静电场的高斯定律：

$$\oint_S\boldsymbol{D}\cdot\mathrm{d}\boldsymbol{S}=\sum q=\int_V\rho\mathrm{d}V\tag{1.6.3}$$

式（1.6.3）表示在静电场中穿过任意闭合曲面的电位移矢量的通量等于闭合曲面内所包围的自由电荷的代数和。这是静电场的一个重要性质。

在一般情况下，当给定电荷分布时，不能直接应用高斯定律来求电位移矢量 $\boldsymbol{D}$。因为它只给出 $\boldsymbol{D}$ 沿闭合面的通量，根据通量一般无法求出任意一点的 $\boldsymbol{D}$。但当电荷是按一定的对称性分布时，我们只要选择一个合适的高斯面，使得高斯面上各点的 $\boldsymbol{D}$ 值相等，且 $\boldsymbol{D}$ 的方向永远和高斯面相垂直。在这种情况下，应用高斯定律就能很方便地求得静电场中某点的电场强度。

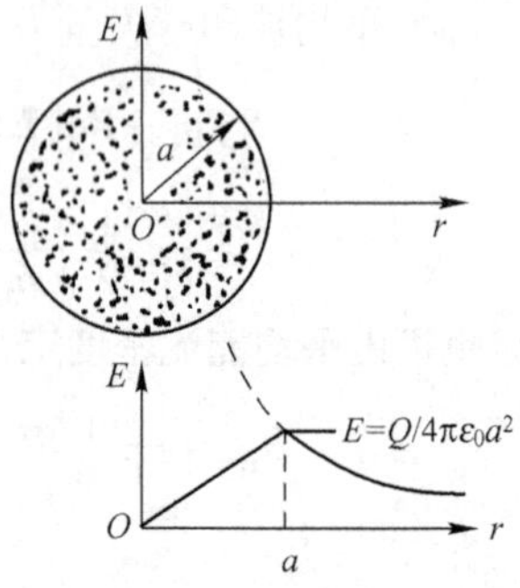

图 1.6.1 电荷均匀分布的介质球的电场分布图

【例 1-5】设电荷均匀分布在半径为 a 的介质球内，其体电荷密度为 ρ，如图 1.6.1 所示求该电荷产生的电场分布。球内的介电常数为 ε，球外为 ε_0。

解：由于电荷分布是球对称分布，因此可应用高斯定律来求解。只要以球心为圆心，以距球心距离 r 为半径作一个高斯面，在这个高斯面上的电位移矢量的大小处处相等，且方向垂直于高斯面。因此，在各个区域内，离球心为 r 处的电场强度分别如下：

（1）在球内（$r\leqslant a$）

$$\oint_S \boldsymbol{D}_1 \cdot \mathrm{d}\boldsymbol{S} = 4\pi r^2 \varepsilon E_1 = \frac{4}{3}\pi r^3 \rho \Rightarrow E_1 = \frac{r\rho}{3\varepsilon}$$

（2）在球外（$r > a$）

$$\oint_S \boldsymbol{D}_2 \cdot \mathrm{d}\boldsymbol{S} = 4\pi r^2 \varepsilon E_2 = \frac{4}{3}\pi a^3 \rho \Rightarrow E_2 = \frac{a^3\rho}{3\varepsilon_0 r^2}$$

3. 电位、电位梯度

电位是静电场中一个很常用的概念，它的引入使人们能够很好地将电场与生活中的电压、电流等电现象的基本概念联系起来，有利于对电场的分析、理解和应用。

（1）电位。由静电场的基本方程可知，静电场是个无旋场。根据矢量分析，任何一个无旋矢量场均可用一个标量场来表示。即

$$\nabla \times \nabla \phi = 0 \tag{1.6.4}$$

因此，静电场同样可用一个标量电位函数来描写，这个标量电位有明确的物理意义，与电场力对电荷所做的功有关。

根据电场强度 $\boldsymbol{E}$ 的定义，$\boldsymbol{E}$ 表示单位正电荷在场中所受的电场力。当单位正电荷在电场力的作用下，从 A 点经过 l 到 B 点，电场力对单位正电荷所做的功为

$$W = \int_l \boldsymbol{E} \cdot \mathrm{d}\boldsymbol{l} \tag{1.6.5}$$

由于静电场是无旋场，故有

$$\oint_l \boldsymbol{E} \cdot \mathrm{d}\boldsymbol{l} = 0 \tag{1.6.6}$$

式（1.6.6）表明，单位正电荷在电场力的作用下移动一个闭合回路，则电场力对单位正电荷所做的功为零。例如，对于如图 1.6.2 所示的闭合路径 $ANBMA$，则有

$$\oint_{ANBMA} \boldsymbol{E} \cdot \mathrm{d}\boldsymbol{l} = \int_{ANB} \boldsymbol{E} \cdot \mathrm{d}\boldsymbol{l} + \int_{BMA} \boldsymbol{E} \cdot \mathrm{d}\boldsymbol{l}$$
$$= \int_{ANB} \boldsymbol{E} \cdot \mathrm{d}\boldsymbol{l} - \int_{AMB} \boldsymbol{E} \cdot \mathrm{d}\boldsymbol{l} = 0$$

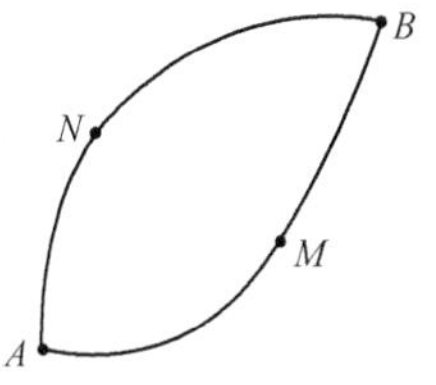

图 1.6.2　静电场中的闭合路径

所以有

$$\int_{ANB} \boldsymbol{E} \cdot \mathrm{d}\boldsymbol{l} = \int_{AMB} \boldsymbol{E} \cdot \mathrm{d}\boldsymbol{l} \tag{1.6.7}$$

由此可见，在静电场中当电荷在电场力的作用下发生位移时，电场力对电荷所做的功仅与电荷位移的起点和终点的坐标有关，而与电荷位移的路径无关。因此式（1.6.7）可以表示为

$$W = \int_A^B \boldsymbol{E} \cdot \mathrm{d}\boldsymbol{l} \tag{1.6.8}$$

把单位正电荷从 A 点移到 B 点，电场力所做的功称为 A 点到 B 点的电位差，即

$$\phi_A - \phi_B = \int_A^B \boldsymbol{E} \cdot \mathrm{d}\boldsymbol{l} \tag{1.6.9}$$

如果选择场中某点 P 作为参考零电位点，即令其电位为零，则有

$$\phi_A = \int_A^P \boldsymbol{E} \cdot \mathrm{d}\boldsymbol{l} \tag{1.6.10}$$

因此，场中任意一点的电位是单位正电荷在电场力的作用下从该点移到参考零电位点电场力所做的功。

由上面的分析可知，电位是标量，它的计算要比电场强度矢量的计算方便得多。因此，常采用电位来描写电场。

当电荷分布已知时，可以求出场中任一点的电位。例如，求点电荷产生电场中的电位。如

果取距点电荷距离为 r_p 的一点作为参考点，则距点电荷距离为 r 处的一点的电位为

$$\phi_A = \int_r^{r_p} \boldsymbol{E} \cdot \mathrm{d}\boldsymbol{l} = \int_r^{r_p} \frac{q}{4\pi\varepsilon r^2}\boldsymbol{a}_r \cdot \mathrm{d}\boldsymbol{l}$$

$$= \frac{q}{4\pi\varepsilon}\int_r^{r_p} \frac{\mathrm{d}r}{r^2} = -\frac{q}{4\pi\varepsilon r}\bigg|_r^{r_p}$$

$$= \frac{q}{4\pi\varepsilon r} - \frac{q}{4\pi\varepsilon r_p} = \frac{q}{4\pi\varepsilon r} + C \tag{1.6.11}$$

式中：

$$C = -\frac{q}{4\pi\varepsilon r_p} \tag{1.6.12}$$

如 $r_p \to \infty$，则 $C=0$。

对于体、面及线电荷密度分别为 ρ_V、ρ_S 及 ρ_l 的电荷分布时，则空间任一点的电位分别为

$$\begin{cases} \phi = \dfrac{1}{4\pi\varepsilon}\displaystyle\int_V \dfrac{\rho_V \mathrm{d}V}{r} + C \\ \phi = \dfrac{1}{4\pi\varepsilon}\displaystyle\int_S \dfrac{\rho_S \mathrm{d}S}{r} + C \\ \phi = \dfrac{1}{4\pi\varepsilon}\displaystyle\int_l \dfrac{\rho_l \mathrm{d}l}{r} + C \end{cases} \tag{1.6.13}$$

式中：r 为源点到场点的距离；C 决定于参考点的位置。

在电场中将相同电位的各个点连成一个面，称为等位面。在等位面上移动电荷，电场力既不对电荷做功，电荷也不会获得能量，即

$$\boldsymbol{E} \cdot \mathrm{d}\boldsymbol{l} = 0 \tag{1.6.14}$$

这表明电场强度矢量必与等位面相正交。而且，由于场中任意点都有一个确定的电位值，因此，等位面绝不会相交。

（2）电位梯度。虽然利用标量电位求解静电场比较方便，但描写电场的基本物理量还是电场强度矢量。因此，有必要找到空间某一点电位 ϕ 与电场强度矢量 $\boldsymbol{E}$ 的关系。

如图 1.6.3 所示的两个等位面 ϕ_A 和 ϕ_B 无限靠近，它们之间的电位差为 $\mathrm{d}\phi$，则

$$\mathrm{d}\phi = \phi_B - \phi_A = -\boldsymbol{E} \cdot \mathrm{d}\boldsymbol{l}$$

可见，当 $\boldsymbol{E}$ 和 $\mathrm{d}\boldsymbol{l}$ 方向相同时，则 $\mathrm{d}\phi < 0$，即沿着电场方向电位是降低的，故有

$$\mathrm{d}\phi = -\boldsymbol{E} \cdot \mathrm{d}\boldsymbol{l} = -E'\mathrm{d}l \tag{1.6.15}$$

或

$$E' = -\frac{\partial\phi}{\partial l}$$

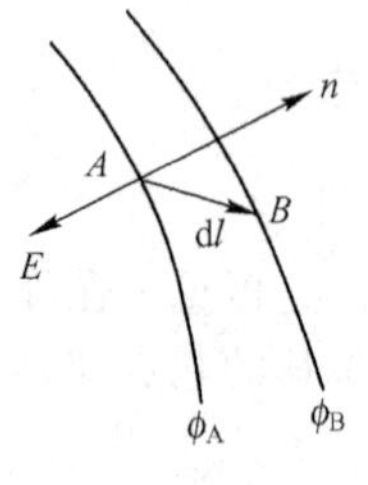

图 1.6.3 静电场中的电位梯度

式中：E' 是 $\boldsymbol{E}$ 在 $\mathrm{d}\boldsymbol{l}$ 方向上的投影；$\partial\phi/\partial l$ 是电位对 l 的方向导数。

因此，电场强度 $\boldsymbol{E}$ 沿着任意 l 方向的投影等于该方向上电位的方向导数的负值。如果选取 $\mathrm{d}\boldsymbol{l}$ 方向使电位沿着此方向增加最快，即 $\partial\phi/\partial l$ 具有正的最大值。则 $(\partial\phi/\partial l)_{\max}$ 等于电场强度 $\boldsymbol{E}$ 的数值，而 $\mathrm{d}\boldsymbol{l}$ 的方向与 $\boldsymbol{E}$ 的方向相反。由矢量分析可知，大小等于 $(\partial\phi/\partial l)_{\max}$ 方向为使 $\partial\phi/\partial l$ 获得最大增量的方向的矢量，称为标量函数 ϕ 的梯度，用符号 $\mathrm{grad}\phi$ 或 $\nabla\phi$ 表示。即

$$\boldsymbol{E} = -\nabla\phi = -\mathrm{grad}\phi \tag{1.6.16}$$

4. 电位的泊松方程和拉普拉斯方程

对于静电场的求解，一般采用电位函数作为辅助量，并导出标量电位的微分方程；然后解标量电位方程求出电位分布；最后根据电位与电场强度的关系式，求出电场强度的分布。下面

来推导标量电位微分方程。

对式（1.6.16）两边取散度，并应用$\nabla \cdot \boldsymbol{D}=\rho$和$\boldsymbol{D}=\varepsilon\boldsymbol{E}$两个关系式，便得

$$\nabla \cdot (\nabla \phi) = -\frac{\rho}{\varepsilon}$$

$$\nabla^2 \phi = -\frac{\rho}{\varepsilon} \tag{1.6.17 a}$$

式中：$\nabla^2 = \frac{\partial}{\partial x^2} + \frac{\partial}{\partial y^2} + \frac{\partial}{\partial z^2}$，称为拉普拉斯算子。

式（1.6.17 a）称为标量电位的泊松方程，即在有电荷分布的空间中的电位满足泊松方程。而对于没有电荷分布的空间，即$\rho=0$，则式（1.6.17 a）变为

$$\nabla^2 \phi = 0 \tag{1.6.17 b}$$

式（1.6.17 b）称为拉普拉斯方程。即表明在没有电荷分布的空间中的电位满足拉普拉斯方程。式中∇^2为二阶微分算符，在各种坐标系中$\nabla^2\phi$有不同的表达式，见附录 B。

【例 1–6】 如图 1.6.4 所示，金属球壳的内壳半径为a，外壳半径为b（球壳厚度可忽略不计）。设内球壳电位为U_a，外球壳电位为U_b，求球壳间的电位分布及电场强度分布。

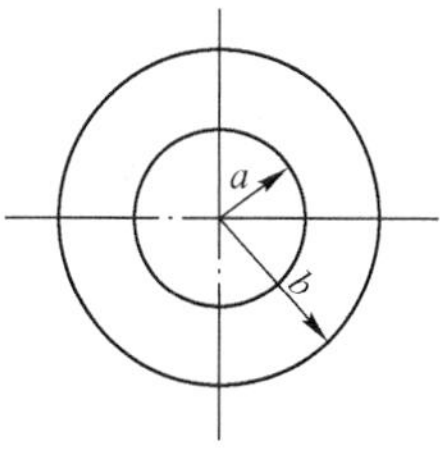

图 1.6.4　金属球壳示意图

解： 由于球壳内无电荷分布，故电位满足拉普拉斯方程。在球坐标(r,θ,φ)中有

$$\nabla^2 \phi = \frac{1}{r}\frac{\partial^2 (r\phi)}{\partial r^2} + \frac{1}{r^2 \sin\theta}\frac{\partial}{\partial\theta}\left(\sin\theta\frac{\partial\phi}{\partial\theta}\right) + \frac{1}{r^2\sin^2\theta}\frac{\partial^2\phi}{\partial\varphi^2} = 0$$

由于电位分布是球对称的，即$\partial\phi/\partial\theta = \partial\phi/\partial\varphi = 0$，因此上式简化为

$$\frac{1}{r}\frac{\partial^2 (r\phi)}{\partial r^2} = 0$$

上式对r两次积分，得到

$$r\phi = C_1 r + C_2$$

即

$$\phi = C_1 + \frac{C_2}{r}$$

式中，常数C_1和C_2可由边界条件来确定，其边界条件为

$$r=a,\quad \phi = U_a$$

$$r=b,\quad \phi = U_b$$

将此边界条件代入$\phi = C_1 + \frac{C_2}{r}$，解得

$$C_1 = \frac{aU_a - bU_b}{a-b}$$

$$C_2 = \frac{ab(U_b - U_a)}{a-b}$$

$$\phi = \frac{aU_a - bU_b}{a-b} + \frac{ab(U_b - U_a)}{(a-b)r}$$

在球坐标中

$$\nabla\phi = \boldsymbol{a}_r\frac{\partial\phi}{\partial r} + \boldsymbol{a}_\theta\frac{1}{r}\frac{\partial\phi}{\partial\theta} + \boldsymbol{a}_\varphi\frac{1}{\sin\theta}\frac{\partial\phi}{\partial\varphi}$$

因为 $$\frac{\partial\phi}{\partial\theta}=\frac{\partial\phi}{\partial\varphi}=0$$

所以 $$\nabla\phi=\boldsymbol{a}_{\mathrm{r}}\frac{\partial\phi}{\partial r}=-\boldsymbol{E}$$

故 $$\boldsymbol{E}=\boldsymbol{a}_{\mathrm{r}}\frac{ab(U_{\mathrm{b}}-U_{\mathrm{a}})}{(a-b)r^2}$$

5. 静电场的边界条件

在介电常数分别为 ε_1 和 ε_2 的两种介质分界面上，由于介质性质的变化，电场也会发生相应的变化。在分界面的两侧介质中，电场量之间的关系称为分界面上的边界条件。

静电场的边界条件可由静电场的基本方程导出，也可以直接从电磁场的边界条件得到，即：

$$\begin{cases}E_{\mathrm{t1}}=E_{\mathrm{t2}}\\ D_{\mathrm{n1}}=D_{\mathrm{n2}}\ \text{或}\ \varepsilon_1E_{\mathrm{n1}}=\varepsilon_2E_{\mathrm{n2}}(\rho_S=0)\\ D_{\mathrm{n1}}-D_{\mathrm{n2}}=\rho_S(\rho_S\neq0)\end{cases}\tag{1.6.18}$$

可见，在两种不同介质的分界面上电场强度的法向分量总是不连续的，其原因在于介质分界面上存在束缚电荷。其束缚电荷的密度 $\rho_{S\mathrm{b}}$ 为

$$\rho_{S\mathrm{b}}=D_{\mathrm{n2}}-D_{\mathrm{n1}}=\varepsilon_0(\varepsilon_{\mathrm{r1}}E_{\mathrm{n1}}-\varepsilon_{\mathrm{r2}}E_{\mathrm{n2}})$$

故 $$\varepsilon_{\mathrm{r1}}E_{\mathrm{n1}}-\varepsilon_{\mathrm{r2}}E_{\mathrm{n2}}=-\frac{\rho_{S\mathrm{b}}}{\varepsilon_0}\tag{1.6.19}$$

式中：$\rho_{S\mathrm{b}}$ 为束缚电荷的密度；$\varepsilon_{\mathrm{r1}}$，$\varepsilon_{\mathrm{r2}}$ 分别为介质 1、介质 2 的相对介电常数。

根据上述边界条件，可以求出没有自由电荷分布的分界面上电场强度矢量方向的改变情况。如图 1.6.5 所示，假设 ε_1 介质中的电场 $\boldsymbol{E}_1$ 与分界面的法线成 θ_1 的夹角，而 ε_2 介质中电场 $\boldsymbol{E}_2$ 与分界面的法线成 θ_2 的夹角，则由式（1.6.18）可方便得到

$$\frac{\tan\theta_1}{\tan\theta_2}=\frac{\varepsilon_1}{\varepsilon_2}\tag{1.6.20}$$

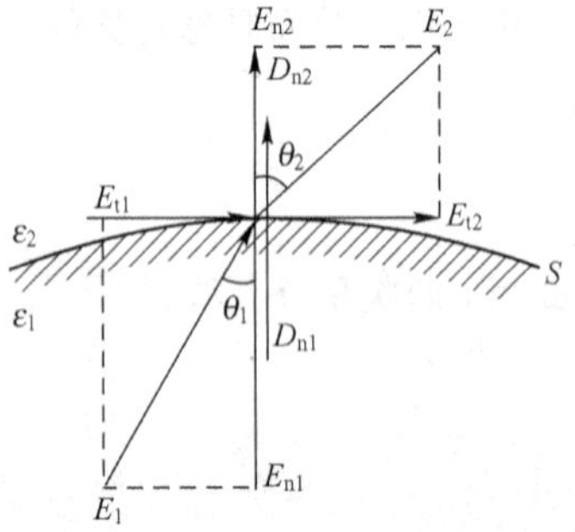

图 1.6.5 边界上的电场示意图

6. 电容

两导体电容的定义：当两导体带有异性电荷时，电荷量 Q 与两导体间的电位差之比，即

$$C=\frac{Q}{U}\tag{1.6.21}$$

导体电容是与导体的形状、尺寸和周围介质的分布有关的常数。

如果把其中一个导体移到无限远处，则两导体间的电位差即为另一个导体的电位，此时两导体的电容即为孤立导体的电容。其电容量为该导体的电荷量 Q 与电位 ϕ 之比，即

$$C=\frac{Q}{\phi}\tag{1.6.22}$$

【例 1-7】 已知同轴线内外导体半径分别为 a 和 b，内外导体间填充介质的介电常数为 ε。求同轴线单位长度上的分布电容。

解：设同轴线内外导体单位长度所带的电荷量分别为 $+\rho_l$ 和 $-\rho_l$，应用高斯定律很易求得介质内的电场强度 E 为

$$E = E_r = \frac{\rho_l}{2\pi\varepsilon r}$$

于是内外导体之间的电位差为

$$U = \int_a^b E_r \mathrm{d}r = \frac{\rho_l}{2\pi\varepsilon}\int_a^b \frac{\mathrm{d}r}{r} = \frac{\rho_l}{2\pi\varepsilon}\ln\frac{b}{a}$$

故单位长度上的部分电容为

$$C = \frac{\rho_l}{U} = \frac{2\pi\varepsilon}{\ln\frac{b}{a}}$$

由例1-7可以看出，计算两导体的电容时，先假设两导体上带有等量异号电荷，然后计算两导体间的电场和两个导体间的电位差，最后由电荷量及电位差的比值求得电容。

有两个导体以上的系统称为多导体系统。这种系统中的每个导体所带的电荷量都会影响所有导体的电位。在线性介质中，应用叠加原理可得到每个导体的电位与各个导体所带的电荷量的关系。假设 N 个导体所带的电荷量分别为 q_1、q_2、q_3、…、q_N，N 个导体的电位分别为 ϕ_1、ϕ_2、ϕ_3、…、ϕ_N，则有

$$\begin{cases} \phi_1 = p_{11}q_1 + p_{12}q_2 + \cdots + p_{1N}q_N \\ \phi_2 = p_{21}q_1 + p_{22}q_2 + \cdots + p_{2N}q_N \\ \qquad\vdots \\ \phi_N = p_{N1}q_1 + p_{N2}q_2 + \cdots + p_{NN}q_N \end{cases} \tag{1.6.23}$$

式中：p_{ij}（$i=1, 2, 3, \cdots, N$；$j=1, 2, 3, \cdots, N$）都是常数，称为电位系数，具有相同下标的称为自电位系数，具有不同下标的称为互电位系数，每个电位系数与导体的形状、相对位置以及介质特性有关，而与导体所带的电荷量无关。

当各个导体的电位已知时，则可从式（1.6.23）解出各个导体所带的电荷量为

$$\begin{cases} q_1 = \beta_{11}\phi_1 + \beta_{12}\phi_2 + \cdots + \beta_{1N}\phi_N \\ q_2 = \beta_{21}\phi_1 + \beta_{22}\phi_2 + \cdots + \beta_{2N}\phi_N \\ \qquad\vdots \\ q_N = \beta_{N1}\phi_1 + \beta_{N2}\phi_2 + \cdots + \beta_{NN}\phi_N \end{cases} \tag{1.6.24}$$

式中：β_{ij}（$i=1, 2, 3, \cdots, N$；$j=1, 2, 3, \cdots, N$）称为静电感应系数，具有相同下标的称为自静电感应系数，具有不同下标的称为互静电感应系数。由式（1.6.24）可以得到 β_{ij} 的定义。

$$\beta_{ii} = \left.\frac{q_i}{\phi_i}\right|_{\phi_k=0} \quad (k \neq i) \tag{1.6.25}$$

$$\beta_{ij} = \left.\frac{q_i}{\phi_j}\right|_{\phi_k=0} \quad (k \neq j) \tag{1.6.26}$$

可见，β_{ii} 为除导体 i 以外其余导体都接地时，导体 i 上的电荷量和自身电位的比值。β_{ij} 为除导体 j 以外其余导体都接地时，导体 i 上电荷量与导体 j 的电位的比值。可以证明，互感应系数具有互易特性，即

$$\beta_{ij} = \beta_{ji} \tag{1.6.27}$$

令 $C_{ij} = -\beta_{ij}$，$C_{kk} = \beta_{k1} + \beta_{k2} + \cdots + \beta_{kN}$，则式（1.6.24）可改写为

$$\begin{cases} q_1 = C_{11}\phi_1 + C_{12}(\phi_1 - \phi_2) + \cdots + C_{1N}(\phi_1 - \phi_N) \\ q_2 = C_{21}(\phi_2 - \phi_1) + C_{22}\phi_2 + \cdots + C_{2N}(\phi_2 - \phi_N) \\ \qquad\vdots \\ q_N = C_{N1}(\phi_N - \phi_1) + C_{N2}(\phi_N - \phi_2) + \cdots + C_{NN}\phi_N \end{cases} \tag{1.6.28}$$

式中 C_{ij}（$i=1, 2, 3, \cdots, N$；$j=1, 2, 3, \cdots, N$）称为部分电容，具有相同下标的称为自部分电容，具有不同下标的称为互部分电容。

从式（1.6.28）可以看出

$$C_{11}=\left.\frac{q_1}{\phi_1}\right|_{\phi_1=\phi_k\neq 0} \tag{1.6.29}$$

$$C_{12}=\left.\frac{q_1}{\phi_1-\phi_2}\right|_{\phi_1=\phi_k=0} \quad (k\neq 2) \tag{1.6.30}$$

如图1.6.6（a）所示，C_{11}为所有导体都与导体I相连时，导体I上的电荷量与其自身的电位的比值。而C_{12}为除导体II以外所有导体都接地时，导体I上所带的电荷量与导体I和II之间的电位差的比值，如图1.6.6（b）所示。

必须指出，在多导体系统中，任意两个导体之间的互部分电容 C_{ij}（或任一导体对地的部分电容）与前面定义的两导体间的电容不同，C_{ij}和其他部分电容组成的等效电容才是多导体中两个导体间的电容。两个导体和大地的等效电容的示意图如图1.6.7所示，导体I、导体II间的等效输入电容为

$$C_0=C_{12}+\frac{C_{11}C_{22}}{C_{11}+C_{22}}$$

导体I对地的输入电容为

$$C_1=C_{11}+\frac{C_{12}C_{22}}{C_{12}+C_{22}}$$

导体II对地的输入电容为

$$C_2=C_{22}+\frac{C_{11}C_{12}}{C_{11}+C_{12}}$$

除了用静电分析法求出各部分电容外，这里用实验的方法测得 C_0、C_1和 C_2后，由以上3个公式也可求得各部分电容。

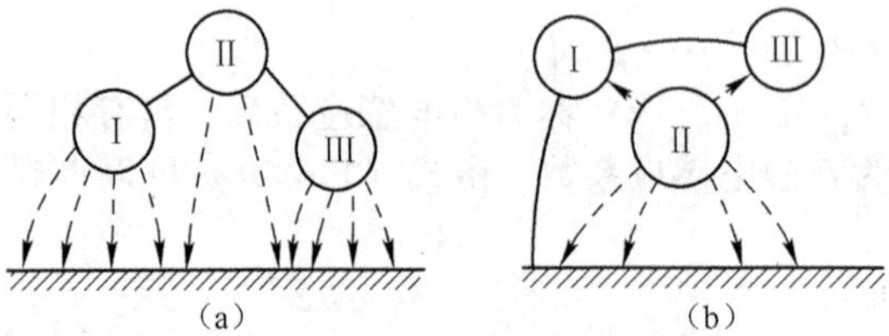

图1.6.6　导体间电容分布示意图

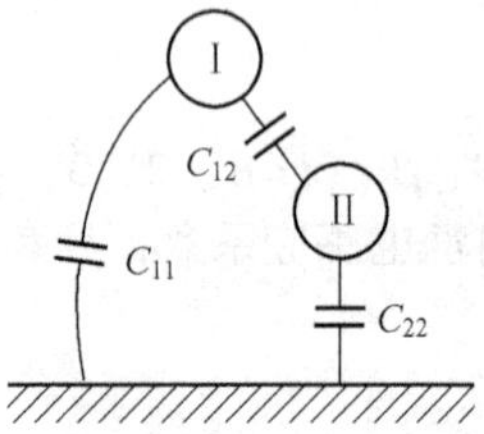

1.6.7　导体间电容分布等效图

1.6.2　恒流电场

1. 恒流电场的基本方程

恒流电场是指不随时间变化的电流所产生的电场。恒流电场中电荷是不断运动的，从微观上来说是不规则的，但从宏观上来说，电荷分布在任何时间是不变的。因此，恒流电场的性质和静电场是可以比拟的。

如果导电媒质外部电介质中没有电荷分布，则麦克斯韦方程可简化为

$$\begin{cases}\nabla\times\boldsymbol{E}=0\\ \nabla\cdot\boldsymbol{D}=0\end{cases} \tag{1.6.31}$$

即恒定电流在导体外部产生的电场与没有电荷分布空间的静电场具有相同的性质，电场也

是无旋场。

这里引入电流密度 $\boldsymbol{J}$，它是一个矢量，其方向与正自由电荷在该处的运动方向相同，其大小与单位时间内穿过该处垂直于电荷运动方向的单位面积的电荷量相等。

为了保持电流恒定不变，导电媒质中任何一个体积 V 内的电荷量必须不随时间变化。此时电荷运动达到动态平衡，即任何时刻流入体积内的电荷量等于从该体积内流出的电荷量。换言之，从包围此体积的闭合面穿出的 $\boldsymbol{J}$ 的通量为零。又因为从闭合面流出的电流等于单位时间内体积中电荷的减少量，故有

$$\oint_S \boldsymbol{J} \cdot \mathrm{d}\boldsymbol{S} = -\frac{\partial}{\partial t}\int_V \rho \mathrm{d}V = \int_V -\frac{\partial \rho}{\partial t}\mathrm{d}V = 0 \tag{1.6.32}$$

由散度定理得

$$\oint_S \boldsymbol{J} \cdot \mathrm{d}\boldsymbol{S} = \int_V \nabla \cdot \boldsymbol{J}\mathrm{d}V = 0 \tag{1.6.33}$$

因式（1.6.33）与体积 V 的选择无关，故被积函数应等于零，即

$$\nabla \cdot \boldsymbol{J} = -\frac{\partial \rho}{\partial t} = 0 \tag{1.6.34}$$

式（1.6.34）即为恒流电场下导电媒质中的电流连续性定律的微分形式。

导电媒质中电流密度与电场强度之间的关系为

$$\boldsymbol{J} = \sigma \boldsymbol{E} \tag{1.6.35}$$

式（1.6.35）为欧姆定律的微分形式。σ 为导电媒质的电导率，单位为 S/m。

于是得到导电媒质中的电场的基本方程为

$$\begin{cases} \nabla \times \boldsymbol{E} = 0 \\ \nabla \cdot \boldsymbol{J} = 0 \\ \boldsymbol{J} = \sigma \boldsymbol{E} \end{cases} \tag{1.6.36}$$

可见，导电媒质中的电场是无旋场，电流为无源场。

2. 恒流电场的边界条件

由于在电导率分别为 σ_1 和 σ_2 的分界面上有电荷的积聚，故电流要发生突变。根据恒流场在导电媒质中的基本方程可导出恒流电场的边界条件。由于导电媒质中恒流电场的基本方程和无电荷分布区域的静电场基本方程形式完全相同，由此导出的边界条件也相仿。这里不进行推导，仅给出如下结论：

$$\begin{cases} J_{\mathrm{n1}} = J_{\mathrm{n2}} \\ E_{\mathrm{t1}} = E_{\mathrm{t2}} \\ \dfrac{\tan \theta_1}{\tan \theta_2} = \dfrac{\sigma_1}{\sigma_2} \end{cases} \tag{1.6.37}$$

式（1.6.37）表明：在两种导电媒质的分界面上，电流密度的法向分量连续；电场强度的切向分量连续；电流密度矢量与分界面的法线之间的夹角的正切之比等于两导电媒质的电导率之比。

在导电媒质与电介质的分界面上，由于电介质完全不导电，即 $\sigma_2 = 0$，则必有 $\boldsymbol{J}_2 = 0$，由式（1.6.37）得 $J_{\mathrm{n1}} = J_{\mathrm{n2}} = 0$，即表明导电媒质中不可能存在电流密度的法向分量，电流沿边界面流动。

3. 恒流电场与静电场的比拟

从前面分析可知，导电媒质中的恒流电场和没有电荷分布的介质中的静电场的基本方程是相似的。而且可以证明两种情况下的电位均满足拉普拉斯方程。将两种场的基本方程重写

于表1.6.1中，以供比较。

表1.6.1　两种场的基本方程对比

比较内容	静电场（无源区）	恒流场
基本方程	$\nabla\times\boldsymbol{E}=0$ $\nabla\cdot\boldsymbol{D}=0$ $\boldsymbol{D}=\varepsilon\boldsymbol{E}$ $\nabla^2\phi=0$	$\nabla\times\boldsymbol{E}=0$ $\nabla\cdot\boldsymbol{J}=0$ $\boldsymbol{J}=\sigma\boldsymbol{E}$ $\nabla^2\phi=0$
边界条件	$D_{n1}=D_{n2}$ $E_{t1}=E_{t2}$ $\dfrac{\tan\theta_1}{\tan\theta_2}=\dfrac{\varepsilon_1}{\varepsilon_2}$	$J_{n1}=J_{n2}$ $E_{t1}=E_{t2}$ $\dfrac{\tan\theta_1}{\tan\theta_2}=\dfrac{\sigma_1}{\sigma_2}$

由表1.6.1可知，导电媒质中$\boldsymbol{J}$和介质中$\boldsymbol{D}$相对应；导电媒质的电导率σ和电介质的介电常数ε相对应。

由于导电媒质中恒流电场与电介质中静电场相似，因此电导的计算与电容相似。如果两电极形状和边界条件均相同，则两电极间的电导G与电容C之间存在下列关系：

$$\frac{\sigma}{\varepsilon}=\frac{G}{C} \tag{1.6.38}$$

因此，只要将电容的计算公式中的ε换成σ，就可以得到电导的计算公式。电导的倒数即为电阻。下面举例说明。

【**例1-8**】同轴线的内外半径分别为a和b。内外导体间的介质的电导率为σ，因而内外导体间有漏电流。试求单位长度上内外导体间的漏电阻，如图1.6.8所示。

解：这里采用静电比拟的方法求解十分方便，由例1-7求得同轴线单位长度上电容计算公式为

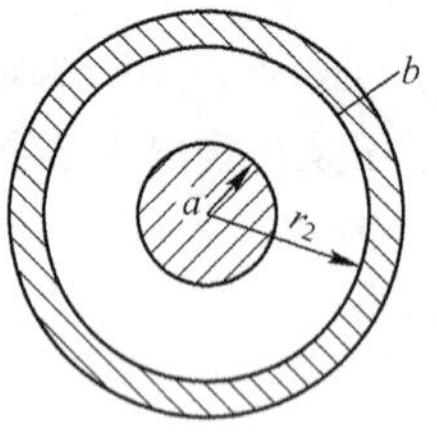

图1.6.8　同轴电缆的结构示意图

$$C=\frac{2\pi\varepsilon}{\ln\dfrac{b}{a}}$$

由于两者边界条件相同，只要用σ来代替上式中ε，即可得到同轴线到漏电导的计算公式为

$$G=\frac{2\pi\sigma}{\ln\dfrac{b}{a}}$$

故漏电阻为

$$R=\frac{1}{G}=\frac{\ln\dfrac{b}{a}}{2\pi\sigma}$$

1.6.3　恒流磁场

1. 恒流磁场的基本方程

恒定电流产生的磁场称为恒流磁场，即空间电流的分布状态是不随时间变化的，因此恒流磁场也是不随时间变化的，描写磁场的物理量磁感应强度$\boldsymbol{B}$和磁场强度$\boldsymbol{H}$仅是空间坐标的函数。

由麦克斯韦方程组可以得到恒流磁场的基本方程为

$$
\begin{cases}
\nabla \times \boldsymbol{H} = \boldsymbol{J} \\
\nabla \cdot \boldsymbol{B} = 0 \\
\boldsymbol{B} = \mu \boldsymbol{H}
\end{cases} \tag{1.6.39}
$$

由式（1.6.39）可知，恒流磁场和恒流电场不同，恒流磁场是有旋场，即在有电流分布的空间任意点磁场强度 $\boldsymbol{H}$ 的旋度等于该处的电流密度。恒流磁场又是无源场，磁感应强度的散度处处为零，即磁感线是无头无尾的封闭曲线。

但在无电流分布的空间中，其恒流磁场的方程为

$$
\begin{cases}
\nabla \times \boldsymbol{H} = 0 \\
\nabla \cdot \boldsymbol{B} = 0 \\
\boldsymbol{B} = \mu \boldsymbol{H}
\end{cases} \tag{1.6.40}
$$

关于恒流均匀直导线产生的磁场，可用安培环流定律求解，这在 1.2.1 节已经讨论过，而对恒定电流的任意放置的导线产生的磁场问题，则要用到毕奥 – 萨伐尔定律和矢量磁位进行求解。

2. 矢量磁位

在静电场中，引入了标量电位函数的物理量。由于磁场是有旋场，因而在有电流分布的空间，不存在一个梯度的负值处处等于磁场强度的标量位函数。因此在磁场中，必须引入一个矢量磁位函数。由毕奥 – 萨伐尔定律可以发现，磁感应强度可以用另一个矢量的旋度来表示。

毕奥 – 萨伐尔定律为

$$
\boldsymbol{B} = \frac{\mu_0}{4\pi} \int_V \frac{\boldsymbol{J} \times \boldsymbol{a}_r}{r^2} \mathrm{d}V \tag{1.6.41}
$$

式中：$\boldsymbol{J}$ 为源点的电流密度；r 为源点到场点的距离；$\boldsymbol{a}_r$ 为距离矢量的单位矢量；$\boldsymbol{B}$ 为场点产生的磁感应强度如图 1.6.9 所示。

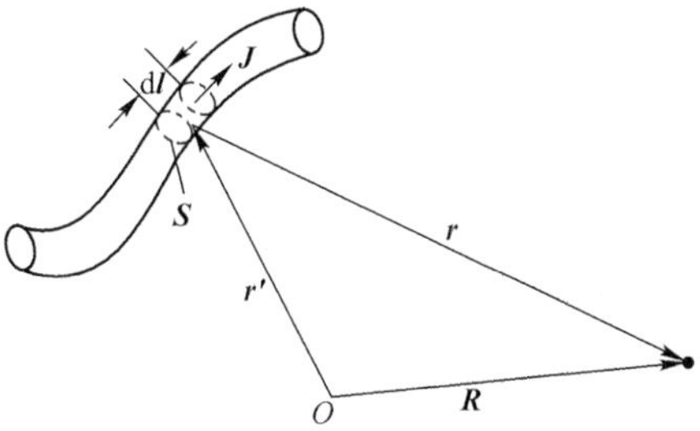

图 1.6.9　任意恒定电流产生磁场强度的示意图

利用矢量等式

$$
\nabla \times \left(\frac{\boldsymbol{J}}{r}\right) = \nabla\left(\frac{1}{r}\right) \times \boldsymbol{J} + \frac{1}{r} \nabla \times \boldsymbol{J}
$$

因为是对场点的微分运算，而 $\boldsymbol{J}$ 是源点的函数，因此 $\nabla \times \boldsymbol{J} = 0$，故有

$$
\nabla \times \left(\frac{\boldsymbol{J}}{r}\right) = \nabla\left(\frac{1}{r}\right) \times \boldsymbol{J} = -\boldsymbol{J} \times \nabla\left(\frac{1}{r}\right) = \boldsymbol{J} \times \frac{\boldsymbol{a}_r}{r^2}
$$

因此，式（1.6.41）可以改写为

$$
\boldsymbol{B} = \frac{\mu_0}{4\pi} \int_V \nabla \times \left(\frac{\boldsymbol{J}}{r}\right) \mathrm{d}V
$$

因为 $\boldsymbol{J}$ 是源点坐标的函数，故对场点坐标 $\nabla \times$ 可以移到积分号外面，故有

$$\boldsymbol{B} = \nabla \times \frac{\mu_0}{4\pi}\int_V \frac{\boldsymbol{J}}{r}\mathrm{d}V$$

由此可见，场点的磁感应强度 $\boldsymbol{B}$ 可以用另一个矢量的旋度来表示。令该矢量为矢量磁位 $\boldsymbol{A}$，且

$$\boldsymbol{A} = \frac{\mu_0}{4\pi}\int_V \frac{\boldsymbol{J}}{r}\mathrm{d}V \tag{1.6.42}$$

$$\boldsymbol{B} = \nabla \times \boldsymbol{A} \tag{1.6.43}$$

$\boldsymbol{A}$ 是矢量，在直角坐标系中 3 个分量分别与电流密度 $\boldsymbol{J}$ 的 3 个分量有关，即

$$\begin{cases} A_x = \dfrac{\mu_0}{4\pi}\displaystyle\int_V \frac{J_x}{r}\mathrm{d}V \\ A_y = \dfrac{\mu_0}{4\pi}\displaystyle\int_V \frac{J_y}{r}\mathrm{d}V \\ A_z = \dfrac{\mu_0}{4\pi}\displaystyle\int_V \frac{J_z}{r}\mathrm{d}V \end{cases} \tag{1.6.44}$$

如果电流是分布在表面上或细导线回路中，则矢量磁位分别为

$$\boldsymbol{A} = \frac{\mu_0}{4\pi}\int_S \frac{\boldsymbol{J}_S}{r}\mathrm{d}S$$

$$\boldsymbol{A} = \frac{\mu_0}{4\pi}\int_l \frac{\boldsymbol{J}_l}{r}\mathrm{d}l \tag{1.6.45}$$

在静电场中，当给定体电荷密度 ρ 时，场中某点的电位为

$$\phi = \frac{1}{4\pi\varepsilon_0}\int_V \frac{\rho}{r}\mathrm{d}V \tag{1.6.46}$$

而 ϕ 满足泊松方程

$$\nabla^2\phi = -\frac{\rho}{\varepsilon_0} \tag{1.6.47}$$

将式（1.6.44）与式（1.6.46）相比较，可以得出结论：$\boldsymbol{A}$ 的每一个分量必满足下列泊松方程

$$\begin{cases} \nabla^2 A_x = -\mu_0 J_z \\ \nabla^2 A_y = -\mu_0 J_y \\ \nabla^2 A_z = -\mu_0 J_z \end{cases} \tag{1.6.48}$$

当然，矢量磁位 $\boldsymbol{A}$ 也一定满足泊松方程

$$\nabla^2\boldsymbol{A} = \mu_0\boldsymbol{J} \tag{1.6.49}$$

由矢量分析中的亥姆霍兹定理可知，要确定矢量 $\boldsymbol{A}$，还必须知道 $\nabla\cdot\boldsymbol{A}$，这里定义 $\nabla\cdot\boldsymbol{A}=0$，并将此约束条件称为库仑规范。

必须指出，由于磁场是有旋场，因而在有电流分布的空间不可能存在一个标量函数，即磁场不是一个位场。而在没有电流分布的空间内，磁场强度的旋度为零，故在无电流分布的空间内的磁场也可应用标量位函数来进行分析，和静电场相似，令

$$\boldsymbol{H} = -\nabla\phi_{\mathrm{m}} \tag{1.6.50}$$

式中：ϕ_{m} 为标量磁位，标量磁位也满足拉普拉斯方程，即

$$\nabla^2\phi_{\mathrm{m}} = 0 \tag{1.6.51}$$

因此，没有电流分布空间内的磁场的求解，就是解满足边界条件的标量磁位的拉普拉斯方程，然后再由式（1.6.50）求出磁场强度 $\boldsymbol{H}$。

3. 恒流磁场的边界条件

磁场在不同媒质分界面上的边界条件同样可由电磁场边界条件式（1.4.14）得到

$$\begin{cases} H_{t1}-H_{t2}=J_l \\ B_{n1}=B_{n2} \end{cases} \tag{1.6.52}$$

若分界面上没有面电流分布，则有

$$\begin{cases} H_{t1}=H_{t2} \\ B_{n1}=B_{n2} \end{cases} \tag{1.6.53}$$

即在没有电流分布的分界面上，磁场强度的切向分量与磁感应强度的法向分量均连续。由式（1.6.53）可以导出磁场在没有电流分布的分界面上的折射规律为

$$\frac{\tan\theta_1}{\tan\theta_2}=\frac{\mu_1}{\mu_2} \tag{1.6.54}$$

当$\mu_1>\mu_2$时，则$\theta_1>\theta_2$。图1.6.10给出了$\mu_1>\mu_2$的情况。由式（1.6.54）看出，当$\mu_1\gg\mu_2$时，即使θ_1取得很大，θ_2还是很小。如$\mu_1=500\mu_0$，$\mu_2=\mu_0$时，$\theta_1=83.3°$，$\theta_2=\arctan\left(\frac{\mu_2}{\mu_1}\tan\theta_1\right)=3.3°$。这表明铁磁物质表面的磁场方向基本上与铁磁物质表面相垂直。这与电场方向基本上垂直于良导体表面具有相似特性。

4. 电感

在静电场中，定义电荷与电压的比值为电容；在恒流磁场中，定义穿过闭合曲面磁通与构成该曲面的曲线中的电流的比值为电感。电感分自感和互感，自感又分内自感和外自感。下面分别进行讨论。

（1）自感。设有一闭合回路中通有电流I，穿过该闭合回路的磁通为ψ_m，则该回路的自感为

$$L=\frac{\psi_m}{I} \tag{1.6.55}$$

如在图1.6.11所示的单匝线圈中通有电流I，则穿过该线圈的磁通可由矢量磁位的闭合积分求得，即

$$\psi_m=\int_S \boldsymbol{B}\cdot d\boldsymbol{S}=\int_S \nabla\times\boldsymbol{A}\cdot d\boldsymbol{S}=\oint_{l_2}\boldsymbol{A}\cdot d\boldsymbol{l}_2 \tag{1.6.56}$$

对于细导线，假设电流集中于导线的轴线l_1上，则由式（1.6.45）得

$$\boldsymbol{A}=\frac{\mu I}{4\pi}\oint_{l_1}\frac{d\boldsymbol{l}_1}{r} \tag{1.6.57}$$

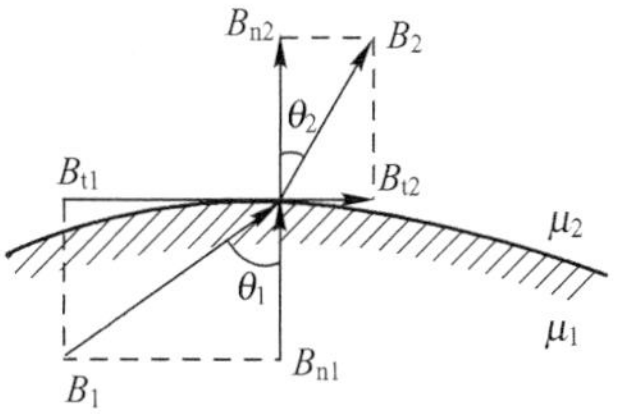

图1.6.10　$\mu_1>\mu_2$时的边界条件

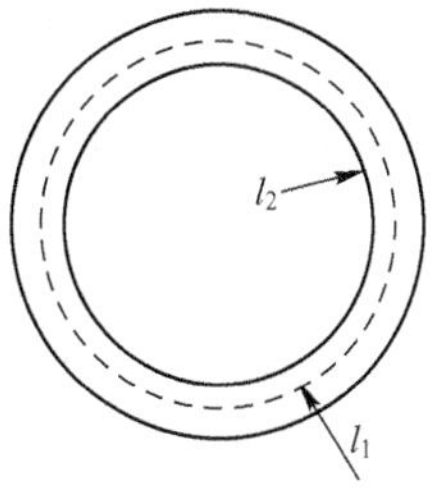

图1.6.11　单匝载流线圈的磁通量分布

将式（1.6.57）代入式（1.6.56）得

$$\psi_m = \frac{\mu I}{4\pi}\oint_{l_2}\oint_{l_1}\frac{\mathrm{d}\boldsymbol{l}_1 \cdot \mathrm{d}\boldsymbol{l}_2}{r} \tag{1.6.58}$$

式（1.6.58）为二重积分，式中 r 为 $\mathrm{d}\boldsymbol{l}_1$ 与 $\mathrm{d}\boldsymbol{l}_2$ 间的距离，故单匝线圈的自感为

$$L = \frac{\psi_m}{I} = \frac{\mu}{4\pi}\oint_{l_2}\oint_{l_1}\frac{\mathrm{d}\boldsymbol{l}_1 \cdot \mathrm{d}\boldsymbol{l}_2}{r} \tag{1.6.59}$$

对于多匝线圈，且假定各个线圈紧密绕在同一个位置，此时产生磁场的电流可以看成是 NI（N 为线圈的匝数），则穿过线圈每匝的磁通为

$$\psi_m = \frac{\mu NI}{4\pi}\oint_{l_1}\oint_{l_2}\frac{\mathrm{d}\boldsymbol{l}_1 \cdot \mathrm{d}\boldsymbol{l}_2}{r} \tag{1.6.60}$$

由于通过每匝线圈的磁通都相同，故 N 匝线圈穿过的总磁通为 $\Psi = N\psi_m$。因此多匝线圈的自感为

$$L' = \frac{\Psi}{I} = \frac{\mu N^2}{4\pi}\oint_{l_1}\oint_{l_2}\frac{\mathrm{d}l_1 \cdot \mathrm{d}l_2}{r} = N^2 L \tag{1.6.61}$$

式中：L 为单匝线圈的自感。相同尺寸多匝线圈的自感与匝数的二次方成正比。

上面的计算中，只考虑导体外部的磁通，故称为外自感。实际上，导线内部也存在内磁通，相应的自感称为内自感。

假设载流导线所构成的回路尺寸远比导线的截面尺寸大，则导线内部的磁场可以认为与无限长直导线内部的磁场相同。并假设导线的截面积为圆形，其半径为 R，导线材料的磁导率为 μ，如图 1.6.12 所示。下面讨论它的内自感。

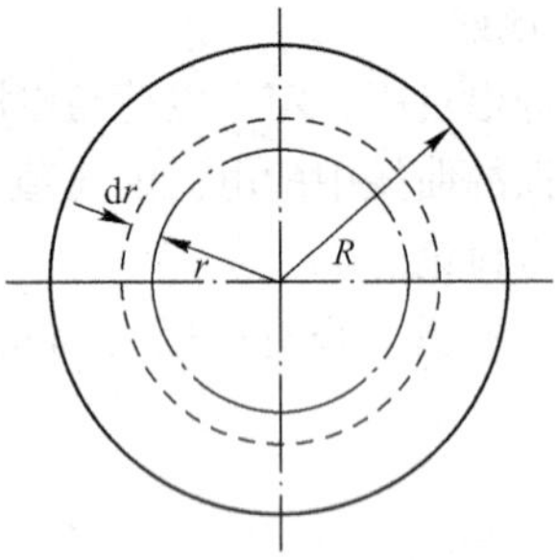

图 1.6.12　通电导线的内自感示意图

应用安培定律，求得导线内部距轴线 r 处的感应强度为

$$B = \frac{\mu}{2\pi r}\left(\frac{r}{R}\right)^2 I = \frac{\mu r}{2\pi R^2}I \tag{1.6.62}$$

因为磁感线是以轴为圆心，r 为半径的圆，则在 r 处穿过 $\mathrm{d}r$ 厚度、l 长度截面的磁通为

$$\mathrm{d}\psi_m = B\mathrm{d}S = Bl\mathrm{d}r \tag{1.6.63}$$

这些磁通仅与 $(r/R)^2 I$ 的电流相交链，因此与这部分电流相交链的磁链为

$$\mathrm{d}\Psi = \frac{r^2}{R^2}\mathrm{d}\psi_m = \left(\frac{r}{R}\right)^2\left(\frac{\mu r I}{2\pi R^2}\right)l\mathrm{d}r$$

故总的磁链为

$$\Psi = \int_0^R \mathrm{d}\Psi = \int_0^R \frac{\mu l I}{2\pi R^4}r^3\,\mathrm{d}r = \frac{\mu l I}{8\pi} \tag{1.6.64}$$

因此，长度为 l 的圆形截面导线的内电感为

$$L = \frac{\mu l}{8\pi} \tag{1.6.65}$$

单位长度上的内自感为

$$L_0 = \frac{\mu}{8\pi} \tag{1.6.66}$$

式（1.6.66）表明，单位长度上的内电感与导线的截面尺寸无关，仅与导线的磁导率有关。磁导率愈大，内自感愈大。

（2）互电感。如图 1.6.13 所示，当两个闭合回路靠得比较近时，一个回路中通有电流 I_1，则在第二个回路 l_2 中产生的交链磁链为

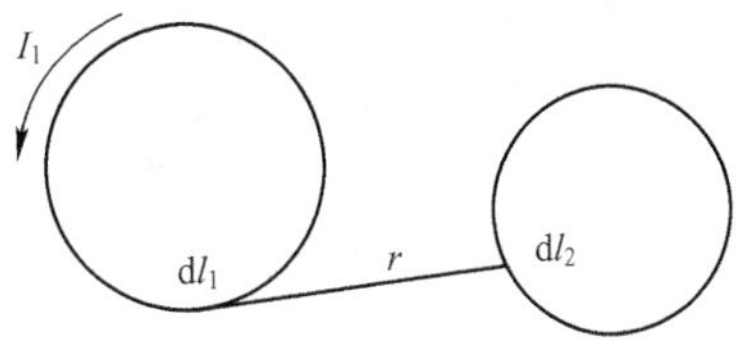

图 1.6.13　导线间的互感示意图

$$\Psi_{21} = \oint_{l_2} \boldsymbol{A}_{21} \cdot d\boldsymbol{l}_2 \qquad (1.6.67)$$

式中：$\boldsymbol{A}_{21}$是 I_1在第二个回路处产生的矢量磁位，即

$$\boldsymbol{A}_{21} = \frac{\mu_0 I_1}{4\pi}\oint_{l_1} \frac{d\boldsymbol{l}_1}{r} \qquad (1.6.68)$$

将式（1.6.68）代入式（1.6.67）得

$$\Psi_{21} = \frac{\mu_0 I_1}{4\pi}\oint_{l_2}\oint_{l_1} \frac{d\boldsymbol{l}_1 \cdot d\boldsymbol{l}_2}{r} \qquad (1.6.69)$$

则回路 l_1对回路 l_2的互感为

$$M_{21} = \frac{\Psi_{21}}{I_1} = \frac{\mu_0}{4\pi}\oint_{l_2}\oint_{l_1} \frac{d\boldsymbol{l}_1 \cdot d\boldsymbol{l}_2}{r} \qquad (1.6.70)$$

可以证明：$M_{21} = M_{12} = M$。

式（1.6.59）和式（1.6.70）相比较可知，导线回路的外自感等于导线几何轴线 l_1构成的回路与内侧边线 l_2构成回路间的互感。

【例 1-9】 设双线传输线间的距离为 D，两导线的半径均为 $r(D \gg r)$。求每单位长度的外自感。

解： 如图 1.6.14 所示。假设 A 和 B 两导线中的电流分别为 I 和 $-I$，则根据安培环路定律，可求得在垂直于两导线的平面上，与导线 A 相距为 x 处的磁通密度为

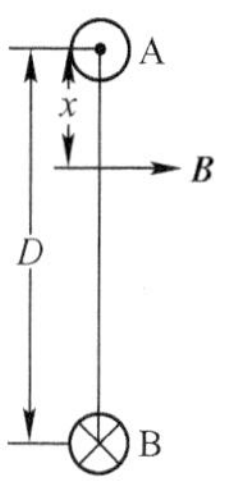

图 1.6.14　间距离为 D 的双线传输线

$$B = \frac{\mu_0 I}{2\pi}\left(\frac{1}{x} + \frac{1}{D-x}\right)$$

与单位长度传输线相交链的磁通为

$$\begin{aligned}\psi &= \int_r^{D-2r} B \cdot dS = \int_r^{D-2r} \frac{\mu_0 I}{2\pi}\left(\frac{1}{x} + \frac{1}{D-x}\right)dx \\ &= \frac{\mu_0 I}{2\pi}\ln \frac{x}{D-x}\bigg|_r^{D-2r} \\ &= \frac{\mu_0 I}{\pi}\ln \frac{D-r}{r} \approx \frac{\mu_0 I}{\pi}\ln \frac{D}{r}\end{aligned}$$

于是，单位长度的电感为

$$L = \frac{\Psi}{I} = \frac{\mu_0}{\pi}\ln \frac{D}{r}$$

1.7　平面电磁波

静态场不随时间变化，只对应电磁场在空间的分布，所以不能用来传递信息和能量。广泛应用于无线通信、遥控遥测等信息技术的都必须是随时空变化的电磁场，即电磁波。按照电磁波产生源的不同，可将电磁波分为平面波、柱面波、球面波，它们分别是由均匀的无限大平面源、无限长直线源和点源（球面源）激励的电磁波，而对于应用电磁波的远源区域，它们都可以看成平面波，所以本节将重点研究平面波，分析其在无耗介质和导电媒质中的传播特性、在

不同媒质之间的入射问题，以及电磁波极化问题。

前面讨论了麦克斯韦方程的积分形式的具体应用，而麦克斯韦方程的微分形式应用更为普遍，以下通过求解平面电磁波的分布及其特性，说明麦克斯韦方程微分形式的具体应用。电磁波是指传播着的时变电磁场，因此电磁波一定满足由麦克斯韦方程导出的波动方程。

1.7.1 平面电磁波概述

平面电磁波中最简单、最基本的为正弦均匀平面电磁波，这种电磁波的波阵面为平面，所谓波阵面是指电磁波的等相位面，即相位相等的面。对于均匀平面波，波阵面是平面，波阵面内各点场强均相等，且假定随时间正弦变化。下面就均匀平面电磁波的性质进行介绍。

对于时变电磁场，由麦克斯韦方程的微分形式

$$\begin{cases}\nabla\times\boldsymbol{E}=-\dfrac{\partial\boldsymbol{B}}{\partial t}\\[2mm]\nabla\times\boldsymbol{H}=\dfrac{\partial\boldsymbol{D}}{\partial t}\end{cases}$$

可以得出：电场由变化的磁场产生，磁场由变化的电场产生，把这样由电场和磁场相互激励的场称为相关电磁场，且在相关场中必有 $\boldsymbol{E}\perp\boldsymbol{H}$，如图 1.7.1 所示。在图 1.7.1（a）中，极板间变化的电场 $\boldsymbol{J}_{\mathrm{d}}$ 能产生磁场 $\boldsymbol{H}$，由右手螺旋定则可知：$\boldsymbol{E}$ 垂直于 $\boldsymbol{H}$ 所在平面，则必有 $\boldsymbol{E}\perp\boldsymbol{H}$；在图 1.7.1（b）中，$\dfrac{\partial\boldsymbol{B}}{\partial t}$ 增大时，按楞次定律“增反减同”，感应磁场 $\boldsymbol{B}'$ 与原磁场 $\boldsymbol{B}$ 方向相反，其产生的 $\boldsymbol{E}$ 的方向如图 1.7.1（b）所示，因为 $\boldsymbol{H}$ 垂直于 $\boldsymbol{E}$ 所在平面，则必有 $\boldsymbol{H}\perp\boldsymbol{E}$。

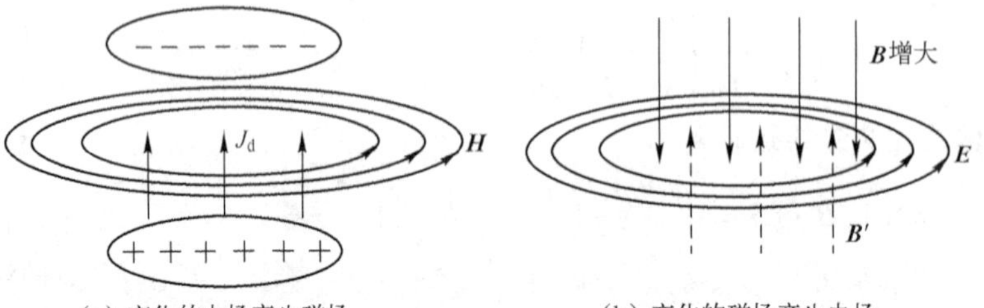

（a）变化的电场产生磁场　　（b）变化的磁场产生电场

图 1.7.1　相关场中电场与磁场关系

对于均匀平面电磁波，其波阵面为平面，且波阵面内各点场强均相等，在其横截面上电场 $\boldsymbol{E}$ 和磁场 $\boldsymbol{H}$ 均不随 x 和 y 变化，即

$$\frac{\partial\boldsymbol{E}}{\partial x}=\frac{\partial\boldsymbol{E}}{\partial y}=0;\quad \frac{\partial\boldsymbol{H}}{\partial x}=\frac{\partial\boldsymbol{H}}{\partial y}=0\qquad\text{（取传输方向为“}+z\text{”）}\tag{1.7.1}$$

又因为电磁场随时间正弦变化，所以场强可以由空间向量形式乘上随时间变化的正弦时间因子 $\mathrm{e}^{\mathrm{j}\omega t}$ 得到。

按照传输平面波介质性质不同，把平面波分为理想介质中的平面波和导电媒质中的平面波。下面首先讨论无界理想介质中的均匀平面波，然后讨论无界导电媒质中的平面波；最后讨论平面波在不同媒质分界面上的反射和折射问题。

1.7.2 理想介质中的均匀平面波

所谓理想介质是指线性、均匀、各向同性的非导电媒质（无耗：$\sigma=0$）。该介质的无源区

域（即$\rho=0$，$\boldsymbol{J}_c=0$）中的麦克斯韦方程为

$$\begin{cases}\nabla\times\boldsymbol{E}=-\dfrac{\partial\boldsymbol{B}}{\partial t}\\ \nabla\times\boldsymbol{H}=\dfrac{\partial\boldsymbol{D}}{\partial t}\\ \nabla\cdot\boldsymbol{D}=0\\ \nabla\cdot\boldsymbol{B}=0\end{cases}\tag{1.7.2}$$

由麦克斯韦方程的微分形式得出$\boldsymbol{E}$和$\boldsymbol{H}$的分布规律的分析思路如下：

（1）利用理想介质性质化简麦克斯韦方程的微分形式，可得波动方程；再由信号特性（正弦型）得亥姆霍兹方程；最后由边界条件，解方程得$\boldsymbol{E}$和$\boldsymbol{H}$。

（2）由均匀平面波的等相位面内电场和磁场处处相等，则电场和磁场只能沿纵向（传播方向）变化，所以其等相位面必为其横向截面。由$\boldsymbol{S}=\boldsymbol{E}\times\boldsymbol{H}$可知$\boldsymbol{E}$、$\boldsymbol{H}$和传播方向$\boldsymbol{S}$互相垂直，若取其传播方向$\boldsymbol{S}$为“$+z$”，则$\boldsymbol{E}$、$\boldsymbol{H}$必在$xy$平面内，不妨取$\boldsymbol{E}=\boldsymbol{E}_x$，$\boldsymbol{H}=\boldsymbol{H}_y$。

具体分析过程如下：

（1）化简麦克斯韦方程。由理想介质的性质$\rho=0$，$\boldsymbol{J}_c=0$，$\boldsymbol{E}=\varepsilon\boldsymbol{D}$和$\boldsymbol{B}=\mu\boldsymbol{H}$可得麦克斯韦方程的旋度形式：

$$\nabla\times\boldsymbol{E}=-\mu\frac{\partial\boldsymbol{H}}{\partial t}\tag{1.7.3 a}$$

$$\nabla\times\boldsymbol{H}=\varepsilon\frac{\partial\boldsymbol{E}}{\partial t}\tag{1.7.3 b}$$

和麦克斯韦方程的散度形式：

$$\nabla\cdot\boldsymbol{H}=0\tag{1.7.4 a}$$

$$\nabla\cdot\boldsymbol{E}=0\tag{1.7.4 b}$$

由矢量场的亥姆霍兹定律可知，当已知一个矢量的旋度和散度时，这个矢量场是可以唯一确定的。显然，由式（1.7.3 a）、式（1.7.4 a）和式（1.7.3 b）、式（1.7.4 b）可确定电场强度$\boldsymbol{E}$和磁场强度$\boldsymbol{H}$。

（2）由麦克斯韦方程得波动方程。式（1.7.3a）和式（1.7.3b）均含有2个未知量，需要进行消元处理，使得1个方程中只含有1个未知量，对式（1.7.3a）求二次旋度，得

$$\nabla\times(\nabla\times\boldsymbol{E})=\nabla\times\left(-\mu\frac{\partial\boldsymbol{H}}{\partial t}\right)=-\mu\frac{\partial}{\partial t}(\nabla\times\boldsymbol{H})\tag{1.7.5}$$

再将式（1.7.3 b）代入式（1.7.5），得

$$\nabla\times\nabla\times\boldsymbol{E}=-\mu\frac{\partial}{\partial t}\left(\varepsilon\frac{\partial\boldsymbol{E}}{\partial t}\right)=-\mu\varepsilon\frac{\partial^2\boldsymbol{E}}{\partial t^2}$$

由矢量恒等式

$$\nabla\times\nabla\times\boldsymbol{E}=\nabla(\nabla\cdot\boldsymbol{E})-\nabla^2\boldsymbol{E}$$

及式（1.7.4 b），得

$$\nabla\times\nabla\times\boldsymbol{E}=-\nabla^2\boldsymbol{E}=-\mu\frac{\partial}{\partial t}\left(\varepsilon\frac{\partial\boldsymbol{E}}{\partial t}\right)$$

整理得

$$\nabla^2\boldsymbol{E}-\mu\varepsilon\frac{\partial^2\boldsymbol{E}}{\partial t^2}=0\tag{1.7.6 a}$$

同理对式（1.7.3 b）求二次旋度，再代入式（1.7.4 b），利用矢量恒等式可得

$$\nabla^2\boldsymbol{H}-\mu\varepsilon\frac{\partial^2\boldsymbol{H}}{\partial t^2}=0 \tag{1.7.6 b}$$

式（1.7.6 a）和式（1.7.6 b）为理想介质中电场和磁场的波动方程。这个方程为矢量波动方程，若取直角坐标系，则可以分别得出 x、y 和 z 方向的 3 个标量波动方程。但由于讨论的电磁波为均匀平面波，波阵面内各点场强相等，若假设电磁波的传播方向为 z 方向，则电磁和磁场只能在横向 xOy 平面上，不妨设横向电场为 x 方向 $\boldsymbol{E}=\boldsymbol{E}_x$、横向磁场为 y 方向$\boldsymbol{H}=\boldsymbol{H}_y$。

（3）由波动方程得亥姆霍兹方程。由均匀平面波特点

$$\frac{\partial E}{\partial x}=0,\quad \frac{\partial E}{\partial y}=0$$

和正弦信号特点

$$\frac{\partial}{\partial t}\mathrm{e}^{\mathrm{j}\omega t}=\mathrm{j}\omega\mathrm{e}^{\mathrm{j}\omega t},\quad \frac{\partial^2}{\partial t^2}\mathrm{e}^{\mathrm{j}\omega t}=-\omega^2\mathrm{e}^{\mathrm{j}\omega t}$$

式（1.7.5）可化为

$$\nabla^2\boldsymbol{E}_x+\omega^2\mu\varepsilon\boldsymbol{E}_x=0 \tag{1.7.7}$$

式中 $\boldsymbol{E}_x$ 只是位置的函数，令 $k=\omega\sqrt{\mu\varepsilon}$，称相位常数，又称波数。则式（1.7.7）可化简为

$$\nabla^2E_x+k^2E_x=0 \tag{1.7.8 a}$$

同理式（1.7.6 b）可化为

$$\nabla^2H_y+k^2H_y=0 \tag{1.7.8 b}$$

这里式（1.7.8 a）和式（1.7.8 b）即为亥姆霍兹方程，是二阶齐次线性常微分方程。

（4）解波动方程

由式（1.7.8 a）和式（1.7.8 b）是二阶线性齐次常微分方程，它们是同类方程，解式（1.7.8 a）得电场 $\boldsymbol{E}_x$，同理可得出磁场 $\boldsymbol{H}_y$。

设二阶齐次线性常微分方程的通解为

$$E_x=A\mathrm{e}^{pz} \tag{1.7.9}$$

将式（1.7.9）代入式（1.7.8 a），并化简，得特征方程为

$$p^2+k^2=0$$

考虑到无界空间无反射波，得

$$p=-\mathrm{j}k \tag{1.7.10}$$

所以

$$E_x=A\mathrm{e}^{-\mathrm{j}kz} \tag{1.7.11}$$

应用边界条件确定常数 A，这里取 $z=0$ 处，$E_x=E_{x0}$（$H_y=H_{y0}$），即

$$A\mathrm{e}^{-\mathrm{j}kz}\big|_{z=0}=E_{x0}\Rightarrow A=E_{x0}$$

所以

$$\dot{E}_x=E_{x0}\mathrm{e}^{-\mathrm{j}kz} \tag{1.7.12}$$

同理可得

$$\dot{H}_y=H_{y0}\mathrm{e}^{-\mathrm{j}kz} \tag{1.7.13}$$

这样就求出了场强的复振幅形式，即式（1.7.12）和式（1.7.13），该式又称场强相量式。这里 $E_{x0}=|E_{x0}|\cdot\mathrm{e}^{\mathrm{j}\varphi_0}$，通过调整测量时间，使得 $\varphi_0=0$。其瞬时式为

$$E_x(z,t)=\mathrm{Re}[\dot{E}_x\mathrm{e}^{\mathrm{j}\omega t}]=E_{x0}\cos(\omega t-kz) \tag{1.7.14}$$

$$H_y(z,t)=H_{y0}\cos(\omega t-kz) \tag{1.7.15}$$

式（1.7.14）和式（1.7.15）表明，理想介质中的均匀平面波沿着电磁波的传播方向振幅不变、相位沿 z 方向线性滞后。

为便于应用平面波，下面分析几个重要的参数：

（1）相速度 v_p。相速度指的是电磁波等相位面沿纵向的传播速度，即

$$v_p=\frac{dz}{dt} \tag{1.7.16}$$

由式（1.7.14）和式（1.7.15）可以看出，电磁波的相位角 $\varphi=\omega t-kz$，其等相位面方程为 $\varphi=\omega t-kz=$常数，将等相位面方程式对 t 微分：

$$\frac{d\varphi}{dt}=\omega-k\frac{dz}{dt}=\omega-kv_p=0$$

即可求得电磁波的相速度为

$$v_p=\frac{\omega}{k}=\frac{\omega}{\omega\sqrt{\mu\varepsilon}}=\frac{1}{\sqrt{\mu\varepsilon}}=\frac{v_0}{\sqrt{\varepsilon_r}} \tag{1.7.17}$$

式中：$v_0=\frac{1}{\sqrt{\mu_0\varepsilon_0}}$为真空光速（$v_0=3.0\times10^8$ m/s），u_r 通常近似等于1。由式（1.7.17）可知，对于平面波，相速度 v_p等于媒质中的光速，这个速度也是能量传播的速度。

（2）相波长 λ_p。相波长指等相位面在电磁波的一个周期内传播的距离，即

$$\lambda_p=v_pT=\frac{v_p}{f}=\frac{v_0}{f\sqrt{\varepsilon_r}}=\frac{\lambda_0}{\sqrt{\varepsilon_r}} \tag{1.7.18 a}$$

可见，媒质中电磁波的相波长也与媒质特性有关。λ_0为自由空气中的波长，称工作波长。

又由 $v_p=\frac{\omega}{k}$得

$$\lambda_p=v_p\cdot T=\frac{\omega}{k}\cdot\frac{1}{f}=\frac{2\pi}{k} \tag{1.7.18 b}$$

由波速、频率和波长的关系 $v=\lambda f$，得出 $v_p=\lambda_p f$。当 v_p为介质中电磁波的速度 v 时，λ_p也就是介质中电磁波的波长 λ。

（3）波阻抗 η。为了便于求解场强和简化计算，这里引入波阻抗的概念和求解方法。波阻抗定义为横向电场$\dot{E}_x$和横向磁场$\dot{H}_y$的比值，即

$$\eta=\frac{\dot{E}_x}{\dot{H}_y} \tag{1.7.19}$$

电场强度和磁场强度的关系，可由麦克斯韦方程的旋度式得到

$$\nabla\times\boldsymbol{E}=-\mu\frac{\partial\boldsymbol{H}}{\partial t} \tag{1.7.20}$$

对于理想介质中的均匀平面电磁波，式（1.7.20）变为

$$\frac{\partial\dot{E}_x}{\partial z}=-\mu\frac{\partial\dot{H}_y}{\partial t} \tag{1.7.21}$$

代入式（1.7.12）和式（1.7.13）的复数形式$\dot{E}_x(z,t)=E_{x0}e^{-jkz}e^{j\omega t}$和$\dot{H}_y(z,t)=H_{y0}e^{-jkz}e^{j\omega t}$得

$$-jk\dot{E}_x=-j\omega\mu\dot{H}_y \tag{1.7.22}$$

将式（1.7.22）的结果代入式（1.7.19），可得

$$\eta = \frac{\dot{E}_x}{\dot{H}_y} = \frac{j\omega\mu}{jk} = \frac{\omega\mu}{\omega\sqrt{\mu\varepsilon}} = \sqrt{\frac{\mu}{\varepsilon}} \tag{1.7.23}$$

比值 η 称为理想介质中的均匀平面电磁波的波阻抗。它完全决定于媒质特性参量。在空气媒质中，波阻抗可近似为

$$\eta_0 = \sqrt{\frac{\mu_0}{\varepsilon_0}} = 120\pi\ \Omega = 377\ \Omega \tag{1.7.24}$$

由此可见，理想介质中的波阻抗是个实数，表明空间某一点的电场和磁场在时间上是同相的。

(4) 能流密度 $\boldsymbol{S}$。对于正弦信号，其复坡印廷矢量

$$\begin{aligned} \boldsymbol{S} &= \frac{1}{2}\dot{\boldsymbol{E}}_x \times \dot{\boldsymbol{H}}_y^* \\ &= \frac{1}{2}(\boldsymbol{a}_x E_{x0} e^{-jkz}) \times \boldsymbol{a}_y H_{y0} e^{jkz} \\ &= \boldsymbol{a}_z \frac{1}{2}\frac{E_{x0}^2}{\eta} \end{aligned} \tag{1.7.25}$$

由式 (1.7.25) 可得，理想介质中 $\boldsymbol{S}_{av} = \mathrm{Re}[\boldsymbol{S}] = \boldsymbol{S}$，所以理想介质中的复坡印廷矢量等于平均坡印廷矢量。

【例 1-10】 频率为 3 GHz 的平面电磁波，在理想介质($\varepsilon_r = 4$，$\mu_r = 1$)中沿 $+z$ 方向传播。计算该平面波的相位常数、相速度、相波长和波阻抗。若 $E_{x0} = 0.1$ V/m，计算磁场强度及能流密度矢量。

解：

相位常数

$$\begin{aligned} k &= \omega\sqrt{\mu\varepsilon} = 2\pi f\sqrt{\mu_r\varepsilon_r\mu_0\varepsilon_0} \\ &= 2\pi \times 3 \times 10^9 \times \frac{\sqrt{4}}{3 \times 10^8}\ \text{rad/m} = 40\pi\ \text{rad/m} \end{aligned}$$

相速度 $$v = \frac{v_0}{\sqrt{\varepsilon_r}} = \frac{3 \times 10^8}{\sqrt{4}}\ \text{m/s} = 1.5 \times 10^8\ \text{m/s}$$

相波长 $$\lambda = \frac{v}{f} = \frac{1.5 \times 10^8}{3 \times 10^9}\ \text{m} = 0.05\ \text{m}$$

波阻抗 $$\eta = \sqrt{\frac{\mu}{\varepsilon}} = \frac{\eta_0}{\sqrt{4}} = 60\pi\ \Omega = 189\ \Omega$$

磁场强度在 y 方向，其振幅为

$$H_{y0} = \frac{E_{x0}}{\eta} = \frac{0.1}{189}\ \text{A/m} = 5.29 \times 10^{-4}\ \text{A/m}$$

故电场强度和磁场强度分量分别为

$$E_x = 0.1 e^{-j40\pi z}\ \text{V/m}$$
$$H_y = 5.29 \times 10^{-4} \cdot e^{-j40\pi z}\ \text{A/m}$$

能流密度矢量为

$$\begin{aligned} \boldsymbol{S} &= \frac{1}{2}\boldsymbol{E} \times \boldsymbol{H}^* = \frac{1}{2}\boldsymbol{a}_z \times 0.1 \times 5.29 \times 10^{-4}\ \text{W/m}^2 \\ &= \boldsymbol{a}_z 2.65 \times 10^{-5}\ \text{W/m}^2 \end{aligned}$$

故平均能流密度为 2.65×10^{-5} W/m^2。

1.7.3 导电媒质中的平面波

具有一定电导率（$\sigma \neq 0$）的媒质称为导电媒质（也称有耗媒质）。电磁波在这种媒质中传播会产生传导电流 $J_c = \sigma \boldsymbol{E}$。

对比理想介质中式（1.7.36）可得出如下导电媒质求解思路：

（1）提出并求得复介电常数$\tilde{\varepsilon}$；

（2）用$\tilde{\varepsilon}$取代无耗介质中的 ε，可得导电媒质中的性质参数。

具体求解过程如下：

（1）复介电常数$\tilde{\varepsilon}$。在无耗（$\sigma = 0$）介质中全电流定律为

$$\nabla \times \boldsymbol{H} = \varepsilon \frac{\partial \boldsymbol{E}}{\partial t} = \mathrm{j}\omega\varepsilon \boldsymbol{E} \tag{1.7.26 a}$$

在导电媒质（$\sigma \neq 0$）中全电流定律为

$$\begin{aligned}\nabla \times \boldsymbol{H} &= \boldsymbol{J}_c + \boldsymbol{J}_d = \boldsymbol{J}_c + \varepsilon \frac{\partial \boldsymbol{E}}{\partial t} \\ &= \sigma \boldsymbol{E} + \mathrm{j}\omega\varepsilon \boldsymbol{E} \\ &= \mathrm{j}\omega\varepsilon \left(1 + \frac{\sigma}{\mathrm{j}\omega\varepsilon}\right)\boldsymbol{E} \qquad (1.7.26\ \mathrm{b}) \\ &= \mathrm{j}\omega\varepsilon \left(1 - \mathrm{j}\frac{\sigma}{\omega\varepsilon}\right)\boldsymbol{E}\end{aligned}$$

令

$$\nabla \times \boldsymbol{H} = \mathrm{j}\omega\, \tilde{\varepsilon} E \tag{1.7.26 c}$$

则

$$\tilde{\varepsilon} = \varepsilon\left(1 - \mathrm{j}\frac{\sigma}{\omega\varepsilon}\right) \tag{1.7.27}$$

类比式（1.7.26 a）和式（1.7.26 c）可知：$\tilde{\varepsilon}$ 和 ε 在公式中的地位相同，只是在导电媒质中的介电常数为复数，由此可以提出复波数概念。

（2）复波数$\tilde{k}$。由无耗介质中波数：$k = \omega\sqrt{\mu\varepsilon}$，可得有耗媒质中复波数

$$\tilde{k} = \omega\sqrt{\mu\,\tilde{\varepsilon}} = \omega\sqrt{\mu\varepsilon\left(1 - \mathrm{j}\frac{\sigma}{\omega\varepsilon}\right)} = \beta - \mathrm{j}\alpha \tag{1.7.28}$$

$$\beta = \omega\sqrt{\frac{\mu\varepsilon}{2}\left[\sqrt{1 + \left(\frac{\sigma}{\omega\varepsilon}\right)^2} + 1\right]} \tag{1.7.29 a}$$

解得

$$\alpha = \omega\sqrt{\frac{\mu\varepsilon}{2}\left[\sqrt{1 + \left(\frac{\sigma}{\omega\varepsilon}\right)^2} - 1\right]} \tag{1.7.29 b}$$

（3）场强表示式。把复波数 $\tilde{k}$ 代入理想介质的波动方程式（1.7.6 a）和式（1.7.6 b）及无耗介质的亥姆霍兹方程式（1.7.8 a）和式（1.7.8 b），即可得有耗媒质中的波动方程和亥姆霍兹方程，由于其方程形式和无耗介质的形式完全相同，所以其解的形式也必相同，只需用 $\tilde{k}$ 代替无耗介质中的电场强度表达式（1.7.12）中的 k 即可得有耗媒质中的电场强度

$$\dot{E}_x = \dot{E}_{x0}\mathrm{e}^{-\mathrm{j}\tilde{k}z} = \dot{E}_{x0}\mathrm{e}^{-\alpha z}\mathrm{e}^{-\mathrm{j}\beta z} \tag{1.7.30}$$

由式（1.7.30）可知：导电媒质中均匀平面波，沿着波的传播方向场强振幅呈指数规律衰减，α 称为衰减常数（Np/m）；β 表征沿传输方向相位变化的快慢，称为相移常数（rad/m）。而

由式（1.7.29 a）和式（1.7.29 b）可知，导电媒质的电导率σ愈大，频率愈高，α越大，则振幅衰减愈快；而且电磁波的相位常数β是频率的函数，因此相速度也是频率的函数，这种电磁波称为色散波。

导电媒质中的波阻抗$\tilde{\eta}$是个复数，即

$$\tilde{\eta}=\frac{\dot{E}_x}{\dot{H}_y}=\sqrt{\frac{\mu}{\tilde{\varepsilon}}}=\sqrt{\frac{\mu}{\varepsilon\left(1-\mathrm{j}\frac{\sigma}{\omega\varepsilon}\right)}}=|\tilde{\eta}|\mathrm{e}^{\mathrm{j}\theta} \quad (1.7.31)$$

式中

$$|\tilde{\eta}|=\sqrt{\frac{\mu}{\varepsilon}}\cdot\left[1+\left(\frac{\sigma}{\omega\varepsilon}\right)^2\right]^{\frac{1}{4}}$$

$$\theta=\frac{1}{2}\arctan\left(\frac{\sigma}{\omega\varepsilon}\right)$$

因为$\tilde{\eta}$是个复数，故导电媒质中电场强度$\boldsymbol{E}$和磁场强度$\boldsymbol{H}$的相位不同，且电场强度$\boldsymbol{E}$超前磁场强度$\boldsymbol{H}$一个小于$\pi/4$的相位角，所以的$\boldsymbol{H}$表达式为

$$\dot{H}_y=\dot{H}_{y0}\mathrm{e}^{-\mathrm{j}\tilde{k}z}=\dot{H}_{y0}\mathrm{e}^{-\alpha z}\mathrm{e}^{-\mathrm{j}\theta}\mathrm{e}^{-\mathrm{j}\beta z} \quad (1.7.32)$$

为适应实际应用的需要，讨论两种经常遇到的情况：一种为导电媒质的电导率很小，但不为零，即$\sigma \ll \omega\varepsilon$的低耗媒质情况；另一种为导电媒质是良导体，但不为无限大，即$\sigma \gg \omega\varepsilon$的高耗媒质情况。

（1）低耗媒质：$\sigma \ll \omega\varepsilon$（即$J_c \ll J_d$）。将$\tilde{k}=\omega\sqrt{\mu\varepsilon\left(1-\mathrm{j}\frac{\sigma}{\omega\varepsilon}\right)}$用二项式定理展开，并略去高次项，得

$$\tilde{k}=\omega\sqrt{\mu\varepsilon}\left(1-\mathrm{j}\frac{\sigma}{2\omega\varepsilon}\right)=\beta-\mathrm{j}\alpha$$

（这里令$\frac{\sigma}{\omega\varepsilon}=x$，由于$\sigma \ll \omega\varepsilon$，则$x \ll 1$，由二项式定理：$\sqrt{1-x}\,\big|_{x\ll 1}=1-\frac{x}{2}+\cdots$）

所以

$$\beta=\omega\sqrt{\mu\varepsilon} \quad (1.7.33\text{ a})$$

$$\alpha=\frac{\sigma}{2}\sqrt{\frac{\mu}{\varepsilon}} \quad (1.7.33\text{ b})$$

用相同方法，将波阻抗简化为

$$\tilde{\eta}=\sqrt{\frac{\mu}{\varepsilon\left(1-\mathrm{j}\frac{\sigma}{\omega\varepsilon}\right)}}\Bigg|_{\sigma\ll\omega\varepsilon}\approx\sqrt{\frac{\mu}{\varepsilon}} \quad (1.7.34)$$

式（1.7.33a）、式（1.7.33b）及式（1.7.34）的近似结果表明：在$\sigma \ll \omega\varepsilon$的媒质中，$\beta$和$\tilde{\eta}$与理想介质相似，而$\alpha$不同。因此，在分析$\sigma \ll \omega\varepsilon$的低损耗媒质中的相位常数和波阻抗时，可以把它看成是理想介质，不必考虑它的损耗。如果计算损耗时，必须根据近似式（1.7.33b）来分析。

（2）良导体：$\sigma \gg \omega\varepsilon$（即$J_c \gg J_d$）。对于$\sigma \gg \omega\varepsilon$的良导体，传导电流远大于位移电流，则$\tilde{k}$和$\tilde{\eta}$可简化为

$$\tilde{k}=\omega\sqrt{\mu\varepsilon\left(1-\mathrm{j}\frac{\sigma}{\omega\varepsilon}\right)}$$

$$\approx\sqrt{\omega^2\mu\varepsilon}\sqrt{-\mathrm{j}\frac{\sigma}{\omega\varepsilon}}$$

$$= \sqrt{\omega\mu\sigma}\,e^{-j\frac{\pi}{4}} \tag{1.7.35}$$

$$= \sqrt{\frac{\omega\mu\sigma}{2}} - j\sqrt{\frac{\omega\mu\sigma}{2}}$$

$$= \beta - j\alpha$$

所以

$$\alpha = \sqrt{\frac{\omega\mu\sigma}{2}} \tag{1.7.36 a}$$

$$\beta = \sqrt{\frac{\omega\mu\sigma}{2}} \tag{1.7.36 b}$$

而波阻抗

$$\tilde{\eta} = \sqrt{\frac{\mu}{\varepsilon\left(1 - j\dfrac{\sigma}{\omega\varepsilon}\right)}}\Bigg|_{\sigma \gg \omega\varepsilon}$$

$$\approx \sqrt{\frac{\mu}{-j\dfrac{\sigma}{\omega}}} = \sqrt{\frac{\omega\mu}{\sigma}}\,e^{j\frac{\pi}{4}} \tag{1.7.37}$$

$$= R + jX$$

所以

$$R = \sqrt{\frac{\omega\mu}{2\sigma}} \tag{1.7.38 a}$$

$$X = \sqrt{\frac{\omega\mu}{2\sigma}} \tag{1.7.38 b}$$

由此可见，当电磁波进入良导体以后，很快就能衰减完。因此，高频电磁波只能存在于良导体表面的一薄层内，这种电磁波趋向于导体表面的效应称为趋肤效应。趋肤效应的强弱通常用趋肤深度进行表示。

趋肤深度 δ 指场强 $\boldsymbol{E}$ 衰减为其在金属表面时强度的 1/e 时所对应的距离，即

$$E_{x0}e^{-\alpha z} = E_{x0}e^{-1}$$

所以

$$z = \delta = \frac{1}{\alpha} = \sqrt{\frac{2}{\omega\mu\sigma}} = \sqrt{\frac{1}{\pi f\mu\sigma}} \tag{1.7.39}$$

下面讨论导电媒质中的能流密度矢量。因电场 $\boldsymbol{E}$ 和磁场 $\boldsymbol{H}$ 不同相，且 $\boldsymbol{E}$ 超前 $\boldsymbol{H}$ 一个相位角 θ。假设 $\boldsymbol{E}$ 的初相位为零，则 $\boldsymbol{H}$ 的初相位为 $-\theta$，所以

$$\boldsymbol{E}_x = \boldsymbol{E}_{x0}e^{-j\tilde{k}z} = \boldsymbol{a}_x E_{x0}e^{-\alpha z}e^{-j\beta z}$$

$$\boldsymbol{H}_y = \boldsymbol{H}_{y0}e^{-j\tilde{k}z} = \boldsymbol{a}_y H_{y0}e^{-\alpha z}e^{-j(\beta z + \theta)} \tag{1.7.40}$$

能流密度

$$\boldsymbol{S} = \frac{1}{2}\boldsymbol{E}_x \times \boldsymbol{H}_y^*$$

$$= \boldsymbol{a}_z \frac{1}{2}E_{x0}H_{y0}e^{-2\alpha z}e^{j\theta} \tag{1.7.41}$$

$$= \boldsymbol{S}_{av} + j\boldsymbol{S}_Q$$

其中有功功率密度为

$$\boldsymbol{S}_{av} = \mathrm{Re}[\boldsymbol{S}] = \boldsymbol{a}_z \frac{1}{2}E_{x0}H_{y0}\cos\theta e^{-2\alpha z} \tag{1.7.42}$$

式中：θ 为波阻抗的辐角，即电场强度超前磁场强度的相位角，对于理想导体 $\theta = \pi/4$。

在导电媒质中，均匀平面波的电场及磁场的分布规律如图 1.7.2 所示。可见导电媒质中均匀平面波的振幅沿传播方向按指数衰减；相位沿传播方向线性落后；在时间相位上电场强度超前磁场强度一个小于 π/4 的相位角。

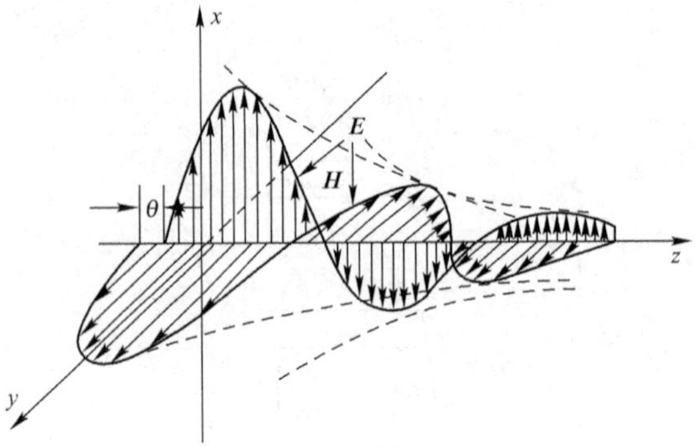

图 1.7.2　导电媒质中的均匀平面波的电场和磁场的分布

1.7.4　电磁波的极化

电磁波的极化是指电场强度矢量在空间的取向。研究电磁波的极化方向是无线通信中达到最佳接收状态的重要依据，当天线接收信号时天线的极化特性和被接收的电磁波极化方向一致时，天线能够获得最强的接收信号，把这种状态称为极化匹配。

在讨论沿 z 方向传播的均匀平面波时，若电场只有 E_x 分量，则电磁波的极化方向为 x 方向；若电场只有 E_y 分量，则电磁波的极化方向为 y 方向。一般情况下，电场 E_x 和 E_y 都可能存在，且这两个分量的振幅和相位不一定相同。设两个分量的瞬时值为

$$\begin{cases} E_x = E_{x0}\cos(\omega t - kz + \varphi_x) \\ E_y = E_{y0}\cos(\omega t - kz + \varphi_y) \end{cases} \tag{1.7.43}$$

根据这两个分量的振幅和相位关系，可将电磁波的极化分为如下 3 种情况。

1. 线极化波

如果两个分量相位相同（或相反），即 $\varphi_x = \varphi_y = \varphi$（或 $\varphi_x = \pi + \varphi_y = \varphi$），则任何瞬间合成的电场强度大小为

$$E = \sqrt{E_x^2 + E_y^2} = \sqrt{E_{x0}^2 + E_{y0}^2}\cos(\omega t - kz + \varphi) \tag{1.7.44}$$

合成电场强度与 x 轴正方向的夹角为

$$\alpha = \arctan\frac{E_y}{E_x} = \pm\arctan\frac{E_{y0}}{E_{x0}} \tag{1.7.45}$$

可见，合成电场强度的大小随时间变化，而方向始终不变，电场强度矢量的端点在空间所描绘出来的轨迹为一直线，这种电磁波称为线极化波，如图 1.7.3 所示。

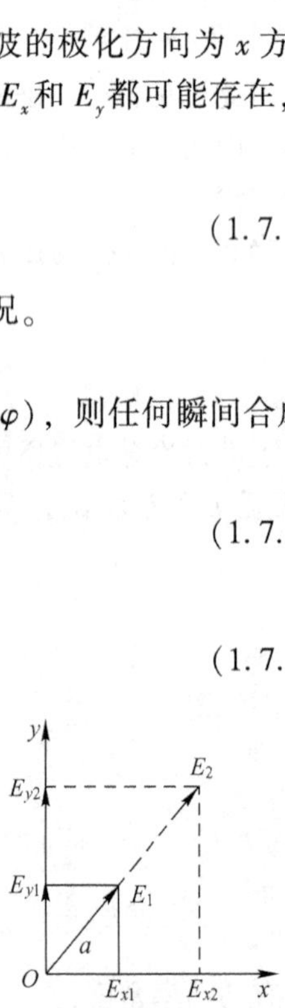

图 1.7.3　线极化波示意图

根据线极化波 **E** 的方向与地面的关系，在实际应用时，通常把线极化波分为水平极化波和垂直极化波。水平极化波：电场强度矢量与地面平行，这种极化波衰减大，传播距离近；垂直极化波：电场强度矢量与地面垂直，这种极化波衰减小，传播距离较远，为来自地面的电磁干扰主要极化形式，如电视信号为了增加其抗干扰能力，主要采用水平极化波，所以线状接收天线都是水平放置，这样能保证达到最佳接收状态。

2. 圆极化波

如果电场强度的两个分量的振幅相等，相位相差$\frac{\pi}{2}$，即 $E_{x0}=E_{y0}$，$\varphi_x-\varphi_y=\pm\frac{\pi}{2}$。此时两个分量的瞬时值为

$$E_x=E_{x0}\cos(\omega t-kz+\varphi_x)$$

$$E_y=E_{y0}\cos\left(\omega t-kz+\varphi_x\mp\frac{\pi}{2}\right)$$

$$=\pm E_{y0}\sin(\omega t-kz+\varphi_x)$$

则合成场强的大小为

$$E=\sqrt{E_x^2+E_y^2}=E_{x0} \tag{1.7.46}$$

合成场强的方向与 x 轴的夹角有如下关系：

$$\tan\alpha=\frac{E_y}{E_x}=\pm\frac{\sin(\omega t-kz+\varphi_x)}{\cos(\omega t-kz+\varphi_x)}=\pm\tan(\omega t-kz+\varphi_x) \tag{1.7.47}$$

由此可见，合成电场强度的振幅不随时间变化，而合成电场强度的方向以角频率 ω 在 xOy 平面上旋转。即电场强度矢量端点的轨迹是一个圆，称为圆极化波。当 $\varphi_x-\varphi_y=\frac{\pi}{2}$，即 E_x超前 E_y相位$\frac{\pi}{2}$时，合成场 E 的旋转方向与电磁波的传播方向（“$+z$”，即垂直纸面向外）符合右螺旋关系时，这个圆极化波称为右旋圆极化波（如图 1.7.4 中的 E_1）；反之，当 $\varphi_x-\varphi_y=-\frac{\pi}{2}$，即 E_x滞后 E_y相位 $\pi/2$ 时，合成场 E 的旋转方向与电磁波的传播方向（“$+z$”，垂直纸面向外）符合左螺旋关系，称为左旋圆极化波（如图 1.7.4 中的 E_2）。圆极化波示意图如图 1.7.4 所示。

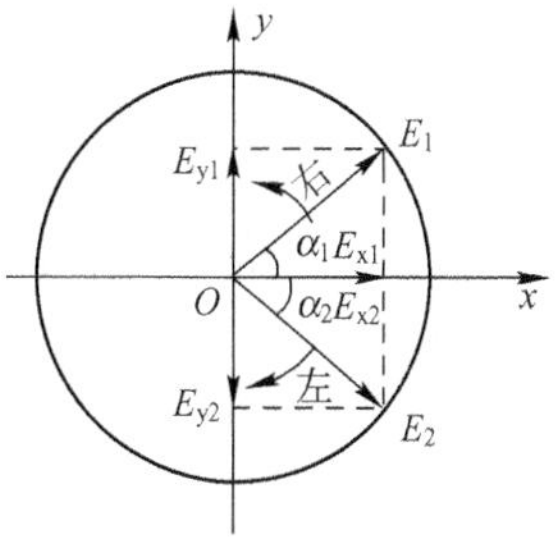

图 1.7.4　圆极化波示意图

圆极化波因其电场方向不断的旋转，对于一些变化的环境或移动的通信设备适应性较强，广泛的用于现代雷达技术、移动卫星通信和移动卫星导航系统、微波通信中。

3. 椭圆极化波

如果电场强度的两个分量的相位差是不为 0、π 或 $\pm\pi/2$ 的一般情况。可将式（1.7.43）进行三角函数的和差运算，得出

$$\left(\frac{E_x}{E_{x0}}\right)^2+\left(\frac{E_y}{E_{y0}}\right)^2-\frac{2E_xE_y}{E_{x0}E_{y0}}\cos\varphi=\sin^2\varphi \tag{1.7.48}$$

式中：$\varphi=\varphi_y-\varphi_x$，由式（1.7.48）可知，合成电场强度 $\boldsymbol{E}$ 的端点轨迹为一个椭圆，故称为椭圆极化波。当 $\varphi<0$，即 E_x超前 E_y时，合成场 $\boldsymbol{E}$ 的旋转方向与电磁波的传播方向（垂直纸面向外）符合右螺旋关系时，这个椭圆极化波称为右旋椭圆极化波（如图 1.7.5 中的 E_1）；反之，当 $\varphi>0$，即 E_x滞后 E_y时，合成场 $\boldsymbol{E}$ 的旋转方向与电磁波的传播方向（垂直纸面向外）符合左螺旋关系，称为左旋椭圆极化波（如图 1.7.5中的 E_2）。椭圆极化波示意如图 1.7.5 所示。

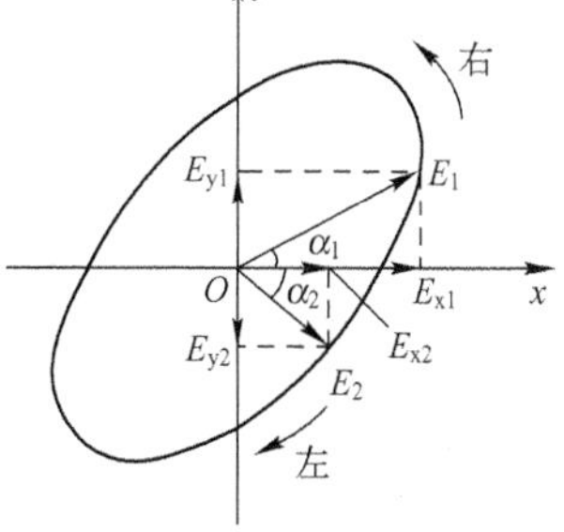

图 1.7.5　椭圆极化波示意图

综上可知，线极化波和圆极化波都可以看成是椭圆极化波的特例；任一线极化波又可以分解为两个振幅相等，旋转方向相反的圆极化波。

为了便于读者快速识别圆极化波和椭圆极化波的方向，下面介绍判断技巧。在右手直角坐标系中，“$+z$”传播的电磁波，若 E_x 的相位超前 E_y，则为右旋极化；反之，若 E_x 的相位滞后 E_y，则为左旋极化。这里 x、y、z 满足右手螺旋的顺序关系，换成其他方向传播的电磁波，也满足这种顺序的超前和滞后关系，如：“$+x$”传播的电磁波，若 E_y 的相位超前 E_z，则为右旋极化；反之若 E_y 的相位滞后 E_z，则为左旋极化。以此类推，可进行任意传播方向的电磁波极化旋转方向的快速判断。

1.7.5 正弦平面波在不同界面上的垂直入射

当正弦平面波垂直投射到两种不同媒质的分界面时，因为两种媒质有不同的波阻抗，因此在两种媒质中的 $\boldsymbol{E}$ 和 $\boldsymbol{H}$ 的比值不同。电磁波既要满足媒质中的波动方程，又要满足分界面上的边界条件，并依据电磁波的似光性可知：此时电磁波在分界面上必然会产生反射和折射现象。

这里讨论两半无限大媒质分界面上的垂直入射情况。假设分界面与 xOy 平面相重合，$z<0$ 为 ε_1、μ_1 的媒质，$z>0$ 为 ε_2、μ_2 的媒质。并假设入射波方向为 $+z$ 方向，则入射波电场 $\boldsymbol{E}_i$ 和磁场 $\boldsymbol{H}_i$ 一定平行于分界面。如假定电场强度矢量的入射波 $\boldsymbol{E}_i$、反射波 $\boldsymbol{E}_r$ 及透射波（这里为突出进入第二种媒质中的场量大小，称进入第二种媒质中的电磁波为透射波）$\boldsymbol{E}_t$ 的正方向均为 $+x$ 方向，则根据传播方向分别定出磁场强度矢量的入射波 $\boldsymbol{H}_i$、反射波 $\boldsymbol{H}_r$ 及透射波 $\boldsymbol{H}_t$ 的方向，如图 1.7.6 所示。

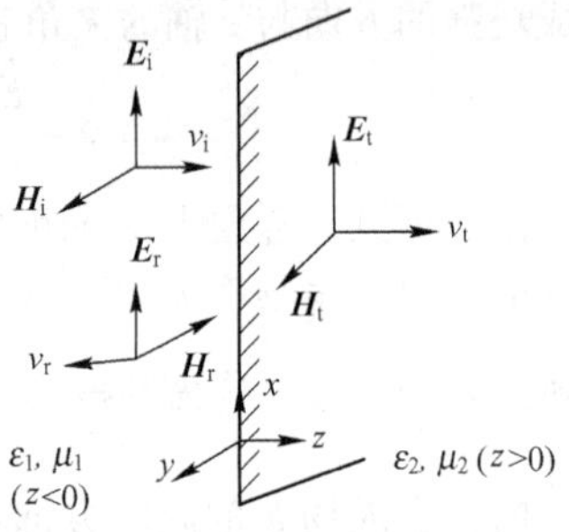

图 1.7.6 两无限大媒质分界面上的垂直入射情况

根据分界面上电磁场的边界条件，当场量随时间按正弦规律变化时，在 $z=0$ 的分界面上有

$$\begin{cases} E_{i0}+E_{r0}=E_{t0} & (1.7.49)\\ H_{i0}-H_{r0}=H_{t0} & (1.7.50)\end{cases}$$

根据电磁波在媒质中的传播规律，又有

$$\begin{cases} \dfrac{E_{i0}}{H_{i0}}=\dfrac{E_{r0}}{H_{r0}}=\eta_1=\sqrt{\dfrac{\mu_1}{\varepsilon_1}} & (1.7.51)\\ \dfrac{E_{t0}}{H_{t0}}=\eta_2=\sqrt{\dfrac{\mu_2}{\varepsilon_2}} & (1.7.52)\end{cases}$$

将式（1.7.51）和式（1.7.52）代入式（1.7.50）的，可得

$$\frac{E_{i0}}{\eta_1}-\frac{E_{r0}}{\eta_1}=\frac{E_{t0}}{\eta_2} \tag{1.7.53}$$

联立式（1.7.49）、式（1.7.53）、式（1.7.51）、式（1.7.52）可得

$$\begin{cases} E_{r0}=\dfrac{\eta_2-\eta_1}{\eta_2+\eta_1}E_{i0} & (1.7.54)\\ E_{t0}=\dfrac{2\eta_2}{\eta_2+\eta_1}E_{i0} & (1.7.55)\end{cases}$$

$$\begin{cases} H_{r0}=\dfrac{E_{r0}}{\eta_1}=\dfrac{\eta_2-\eta_1}{\eta_2+\eta_1}H_{i0}\\ H_{t0}=\dfrac{E_{t0}}{\eta_2}=\dfrac{2\eta_1}{\eta_2+\eta_1}H_{i0}\end{cases} \tag{1.7.56}$$

这里给出 2 个常用技术参数：反射系数 R 与透射系数 T，具体定义如下：

$$R\triangleq\frac{E_{r0}}{E_{i0}}=\frac{\eta_2-\eta_1}{\eta_2+\eta_1} \tag{1.7.57}$$

$$T \triangleq \frac{E_{t0}}{E_{i0}} = \frac{2\eta_2}{\eta_2 + \eta_1} \tag{1.7.58}$$

式中：≜表示定义式。

由式（1.7.57）和式（1.7.58）可得

$$R + 1 = T$$

分界面上的反射场强和透射场强求得以后，就可利用波的传播规律求得两种媒质中任意一点的场强。

在 $z<0$ 的第一媒质中，离界面距离为 z 处的场强为该点的入射波场强和反射波场强之和，即

$$\begin{cases} E_1 = E_{i0}\mathrm{e}^{-\mathrm{j}k_1 z} + E_{r0}\mathrm{e}^{\mathrm{j}k_1 z} = E_{i0}(\mathrm{e}^{-\mathrm{j}k_1 z} + R\mathrm{e}^{\mathrm{j}k_1 z}) \\ H_1 = H_{i0}\mathrm{e}^{-\mathrm{j}k_1 z} - H_{r0}\mathrm{e}^{\mathrm{j}k_1 z} = H_{i0}(\mathrm{e}^{-\mathrm{j}k_1 z} - R\mathrm{e}^{\mathrm{j}k_1 z}) \end{cases} \tag{1.7.59}$$

在 $z>0$ 的第二媒质中，离界面距离为 z 处的场强为

$$E = E_{t0}\mathrm{e}^{-\mathrm{j}k_2 z}$$

$$H = H_{t0}\mathrm{e}^{-\mathrm{j}k_2 z} \tag{1.7.60}$$

式中：k_1为第一媒质的波数；k_2为第二媒质的波数。

如果第二媒质为理想导体，则有 $E_{t0}=0$，即

$$R = -1, \quad T = 0 \tag{1.7.61}$$

将式（1.7.61）代入式（1.7.59），则在第一媒质中，离界面距离为 z 处的场强为

$$E_1 = E_{i0}(\mathrm{e}^{-\mathrm{j}k_1 z} - \mathrm{e}^{\mathrm{j}k_1 z}) = -2\mathrm{j}E_{i0}\sin k_1 z \tag{1.7.62}$$

$$H_1 = H_{i0}(\mathrm{e}^{-\mathrm{j}k_1 z} + \mathrm{e}^{\mathrm{j}k_1 z}) = 2H_{i0}\cos k_1 z \tag{1.7.63}$$

式（1.7.62）和式（1.7.63）表明：当电磁波垂直入射到理想导体表面时，电磁波会产生全反射，使第一媒质中的电磁波为驻波。在 $k_1 z = n\pi$（$n=0, 1, 2\cdots$）或 $z=\frac{n}{2}\lambda$ 处，为电场强度的波节点和磁场强度的波腹，在 $k_1 z = \frac{2n+1}{2}\pi$ 或 $z=\frac{2n+1}{4}\lambda$ 处，为电场强度的波腹和磁场强度的波节点；电场强度 $\boldsymbol{E}_1$和磁场强度 $\boldsymbol{H}_1$在时间和空间相位上相差 $\pi/2$，故没有电磁能量的传输，而只有电磁能在 2 个波节之间进行交换，形成电磁振荡。电磁场振幅在空间的分布图如图 1.7.7 所示。

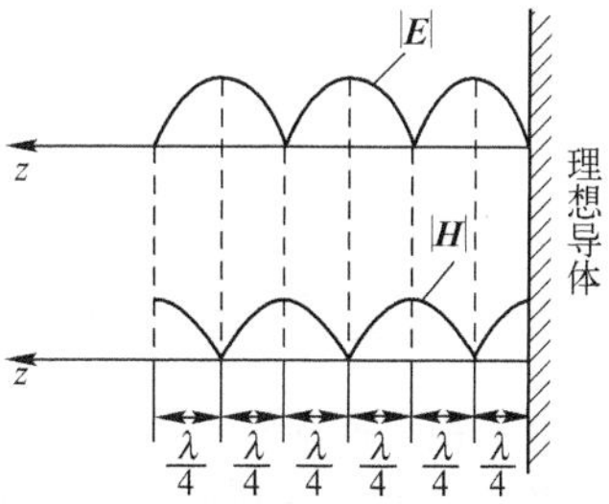

图 1.7.7　理想介质中电磁场振幅在空间的分布图

【例 1-11】 正弦平面波由自由空间向一理想介质（$\varepsilon_r=16$、$\mu_r=1$）垂直入射。设入射波场强 $E_{i0}=10$ V/m。

（1）求反射系数 R 和透射系数 T。

（2）求分界面上场强：E_{r0}、H_{i0}、H_{r0}、E_{t0}及 H_{t0}。

（3）求距界面为 $\lambda/4$、$\lambda/3$ 及 $\lambda/2$ 的自由空间内的场强。

解：

（1）

$$\eta_1 = \eta_0 = 377\ \Omega$$

$$\eta_2 = \frac{\eta_0}{\sqrt{\varepsilon_r}} = \frac{377}{\sqrt{16}}\ \Omega = 94\ \Omega$$

$$R = \frac{\eta_2 - \eta_1}{\eta_2 + \eta_1} = \frac{94-377}{94+377} = -0.6$$

$$T=\frac{2\eta_2}{\eta_2+\eta_1}=\frac{2\times 94}{94+377}=0.4$$

(2)
$$H_{i0}=\frac{E_{i0}}{\eta_1}=\frac{10}{377}\ \text{A/m}=2.65\times 10^{-2}\ \text{A/m}$$

$$E_{r0}=RE_{i0}=-6\ \text{V/m}$$

$$H_{r0}=\frac{E_{r0}}{\eta_1}=\frac{-6}{377}\ \text{A/m}=-1.59\times 10^{-2}\ \text{A/m}$$

$$E_{t0}=TE_{i0}=4\ \text{V/m}$$

(3)
$$H_{t0}=\frac{E_{t0}}{\eta_2}=\frac{4}{94}\ \text{A/m}=4.26\times 10^{-2}\ \text{A/m}$$

$$E\Big|_{\frac{\lambda}{4}}=E_{i0}\mathrm{e}^{-\frac{2\pi}{\lambda}\left(-\frac{\lambda}{4}\right)}+E_{r0}\mathrm{e}^{\mathrm{j}\frac{2\pi}{\lambda}\left(-\frac{\lambda}{4}\right)}=(10\mathrm{e}^{\mathrm{j}\frac{\pi}{2}}-6\mathrm{e}^{-\mathrm{j}\frac{\pi}{2}})\ \text{V/m}=16\mathrm{e}^{\mathrm{j}\frac{\pi}{2}}\ \text{V/m}$$

$$H\Big|_{\frac{\lambda}{4}}=H_{i0}\mathrm{e}^{-\mathrm{j}\frac{2\pi}{\lambda}\left(-\frac{\lambda}{4}\right)}-H_{r0}\mathrm{e}^{\mathrm{j}\frac{2\pi}{\lambda}\left(-\frac{\lambda}{4}\right)}$$

$$=(2.65\times 10^{-2}\mathrm{e}^{\mathrm{j}\frac{\pi}{2}}+1.59\times 10^{-2}\mathrm{e}^{-\mathrm{j}\frac{\pi}{2}})\ \text{A/m}=1.06\times 10^{-2}\mathrm{e}^{\mathrm{j}\frac{\pi}{2}}\ \text{A/m}$$

$$E\Big|_{\frac{\lambda}{3}}=E_{i0}\mathrm{e}^{-\frac{2\pi}{\lambda}\left(-\frac{\lambda}{3}\right)}+E_{r0}\mathrm{e}^{\mathrm{j}\frac{2\pi}{\lambda}\left(-\frac{\lambda}{3}\right)}=(10\mathrm{e}^{\mathrm{j}\frac{2\pi}{3}}-6\mathrm{e}^{-\mathrm{j}\frac{2\pi}{3}})\ \text{V/m}=14\mathrm{e}^{\mathrm{j}1.72\pi}\ \text{V/m}$$

$$H\Big|_{\frac{\lambda}{3}}=H_{i0}\mathrm{e}^{-\mathrm{j}\frac{2\pi}{\lambda}\left(-\frac{\lambda}{3}\right)}-H_{r0}\mathrm{e}^{\mathrm{j}\frac{2\pi}{\lambda}\left(-\frac{\lambda}{3}\right)}$$

$$=(2.65\times 10^{-2}\mathrm{e}^{\mathrm{j}\frac{2\pi}{3}}+1.59\times 10^{-2}\mathrm{e}^{-\mathrm{j}\frac{2\pi}{3}})\ \text{A/m}=2.31\times 10^{-2}\mathrm{e}^{\mathrm{j}2.73\pi}\ \text{V/m}$$

$$E\Big|_{\frac{\lambda}{2}}=E_{i0}\mathrm{e}^{-\frac{2\pi}{\lambda}\left(-\frac{\lambda}{2}\right)}+E_{r0}\mathrm{e}^{\mathrm{j}\frac{2\pi}{\lambda}\left(-\frac{\lambda}{2}\right)}=(10\mathrm{e}^{\mathrm{j}\pi}-6\mathrm{e}^{-\mathrm{j}\pi})\ \text{V/m}=-4\ \text{V/m}$$

$$H\Big|_{\frac{\lambda}{2}}=H_{i0}\mathrm{e}^{-\mathrm{j}\frac{2\pi}{\lambda}\left(-\frac{\lambda}{2}\right)}-H_{r0}\mathrm{e}^{\mathrm{j}\frac{2\pi}{\lambda}\left(-\frac{\lambda}{2}\right)}$$

$$=(2.65\times 10^{-2}\mathrm{e}^{\mathrm{j}\pi}+1.59\times 10^{-2}\mathrm{e}^{-\mathrm{j}\pi})\ A/m=-4.2410^{-2}\ \text{A/m}$$

1.7.6 正弦平面波在不同媒质分界面上的斜入射

当正弦平面波以任意入射角向分界面斜入射时，电场强度 $\boldsymbol{E}$ 和磁场强度 $\boldsymbol{H}$ 在分界面上不仅有切向分量，而且还有法向分量。而电场强度 $\boldsymbol{E}$ 和磁场强度 $\boldsymbol{H}$ 的边界条件只和切向分量有关。切向分量又和波的极化有关。

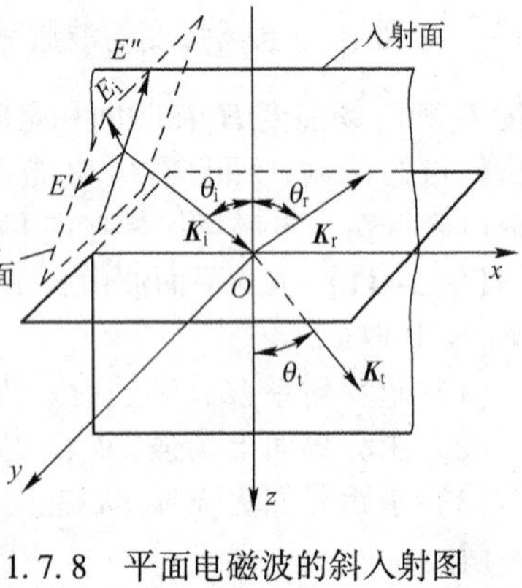

图 1.7.8　平面电磁波的斜入射图

当平面波斜入射到分界面上时，入射方向与分界面的法线方向组成的面为入射面，因此入射波的电场 $\boldsymbol{E}_i$ 和磁场 $\boldsymbol{H}_i$ 组成的平面一定垂直入射方向，所以 $\boldsymbol{E}_i$ 和 $\boldsymbol{H}_i$ 组成的平面一定垂直于入射面，如图 1.7.8 所示。$\boldsymbol{E}_i$（或 $\boldsymbol{H}_i$）在该面上的取向是任意的，但总可以分解为 2 个分量，一个分量垂直于入射面，另一分量平行于入射面。这样，任意极化波均可分解为 2 个线极化波，一个是与入射面平行的平行极化波，另一个是与入射面垂直的垂直极化波。只要对 2 个极化波先进行分析，然后叠加就可以得到任意极化波在分界面上的斜入射情况。

1. 正弦平面波在媒质分界面上的反射和折射规律

以垂直极化波为例（平行极化波同理分析）来讨论正弦平面波在分界面上的反射和折射规律。

首先令 $\boldsymbol{K}_\text{i}$、$\boldsymbol{K}_\text{r}$、$\boldsymbol{K}_\text{t}$分别表示入射波、反射波和折射波的波矢量；$\boldsymbol{r}$ 为空间任意一点的矢径；θ_i、θ_r、θ_t分别表示入射波、反射波和折射波与分界面的法线方向的夹角。其中

$$\begin{cases}\boldsymbol{K}_\text{i}=\boldsymbol{a}_x k_{\text{i}x}+\boldsymbol{a}_y k_{\text{i}y}+\boldsymbol{a}_z k_{\text{i}z}\\ \boldsymbol{K}_\text{r}=\boldsymbol{a}_x k_{\text{r}x}+\boldsymbol{a}_y k_{\text{r}y}+\boldsymbol{a}_z k_{\text{r}z}\\ \boldsymbol{K}_\text{t}=\boldsymbol{a}_x k_{\text{t}x}+\boldsymbol{a}_y k_{\text{t}y}+\boldsymbol{a}_z k_{\text{t}z}\end{cases} \tag{1.7.64}$$

$$\begin{cases}k_\text{i}=k_\text{r}=\omega\sqrt{\mu_1\varepsilon_1}=k_1\\ k_\text{t}=\omega\sqrt{\mu_2\varepsilon_2}=k_2\end{cases} \tag{1.7.65}$$

$$\boldsymbol{r}=\boldsymbol{a}_x x+\boldsymbol{a}_y y+\boldsymbol{a}_z z \tag{1.7.66}$$

在一般情况下，波对分界面的入射是任意的，但为了方便起见，假设入射面与 zOx 面相重合。这样 $k_{\text{i}y}=k_{\text{r}y}=k_{\text{t}y}=0$，如图 1.7.9所示。令分界面与 xOy 平面重合。波在 $z<0$ 的空间内向界面任意方向入射，并产生反射和折射。令 $\boldsymbol{E}_{\text{i}0}$、$\boldsymbol{E}_{\text{r}0}$、$\boldsymbol{E}_{\text{t}0}$分别为界面上原点 O 处的入射波，反射波及折射波的场强，则空间任意一点 $\boldsymbol{r}$ 处的入射波、反射波及折射波的场强为

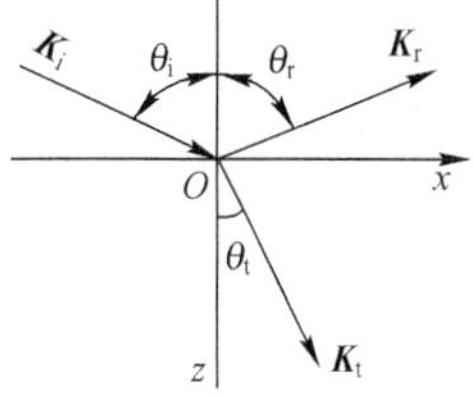

图 1.7.9　斜入射的波矢图

$$\begin{aligned}\boldsymbol{E}_\text{i}&=\boldsymbol{E}_{\text{i}0}\text{e}^{-\text{j}\boldsymbol{K}_\text{i}\cdot\boldsymbol{r}}=\boldsymbol{E}_{\text{i}0}\text{e}^{-\text{j}(k_{\text{i}x}x+k_{\text{i}z}z)}\\&=\boldsymbol{E}_{\text{i}0}\text{e}^{-\text{j}k_1(x\sin\theta_\text{i}+z\cos\theta_\text{i})}\\ \boldsymbol{E}_\text{r}&=\boldsymbol{E}_{\text{r}0}\text{e}^{-\text{j}\boldsymbol{K}_\text{r}\cdot\boldsymbol{r}}=\boldsymbol{E}_{\text{r}0}\text{e}^{-\text{j}(k_{\text{r}x}x+k_{\text{r}z}z)}\\&=\boldsymbol{E}_{\text{r}0}\text{e}^{-\text{j}k_1(x\sin\theta_\text{r}+z\cos\theta_\text{r})}\\ \boldsymbol{E}_\text{t}&=\text{e}^{-\text{j}\boldsymbol{K}_\text{t}\cdot\boldsymbol{r}}=\boldsymbol{E}_{\text{t}0}\text{e}^{-\text{j}(k_{\text{t}x}x+k_{\text{t}z}z)}\\&=\boldsymbol{E}_{\text{t}0}\text{e}^{-\text{j}k_2(x\sin\theta_\text{t}+z\cos\theta_\text{t})}\end{aligned}$$

根据在 $z=0$ 的界面上电场强度的切线分量相等的边界条件，便得到

$$\boldsymbol{E}_\text{i}(x,y,0)+\boldsymbol{E}_\text{r}(x,y,0)=\boldsymbol{E}_\text{t}(x,y,0) \tag{1.7.67}$$

$$\boldsymbol{E}_{\text{i}0}\text{e}^{-\text{j}(k_1\sin\theta_\text{i})x}+\boldsymbol{E}_{\text{r}0}\text{e}^{-\text{j}(k_1\sin\theta_\text{r})x}=\boldsymbol{E}_{\text{t}0}\text{e}^{-\text{j}(k_2\sin\theta_\text{t})x}$$

在分界面上任意位置 x 处的电场均应满足上式，故必有

$$k_1\sin\theta_\text{i}=k_1\sin\theta_\text{r}=k_2\sin\theta_\text{t} \tag{1.7.68}$$

由此得到

反射定律：　$$\theta_\text{i}=\theta_\text{r} \tag{1.7.69}$$

折射定律：　$$k_1\sin\theta_\text{i}=k_2\sin\theta_\text{t} \tag{1.7.70}$$

2. 正弦平面波对理想介质的斜入射

分别对垂直极化波和平行极化波进行讨论。

(1) 垂直极化波

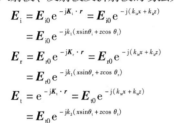

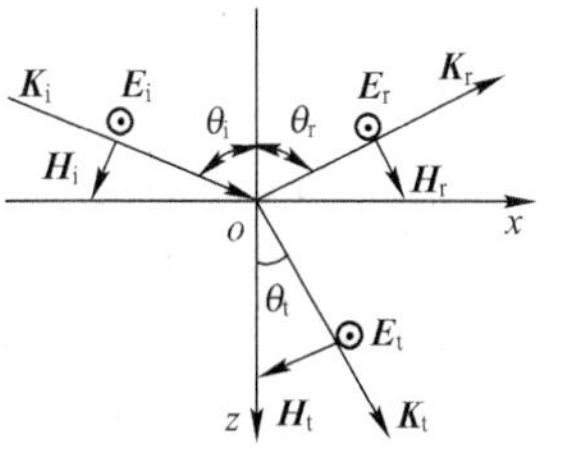

图 1.7.10　垂直极化波的斜入射示意图

垂直极化波的入射波电场 $\boldsymbol{E}_\text{i}$垂直于入射面、平行于分界面。设 $\boldsymbol{E}_\text{i}$、$\boldsymbol{E}_\text{r}$、$\boldsymbol{E}_\text{t}$的正方向均为 $+y$ 方向，然后由波矢量 $\boldsymbol{K}_\text{i}$、$\boldsymbol{K}_\text{r}$、$\boldsymbol{K}_\text{t}$分别定出 $\boldsymbol{H}_\text{i}$、$\boldsymbol{H}_\text{r}$、$\boldsymbol{H}_\text{t}$的正方向，如图 1.7.10 所示。

首先令 $k_\text{i}=k_\text{r}=k_1$，$k_\text{t}=k_2$，$\theta_\text{i}=\theta_\text{r}=\theta_1$，$\theta_\text{t}=\theta_2$。

由图 1.7.10 可写出垂直极化波在分界面上原点 $x=0$ 处的边界条件为

$$E_{\text{i}0}+E_{\text{r}0}=E_{\text{t}0} \tag{1.7.71}$$

$$-H_{\text{i}0}\cos\theta_1+H_{\text{r}0}\cos\theta_1=-H_{\text{t}0}\cos\theta_2 \tag{1.7.72}$$

$$H_{\text{i}0}=\frac{E_{\text{i}0}}{\eta_1},\quad H_{\text{r}0}=\frac{E_{\text{r}0}}{\eta_1},\quad H_{\text{t}0}=\frac{E_{\text{t}0}}{\eta_2} \tag{1.7.73}$$

联立求解式 (1.7.71)、式 (1.7.72)、式 (1.7.73)，得到

$$E_{\text{r}0}=\frac{\eta_2\cos\theta_1-\eta_1\cos\theta_2}{\eta_2\cos\theta_1+\eta_1\cos\theta_2}E_{\text{i}0}$$

$$E_{t0}=\frac{2\eta_2\cos\theta_1}{\eta_2\cos\theta_1+\eta_1\cos\theta_2}E_{i0}$$

$$H_{r0}=\frac{\eta_2\cos\theta_1-\eta_1\cos\theta_2}{\eta_2\cos\theta_1+\eta_1\cos\theta_2}H_{i0}$$

$$H_{t0}=\frac{2\eta_1\cos\theta_1}{\eta_2\cos\theta_1+\eta_1\cos\theta_2}H_{i0}$$

反射系数为

$$R=\frac{\eta_2\cos\theta_1-\eta_1\cos\theta_2}{\eta_2\cos\theta_1+\eta_1\cos\theta_2} \tag{1.7.74}$$

透射系数为

$$T=\frac{2\eta_2\cos\theta_1}{\eta_2\cos\theta_1+\eta_1\cos\theta_2} \tag{1.7.75}$$

分界面上的场强求得后，利用波的传播规律，便可求得2种媒质中任意点的场强。

在第一媒质中（$z<0$）：

$$\begin{cases}\boldsymbol{E}_1=\boldsymbol{E}_{i0}\mathrm{e}^{-\mathrm{j}\boldsymbol{K}_i\cdot\boldsymbol{r}}+\boldsymbol{E}_{r0}\mathrm{e}^{-\mathrm{j}\boldsymbol{K}_r\cdot\boldsymbol{r}}\\ \boldsymbol{H}_1=\boldsymbol{H}_{i0}\mathrm{e}^{-\mathrm{j}\boldsymbol{K}_i\cdot\boldsymbol{r}}+\boldsymbol{H}_{r0}\mathrm{e}^{-\mathrm{j}\boldsymbol{K}_r\cdot\boldsymbol{r}}\end{cases} \tag{1.7.76}$$

或写成直角坐标系中的各分量形式为

$$\begin{cases}E_{1y}=E_{i0}(\mathrm{e}^{-\mathrm{j}k_1z\cos\theta_1}+R\mathrm{e}^{\mathrm{j}k_1z\cos\theta_1})\mathrm{e}^{-\mathrm{j}k_1x\sin\theta_1}\\ H_{1x}=(-H_{i0}\cos\theta_1)(\mathrm{e}^{-\mathrm{j}k_1z\cos\theta_1}-R\mathrm{e}^{\mathrm{j}k_1z\cos\theta_1})\mathrm{e}^{-\mathrm{j}k_1x\sin\theta_1}\\ H_{1z}=(H_{i0}\sin\theta_1)(\mathrm{e}^{-\mathrm{j}k_1z\cos\theta_1}+R\mathrm{e}^{\mathrm{j}k_1z\cos\theta_1})\mathrm{e}^{-\mathrm{j}k_1x\sin\theta_1}\end{cases} \tag{1.7.77}$$

在第二媒质中（$z>0$）：

$$\begin{cases}\boldsymbol{E}_2=\boldsymbol{E}_{t0}\mathrm{e}^{-\mathrm{j}\boldsymbol{K}_t\cdot\boldsymbol{r}}\\ \boldsymbol{H}_2=\boldsymbol{H}_{t0}\mathrm{e}^{-\mathrm{j}\boldsymbol{K}_t\cdot\boldsymbol{r}}\end{cases} \tag{1.7.78}$$

或写成直角坐标系中的各分量形式为

$$\begin{cases}E_{2y}=E_{t0}\mathrm{e}^{-\mathrm{j}k_2(x\sin\theta_2+z\cos\theta_2)}\\ H_{2x}=(-H_{t0}\cos\theta_2)\mathrm{e}^{-\mathrm{j}k_2(x\sin\theta_2+z\cos\theta_2)}\\ H_{2z}=(H_{t0}\sin\theta_2)\mathrm{e}^{-\mathrm{j}k_2(x\sin\theta_2+z\cos\theta_2)}\end{cases} \tag{1.7.79}$$

（2）平行极化波

平行极化波的$\boldsymbol{E}_i$平行于入射面及$\boldsymbol{H}_i$平行于分界面。设$\boldsymbol{H}_i$和$\boldsymbol{H}_t$的正方向均为$+y$方向，$\boldsymbol{H}_r$的正方向为$-y$方向，则由波矢量$\boldsymbol{K}_i$、$\boldsymbol{K}_r$、$\boldsymbol{K}_t$定出$\boldsymbol{E}_i$、$\boldsymbol{E}_r$、$\boldsymbol{E}_t$的正方向，如图1.7.11所示，平行于入射面。

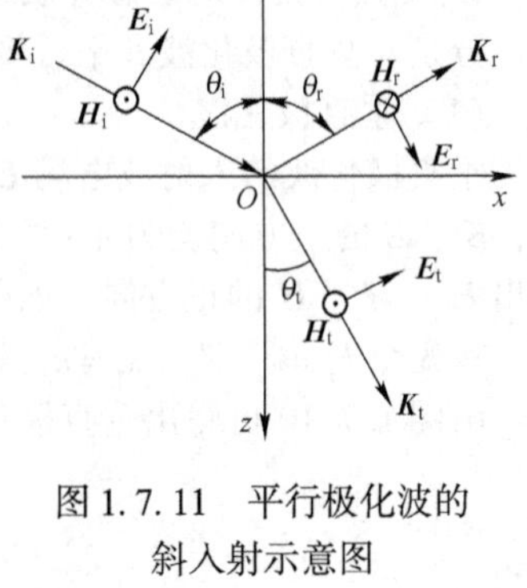

图1.7.11 平行极化波的斜入射示意图

由图1.7.11可以写出平行极化波在原点$x=0$处的边界条件为

$$\begin{cases}H_{i0}-H_{r0}=H_{t0}\\ E_{i0}\cos\theta_1+E_{r0}\cos\theta_1=E_{t0}\cos\theta_2\end{cases} \tag{1.7.80}$$

$$E_{i0}=\eta_1H_{i0},\quad E_{r0}=\eta_1H_{r0},\quad E_{t0}=\eta_2H_{t0} \tag{1.7.81}$$

联立求解以上3式，得

$$E_{r0}=\frac{\eta_2\cos\theta_2-\eta_1\cos\theta_1}{\eta_2\cos\theta_2+\eta_1\cos\theta_1}E_{i0}$$

$$E_{t0}=\frac{2\eta_2\cos\theta_1}{\eta_2\cos\theta_2+\eta_1\cos\theta_1}E_{i0}$$

$$H_{r0}=\frac{\eta_2\cos\theta_2-\eta_1\cos\theta_1}{\eta_2\cos\theta_2+\eta_1\cos\theta_1}H_{i0}$$

$$H_{t0}=\frac{2\eta_1\cos\theta_1}{\eta_2\cos\theta_2+\eta_1\cos\theta_1}H_{i0}$$

反射系数
$$R=\frac{E_{r0}}{E_{i0}}=\frac{\eta_2\cos\theta_2-\eta_1\cos\theta_1}{\eta_2\cos\theta_2+\eta_1\cos\theta_1} \tag{1.7.82}$$

透射系数
$$T=\frac{E_{t0}}{E_{i0}}=\frac{2\eta_2\cos\theta_1}{\eta_2\cos\theta_2+\eta_1\cos\theta_1} \tag{1.7.83}$$

分界面上场强求得后，很容易得到两种媒质中任意一点的场强。

在第一媒质中（$z<0$）：

$$\begin{cases}E_{1x}=(E_{i0}\cos\theta_1)(e^{-jk_1z\cos\theta_1}+Re^{jk_1z\cos\theta_1})e^{-jk_1x\sin\theta_1}\\E_{1z}=(-E_{i0}\cos\theta_1)(e^{-jk_1z\cos\theta_1}-Re^{jk_1z\cos\theta_1})e^{-jk_1x\sin\theta_1}\\H_{1y}=H_{i0}(e^{-jk_1z\cos\theta_1}-Re^{jk_1z\cos\theta_1})e^{-jk_1x\sin\theta_1}\end{cases} \tag{1.7.84}$$

在第二媒质中（$z>0$）：

$$\begin{cases}E_{2x}=(E_{t0}\cos\theta_2)e^{-jk_2(x\sin\theta_2+z\cos\theta_2)}\\H_{2z}=(-E_{t0}\sin\theta_2)e^{-jk_2(x\sin\theta_2+z\cos\theta_2)}\\H_{2y}=H_{t0}e^{-jk_2(x\sin\theta_2+z\cos\theta_2)}\end{cases} \tag{1.7.85}$$

3. 正弦平面波对理想导体表面的斜入射

本节讨论电磁波由理想介质向理想导体表面斜入射时的反射情况。分别对垂直极化波和平行极化波进行讨论。

（1）垂直极化波

使理想导体表面与直角坐标系的 yOz 平面重合，入射面与 xOz 平面相重合，$x>0$ 为理想介质，$x<0$ 为理想导体。设 θ_i 和 θ_r 分别为入射角和反射角。若电场 $\boldsymbol{E}_i$ 和 $\boldsymbol{E}_r$ 的正方向为 $+y$ 方向，根据传播方向可定出 $\boldsymbol{H}_i$ 和 $\boldsymbol{H}_r$ 的方向。如图 1.7.12 所示。

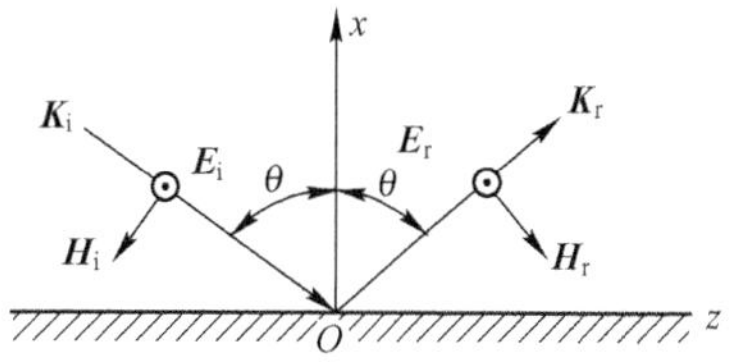

图 1.7.12　理想导体表面的斜入射

根据理想导体表面的边界条件，在分界面上（$x=0$）的任何 z 值处，E_y 应等于零。即

$$E_y(0,z)=E_i(0,z)+E_r(0,z)=E_{i0}e^{-jkz\sin\theta_i}+E_{r0}e^{-jkz\sin\theta_r}=0 \tag{1.7.86}$$

式中，E_{i0}、E_{r0} 分别为入射波、反射波的电场强度的复振幅；k 为介质中的波数。对于任何 z 值，式（1.7.86）均应成立，故必有

$$\begin{cases}\theta_i=\theta_r=\theta\\E_{i0}=-E_{r0}\end{cases} \tag{1.7.87}$$

利用电场与磁场之间关系可得到

$$H_{i0}=-H_{r0} \tag{1.7.88}$$

空间任意点的入射波和反射波的场强度

$$\begin{aligned}\boldsymbol{E}_i&=\boldsymbol{E}_{i0}e^{-j\boldsymbol{K}_i\cdot\boldsymbol{r}}=\boldsymbol{E}_{i0}e^{-j[(-kx\cos\theta)+(kz\sin\theta)]}\\&=\boldsymbol{E}_{i0}e^{-jk(-x\cos\theta+z\sin\theta)}\end{aligned}$$

$$\boldsymbol{E}_r=\boldsymbol{E}_{r0}e^{-j\boldsymbol{K}_i\cdot\boldsymbol{r}}=-\boldsymbol{E}_{i0}e^{-jk(x\cos\theta+z\sin\theta)}$$

$$\boldsymbol{H}_i=\frac{\boldsymbol{E}_i}{\eta_1}=\boldsymbol{H}_{i0}e^{-jk(-x\cos\theta+z\sin\theta)}$$

$$H_r = \frac{E_r}{\eta_1} = -H_{i0} e^{-jk(x\cos\theta + z\sin\theta)}$$

则空间合成的场强的各分量为

$$\begin{cases} E_y = E_i + E_r = E_{i0}(e^{jkx\cos\theta} - e^{-jkx\cos\theta}) e^{-jkz\sin\theta} \\ \quad = j2E_{i0}\sin(kx\cos\theta) e^{-jkz\sin\theta} \\ H_x = -H_i\sin\theta - H_r\sin\theta = -H_{i0}\sin\theta(e^{jkx\cos\theta} - e^{-jkx\cos\theta}) e^{-jkz\sin\theta} \\ \quad = -j2H_{i0}\sin\theta\sin(kx\cos\theta) e^{-jkz\sin\theta} \\ H_z = -H_i\cos\theta + H_r\cos\theta = -H_{i0}\cos\theta[e^{jkx\cos\theta} + e^{-jx\cos\theta}] e^{-jkz\sin\theta} \\ \quad = -j2H_{i0}\cos\theta\cos(kx\cos\theta) e^{-jkz\sin\theta} \end{cases} \tag{1.7.89}$$

式（1.7.89）表明：当垂直极化波斜入射到理想导体表面时，则空间的电磁波在 x 方向为驻波分布，且在 $x = \frac{n\pi}{k\cos\theta}(n=0,1,2,\cdots)$处为电场强度的波节点和磁场强度的波腹点，而在 $x = \frac{(2n+1)\pi}{4k\cos\theta}(n=0,1,2,\cdots)$处为电场强度的波腹点和磁场强度的波节点；在 x = 常数的平面上 $\boldsymbol{E}$ 或 $\boldsymbol{H}$ 的振幅相等，故等振幅面与 yOz 平面平行；而空间合成的电磁波在 z 方向为行波，且在 z = 常数的平面上，场强 E 或 H 的相位相等，故等相位面与 xOy 平面平行，而与等振幅面垂直，如图1.7.13所示。由于等相位面为平面，因此合成波为平面波，但不是均匀平面波，因为等相位面上的场强沿 x 方向为驻波分布。而且磁场强度沿着 z 的传播方向有纵向分量 H_z，因此它不是横电磁波（TEM 波），而是横电波（TE 波或 H 波）。

（2）平行极化波

如图 1.7.14 所示的平行极化波，同样根据边界条件可以证明

$$\begin{cases} \theta_i = \theta_r = \theta_t \\ E_{i0} = -E_{r0} \\ H_{i0} = -H_{r0} \end{cases} \tag{1.7.90}$$

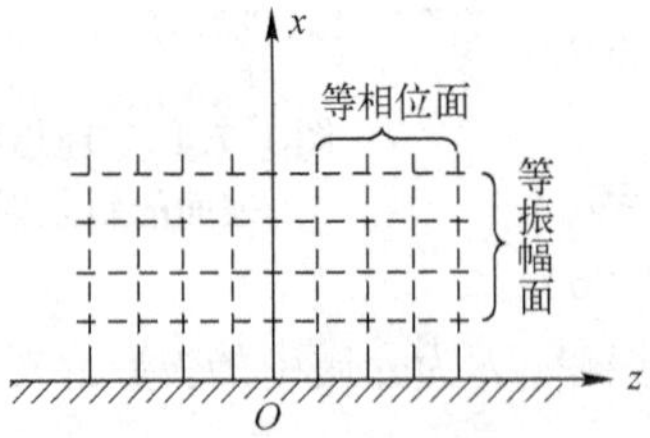

图 1.7.13　x 和 z 为常数的平面内的场分布

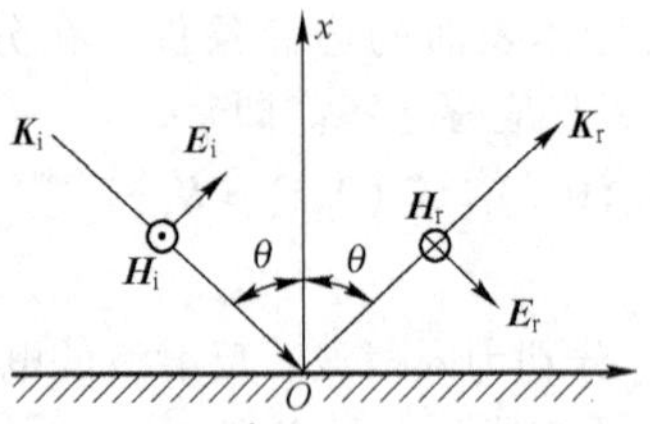

图 1.7.14　平行极化波在理想导体中的斜入射示意图

应用与垂直极化波相同的方法，可以得到空间合成电磁波的各个分量为

$$\begin{cases} E_x = 2E_{i0}\sin\theta\cos(kx\cos\theta) e^{-jkz\sin\theta} \\ E_z = j2E_{i0}\cos\theta\sin(kx\cos\theta) e^{-jkz\sin\theta} \\ H_y = 2H_{i0}\cos(kx\cos\theta) e^{-jkz\sin\theta} \end{cases} \tag{1.7.91}$$

比较式（1.7.91）和式（1.7.89）可得到当平行极化波斜入射到理想导体表面时，空间合成电磁波的性质和垂直极化波斜入射到理想导体表面时合成的电磁波的性质基本上相同，在 x 方向为驻波，而在 z 方向为行波。所不同的是磁场强度只有横向分量，而电场强度既有横向分

量，又有纵向分量，称这种电磁波为横磁波（TM 波或 E 波）。

综上所述，当电磁波以任意角度斜入射到理想导体表面时，由于理想导体表面的反射，使电磁波沿着理想导体表面前进，此时理想导体的边界起着引导电磁波的作用。具有这种性质的电磁波称为导波。

1.8 计算机仿真分析

1. 电波传播的 MATLAB 仿真

仿真程序：

```
------------------------------------------------------------------
参数的设置
------------------------------------------------------------------
w = pi * 800e6;
k = 1.8850e - 1;
Exm = input('请输入 Exm =');
Hym = input('请输入 Hym =');
faiy = input('请输入 faiy =');
w = pi;
------------------------------------------------------------------
坐标的设置
------------------------------------------------------------------
xlabel('Ex','fontweight','bold');
zlabel('Hy','fontweight','bold');
ylabel('Z','fontweight','bold');
axis([ -4 4 0 40 -4 4 ]);
hold on
title('电波传播仿真图');
view([10, -10, -10]);
------------------------------------------------------------------
动态波形显示
------------------------------------------------------------------
for i = 1:72
z = [1:1:i];
z = z;
data_long = length(z);
num = ones(1,data_long);
num = num * 1e - 9;
zero = zeros(1,data_long);
t = num * i;
Ex = Exm * cos(w * t - k * z);
Hy = Hym * cos(w * t - k * z + faiy);
```

```
cla
quiver3(zero,z,zero,Ex,zero,0,0',r ) quiver3(zero,z,zero,zero,0,Hy,0',b )
hold on
tt = 1e -9 * i;
Exx = Exm * cos(w * tt);
Hyy = Hym * cos(w * tt + faiy);
plot3(0,0,Hyy', * );
plot3(Exx,0,0', * );
hold on
pause(0.2);
end
rotate3d
```

电磁波传播过程仿真图如图 1.8.1 所示。

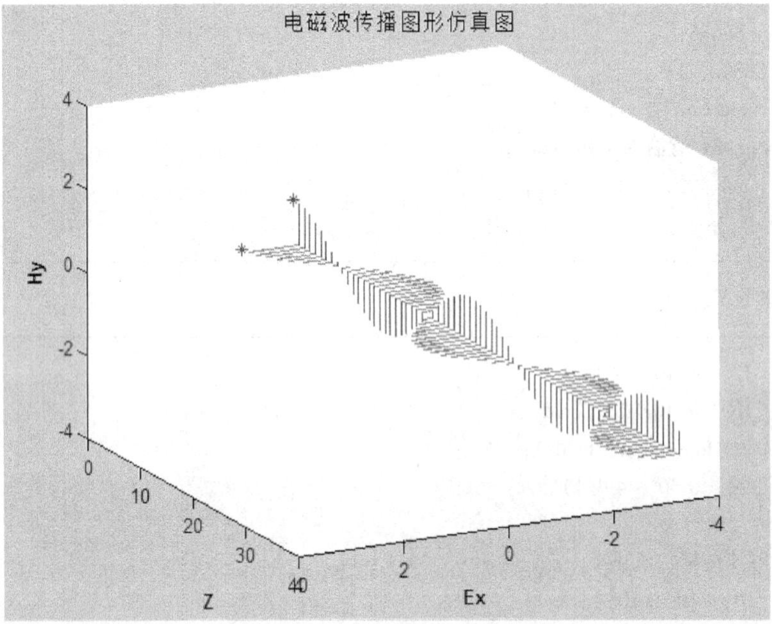

图 1.8.1　电磁波传播图形仿真图

2. 电磁波极化特性仿真

仿真程序：

```
-----------------------------------------------------------------
参数的设置
-----------------------------------------------------------------
w = pi * 800e6;
k = 1.8850e -1;
Exm = input('请输入 Exm =');
Eym = input('请输入 Eym =');
faix = input('请输入 faix =');
```

```
faiy = input('请输入 faiy =');
w = pi;
-------------------------------------------------------------------
坐标的设置
-------------------------------------------------------------------
xlabel('Ex','fontweight','bold');
zlabel('Ey','fontweight','bold');
ylabel('Z','fontweight','bold');
axis([-2 2 0 40 -2 2]);
hold on
title('电磁波极化仿真图');
view([10,-10,-10]);
-------------------------------------------------------------------
动态波形显示
-------------------------------------------------------------------
for i = 1:72
z = [1:1:i];
z = z;
data_long = length(z);
num = ones(1,data_long);
num = num * 1e-9;
zero = zeros(1,data_long);
t = num * i;
Ex = Exm * cos(w * t - k * z + faix);
Ey = Eym * cos(w * t - k * z + faiy + pi);
cla
quiver3(zero,z,zero,Ex,zero,Ey,0','r')
hold on
tt = 1e-9 * i;
Exx = Exm * cos(w * tt + faix);
Eyy = Eym * cos(w * tt + faiy + pi);
plot3(Exx,0,Eyy','*');
hold on
quiver3(0,0,0,Exx,0,Eyy,0)
hold on
pause(0.2);
end
rotate3d
```

当输入 Exm = 1；Eym = 1；faix = pi/2；faiy = 0 时的波形图如图 1.8.2 至图 1.8.4 所示。

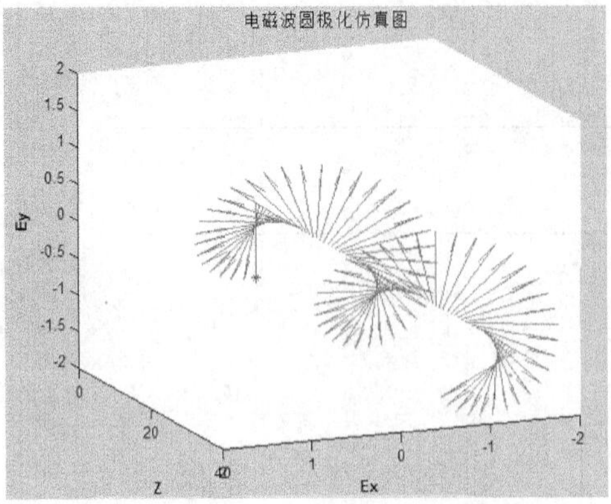

图 1.8.2　电磁波极化仿真图

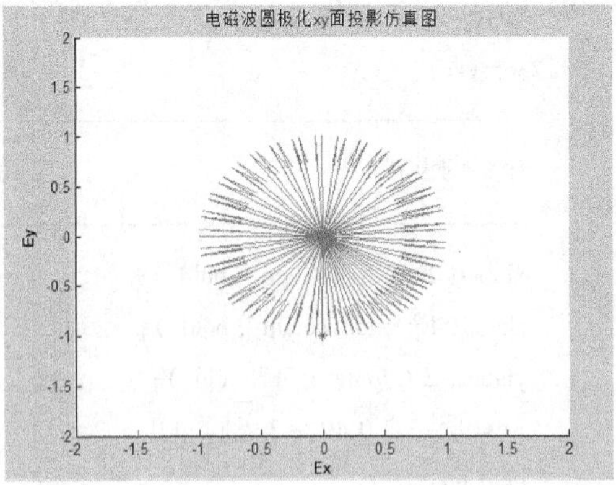

图 1.8.3　垂直传播方向的电磁波极化仿真图

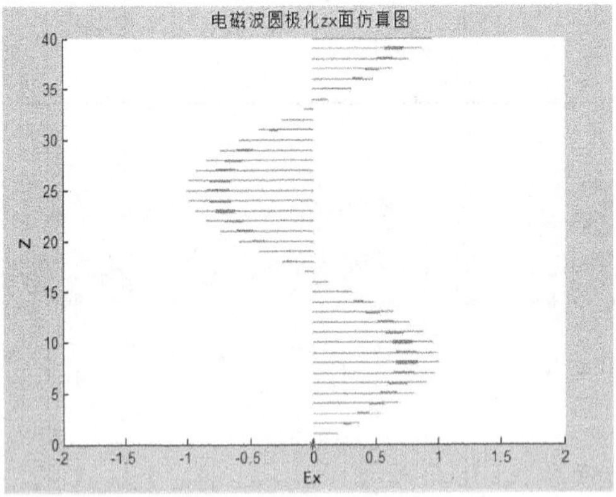

图 1.8.4　在 zx 平面的电磁波极化仿真图

小　　结

1. 麦克斯韦方程是宏观电磁现象的基本方程，是对电磁规律最完美、最完备的概括，是电磁现象的最基本方程，所有电磁现象都可归结于求解麦克斯韦方程组。麦克斯韦方程组：

积分形式	微分形式
$\oint_l \boldsymbol{H} \cdot \mathrm{d}\boldsymbol{l} = \int_S (\boldsymbol{J}_c + \boldsymbol{J}_d) \cdot \mathrm{d}\boldsymbol{S}$	$\nabla \times \boldsymbol{E} = -\dfrac{\partial \boldsymbol{B}}{\partial t}$
$\oint_l \boldsymbol{E} \cdot \mathrm{d}\boldsymbol{l} = -\int_S \dfrac{\partial \boldsymbol{B}}{\partial t} \cdot \mathrm{d}\boldsymbol{S}$	$\nabla \times \boldsymbol{H} = \boldsymbol{J}_c + \varepsilon \dfrac{\partial \boldsymbol{E}}{\partial t}$
$\oint_S \boldsymbol{D} \cdot \mathrm{d}\boldsymbol{S} = -\int_V \rho \mathrm{d}V$	$\nabla \cdot \boldsymbol{D} = \rho$
$\oint_S \boldsymbol{B} \cdot \mathrm{d}\boldsymbol{S} = 0$	$\nabla \cdot \boldsymbol{B} = 0$

本构方程

$$\boldsymbol{D} = \varepsilon \boldsymbol{E}, \quad \boldsymbol{B} = \mu \boldsymbol{H}, \quad \boldsymbol{J}_c = \sigma \boldsymbol{E}$$

2. 电磁场的边界条件

$$\begin{cases} E_{t1}=E_{t2} \\ H_{t1}=H_{t2}(J_l=0),\mathrm{H}_{t1}-H_{t2}=J_l(\mathrm{J}_l\neq 0) \\ \mathrm{D}_{n1}=D_{n2}(\rho_S=0),D_{n1}-D_{n2}=\rho_S(\rho_S\neq 0) \\ B_{n1}=B_{n2} \end{cases}$$

3. 能流密度矢量

能流密度（瞬时能流密度） 矢量 $\boldsymbol{S}=\boldsymbol{E}\times\boldsymbol{H}$ （W/m^2）

复能流密度矢量 $\dot{\boldsymbol{S}}=\frac{1}{2}\dot{E}\times\dot{H}^*$ （W/m^2）

平均能流密度矢量

$$\boldsymbol{S}_{av}=\frac{1}{T}\int_0^T\boldsymbol{S}(z,t)\,\mathrm{d}t=\frac{1}{2}\mathrm{Re}[\boldsymbol{E}(z)\times\boldsymbol{H}^*(z)]$$

4. 静电场的基本方程

基本方程
$$\begin{cases} \nabla\times\boldsymbol{E}=0 \\ \nabla\cdot\boldsymbol{D}=\rho \end{cases}$$

$$\boldsymbol{D}=\varepsilon\boldsymbol{E}$$

静电场是个保守场、有势场、无旋场、位场，因此可以用一个标量表示。

电位与电场强度的关系

$$\boldsymbol{E}=-\nabla\phi=-\mathrm{grad}\phi$$

电位的泊松方程和拉普拉斯方程 $\nabla^2\phi=\frac{\rho}{\varepsilon}$（泊松方程）

$$\nabla^2\phi=0\text{（拉普拉斯方程）}$$

静电场的边界条件
$$\begin{cases} E_{t1}=E_{t2} \\ E_{n1}=D_{n2}\text{或 }\varepsilon_1E_{n1}=\varepsilon_2E_{n2}(\rho_S=0) \\ D_{n1}-D_{n2}=\rho_S\quad(\rho_S\neq 0) \end{cases}$$

导体中没有静电场，导体是等位体，导体表面是等位面。

导体的电容 $C=\frac{Q}{U}$

导体电容是与导体的形状、尺寸和周围介质的分布有关的常数。

5. 恒流电场的基本方程

基本方程
$$\begin{cases} \nabla\times\boldsymbol{E}=0 \\ \nabla\cdot\boldsymbol{J}=0 \\ \boldsymbol{J}=\sigma\boldsymbol{E} \end{cases}$$

边界条件
$$J_{n1}=J_{n2}$$
$$E_{t1}=E_{t2}$$
$$\frac{\tan\theta_1}{\tan\theta_2}=\frac{\sigma_1}{\sigma_2}$$

与静电场的方程具有对偶性，可以用静电比拟法分析恒流电场的分布电导问题。

6. 恒流磁场的基本方程

基本方程
$$\begin{cases}\nabla\times\boldsymbol{H}=\boldsymbol{J}\\\nabla\cdot\boldsymbol{B}=0\\\boldsymbol{B}=\mu\boldsymbol{H}\end{cases}$$

磁场的矢量磁位 $\boldsymbol{A}$

$$\boldsymbol{B}=\nabla\times\boldsymbol{A}$$

边界条件
$$\begin{cases}H_{t1}=H_{t2}\\B_{n1}=B_{n2}\end{cases}$$

$$\frac{\tan\theta_1}{\tan\theta_2}=\frac{\mu_1}{\mu_2}$$

电感定义
$$L=\frac{\phi_m}{I}$$

电感分为自感和互感。

7. 平面波的基本特性

(1) 均匀平面波的波阵面是个平面，且波阵面上的电场、磁场处处相等。

(2) 时谐电磁波的时间因子为 $e^{j\omega t}$，传播因子为 $e^{-j\beta z}$。

(3) 理想介质中的平面波：电场和磁场的表达式为

$$\dot{E}_x=E_{x0}e^{-jkz},\dot{H}_y=H_{y0}e^{-jkz}$$

振幅不变化、相位沿传播方向不断滞后。

波数

$$k=\omega\sqrt{\mu\varepsilon}$$

相速度

$$v_p=\frac{\omega}{k}=\frac{\omega}{\omega\sqrt{\mu\varepsilon}}=\frac{1}{\sqrt{\mu\varepsilon}}=\frac{v_0}{\sqrt{\varepsilon_r}}$$

相波长

$$\lambda_p=v_pT=\frac{v_p}{f}\frac{v_0}{f\sqrt{\varepsilon_r}}=\frac{\lambda_0}{\sqrt{\varepsilon_r}}=\frac{2\pi}{k}$$

波阻抗

$$\eta=\frac{\dot{E}_x}{\dot{H}_y}=\frac{j\omega\mu}{jk}=\frac{\omega\mu}{\omega\sqrt{\mu\varepsilon}}=\sqrt{\frac{\mu}{\varepsilon}}$$

(4) 导电媒质中的平面波：导电媒质和无耗媒质的区别是 $\sigma\neq0$，用 $\tilde{\varepsilon}$ 取代无耗介质中的 ε，可得导电媒质中的性质参数。

复介电常数
$$\tilde{\varepsilon}=\varepsilon\left(1-j\frac{\sigma}{\omega\varepsilon}\right)$$

导电媒质中复波数
$$\tilde{k}=\omega\sqrt{\mu\tilde{\varepsilon}}=\omega\sqrt{\mu\varepsilon\left(1-j\frac{\sigma}{\omega\varepsilon}\right)}\triangleq\beta-j\alpha$$

式中：$\beta=\omega\sqrt{\frac{\mu\varepsilon}{2}\left[\sqrt{1+\left(\frac{\sigma}{\omega\varepsilon}\right)^2}+1\right]}$；$\alpha=\omega\sqrt{\frac{\mu\varepsilon}{2}\left[\sqrt{1+\left(\frac{\sigma}{\omega\varepsilon}\right)^2}-1\right]}$。

场强表达式
$$\dot{E}_x=\dot{E}_{x0}e^{-j\tilde{k}z}=\dot{E}_{x0}e^{-\alpha z}e^{-j\beta z}$$

$$\dot{H}_y = \dot{H}_{y0}\mathrm{e}^{-\mathrm{j}\tilde{k}z} = \dot{H}_{y0}\mathrm{e}^{-\alpha z}\mathrm{e}^{-\mathrm{j}\beta}\mathrm{e}^{-\mathrm{j}\beta z}$$

实际应用中可以根据媒质的特性，高耗、低耗和一般耗，将进行化简。

良导体中的趋肤效应：电场 **E** 和磁场 **H** 的能量集中分布于金属表面的现象。一般用趋肤深度 δ（**E** 衰减为其在金属表面时强度的 1/e 所对应的距离）表示：$\delta = 1/\alpha$。

（5）电磁波的极化特性分为线极化、圆极化和椭圆极化，其极化方向指的是电场强度的矢量方向。2 个相互正交的相位差是 0 或者 π 的电磁波合成线极化波；2 个相互正交的、振幅相等、相位差是 ±π/2 电磁波合成圆极化波；2 个相互正交的相位和振幅不满足圆极化波条件和线极化波条件的电磁波合成波必为椭圆极化波。圆极化和椭员极化又分为左旋极化和右旋极化。

（6）电磁波的入射问题，边界面使一部分能量反射回第一种媒质，另一部分能量透射到第二种媒质中。反射波和透射波的大小和相位取决于分界面两侧的媒质特性参量、入射波的极化方向和入射角的大小。

习　题

1.1　计算下列媒质中的传导电流密度和位移电流密度在 $f_1 = 1$ kHz 和 $f_2 = 1$ MHz 时的比值。

（1）铜：$\sigma = 5.8\times10^7$ S/m，$\varepsilon_r = 1$；

（2）蒸馏水：$\sigma = 2\times10^{-4}$ S/m，$\varepsilon_r = 80$；

（3）聚苯乙烯：$\sigma = 2\times10^{-16}$ S/m，$\varepsilon_r = 2.53$。

1.2　圆柱体电容器，内导体半径和外导体半径分别为 a 和 b，长度为 l。设外加 $U_0\sin\omega t$，试计算电容器极板间的总位移电流，证明它等于引线中的传导电流。

1.3　自由空间中，已知电场强度的表达式为

$$\boldsymbol{E} = \boldsymbol{a}_x 4\cos(\omega t - \beta z) + \boldsymbol{a}_y 3\cos(\omega t - \beta z)$$

求：（1）磁场强度的复数表达式；

（2）坡印廷矢量的瞬时值表达式；

（3）平均坡印廷矢量。

1.4　将下列复数形式的场矢量变换成瞬时值表达式，或做相反变换。

（1）$\boldsymbol{E} = \boldsymbol{a}_x 4\mathrm{e}^{-\mathrm{j}\beta z} + \boldsymbol{a}_y 3\mathrm{j}\mathrm{e}^{-\mathrm{j}\beta z}$

（2）$\boldsymbol{E} = \boldsymbol{a}_x 4\sin\left(\frac{\pi}{a}x\right)\sin(\omega t - \beta z) + \boldsymbol{a}_y\cos\left(\frac{\pi}{a}x\right)\cos(\omega t - \beta z)$

（3）$\boldsymbol{E} = \boldsymbol{a}_z\sin(\omega t - \beta x) + \boldsymbol{a}_y 3\cos(\omega t - \beta x)$

（4）$\boldsymbol{E} = \boldsymbol{a}_y 3\cos(kx\cos\theta)\mathrm{e}^{-\mathrm{j}kz\sin\theta}$

1.5　证明自由空间中仅随时间变化的场，不满足麦克斯韦方程组。若时间和空间均变化，则满足电磁场的基本方程组。

1.6　真空中一个球心在原点的半径为 a 的球面上，在点（0，0，a）和（0，0，$-a$）处分别放置点电荷 $+q$ 和 $-q$，试计算球赤道圆平面上电通量密度（电位移矢量）的通量。

1.7　求导线直径为 r，导线中心间距为 D 的双导线的分布电容，导体间介质的介电常数为 ε。

1.8　求内导体半径为 a，外导体外半径为 b，导体间介质的介电常数为 ε 的同轴线导线分布电感。

1.9　求内导体半径为 a，外导体外半径为 b，导体间介质的介电常数为 ε 的同轴线导线分布电导。

1.10　对于线性、均匀和各向同性导电媒质，设媒质的介电常数为 ε，磁导率为 μ，电导率为 σ，试证明无源区域中时谐电磁场所满足的波动方程为

$$\nabla^2 \boldsymbol{E} = \mathrm{j}\omega\mu\sigma\boldsymbol{E} - k^2\boldsymbol{E}$$

$$\nabla^2 \boldsymbol{H} = \mathrm{j}\omega\mu\sigma\boldsymbol{H} - k^2\boldsymbol{H}$$

式中，$k^2 = \omega^2\mu\varepsilon$。

1.11　已知电磁波的电场强度的表达式的瞬时值为

$$\boldsymbol{E} = \boldsymbol{a}_x E_0 \cos(\omega t - \beta z + \varphi_0)\ \mathrm{V/m}$$

判断它是不是均匀平面波？给出其传播方向和磁场强度方向。

1.12　自由空间中一均匀平面波的磁场强度为

$$\boldsymbol{H} = (\boldsymbol{a}_y + \boldsymbol{a}_z) H_0 \cos(\omega t - \pi x)\ \mathrm{A/m}$$

求：

(1) 波的传播方向；

(2) 电磁波的波长和频率；

(3) 电场强度；

(4) 瞬时坡印廷矢量。

1.13　无耗介质的相对介电常数 $\varepsilon_r = 4$，相对磁导率 $\mu_r = 1$，一均匀平面波沿 $+z$ 方向传播，其电场强度表达式为

$$\boldsymbol{E} = \boldsymbol{a}_y E_0 \cos(6\times 10^8 t - \beta z)\ \mathrm{V/m}$$

求：

(1) 电磁波的相速度；

(2) 波阻抗和 β；

(3) 磁场的瞬时值表达式；

(4) 平均坡印廷矢量。

1.14　一均匀平面波从海水表面 ($x=0$) 沿 $+x$ 方向向海水传播。在 $x=0$ 处，电场强度为

$$\boldsymbol{E} = \boldsymbol{a}_y 100\cos(10^7 \pi t)\ \mathrm{V/m}$$

若海水的 $\sigma = 4\ \mathrm{S/m}$，$\varepsilon_r = 80$，$\mu_r = 1$。求：

(1) 衰减常数、相位常数、波阻抗、相速度、波长、趋肤深度；

(2) 写出海水中电场强度的表达式；

(3) 电场强度的振幅衰减到 1% 时，波的传播距离；

(4) 当 $x = 0.8$ 时，电场和磁场表达式。

1.15　判断下列平面波的极化形式：

(1) $\boldsymbol{E} = \boldsymbol{a}_x 4\mathrm{e}^{-\mathrm{j}\beta z} + \boldsymbol{a}_y 3\mathrm{j}\mathrm{e}^{-\mathrm{j}\beta z}$

(2) $\boldsymbol{H} = \boldsymbol{a}_z 2\sin(\omega t - \beta x) + \boldsymbol{a}_y \cos(\omega t - \beta x)$

(3) $\boldsymbol{E} = \boldsymbol{a}_z \sin(\omega t - \beta x) + \boldsymbol{a}_y \cos(\omega t - \beta x)$

(4) $\boldsymbol{E} = \boldsymbol{a}_x 2\sin\left(\omega t - \beta z - \dfrac{\pi}{4}\right) + \boldsymbol{a}_y \cos\left(\omega t - \beta z + \dfrac{\pi}{4}\right)$

1.16　均匀平面波频率 $f = 50\ \mathrm{MHz}$，从空气垂直入射到 $x=0$ 的理想导体上，设入射波电场沿 $+y$ 方向，振幅 $E_0 = 6\ \mathrm{mV/m}$。试写出：

(1) 入射波电场和磁场的表达式；

(2) 反射波电场和磁场的表达式；

(3) 空气中合成波的电场和磁场的表达式；

(4) 离导体表面最近的第一个电场波腹的位置。

1.17 一右旋圆极化波垂直入射到位于 $z=0$ 处的理想导体板上，其电场强度的复数形式为

$$\boldsymbol{E}=(\boldsymbol{a}_x-\mathrm{j}\boldsymbol{a}_y)E_0\mathrm{e}^{-\mathrm{j}\beta z}\ \mathrm{V/m}$$

(1) 求反射波表达式，并说明其极化方式；

(2) 求导体板上的感应电流；

(3) 写出总电场强度的瞬时值表达式。

1.18 均匀平面波从自由空间垂直入射到某介质平面时，在自由空间中形成驻波，设反射系数大小为0.46，介质平面上为驻波最小的点，求介质的相对介电常数。

1.19 在无线装置中常配有电磁屏蔽罩，屏蔽罩由铜板制成，要求铜板的厚度至少为5个趋肤深度，为防止200 kHz ～ 3 GHz 的无线电干扰，求铜板的厚度；若要屏蔽10 kHz ～ 3 GHz 的无线电干扰，铜板的厚度又为多少？

1.20 用 MATLAB 仿真出线极化波、椭圆极化波的波形。

第❷章　传输线理论

本章结构

本章在介绍了传输线的基本类型和结构特点的基础之上，引出高频电磁波传输线的长线理论，给出了长线的具体分布参数概念及其等效电路模型，针对无耗传输线的线元电路、利用电路分析中 KVL 和 KCL 方程求解了传输线上电流、电压方程，讨论了其主要传输特性参数和具体工作状态，最后讨论了传输线阻抗匹配的方法。

2.1　长线及分布参数电路模型

2.1.1　长线概述

凡用来引导电磁波的导体、介质系统均可称为传输线。传输线按其引导电磁波类型的不同可以分为 3 类：① TEM 或准 TEM 波传输线，其典型特征是传输线都是双导体结构，如图 2.1.1（a）、（b）、（c）所示；② TE 或 TM 波传输线，其典型特征是传输线都是封闭的单导体结构，如图 2.1.1（d）、（e）所示；③ 表面波传输线，其典型特征是传输线是开放结构，如图 2.1.1（f）、（g）所示。

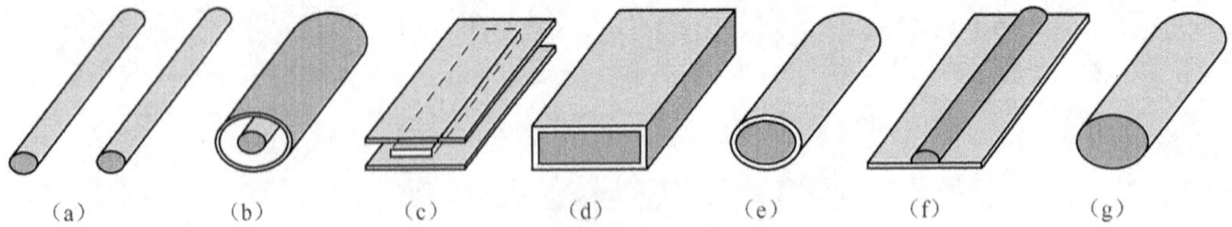

图 2.1.1　常用的几种微波传输线

相对于前文所讲述的空间电磁波，这里把沿传输线传播的波称为导行波，而研究其传播规律的理论则称为传输线理论。一般，研究传输线上所传输电磁波的特性的方法有两种，一种是“场”的分析方法，即从麦克斯韦方程出发，解特定边界条件下的电磁场波动方程，得场量（$\boldsymbol{E}$ 和 $\boldsymbol{H}$）随时间和空间的变化规律，由此来分析电磁波的传输特性；另一种方法是“路”的分析方法，它将传输线作为分布参数电路来处理，得到传输线的等效电路，然后由等效电路根据基尔霍夫定律导出传输线方程，再解传输线方程，求得线上电压和电流相量随时间和空间的变化规律，最后由此规律来分析电压和电流的传输特性，这种路的分析方法，又称为长线理论。事实上，“场”的理论和“路”的理论既是紧密相关的，又是相互补充的。对于单导体传输线宜用“场”的理论去处理，而双导体传输线在满足一定条件下可以归结为“路”的问题来处理，这样就可借用熟知的电路理论和现成方法，使问题的处理大为简化。

本章将用“路”来阐述传输线中波的传输情况。正如我们将要看到的，对传输线中波的传播现象的研究不仅继续沿用电路的理论，也可以从麦克斯韦方程得到解释。传输线理论是场分析和基本电路理论之间的桥梁，这些理论不仅适用于TEM波传输线，而且也是研究非TEM波传输线的理论基础。

长线传输线理论与电路理论之间的关键差别在于电路尺寸。由于电路理论所面对的电磁波频率是极低的，其电路尺寸相比其传输的波长小得多，故整个长度内其电压和电流的幅值和相位可以认为是不变的。而长线传输线的尺度则可能为一个波长的几分之一或几个波长，显然这时整个长度内的电压和电流的幅值和相位都可能发生变化。为此，定义了长线的概念。所谓长线就是当传输线物理长度 l 与电磁波波长 λ 的比值（称为电长度）$l/\lambda \geqslant 0.1$ 时的传输线。30 km的照明线不能算是长线，因为50 Hz的市电的波长是6 000 km。但一段10 cm长的X波段（波长3 cm）波导却是地地道道的长线，因为它的长度大约是工作波长的3倍。微波的波长很短，所以看起来并不长的一段传输线，其实都算是长线。所以，传输线理论有时又称长线理论。

2.1.2　分布参数电路模型

由于电路尺寸的不同，使得长线传输线和低频电路线的传输特性迥异，在电路分析中已学过的集总参数电路理论已经不再适用于长线的分析，所以针对长线的传输特性（电压、电流沿传输线变化）必须建立新的电路模型，也就是分布参数电路模型。

在低频电路中常常忽略元件连接线的分布参数效应，认为电场能量全部集中在电容器中，而磁场能量全部集中在电感器中，电阻元件是消耗电磁能量的。由这些集总参数元件组成的电路称为集总参数电路。随着频率的提高，电路元件的辐射损耗、导体损耗和介质损耗增加，电路元件的参数也随之变化。当频率提高到波长和电路的几何尺寸可相比拟时，电场能量和磁场能量的分布空间很难分开，而且连接元件的导线的分布参数就不可忽略，这种电路称为分布参数电路。

1. 分布参数的概念

在低频电路理论中，电阻、电感、电容、电导都是以集总参数的形式出现的，集总参数是对低频电路一些独立的电磁特性可概括：将消耗电磁能的性质抽象为电阻 $R=\dfrac{\rho l}{S}$，其耗能功率 $P=\dfrac{1}{2}I^2R=\dfrac{1}{2}\dfrac{U^2}{R}$；存储磁能的性质概括为电感 $L=\dfrac{\psi_{\rm m}}{I}$，其存储的磁能为 $W_{\rm L}=\dfrac{1}{2}LI^2$；存储电能的性质概括为电容 $C=\dfrac{Q}{U}$，其存储的电能为 $W_{\rm C}=\dfrac{1}{2}CU^2$，电容的漏电对应的漏电导 $G=\dfrac{\sigma S}{l}=\dfrac{1}{R}$，其泄漏的电能 $P=\dfrac{1}{2}GU^2=\dfrac{1}{2}\dfrac{I^2}{G}$。连接元件的导线都是理想的短路线，可以任意延伸或压缩。

而在微波波段，由导体构成的传输线往往比波长长或与波长相当，当电磁波沿长线传播时，低频时忽略的各种现象与效应，此时都通过沿导体线的损耗电阻、电感、电容和漏电导表现出来，导致沿线的电压、电流随时间和空间位置变化。这些参数虽然看不见，但其对传输的电磁波的影响分布在传输线上的每一点，故称其为分布参数，这里用 R_1、L_1、C_1、G_1 表示，分别称为传输线单位长度的分布电阻、分布电感、分布电容和分布电导。

如果长线的分布参数是沿线均匀分布的，不随位置而变化，则称其为均匀长线或均匀传输线。本章内容只限于分析均匀长线，表2.1.1给出了几种典型的双导体传输线的分布参数的计算公式。

表 2.1.1 几种典型的双导体传输线的分布参数

种 类	双线	同轴线	带状线
结 构	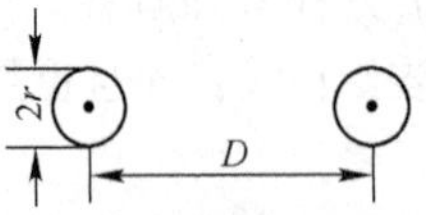	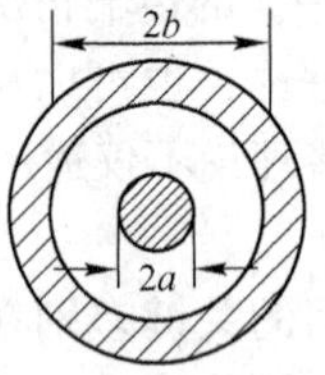	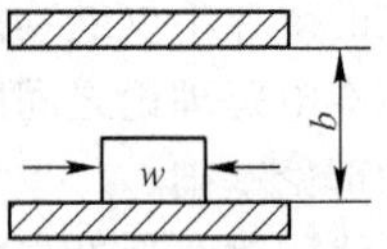
L_1/(H/m)	$\frac{\mu_0}{\pi}\ln\frac{D}{r}$	$\frac{\mu_0}{2\pi}\ln\frac{b}{a}$	$\frac{\pi\mu_0}{8\,\text{arch}\,e^{\frac{\pi w}{2b}}}$
C_1/(F/m)	$\frac{\pi\varepsilon}{\ln\frac{D}{r}}$	$\frac{2\pi\varepsilon}{\ln\frac{b}{a}}$	$\frac{8\varepsilon}{\pi}\text{arch}\,e^{\frac{\pi w}{2b}}$

2. 分布参数电路模型

有了分布参数的概念，就可以将均匀传输线［如图 2.1.2（a）所示］分割成许多微分段 dz（$dz \ll \lambda$），这样每个微分段可看作集总参数电路，其集总参数分别为 R_1dz、L_1dz、C_1dz、G_1dz，其等效电路为一个 Γ 形网络（也可看成 Π 形、T 形、反 Γ 形网络），如图 2.1.2（b）所示，整个传输线的等效电路是无限多的 Γ 形网络的级联，如图 2.1.2（c）所示。图 2.1.2（d）为无耗传输线（$R_1 = G_1 = 0$）的等效电路。对整个长线传输线的研究，可以先对其等效级联电路的一个线元电路［如图 2.1.2（b）所示的 Γ 形电路］加以分析。其分析方法是列出线元电路集总参数的 KCL、KVL 方程，再解方程得其电流、电压分布的一般规律。

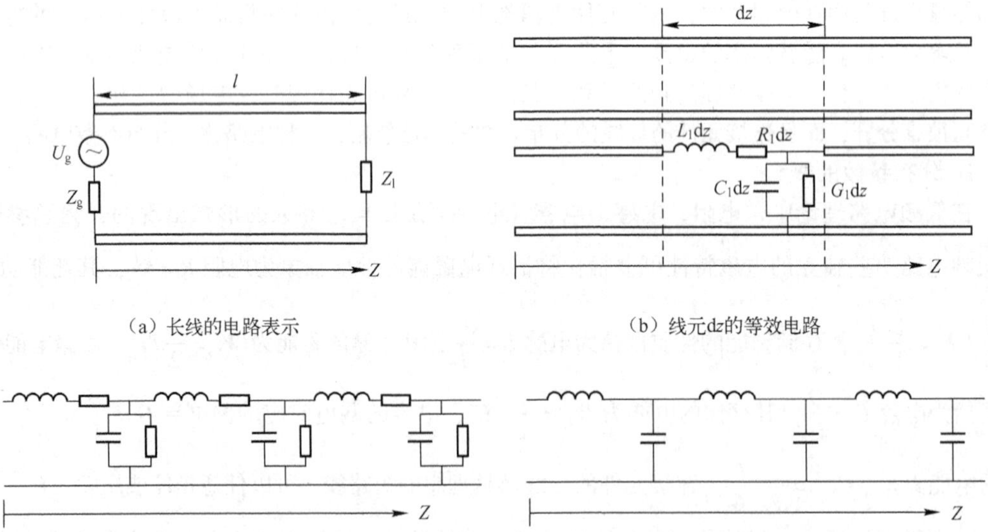

（a）长线的电路表示　（b）线元dz的等效电路

（c）有耗传输线的等效电路　（d）无耗传输线的等效电路

图 2.1.2　分布参数等效电路图

2.2　无耗传输线方程及其解

无耗传输线是指 $R_1 = G_1 = 0$ 的传输线。无耗传输线实际上是不存在的，但由于传输线的导体均采用良导体，周围介质又是低耗介质材料，因此传输线的损耗比较小，故在分析传输线的传输待性时可以近似看成是无耗线。这样就能将图 2.1.2（b）所示的等效模型进行简化，如图 2.2.1 所示。

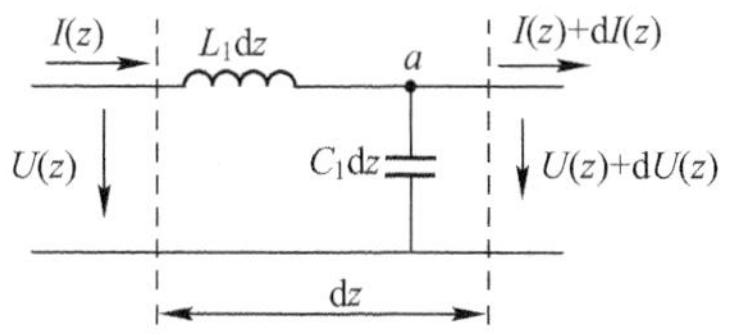

图 2.2.1　无耗传输线的线元电路模型

无耗传输线方程是研究传输线上电压、电流的变化规律及其相互关系的方程。它可由无耗传输线的等效电路导出。

2.2.1　传输线方程

传输线的始端接角频率为 ω 的正弦信号源，终端接负载阻抗 Z_L。参考坐标的原点选在始端。设距始端 z 处的复数电压和复数电流分别为 $\dot{U}(z)$ 和 $\dot{I}(z)$，经过 dz 段后电压和电流分别为 $\dot{U}(z)+\mathrm{d}\dot{U}(z)$ 和 $\dot{I}(z)+\mathrm{d}\dot{I}(z)$，如图 2.2.1 所示。

其中增量电压 $\mathrm{d}\dot{U}(z)$ 是由分布电感 $L_1\mathrm{d}z$ 的分压产生的，而增量电流 $\mathrm{d}\dot{I}(z)$ 是由分布电容 $C_1\mathrm{d}z$ 的分流产生的。根据 KVL、KCL 很容易写出下列方程。

由 KVL 得

$$-\dot{U}(z)+\mathrm{j}\omega L_1\mathrm{d}z\,\dot{I}(z)+\dot{U}(z)+\mathrm{d}\dot{U}(z)=0$$

即

$$\mathrm{d}\dot{U}(z)=-\mathrm{j}\omega L_1\mathrm{d}z\,\dot{I}(z)$$

所以

$$\frac{\mathrm{d}\dot{U}(z)}{\mathrm{d}z}=-\mathrm{j}\omega L_1\dot{I}(z) \tag{2.2.1}$$

由 KCL 得，点 a 处 $\sum\dot{I}_{入}=\sum\dot{I}_{出}$，即

$$\dot{I}(z)=\dot{I}(z)+\mathrm{d}\dot{I}(z)+\mathrm{j}\omega C_1\mathrm{d}z[(\dot{U}(z)+\mathrm{d}\dot{U}(z))]$$

由于 $\mathrm{d}z\mathrm{d}\dot{U}(z)$ 项为二阶小量，可以忽略，故得

$$\frac{\mathrm{d}\dot{I}(z)}{\mathrm{d}z}=-\mathrm{j}\omega C_1\dot{U}(z) \tag{2.2.2}$$

式（2.2.1）和式（2.2.2）是一阶常微分方程，称为传输线方程。它描述了无耗传输线上每个微分段上的电压和电流的变化规律，由这两个方程可以解出线上任意点的电压和电流，以及它们之间的关系。因此，式（2.2.1）和式（2.2.2）即为均匀无耗传输线的基本方程。

2.2.2　无耗传输线方程的通解

求解方程的思路：式（2.2.1）和式（2.2.2）均含 2 个未知数，要先求导消元得波动方程；再根据边界条件解波动方程可得线上的电流、电压分布。

1. 求波动方程

对式（2.2.1）求导，再代入式（2.2.2），可得：

$$\frac{\mathrm{d}^2\dot{U}(z)}{\mathrm{d}z^2}=-\mathrm{j}\omega L_1\frac{\mathrm{d}\dot{I}(z)}{\mathrm{d}z}=-\mathrm{j}\omega L_1[-\mathrm{j}\omega C_1\dot{U}(z)]$$

移项得

$$\frac{\mathrm{d}^2\dot{U}(z)}{\mathrm{d}z^2}+\omega^2L_1C_1\dot{U}(z)=0$$

令 $\beta=\omega\sqrt{L_1C_1}$（称为相位常数），则上式可化为

$$\frac{\mathrm{d}^2\dot{U}(z)}{\mathrm{d}z^2}+\beta^2\dot{U}(z)=0 \tag{2.2.3}$$

同理得

$$\frac{\mathrm{d}^2\dot{I}(z)}{\mathrm{d}z^2}+\beta^2\dot{I}(z)=0 \tag{2.2.4}$$

式（2.2.3）和式（2.2.4）称为传输线的波动方程。它是二阶线性齐次常微分方程。

2. 解方程

由数学知识可知，二阶线性齐次常微分方程的通解为

$$\begin{cases}\dot{U}(z)=A_1\mathrm{e}^{pz}+A_2\mathrm{e}^{-pz} & (2.2.5\text{ a})\\ \dot{I}(z)=A_3\mathrm{e}^{pz}+A_4\mathrm{e}^{-pz} & (2.2.5\text{ b})\end{cases}$$

将式（2.2.5 a）带入式（2.2.1）得

$$\dot{I}(z)=-\frac{1}{\mathrm{j}\omega L_1}\frac{\mathrm{d}\dot{U}(z)}{\mathrm{d}z}=-\frac{p}{\mathrm{j}\omega L_1}(A_1\mathrm{e}^{pz}-A_2\mathrm{e}^{-pz})\triangleq\frac{1}{Z_0}(A_1\mathrm{e}^{pz}-A_2\mathrm{e}^{-pz}) \tag{2.2.6}$$

令式（2.2.6）中 $Z_0=-\frac{\mathrm{j}\omega L_1}{p}$（称为特性阻抗）。由式（2.2.6）可以得到电压与电流的关系，如果求出 $\dot{U}(z)$ 便可以直接写出电流 $\dot{I}(z)$。

将电压通解 $\dot{U}(z)=A_1\mathrm{e}^{pz}+A_2\mathrm{e}^{-pz}$ 代入式（2.2.3）可得出特征方程

$$p^2+\beta^2=0$$

解该特征方程，取：

$$p=-\mathrm{j}\beta=-\mathrm{j}\omega\sqrt{L_1C_1} \tag{2.2.7}$$

将式（2.2.7）代入电压、电流的通解式（2.2.5 a）和式（2.2.6）得

$$\begin{cases}\dot{U}(z)=A_1\mathrm{e}^{-\mathrm{j}\beta z}+A_2\mathrm{e}^{\mathrm{j}\beta z}\\ \dot{I}(z)=\frac{A_1}{Z_0}\mathrm{e}^{-\mathrm{j}\beta z}-\frac{A_2}{Z_0}\mathrm{e}^{\mathrm{j}\beta z}\end{cases} \tag{2.2.8}$$

式中：$\beta=\omega\sqrt{L_1C_1}$ 为相位常数。

代入表 2.1.1 中任一种结构的 L_1 和 C_1 的表达式，均得

$$\beta=\omega\sqrt{\mu_0\varepsilon}=\frac{\omega}{\frac{1}{\sqrt{\mu_0\varepsilon}}}=\frac{\omega}{v_\mathrm{p}}=\frac{2\pi}{\lambda_\mathrm{p}} \tag{2.2.9}$$

可见，β 的量纲是 rad/m，它表示的是单位长度上的相位变化量。

将式（2.2.7）代入特性阻抗的表达式得

$$Z_0=\frac{-\mathrm{j}\omega L_1}{p}=\frac{-\mathrm{j}\omega L_1}{-\mathrm{j}\beta}=\frac{-\mathrm{j}\omega L_1}{-\mathrm{j}\omega\sqrt{L_1C_1}}=\sqrt{\frac{L_1}{C_1}} \tag{2.2.10}$$

若传输线为双线传输线时，根据表 2.1.1 中的 L_1 和 C_1 的表达式，代入解得

$$Z_0=\sqrt{\frac{L_1}{C_1}}=\sqrt{\frac{\frac{\mu_0}{\pi}\ln\frac{D}{r}}{\pi\varepsilon/\ln\frac{D}{r}}}=\frac{1}{\pi}\sqrt{\frac{\mu_0}{\varepsilon}}\ln\frac{D}{r}=\frac{1}{\pi}\sqrt{\frac{\mu_0}{\varepsilon_0\varepsilon_r}}\ln\frac{D}{r}=\frac{\eta_0}{\pi\sqrt{\varepsilon_r}}\ln\frac{D}{r}=\frac{120}{\sqrt{\varepsilon_r}}\ln\frac{D}{r}\quad\Omega$$

同理，若传输线为同轴线可得 $Z_0=\frac{60}{\sqrt{\varepsilon_r}}\ln\frac{b}{a}$。可见，$Z_0$只决定于传输线的自身结构、尺寸和介质参数，它是传输线的固有参数，是其自身特性的描述。

式（2.2.5 a）中 A_1和 A_2为常数，其值取决于传输线始端和终端的边界条件。通常给定传输线的边界条件有 2 种：一是已知始端电压 U_1和电流 I_1；二是已知终端电压 U_2和电流 I_2。下面分别讨论 2 种情况下传输线上的沿线电压和电流的表达式。

3. 由初始条件确定 A_1、A_2

（1）已知始端条件。如图 2.2.2 所示，若已知始端（$z=0$ 处），$\dot{U}(0)=\dot{U}_1,\dot{I}(0)=\dot{I}_1$，将它们分别代入式（2.2.8）中可得

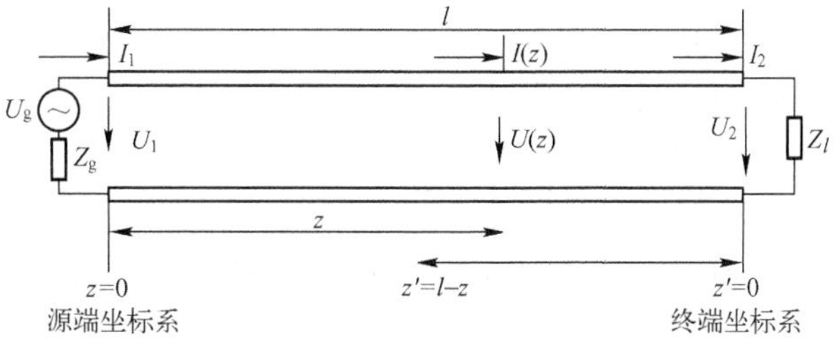

图 2.2.2　均匀无耗传输线

$$\begin{cases}\dot{U}_1=A_1+A_2\\ \dot{I}_1=\frac{A_1}{Z_0}-\frac{A_2}{Z_0}\Rightarrow Z_0\dot{I}_1=A_1-A_2\end{cases}\tag{2.2.11}$$

将式（2.2.11）中两个式子相加减，可得

$$\begin{cases}A_1=\frac{\dot{U}_1+\dot{I}_1Z_0}{2}\\ A_2=\frac{\dot{U}_1-\dot{I}_1Z_0}{2}\end{cases}\tag{2.2.12}$$

将式（2.2.12）代入（2.2.8）可得出$\dot{U}(z)$、$\dot{I}(z)$的表达式

$$\dot{U}(z)=\frac{\dot{U}_1+\dot{I}_1Z_0}{2}e^{-j\beta z}+\frac{\dot{U}_1-\dot{I}_1Z_0}{2}e^{j\beta z}=\dot{U}_i(z)+\dot{U}_r(z)\tag{2.2.13}$$

$$\dot{I}(z)=\frac{\dot{U}_1+\dot{I}_1Z_0}{2Z_0}e^{-j\beta z}-\frac{\dot{U}_1-\dot{I}_1Z_0}{2Z_0}e^{j\beta z}=\dot{I}_i(z)+\dot{I}_r(z)\tag{2.2.14}$$

式（2.2.13）和（2.2.14）为电流电压复振幅的指数形式，应用欧拉公式

$$\begin{cases}\cos\beta z=\frac{e^{j\beta z}+e^{-j\beta z}}{2}\\ \sin\beta z=\frac{e^{j\beta z}-e^{-j\beta z}}{2j}\end{cases}$$

可得式（2.2.13）和（2.2.14）的三角函数表达式

$$
\begin{aligned}
\dot{U}(z) &= \frac{\dot{U}_1+\dot{I}_1Z_0}{2}\mathrm{e}^{-\mathrm{j}\beta z}+\frac{\dot{U}_1-\dot{I}_1Z_0}{2}\mathrm{e}^{\mathrm{j}\beta z} \\
&= \frac{\dot{U}_1+\dot{I}_1Z_0}{2}(\cos\beta z-\mathrm{j}\sin\beta z)+\frac{\dot{U}_1-\dot{I}_1Z_0}{2}(\cos\beta z+\mathrm{j}\sin\beta z) \\
&= \dot{U}_1\cos\beta z-\mathrm{j}\,\dot{I}_1Z_0\sin\beta z
\end{aligned} \tag{2.2.15}
$$

同理得
$$\dot{I}(z)=\dot{I}_1\cos\beta z-\mathrm{j}\frac{\dot{U}_1}{Z_0}\sin\beta z \tag{2.2.16}$$

由式（2.2.13）和式（2.2.14）可看出：

① 线上任意位置处的电流、电压均为入射波和反射波的叠加，即

$$
\begin{cases}
\dot{U}(z)=\dot{U}_{\mathrm{i}}(z)+\dot{U}_{\mathrm{r}}(z)=\text{入射波}+\text{反射波} \\
\dot{I}(z)=\dot{I}_{\mathrm{i}}(z)+\dot{I}_{\mathrm{r}}(z)=\text{入射波}+\text{反射波}
\end{cases}
$$

② 沿线传播时，入射波和反射波的幅值不变（因为传输线无耗）。

③ 沿传播方向，入射波和反射波相位依次呈线性滞后。如

$$\dot{U}_{\mathrm{i}}(z)=\frac{\dot{U}_1+\dot{I}_1Z_0}{2}\mathrm{e}^{-\mathrm{j}\beta z}=\left|\frac{\dot{U}_1+\dot{I}_1Z_0}{2}\right|\mathrm{e}^{\mathrm{j}\varphi_{\mathrm{i}}}\mathrm{e}^{-\mathrm{j}\beta z}$$

沿 z 增大的方向，入射波的相位 $\varphi=-\beta z+\varphi_{\mathrm{i}}$ 不断减小（相位滞后）。由图 2.2.2 可知，z 增大的方向为入射波的传播方向；其中入射波（$\dot{U}_{\mathrm{i}}$、$\dot{I}_{\mathrm{i}}$）由源传向负载，反射波（$\dot{U}_{\mathrm{r}}$、$\dot{I}_{\mathrm{r}}$）由负载传向源。

（2）已知终端条件。若已知终端 $z=l$ 处，$\dot{U}(l)=\dot{U}_2$，$\dot{I}(l)=\dot{I}_2$，将它们分别代入式（2.2.8）的两式中可得

$$
\begin{cases}
\dot{U}(l)=A_1\mathrm{e}^{-\mathrm{j}\beta l}+A_2\mathrm{e}^{\mathrm{j}\beta l}=\dot{U}_2 \\
\dot{I}(l)=\dfrac{A_1}{Z_0}\mathrm{e}^{-\mathrm{j}\beta l}-\dfrac{A_2}{Z_0}\mathrm{e}^{\mathrm{j}\beta l}=\dot{I}_2\Rightarrow A_1\mathrm{e}^{-\mathrm{j}\beta l}-A_2\mathrm{e}^{\mathrm{j}\beta l}=\dot{I}_2Z_0
\end{cases} \tag{2.2.17}
$$

将式（2.2.17）中两个式子相加减，可得

$$
\begin{cases}
A_1=\dfrac{\dot{U}_2+\dot{I}_2Z_0}{2}\mathrm{e}^{\mathrm{j}\beta l} \\
A_2=\dfrac{\dot{U}_2-\dot{I}_2Z_0}{2}\mathrm{e}^{-\mathrm{j}\beta l}
\end{cases} \tag{2.2.18}
$$

将式（2.2.18）代入式（2.2.8）可得出 $\dot{U}(z)$、$\dot{I}(z)$ 的表达式

$$
\begin{aligned}
\dot{U}(z') &= \frac{\dot{U}_2+\dot{I}_2Z_0}{2}\mathrm{e}^{\mathrm{j}\beta(l-z)}+\frac{\dot{U}_2-\dot{I}_2Z_0}{2}\mathrm{e}^{-\mathrm{j}\beta(l-z)} \\
&= \frac{\dot{U}_2+\dot{I}_2Z_0}{2}\mathrm{e}^{\mathrm{j}\beta z'}+\frac{\dot{U}_2-\dot{I}_2Z_0}{2}\mathrm{e}^{-\mathrm{j}\beta z'} \\
&= \dot{U}_{\mathrm{i}}(z')+\dot{U}_{\mathrm{r}}(z')
\end{aligned} \tag{2.2.19}
$$

$$\dot{I}(z')=\frac{\dot{U}_2+\dot{I}_2Z_0}{2Z_0}\mathrm{e}^{\mathrm{j}\beta z'}-\frac{\dot{U}_2-\dot{I}_2Z_0}{2Z_0}\mathrm{e}^{-\mathrm{j}\beta z'}=\dot{I}_{\mathrm{i}}(z')+\dot{I}_{\mathrm{r}}(z') \tag{2.2.20}$$

式（2.2.19）和式（2.2.20）为电流、电压复振幅的指数形式，其中 $z' = l - z$ 为终端坐标系，如图 2.2.2 所示。

应用欧拉公式，可得式（2.2.19）和式（2.2.20）的三角函数表达式

$$\dot{U}(z') = \dot{U}_2 \cos\beta z' + \mathrm{j}Z_0 \dot{I}_2 \sin\beta z' \tag{2.2.21}$$

$$\dot{I}(z') = \mathrm{j}\frac{\dot{U}_2}{Z_0}\sin\beta z' + \dot{I}_2 \cos\beta z' \tag{2.2.22}$$

这里需要指出，沿 z' 增大的方向为由负载传向源的方向，为反射波（$\dot{U}_r$、$\dot{I}_r$）的传播方向；沿 z' 减小的方向为由源传向负载的方向，为入射波（$\dot{U}_i$、$\dot{I}_i$）的传播方向。所以表达式（2.2.19）和式（2.2.20）中右边的前一项仍为入射波，后一项仍为反射波。其传播特性也同已知始端条件的结论。

2.2.3　有耗传输线方程

将图 2.1.2（c）有耗传输线等效电路与图 2.1.2（d）无传输线等效电路（也即图 2.2.1）比较可知，有耗传输线与无耗传输线的不同之处是在电感 $L_1\mathrm{d}z$ 支路上串联电阻 $R_1\mathrm{d}z$，电容 $C_1\mathrm{d}z$ 支路上并联电导 $G_1\mathrm{d}z$。由上面的分析，同理可得有耗传输线的 KVL、KCL 方程

$$\begin{cases} \mathrm{d}\dot{U}(z) = -\dot{I}(z)(R_1 + \mathrm{j}\omega L_1)\mathrm{d}z = -\dot{I}(z)Z\mathrm{d}z \\ \mathrm{d}\dot{I}(z) = -\dot{U}(z)(G_1 + \mathrm{j}\omega C_1)\mathrm{d}z = -\dot{U}(z)Y\mathrm{d}z \end{cases} \tag{2.2.23}$$

式中：$Z = R_1 + \mathrm{j}\omega L_1$ 和 $Y = G_1 + \mathrm{j}\omega C_1$ 分别为有耗传输线的分布阻抗和分布导纳。式（2.2.23）对 z 求导后，得

$$\begin{cases} \dfrac{\mathrm{d}^2\dot{U}(z)}{\mathrm{d}z^2} - ZY\dot{U}(z) = 0 \\ \dfrac{\mathrm{d}^2\dot{I}(z)}{\mathrm{d}z^2} - ZY\dot{I}(z) = 0 \end{cases} \tag{2.2.24}$$

如果令 $\gamma^2 = ZY$，则其波动方程完全等同无耗传输线的波动方程，只是这里波数

$$\gamma = \sqrt{ZY} = \sqrt{(R_1 + \mathrm{j}\omega L_1)(G_1 + \mathrm{j}\omega C_1)} = \alpha + \mathrm{j}\beta \tag{2.2.25}$$

特性阻抗

$$Z_0 = \frac{Z}{\gamma} = \sqrt{\frac{Z}{Y}} = \sqrt{\frac{R_1 + \mathrm{j}\omega L_1}{G_1 + \mathrm{j}\omega C_1}} \tag{2.2.26}$$

代入无耗传输线的电压、电流表达式，可得

$$\begin{cases} \dot{U}(z) = A_1\mathrm{e}^{-\gamma z} + A_2\mathrm{e}^{\gamma z} \\ \dot{I}(z) = -\dfrac{1}{Z}\dfrac{\mathrm{d}U(z)}{\mathrm{d}z} = \dfrac{\gamma}{Z}(A_1\mathrm{e}^{-\gamma z} - A_2\mathrm{e}^{\gamma z}) = \dfrac{1}{Z_0}(A_1\mathrm{e}^{-\gamma z} - A_2\mathrm{e}^{\gamma z}) \end{cases} \tag{2.2.27}$$

将 γ 代入可得，$U(z)$、$I(z)$ 的振幅中都含有因子 $\mathrm{e}^{-\alpha z}$，这说明电压 $U(z)$、电流 $I(z)$ 沿传播方向振幅不断衰减，所以 α 称为衰减因子。因子 $\mathrm{e}^{-\mathrm{j}\beta z}$ 表明其振幅随传播距离 z 增加而按指数减小，相位随 z 的增加而滞后，所以 β 称为相位因子，说明其为沿正 z 方向传播的衰减余弦波，称为入射波；$\mathrm{e}^{\mathrm{j}\beta z}$ 表明振幅随 z 增加而增大，相位随 z 增加而超前，说明其为沿负 z 方向传播的衰减余弦波，称为反射波，如图 2.2.3 所示。

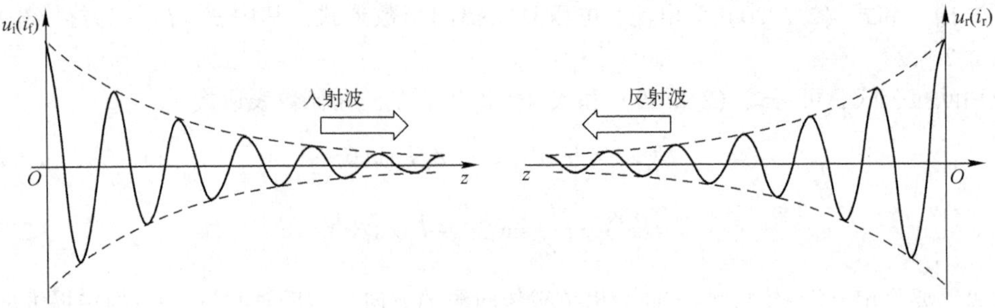

图 2.2.3　传输线上的入射波与反射

2.3　无耗传输线的基本特性

由 2.2 节得到的无耗传输线方程的解（$\dot{U}(z)$、$\dot{I}(z)$的表达式）仅是传输特性外在性质的表象，那么如何从电压和电流的表示式中，得出无耗传输线的一些基本特性，是本节要讨论的问题。无耗传输线的基本特性包括：传输特性、特性阻抗、输入阻抗与反射系数、驻波系数与行波系数、传输功率。下面分别讨论之。

2.3.1　传输特性

1. 相速度 v_p

传输线上的入射波和反射波以相同的速度向相反方向沿传输线传播。相速度是指电磁波的等相位面沿传播方向的运动速度，即

$$v_p = \frac{dz}{dt} \tag{2.3.1}$$

由入射波电压表达式 $u_i(z,t) = |U_i|\cos(\omega t - \beta z + \varphi_i)$，得其等相位方程为

$$\omega t + \varphi_i - \beta z = 常数$$

该等相位方程对 t 求导，可得入射波的相速度为

$$v_p = \frac{dz}{dt} = \frac{\omega}{\beta} \tag{2.3.2}$$

将 $\beta = \omega\sqrt{L_1 C_1}$ 代入式（2.3.2），便得行波的相速度为

$$v_p = \frac{\omega}{\beta} = \frac{1}{\sqrt{L_1 C_1}} \tag{2.3.3}$$

将表 2.1.1 中的双线或同轴线的 L_1 和 C_1 的表达式代入式（2.3.3），可得双线和同轴线上行波的相速度均为

$$v_p = \frac{1}{\sqrt{\mu\varepsilon}} = \frac{v_0}{\sqrt{\varepsilon_r}} \tag{2.3.4}$$

式中：v_0 为真空中光速。

由此可见，双线、同轴线等双导体传输线上横电磁波（TEM 波）的行波电压和行波电流的相速度等于传输线周围介质中的光速，它和频率无关，只决定周围介质特性参量 ε，这种波称为无色散波。同时，对于 TEM 波其相速度也必是其能量传播的速度。

2. 相位常数 β

在解无耗传输线的传输方程时，引入相位常数 $\beta=\omega\sqrt{L_1C_1}$，将表 2.1.1 中的双线或同轴线的 L_1 和 C_1 的表达式代入，得双线和同轴线上行波的相位常数均为

$$\beta=\omega\sqrt{L_1C_1}=\omega\sqrt{\frac{\mu_0}{\pi}\ln\frac{D}{r}\left(\pi\varepsilon/\ln\frac{D}{r}\right)}$$

$$=\omega\sqrt{\mu_0\varepsilon}=\frac{\omega}{v_p}=\frac{\omega}{f\lambda_p}=\frac{2\pi}{\lambda_p}\quad(\text{rad/m})\tag{2.3.5}$$

所以，相位常数表示在同一时刻，传输线上单位长度上的相位变化，量纲为 rad/m；当向前传输一个波长时，其相位的滞后量为 2π(rad)。

3. 相波长 λ_p

相波长 λ_p 是指等相位面在一个周期内的传输距离，即

$$\lambda_p=v_pT=\frac{v_p}{f}=\frac{v_0}{f\sqrt{\varepsilon_r}}=\frac{\lambda_0}{\sqrt{\varepsilon_r}}=\frac{2\pi}{\beta}\tag{2.3.6}$$

式中：f 为电磁波频率；T 为电磁波的振荡周期；$\lambda_0=v_0T=\frac{v_0}{f}$ 为真空中电磁波的工作波长。可见传输线上行波的波长也和周围介质 ε_r 有关，相波长 λ_p 也即是同一个时刻传输线上电磁波的相位相差 2π 的两点之间的距离。

2.3.2 特性阻抗

所谓特性阻抗 Z_0 是指传输线上入射波电压 $\dot{U}_i(z)$ 与入射波电流 $\dot{I}_i(z)$ 之比，或反射波电压 $\dot{U}_r(z)$ 与反射波电流 $\dot{I}_r(z)$ 之比的负值。即

$$Z_0=\frac{\dot{U}_i(z)}{\dot{I}_i(z)}=-\frac{\dot{U}_r(z)}{\dot{I}_r(z)}\tag{2.3.7}$$

由式（2.3.7）可知，在实际应用中，Z_0、$\dot{U}_i(z)$ 与 $\dot{I}_i(z)$ 的关系可类似欧姆定律加以应用，已知任意两个量即可求出第三个量。

由电压、电流的表达式

$$\begin{cases}\dot{U}(z')=\dfrac{\dot{U}_2+\dot{I}_2Z_0}{2}e^{j\beta z'}+\dfrac{\dot{U}_2-\dot{I}_2Z_0}{2}e^{-j\beta z'}=\dot{U}_i(z')+\dot{U}_r(z')\\[2ex]\dot{I}(z')=\dfrac{\dot{U}_2+\dot{I}_2Z_0}{2Z_0}e^{j\beta z'}-\dfrac{\dot{U}_2-\dot{I}_2Z_0}{2Z_0}e^{-j\beta z'}=\dot{I}_i(z')+\dot{I}_r(z')\end{cases}$$

可验证定义式（2.3.7）的正确性。又由式（2.2.10）知

$$Z_0=\sqrt{\frac{L_1}{C_1}}$$

由此可见，无耗传输线的特性阻抗与信号源的频率无关，仅与传输线的单位长度上的分布电感 L_1 和分布电容 C_1 有关，是个实数。双导线的特性阻抗一般为 250 ～ 700 Ω，常用同轴线的特性阻抗有 50 Ω 和 75 Ω 两种。

2.3.3 输入阻抗和反射系数

1. 输入阻抗 $Z_{in}(z)$

无耗传输线上的电压和电流的表达式的三角函数形式为

$$\begin{cases} U(z') = U_2\cos\beta z' + jI_2Z_0\sin\beta z' \\ I(z') = j\dfrac{U_2}{Z_0}\sin\beta z' + I_2\cos\beta z' \end{cases} \tag{2.3.8}$$

如图2.3.1所示的传输线，其终端接负载阻抗为 Z_L 时，则距终端为 z' 处向负载看去的输入阻抗定义为该点的电压 $U(z')$ 与电流 $I(z')$ 之比，并用 $Z_{in}(z')$ 表示。即

$$Z_{in}(z') = \frac{U(z')}{I(z')} = \frac{U_2\cos\beta z' + jI_2Z_0\sin\beta z'}{j\dfrac{U_2}{Z_0}\sin\beta z' + I_2\cos\beta z'} \tag{2.3.9}$$

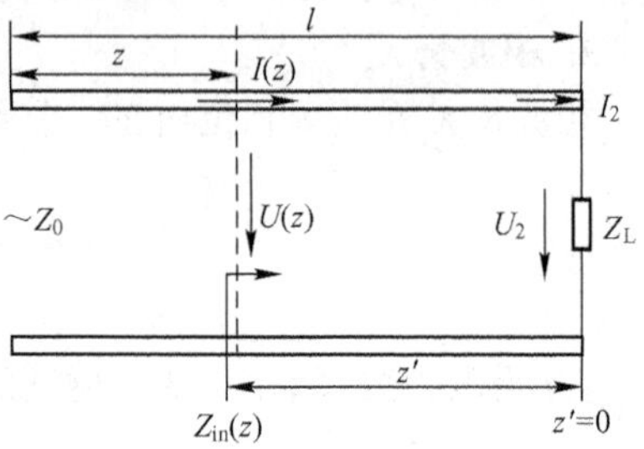

图 2.3.1 已知终端条件的传输线

将终端负载条件 $U_2 = Z_LI_2$ 代入上式，并化简得到

$$Z_{in}(z') = Z_0\frac{Z_L + jZ_0\tan\beta z'}{Z_0 + jZ_L\tan\beta z'} \tag{2.3.10}$$

将 $z' = l$ 代入上式便得到传输线始端的输入阻抗为

$$Z_{in}(l) = Z_0\frac{Z_L + jZ_0\tan\beta l}{Z_0 + jZ_L\tan\beta l} \tag{2.3.11}$$

因为导纳与阻抗互为倒数，故可方便地得到输入导纳与负载导纳的关系式为

$$Y_{in}(z') = Y_0\frac{Y_L + jY_0\tan\beta z'}{Y_0 + jY_L\tan\beta z'} \tag{2.3.12}$$

式中：$Y_L = 1/Z_L$，$Y_0 = 1/Z_0$。

为了深入理解和灵活应用输入阻抗的概念，下面进行几点讨论：

（1）$Z_{in}(z')$ 是从 z' 处到负载的传输线和负载 Z_L 的总等效阻抗，具有对外电路的替代性，即该等效阻抗可以看成 z' 处的新负载，这种替代对从 z' 处到信号源的电路没有任何影响。

（2）两个常用式：

① 倒置律

$$z' = \frac{\lambda}{4},\quad \beta z'\Big|_{z'=\frac{\lambda}{4}} = \frac{2\pi}{\lambda}\cdot\frac{\lambda}{4} = \frac{\pi}{2}$$

$$\tan\frac{\pi}{2} = \infty$$

则有

$$Z_{in}\left(\frac{\lambda}{4}\right) = Z_0\frac{Z_L + jZ_0\tan\beta l}{Z_0 + jZ_L\tan\beta l}\Bigg|_{l=\lambda/4} = Z_0\frac{Z_L + jZ_0\cdot\infty}{Z_0 + jZ_L\cdot\infty} = \frac{Z_0^2}{Z_L} \tag{2.3.13}$$

由式（2.3.13）可以看出：当 $Z_L = 0$ 时，$Z_{in}\left(\dfrac{\lambda}{4}\right) = \dfrac{Z_0^2}{0} = \infty$；当 $Z_L = \infty$ 时，$Z_{in}\left(\dfrac{\lambda}{4}\right) = \dfrac{Z_0^2}{\infty} = 0$，这称为 $\dfrac{\lambda}{4}$ 处输入阻抗与负载阻抗的倒置特性。

② 重复律

$$z' = \frac{\lambda}{2},\quad \beta z'\Big|_{z'=\frac{\lambda}{2}} = \frac{2\pi}{\lambda}\cdot\frac{\lambda}{2} = \pi$$

$$\tan\pi = 0$$

则有

$$Z_{in}\left(\frac{\lambda}{2}\right)=Z_0\frac{Z_L+jZ_0\tan\beta l}{Z_0+jZ_L\tan\beta l}\bigg|_{l=\lambda/2}=Z_0\frac{Z_L+jZ_0\cdot 0}{Z_0+jZ_L\cdot 0}=Z_L \tag{2.3.14}$$

式（2.3.14）称为输入阻抗的半波长重复特性。

$\frac{\lambda}{4}$的倒置律与$\frac{\lambda}{2}$的重复律对任意位置处的输入围抗均成立。

【例 2-1】 求如图 2.3.2 所示的这段传输线的输入阻抗。

解：由重复律可得：$\frac{1}{2}\lambda$ 长度的负载为 Z_0 的传输线在 AA′处的等效输入阻抗为 Z_0；又由倒置律可得：$\frac{1}{4}\lambda$ 长度的短路线在 AA′处的等效输入阻抗为∞，即可看成开路，所以图 2.3.2 的上图可等效为长度为$\frac{3}{5}\lambda$，AA′处的新负载仍为 Z_0，如图 2.3.2 下图所示。

由输入阻抗的计算公式得：

$$Z_{in}\left(\frac{3}{5}\lambda\right)=Z_0\frac{Z_L+jZ_0\tan\beta l}{Z_0+jZ_L\tan\beta l}\bigg|_{Z_L=Z_0}=Z_0\frac{Z_0+jZ_0\tan\beta l}{Z_0+jZ_0\tan\beta l}=Z_0$$

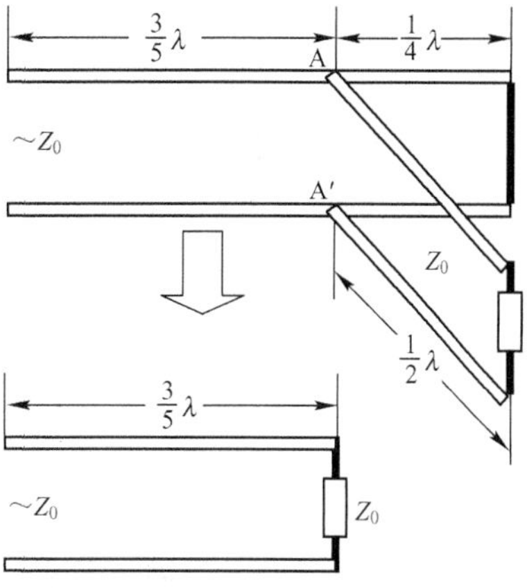

图 2.3.2　传输线及其等效

2. 反射系数

传输线上任意点的电压和电流均为入射波和反射波的叠加。当已知入射波时反射波的大小和相位可用反射系数 $\Gamma(z')$ 来描写。

距终端为 z'处的电压反射系数 $\Gamma_v(z')$ 定义为该点的反射电压与该点的入射波电压之比，即

$$\Gamma_v(z')=\frac{U_r(z')}{U_i(z')} \tag{2.3.15}$$

同理，定义 z'处的电流反射系数 $\Gamma_i(z')$ 为

$$\Gamma_i(z')=\frac{I_r(z')}{I_i(z')} \tag{2.3.16}$$

将上节中的式（2.2.19）和式（2.2.20）分别代入式（2.3.15）和式（2.3.16），可得

$$F_v(z')=-\Gamma_i(z') \tag{2.3.17}$$

可见，传输线上任意点的电压反射系数和电流反射系数大小相等，相位相反。因为常采用电压反射系数来描写反射波的大小和相位，故以后提到反射系数，如果未加指明，都表示电压反射系数，并用 $\Gamma(z')$ 表示。

由上节中的式（2.2.19）可以得到无耗线上离终端 z'处的电压反射系数为

$$\Gamma(z')=\frac{U_r(z')}{U_i(z')}=\frac{U_2-I_2Z_0}{U_2+I_2Z_0}e^{-j2\beta z'}=\Gamma_2e^{-j2\beta z'} \tag{2.3.18}$$

式中：Γ_2 为终端的反射系数，其值为

$$\Gamma_2=\frac{U_2-I_2Z_0}{U_2+I_2Z_0}=\frac{Z_LI_2-I_2Z_0}{Z_LI_2+I_2Z_0}=\frac{Z_L-Z_0}{Z_L+Z_0}=|\Gamma_2|e^{j\varphi_2} \tag{2.3.19}$$

可见，终端电压反射系数仅决定于终端负载阻抗 Z_L 和传输线的特性阻抗 Z_0；终端电压反射系数的模表示终端反射波电压与入射波电压振幅的比值，其相位 φ_2 表示终端反射波电压与入射波电压之间的相位差。

将式（2.3.19）代入式（2.3.18），便得到无耗传输线离终端 z'处的电压反射系数，即

$$\Gamma(z') = |\Gamma_2| e^{j(\varphi_2 - 2\beta z')} \tag{2.3.20}$$

这里，无耗线上任意点的反射系数 $\Gamma(z')$ 的大小等于终端负载的反射系数的大小，其相位比终端处的反射系数相位 φ_2 滞后 $2\beta z'$。

通过上面的讨论，可得出以下结论：

① Γ_2 为负载处的反射系数，由式（2.3.20）可知，负载处（即 $z'=0$ 处），有 $\Gamma(z')\big|_{z'=0} = \Gamma_2$。

② $|\Gamma(z')| = |\Gamma_L| = \left|\dfrac{Z_L - Z_0}{Z_L + Z_0}\right|$ 表明反射量的大小取决于 Z_L 与 Z_0 的取值，且有 $0 \leqslant |\Gamma(z')| \leqslant 1$。

③ φ_2 为 Γ_2 的辐角，它表示了负载处（$z'=0$ 处）的反射波电压与入射波电压的相位差。

④ $\Gamma(z')$ 是位置的函数，即与 z' 有关，其幅值大小沿线不变；z' 增大时，相位减小，z' 减小时，相位增大，沿线相位分布周期为 $z'_T = \lambda_P/2$（因为当 $z'_T = \lambda_P/2$ 时，$2\beta z'_T = 2\dfrac{\lambda_P}{2}\dfrac{2\pi}{\lambda_P} = 2\pi$），所以 $\Gamma(z')$ 随 z' 的变化轨迹为一个圆（也称 Γ 圆）。

⑤ 电压反射系数与电流反射系数的关系：$\Gamma_i(z') = -\Gamma_v(z') = -\Gamma(z')$。

引入反射系数后，则传输线上的电流、电压可表示为

$$\begin{cases} U(z') = U_i(z') + U_r(z') = U_i(z')[1 + \Gamma(z')] \\ I(z') = I_i(z') + I_r(z') = I_i(z')[1 - \Gamma(z')] \end{cases} \tag{2.3.21}$$

将式（2.3.21）中的两式相除，便得到线上任意点的输入阻抗和该点的电压反射系数的关系式为

$$Z_{in}(z') = Z_0 \frac{1 + \Gamma(z')}{1 - \Gamma(z')} \tag{2.3.22}$$

也可用 $Z_{in}(z')$ 表示得 $\Gamma(z')$

$$\Gamma(z') = \frac{Z_{in}(z') - Z_0}{Z_{in}(z') + Z_0} \tag{2.3.23}$$

式（2.3.22）和式（2.3.23）中：$Z_{in}(z')$ 是 z' 处的输入阻抗，也可以认为是 $Z_{in}(z')$ 在 z' 处的等效阻抗，即 z' 处的等效负载 $Z_L(z')$。式（2.3.22）和式（2.3.23）表明，传输线上任意点的反射系数和该点向负载看去的输入阻抗具有一一对应的关系。将 $Z_{in}(0) = Z_L$ 代入式（2.3.22）和式（2.3.23），可得终端负载阻抗与终端反射系数的关系，即 $Z_L = Z_0\dfrac{1+\Gamma_2}{1-\Gamma_2}$ 和 $\Gamma_2 = \dfrac{Z_L - Z_0}{Z_L + Z_0}$。

由于反射量的测量需要专门的设备——定向耦合器（相当于方向滤波器）才能实现，故测量起来不是很方便，我们能否用线上某处的总电压或总电流（便于测量）来表征反射量呢？回答是肯定的。这就需要讨论另外两个参数——驻波比 ρ 和行波系数。

2.3.4 驻波系数和行波系数

当电磁波在终端负载阻抗不等于传输线特性阻抗的传输线上传输时，会产生反射波。反射波与入射波的相位沿线变化，线上的总电压 $\dot{U}$、总电流 $\dot{I}$ 均为反射波与入射波的叠加。

1. $U_i(z')$、$U_r(z')$ 沿线相位变化

依据电磁波相位滞后的方向就是波的传播方向的概念，可得

入射波：$\dot{U}_i(z') = |\dot{U}_i(z')| e^{j(\varphi_i + \beta z')}$ 随着 z' 的减小，相位滞后，所以入射波的传播方向是由源向负载。

反射波：$\dot{U}_r(z') = |\dot{U}_r(z)| e^{j(\varphi_i - \beta z')}$ 随着 z' 的减小，相位超前，所以反射波的传播方向是由负

载向源。

即 $U_i(z')$、$U_r(z')$的相位均随 z'变化，传输线上合成电压（或电流）振幅值的不同，是由于各处入射波和反射波的相位不同而引起的。可见，当入射波的相位与该点反射波的相位同相时，则该处合成波电压出现最大值，反之两者相位相反时，合成波电压出现最小值，故在线上会出现：

① $U_i(z')$、$U_r(z')$二者同相时，由总电压 $U(z') = U_i(z') + U_r(z')$，取得 $|U(z')| = |U_i(z')| + |U_r(z')| = |U(z')|_{max} = |U_i(z')|[1 + |\Gamma(z')|]$称为电压波腹；

② $U_i(z')$、$U_r(z')$二者反相时，由总电压 $U(z') = U_i(z') + U_r(z')$取得 $|U(z')| = |U_i(z')| - |U_r(z')| = |U(z')|_{min} = |U_i(z')|[1 - |\Gamma(z')|]$称为电压波节。

2. $I_i(z')$、$I_r(z')$沿线相位变化

$I_i(z')$、$I_r(z')$二者同相时，由总电流 $I(z') = I_i(z') + I_r(z')$取得 $|I(z')| = |I_i(z')| + |I_r(z')| = |I(z')|_{max} = |I_i(z')|[1 + |\Gamma(z')|]$称为电流波腹，由于 $\Gamma_i(z') = -\Gamma_v(z') = -\Gamma(z')$，所以此处电压的入射波与反射波必反相，为电压的波节点；$I_i(z')$、$I_r(z')$二者反相时，总电流 $I(z') = I_i(z') + I_r(z')$取得 $|I(z')| = |I_i(z')| - |I_r(z')| = |I(z')|_{min} = |I_i(z')|[1 - |\Gamma(z')|]$称为电流波节，由于 $\Gamma_i(z') = -\Gamma_v(z') = -\Gamma(z')$，所以此处电压的入射波与反射波同相，为电压的波节腹。

反射波的大小除了可以用电压反射系数来描写外，还可以用驻波系数 ρ（VSWR）或行波系数 K 来表示。驻波系数 ρ 定义为沿线合成电压（或电流）的最大值和最小值之比，即

$$\rho = \frac{|U|_{max}}{|U|_{min}} = \frac{|I|_{max}}{|I|_{min}} \tag{2.3.24}$$

由分析知，电流和电压的最大值及最小值分别为

$$\dot{U}_{max} = \dot{U}_i(z') + \dot{U}_r(z')\Big|_{\dot{U}_i与\dot{U}_r同相} = \dot{U}_i[1 + |\Gamma(z')|] \tag{2.3.25}$$

$$\dot{U}_{min} = \dot{U}_i(z') + \dot{U}_r(z')\Big|_{\dot{U}_i与\dot{U}_r反相} = \dot{U}_i[1 - |\Gamma(z')|] \tag{2.3.26}$$

$$\dot{I}_{max} = \dot{I}_i(z') + \dot{I}_r(z')\Big|_{\dot{I}_i与\dot{I}_r同相} = \dot{I}_i[1 + |\Gamma(z')|] \tag{2.3.27}$$

$$\dot{I}_{min} = \dot{I}_i(z') + \dot{I}_r(z')\Big|_{\dot{I}_i与\dot{I}_r反相} = \dot{I}_i[1 - |\Gamma(z')|] \tag{2.3.28}$$

分别将式（2.3.25）和式（2.3.26）代入式（2.3.24），或将式（2.3.27）和式（2.3.28）代入式（2.3.24）得

$$\rho = \frac{|U|_{max}}{|U|_{min}} = \frac{1 + |\Gamma(z')|}{1 - |\Gamma(z')|} \tag{2.3.29}$$

也可以用驻波比 ρ 来表示反射系数的模 $|\Gamma(z')|$，即

$$|\Gamma(z')| = \frac{\rho - 1}{\rho + 1} \tag{2.3.30}$$

行波系数 K 定义为沿线电压（或电流）的最小值与最大值之比，即驻波系数的倒数。

$$K = \frac{|U|_{min}}{|U|_{max}} = \frac{|I|_{min}}{|I|_{max}} = \frac{1}{\rho} \tag{2.3.31}$$

将式（2.3.29）代入式（2.3.31），可得

$$K = \frac{1}{\rho} = \frac{1 - |\Gamma|}{1 + |\Gamma|} \tag{2.3.32}$$

若用行波系数 K 来表示反射系数的模 $|\Gamma(z')|$，则

$$|\Gamma| = \frac{1-K}{1+K} \tag{2.3.33}$$

这里我们要讨论一下这些参数的取值范围，由 $0 \leqslant |\Gamma(z')| \leqslant 1$，得 $1 \leqslant \rho \leqslant \infty$，$0 \leqslant K \leqslant 1$。由此，可用这些参数将传输线上的电磁波分为以下三个状态：

① 无反射(行波状态/匹配状态)为 $|\Gamma| = 0, \rho = 1, K = 1$；

② 全反射(驻波状态)为 $|\Gamma| = 1, \rho = \infty, K = 0$；

③ 部分反射(行驻波)为 $0 < |\Gamma| < 1, 1 < \rho < \infty, 0 < K < 1$。

另外，按照电压波腹、波节处的定义我们可以看出其对应位置处的输入阻抗具有以下特点：

① 电压波腹（电流波节）处：

$$Z_{in}(z')\big|_{U\cdot max} = \frac{U(z')}{I(z')} = \frac{U_i(z')(1+|\Gamma|)}{I_i(z')(1-|\Gamma|)} = Z_0\rho = R_{max}(\text{为纯电阻}) \tag{2.3.34}$$

② 电压波节（电流波腹）处：

$$Z_{in}(z')\big|_{U\cdot min} = \frac{U(z')}{I(z')} = \frac{U_i(z')(1-|\Gamma|)}{I_i(z')(1+|\Gamma|)} = Z_0K = Z_0\frac{1}{\rho} = R_{min}(\text{为纯电阻}) \tag{2.3.35}$$

这个特点为第 2.6 节任意负载情况下的阻抗匹配的实现提供了理论基础。

2.3.5 传输功率

传输线的传输功率是指传输线的实际传输功率（净传输功率），也即负载的吸收功率。

无耗传输线上任意点 $z(z = l - z')$ 处的电压、电流为

$$\begin{cases} U(z) = U_i[1+\Gamma(z)] = U_i + U_r \\ I(z) = I_i[1-\Gamma(z)] = I_i + I_r \end{cases} \tag{2.3.36}$$

因此，传输功率为

$$P(z) = P_i(z) - P_r(z) = P_L = \frac{1}{2}\frac{|U_i|^2}{Z_0} - \frac{1}{2}\frac{|U_r|^2}{Z_0} = \frac{1}{2}\frac{|U_i|^2}{Z_0}(1-|\Gamma(z)|^2) \tag{2.3.37}$$

式中：$P_i(z)$ 和 $P_r(z)$ 分别表示通过 z 点处的入射波功率和反射波功率，两者之比 $|\Gamma(z)|^2$ 为功率反射系数。

式（2.3.37）表明，无耗传输线上通过任意点的传输功率等于该点的入射波功率与反射波功率之差。由于无耗传输线上的反射系数 $|\Gamma(z)| = |\Gamma_L|$（处处相等），因此传输线上任意点的传输功率都是相同的，即传输线的传输功率等于终端负载吸收功率，也等于电压波腹点或电压波节点处的传输功率。为了简便起见，一般会在电压波腹点或电压波节点处计算传输功率，得出两个实用公式。

① 电压波腹处：$U(z) = U_{max}$，$Z_{in}(z) = Z_0\rho$（纯电阻）

$$P(z) = \frac{1}{2}\frac{|U|^2_{max}}{\rho Z_0} = \frac{1}{2}\frac{|U|^2_{max}}{Z_0}K \tag{2.3.38}$$

或

$$P(z) = \frac{1}{2}|I|^2_{min}\rho Z_0 \tag{2.3.39}$$

② 电压波节处：$U(z) = U_{min}$，$Z_{in}(z) = Z_0K$（纯电阻）

$$P(z) = \frac{1}{2}\frac{|U|^2_{min}}{KZ_0} = \frac{1}{2}\frac{|U|^2_{min}}{Z_0}\rho \tag{2.3.40}$$

或

$$P(z) = \frac{1}{2}|I|^2_{max}KZ_0 \tag{2.3.41}$$

式（2.3.38）中：$|U|_{max}$ 的取值是受限制的，即电压波腹值的上限不可能任意提高，它决

定于传输线线间击穿电压 U_{br}，当 $|U|_{max} < U_{br}$ 时，传输线不被击穿，在不发生击穿情况下，传输线允许传输的最大功率称为传输线的功率容量，其值应为

$$P_{br} = \frac{1}{2}\frac{|U_{br}|^2}{Z_0}K \tag{2.3.42}$$

可见，传输线的功率容量与行波系数 K 和击穿电压 U_{br} 有关：K 越大，功率容量越大，当 $K=1$ 时，传输功率 $P(z)$ 取最大值，即行波状态时，传输功率最大；U_{br} 越大，功率容量越大，对于双导线，击穿电压 $U_{br}=(D-2r)E_{br}$，保证该双线传输线不被击穿，则双线间的最大电压 $U_{max} < U_{br}$，所以提高 P_{br} 的方法有：提高 E_{br}、提高（$D-2r$）和提高 K。注意：提高（$D-2r$）时应保持 $\frac{D}{2r}$ 比值不变，否则 Z_0 将变化。

2.4 无耗传输线的工作状态

由前面的知识得无耗传输线的工作状态可分为 3 类：

$$\begin{cases}\text{行波状态:无反射}, |\Gamma| = 0; \\ \text{驻波状态:全反射}, |\Gamma| = 1; \\ \text{行驻波状态:部分反射}, 0 < |\Gamma| < 1。\end{cases}$$

这三种状态是传输线工作时的实际情况，有必要进行具体分析。

2.4.1 行波工作状态（无反射情况）

行波工作状态（无反射情况）（$|\Gamma|=0$）。由式（2.3.19）可以得到传输线上无反射波的条件为

$$Z_L = Z_0 \tag{2.4.1}$$

因为此时

$$\Gamma_2 = |\Gamma_2|e^{j\varphi_2} = \left.\frac{Z_L - Z_0}{Z_L + Z_0}\right|_{Z_L = Z_0} = 0$$

而

$$\Gamma(z') = \Gamma_2 e^{-j2\beta z'} = |\Gamma_2| e^{j(\varphi_2 - 2\beta z')}$$

所以

$$|\Gamma| = |\Gamma_2| = 0 \quad (\text{无反射}) \tag{2.4.2}$$

此时，式（2.2.13）和式（2.2.14）中右边第二项为零，故得到行波状态时沿线电压和电流的表达式为

$$\begin{cases} U(z) = \dfrac{U_1 + I_1 Z_0}{2}e^{-j\beta z} = U_{1i}e^{-j\beta z} = |U_{1i}|e^{j(\varphi_{1i} - \beta z)} \\ I(z) = \dfrac{U_1 + I_1 Z_0}{2Z_0}e^{-j\beta z} = I_{1i}e^{-j\beta z} = |I_{1i}|e^{j(\varphi_{1i} - \beta z)} \end{cases} \tag{2.4.3}$$

式中：U_1 和 I_1 分别表示始端的电压和电流；U_{1i} 和 I_{1i} 分别表示始端的入射波电压和电流；φ_{1i} 为始端入射波电压（或电流）的初相位。

由式（2.4.3）可以看出：

① $\dot{U}_{1i}$ 与 $\dot{I}_{1i}$ 必同相，即 $\begin{cases}\dot{U}_{1i} = |U_{1i}|e^{j\varphi_{1i}} \\ \dot{I}_{1i} = |I_{1i}|e^{j\varphi_{1i}}\end{cases}$，因为对无耗传输线 $Z_0 = \dfrac{\dot{U}_i}{\dot{I}_i} = \dfrac{\dot{U}_{1i}}{\dot{I}_{1i}}$，是纯电阻；

② $\dot{U}_{1i}$ 与 $\dot{I}_{1i}$ 中的初相角 φ_{1i} 是由时间原点不同而引入的；

③ $\dot{U}(z)$、$\dot{I}(z)$的振幅值、辐角沿线不变化（介质无耗），辐角 $\varphi=\varphi_{\mathrm{li}}-2\beta z$，即随着 z 的增大，φ 线性减小，相位不断滞后；

④ 行波状态是传输信息的最佳工作状态：因为是无反射，对于电视信号而言，信号无重声、无重影；传输线功率容量 P_{br}最大，因为 $P_{\mathrm{br}}=\dfrac{1}{2}\dfrac{|U_{\mathrm{br}}|^2}{Z_0}K$，其中 $K=\dfrac{1-|\Gamma|}{1+|\Gamma|}\Bigg|_{|\Gamma|=0}=1$；传输效率高，损耗小（对无耗传输线，如果无反射，也就不可能有传输损耗）。

将式（2.4.3）中的两式相除，便得到行波工作状态时，沿线某点的输入阻抗，即

$$Z_{\mathrm{in}}(z)=\frac{U(z)}{I(z)}=\frac{U_{\mathrm{li}}\mathrm{e}^{-\mathrm{j}\beta z}}{I_{\mathrm{li}}\mathrm{e}^{-\mathrm{j}\beta z}}=Z_0 \qquad (2.4.4)$$

也可以由 $Z_{\mathrm{in}}(z')$的表达式 $Z_{\mathrm{in}}(z')=Z_0\dfrac{Z_{\mathrm{L}}+\mathrm{j}Z_0\tan\beta z'}{Z_0+\mathrm{j}Z_{\mathrm{L}}\tan\beta z'}$代入行波条件 $Z_{\mathrm{L}}=Z_0$来证明，即

$$Z_{\mathrm{in}}(z')=Z_0\frac{Z_{\mathrm{L}}+\mathrm{j}Z_0\tan\beta z'}{Z_0+\mathrm{j}Z_{\mathrm{L}}\tan\beta z'}\Bigg|_{Z_{\mathrm{L}}=Z_0}=Z_0$$

由上面的分析可知，当负载阻抗等于传输线特性阻抗时，均匀无耗传输线上传播的电磁波为行波；沿线各点电压和电流的振幅不变、相位随 z 增加不断滞后；沿线各点输入阻抗均等于传输线的特性阻抗，如图 2.4.1 所示。

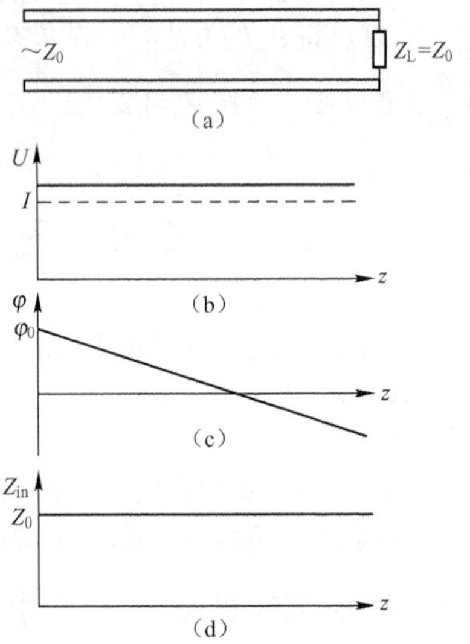

图 2.4.1　行波状态的电压与阻抗沿线分布图

2.4.2　驻波工作状态（全反射情况）

由式（2.3.19）可以得到传输线上产生全反射（即 $|\Gamma_2|=1$）的条件为：$Z_{\mathrm{L}}=0$、$Z_{\mathrm{L}}=\infty$、$Z_{\mathrm{L}}=\pm\mathrm{j}X$，即终端短路、开路或接纯电抗负载。由于终端没有吸收功率的电阻元件，传输线将会产生全反射而形成驻波，故称为驻波工作状态。3 种终端情况下线上电压和电流均为驻波分布。所不同的仅是驻波分布的位置不同。

1. 终端短路（$Z_{\mathrm{L}}=0,\Gamma_2=-1$）

因 $Z_{\mathrm{L}}=0$，则有 $U_2=0$，即可得到

$$\begin{cases}U_{2\mathrm{i}}=-U_{2\mathrm{r}}\\ I_{2\mathrm{i}}=I_{2\mathrm{r}},I_2=2I_{2\mathrm{i}}\end{cases} \qquad (2.4.5)$$

式中 $U_{2\mathrm{i}}$、$U_{2\mathrm{r}}$、$I_{2\mathrm{i}}$和 $I_{2\mathrm{r}}$分别表示终端入射波电压、反射波电压、入射波电流和反射波电流。

将 $U_2=0$ 代入式（2.2.19）和式（2.2.20），应用欧拉公式便得到终端短路时，沿线电压、电流分布表达式为

$$\begin{cases}U(z')=\mathrm{j}I_2Z_0\sin\beta z'=\mathrm{j}2U_{2\mathrm{i}}\sin\beta z'\\ I(z')=I_2\cos\beta z'=2I_{2\mathrm{i}}\cos\beta z'\end{cases} \qquad (2.4.6)$$

对式（2.4.6）取绝对值，可得

$$\begin{cases}|U(z')|=2|U_{2\mathrm{i}}||\sin\beta z'|\\ |I(z')|=2|I_{2\mathrm{i}}||\cos\beta z'|\end{cases} \qquad (2.4.7\ \mathrm{a})$$

由 $Z_0=\dfrac{U_{\mathrm{i}}}{I_{\mathrm{i}}}=\dfrac{U_{2\mathrm{i}}}{I_{2\mathrm{i}}}$为实数，说明 $U_{2\mathrm{i}}$和 $I_{2\mathrm{i}}$同相位。设 $U_{2\mathrm{i}}=|U_{2\mathrm{i}}|\mathrm{e}^{\mathrm{j}\varphi_2}$，$I_{2\mathrm{i}}=|I_{2\mathrm{i}}|\mathrm{e}^{\mathrm{j}\varphi_2}$，则沿线电压和电流的瞬时值表示式为

$$\begin{cases} u(z,t) = 2\,|U_{2i}|\sin\beta z'\cos\left(\omega t + \varphi_2 + \dfrac{\pi}{2}\right) \\ i(z,t) = 2\,|I_{2i}|\cos\beta z'\cos(\omega t + \varphi_2) \end{cases} \tag{2.4.7 b}$$

沿线电压、电流的振幅值和瞬时值的分布分别如图 2.4.2 中（c）、（b）所示。

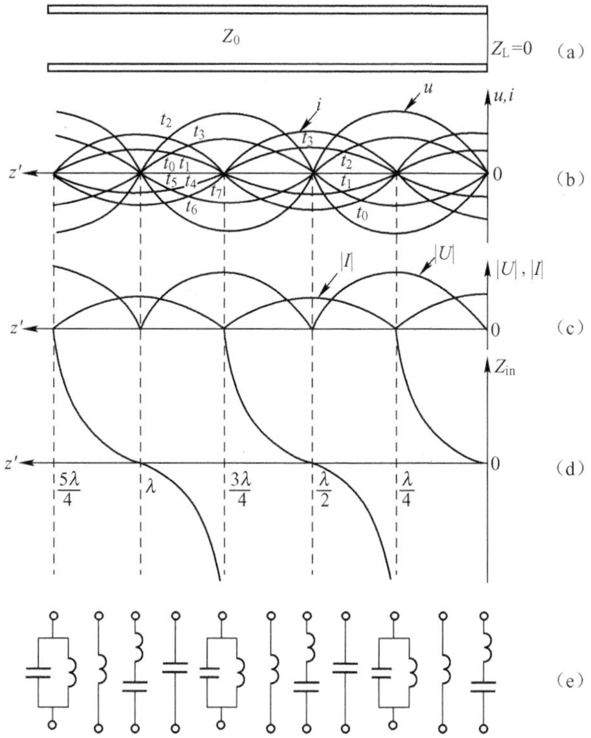

图 2.4.2　终端短路线的沿线电流电压分布图

由图 2.4.2 可知：

（1）由瞬时值表达式可知驻波分布规律：瞬时电压或电流在某个固定位置上随时间 t 作正弦或余弦变化，而在某一个时刻（t 时）随距离 z 作余弦或正弦变化，即瞬时电压和电流的时间相位差和空间相位差均为 $\pi/2$，这表明传输线上没有功率的传输。在离终端距离 $z' = \dfrac{2n+1}{4}\lambda$ 处，电压振幅值永远最大，电流振幅值永远为零，称为电压的波腹点或电流的波节点；而在离终端距离 $z' = \dfrac{n}{2}\lambda$ 处，为电压为波节点或电流为波腹点。

（2）$|U(z')|$与$|I(z')|$沿线分布周期均为 $z'_T = \lambda/2$。

（3）电压波腹（节）处对应着电流波节（腹），相邻电压波腹与波节的距离为 $\lambda/4$，相邻电压波腹与波腹的距离为 $\lambda/2$。

（4）由式（2.4.7 b）瞬时值表达式可知，电压、电流在空间上和时间上均相差 $\pi/2$，传输功率为零，所以驻波不传输能量。

将式（2.4.7 b）中两式相除，可以得到终端短路时，沿线的输入阻抗表达式，即

$$Z_{in}(z') = Z(z') = jZ_0\tan\beta z' \tag{2.4.8}$$

终端短路的传输线上的阻抗为纯电抗，沿线阻抗分布如图 2.4.2（d）所示。

① $Z_{in}(z')$沿线分布的周期为 $z'_T = \lambda/2$。

② 当 $z'=0$ 时，$Z_{in}(z')=0$，相当于理想情况下的 LC 串联谐振，此处为电压波节、电流波腹。

③ 当 $0<z'<\lambda/4$ 时，$Z_{in}(z')=jX,(0<X<+\infty)$，即呈纯电感性，令 $X=X_L=\omega L$，所以得 $0<L<+\infty$。（这一点是非常可贵的，一段 $0\sim\lambda/4$ 的终端短路的双线可做成任意值的电感。）

④ 当 $z'=\lambda/4$ 时，$Z_{in}(z')=\infty$，相当于理想情况下的 LC 并联谐振，此处为电压波腹、电流波节。

⑤ 当 $\lambda/4<z'<\lambda/2$ 时，$Z_{in}(z')=-jX,(0<X<+\infty)$，即呈纯电容性，令 $X=X_C=\dfrac{1}{\omega C}$，所以得 $0<C<+\infty$，在此长度范围内，可做成任意值的电容！

所以，终端短路驻波状态的输入阻抗为纯电抗性，可用来等效微波电路中的电感和电容；由于任何电抗均是无耗的，故也可制作调配和谐振元件，它是制作微波元件的理论基础。

2. 终端开路（$Z_L=\infty$，$\Gamma_2=1$）

因 $Z_L=\infty$，则有 $I_2=0$，代入式（2.2.19）和式（2.2.20），可得终端开路时沿线电压、电流分布的表达式，即

$$\begin{cases}U(z')=2U_{2i}\cos\beta z'\\I(z')=j2I_{2i}\sin\beta z'\end{cases}\tag{2.4.9}$$

将式（2.4.9）中的两式相除，可得沿线阻抗的表达式，即

$$Z_{in}(z')=-jZ_0\cot\beta z'\tag{2.4.10}$$

图 2.4.3 给出了终端开路时沿线电压、电流振幅值和阻抗的分布。

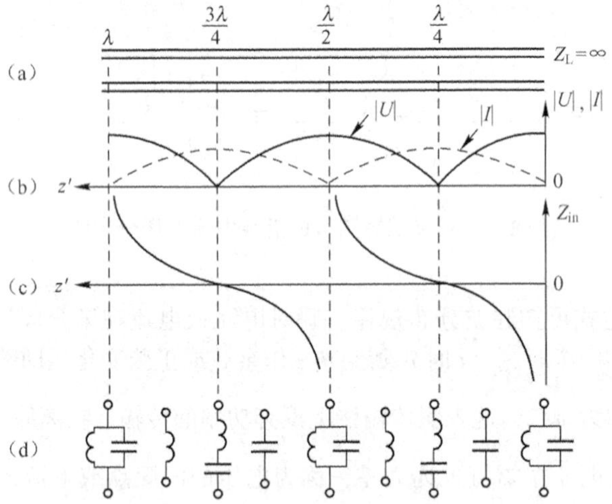

图 2.4.3　终端开路线的沿线电压、电流振幅值和阻抗的分布图

由图 2.4.3 可见，终端为电压波腹点、电流波节点，该处的输入阻抗为无穷大，与终端短路的情况相比，可以得到这样一个结论：只要将终端短路的传输线上电压、电流及阻抗分布从终端开始去掉 $\lambda/4$ 线长，余下的分布即为终端开路的传输线上沿线电压、电流及阻抗分布。但是实际上终端开路的驻波分析结果在应用时略差于终端短路时的情况，这是因为终端开路不容易实现，终端开路时线间的电磁波在开路处会向外辐射能量，而这就会消耗一定功率，这种功耗可等效为并联阻抗，故微波的开路不容易实现。

由终端短路和终端开路的分布关系知，如果将终端短路（或终端开路）的传输线上电压、电流及阻抗分布图从终端起截取去小于 $\lambda/4$ 线长，即可得到终接纯感抗（或纯容抗）负载时的沿线电压、电流及阻抗分布（参看图 2.4.2 和图 2.4.3）。

3. 终端纯电抗（$Z_L=\pm jX$，$|\Gamma_2|=1$）

因为当 $Z_L=\pm jX$ 时，

$$|\Gamma(z')|=|\Gamma_2|=\left|\frac{Z_L-Z_0}{Z_L+Z_0}\right|=\left|\frac{\pm jX-Z_0}{\pm jX+Z_0}\right|=\sqrt{\frac{(\pm X)^2+(-Z_0)^2}{(\pm X)+(Z_0)^2}}=1$$

所以为全反射。

按照上面的分析方法：从 $Z_L=0$ 所得曲线的终端截去相应一段，即可得到该情况下 $|U(z')|$、$|I(z')|$与 $Z_{in}(z)$的分布规律。当 $Z_L=+jX$（$X>0$）时，即负载为纯感抗，所以在终端短路曲线上截去的一段长度为 l_0：利用 $Z_L=Z_{in}(l_0)=jZ_0\tan\beta z'|_{z'=l_0}$，即 $jX=jZ_0\tan\beta l_0$，所以 $l_0=\dfrac{\lambda}{2\pi}\arctan\left(\dfrac{X}{Z_0}\right)$，对终端短路线，$0<l_0<\lambda/4$［由图 2.4.2（d）可知：$0<X<\infty$］；当 $Z_L=-jX$ $(X>0)$时，即负载为纯容抗，所以在终端短路曲线上截去的一段长度为 l_0：利用 $Z_L=Z_{in}(l_0)=jZ_0\tan\beta z'|_{z'=l_0}$，即 $-jX=jZ_0\tan\beta l_0$，所以 $l_0=\dfrac{\lambda}{2}-\dfrac{\lambda}{2\pi}\arctan\left(\dfrac{X}{Z_0}\right)$，对终端短路线，$\lambda/4<l_0<\lambda/2$［由图 2.4.2（d）可知：$0<X<\infty$］。

终端短路、开路情况虽然不能用来传输能量，但在某些情况下还是非常有用的。由上面分析可知，其输入阻抗为纯电抗，故可用来等效不能用于微波频率的集总电感和集总电容；任何电抗都是没有损耗的，故可以用来制作谐振单元和调配单元。下面我们举两个例子来说明它们的应用。

【例 2-2】 开路线或短路线作滤波电路。

如图 2.4.4 所示，雷达发射机输出的基波信号波长为 λ_1，谐波波长为 λ_2，试分析当 l_1 和 l_2 满足什么关系时，能保留 λ_1 信号滤除 λ_2 信号。

解：欲保留 λ_1 信号滤除 λ_2 信号，则 AA′处并联支节的输入阻抗 Z_{in} 对 λ_1 信号应为无穷大，对 λ_2 信号应为 0。

当 $l_2=\lambda_2/2$、$l_1=\lambda_1/4-\lambda_2/2$ 时，对 λ_2 信号而言，AA′是短路面，λ_2 信号不可通过。对 λ_1 而言，输入阻抗为 $Z_2=jZ_0\tan\beta_1 l_2$，导纳为 $Y_2=-jY_0\cot\beta_1 l_2$。

l_1 为开路线，对 λ_1 而言，输入阻抗为 $Z_1=-jZ_0\cot\beta_1 l_1$，导纳为 $Y_1=j(1/Z_0)\tan\beta_1 l_1$。

因为 $l_1=\lambda_1/4-\lambda_2/2$，则有导纳为 $Y_1=j(1/Z_0)\cot\beta_1 l_2$。故 l_1 和 l_2 支节在 AA′面并联时总导纳为 0，则对 λ_1 信号而言相当于开路，λ_1 信号可正常通过。

【例 2-3】 图 2.4.5 为雷达收发开关示意图，试分析其工作原理。开关管（图中用⊗表示）的作用是：当强信号通过时，它就工作，处于短路状态；弱信号时不工作，处于开路状态。

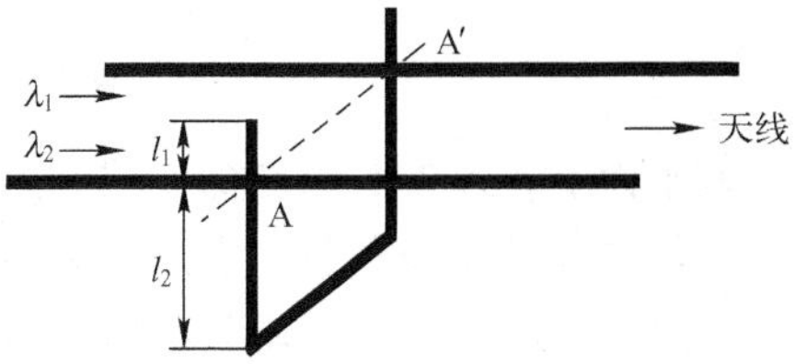

图 2.4.4　例 2-2 用图

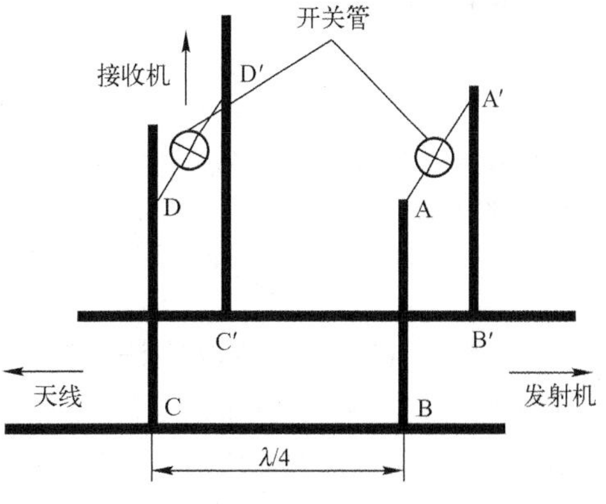

图 2.4.5　例 2-3 用图

第❷章　传输线理论

解：发射机发射信号时，强信号使两个开关管都工作，AA′和 DD′面短路，这时 AB 段和 DC 段为 $\lambda/4$ 短路线，对主传输线无影响，发射信号能顺利通向天线。由于 DD′短路，发射信号将不能进入接收机。

天线接收信号时，回波信号弱不能使开关管工作，两个开关管都为开路状态。这时 AB 段为 $\lambda/4$ 开路线，使 BB′面短路，又因 BC 段长为 $\lambda/4$，故从 CC′面向发射机看入的输入阻抗为无穷大，这样接收信号不能进入发射机，而顺利通向接收机。

2.4.3 行驻波工作状态（部分反射情况）

当均匀无耗传输线的终端负载除上面所述情况以外时，信号源给出的一部分能量被负载吸收，另一部分能量将被负载反射，从而产生部分反射，由此形成行驻波状态，即 $0<|\Gamma(z)|<1$。

研究行驻波状态下沿线电压、电流的分布规律，也可以采用上面的解析方法，但比较麻烦。这里介绍一种比较直观方法——矢量图分析法，它也是 2.5 节将要讨论的阻抗圆图的基础。

为了清楚起见，将式（2.3.21）重写如下：

$$\begin{cases} U(z')=U_{\mathrm{i}}[1+\Gamma(z')] \\ I(z')=I_{\mathrm{i}}[1-\Gamma(z')] \end{cases} \tag{2.4.11}$$

将式（2.4.11）分别对入射波电压 U_{i}、电流 I_{i}进行归一化处理，即可得到归一化电压和电流，并记为$\overline{U}$和$\overline{I}$，归一化的电压、电流定义如下：

$$\begin{cases} \overline{U}(z')=\dfrac{U(z')}{U_{\mathrm{i}}(z')}=1+\Gamma(z')=1+|\Gamma_2|\mathrm{e}^{\mathrm{j}(\varphi_2-2\beta z')} \\ \overline{I}(z')=\dfrac{I(z')}{I_{\mathrm{i}}(z')}=1-\Gamma(z')=1-|\Gamma_2|\mathrm{e}^{\mathrm{j}(\varphi_2-2\beta z')} \end{cases} \tag{2.4.12}$$

式中的两式相除即为归一化输入阻抗，即

$$\overline{Z}_{\mathrm{in}}(z')=\frac{\overline{U}(z')}{\overline{I}(z')}=\frac{1+\Gamma(z')}{1-\Gamma(z')}=\frac{U(z')/I(z')}{U_{\mathrm{in}}(z')/I_{\mathrm{in}}(z')}=\frac{Z_{\mathrm{in}}(z')}{Z_0} \tag{2.4.13}$$

可见，这里的阻抗的归一化是对特性阻抗进行归一的，同理可得

归一化负载阻抗

$$\overline{Z}_{\mathrm{L}}=\frac{Z_{\mathrm{L}}}{Z_0} \tag{2.4.14}$$

归一化特性阻抗

$$\overline{Z}_0=\frac{Z_0}{Z_0}=1=\frac{\overline{U}_{\mathrm{i}}}{\overline{I}_{\mathrm{i}}}=1 \tag{2.4.15}$$

归一化导纳是对 $Y_0=1/Z_0$ 归一，这里 $Y_0=1/Z_0$ 称为特性导纳。

归一化导纳

$$\overline{Y}=\frac{Y}{Y_0} \tag{2.4.16}$$

现在，将式（2.4.12）用矢量法来表示，并画在一个复平面上。式 2.4.12 中第一式的第一项为实数 1，显然“1”表示的是归一化入射波，表示在实轴方向的单位矢量，它是始终不变的。第二项为反射系数的旋转矢量，表示归一化反射波，它的模为$|\Gamma|$，在终端处反射系数的相角为 φ_2，即在复平面上终端处的反射系数和实轴的夹角。

1. 归一化矢量图

由式（2.4.12）可得出归一化电压的表示式为

$$\overline{U}(z') = 1 + \Gamma(z') = 1 + \Gamma_2 e^{-2j\beta z'} = 1 + |\Gamma_2| e^{j(\varphi_2 - 2\beta z')} \tag{2.4.17}$$

因为复数和矢量具有确定的对应关系，在复平面上，分别画出$\overline{U}_i$ 和$\overline{U}_r$，并利用平行四边形求得$\overline{U} = \overline{U}_i + \overline{U}_r$，即矢量求和，这样就可以用矢量图解法得出归一化电压，具体步骤如下：

（1）画复平面：画出极轴 Oa，其原点设为“O”；

（2）在实轴上画$\overline{U}_i = 1$，落在 C 点，$\overline{U}_i = \boldsymbol{OC}$；

（3）在 C 点画 $\Gamma_2 = |\Gamma_2| e^{j\varphi_2}$ 终点在 A 处，将 Γ_2 顺时针旋转 $2\beta z'$ 相位角，得 $\Gamma(z') = |\Gamma_2| e^{j(\varphi_2 - 2\beta z')}$，落在 B 点；

（4）连接 OB 得，$\boldsymbol{OB} = \overline{U}$，如图 2.4.6 所示。

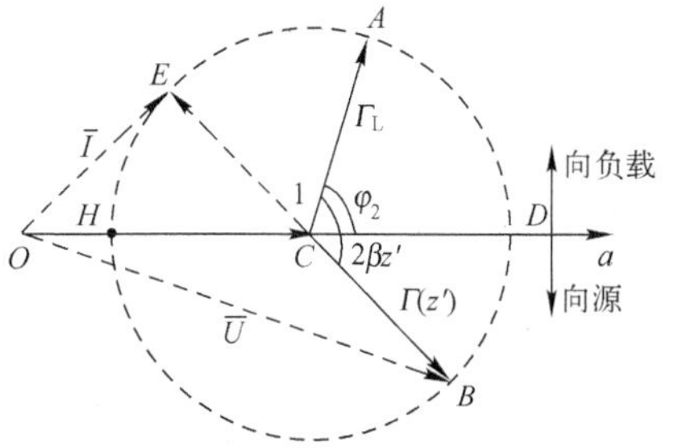

图 2.4.6　归一化的电压矢量图

由图 2.4.6 可得：

（1）在双线上移动位置坐标点的方向与在 Γ 圆上旋转方向的关系：

① z'增大，$2\beta z'$增大，则 $\varphi_2 - 2\beta z'$减小，在 Γ 圆上作顺时针旋转，记为“向源性”；

② z'减小，$2\beta z'$减小，则 $\varphi_2 - 2\beta z'$增大，在 Γ 圆上作逆时针旋转，记为“向负载性”。

（2）在 Γ 圆上，旋转一周对应在双线上移动的距离为 $\lambda_p/2$；因为相位沿 z'的变化量为 $2\beta\Delta z'$，当 $\Delta z' = \lambda_p/2$ 时，而在 Γ 圆的相位改变量为

$$2\beta\Delta z' = 2 \times \frac{2\pi}{\lambda_p} \times \frac{\lambda_p}{2} = 2\pi \tag{2.4.18}$$

恰好是 Γ 圆上旋转一周的相位量。这表明：$\overline{U}(z')$沿线的分布周期是 $\lambda_p/2$。

同理，可以画出归一化电流和归一化输入阻抗，如图 2.4.6 所示。这里要注意画归一化电流$\overline{I}(z') = 1 - \Gamma(z')$，可先画 $\Gamma(z')$再取其反矢量 $-\Gamma(z')$，即将 $\boldsymbol{CB}$ 反向延长交 Γ 圆于 E 点，连接 OE 即可得电流$\overline{I}(z') = \boldsymbol{OE}$。

2. 电压波腹和波节点的位置和大小

由图 2.4.6 可见，当反射系数矢量旋转到与 OD 极轴重合时，合成的归一化电压为最大（或归一化电流最小），故 $\boldsymbol{OD}$ 为电压波腹点的归一化电压$\overline{U}_{max}$，归一化电流为 $\boldsymbol{OH}$，此处为电流波节点。由式（2.4.17）可知，终端到第一个电压波腹点的距离 z'_{max1} 应满足：

当 $\varphi_2 > 0$，如图 2.4.6 示，由 Γ_2顺时针旋转到实轴（由负载向源方向），即

$$\varphi_2 - 2\beta z'_{max1} = 0$$

$$z'_{max1} = \frac{\varphi_2}{2\beta} \tag{2.4.19}$$

当 $\varphi_2 < 0$，如图 2.4.6 示，由 Γ_2顺时针旋转到实轴（由负载向源方向），即

$$\varphi_2 - 2\beta z'_{max1} = -2\pi$$

$$z'_{max1} = \frac{\varphi_2 + 2\pi}{2\beta} = \frac{\varphi_2 + 2\pi}{4\pi/\lambda} = \frac{\varphi_2}{2\beta} + \frac{\lambda}{2} < \frac{\lambda}{2} \tag{2.4.20}$$

此处为归一化电压的最大值：

$$\overline{U}_{max} = 1 + |\Gamma| \tag{2.4.21}$$

由图2.4.6可见，当反射系数矢量旋转到与矢量 **OH** 重合时，合成的归一化电压为最小（或归一化电流最大），故 **OH** 为电压节波点的归一化电压$\overline{U}_{min}$，归一化电流为 **OD**，此处为电流波腹点。由式（2.4.17）可知，终端到第一个电压波腹点的距离 z'_{min1} 应满足：

无论 $\varphi_2>0$ 或 $\varphi_2<0$，如图2.4.6所示，由 Γ_2顺时针旋转到实轴（由负载向源方向），即

$$\varphi_2-2\beta z'_{min1}=-\pi \tag{2.4.22}$$

$$z'_{min1}=\frac{\varphi_2}{2\beta}+\frac{\lambda}{4} \tag{2.4.23}$$

此处归一化电压为最小值：

$$\overline{U}_{min}=1-|\Gamma| \tag{2.4.24}$$

因此，式（2.4.21）和式（2.4.24）的比值为线上的驻波系数，即

$$\rho=\frac{\overline{U}_{max}}{\overline{U}_{min}}=\frac{1+|\Gamma|}{1-|\Gamma|}=\frac{1}{K} \tag{2.4.25}$$

3. 阻抗特性

由图2.4.6可见，当反射系数矢量落在上半平面内，则电压超前电流，阻抗为感性，故上半平面为感性阻抗的轨迹；当反射系数矢量落在下半面内，则电流超前电压，阻抗为容性，故下半平面为容性阻抗的轨迹；当反射系数矢量落在 D 点，则电压和电流同相。阻抗为纯电阻且最大，此处电压为波腹点而电流为波节点，故该处的归一化电阻为

$$\overline{R}_{max}=\frac{\overline{U}_{max}}{\overline{I}_{min}}=\frac{1+|\Gamma|}{1-|\Gamma|}=\rho \tag{2.4.26}$$

当反射系数矢量落在 H 点，则电压和电流同相，阻抗为纯电阻且最小，此处为电压波节点和电流波腹点，故该处归一化电阻为

$$\overline{R}_{min}=\frac{\overline{U}_{min}}{\overline{I}_{max}}=\frac{1-|\Gamma|}{1+|\Gamma|}=K \tag{2.4.27}$$

综上所述，将单位矢量与反射系数 Γ 矢量圆图合成，即可得到任意负载情况下沿线电压、电流和阻抗分布。

【例2-4】 已知特性阻抗 $Z_0=50\,\Omega$ 的传输线上某处的入射波电压 $U_i=50e^{j30°}$ V、反射系数为 $\Gamma=0.5e^{j60°}$，求该处的电压、电流和输入阻抗。

解：由归一化电压定义式$\overline{U}(z')=\dfrac{U(z')}{U_i(z')}=1+\Gamma(z')$得

$$U(z')=U_i(z')\overline{U}(z')=U_i(z')[1+\Gamma(z')]=50e^{j30°}(1+0.5e^{j60°})\text{ V}$$

又由$\overline{I}(z')=\dfrac{I(z')}{I_i(z')}=1-\Gamma(z')$得

$$I(z')=I_i(z')\overline{I}(z')=I_i(z')[1-\Gamma(z')]\text{ A}$$

而有因为 $Z_0=\dfrac{U_i(z')}{I_i(z')}$，所以可得

$$I(z')=I_i(z')\overline{I}(z')=\frac{U_i(z')}{Z_0}[1-\Gamma(z')]=e^{j30°}(1-0.5e^{j60°})\text{ A}$$

由输入阻抗 $Z_{in}=Z_0\overline{Z}_{in}=Z_0\dfrac{1+\Gamma(z')}{1-\Gamma(z')}=Z_0\dfrac{1+0.5e^{j60°}}{1-0.5e^{j60°}}\,\Omega$

2.5 阻抗圆图及其应用

在微波工程中，经常会遇到阻抗的计算和匹配问题。在2.3节已经介绍了终端接任意负载阻抗的无耗线上任意一点的阻抗可用式（2.3.10）进行计算，但由于是复数运算非常麻烦，工程上常用阻抗圆图来进行计算。阻抗圆图使用既方便，又能满足工程要求。本节介绍阻抗圆图的构造、原理及应用。

为了使阻抗圆图适用于任意特性阻抗的传输线的计算，故圆图上的阻抗均采用归一化值。由式（2.3.22）可得归一化输入阻抗与该点反射系数的关系为

$$\overline{Z}_{in}(z')=\frac{Z_{in}(z')}{Z_0}=\frac{1+\Gamma(z')}{1-\Gamma(z')} \tag{2.5.1}$$

归一化负载阻抗为

$$\overline{Z}_L=\frac{Z_L}{Z_0}=\frac{1+\Gamma_2}{1-\Gamma_2} \tag{2.5.2}$$

或用归一化阻抗表示反射系数为

$$\Gamma(z')=\frac{\overline{Z}_{in}(z')-1}{\overline{Z}_{in}(z')+1} \tag{2.5.3}$$

$$\Gamma_2=\frac{\overline{Z}_L-1}{\overline{Z}_L+1} \tag{2.5.4}$$

式中：$\overline{Z}_{in}(z')$和$\overline{Z}_L$分别为任意点和负载处的归一化阻抗；$\Gamma(z')$和Γ_2分别为任意点和负载处的反射系数，它们的关系为$\Gamma(z')=\Gamma_2 e^{-j2\beta z'}$。

根据上述基本公式，在直角坐标系中绘出的几组曲线图称为直角坐标圆图；而在极坐标系中绘出的曲线图称为极坐标圆图，又称为史密斯（Smith）圆图。其中以Smith圆图应用最广，故这里只介绍Smith圆图的构造和应用。

2.5.1 阻抗圆图

阻抗圆图是由等反射系数圆族、等电阻圆族、等电抗圆族及等相位线族组成。下面分别进行讨论。

1. 等反射系数圆族

无耗传输线上离终端距离为z'处的反射系数为

$$\begin{aligned}\Gamma(z')&=\Gamma_2 e^{-j2\beta z'}=|\Gamma_2|e^{j(\varphi_2-2\beta z')}\\&=|\Gamma_2|\cos(\varphi_2-2\beta z')+j|\Gamma_2|\sin(\varphi_2-2\beta z')\\&=\Gamma_a+j\Gamma_b\end{aligned} \tag{2.5.5}$$

$$|\Gamma|^2=\Gamma_a^2+\Gamma_b^2$$

式（2.5.5）表明，在$\Gamma=\Gamma_a+j\Gamma_b$复平面上，等反射系数模的轨迹是以坐标原点为圆心、$|\Gamma_2|$为半径的圆。不同的反射系数模对应不同大小的圆。因为$|\Gamma|\leqslant 1$，因此所有的反射系数圆都位于单位圆内，这一组圆族称为等反射系数圆族。又因为反射系数模与驻波系数有一一对应的关系，故又称它为等驻波系数圆族。半径为0，即坐标原点为匹配点；半径为1，表示最外面的单位圆为全反射圆。

2. 等相位线族

离终端距离为 z'处反射系数的相位为

$$\varphi=\varphi_2-2\beta z'=\arctan\frac{\Gamma_b}{\Gamma_a} \tag{2.5.6 a}$$

式（2.5.6 a）为直线方程，表明在 Γ 复平面上等相位线是由原点发出的一系列的射线。若已知终端的反射系数为 $\Gamma_2=|\Gamma_2|e^{j\varphi_2}$，则离开终端 z'处的反射系数为

$$\Gamma(z')=|\Gamma_2|e^{j(\varphi_2-2\beta z')} \tag{2.5.6 b}$$

式（2.5.6 b）表明，$\Gamma(z')$的相位比终端处 Γ_2的相位滞后 $2\beta z'=4\pi z'/\lambda$ 弧度，即由 Γ_2沿等反射系数圆顺时针转过 $2\beta z'$弧度；反之，如果已知 z'处的反射系数 $\Gamma(z')$，那么终端处的反射系数 Γ_2为

$$\Gamma_2=\Gamma(z')e^{j2\beta z'} \tag{2.5.6 c}$$

式（2.5.6 c）表示终端处的反射系数 Γ_2的超前 $\Gamma(z')$相位 $2\beta z'$弧度，即由 $\Gamma(z')$沿等反射系数圆逆时针方向转过 $2\beta z'$弧度。

传输线上移动距离与圆图上转动角度的关系为

$$\Delta\varphi=2\beta\Delta l=\frac{4\pi}{\lambda}\Delta l=4\pi\frac{\Delta l}{\lambda}=4\pi\Delta\theta \tag{2.5.7}$$

式中 $\Delta\theta=\Delta l/\lambda$ 为电长度的增量，当 $\Delta\theta=0.5$ 时，则 $\Delta\varphi=360°$。表明在传输上移动 $\lambda/2$ 的距离，则在圆图反射系数转过一圈，重复到原来位置。反射系数的相位角既可以用角度来表示，也可以用电长度来表示。在圆图的单位圆外面分别表出了电长度和角度的读数。如图 2.5.1 表示了反射系数圆及电长度和角度的标度值。

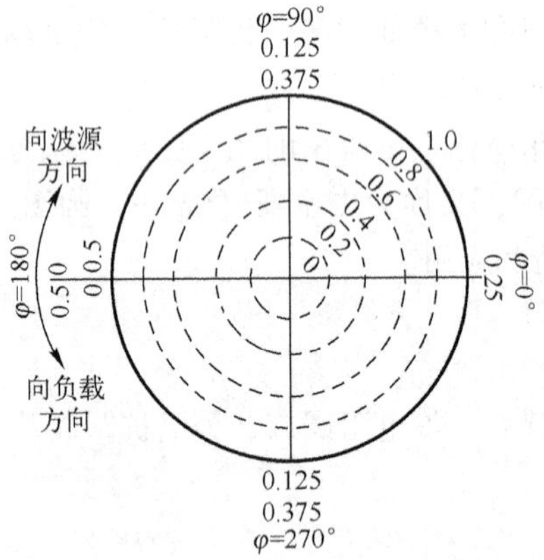

图 2.5.1　反射系数圆及电长度和角度的标度值

3. 等阻抗圆族

将 $\Gamma=\Gamma_a+j\Gamma_b$代入式（2.5.1），并将实部和虚部分开，得到

$$\begin{aligned}\overline{Z}(z)&=\frac{1+\Gamma_a+j\Gamma_b}{1-\Gamma_a-j\Gamma_b}\\&=\frac{1-(\Gamma_a^2+\Gamma_b^2)}{(1-\Gamma_a)^2+\Gamma_b^2}+j\frac{2\Gamma_b}{(1-\Gamma_a)^2+\Gamma_b^2}\\&=\overline{R}+j\overline{X}\end{aligned} \tag{2.5.8}$$

式中

$$\overline{R}=\frac{1-(\Gamma_{a}^{2}+\Gamma_{b}^{2})}{(1-\Gamma_{a})^{2}+\Gamma_{b}^{2}} \tag{2.5.9}$$

$$\overline{X}=\frac{2\Gamma_{b}}{(1-\Gamma_{a})^{2}+\Gamma_{b}^{2}} \tag{2.5.10}$$

分别称为归一化电阻和归一化电抗。

将式（2.5.9）和式（2.5.10）分别整理、化简，得到以下两个方程

$$\left(\Gamma_{a}-\frac{\overline{R}}{\overline{R}+1}\right)^{2}+\Gamma_{b}^{2}=\left(\frac{1}{\overline{R}+1}\right)^{2} \tag{2.5.11}$$

$$(\Gamma_{a}-1)^{2}+\left(\Gamma_{b}-\frac{1}{\overline{X}}\right)^{2}=\left(\frac{1}{\overline{X}}\right)^{2} \tag{2.5.12}$$

显然，上面两个方程在 $\Gamma=\Gamma_{a}+\mathrm{j}\Gamma_{b}$ 复平面内，式（2.5.11）和式（2.5.12）分别是以 $\overline{R}$ 和 $\overline{X}$ 为参数的圆方程。

式（2.5.11）是以归一化电阻 $\overline{R}$ 为参变量的圆族，称为等电阻圆族。其圆心为 $(\Gamma_{a}=\overline{R}/(\overline{R}+1), \Gamma_{b}=0)$，半径为 $1/(\overline{R}+1)$。电阻圆的大小随 $\overline{R}$ 的变化如图 2.5.2 所示。当 $\overline{R}$ 由零增加到无限大时，电阻圆由单位圆缩小到 D 点。由图 2.5.2（b）可见，所有的等电阻圆都相切于（$\Gamma_{a}=1$，$\Gamma_{b}=0$）点；$\overline{R}=0$ 的圆为单位圆，即表明单位圆为纯电抗圆。

R	圆心 $\left(\frac{\overline{R}}{1+\overline{R}},0\right)$	半径 $\frac{1}{\overline{R}+1}$
0	(0,0)	1
$\frac{1}{2}$	$\left(\frac{1}{3},0\right)$	$\frac{2}{3}$
1	$\left(\frac{1}{2},0\right)$	$\frac{1}{2}$
2	$\left(\frac{2}{3},0\right)$	$\frac{1}{3}$
∞	(1,0)	0

（a）

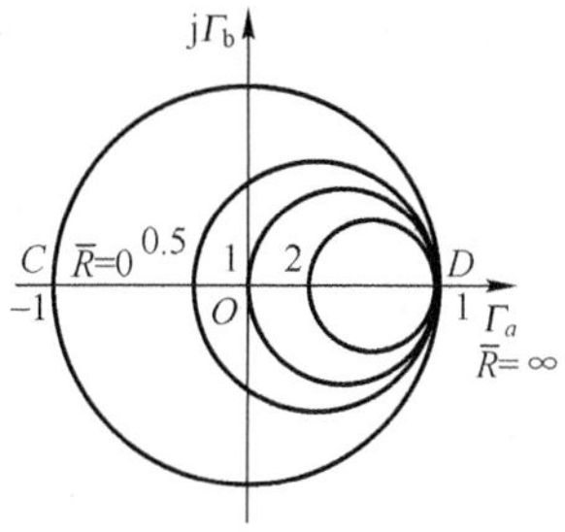

（b）

图 2.5.2　等电阻圆簇大小随 $\overline{R}$ 的变化图

式（2.5.12）是以归一化电抗 $\overline{X}$ 为参变量的圆族，称为等电抗圆族。其圆心为（$\Gamma_{a}=1$，$\Gamma_{b}=1/\overline{X}$），半径为 $1/\overline{X}$。因 $|\Gamma|\leqslant 1$，因此只有在单位圆内的圆才有实际意义。当 $|\overline{X}|$ 由零增大到无限大时，则圆的半径由无限大减小到零，等电抗圆由直线缩为一点。圆的半径随 $\overline{X}$ 值的变化如图 2.5.3 所示。

$\overline{X}$	圆心 $\left(1,\frac{1}{\overline{X}}\right)$	半径 $\frac{1}{\overline{X}}$
0	(1, ±∞)	∞
±0.5	(1, ±2)	2
±1	(1, ±1)	1
±2	(1, ±0.5)	0.5
±∞	(1,0)	0

（a）

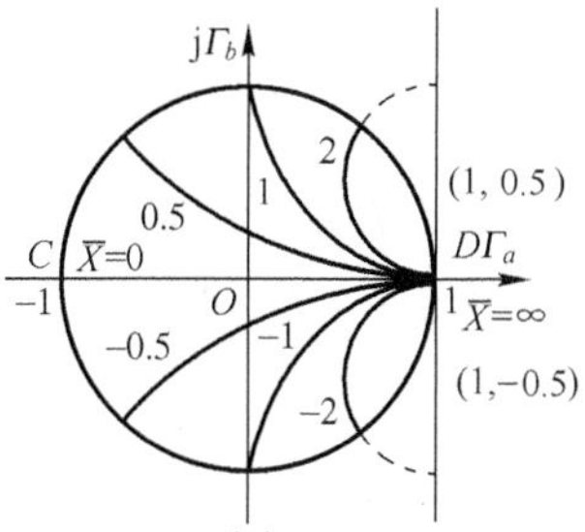

（b）

图 2.5.3　等电抗圆簇大小随 $\overline{X}$ 的变化图

由图 2.5.2 和图 2.5.3 可见，所有的圆相切于（$\Gamma_a=1$，$\Gamma_b=0$）点；$\overline{X}$为正值（即感性）的电抗圆均在上半平面上，$\overline{X}$为负值（即容性）的电抗圆均在下半平面上；$\overline{X}$愈大，则圆的半径愈小。当$|\overline{X}|=\infty$时，则圆缩为一个点（D 点）；当$|\overline{X}|=0$时，则圆的半径为无限大、圆变成一条直线，因此实轴直线 CD 是纯电阻的轨迹，即为电压波腹点到电压波节点的轨迹（其中包括匹配点，后面将进行分析）。

将等反射系数圆族（图中省略）、等相位线族（图中省略）、等电阻圆族和等电抗圆族画在同一个复平面上，即得如下一节的图 2.7.1 所示的阻抗圆图。工程上等相位线不画出来，仅在外圆标出电长度和相角的读数。等驻波系数圆也画不出来，因为实轴直线 CD 为$|\overline{X}|=0$的轨迹，即是波腹点或波节点的轨迹。波腹点的归一化电阻值为驻波系数，波节点的归一化电阻值为行波系数，因此一个以坐标原点为圆心，$\overline{R}_{\max}=\rho$ 为半径的圆即为等驻波系数圆。

由上面的分析可知，阻抗圆图的特点如下。

（1）圆图上有三个特殊的点：

开路点（D 点）。坐标为（1，0），此处对应于$\overline{R}=\infty$，$\overline{X}=\infty$，$\rho=\infty$，$|\Gamma|=1$，$\varphi=0$。

短路点（C 点）。坐标为（-1，0），此处对应于$\overline{R}=0$，$\overline{X}=0$，$\rho=\infty$，$|\Gamma|=1$，$\varphi=\pi$。

匹配点（O 点）。坐标为（0，0），此处对应于$\overline{R}=1$，$\overline{X}=0$，$\rho=1$，$|\Gamma|=0$。

（2）圆图上有 3 条特殊的线：圆图上实轴是$|\overline{X}|=0$的轨迹，其中 OD 直线为电压波腹点的轨迹，线上$\overline{R}$的读数即为驻波系数 ρ 的读数；OC 直线为电压波节点的轨迹，线上$\overline{R}$的读数即为行波系数 K 的读数；最外面的单位圆为$\overline{R}=0$的纯电抗轨迹，即为$|\Gamma|=1$的全反射系数圆的轨迹。

（3）圆图上有 2 个特殊的面：圆图实轴以上的上半平面（即$\overline{X}>0$）是感性阻抗的轨迹；实轴以下的下半平面（即$\overline{X}<0$）是容性阻抗的轨迹。

（4）圆图上有两个旋转方向：在传输线上由 A 点向负载方向移动时，则在圆圆上由 A 点沿等反射系数圆逆时针方向旋转；反之在传输线上由 A 点向电源方向移动时，则在圆图上由 A 点沿等反射系数圆顺时针方向旋转。

（5）在圆图上任意点均可以用 4 个参数：$\overline{R}$、$\overline{X}$、$|\Gamma|$和 φ 来表示。注意 $\overline{R}$ 和 $\overline{X}$ 为归一化值，如果要求它的实际值分别乘上传输线的特性阻抗 Z_0即可得到。

2.5.2 导纳圆图

导纳是阻抗的倒数，故归一化导纳为

$$\overline{Y}(z')=\frac{1}{\overline{Z}(z')}=\frac{1-\Gamma(z')}{1+\Gamma(z')} \tag{2.5.13}$$

注意，式（2.5.13）中的$\Gamma(z')$是电压反射系数。如果式（2.5.13）用电流反射系数 $\Gamma_I(z')$来表示，因 $\Gamma(z')=\Gamma_V(z')=-\Gamma_I(z')$，故有

$$\overline{Y}(z')=\frac{1+\Gamma_I(z')}{1-\Gamma_I(z')} \tag{2.5.14}$$

$$\overline{Z}(z')=\frac{1+\Gamma_V(z')}{1-\Gamma_V(z')} \tag{2.5.15}$$

式（2.5.14）和式（2.5.15）形式完全相同，这表明$\overline{Z}(z')$和 $\Gamma_V(z')$组成的阻抗圆图与$\overline{Y}(z')$和

$\Gamma_{\mathrm{I}}(z')$组成的导纳圆图完全相同，因此，阻抗圆图就可以用作导纳圆图。两个圆图上参量的对应关系如表 2.5.1 所示。导纳圆图如图 2.5.4 所示。

表 2.5.1　阻抗圆图和导纳圆图参数对应关系表

阻抗圆图	$\bar{R}$	$+\mathrm{j}\bar{X}$	$-\mathrm{j}\bar{X}$	$\lvert\Gamma_{\mathrm{V}}\rvert$	φ_{V}
导纳圆图	$\bar{G}$	$+\mathrm{j}\bar{B}$	$-\mathrm{j}\bar{B}$	$\lvert\Gamma_{\mathrm{I}}\rvert$	$\varphi_{\mathrm{I}}=\varphi_{\mathrm{V}}\pm\pi$

但把阻抗圆图作为导纳圆图使用时，必须注意下列几点：

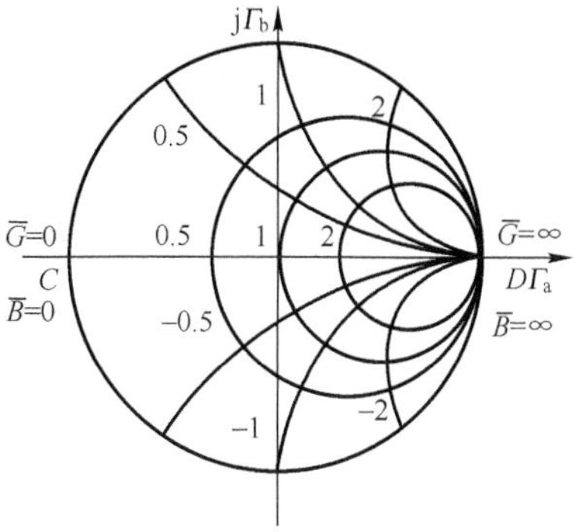

图 2.5.4　导纳圆图

(1) 阻抗圆图的上半面为 $+\mathrm{j}\bar{X}$平面（$\bar{X}$为正值），故为感性平面，下半平面为 $-\mathrm{j}\bar{X}$平面，故为容性平面；而导纳圆图的上半平面为 $+\mathrm{j}\bar{X}$平面（$\bar{X}$为正值），故为容性平面，下半平面为 $-\mathrm{j}\bar{X}$平面，故为感性平面。

(2) 在阻抗圆图上，$\overline{OD}$直线为电压波腹点的轨迹；$\overline{OC}$直线为电压波节点的轨迹。而在导纳圆图上，$\overline{OD}$直线为电流波腹点（即电压波节点）的轨迹；$\overline{OC}$直线为电流波节点（即电压波腹点）的轨迹。

(3) 在阻抗圆图上，D 点为$\bar{R}=\infty$，$\bar{X}=\infty$ 的开路点，C 点为$\bar{R}=0$，$\bar{X}=0$ 的短路点；而导纳圆图上，D 点为$\bar{G}=\infty$，$\bar{B}=\infty$ 的短路点，C 点为$\bar{G}=0$，$\bar{B}=0$ 的开路点。

阻抗圆图是微波工程设计中的重要工具。利用圆图可以解决下列问题：根据终端接入的负载阻抗计算传输线上的驻波比；根据负载阻抗及线长计算输入端的输入导纳、输入阻抗及输入端的反射系数；根据线上的驻波系数及电压波节点的位置确定负载阻抗；阻抗和导纳的换算等。

2.6　传输线阻抗匹配

阻抗匹配是传输线理论中的重要概念。在由信号源、传输线及负载组成的微波系统中，如果传输线与负载不匹配，传输线上将形成驻波；如果传输线与信号源不匹配，信号源将不能供出最大的输出功率。有了反射（或者说形成了驻波）一方面使传输线功率容量降低，另一方面会增加传输线的衰减。一般按照微波系统匹配网络的位置可将匹配分为源端的共轭匹配和负载端的阻抗匹配。

2.6.1　共轭匹配

要使信号源供出最大功率，达到共轭匹配，必须要求传输线的输入阻抗和信号源的内阻抗互为共轭值。设信号源的内阻抗为 $Z_{\mathrm{g}}=R_{\mathrm{g}}+\mathrm{j}X_{\mathrm{g}}$，传输线在源端的输入阻抗为 $Z_{\mathrm{in}}=R_{\mathrm{in}}+\mathrm{j}X_{\mathrm{in}}$，如图 2.6.1 所示。当 $Z_{\mathrm{g}}=Z_{\mathrm{in}}^{*}$时，即

$$R_{\mathrm{g}}=R_{\mathrm{in}},\quad X_{\mathrm{g}}=-X_{\mathrm{in}} \tag{2.6.1}$$

信号源供出的最大功率，式（2.6.1）称为共轭匹配条件。

由图 2.6.1（b）的等效电路可以看出，该信号源的供出的实功功率（即为负载的吸收功率）为

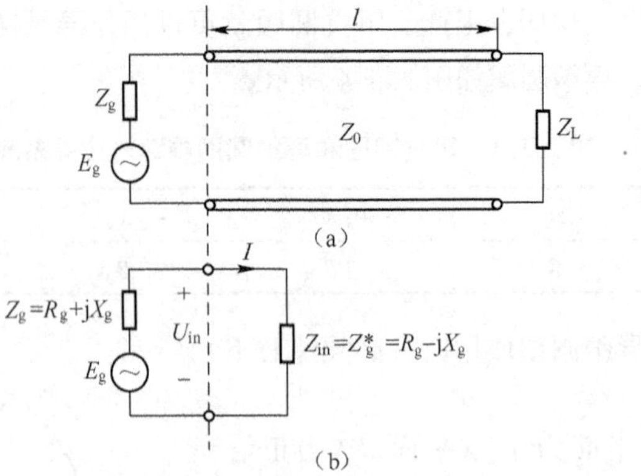

图 2.6.1　源端共轭匹配及其等效电路

$$P=\mathrm{Re}\left[\frac{1}{2}U_{in}\cdot I^*\right]=\mathrm{Re}\left[\frac{1}{2}(Z_{in}I)\cdot I^*\right]=\mathrm{Re}\left[\frac{1}{2}Z_{in}\cdot\left|\frac{E_g}{Z_g+Z_{in}}\right|^2\right]$$

$$=\frac{1}{2}\left|\frac{E_g}{Z_g+Z_{in}}\right|^2\mathrm{Re}[Z_{in}] \tag{2.6.2}$$

将 $Z_g=R_g+jX_g$，$Z_{in}=R_{in}+jX_{in}$代入式（2.6.2）得

$$P=\frac{1}{2}|E_g|^2\frac{R_{in}}{(R_g+R_{in})^2+(X_g+X_{in})^2} \tag{2.6.3}$$

由式（2.6.3）可以看出，当 $X_g=-X_{in}$时，功率 P 取得最大值

$$P'=\frac{1}{2}|E_g|^2\frac{R_{in}}{(R_g+R_{in})^2} \tag{2.6.4}$$

式中：P'是一个关于 R_{in}的二次函数，其最大值是在 $R_{in}=R_g$时取得，记为

$$P_{max}=\frac{1}{2}\frac{E_g^2R_g}{4R_g^2}=\frac{E_g^2}{8R_g}$$

综上分析，当 $Z_g=Z_{in}^*$时，信号源供出最大功率，实现共轭匹配。为使传输线的始端与信号源阻抗匹配，考虑到无耗传输线的特性阻抗为实数，故要求信号源的内阻抗也为实数，即 $R_g=Z_0$、$X_g=0$，此时传输线的始端无反射波，这种信号源称为匹配信号源。当始端接了这种信号源，即使终端负载不等于特性阻抗，负载产生的反射波也会被匹配信号源吸收，不会再产生新的反射（二次反射）。

实际上，始端很难满足 $Z_g=R_g=Z_0$的条件，一般需在信号源与传输线之间用阻抗匹配网络来抵消反射波。这就要研究阻抗匹配技术。

2.6.2　阻抗匹配

阻抗匹配是指传输线的两端阻抗与传输线的特性阻抗相等，使线上电压与电流为行波。因为传输线的终端也不一定满足 $Z_L=Z_0$的条件，必须用阻抗匹配网络使传输线和负载阻抗匹配如图 2.6.2 中的匹配器 2；使传输线与信号源匹配，如图 2.6.2 中的匹配器 1。下面讨论阻抗匹配的方法。

1. 阻抗匹配方法

阻抗匹配的方法是在传输线和终端负载之间加一匹配网络，如图 2.6.2 所示的匹配器 2。要求这个匹配网络由电抗元件构成，损耗尽可能的小，而且通过调节可以对各种终端负载匹配。

匹配的原理是产生一种新的反射波来抵消原来的反射波。

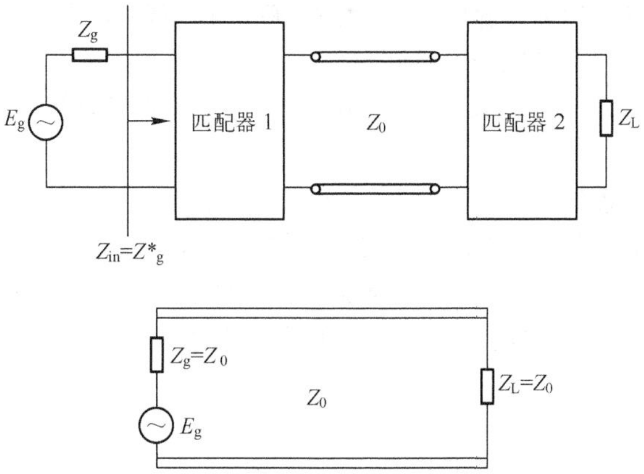

图 2. 6. 2　阻抗匹配方法的原理图

最常用的匹配网络有 $\lambda/4$ 变换器、支节调配器、阶梯阻抗变换和渐变线变换器。这里只介绍前两种，其余的将在第 5 章介绍。

2. $\lambda/4$ 阻抗变换器

$\lambda/4$ 阻抗变换器是由一段长度为 $\lambda/4$ 的传输线组成，如图 2. 6. 3 所示。当特性阻抗为 Z_{01}，长度为 $\lambda/4$ 的传输线终端接纯电阻 R_L时，则该传输线的输入阻抗为

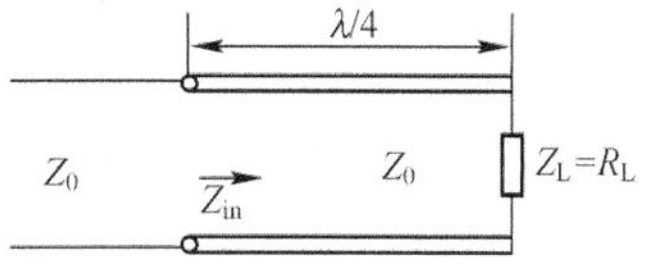

图 2. 6. 3　$\lambda/4$ 阻抗变换器

$$Z_{in}\left(\frac{\lambda}{4}\right)=\frac{Z_{01}^2}{R_L} \tag{2.6.5}$$

为了使主传输线匹配，必有 $Z_{in}=Z_0$，所以有

$$Z_{01}=\sqrt{Z_0R_L} \tag{2.6.6}$$

当负载 Z_L为非纯电阻负载时，$\lambda/4$ 线可以接在离负载最近的电波腹点或者电压波节点，这样可以减小不安全区域。

若 $\lambda/4$ 线在电压波腹点接入，由式（2. 3. 34）可知此处阻抗

$$Z_{in}(z')\mid_{U\cdot\max}=\frac{U(z')}{I(z')}=\frac{U_i(z')(1+|\Gamma|)}{I_i(z')(1-|\Gamma|)}=Z_0\rho=R_{\max}$$

为纯电阻点，则 $\lambda/4$ 线的特性阻抗为

$$Z_{01}=\sqrt{Z_0\rho Z_0}=\sqrt{\rho}Z_0 \tag{2.6.7 a}$$

若 $\lambda/4$ 线在电压波节点接入，由式（2. 3. 35）得此处阻抗

$$Z_{in}(z')\mid_{U\cdot\min}=\frac{U(z')}{I(z')}=\frac{U_i(z')(1-|\Gamma|)}{I_i(z')(1+|\Gamma|)}=Z_0K=Z_0\frac{1}{\rho}=R_{\min}$$

为纯电阻点，则 $\lambda/4$ 线的特性阻抗为

$$Z_{01}=\sqrt{Z_0\frac{Z_0}{\rho}}=Z_0/\sqrt{\rho} \tag{2.6.7 b}$$

单节 $\lambda/4$ 线匹配技术原理简单，操作方便，其匹配的实质是用主馈线的反射波（$Z_L\neq Z_0$有反射）和 $\lambda/4$ 线到负载这段线上的反射波（$Z_L\neq Z_{01}$有反射）叠加相消，达到主馈线上无反射。单节 $\lambda/4$ 线的主要缺点是：$\dfrac{\lambda}{4}$长的特性阻抗 Z_{01}的传输线需要定制，且其频带窄，原则上只能对一个频率匹配。为了加宽频带可采用多级 $\lambda/4$ 的阶梯阻抗变换器或渐变式阻抗变换器（见第 5 章）。

3. 支节调配器

支节调配器的原理是利用在传输线上并联或串联终端短路或开路的支节线，产生新的反射波抵消原来的反射波，从而达到匹配。

支节匹配可分单支节、双支节和三支节匹配，但由于它们的匹配原理相同，这里只介绍单支节匹配。

并联单支节匹配的原理如图2.6.4所示。当归一化负载导纳$\overline{Y}_L \neq 1$时，在离负载导纳适当的距离d处，并接一个长度为l、终端短路（或开路）的短截线，构成单支节匹配器，从而使主传输达到匹配。它的匹配原理可用并联导纳的特性来说明。

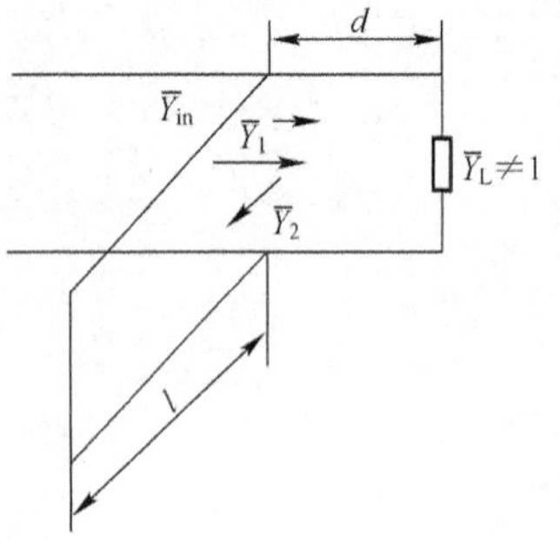

图2.6.4　单支节匹配的原理图

为了使主传输线匹配，必有

$$\overline{Y}_{in} = 1 \tag{2.6.8}$$

由图2.6.4可知

$$\overline{Y}_{in} = \overline{Y}_1 + \overline{Y}_2 \tag{2.6.9}$$

式中：$\overline{Y}_2$是短路（或开路）短截线的归一化输入导纳，它只能提供一个纯电纳，即

$$\overline{Y}_2 = \mathrm{j}\,\overline{B} \tag{2.6.10}$$

将式（2.6.8）和式（2.6.10）代入式（2.6.9），得到

$$\overline{Y}_1 = 1 - \overline{Y}_2 = 1 - \mathrm{j}B \tag{2.6.11}$$

若为并接短路线，且$Z_L = R_L$为纯电阻，可得d和l的解析式为

$$\begin{cases} d = \dfrac{\lambda}{2\pi}\arctan\sqrt{\dfrac{Z_L}{Z_0}} \\ l = \dfrac{\lambda}{2\pi}\arctan\left(\dfrac{\sqrt{Z_L Z_0}}{Z_L - Z_0}\right) \end{cases} \tag{2.6.12}$$

同理，大家可以自行分析串联单支节匹配的情况。如果负载不是纯电阻特性的，其分析方法有两种：（1）同$\lambda/4$线匹配技术－找出离终端最近的电压波节或波腹，再代入式（2.6.12）进行匹配；（2）可采在负载处先并接单支节，调节负载为纯电阻性后，再代入式（2.6.12）进行匹配。

【例2-5】 已知双导线的特性阻抗$Z_0 = 200\,\Omega$，负载阻抗$Z_L = 660\,\Omega$，求：

（1）用$\lambda/4$线进行匹配时，匹配器接入的位置及其特性阻抗；

（2）并联单支节调配器进行匹配，求接入支节的位置d和支节长度l。

解：（1）$Z_L = 660\,\Omega$为纯电阻性，所以接入位置为负载处，特性阻抗

$$Z_{01} = \sqrt{Z_0 Z_L} = \sqrt{200 \times 660}\,\Omega = 363.32\,\Omega$$

（2）计算归一化负载阻抗和归一化负载导纳

$$\overline{Z}_L = \frac{Z_L}{Z_0} = \frac{660}{200} = 3.3 + \mathrm{j}0$$

如图2.6.5所示，在圆图上找到$\overline{Z}_L = 3.3$的位置A点，由A点转过180°得B点，B点即为归一化负载导纳的位置读$\overline{Y}_L = 0.3 + \mathrm{j}0$。

求$\overline{Y}_1$及d。由B点沿$\rho = 3.3$等驻波系数圆顺时针方向转到与$\overline{G} = 1$的圆相交于E和E'点，这

两点即为$\overline{Y}_1$位置，读得$\overline{Y}_1=1\pm j1.3$。B点、E和E'点对应的电长度分别为0.171和0.329。因此，支节线接入位置$d=0.171\lambda$或$d=0.329\lambda$。

求支节线长度l。为了抵消$\overline{Y}_1$中$\pm j1.3$电纳，短截线的输入归一化电纳应为$\overline{Y}_2=\mp j1.3$。若采用终端短路的短截线，由导纳圆图上的短路点D沿$\rho=\infty$圆顺时针转到$\overline{Y}_2=\mp j1.3$的F和F'点。D、F和F'点相应电长度分别为0.25、0.354和0.146。故支节线的长度为$l=(0.354-0.25)\lambda=0.104\lambda$或$l=0.396\lambda$。

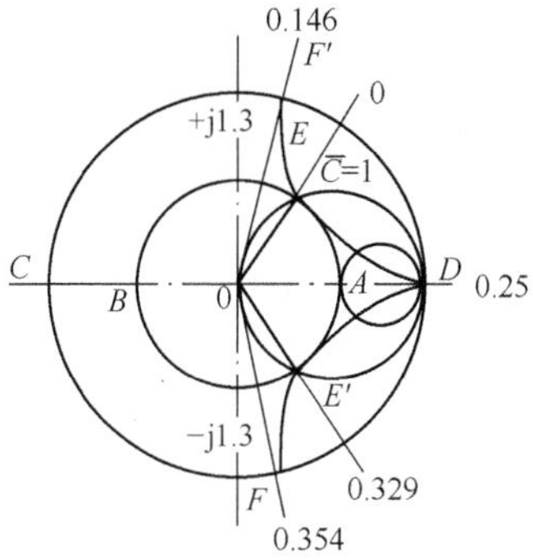

图2.6.5　例2-5单支节匹配解析图

2.7　计算机仿真分析

传输线的工作状态有三种，描写这些状态的参数较多，关系也比较复杂，合理使用计算机辅助分析，不仅能够极大的简化运算，而且可以形象的给出传输状态参数变化规律，便于理解和学习。本节采用MATLAB对传输线的状态参数和矢量圆图进行了仿真分析，给出了具体程序，启发读者自主学习。

1. MATLAB对传输线的状态参数分析

具体程序如下：

```
ZL = input('输入要查看的负载 ZL ≐ ');
Z0 = input('输入传输线的特性阻抗 Z0 ≐ ')
TL = (ZL - Z0)/(ZL + Z0)% 终端反射系数
a = abs(TL)% 终端反射系数模
th = angle(TL); % 终端反射系数相位角
th = th * 180/pi% 终端反射系数相位角的弧度值
zmin = 0.25 + th/4/pi% 距离终端最近的电压波节
zmax = th/4/pi% 距离终端最近的电压波腹
z = input('输入要查看的位置 z ≐ ')
r = (1 + a)/(1 - a)% 传输线的驻波比
K = 1/r
Tz = TL * exp( - j * 2 * pi * z)% 距离终端 z 处的反射系数
Ta = real(Tz);
Tb = imag(Tz);
```

```
Zin = Z0 * ((1 + Tz)/(1 - Tz))% 距离终端 z 处的输入阻抗
R = real(Zin1);
X = imag(Zin1);
```

运行结果:

```
请输入要查看负载: ZL = 25 + j * 86
请输入要查看特性阻抗:Z0 = 50
Z0 = 50
TL = 0.4240 + 0.6605i
a = 0.7849
th = 57.3005
zmin = 4.8098
zmax = 4.5598
r = 8.2963
K = 0.1205
请输入要查看位置:z = 0.25
z = 0.2500
Tz = 0.6605 - 0.4240i
Zin = 6.5070e + 001  - 1.4370e + 002i
```

2. MATLAB 对阻抗圆图的仿真分析

```
for R = [0 0.2 0.5 1 2 ];
    for X = [ -4  -2  -1    -0.5  -0.3 0.3 0.5   1 2 4];% 循环输入归一化阻抗
tr = 2 * pi * (0:0.005:1);
rr = 1/(1 + R);cr = 1 - rr;
plot(cr + rr * cos(tr),rr * sin(tr)','g');% 画等电阻圆
axis square;
hold on;
x = X;
rx = 1/x;cx = rx;
tx = 2 * atan(x) * (0:0.01:1);
if tx < pi
plot(1 - rx * sin(tx),cx - rx * cos(tx)','g')% 画电抗圆
else
plot(1 - rx * sin(tx), - cx - rx * cos(tx)','g')
end
hold on;
   end
end
t = -1:0.001:1;% 画横轴
plot(t,0','g');
axis square;
hold on;
```

矢量圆图的仿真图如图 2.7.1 所示。

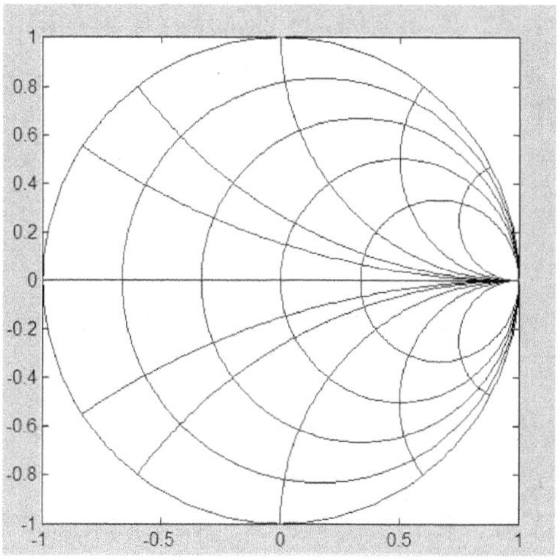

图 2.7.1　矢量圆图的仿真图

小　　结

1. 本章提出分布参数电路，给出长线的判据 $l/\lambda \geqslant 0.1$。微波传输线是一种分布参数电路，由传输线的等效电路可以导出传输线方程。传输线方程是传输线理论中的基本方程。

2. 无耗传输线传方程

$$\begin{cases}\dfrac{d^2\dot{U}(z)}{dz^2}+\omega^2L_0C_0\dot{U}(z)=0\\[2ex]\dfrac{d^2\dot{I}(z)}{dz^2}+\omega^2L_0C_0\dot{I}(z)=0\end{cases}$$

其解为

$$\dot{U}(z)=A_1e^{-j\beta z}+A_2e^{j\beta z}$$

$$\dot{I}(z)=\frac{1}{Z_0}(A_1e^{-j\beta z}-A_2e^{j\beta z})$$

其中参数：$\beta=\omega\sqrt{L_0C_0}$ 为相位常数（rad/m）；特性阻抗 $Z_0=-\dfrac{j\omega L_0}{p}=\sqrt{\dfrac{L_0}{C_0}}$（Ω）；相速度 $v_p=\dfrac{1}{\sqrt{\mu\varepsilon}}=\dfrac{c}{\sqrt{\varepsilon_r}}$（m/s）；相波长 $\lambda_p=v_p\cdot T=\dfrac{\lambda_0}{\sqrt{\varepsilon_r}}=\dfrac{2\pi}{\beta}$（m）。

3. 传输线的阻抗特性

特性阻抗　$$Z_0=\frac{U_i(z)}{I_i(z)}=\frac{U_r(z)}{-I_r(z)}$$

输入阻抗　$$Z_{in}(z')=Z_0\frac{Z_L+jZ_0\tan\beta z'}{Z_0+jZ_L\tan\beta z'}$$

4. 传输线的反射特性

反射系数　$$\Gamma(z)=\frac{U_r(z)}{U_i(z)}=-\frac{I_r(z)}{I_i(z)}=-\Gamma_i(z)=\frac{Z_L-Z_0}{Z_L+Z_0}e^{-j2\beta z'}=\Gamma_Le^{-j2\beta z'}$$

驻波系数 $$\rho=\left|\frac{U_{\max}}{U_{\min}}\right|=\left|\frac{I_{\max}}{I_{\min}}\right|=\frac{1}{K}$$

反射系数与其他参数关系

$$Z_{\text{in}}(z')=\frac{U(z')}{I(z')}=Z_0\frac{1+\Gamma(z')}{1-\Gamma(z')},\quad \Gamma(z')=\frac{Z_{\text{in}}(z')-Z_0}{Z_{\text{in}}(z')+Z_0}$$

5. 传输功率

$$P(z')=P_{\text{i}}-P_{\text{r}}=\frac{1}{2}\frac{|U_{\text{i}}|^2}{Z_0}-\frac{1}{2}\frac{|U_{\text{r}}|^2}{Z_0}=\frac{1}{2}\frac{|U_{\text{i}}|^2}{Z_0}(1-|\Gamma_{\text{L}}|^2)$$

6. 传输线的三种状态：

(1) 当 $Z_{\text{L}}=Z_0$时，传输线上载行波。线上电压电流振幅不变；相位沿传播方向不断变化；沿线的阻抗等于特性阻抗；电磁能量全部被负载吸收。

(2) 当 $Z_{\text{L}}=0$、∞ 和 $\pm\text{j}X$ 时，传输线上载驻波。驻波的波腹为入射波幅值的两倍，波节为零；电压波腹处，阻抗为无限大的纯电阻，电压波节点处的阻抗为零，沿线其余各点的阻抗均为纯电抗；没有电磁能量的传播，只有电磁能量的振荡。

(3) 当 $Z_{\text{L}}=R_{\text{L}}+\text{j}X_{\text{L}}$时，传输线上载行驻波。行驻波的波腹小于入射波幅值的两倍，波节为不为零；电压波腹处阻抗为最大的纯电阻 $R_{\max}=\rho Z_0$，电压波节点处的阻抗为最小的纯电阻 $R_{\min}=KZ_0$；电磁能量一部分被负载吸收，另一部分被负载反射回去。

输线不仅可以传输微波能量和信号，也可以制作各类微波元件，

7. 传输线阻抗匹配方法常采用 $\lambda/4$ 调配器和支节调配器。

习　题

2.1　求内外导体直径分别为 0.25 cm 和 0.75 cm 的空气同轴线的特性阻抗；若在两导体间填充介电常数 $\varepsilon_{\text{r}}=2.25$ 的介质，求其特性阻抗及 300 MHz 时的波长。

2.2　设一特性阻抗为 50 Ω 的均匀传输线终端接负载 $R_{\text{L}}=100\,\Omega$，求负载反射系数 Γ_{L}，在离负载 0.2λ、0.25λ 及 0.5λ 处的输入阻抗及反射系数分别为多少？

2.3　求题图 2.3 中标注位置处的输入阻抗 Z_{in}和反射系数 Γ_{in}。

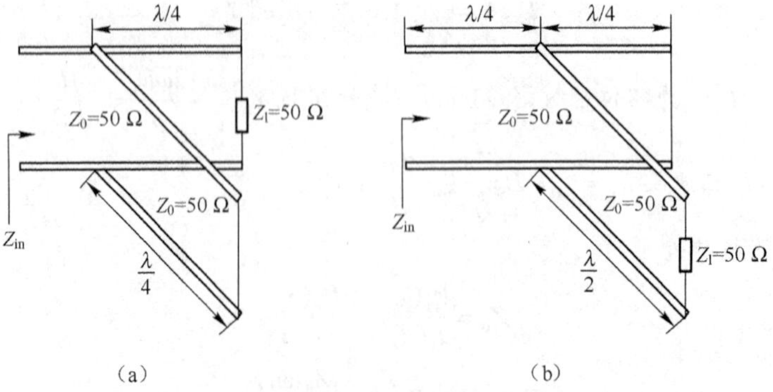

题 2.3 用图

2.4　设特性阻抗为 Z_0的无耗传输线的驻波比为 ρ，第一个电压波节点离负载的距离为 $l_{\min 1}$，试证明此时终端负载应如下式所示。

电磁场与微波技术

$$Z_L = Z_0 \frac{1 - \mathrm{j}\rho \tan \beta l_{\min 1}}{\rho - \mathrm{j}\tan \beta l_{\min 1}}$$

2.5　有一特性阻抗为 $Z_0 = 50\ \Omega$ 的无耗均匀传输线，导体间的媒质参数为 $\varepsilon_r = 2.25$，$\mu_r = 1$，终端接有 $R_L = 100\ \Omega$ 的负载。当 $f = 100$ MHz 时，其线长度为 $\lambda/4$。试求：

（1）传输线的实际长度；

（2）负载终端的反射系数；

（3）输入端的反射系数；

（4）输入端的阻抗。

2.6　设某一均匀无耗传输线特性阻抗 $Z_0 = 50\ \Omega$，终端接有未知负载 Z_L，现在传输线上测得电压最大值和最小值分别为 100 mV 和 20 mV，第一个电压波节的位置离负载 $l_{\min 1} = \lambda/3$，试求该负载阻抗 Z_L。

2.7　设某传输系统如题 2.7 用图所示，画出 AB 段及 BC 段沿线各点电压、电流的振幅分布图，并求出电压的最大值和最小值（图中 $R = 900\ \Omega$）。

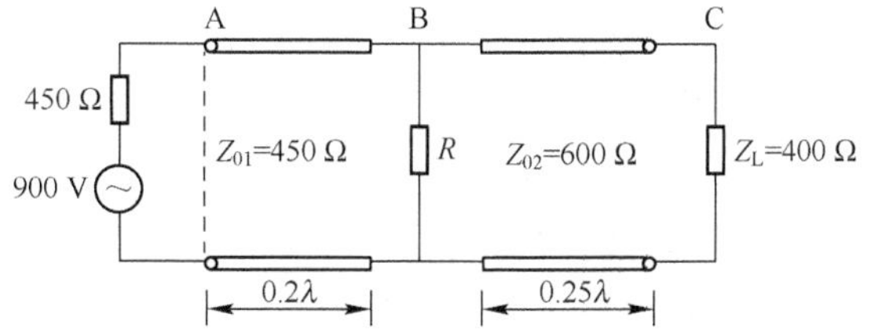

题 2.7 用图

2.8　特性阻抗 $Z_0 = 100\ \Omega$，长度为 $\lambda/8$ 的均匀无耗传输线，终端接有负载 $Z_L = (200 + \mathrm{j}300)\ \Omega$，始端接有电压为 $500\angle 0°\mathrm{V}$，内阻 $R_g = 100\ \Omega$ 的电源。求：

（1）传输线始端的电压；

（2）负载吸收的平均功率；

（3）终端的电压。

2.9　已知传输线的特性阻抗为 $Z_0 = 50\ \Omega$，测得传输线上反射系数的模 $|\Gamma| = 0.2$，求线上电压波腹点和波节点的输入阻抗。

2.10　特性阻抗 $Z_0 = 150\ \Omega$ 的均匀无耗传输线，终端接有负载 $Z_L = (250 + \mathrm{j}100)\ \Omega$，用 $\lambda/4$ 阻抗变换器实现阻抗匹配，如题 2.10 用图所示，试求 $\lambda/4$ 阻抗变换器的特性阻抗 Z_{01} 及离终端的距离。

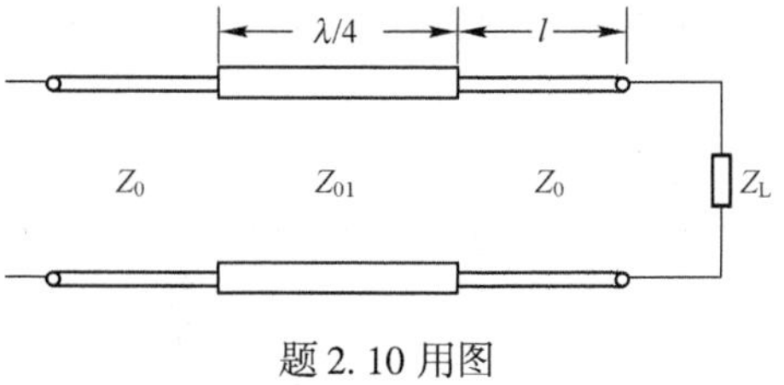

题 2.10 用图

2.11　设特性阻抗为 $Z_0 = 50\ \Omega$ 的均匀无耗传输线，终端接有负载阻抗 $Z_1 = 100 + \mathrm{j}75\ \Omega$ 为复阻抗时，可用以下方法实现 $\lambda/4$ 阻抗变换器匹配：即在终端或在 $\lambda/4$ 阻抗变换器前并接一段终端短路线，如题 2.11 用图所示，试分别求这两种情况下 $\lambda/4$ 阻抗变换器的特性阻抗 Z_{01} 及短路线长度 l。

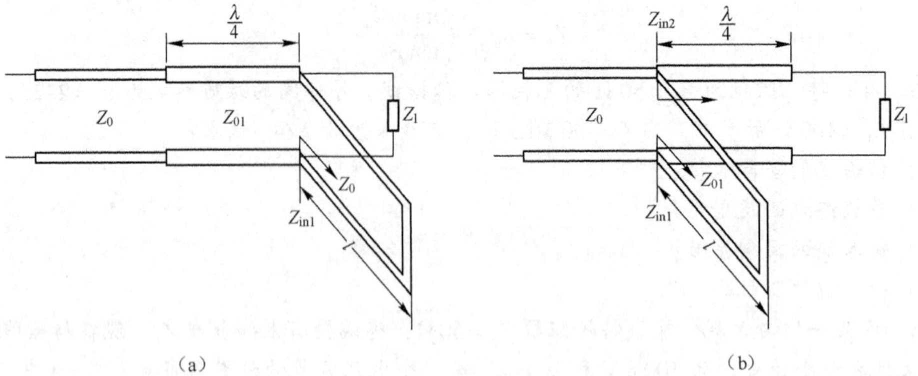

题2.11用图

2.12　在特性阻抗为600 Ω的无耗双导线上测得$|U|_{max}$为200 V，$|U|_{min}$为40 V，第一个电压波节点的位置$l_{min1}=0.15\lambda$，求负载Z_l。今用并联支节进行匹配，求出支节的位置和长度。

2.13　如题2.13用图所示的终端开路线，其特性阻抗为100 Ω，电源内阻抗$Z_g=Z_0$，始端电压瞬时值为$u_{AA'}=100\cos(\omega t+30°)$。求：

（1）DD′处的电压$\dot{U}_D$；

（2）在CC′处接入阻抗$Z=50\ \Omega$时，BB'处的输入阻抗Z_{inB}；

（3）在DD′处接入负载$Z_L=25\ \Omega$时，采用λ/4阻抗变换器的接入位置d和特性阻抗Z_{01}。

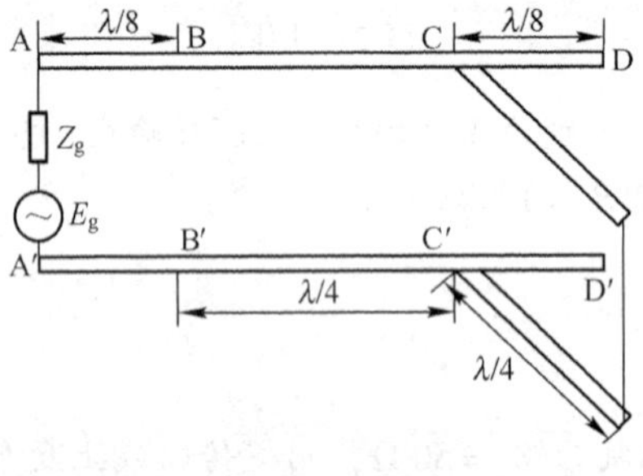

题2.13用图

2.14　一无耗传输线如题2.14用图所示，已知负载$Z_L=Z_0$，B处的电压瞬时值$u_{BB'}=100\cos(\omega t+30°)$(V)。求：

（1）AA′处的输入阻抗Z_{inA}，电压$\dot{U}_A$，反射系数Γ_A，

（2）若负载$Z_L=4Z_0$时，判断传输线的工作状态，若不是最佳传输状态，请采用λ/4线调配器进行调配。

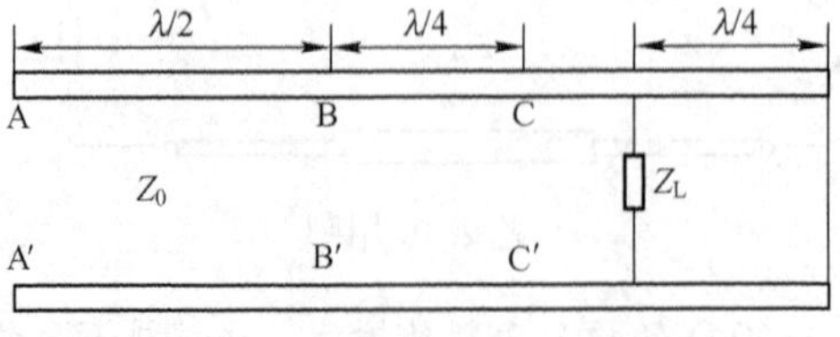

题2.14用图

2.15　试证明无耗传输线上任意相距λ/4的两点处的阻抗的乘积等于传输线的特性阻抗的平方。

2.16 试证明两端短路的 $\lambda/2$ 无耗传输线上任意点处的输入阻抗为无穷大。

2.17 一个容抗为 $-jX_C$ 的集中电容可以用一段长度为 l_{0e} 的终端开路的传输线等效。试证明其等效关系为 $l_{0e}=\frac{\lambda}{2\pi}\operatorname{arccot}\frac{X_C}{Z_0}$（$Z_0$ 为特性阻抗）。

2.18 采用 MATLAB 对传输线状态进行分析，完成以下表格。

题 2.18 表格

序号	Y_{in}	Z_{in}	l/λ	Z_L	$\lvert\Gamma_2\rvert$	φ_2	ρ
1	1 + j1.15		0.125				
2		1 − j1.15		0.5 + j 0.58			
3			0.1	5			
4			0.3			180°	5
5	0.36			1 + j1.15			

2.19 用 MATLAB 软件仿真传输线的三种状态，给出具体电压、电流、阻抗波形。

2.20 用 MATLAB 软件绘制传输线的 Smith 圆图。

第3章 微波传输线

本章结构

本章首先概述了微波传输线的基本类型及传输线上电磁波类型，然后具体分析了同轴线、带状线、微带线、耦合带状线和耦合微带线等双导线型的结构和基本特性，它们符合第2章长线理论；最后采用“场解法”重点分析了矩形波导、圆波导的传输特性和所导行的电磁场分布规律。

3.1 引 言

微波传输线是用来传输微波信号和微波能量的传输线。微波传输线种类很多，按其传输电磁波的性质可分为3类：TEM模传输线（包括准TEM模传输线），如图3.1.1（a）～(d）所示的平行双线、同轴线、带状线及微带线等双导线传输线；TE模和TM模传输线，如图3.1.1（e）～(h）所示的矩形波导、圆波导、脊波导、椭圆波导等金属波导传输线；表面波传输线，其传输模式一般为混合模，如图3.1.1（i）～(k）所示的介质波导、介质镜像线等。

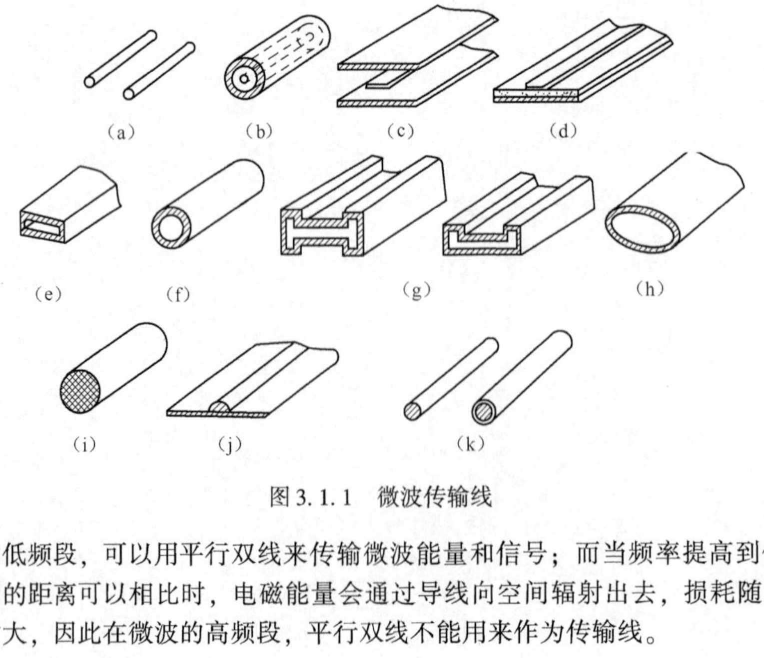

图3.1.1 微波传输线

在微波的低频段，可以用平行双线来传输微波能量和信号；而当频率提高到使信号的波长和两根导线间的距离可以相比时，电磁能量会通过导线向空间辐射出去，损耗随之增加，频率愈高，损耗愈大，因此在微波的高频段，平行双线不能用来作为传输线。

为了避免辐射损耗，可以将传输线做成封闭形式，像同轴线那样电磁能量被限制在内外导体之间，从而消除了辐射损耗。因此，同轴线传输线所传输的电磁波频率范围可以提高，是目前常用的微波传输线。但随频率的继续提高，同轴线的横截面尺寸必须相应减小，才能保证它只传输 TEM 模，这样会导致同轴线的导体损耗增加，尤其是内导体引起损耗更大，同时，随着横截面的减小，内、外导体间的击穿电压将降低，这必将使传输功率容量降低。因此同轴线又不能传输更高频率的电磁波，一般只适用于厘米波段。

如果把同轴线的内导体去掉，变成空心的金属管，这样不仅减少导体损耗，而且可以提高功率容量。那么这样的空心金属管能否传输电磁波呢？通过实践和理论证明，只要金属管的横截面尺寸与波长满足一定关系，它是可以传输电磁波的。

根据空心金属管的截面形状可分为矩形波导、圆形波导、椭圆波导和脊波导。这种波导传输线可以传输频率比较高的电磁波，例如厘米波和毫米波，而且功率容量也比较大。

因此，波导是微波波段常用的传输线。由于它的横截面尺寸和工作波长有关，因此，在微波的低频段不采用波导来传输能量，否则会使波导的尺寸太大，质量太大。空心金属管的最大缺点是频带比较窄。为了使波导频带加宽，可以采用脊波导。

近几年来，随着空间技术的发展，设备的体积和质量已成为主要矛盾。显然同轴线和空心波导不能适应新的需要，于是研究出微带线。微带线具有体积小、质量小和频带宽等优点，其缺点是损耗较大、功率容量小，故它主要用于小功率的微波系统中。

目前，微波技术正在向毫米波、亚毫米波波段发展。在这样高的频段，使用普通的金属波导和标准的微带线的尺寸太小，加工的精度难以保证，而且损耗增加到难以使用的程度，因此，一般金属波导和微带线不太适用于毫米波段。故毫米波波段常采用悬置微带线、鳍线、共面波导、准光波导、介质波导和镜像线；亚毫米波段主要采用过模波导、H 波导和介质波导，其中介质波导是毫米波和亚毫米波波段最广泛采用的传输线。

微波传输线是引导电磁波沿一定方向传输的系统，因此，被导行的电磁波一方面要满足麦克斯韦方程，另一方面又要满足导体或介质的边界条件，换言之，麦克斯韦方程和边界条件决定了导行电磁波的电磁场分布规律和传输特性。

本章先概述了同轴线、带状线、微带线、耦合带状线和耦合微带线的基本持性，它们符合第 2 章长线理论；重点用电磁场理论分析了矩形波导、圆波导的传输持性和电磁场分布规律。

3.2 同 轴 线

同轴线的结构如图 3.2.1 所示，是双导体结构，其传输的主模式是 TEM 波。从场的观点看，同轴线的边界条件，既能支持 TEM 波传输，也能支持 TE 波或 TM 波传输，究竟哪些波型能在同轴线中传输，决定于同轴线的尺寸和电磁波的频率。

同轴线是一种宽频带微波传输线。当工作波长大于10 cm 时，矩形波导和圆波导都显得尺寸过大而笨重，而相应的同轴线却不大。同轴线的特点之一是可以从直流一直工作到毫米波波段，因此无论在微波整机系统、微波测量系统或微波元件中，同轴线都得到了广泛的应用。

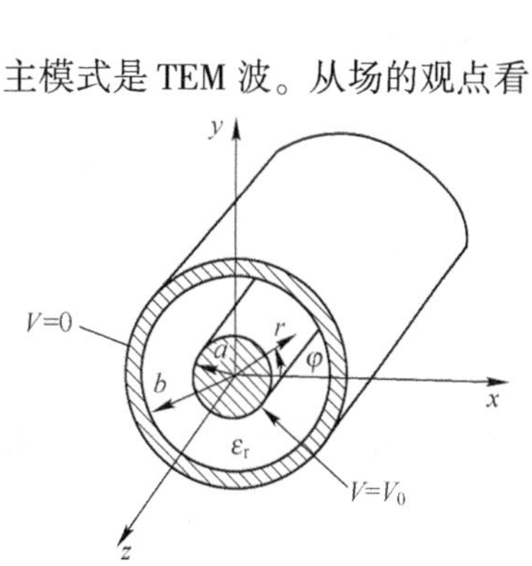

图 3.2.1　同轴线的结构

1. 主模式 TEM 波的性质

(1) 场方程。求解同轴线中的 TEM 波各场量，就是在柱坐标系下求解横向分布函数 Φ 所满足的拉普拉斯方程，即

$$\frac{\partial^2\Phi}{\partial r^2}+\frac{1}{r}\frac{\partial\Phi}{\partial r}+\frac{1}{r^2}\frac{\partial^2\Phi}{\partial\varphi^2}=0 \tag{3.2.1}$$

又由对称性，可认为 Φ 沿坐标 φ 均匀分布 $\frac{\partial\Phi}{\partial\varphi}=0$，$\Phi$ 仅是坐标 r 的函数，因而上式 (3.2.1) 可简化成常微分方程式

$$\frac{\partial^2\Phi}{\partial r^2}+\frac{1}{r}\frac{\partial\Phi}{\partial r}=0$$

也即

$$r^2\frac{\partial^2\Phi}{\partial r^2}+r\frac{\partial\Phi}{\partial r}=0 \tag{3.2.2}$$

由数学知识知，其解的一般形式为

$$\Phi(r)=B_0-B_1\ln r \tag{3.2.3}$$

将 $\Phi(r)$ 代入式 (1.6.16)，并结合式 (1.7.19)，可得同轴线中 TEM 波的横向场分量为

$$\boldsymbol{E}_{\mathrm{t}}=\boldsymbol{a}_{\mathrm{r}}\frac{E_0}{r}\mathrm{e}^{-\mathrm{j}\beta z} \tag{3.2.4}$$

$$\boldsymbol{H}_{\mathrm{t}}=\boldsymbol{a}_{\varphi}\frac{E_0}{\eta r}\mathrm{e}^{-\mathrm{j}\beta z} \tag{3.2.5}$$

式中：E_0 是振幅常数，$\eta=120\pi/\sqrt{\varepsilon_{\mathrm{r}}}$ 是 TEM 波的波阻抗。

(2) 传输参数。设同轴线内外导体之间的电压为 V，内导体上的轴向电流为 I，则长线的电流、电压为

$$V=\int_a^b E_{\mathrm{r}}\mathrm{d}r=E_0\ln\frac{b}{a}\mathrm{e}^{-\mathrm{j}\beta z} \tag{3.2.6}$$

$$I=\oint_C H_{\varphi}\mathrm{d}l=\int_0^{2\pi}H_{\varphi}r\mathrm{d}\varphi=\frac{E_0}{\eta}2\pi\mathrm{e}^{-\mathrm{j}\beta z} \tag{3.2.7}$$

由特性阻抗的定义可知

$$Z_0=\frac{V}{I}=\frac{\eta}{2\pi}\ln\frac{b}{a}=\frac{60}{\sqrt{\varepsilon_{\mathrm{r}}}}\ln\frac{b}{a} \tag{3.2.8}$$

与长线理论中导出的结果相同，相位常数 β 为

$$\beta=k=\omega\sqrt{\mu\varepsilon} \tag{3.2.9}$$

相速度为

$$v_{\mathrm{p}}=\frac{\omega}{\beta}=\frac{c}{\sqrt{\varepsilon_{\mathrm{r}}}} \tag{3.2.10}$$

式中：$c=3.0\times10^8$ m/s 为真空中的光速。

相波长为

$$\lambda_{\mathrm{p}}=\frac{2\pi}{\beta}=\frac{v_{\mathrm{p}}}{f}=\frac{\lambda_0}{\sqrt{\varepsilon_{\mathrm{r}}}} \tag{3.2.11}$$

式中：ε_{r} 为同轴线中填充介质的相对介电常数；λ_0 信号的工作波长。

(3) 传输的功率与衰减。若设 $z=0$ 时，内、外导体之间的电压为 V_0，则由式 (3.2.6) 可得

$$E_0=V_0/\ln\frac{b}{a} \tag{3.2.12}$$

代入式（3.2.4）和式（3.2.5）可得

$$\boldsymbol{E}_{\mathrm{r}}=\boldsymbol{a}_{\mathrm{r}}\frac{V_0}{\ln\frac{b}{a}}\frac{1}{r}\mathrm{e}^{-\mathrm{j}\beta z} \tag{3.2.13}$$

$$\boldsymbol{H}_{\varphi}=\boldsymbol{a}_{\varphi}\frac{V_0}{\ln\frac{b}{a}}\frac{1}{\eta}\mathrm{e}^{-\mathrm{j}\beta z}=\frac{E_{\mathrm{r}}}{\eta} \tag{3.2.14}$$

将式（3.2.13）和式（3.2.14）代入功率计算公式，可得同轴线传输 TEM 波的平均功率，即

$$P=\frac{1}{2\eta}\int_s|E_{\mathrm{t}}|^2\mathrm{d}S=\frac{1}{2\eta}\int_a^b|E_{\mathrm{t}}|^2 2\pi r\mathrm{d}r=\frac{1}{2}\frac{2\pi}{\eta}\frac{|V_0|^2}{\ln\frac{b}{a}}=\frac{1}{2}\frac{|V_0|^2}{Z_0} \tag{3.2.15}$$

同轴线的功率容量 P_{br} 为

$$P_{\mathrm{br}}=\frac{1}{2}\frac{|U_{\mathrm{br}}|^2}{Z_0} \tag{3.2.16}$$

式中：U_{br} 为击穿电压，由击穿电场 E_{br} 决定。由于同轴线内的电场强度在 $r=a$ 处最强，因此由式（3.2.13）可得 U_{br} 与 E_{br} 的关系为

$$|U_{\mathrm{br}}|=aE_{\mathrm{br}}\ln\frac{b}{a} \tag{3.2.17}$$

将式（3.2.17）和式（3.2.8）代入式（3.2.16）可得功率容量的计算式为

$$P_{\mathrm{br}}=\sqrt{\varepsilon_{\mathrm{r}}}\frac{a^2E_{\mathrm{br}}^2}{120}\ln\frac{b}{a} \tag{3.2.18}$$

同轴线的衰减由两部分构成，一部分是由导体损耗引起的衰减，用 α_{c} 表示；另一部分是由介质损耗引起的衰减，用 α_{d} 表示，其计算公式为

$$\alpha_{\mathrm{c}}=\frac{R_{\mathrm{S}}}{2\eta}\frac{\left(\frac{1}{a}+\frac{1}{b}\right)}{\ln\frac{b}{a}}\quad(单位:1/\mathrm{m}) \tag{3.2.19}$$

$$\alpha_{\mathrm{d}}=\frac{\pi\sqrt{\varepsilon_{\mathrm{r}}}}{\lambda_0}\tan\delta\quad(单位:1/\mathrm{m}) \tag{3.2.20}$$

式中：$R_{\mathrm{S}}=(\pi f\mu/\sigma)^{\frac{1}{2}}$ 是导体的表面电阻；$\tan\delta$ 是同轴线中填充介质的损耗角正切。

2. 同轴线中的高次模

若同轴线的尺寸与波长相比足够大时，传输线上有可能传输 TM 或 TE 波。因此有必要研究高次模的场结构特点，以便在给定频率下选择合适的尺寸，保证在同轴线内可抑制高次模的产生，只传输 TEM 波。

对于同轴线内的 TE 或 TM 高次模来说，其截止波数 k_{c} 所满足的是超越方程，求解是很困难的，一般采用数值解法。用近似方法，可得截止波长的近似表达式如下：

对 TM 波有

$$\lambda_{\mathrm{c}}(E_{mn})\approx\frac{2}{n}(b-a)\quad(n=1,2,3,\cdots) \tag{3.2.21}$$

最低波型为 $\lambda_{\mathrm{c}}(E_{01})\approx 2(b-a)$。

在 $m\neq 0$，$n=1$ 时，对 TE 波有

$$\lambda_{\mathrm{c}}(H_{m1})\approx\frac{\pi(a+b)}{m}\quad(m=1,2,3,\cdots) \tag{3.2.22}$$

最低波型 $\lambda_c(E_{11})\approx\pi(a+b)$。在 $m=0$ 时，对 TE_{01} 波有

$$\lambda_c(H_{01})\approx 2(b-a) \tag{3.2.23}$$

3. 同轴线尺寸选择

确定同轴线尺寸时，主要考虑以下几方面的因素。

（1）保证 TEM 波单模传输，因此工作波长与同轴线尺寸的关系应满足

$$\lambda>\lambda_c(E_{11})=\pi(a+b)$$

（2）获得最小的导体损耗。为此将式（3.2.19）的 α_c 在 b 不变时，对 a 求导，并令 $\frac{\partial\alpha_c}{\partial a}=0$，可求得

$$\frac{b}{a}\approx 3.59$$

此尺寸对应的空气同轴线的特性阻抗为 77 Ω。

（3）获得最大的功率容量。为此将式（3.2.18）P_{br} 对 a 求导（固定 b 不变），并令 $\frac{\partial P_{br}}{\partial a}=0$，可求得

$$\frac{b}{a}\approx 1.65$$

此尺寸对应的空气同轴线的特性阻抗约为 30 Ω。

显然，上述 2 种要求所对应的同轴线的特性阻抗值并不相同，因此有必要兼顾考虑。同轴线的特性阻抗取 75 Ω 和 50 Ω 两个标准值，前者考虑的主要是损耗小，后者兼顾了损耗和功率容量的要求。表 3.2.1 给出国产同轴线标准系列供参考。

表 3.2.1　同轴线参数表

电缆型号	内导体/mm		绝缘外径/mm	电缆外径/mm	特性阻抗/Ω	衰减常数（3 GHz）（不大于 3 dB/m）	电晕电压/kV
	根数/直径	外径					
SYV-50-2-1 SWY-50-2-1	7/0.15	0.45	1.5±0.10	2.9±0.10	50±3.5	2.69	1.0
SYV-50-2-2 SWY-50-2-2	1/0.68	0.68	2.2±0.10	4.0±0.20	50±2.5	1.855	1.5
SYV-50-3 SWY-50-3	1/0.90	0.90	3.0±0.15	5.0±0.25	50±2.5	1.482	2.0
SYV-50-5-1 SWY-50-5-1	1/1.37	1.37	4.6±0.20	7.0±0.30	50±2.5	1.062	3.0
SYV-50-7-1 SWY-50-7-1	7/0.76	2.28	7.3±0.25	10.2±0.30	50±2.5	0.851	4.0
SYV-50-9 SWY-50-9	7/0.95	2.85	9.0±0.30	12.4±0.40	50±2.5	0.724	5.0
SYV-50-12 SWY-50-12	7/1.2	3.60	11.5±0.40	15.0±0.50	50±2.5	0.656	6.5
SYV-50-15 SWY-50-15	7/1.54	4.62	15.0±0.50	19.0±0.50	50±2.5	0.574	9.0
SYV-75-2 SWY-75-2	7/0.08	0.24	1.5±0.10	2.9±0.10	75±5	2.97	0.75
SYV-75-3 SWY-75-3	7/0.17	0.51	3.0±0.15	5.0±0.25	75±3	1.676	1.5

续表

电缆型号	内导体/mm		绝缘外径/mm	电缆外径/mm	特性阻抗/Ω	衰减常数（3 GHz）（不大于3 dB/m）	电晕电压/kV
	根数/直径	外径					
SYV－75－5－1 SWY－75－5－1	1/0.72	0.72	4.6±0.20	7.1±0.30	75±3	1.028	2.5
SYV－75－7 SWY－75－7	7/0.40	1.20	7.3±0.25	10.2±0.30	75±3	0.864	3.0
SYV－75－9 SWY－75－9	1/1.37	1.37	9.0±0.30	12.4±0.40	75±3	0.693	4.5
SYV－75－12 SWY－75－12	7/0.64	1.92	11.5±0.40	15.0±0.50	75±3	0.659	5.5
SYV－75－15 SWY－75－15	7/0.82	2.46	15.0±0.50	19.0±0.50	75±3	0.574	7.0
SYV－100－5	1/0.60	0.60	7.3±0.25	10.2±0.30	100±5	0.729	2.5

注：同轴射频电缆型号组成：
第一部分字母：第一个字母—分数代号："S" 表示同轴射频电缆；
第二个字母—绝缘材料："T" 表示聚乙烯绝缘；"W" 表示稳定聚乙烯绝缘；
第三个字母—护层材料："V" 表示聚氯乙烯；"Y" 表示聚乙烯。
第二部分数字：特性阻抗。
第三部分数字：芯线绝缘外径。
第四部分数字：结构序号。

3.3 带　状　线

带状线的结构如图 3.3.1 所示，它由一条厚度为 t，宽度为 W 的矩形截面的中心导带和上、下两块接地板构成的。两接地板的距离为 b。中心导带的周围媒质可以是空气，也可以是其他介质。带状线中传输的主模为 TEM 模。

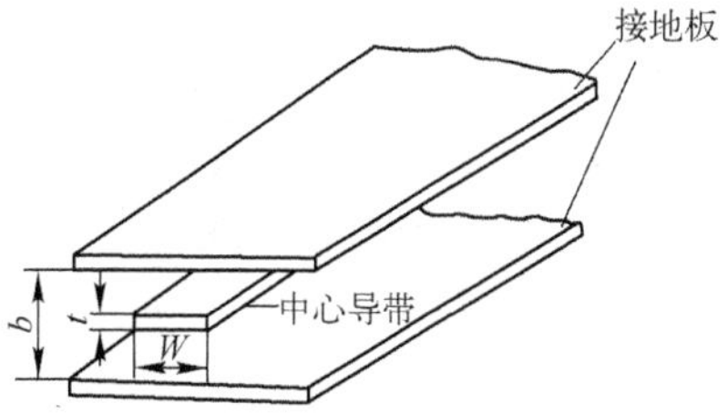

图 3.3.1　带状线的结构

1. 特性阻抗

由长线理论可知，TEM 模传输线特性阻抗的计算公式为

$$Z_0=\sqrt{\frac{L_1}{C_1}}=\frac{1}{v_p C_1} \qquad (3.3.1)$$

式中：L_1 和 C_1 分别为带状线单位长度上的分布电感和分布电容；v_p 为带状线中 TEM 模的传播速度。可见，TEM 模传输线特性阻抗的计算归结为分布电容的计算。计算带状线分布电容的方法很多，这里由于篇幅有限不再讨论，用复变函数与积分变换课程中的保角变换法求得零厚度中心导带带状线特性阻抗的精确公式为

$$Z_0=\frac{30\pi K(k')}{\sqrt{\varepsilon_r}K(k)} \qquad (3.3.2)$$

式中：$K(k)=\int_0^1\frac{dx}{[(1-x^2)(1-k^2x^2)]^{1/2}}$ 为第一类完全椭圆积分；

$K(k')=\int_0^1\frac{dx}{[(1-x^2)(1-k'^2x^2)]^{1/2}}$ 为第一类余全椭圆积分；

$k=\mathrm{sech}\,\frac{\pi W}{2b}$ 为模数；

$k' = \sqrt{1-k^2} = \text{th}\,\dfrac{\pi W}{2b}$为余模数。

用保角变换也可求得中心导带厚度 $t \neq 0$ 的带状线特性阻抗的近似公式。图 3.3.2 给出了带状线特性阻抗 Z_0 与其尺寸 W/b 及 t/b 的关系曲线。其纵坐标为空气带状线的特性阻抗 $Z_{01} = Z_0\sqrt{\varepsilon_r}$，将它除以$\sqrt{\varepsilon_r}$，即为实际带状线特性阻抗 Z_0。图中 $t/b=0$ 的一条曲线是根据式（3.3.2）精确公式得到的。

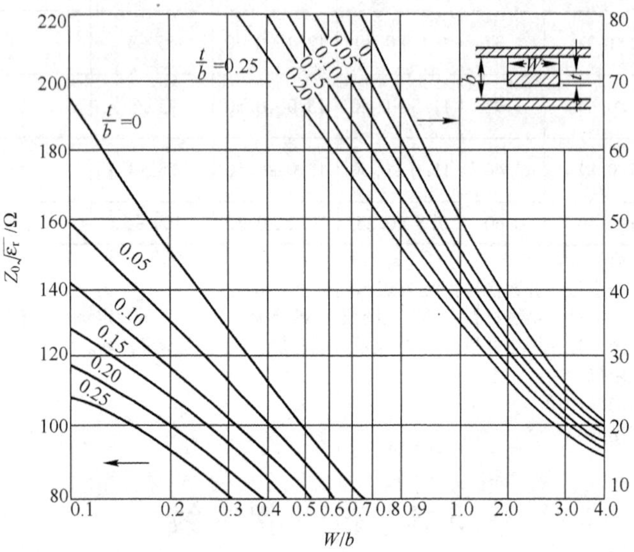

图 3.3.2　带状线特性阻抗 Z_0 与其尺寸 W/b 及 t/b 的关系曲线

由图3.3.2 可知，带状线的特性阻抗随带状线尺寸 W/b 及 t/b 的增加而降低，随周围填充介质的介电常数的增加而降低。

2. 带状线尺寸的设计考虑

带状线中除传输主模 TEM 模外，还可能传输其他模式。据分析，只要带状线的尺寸满足关系式

$$W < \frac{\lambda_{\min}}{2\sqrt{\varepsilon_r}}, \quad b < \frac{\lambda_{\min}}{2\sqrt{\varepsilon_r}} \tag{3.3.3}$$

则带状线中保证只传输主模 TEM 模。式中 $\lambda_{\min}$为最短工作波长。

为了减少横向辐射，接地板宽度 D 和接地板间距 b 必须满足

$$D > (3 \sim 6)W, \quad b\frac{\lambda}{2} \tag{3.3.4}$$

由于带状线的辐射损耗比较小，而且带状线的结构对称，易与同轴线相连，因此很适合制作各种高品质因数、高性能的微波元件，如滤波器、定向耦合器及谐振器等。但当带状线中引入一些不均匀性，将会激励起其他模，故带状线不适合制作有源器件。

3.4　微带传输线

微带线的结构如图 3.4.1 所示。它是由介质基片的一边为中心导带，另一边为接地板所构

成，其基片厚度为 h，中心导带的宽度为 w。其制作工艺是先将基片（最常用的是氧化铝）研磨、抛光和清洗，然后放在真空镀膜机中形成一层铬 - 金层，再利用光刻技术制成所需要的电路，最后采用电镀的办法加厚金属层的厚度，并装接上所需要的有源器件和其他元件，形成微带电路。

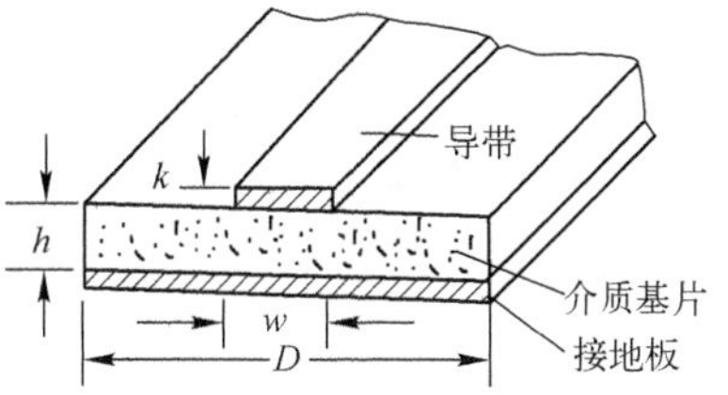

图 3.4.1　微带线的结构

这种传输线结构简单，加工方便，又便于和微波固体器件相连成整体，容易实现微带电路的小型化和集成化，故微带线在微波集成电路中得到广泛的应用。

1. 微带线中的主模

对于空气介质的微带线，它是双导线系统，且周围是均匀的空气，因此它可以存在无色散的 TEM 模。但实际上的微带线是制作在介质基片上的，虽然它仍然是双导线系统，但由于存在空气和介质的分界面，这就使得问题复杂化。可以证明，在两种不同介质的传输系统中，不可能存在单纯的 TEM 模，而只能存在 TE 模和 TM 模的混合模。但在微波波段的低频端由于场的色散现象很弱，传输模式类似于 TEM 模，故称为准 TEM 模。

2. 微带线的特性阻抗

在微波波段微带线工作在弱色散区，因此把微带线的工作模式当作 TEM 模来分析，这种方法称为“准静态分析法”。

由前面分析可知，TEM 模传输线的特性阻抗的计算公式为

$$Z_0 = \frac{1}{v_p C_1} \tag{3.4.1}$$

因此，只要求出微带线的相速度 v_p 和单位长度分布电容 C_1，则微带线的特性阻抗就可求得。

对于图 3.4.2（a）所示的空气微带线，微带线中传输 TEM 模的相速度 $v_p = v_o$（光速），并假设它的单位长度上电容为 C_{01}，则其特性阻抗为

$$Z_{01} = \frac{1}{v_0 C_{01}} \tag{3.4.2}$$

当微带线的周围全部用相对介电常数为 ε_r 的介质填充时，如图 3.4.2（b）所示。此时微带线中 TEM 模的相速度 $v_p = v_0/\sqrt{\varepsilon_r}$，其单位长度上的分布电容 $C_1 = \varepsilon_r C_{01}$，则其特性阻抗 $Z_0 = Z_{01}/\sqrt{\varepsilon_r}$。

可见，对于如图 3.4.2（c）所示的实际微带线，其中波的相速度一定在 $v_0/\sqrt{\varepsilon_r} < v_p < v_0$ 范围内，其单位长度上的分布电容一定在 $C_{01} < C_1 < \varepsilon_r C_{01}$ 范围内，故它的特性阻抗一定在 $Z_{01}/\sqrt{\varepsilon_r} < Z_0 < Z_{01}$ 范围内。

为此，引入一个相对的等效介电常数为 ε_{re}，其值介于 1 和 ε_r 之间，用它来均匀填充微带线，构成等效微带线，并保持它的尺寸和特性阻抗与原来的实际微带线相同，如图 3.4.2（d）所示。这种等效微带线中波的相速度为

$$v_p = \frac{v_0}{\sqrt{\varepsilon_{re}}} \tag{3.4.3}$$

微带线中波的相波长为

$$\lambda_p = \frac{\lambda_0}{\sqrt{\varepsilon_{re}}} \tag{3.4.4}$$

微带线中单位长度的电容为

$$C_1 = \varepsilon_{re} C_{01} \tag{3.4.5}$$

故微带线的特性阻抗为

$$Z_0 = \frac{Z_{01}}{\sqrt{\varepsilon_{re}}} \tag{3.4.6}$$

由此可见，如果能求出图 3.4.2（d）的等效微带线的特性阻抗，就等于求得了图 3.4.2（c）的标准微带线的特性阻抗。由式（3.4.6）可以看出，微带线特性阻抗的计算归结为求空气微带线的特性阻抗 Z_{01} 和相对等效介电常数 ε_{re}。

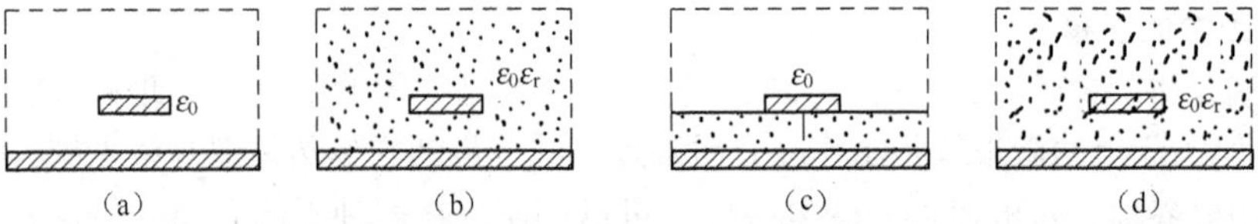

图 3.4.2　几种实际的微带线

应用保角变换方法确定空气微带线的电容 C_{01} 和实际微带线的电容 C_1，两者比值的倒数为相对等效介电常数，即

$$\varepsilon_{re} = \frac{C_1}{C_{01}} = 1 + q(\varepsilon_r - 1) \tag{3.4.7}$$

式中：q 为填充因子，表示介质填充的程度。当 $q = 0$，则 $\varepsilon_{re} = 1$，表示无介质填充；当 $q = 1$，则 $\varepsilon_{re} = \varepsilon_r$，表示全部介质填充。可以证明 q 值主要决定 w/h 值，而与 ε_r 关系不大，其计算公式为

$$q = \frac{1}{2}\left[1 + \left(1 + \frac{10h}{w}\right)^{-\frac{1}{2}}\right] \tag{3.4.8}$$

图 3.4.3 给出了空气微带线特性阻抗 Z_{01} 及填充因子 q 和微带线的形状比 w/h 的关系曲线。

实际微带线的特性阻抗可以应用逼近法直接查图 3.4.3 求得，也可以查实际微带线特性阻抗 Z_0 和 ε_r、w/h 的关系曲线或表格，这些曲线和表格在微波工程手册中均可查得。

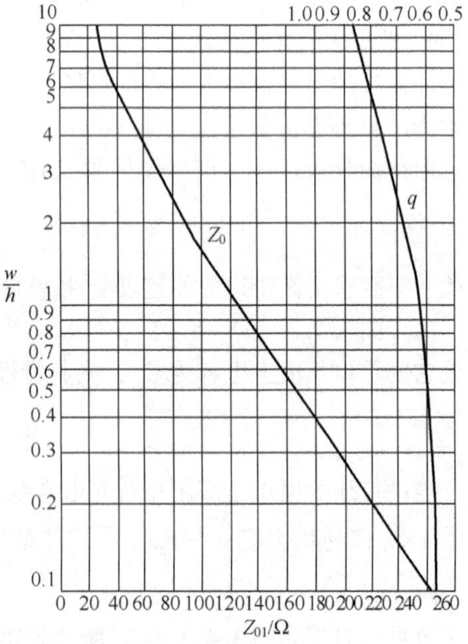

图 3.4.3　空气微带线特性阻抗 Z_{01} 及填充因子 q 和微带线的形状比 w/h 的关系曲线

表 3.4.1 给出了常用的 $\varepsilon_r = 9.6$ 氧化铝陶瓷介质基片上微带特性阻抗 Z_0 和相对等效介电常数与微带线形状比的关系，其中未列出的数据可用内插法求得。

表 3.4.1 微带线特性阻抗 Z_0 和相对等效介电常数与尺寸的关系（$\varepsilon_r=9.6$）

w/h	Z_0/Ω	$\sqrt{\varepsilon_{re}}$	w/h	Z_0/Ω	$\sqrt{\varepsilon_{re}}$	w/h	Z_0/Ω	$\sqrt{\varepsilon_{re}}$
0.071	119.1	2.38	0.74	56.7	2.54	1.80	35.8	2.64
0.085	114.3	2.39	0.78	55.4	2.54	2.00	33.7	2.66
0.099	110.1	2.39	0.82	54.2	2.55	2.30	30.0	2.68
0.14	100.7	2.41	0.86	53.0	2.55	2.60	28.5	2.69
0.20	91.1	2.43	0.90	51.9	2.56	3.00	25.9	2.71
0.26	84.1	2.45	0.94	50.8	2.56	3.50	23.2	2.73
0.30	80.3	2.46	0.98	49.8	2.57	4.00	21.1	2.76
0.34	76.9	2.47	1.00	49.3	2.57	4.50	19.3	2.77
0.40	72.6	2.48	1.05	48.0	2.57	5.00	17.8	2.79
0.44	70.1	2.49	1.10	46.8	2.58	6.00	15.4	2.81
0.50	66.8	2.50	1.15	45.8	2.58	7.00	13.6	2.84
0.54	64.8	2.50	1.20	44.7	2.59	8.00	12.2	2.86
0.58	62.9	2.51	1.30	42.9	2.60	9.00	11.0	2.87
0.62	61.2	2.52	1.40	41.2	2.61	10.00	10.1	2.89
0.66	59.6	2.52	1.50	39.7	2.62			
0.70	58.1	2.53	1.60	38.3	2.62			

3. 微带线的色散特性和尺寸设计考虑

（1）微带线的色散特性。上述讨论的特性阻抗和等效介电常数的计算公式是假定微带线传输 TEM 模，并用准静态分析方法得到的。只有在频率比较低时，这样处理才能满足一定的精度，当频率比较高时，微带线中的传输模式不是 TEM 模，而是混合模。微带线中的电磁波的速度是频率的函数，它使得微带线的特性阻抗 Z_0 和 ε_{re} 将随频率而变化。频率愈高，则相速度愈小，等效介电常数愈大，特性阻抗愈低。

但当频率 f 低于某一个临界值 f_0 时，微带线的色散可以不予考虑，其临界频率 f_0 的近似值为

$$f_0=\frac{0.95}{(\varepsilon_r-1)^{1/4}}\sqrt{\frac{Z_0}{h}}\,(\text{GHz}) \tag{3.4.9}$$

（2）微带尺寸设计考虑。当工作频率提高时，微带线中除了传输 TEM 模以外，还会出现高次模。据分析，当微带线的尺寸 w 和 h 给定时，最短工作波长只要满足

$$\begin{cases}\lambda_{min}>2w\sqrt{\varepsilon_r}\\ \lambda_{min}>2h\sqrt{\varepsilon_r}\\ \lambda_{min}>4h\sqrt{\varepsilon_r-1}\end{cases} \tag{3.4.10}$$

就可保证微带线中只传输 TEM 模。

3.5 耦合带状线和耦合微带线

当两对传输线互相靠近时，彼此会产生电磁耦合，这种传输线称为耦合传输线，如图 3.5.1 所示，其中图 3.5.1（a）为耦合带状线，图 3.5.1（b）为耦合微带线。

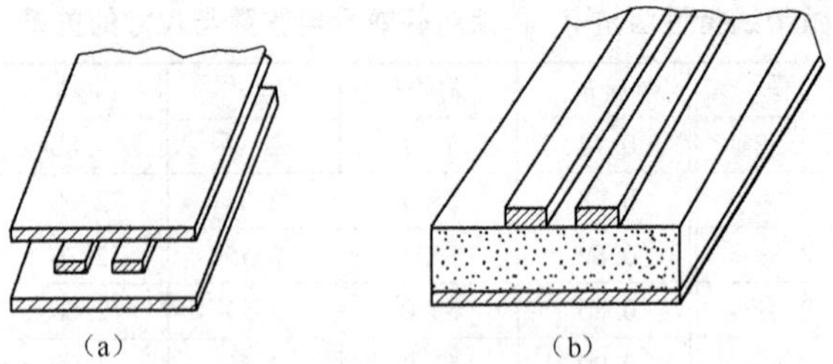

图 3.5.1　耦合传输线

对于耦合传输线的分析，由于边界条件比较复杂，采用场解法比较麻烦，通常采用奇、偶模参量法进行分析，即采用如图 3.5.2 所示的叠加原理进行分析。

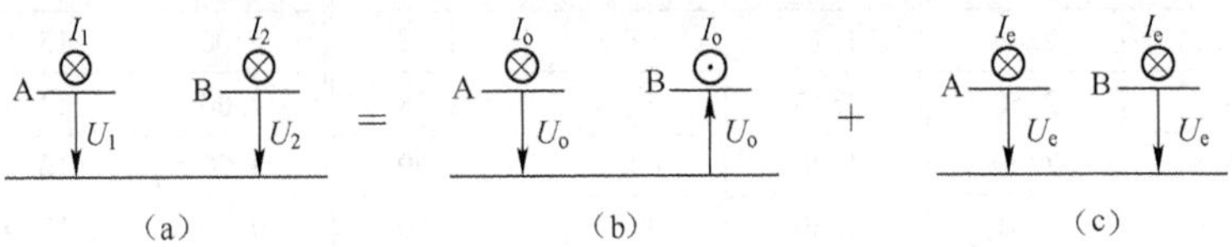

图 3.5.2　叠加原理示意图

令 A 和 B 分别与地构成两对传输线，其激励电压分别为 U_1 和 U_2，如图 3.5.2（a）所示，将它分解成一对等幅反相的奇模电压和一对等幅同相的偶模电压，分别如图 3.5.2（b）和（c）所示。即

$$U_1 = U_e + U_o, \quad U_2 = U_e - U_o \tag{3.5.1}$$

或

$$U_e = \frac{U_1 + U_2}{2} \quad U_o = \frac{U_1 - U_2}{2} \tag{3.5.2}$$

在一般情况下，$U_2 = 0$，故 $U_e = U_o = \dfrac{U_1}{2}$。

耦合带状线和耦合微带线在奇、偶模激励情况下的电场分布如图 3.5.3 和图 3.5.4 所示。其中图 3.5.3（a）和图 3.5.4（a）为奇模激励下的奇模场型，其对称面为电壁；图 3.5.3（b）和图 3.5.4（b）为偶模激励下的偶模场型，其对称面为磁壁。

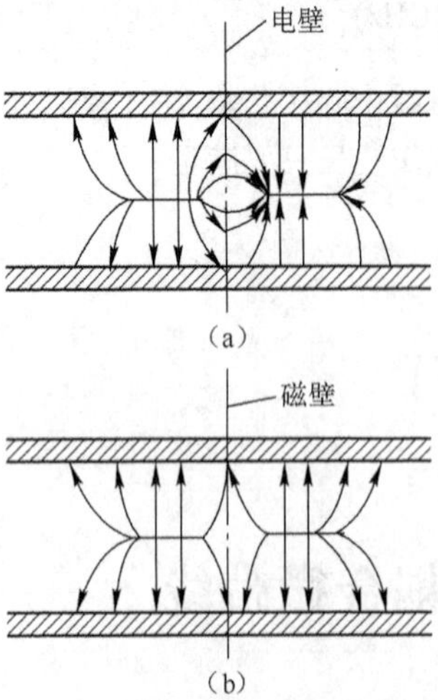

图 3.5.3　耦合带状线奇、偶模激励下的场分布图

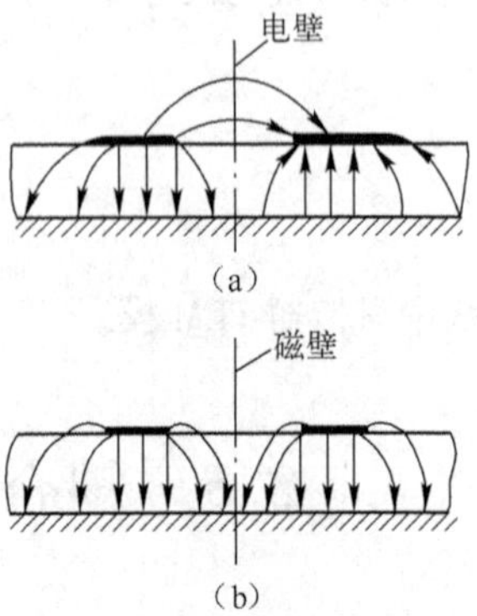

图 3.5.4　耦合微带线奇、偶模激励下的场分布图

由于奇、偶模的场分布不同，故单位长度上对地的奇、偶模电容不同，分别用 C_{0o} 和 C_{0e} 来表示。根据传输线理论可写出耦合带状线的奇、偶模特性阻抗

$$Z_{0o}=\frac{1}{v_{po}C_{0o}} \tag{3.5.3}$$

$$Z_{0e}=\frac{1}{v_{pe}C_{0e}} \tag{3.5.4}$$

式中：v_{po} 和 v_{pe} 分别表示奇、偶模的相速度。对于耦合带状线，由于周围介质是均匀的，因此奇、偶模速度相等，即

$$v_{po}=v_{pe}=\frac{v_0}{\sqrt{\varepsilon_r}} \tag{3.5.5}$$

奇、偶模的相波长为

$$v_{po}=v_{pe}=\frac{\lambda_0}{\sqrt{\varepsilon_r}} \tag{3.5.6}$$

对于耦合微带线，由于周围介质是非均匀的，分析方法和微带线相同，需引入奇、偶相对等效介电常数 ε_{reo}、ε_{ree}。利用准静态方法可求得相对介电常数分别为 1（空气）和 ε_r（介质基片）的耦合微带线中每条导带单位长度上对地的奇、偶模电容 $C_{0o}(1)$、$C_{0e}(1)$ 和 $C_{0o}(\varepsilon_r)$、$C_{0e}(\varepsilon_r)$，则耦合微带线的奇、偶模等效介电常数分别为

$$\varepsilon_{reo}=\frac{C_{0o}(\varepsilon_r)}{C_{0o}(1)} \tag{3.5.7}$$

$$\varepsilon_{ree}=\frac{C_{0e}(\varepsilon_r)}{C_{0e}(1)} \tag{3.5.8}$$

图 3.5.5 和图 3.5.6 分别表示薄带侧边耦合带状线的奇、偶模阻抗 Z_{0o}、Z_{0e} 与耦合带状线尺寸 s/b、w/b 的列线图。图 3.5.5 和图 3.5.6 中 s 为耦合带状线中心导带间的间距，b 为两接地板间的距离，w 为中心导带的宽度。由图 3.5.5 和图 3.5.6 可根据已知的 Z_{0o}、Z_{0e} 很方便求得 s/b 和 w/b。

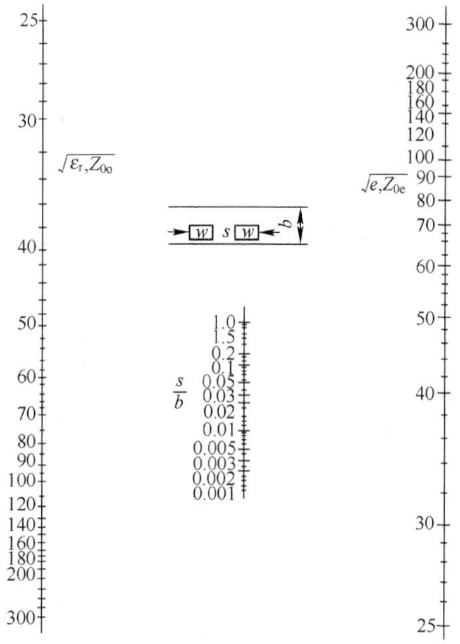

图 3.5.5　薄带侧边耦合带状线的奇模阻抗 Z_{0o}、Z_{0e} 与耦合带状线尺寸 s/b、w/b 的列线图

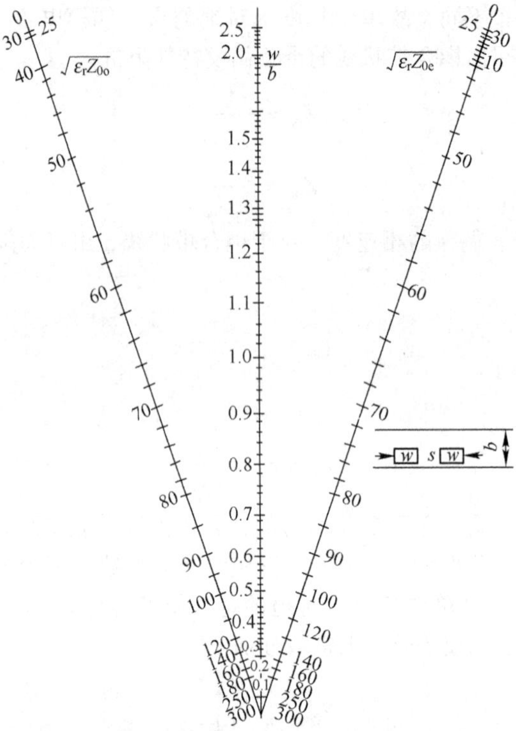

图 3.5.6　薄带侧边耦合带状线的偶模阻抗 Z_{0o}、Z_{0e} 与耦合带状线尺寸 s/b、w/b 的列线图

图 3.5.7 给出了耦合微带线的奇、偶模特性阻抗 Z_{0o}、Z_{0e} 与耦合微带线尺寸 w/h 和 s/h 的关系曲线（$\varepsilon_r=9$）。当已知耦合微带线的尺寸 w/h、s/h 及基片的相对介电常数 ε_r 时，由图 3.5.7 可很方便地求得奇、偶模特性阻抗 Z_{0o}、Z_{0e}；反之若已知 Z_{0o} 和 Z_{0e}，由图可求出 w/h 和 s/h，但比较麻烦。图 3.5.8 给出了耦合微带线的奇、偶特性阻抗 Z_{0o} 和 Z_{0e} 与耦合微带线尺寸 w/h 和 s/h 的另一组曲线（$\varepsilon_r=10$）。利用图 3.5.8 根据已知的 Z_{0o} 和 Z_{0e} 能很方便地求得 w/h 和 s/h。

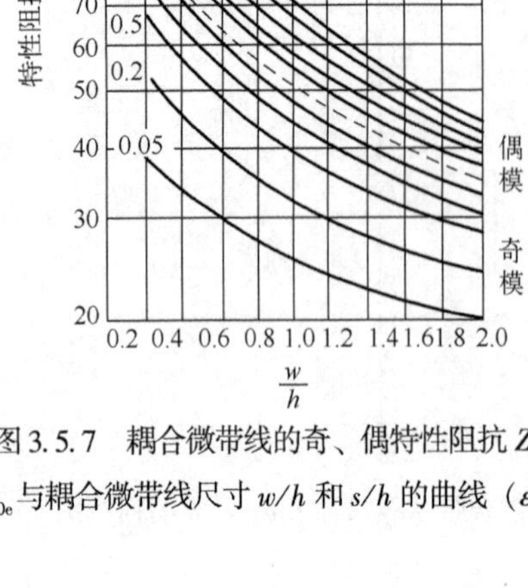

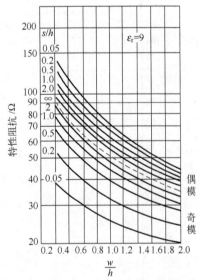

图 3.5.7　耦合微带线的奇、偶特性阻抗 Z_{0o} 和 Z_{0e} 与耦合微带线尺寸 w/h 和 s/h 的曲线（$\varepsilon_r=9$）

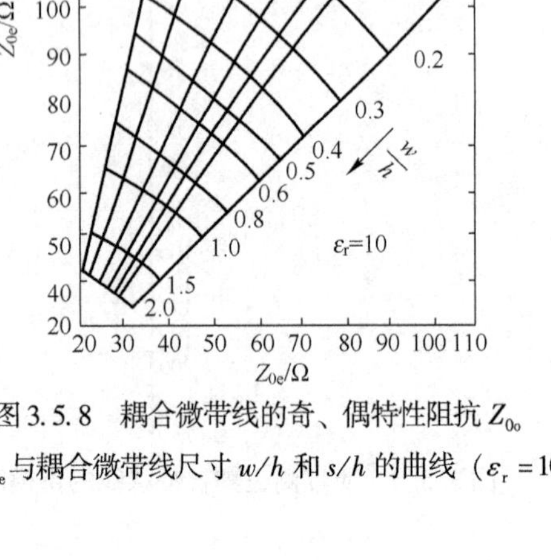

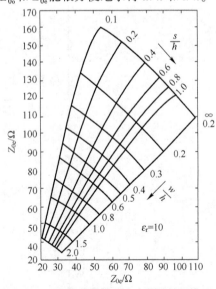

图 3.5.8　耦合微带线的奇、偶特性阻抗 Z_{0o} 和 Z_{0e} 与耦合微带线尺寸 w/h 和 s/h 的曲线（$\varepsilon_r=10$）

3.6 金属波导传输线的一般理论

金属波导作为单导体传输线，其分析方法不同于双导体传输的长线理论，而是采用“场解法”，这里首先介绍波导传输线的一般分析方法，然后分别讨论矩形波导和圆波导。

1. 金属波导的结构

金属波导一般是由金属管壁和内部介质腔构成。按照波导管金属管壁的横截面形状可以分为矩形波导、圆波导、椭圆波导等；按其内部介质又可以分为空心波导（内部介质为空气）和介质填充的波导。下面以矩形导波为例加以分析，其结构图如图 3.6.1 所示。

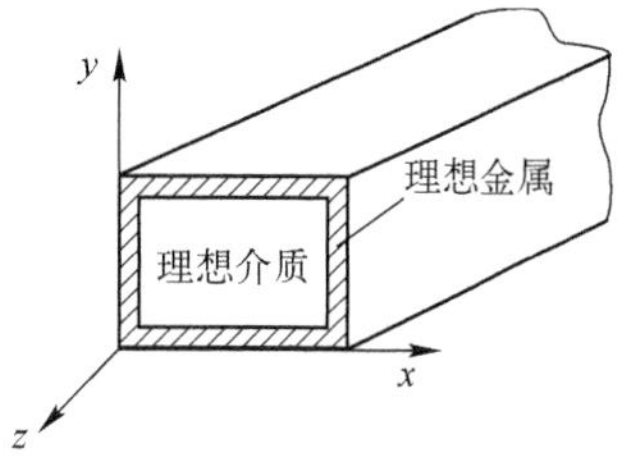

图 3.6.1　金属波导结构图

波导的外部导体视为理想导体，内部介质视为理想绝缘体，内部空间中无源（传导电流 $J_c=0$，自由电荷 $\rho_V=0$），当电磁波被激励进入波导管后，波导内的电磁波是怎么分布的呢？这是利用波导传输信息和能量的前提。

2. 波导中电磁波的一般特点

波导中的电磁场是相关场（也称互生场），在任一点的电场和磁场必有 $\boldsymbol{E}\perp\boldsymbol{H}$。

（1）$\boldsymbol{E}$ 和 $\boldsymbol{H}$ 均为四维变量，即

$$\begin{aligned}\boldsymbol{E}&=\boldsymbol{E}(x,y,z,t)\\ \boldsymbol{H}&=\boldsymbol{H}(x,y,z,t)\end{aligned}\tag{3.6.1}$$

亦即 $\boldsymbol{E}$ 和 $\boldsymbol{H}$ 在波导中是空间 (x,y,z) 的点函数，即不同位置点的 $\boldsymbol{E}$、$\boldsymbol{H}$ 可能是不同的。同时，$\boldsymbol{E}$ 和 $\boldsymbol{H}$ 也是时间 t 的函数（正弦信号的时间因子为 $e^{j\omega t}$）。这里的场分布与平面波场分布不同，除了沿传播方向变化，在横向也有变化，场分布要复杂的多。

（2）在波导中，只讨论单一方向的行波状态（入射波 $\boldsymbol{E}_i$、$\boldsymbol{H}_i$），设其沿 $+z$ 方向传输，而对于有反射波（$\boldsymbol{E}_r$、$\boldsymbol{H}_r$）的情况，只要知道反射系数 $\Gamma(z')$，就能写出总的场强表达式

$$\boldsymbol{E}=\boldsymbol{E}_i+\boldsymbol{E}_r=\boldsymbol{E}_i[1+\Gamma(z')]$$

$$\boldsymbol{H}=\boldsymbol{H}_i+\boldsymbol{H}_r=\boldsymbol{H}_i[1-\Gamma(z')]$$

式中：$\boldsymbol{E}$、$\boldsymbol{H}$ 分别对应长线传输线中的电压 $U(z')$ 和电流 $I(z')$。

取入射波传播方向为 $+z$，则

$$\begin{aligned}\boldsymbol{E}(x,y,z,t)&=\boldsymbol{E}(x,y,z)e^{j\omega t}=\boldsymbol{E}(x,y)e^{-j\beta z}e^{j\omega t}\\ \boldsymbol{H}(x,y,z,t)&=\boldsymbol{H}(x,y,z)e^{j\omega t}=H(\boldsymbol{x},\boldsymbol{y})e^{-j\beta z}e^{j\omega t}\end{aligned}\tag{3.6.2}$$

式中：β 为波导轴向的相位常数；$e^{-j\beta z}$ 为 $+z$ 方向的传播因子；$e^{j\omega t}$ 为正弦时间因子；$\boldsymbol{E}(x,y)$ 和 $\boldsymbol{H}(x,y)$ 分别为电场和磁场的复振幅，即场强在横截面的分布函数，它仅是坐标 x 和 y 的函数。

3. 求解波导中电磁波的思路

波导内的场解法：利用介质特性，化简麦克斯韦方程；对旋度形式的方程再取二次旋度，得波动方程［参看 1.7.2 节的式（1.7.5）和式（1.7.6）］；利用正弦信号特性，得亥姆霍兹方程；将亥姆霍兹方程分解为 6 个标量方程 $\begin{cases}f(E_z)=0,f(E_x)=0,f(E_y)=0\\ f(H_z)=0,f(H_x)=0,f(H_y)=0\end{cases}$，仅求解纵向方程 $\begin{cases}f(E_z)=0\\ f(H_z)=0\end{cases}$，从而求出 E_z、H_z；利用电磁场的纵横关系式得 E_x、E_y、H_x、H_y。

按照上面的分析思路，下面给出求解过程：

在 1.7.2 节分析的基础上，这里直接代入亥姆霍兹方程$\nabla^2\boldsymbol{E}+k^2\boldsymbol{E}=0$ 和$\nabla^2\boldsymbol{H}+k^2\boldsymbol{H}=0$，并在直角坐标内展开，结合拉普拉斯算子$\nabla^2=\frac{\partial^2}{\partial x^2}+\frac{\partial^2}{\partial y^2}+\frac{\partial^2}{\partial z^2}$和式（3.6.2），即有

$$\begin{aligned}\nabla^2\boldsymbol{H}+k^2\boldsymbol{H}&=\frac{\partial^2\boldsymbol{H}}{\partial x^2}+\frac{\partial^2\boldsymbol{H}}{\partial y^2}+\frac{\partial^2\boldsymbol{H}}{\partial z^2}+k^2\boldsymbol{H}\\&=\frac{\partial^2\boldsymbol{H}}{\partial x^2}+\frac{\partial^2\boldsymbol{H}}{\partial y^2}-\beta^2\boldsymbol{H}+k^2\boldsymbol{H}\\&=\nabla_T^2\boldsymbol{H}+k_c^2\boldsymbol{H}=0\end{aligned}\tag{3.6.3 a}$$

同理：

$$\begin{aligned}\nabla^2\boldsymbol{E}+k^2\boldsymbol{E}&=\frac{\partial^2\boldsymbol{E}}{\partial x^2}+\frac{\partial^2\boldsymbol{E}}{\partial y^2}+\frac{\partial^2\boldsymbol{E}}{\partial z^2}+k^2\boldsymbol{E}\\&=\frac{\partial^2\boldsymbol{E}}{\partial x^2}+\frac{\partial^2\boldsymbol{E}}{\partial y^2}-\beta^2\boldsymbol{E}+k^2\boldsymbol{E}\\&=\nabla_T^2\boldsymbol{E}+k_c^2\boldsymbol{E}=0\end{aligned}\tag{3.6.3 b}$$

式（3.6.3 a）和式（3.6.3 b）中：$\nabla_T^2=\frac{\partial^2}{\partial x^2}+\frac{\partial^2}{\partial y^2}$称为横向拉普拉斯算子，$\beta$ 为波导内电磁波传播的相位常数，$k=\omega\sqrt{\mu\varepsilon}$为理想介质中平面电磁波的波数，$k_c$ 为波导中电磁波的截止波数。

$$k_c^2=k^2-\beta^2\tag{3.6.4}$$

式（3.6.3 a）和式（3.6.3 b）是矢量的波动方程，这里电场和磁场矢量各有 3 个分量，即

$$\begin{aligned}\boldsymbol{E}&=\boldsymbol{a}_xE_x+\boldsymbol{a}_yE_y+\boldsymbol{a}_zE_z\\\boldsymbol{H}&=\boldsymbol{a}_xH_x+\boldsymbol{a}_yH_y+\boldsymbol{a}_zH_z\end{aligned}\tag{3.6.5}$$

所以式（3.6.3 a）和式（3.6.3 b）可写出 6 个标量方程，其中纵向方程为

$$\begin{aligned}\nabla_T^2E_z+k_c^2E_z&=0\\\nabla_T^2H_z+k_c^2H_z&=0\end{aligned}\tag{3.6.6}$$

由麦克斯韦方程组的 2 个旋度式，能够很易找到电磁场的横向分量和纵向分量的关系式。具体过程从略，这里仅给出结果，即

$$\begin{cases}E_x=-\mathrm{j}\dfrac{\beta}{k_c^2}\left(\dfrac{\partial E_z}{\partial x}+\dfrac{\omega\mu}{\beta}\dfrac{\partial H_z}{\partial y}\right)\\E_y=\mathrm{j}\dfrac{\beta}{k_c^2}\left(-\dfrac{\partial E_z}{\partial y}+\dfrac{\omega\mu}{\beta}\dfrac{\partial H_z}{\partial x}\right)\\H_x=\mathrm{j}\dfrac{\beta}{k_c^2}\left(\dfrac{\omega\varepsilon}{\beta}\dfrac{\partial E_z}{\partial y}-\dfrac{\partial H_z}{\partial x}\right)\\H_y=-\mathrm{j}\dfrac{\beta}{k_c^2}\left(\dfrac{\omega\varepsilon}{\beta}\dfrac{\partial E_z}{\partial x}+\dfrac{\partial H_z}{\partial y}\right)\end{cases}\tag{3.6.7}$$

综上，求解式（3.6.6）的纵向方程，就能得出 E_z和 H_z，再利用式（3.6.7）的电磁场的纵横关系式即可得 E_x、E_y、H_x和 H_y，这就是求解波导电磁场的一般思路。

在实际的波导传输中，由式（3.6.7）得 E_z、H_z不能同时为零，否则全部的场分量都将是零，波导系统中将不存在任何电磁场，所以波导中不能传输横电磁波（$E_z=0$、$H_z=0$），简称 TEM 波。一般情况下，只要 E_z和 H_z中有一个不为零即可满足边界条件，所以波导中能够传输横电波（$E_z=0$，简称 TE 波，又称 H 波）和横磁波（$H_z=0$，简称 TM 波，又称 E 波）。

对于横电波（$E_z=0,H_z=H_{0z}(x,y)\mathrm{e}^{-\mathrm{j}\beta z}\neq0$）和横磁波（$H_z=0,E_z=E_{0z}(x,y)\mathrm{e}^{-\mathrm{j}\beta z}\neq0$），式（3.6.7）分别可以简化为

$$
\begin{cases}
E_x = -\mathrm{j}\dfrac{\omega\mu}{k_c^2}\dfrac{\partial H_z}{\partial y}, E_y = \mathrm{j}\dfrac{\omega\mu}{k_c^2}\dfrac{\partial H_z}{\partial x} \\
H_x = -\mathrm{j}\dfrac{\beta}{k_c^2}\dfrac{\partial H_z}{\partial x}, H_y = -\mathrm{j}\dfrac{\beta}{k_c^2}\dfrac{\partial H_z}{\partial y}
\end{cases}
\text{（TE 波或 H 波）} \tag{3.6.8}
$$

$$
\begin{cases}
H_x = \mathrm{j}\dfrac{\omega\varepsilon}{k_c^2}\dfrac{\partial E_z}{\partial y}, H_y = -\mathrm{j}\dfrac{\omega\varepsilon}{k_c^2}\dfrac{\partial E_z}{\partial x} \\
E_x = -\mathrm{j}\dfrac{\beta}{k_c^2}\dfrac{\partial E_z}{\partial x}, E_y = -\mathrm{j}\dfrac{\beta}{k_c^2}\dfrac{\partial E_z}{\partial y}
\end{cases}
\text{（TM 波或 E 波）} \tag{3.6.9}
$$

由式（3.6.8）和式（3.6.9）可以看出，对于 TE 波和 TM 波必有 $k_c \neq 0$ 的条件，否则场强所有横向分量均为无限大。则由式（3.6.3）便得

$$
\begin{cases}
\nabla_T^2 E \neq 0 \\
\nabla_T^2 H \neq 0
\end{cases} \tag{3.6.10}
$$

由此可见，TE 波和 TM 波在与传播方向相垂直的横截面内场强分布不能满足二维拉普拉斯方程，即不可能与恒定场有相同的场分布；而对于 TEM 模来说场强在横截面内的分布满足二维拉普拉斯方程，即场强分布相当于某个恒定场的分布。

横向电场和横向磁场之比称为波阻抗。由式（3.6.8）和式（3.6.9）可得，TE 模和 TM 模的波阻抗分别为

$$
Z_H = \frac{E_x}{H_y} = -\frac{E_y}{H_x} = \frac{\omega\mu}{\beta} \tag{3.6.11}
$$

$$
Z_E = \frac{E_x}{H_y} = -\frac{E_y}{H_x} = \frac{\beta}{\omega\varepsilon} \tag{3.6.12}
$$

以上介绍了波导传输线的一般分析方法。下面分别讨论矩形波导和圆波导。

3.7 矩 形 波 导

矩形波导是指横截面积为矩形的金属波导，由 3.6 节的分析知，金属波导内只能传输 TE 波和 TM 波，所以这里只需要求解满足矩形波导边界条件（如图 3.7.1 所示）的纵向方程（TE 波的$\nabla_T^2 H_z + k_c^2 H_z = 0$ 或 TM 波的 $\nabla_T^2 E_z + k_c^2 E_z = 0$）即可得出纵向分量 H_z、E_z，再代入纵横关系式 3.6.7 式，即可得出矩形波导内的电磁场。

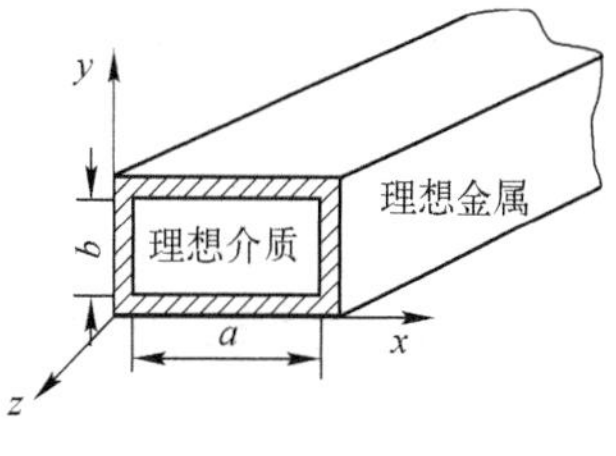

图 3.7.1　矩形金属波导结构图

3.7.1　矩形波导中传输模式及其场分布

由于矩形波导的四壁都是导体，根据边界条件波导中不可能传输 TEM 波，只能传输 TE 波或 TM 波。下面采用上节所介绍的方法，分别讨论矩形波导中 TE 波和 TM 波的场分布。

1. TM 波（$H_z = 0$）

假设 $E_z = E_{z0}\mathrm{e}^{-\mathrm{j}\beta z}$，并代入式（3.6.6）中第一式，即得

$$
\nabla_T^2 E_{z0} + k_c^2 E_{z0} = 0
$$

或

$$
\frac{\partial^2 E_{z0}}{\partial x^2} + \frac{\partial^2 E_{z0}}{\partial y^2} + k_c^2 E_{z0} = 0 \tag{3.7.1}
$$

式（3.7.1）不含有$\partial x\partial y$项，可应用分离变量法求解，首先令

$$E_{z0}=X(x)Y(y) \tag{3.7.2}$$

式中：$X(x)$仅是在x的函数；$Y(y)$仅是y的函数。

$$\frac{1}{X(x)}\frac{\mathrm{d}^2X(x)}{\mathrm{d}x^2}+\frac{1}{Y(x)}\frac{\mathrm{d}^2Y(x)}{\mathrm{d}y^2}=-k_c^2 \tag{3.7.3}$$

将式（3.7.2）代入式（3.7.1）中，整理得

要使式（3.7.3）成立，等式左边两项必等于常数，即令

$$\begin{cases}\dfrac{1}{X(x)}\dfrac{\mathrm{d}^2X(x)}{\mathrm{d}x^2}=-k_x^2\\[2ex]\dfrac{1}{Y(x)}\dfrac{\mathrm{d}^2Y(x)}{\mathrm{d}y^2}=-k_y^2\end{cases} \tag{3.7.4}$$

将式（3.7.4）改写为

$$\begin{cases}\dfrac{\mathrm{d}^2X(x)}{\mathrm{d}x^2}+k_x^2X(x)=0\\[2ex]\dfrac{\mathrm{d}^2Y(y)}{\mathrm{d}y^2}+k_y^2Y(y)=0\end{cases} \tag{3.7.5}$$

且有

$$k_x^2+k_y^2=k_c^2 \tag{3.7.6}$$

式（3.7.5）的解为

$$\begin{cases}X(x)=C_1\cos k_xx+C_2\sin k_xx\\Y(y)=C_3\cos k_yy+C_4\sin k_yy\end{cases} \tag{3.7.7 a}$$

将式（3.7.7 a）代入式（3.7.2）得

$$E_{z0}=X(x)Y(y)=(C_1\cos k_xx+C_2\sin k_xx)(C_3\cos k_yy+C_4\sin k_yy) \tag{3.7.7 b}$$

由矩形波导的边界条件$E_{z0}\big|_{x=0,a}=0$，得

$$C_1=0,\quad k_x=\frac{m\pi}{a}(m=1,2,\cdots) \tag{3.7.8 a}$$

由矩形波导的边界条件$E_{z0}\big|_{y=0,b}=0$，得

$$C_3=0,\quad k_y=\frac{n\pi}{b}(n=1,2,\cdots) \tag{3.7.8 b}$$

将式（3.7.8 a）和（3.7.8 b）代入式（3.7.7 b），并令$C_2C_4=E_0$，得

$$E_{z0}=E_0\sin\left(\frac{m\pi}{a}x\right)\sin\left(\frac{n\pi}{b}y\right) \tag{3.7.9}$$

式中：E_0决定于激励情况。

纵向场分量复振幅求得后，将式（3.7.9）代入式（3.6.9）即可求得TM波的各横向分量的复振幅

$$\begin{cases}H_{x0}=\mathrm{j}\dfrac{\omega\varepsilon}{k_c^2}\dfrac{\partial E_{z0}}{\partial y}=\mathrm{j}\dfrac{\omega\varepsilon}{k_c^2}E_0\left(\dfrac{n\pi}{b}\right)\sin\left(\dfrac{m\pi}{a}x\right)\cos\left(\dfrac{n\pi}{b}y\right)\\[2ex]H_{y0}=-\mathrm{j}\dfrac{\omega\varepsilon}{k_c^2}\dfrac{\partial E_{z0}}{\partial x}=-\mathrm{j}\dfrac{\omega\varepsilon}{k_c^2}E_0\left(\dfrac{m\pi}{a}\right)\cos\left(\dfrac{m\pi}{a}x\right)\sin\left(\dfrac{n\pi}{b}y\right)\\[2ex]E_{x0}=-\mathrm{j}\dfrac{\beta}{k_c^2}E_0\left(\dfrac{m\pi}{a}\right)\cos\left(\dfrac{m\pi}{a}x\right)\sin\left(\dfrac{n\pi}{b}y\right)\\[2ex]E_{y0}=-\mathrm{j}\dfrac{\beta}{k_c^2}E_0\left(\dfrac{n\pi}{b}\right)\sin\left(\dfrac{m\pi}{a}x\right)\cos\left(\dfrac{n\pi}{b}y\right)\end{cases} \tag{3.7.10}$$

将式（3.7.9）和式（3.7.10）中的每个场分量乘上传播因子 $e^{-j\beta z}$，再由式（3.6.2）即可得出矩形波导中 TM 波的场强。

2. TE 波（$E_z=0$）

对于 TE 波，只需解 H_z 的波动方程，即

$$\frac{\partial^2 H_{z0}}{\partial x^2}+\frac{\partial^2 H_{z0}}{\partial y^2}+k_c^2 H_{z0}=0 \tag{3.7.11}$$

采用分离变量解式（3.7.11），由于式（3.7.11）和 E_{z0}的波动方程相同，故 H_{z0}的通解和 E_{z0}的通解相同，即

$$H_{z0}=(C_1\cos k_x x+C_2\sin k_x x)(C_3\cos k_y y+C_4\sin k_y y) \tag{3.7.12}$$

根据矩形波导的边界条件可确定式（3.7.12）中的常数，但由于磁场的边界条件 $H_{1t}-H_{2t}=J_l$（理想导体中 $H_{2t}=0$），所以 $H_{1t}=J_l$，即 H_{z0}在边界面上等于 J_l，但 J_l这里不知道，故不能直接利用磁场边界条件，而电场 E 在边界上的切向分量 E_y、E_x 连续，且由纵横关系式知，E_y 正比于$\partial H_{z0}/\partial x$，$E_x$ 正比于$\partial H_{z0}/\partial y$，故有

$\left.\frac{\partial H_{z0}}{\partial x}\right|_{x=0,a}=0$，所以

$$C_2=0,k_x=\frac{m\pi}{a}(m=1,2,\cdots) \tag{3.7.13 a}$$

$\left.\frac{\partial H_{z0}}{\partial y}\right|_{y=0,b}=0$，所以

$$C_4=0,k_y=\frac{n\pi}{b}(n=1,2,\cdots) \tag{3.7.13 b}$$

将式（3.7.13 a）和式（3.7.13 b）的结果代入式（3.7.12），并令 $C_1C_3=H_0$，得

$$H_{z0}=H_0\cos\left(\frac{m\pi}{a}x\right)\cos\left(\frac{n\pi}{b}y\right) \tag{3.7.14}$$

将式（3.7.14）代入式（3.6.8），便得出 TE 波的横向分量的复振幅

$$\begin{cases}E_{x0}=-\mathrm{j}\dfrac{\omega\mu}{k_c^2}\dfrac{\partial H_{z0}}{\partial y}=\mathrm{j}\dfrac{\omega\mu}{k_c^2}H_0\left(\dfrac{n\pi}{b}\right)\cos\left(\dfrac{m\pi}{a}x\right)\sin\left(\dfrac{n\pi}{b}y\right)\\ E_{y0}=\mathrm{j}\dfrac{\omega\mu}{k_c^2}\dfrac{\partial H_{z0}}{\partial x}=-\mathrm{j}\dfrac{\omega\mu}{k_c^2}H_0\left(\dfrac{m\pi}{a}\right)\sin\left(\dfrac{m\pi}{a}x\right)\cos\left(\dfrac{n\pi}{b}y\right)\\ H_{x0}=-\dfrac{E_{y0}}{Z_H}=\mathrm{j}\dfrac{\beta}{k_c^2}H_0\left(\dfrac{m\pi}{a}\right)\sin\left(\dfrac{m\pi}{a}x\right)\cos\left(\dfrac{n\pi}{b}y\right)\\ H_{y0}=\dfrac{E_{x0}}{Z_H}=\mathrm{j}\dfrac{\beta}{k_c^2}H_0\left(\dfrac{n\pi}{b}\right)\cos\left(\dfrac{m\pi}{a}x\right)\sin\left(\dfrac{n\pi}{b}y\right)\end{cases} \tag{3.7.15}$$

式中：$Z_H=\dfrac{\omega\mu}{\beta}$为 TE 波的波阻抗。

同样，将每个场分量乘上传播因子 $e^{-j\beta z}$，再由式（3.6.2）即可得出矩形波导中 TE 波的场强。

由式（3.7.10）和式（3.7.15）可看出：矩形波导中无论 TE 波还是 TM 波的场分布沿着 $+z$ 方向均为行波（传播因子 $e^{-j\beta z}$），而在横截面上均呈驻波分布；m 和 n 为任意正整数，分别表示场在 x 和 y 方向的半驻波数，不同的 m 和 n 值对应不同的场分布，因而在矩形波导中可以存在无限多个 TM 波（E 波）和 TE 波（H 波）的分布模式，称不同 m 和 n 的场分布为不同的模式，并分别用 TM_{mn}（E_{mn}）模和 TE_{mn}（H_{mn}）模表示，简称为 TM 模（E 模）和 TE 模（H 模）。对于 TE 模，当 $m=n=0$ 时，则 H_{z0} = 常数，其他场分量均为零，即场分布不存在，只有当 m 和

n 不同时为零时，场分布才存在，因此矩形波导中 TE 模的最低模式为 TE_{10} 模（当尺寸 $a>b$ 时）。对于 TM 模，不仅 m 和 n 不能同时为零，而且 m 和 n 任何一个都不能为零，否则会导致场分量都为零，即场分布不存在，故 TM 模的最低模式为 TM_{11} 模，即 $m=1$、$n=1$。

这里需要强调，虽然矩形波导中可能存在无穷多个 TE 模及 TM 模，但能否在波导内传输，还决定于工作频率、波导尺寸和激励方式。合理选择工作频率、波导尺寸及激励方式，可以使需要的模式在波导内传输，而不需要的模式在波导中不能传输。

要完整地描写波导中传输的电磁波模式的特性，必须分析该模式的纵向特性（传输特性）和横向特性（场结构）。下面分别讨论之。

3.7.2 矩形波导中传输模式的纵向传输特性

1. 截止特性

波导中波在传输方向的相位相数 β 由式（3.5.6）给出

$$\beta^2 = k^2 - k_c^2 = \left(\frac{2\pi}{\lambda}\right)^2 - \left(\frac{2\pi}{\lambda_c}\right)^2 \tag{3.7.16}$$

式中：k 为自由空间中同频率的电磁波的波数；λ 为自由空间中电磁波波长（也称工作波长）；λ_c 为波导的截止波长。要使波导中存在导波，则 β 必须为实数，即

$$k^2 > k_c^2 \text{ 或 } \lambda < \lambda_c (f > f_c) \tag{3.7.17}$$

式中：f 为信号频率；f_c 为波导截止频率，且有电磁波的波速 $v=\lambda f=\lambda_c f_c$。

如果不满足式（3.7.17），则电磁波不能在波导内传输，称为截止，故 k_c 称为截止波数。

由前面分析可知，矩形波导中 TE 模和 TM 模的截止波数 k_c 均为

$$k_c = \sqrt{k_x^2 + k_y^2} = \sqrt{\left(\frac{m\pi}{a}\right)^2 + \left(\frac{n\pi}{b}\right)^2} = \frac{2\pi}{\lambda_c} = 2\pi f_c\sqrt{\mu\varepsilon} \tag{3.7.18}$$

故截止波长 λ_c 和截止频率 f_c 分别为

$$\lambda_c = \frac{2}{\sqrt{\left(\frac{m}{a}\right)^2 + \left(\frac{n}{b}\right)^2}} \tag{3.7.19}$$

$$f_c = \frac{v}{\lambda_c} = \frac{\sqrt{\left(\frac{m}{a}\right)^2 + \left(\frac{n}{b}\right)^2}}{2\sqrt{\mu\varepsilon}} \tag{3.7.20}$$

式中：$v=\dfrac{1}{\sqrt{\mu\varepsilon}}$ 为介质中电磁波速度。

式（3.7.19）和式（3.7.20）表明，矩形波导中 TE 模和 TM 模的截止波长 λ_c 与波导尺寸 a 和 b 及传输模式有关，而截止频率 f_c 不仅与波导尺寸和传输模式有关，还与矩形波导内填充的媒质特性有关。相同波导尺寸对于不同的模式有不同的截止波长 λ_c，图 3.7.2 给出 $a=2b$ 矩形波导中截止波长的分布图。

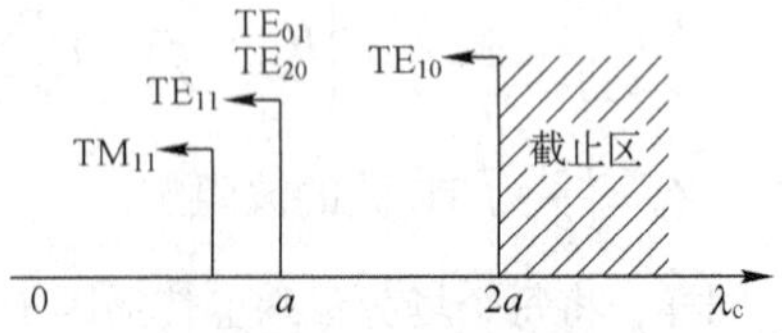

图 3.7.2　尺寸为 $a=2b$ 的矩形波导中截止波长的分布图

由图 3.7.2 可见，相同 m 和 n 的 TE 模和 TM 模具有相同的截止波长，这些模式称为简并模。矩形波导中 TE_{10} 模的截止波长最长，故称它为最低模式，其余模式均称为高次模。由于 TE_{10} 模的截止波长最长且等于 $2a$，用它来传输，可以保证单模传输。当波导尺寸给定且有 $a>2b$ 时，则要求电磁波的工作波长满足

$$a < \lambda < 2a,\quad \lambda > 2b \tag{3.7.21}$$

当工作波长给定时，则波导尺寸必须满足

$$\frac{\lambda}{2} < a < \lambda,\quad b < \frac{\lambda}{2} \tag{3.7.22}$$

才能保证波导中只传输 TE_{10}模。故式（3.7.21）和式（3.7.22）为单模传输条件。

2. 电磁波在波导中的传输路径

由前面的讨论知，波导中不能传输 TEM 模，只能传输 TE 模或 TM 模，那么 TE 模或 TM 模的传输路径到底是怎样的？只有知道了其传输路径，才能讨论其传输中的速度问题。

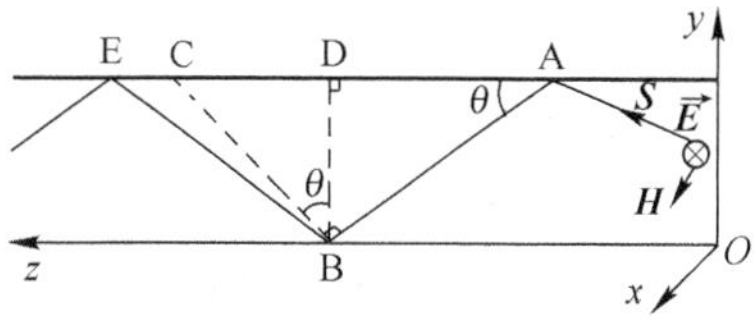

图 3.7.3　波导中 TE 模的传输路径图

下面以 TE 模为例加以分析，对于 TE 模（$E_z=0$，$H_z\neq 0$），即电场没有纵向分量，只有横向分量；而磁场除了有横向分量外还有纵向分量存在。为了直观起见，这里用图 3.7.1 所示矩形波导沿上下底面中心线的剖面加以研究，设电场 $\boldsymbol{E}$ 沿 x 轴方向，考虑波导中的电磁场为相关场（$\boldsymbol{E}\perp\boldsymbol{H}$），作出 $\boldsymbol{H}$ 方向如图 3.7.3 所示，又因为电磁波的传播方向可用坡印廷矢量 $\boldsymbol{S}$ 的方向表示，且 $\boldsymbol{S}=\boldsymbol{E}\times\boldsymbol{H}$ 满足右手螺旋定则，所以可以作出 $\boldsymbol{S}$ 方向如图 3.7.3 所示，当电磁沿 $\boldsymbol{S}$ 传输时遇到金属波导的上下底面会发出反射，所以其在波导内的传输路径是沿 ABE 所示的“之”字形路线传输的。

同理，可以分析 TM 模的传输路径，其传输路径也为“之”字形路线。

由图 3.7.3 可以看出，当以 A 点为起点计算其传输速度问题时，电磁波在波导内的介质中以速度 v 由 A 点传输到 B 点，所用时间设为 t，则有

$$\overline{AB} = vt \tag{3.7.23}$$

实际信号在波导中沿纵向的传输距离为$\overline{AD}$，D 为过 B 点作上底面的垂线与上底面的交点。实际信号（或能量）的传播的速度是能速，又称群速度，用 v_g 表示，则有

$$\overline{AD} = v_g t \tag{3.7.24}$$

只针对波导内介质中的电磁波而言，其可视为理想介质中的平面波（也即 TEM 波），其等相位面与传播方向 $\boldsymbol{S}$ 垂直，所以等相位面的传播距离为$\overline{AC}$，C 为过 B 点作 AB 的垂线与上底面的交点，则$\overline{AC}$与相速度 v_p 之间的关系为

$$\overline{AC} = v_p t \tag{3.7.25}$$

如图 3.7.3 所示，由几何知识可知

$$\overline{AD} = \overline{AB}\cos\theta \tag{3.7.26}$$

$$\overline{AC} = \frac{\overline{AB}}{\cos\theta} \tag{3.7.27}$$

将式（3.7.23）、式（3.7.24）和式（3.7.25）代入式（3.7.26）和式（3.7.27）可得

$$v_g = v\cos\theta \tag{3.7.28}$$

$$v_p = \frac{v}{\cos\theta} \tag{3.7.29}$$

由式（3.7.28）和式（3.7.29）很容易得到，在波导中 $v_p > v > v_g$；将式（3.7.28）和式（3.7.29）相乘，则有

$$v_p v_g = v^2 \tag{3.7.30}$$

由上面分析知，求出 v_p 和 v_g 关键在于求出 $\cos\theta$，下面讨论怎么计算相速度和能速群速度。

3. 相速度 v_p 和相波长 λ_p

导行波的相速度是指某种模式的电磁波的等相位面沿着传播方向的传播速度，记为 v_p。由等相位面方程（$\omega t-\beta z=$ 常数）很易求得相速度为

$$v_p=\frac{\omega}{\beta} \tag{3.7.31}$$

导行波的相波长是指某种模式的电磁波的等相位面在一个信号周期内沿轴向传播的距离，又称波导波长，记为 λ_p。其值为

$$\lambda_p=v_pT=\frac{\omega}{\beta}\frac{1}{f}=\frac{2\pi}{\beta} \tag{3.7.32}$$

又由式（3.7.16）可得

$$\beta=\sqrt{\left(\frac{2\pi}{\lambda}\right)^2-\left(\frac{2\pi}{\lambda_c}\right)^2}=\frac{2\pi}{\lambda}\sqrt{1-\left(\frac{\lambda}{\lambda_c}\right)^2}=k\sqrt{1-\left(\frac{\lambda}{\lambda_c}\right)^2} \tag{3.7.33}$$

将式（3.7.33）代入式（3.7.31）和式（3.7.32）便得

$$v_p=\frac{\omega}{\beta}=\frac{\lambda f}{\sqrt{1-\left(\frac{\lambda}{\lambda_c}\right)^2}}=\frac{v}{\sqrt{1-\left(\frac{\lambda}{\lambda_c}\right)^2}}>v \tag{3.7.34}$$

$$\lambda_p=\frac{2\pi}{\beta}=\frac{\lambda}{\sqrt{1-\left(\frac{\lambda}{\lambda_c}\right)^2}}>\lambda \tag{3.7.35}$$

式（3.7.34）和式（3.7.35）中 v 和 λ 分别为平面电磁波在无限大理想媒质中的相速度和相波长（即 TEM 波的相速度和相波长，也即理想介质中电磁波的速度和波长），λ 也称为工作波长。若波导中填充介质为空气介质，则 $v=v_0$、$\lambda=\lambda_0$，其中 v_0 和 λ_0 分别表示电磁波在自由空间中的速度和波长。

4. 群速度

由前面分析可知波导系统中的 TE 模和 TM 模的相速度均大于光速，它是表示等相位面传播的速度，并不表示能量的传输速度。代表能量的传播的速度是能速 v_g，又称群速度。

由式（3.7.29）和式（3.7.34）得

$$\cos\theta=\sqrt{1-\left(\frac{\lambda}{\lambda_c}\right)^2}$$

再由式（3.7.28）得

$$v_g=v\cos\theta=v\sqrt{1-\left(\frac{\lambda}{\lambda_c}\right)^2} \tag{3.7.36}$$

另外，对群速度的求解也可以按照其在电磁波中的定义进行分析。

在电磁波中，将群速定义为

$$v_g=\frac{d\omega}{d\beta} \tag{3.7.37 a}$$

式中：$\beta^2=\omega^2\mu\varepsilon-k_c^2$，所以

$$\omega=\sqrt{\frac{\beta^2+k_c^2}{\mu\varepsilon}} \tag{3.7.37 b}$$

将式（3.7.37 b）对 β 求导，即得

$$v_g = \frac{d\omega}{d\beta} = \frac{1}{\sqrt{\mu\varepsilon}} \frac{\beta}{\sqrt{\beta^2 + k_c^2}} = v\sqrt{1 - \left(\frac{\lambda}{\lambda_c}\right)^2} \tag{3.7.38 a}$$

若波导系统内填充的媒质为空气，则

$$v_g = v_0\sqrt{1 - \left(\frac{\lambda}{\lambda_c}\right)^2} < v_0 \tag{3.7.38 b}$$

式中：v_0 为光速，表明群速度（实际信号速度）小于光速。

由式（3.7.34）和式（3.7.38a）可知，在波导系统中，TE 和 TM 模的相速度和群速度都是频率的函数，因此 TE 模和 TM 模均为色散波。相速度、群速度与光速和频率的关系如图 3.7.4 所示。

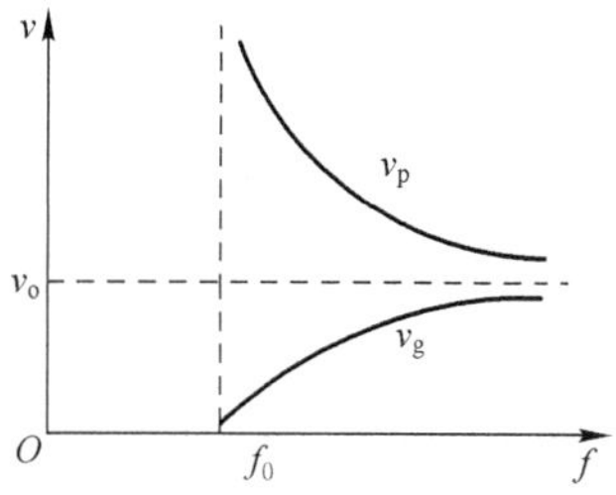

图 3.7.4　相速度及群速度与光速和频率的关系

5. 波阻抗

式（3.6.11）和式（3.6.12）分别给出了 TE 模和 TM 模的波阻抗计算公式，再由式（3.7.33）可得

$$Z_H = \frac{\omega\mu}{\beta} = \frac{\omega\mu}{k\sqrt{1 - \left(\frac{\lambda}{\lambda_c}\right)^2}} = \frac{\eta}{\sqrt{1 - \left(\frac{\lambda}{\lambda_c}\right)^2}} > \eta \tag{3.7.39}$$

$$Z_E = \frac{\beta}{\omega\varepsilon} = \frac{k\sqrt{1 - \left(\frac{\lambda}{\lambda_c}\right)^2}}{\omega\varepsilon} = \eta\sqrt{1 - \left(\frac{\lambda}{\lambda_c}\right)^2} < \eta \tag{3.7.40}$$

式（3.7.39）和式（3.7.40）中：$\eta = \sqrt{\frac{\mu}{\varepsilon}}$为理想介质中 TEM 波的波阻抗，若介质为空气，则 $\eta = \eta_0 = 120\pi\ \Omega$。

对于 TE_{10}模，将 $\lambda_c = 2a$ 代入式 3.7.39，可得 TE_{10}模的波阻抗为

$$Z_{TE_{10}} = \frac{\eta}{\sqrt{1 - \left(\frac{\lambda}{2a}\right)^2}} \tag{3.7.41}$$

由式（3.7.41）可知，TE_{10}模的波阻抗仅和波导宽壁尺寸 a 及波导内填充的媒质特性有关，而和波导的窄壁尺寸 b 无关。这表明矩形波导的宽壁尺寸 a 相同而窄壁尺寸 b 不同的两段波导的波阻抗相等，但将这两段矩形波导直接相连时，显然由于两段波导的尺寸不等也会产生反射，因此利用波阻抗的概念来处理不同尺寸波导相连时的匹配问题是不合适的。对于处理这类问题，必须引入波导的等效阻抗的概念。TE_{10}模等效阻抗的经验计算公式为

$$Z_e = \frac{b\eta}{a\sqrt{1 - \left(\frac{\lambda}{2a}\right)^2}} = \frac{b}{a} Z_{TE_{10}} \tag{3.7.42}$$

3.7.3　矩形波导中传输模式的场结构

场结构图是指用电力线（实线）和磁力线（虚线）的疏密分别来表示电场和磁场的强弱的分布图。不同模式有不同的场结构图。下面分别讨论矩形波导中 TE 模和 TM 模的场结构图，重点讨论 TE_{10}模的场结构。

1. TE 模场结构

TE 模中 TE_{10}模的场结构最简单，而且通过对它的场结构的讨论，可以归纳出波导内场结构

分布的一般规律。因此我们重点讨论 TE_{10} 模场结构图。在讨论时，首先得出 TE_{10} 模的场分布数学表达式，然后根据表达式分别讨论电场和磁场的分布图，最后把两者结合在一起即可得到 TE_{10} 模的场结构图。

只要令式（3.7.15）中 $m=1$ 和 $n=0$，并乘以相位因子 $e^{-j\beta z}$ 便可得到 TE_{10} 模场分布表达式

$$\begin{cases} H_z = H_0 \cos\dfrac{\pi x}{a} e^{-j\beta z} \\ H_x = j\dfrac{k}{k_c^2} H_0 \dfrac{\pi}{a} \sin\dfrac{\pi x}{a} e^{-j\beta z} \\ E_y = -j\dfrac{\omega\mu}{k_c^2} H_0 \dfrac{\pi}{a} \sin\dfrac{\pi x}{a} e^{-j\beta z} \\ E_x = E_z = H_y = 0 \end{cases} \tag{3.7.43}$$

由式（3.7.43）可以看出，TE_{10} 模只有 E_y、H_x 和 H_z 三个场分量，因此电场只分布在矩形波导的横截面内，而磁场在平行上下底边的平面（xOz 平面）内自成闭合曲线，仍满足 $E \perp \boldsymbol{H}$。它们在 $+z$ 方向均为行波分布，且以相速度 $v_p = \omega/\beta$ 向 $+z$ 方向传播。

要画出 TE_{10} 具体的场结构，还要对式（3.7.43）进行详细的分析，其中 TE_{10} 模的电场只有 E_y 一个分量，其振幅正比于 $\sin(\pi x/a)$，与 y 无关，即 E_y 分量振幅沿 x 方向呈正弦分布，沿 y 方向无变化。若用电力线的疏密表示 E_y 的强弱，则在宽壁中央电力线最密，向两边逐渐稀疏；由于 E_y 分量表达式中带有负号，因此电力线指向 $-y$ 方向；E_y 表达式中有传播因子 $e^{-j\beta z}$，故沿 z 方向是行波分布。因此，在某一个瞬间电场 E_y 分布图如图 3.7.5 所示。

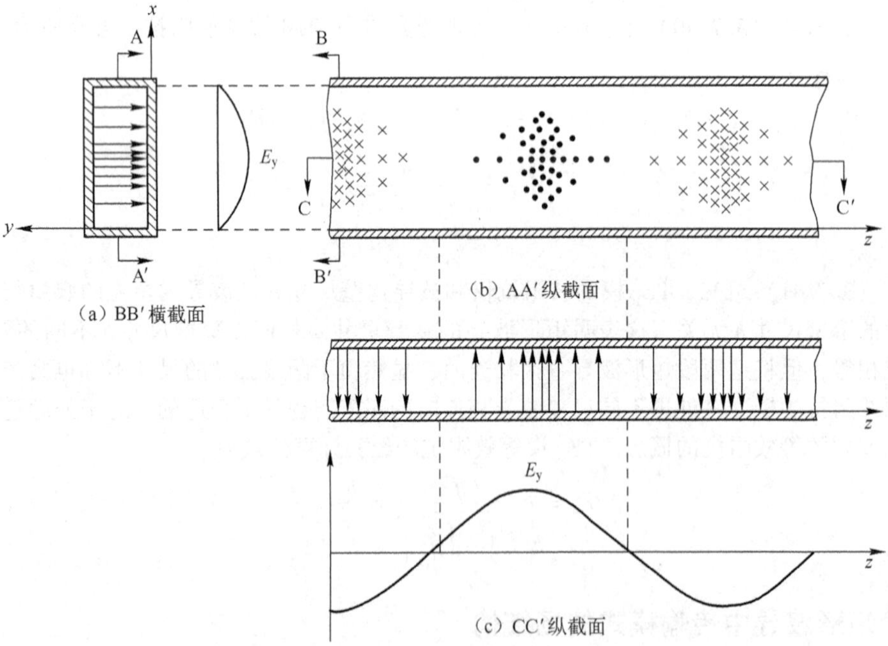

图 3.7.5　某一个瞬间电场 E_y 分布图

由式（3.7.43）可知，TE_{10} 模的磁场只有 H_x 和 H_z 分量，而且 H_z 正比于 $\cos(\pi x/a)$，H_x 正比于 $\sin(\pi x/a)$。因此 H_z 沿 x 方向呈余弦函数变化，H_x 沿 x 方向呈正弦函数变化，即表示 H_z 的磁力线在宽边的两边最密，并向宽壁中央逐渐稀疏，而表示 H_x 的磁力线在宽边的中央最密，并向

两边逐渐变稀直至零；由于 H_x 比 H_z 多一个 $e^{j90^\circ}=j$ 因子，因此在同一个 z 处，H_x 超前 H_z 相位为 90°，即在同一个 z 处，H_x 的最大值比 H_z 的最大值提前 1/4 周期出现；由于沿 z 方向为行波，因此在 $T/4$ 时间内，波应沿 z 方向传播了 $\lambda_p/4$，故在 z 方向 H_x 最大值位置比 H_z 最大值位置超前 $\lambda_p/4$（也即正弦波的 $\pi/2$ 相位），H_x 和 H_z 的分布与 y 无关，即磁力线沿 y 方向均匀分布。

综上所述，TE_{10} 模的磁场分布的结构图如图 3.7.6（b）所示。由图可见其 DD' 纵剖面上磁力线自成封闭曲线，类似于椭圆分布。图 3.7.6（c）表示 E_y、H_x 及 H_z（在 $x=a$ 处）三个场分量之间的相位关系。

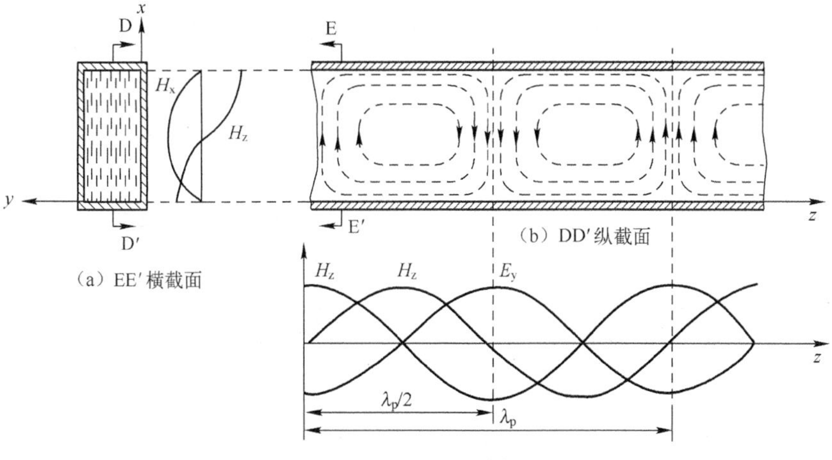

图 3.7.6　磁场分布的结构图及三个场分量的相位关系图
（实线表示电场、虚线表示磁场）

将电场分布的结构图与磁场分布的结构图结合在一起，并考虑 E_y、H_x 及 H_z 之间的相位关系，即可得到 TE_{10} 模完整的场结构图，如图 3.7.7 所示。由图 3.7.7 可见，场的各个分量沿宽边 a 只变化一次，即有一个半驻波分布，是沿窄边 b 均匀分布，这是因为 $m=1$ 及 $n=0$ 的缘故，故 m 表示场分布沿波导宽边方向的半驻波个数，n 表示场分布沿波导窄边方向的半驻波个数。可见 TE_{20}、TE_{30}、…、TE_{m0} 等模式的场分布沿波导宽边 a 分别有 2 个、3 个、…、m 个 TE_{10} 模的场结构的基本单元；而沿窄边 b 场分布为均匀分布。图 3.7.8（a）、（b）分别表示 TE_{20} 模和 TE_{30} 模在横截面上的场结构图。

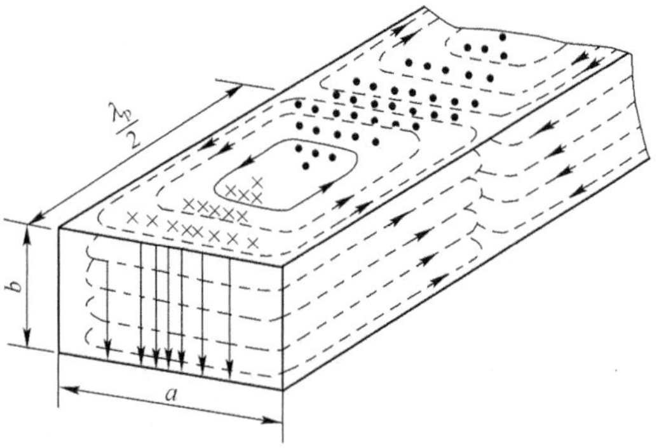

图 3.7.7　TE_{10} 模完整的场结构图

TE_{01} 模的场分布沿着宽边 a 没有变化，而沿着波导窄边 b 只有一个半驻波分布，即只要将 TE_{10} 模的场结构图的极化面向波导的轴向旋转 90°，即可得到 TE_{01} 模的场结构图，同

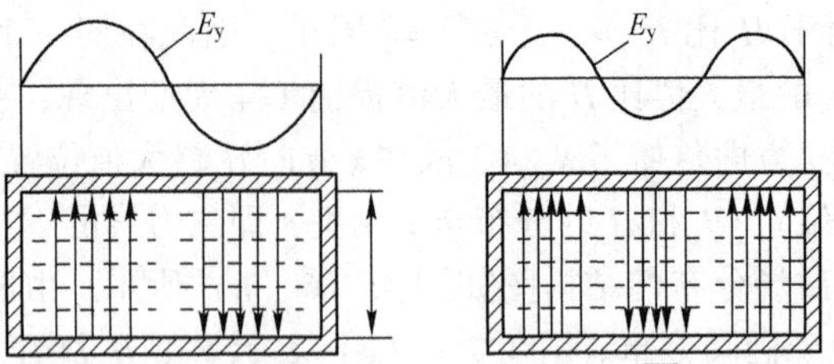

TE_{20}
（a）

TE_{30}
（b）

图 3.7.8　TE_{20}模和TE_{30}模在横截面上的场结构图

理，TE_{02}模、TE_{03}模、…、TE_{0n}模的场分布沿波导宽壁 a 无变化，而沿窄壁 b 分别有 2 个、3 个、…、n 个 TE_{01}模的场结构基本单元。图 3.7.9（a）、（b）分别表示 TE_{02}和 TE_{03}模的场结构图。

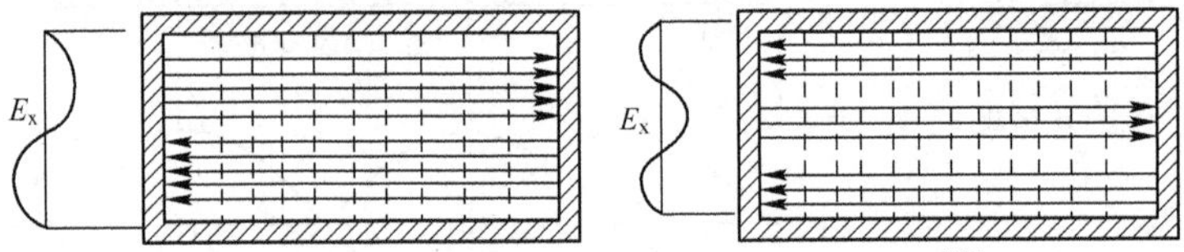

TE_{02}
（a）

TE_{03}
（b）

图 3.7.9　TE_{02}和 TE_{03}模的场结构图

TE_{11}模的场结构沿着波导宽壁和窄壁都有一个半驻波分布，而且电力线一定分别垂直于波导的宽壁和窄壁，如图 3.7.10（a）所示。同理，TE_{mn}模的场分布沿宽壁 a 和窄壁 b 分别有 m 个和 n 个 TE_{11}模场结构图的基本单元。图 3.7.10（b）表示了 TE_{21}模在波导横截面内的场结构图。

由此可见，只要掌握 TE_{10}、TE_{01}和 TE_{11}模的场结构图，则所有 TE_{mn}模的场结构就完全了解了。

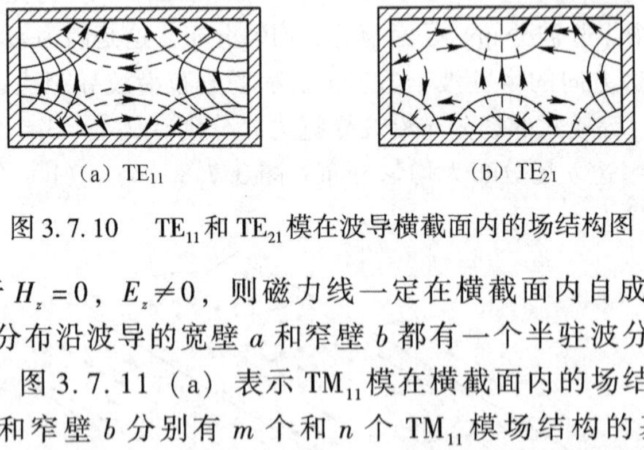

（a）TE_{11}

（b）TE_{21}

图 3.7.10　TE_{11}和 TE_{21}模在波导横截面内的场结构图

对于 TM 模，由于 $H_z=0$，$E_z\neq0$，则磁力线一定在横截面内自成闭合曲线。其最低模式为 TM_{11}模，它的场分布沿波导的宽壁 a 和窄壁 b 都有一个半驻波分布，即磁场在横截面内只有一组闭合曲线。图 3.7.11（a）表示 TM_{11}模在横截面内的场结构图。同理，TM_{mn}的场分布沿波导宽壁 a 和窄壁 b 分别有 m 个和 n 个 TM_{11}模场结构的基本单元。图 3.7.11（b）表示 TM_{21}模在波导模截面内的场结构图。只要掌握 TM_{11}模的场结构图，所有 TM_{mn}模的场结构图就全部了解了。

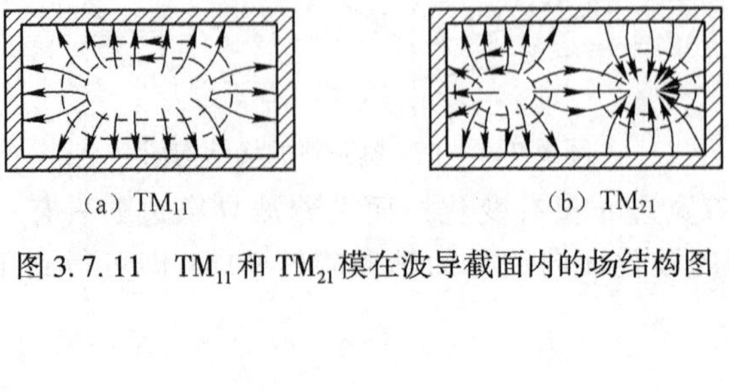

（a）TM_{11}

（b）TM_{21}

图 3.7.11　TM_{11}和 TM_{21}模在波导截面内的场结构图

从前面给出的场结构图可以看出，波导内的场结构图必须遵守下列规则：波导壁上只有电场的法向分量和磁场的切向分量；电力线和磁力线一定相互垂直；磁力线一定是闭合曲线；电力线和磁力线的方向和波的传播方向一定满足右手螺旋法则。

掌握波导中各种模式的场结构图有非常重要的实际意义。正确的设计和合理使用波导元件、选择合理的耦合和激励方式，都必须了解各种模式的场结构。因此，了解波导中的场结构是分析研究波导中各种问题以及设计波导元件的基础和出发点。

2. 矩形波导中传输模式的管壁电流

当波导内传输电磁波时，波导内壁上将会感应高频电流，这种电流称为管壁电流。假定波导壁是由理想导体构成，理想导体内部无电磁场，即 $E=0$、$H=0$（由趋肤效应可知），由边界条件 $H_{t1}-H_{t2}=J_l$，所以管壁电流只存在于波导的内表面上。

管壁电流是由管壁上磁场的切线分量产生的，它们之间的关系式为

$$\boldsymbol{J}_l=\boldsymbol{n}\times\boldsymbol{H}_{\mathrm{t}} \tag{3.7.44}$$

式中：$\boldsymbol{n}$ 为波导内壁的内法向分量；$\boldsymbol{H}_{\mathrm{t}}$为波导壁上的切向磁场。对如图 3.7.12（a）所示的 $\boldsymbol{n}$ 和 $\boldsymbol{H}_{\mathrm{t}}$，可判断 $\boldsymbol{J}_l$ 方向如图示。式（3.7.44）是在理想导体表面的壁电流和磁场方向的右手螺旋法则的数学表示式。

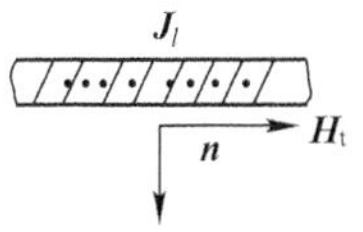

（a）

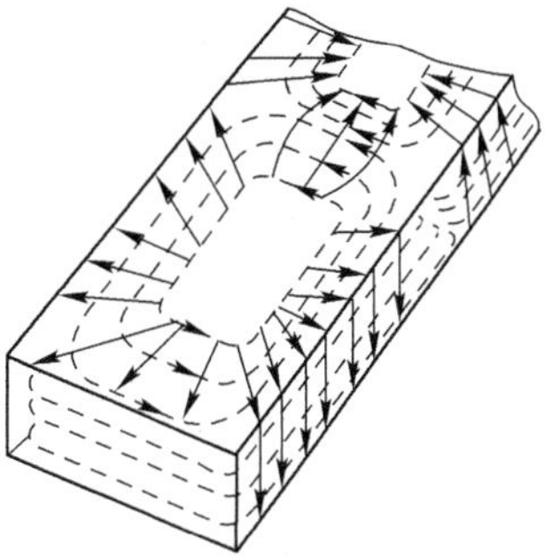
（b）

图 3.7.12　管壁电流分布

下面以矩形波导中 TE_{10}模为例，讨论它的管壁电流分布。根据图 3.7.7 所示的磁场 $\boldsymbol{H}$ 方向，依次由 $\boldsymbol{J}_l=\boldsymbol{n}\times\boldsymbol{H}_{\mathrm{t}}$（右手螺旋关系）判断管壁电流方向，如图 3.7.12（b）所示。这里值得注意的是 $\boldsymbol{n}$ 为各管壁的内法线方向（即垂直管壁指向波导内侧）。

由图 3.7.12（b）明显可以看出，壁电流是以闭合磁力线为中心流入或流出，其流入或流出的方向与闭合磁力线方向满足右手关系，即四指指向闭合磁力线方向、拇指指向电流流出方向。在闭合磁力线的中心，管壁电流有中断现象，似乎电流不连续。实际上除了波导壁上有壁电流以外，在波导内还存在变化电场对应的位移电流。

位移电流与电场的关系为

$$\boldsymbol{J}_{\mathrm{d}}=\frac{\partial \boldsymbol{D}}{\partial t}=\varepsilon\frac{\partial \boldsymbol{E}}{\partial t} \tag{3.7.45}$$

对正弦信号有

$$\frac{\partial \boldsymbol{E}}{\partial t}=\mathrm{j}\omega\boldsymbol{E} \tag{3.7.46}$$

由式（3.7.45）和式（3.7.46）可得

$$\boldsymbol{J}_{\mathrm{d}}=\mathrm{j}\omega\varepsilon\boldsymbol{E} \tag{3.7.47}$$

即位移电流分布与电场分布相似，仅是时间相位上位移电流超前电场 $\pi/2$，因此，只要把电场图形向 z 方向移动 $\lambda_p/4$，便得到位移电流分布图。在考虑到位移电流后，闭合磁力线中心处的导体内部存在的位移电流和波导壁上流过的传导电流满足 $\boldsymbol{J}_d=\boldsymbol{J}_c$，可见在波导宽壁上的壁电流和波导内部空间的位移电流相连接构成全电流。

应用相同方法，可以得到波导中其它模式的壁电流分布，这里不一一分析。

了解波导中不同模式的管壁电流分布后，对于处理各种技术问题和设计波导元件具有指导意义。若需要在波导壁上开槽，但不希望影响原来波导内传输特性或不希望能量向外辐射（即为弱辐射特性，这样的弱辐射槽常用于测量，则开槽位置必须选在不切割管壁电流线的地方（即开槽的长边平行壁电流方向）。例如，对于 TE_{10} 模在波导宽壁中心线上开纵向窄缝，窄壁上开横向窄缝如图 3.7.13（a）所示。相反，若为了取出信号，就需要开强辐射槽，即希望波导内传输的模式的能量向空间产生辐射（如波导的开槽天线），则开槽的位置必须选在切割管壁电流线的地方（即开槽的长边垂直壁电流方向）。例如，对于 TE_{10} 模开槽位置如图 3.7.13（b）所示。

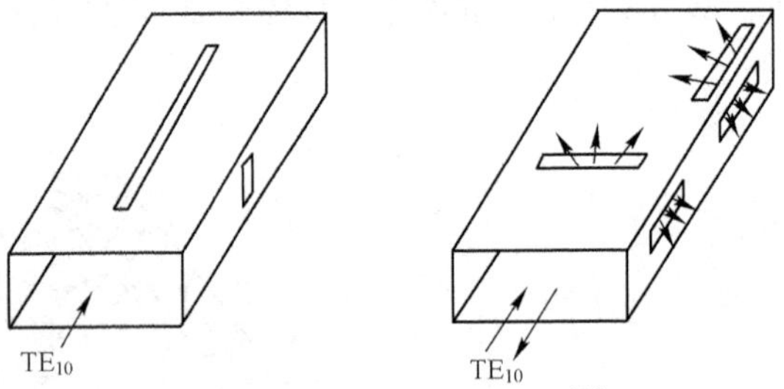

图 3.7.13　波导开槽示意图

3.7.4　矩形波导中传输功率、功率容量及设计尺寸

1. 传输功率

在波导内只有 $+z$ 方向的行波状态下，波导沿纵向的平均传输功率可由波导横截面上的坡印廷矢量的积分求得，即

$$\begin{aligned}P&=\frac{1}{2}\mathrm{Re}\int_S(\boldsymbol{E}_T\times\boldsymbol{H}_T^*)\cdot\mathrm{d}\boldsymbol{S}\\&=\frac{1}{2Z}\int_S|E_T|^2\mathrm{d}S=\frac{Z}{2}\int_S|H_T|^2\mathrm{d}S\\&=\frac{1}{2}\int_0^a\int_0^b(E_xH_y-E_yH_x)\,\mathrm{d}x\mathrm{d}y\end{aligned}\tag{3.7.48}$$

当传输 TE_{10} 模时，$E_x=0$

$$|E_y|=\left|\frac{\omega\mu}{k_c^2}\frac{\pi}{a}H\sin\left(\frac{\pi x}{a}\right)\right|=\left|E_0\sin\left(\frac{\pi x}{a}\right)\right|$$

故

$$\begin{aligned}P&=\frac{1}{2Z_{TE_{10}}}\int_0^a\int_0^b\left|E_0\sin\left(\frac{\pi x}{a}\right)\right|^2\mathrm{d}x\mathrm{d}y\\&=\frac{ab}{4}E_0^2\frac{1}{Z_{TE_{10}}}\end{aligned}\tag{3.7.49}$$

若波导中填充空气介质，则

$$Z_{TE_{10}} = \frac{120\pi}{\sqrt{1 - \left(\frac{\lambda_0}{2a}\right)^2}} \quad (3.7.50)$$

将式（3.7.50）代入式（3.7.49），则有

$$P = \frac{abE_0^2}{480\pi}\sqrt{1 - \left(\frac{\lambda_0}{2a}\right)^2} \quad (3.7.51)$$

式（3.7.51）为空气填充的矩形波导中 TE_{10} 模传输功率的计算公式。

2. 功率容量

波导中最大承受的极限功率称为波导的功率容量。当波导的传输功率超过其功率容量时，将产生“电击穿”现象，这不仅会使波导内壁因局部高热而损坏，且对信号传输而言，该处相当于“短路”，从而造成信号在该处被强烈反射，以致影响波导管的输出功率和安全运行，所以实际应用中，必须设法防止高频击穿现象发生。

波导的功率容量决定于波导媒质的最大耐压值对应的击穿场强最大电场强度。将式（3.7.51）中 E_0 用波导内媒质的击穿电场强度 E_{br} 来代替（对于空气媒质 $E_{br} = 30\ kV/cm$），可得到行波状态下波导传输 TE_{10} 模的功率容量 P_{br}，即

$$P_{br} = \frac{abE_{br}^2}{480\pi}\sqrt{1 - \left(\frac{\lambda_0}{2a}\right)^2} \quad (3.7.52)$$

式（3.7.52）表明，矩形波导的功率容量与波导横截面的尺寸有关，尺寸越大，功率容量越大，如图 3.7.14 所示。由图可见，当 $\lambda/\lambda_c = 0.5$ 时，取单模传输的功率容量为 100%，当 $\lambda/\lambda_c < 0.5$ 时，波导内出现高次模；当 $\lambda/\lambda_c > 0.9$ 时，波导内传输功率会急剧下降；当 $\lambda/\lambda_c = 1$ 时，传输功率为零。

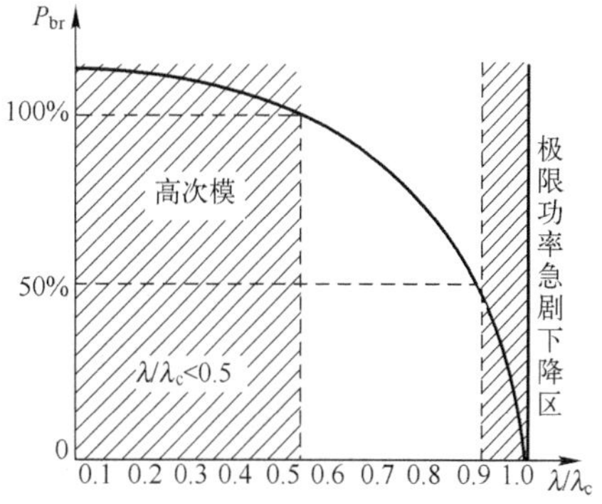

图 3.7.14　波导尺寸与功率容量关系图

考虑到功率容量和单模传输条件，可取 $0.5 < \lambda/\lambda_c < 0.9$。对于主模 TE_{10}，$\lambda_c = 2a$，则有

$$a < \lambda < 1.8a$$

对 BJ－32 型（$a \times b = 72.14 \times 34.04\ mm^2$）的空气波导，若传输波长为 91 mm 的 TE_{10} 模时，利用公（3.7.52）计算出该波导的功率容量为 11300 kW，而相应波长的同轴线的功率容量为 700 kW，可见矩形波导的功率容量比同轴线功率容量大得多，故传输大功率时常采用矩形波导。

上面功率容量的计算公式是在行波状态下导出的，如果波导中存在反射波，则由于驻波波腹点处电场强度的增加而使功率容量减小。在行驻波状态下，矩形波导传输 TE_{10} 模的功率容量为

$$P'_{br} = \frac{ab}{480\pi}\frac{E_{br}^2}{\rho}\sqrt{1 - \left(\frac{\lambda}{2a}\right)^2} \qquad \rho > 1 \quad (3.7.53)$$

由式（3.7.53）可见，实现负载与波导匹配，降低驻波比 ρ，有利于提高功率容量；另一方面，也可以设法提高介质的击穿场强 E_{br} 来提高功率容量，如在波导内充气、保持波导内高真空（避免进入湿气）等。

同时，波导由于加工工艺的不完善而产生的不连续或波导壁的不清洁等将使电场在局部地方集中，从而引起击穿。考虑以上几方面的影响，为了留有余地，波导实际允许传输的功率一般取行波状态下功率容量理论值的 25% ～ 30%。

3. 矩形波导尺寸的设计考虑

波导尺寸的设计是指根据给定的工作波长来确定波导横截面尺寸。设计波导尺寸的原则是：保证在工作频带内只传输一种模式，有效抑制高次模的干扰；损耗和衰减尽量小，保证较高的传输效率；功率容量尽可能大；尺寸尽可能小；制造尽可能简单。

由前面分析知，单模传输的条件为

$$\frac{\lambda}{2} < a < \lambda, \quad 0 < b < \frac{\lambda}{2} \tag{3.7.54}$$

而考虑传输功率尽可能大（远离截至波长，$a \leqslant 0.7\lambda$），衰减尽可能小（要求窄壁尺寸尽可能大，$b = 0.5a$），功率容量要大（$0.6\lambda < a < \lambda$）。兼顾几方面，一般取

$$a = 0.7\lambda, \quad b = (0.4 \sim 0.5)\lambda \tag{3.7.55}$$

当波导的尺寸确定后，波导的工作频带即可确定。由于在截止波长附近，波导的损耗急剧增加，功率容量又急剧下降，因此工作波长不应等于$(\lambda_c)_{TE_{10}}$，一般选工作波长小于$0.8(\lambda_c)_{TE_{10}}$；为了避免出现TE_{20}模，工作波长也不应该等于$(\lambda_c)_{TE_{20}}$，一般选工作波长大于$1.05(\lambda_c)_{TE_{20}}$。因此，矩形波导的工作波长范围为

$$1.05(\lambda_c)_{TE_{20}} < \lambda < 0.8(\lambda_c)_{TE_{10}}$$

即

$$1.05a < \lambda < 1.6a \tag{3.7.56}$$

为了使波导的工作频带加宽，可以采用如图3.7.15所示的脊波导。其中图3.7.15（a）为单脊波导，图3.7.15（b）为双脊波导。这种波导可视为将矩形波导宽边的一边或双边弯折而成。于是相同横截面脊波导的宽边尺寸比矩形波导的宽边长了很多，使脊波导中主模TE_{10}模的截止波长比相同截面的矩形波导的主模TE_{10}模的截止波长长，而脊波导中TE_{20}模和TE_{30}模的截止波长却比相同截面的矩形波导的对应模式的截止波长短，从而使得脊波导的单模工作频带加宽；另外，脊波导的等效阻抗也较低，适用于做阻抗变换过渡。不利的是脊波导的功率容量降低，损耗增加，而且加工不方便，因此其使用受到一定限制。

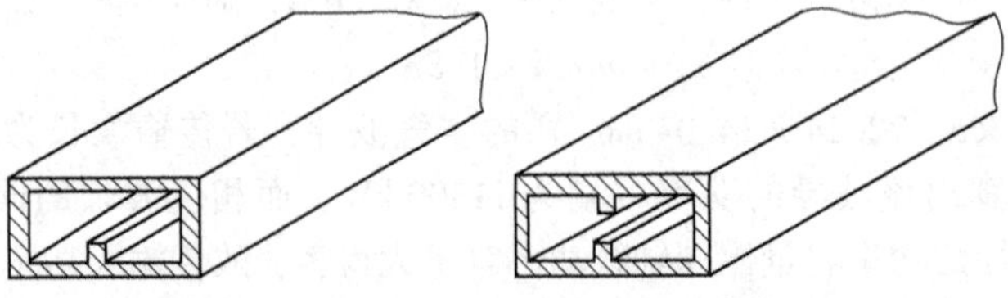

（a）　　　　（b）

图3.7.15　脊波导结构示意图

3.8　圆　波　导

波导横截面为圆形的波导称为圆波导。它具有损耗较小和双极化的特性，常用于天线馈线中，也可作较远距离的传输线，并广泛用作微波谐振腔。

圆波导的分析方法与矩形波导相似：首先求解纵向场分量E_z（或H_z）的波动方程，求出E_z（或H_z）的通解，并根据边界条件求出它的特解；然后利用横向场与纵向场的关系式，求得所有场分量的表达式；最后根据表达式讨论它的截止特性、传输特性和场结构。

由于波导横截面为圆形，故采用圆柱坐标系来分析比较方便，如图 3. 8. 1 所示。利用圆柱坐标系内电磁场的两个旋度方程可以导出圆波导内场强的横向分量与纵向分量的关系式

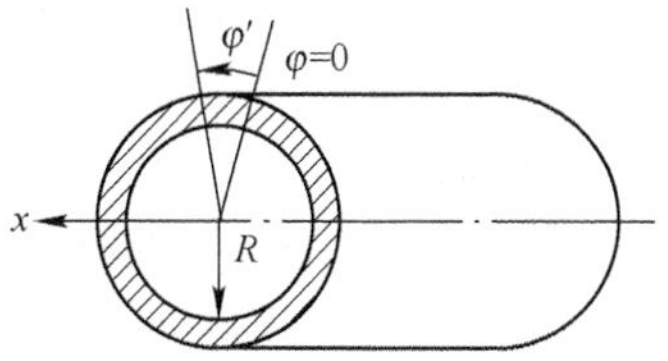

图 3. 8. 1　圆柱坐标系下的圆波导

$$\begin{cases} E_r = \dfrac{-\mathrm{j}\beta}{k_c^2}\left(\dfrac{\partial E_z}{\partial r} + \dfrac{\omega\mu}{\beta}\dfrac{\partial H_z}{r\,\partial\varphi}\right) \\ E_\varphi = \dfrac{\mathrm{j}\beta}{k_c^2}\left(-\dfrac{1}{r}\dfrac{\partial E_z}{\partial\varphi} + \dfrac{\omega\mu}{\beta}\dfrac{\partial H_z}{r\,\partial\varphi}\right) \\ H_r = \dfrac{\mathrm{j}\beta}{k_c^2}\left(\dfrac{\omega\varepsilon}{\beta}\dfrac{\gamma\,\partial E_z}{\partial\varphi} - \dfrac{\partial H_z}{\partial r}\right) \\ H_\varphi = \dfrac{-\mathrm{j}\beta}{k_c^2}\left(\dfrac{\omega\varepsilon}{\beta}\dfrac{\partial E_z}{\partial\gamma} + \dfrac{\partial H_z}{r\,\partial\varphi}\right) \end{cases} \tag{3.8.1}$$

1. 圆波导中的场分布

采用与矩形波导相类似的分析方法，分别求出圆波导中 TM 模与 TE 模的场分布。同样，圆波导中可能存在无穷多个模式，分别用 TM_{mn} 模和 TE_{mn} 模表示，其中下标 $m=0$、1、2…表示场沿半圆周方向的半驻波数，下标 $n=1$、2…表示场沿半径方向的半驻波数。

根据场分布和边界条件，可分别求出 TM 模和 TE 模的截止波长 λ_c 与圆波导半径 R 的关系式。表 3. 8. 1 列出了几种 TM 模与 TE 模的 λ_c 值。

表 3. 8. 1　圆波导中几种模式的截止波长 λ_c 值（R 为波导半径）

模　式	λ_c 值	模　式	λ_c 值
TE_{11}	3. 41R	TM_{02}	1. 14R
TM_{01}	2. 62R	TE_{22}	0. 94R
TE_{21}	2. 06R	TM_{12}，TE_{02}	0. 90R
TM_{11}，TE_{01}	1. 64R	TE_{22}	0. 75R
TE_{31}	1. 50R	TM_{13}	0. 74R
TM_{21}	1. 22R	TE_{03}	0. 72R
TE_{12}	1. 18R	TM_{13}，TE_{03}	0. 62R

将表 3. 8. 1 的各种模式按照截止波长的长短排列，可得到圆波导内不同模式的截止波长分布图，如图 3. 8. 2 所示。由图可见，TE_{11} 模的截止波长最长 $\lambda_c=3.41R$，故 TE_{11} 模为圆波导的主模，其他模式均为高次模，其中第一高次模为 TM_{01} 模，它的截止波长 $\lambda_c=2.62R$，因此，保证圆波导单模传输的条件为

$$2.62R < \lambda < 3.41R \tag{3.8.2}$$

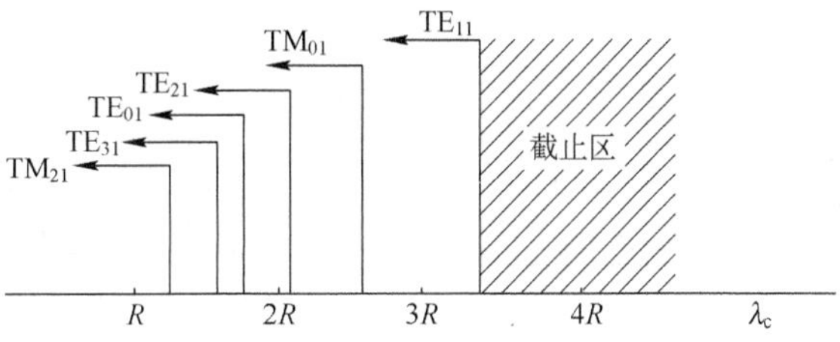

图 3. 8. 2　圆波导的截止波长分布图

由表 3.8.1 可以看出，TM_{11} 和 TE_{01}、TM_{12} 和 TE_{02}、TM_{13} 和 TE_{03}…的截止波长分别相等，这些截止波长相等的模式称为简并模，但其场分布不相同。在圆波导中还有一种场分布形状相同、传输特性也相同的简并模，只是它们的极化面相互垂直称为极化简并模，除了 TM_{1n} 和 TE_{0n} 模拟外，每种 TM_{mn} 和 TE_{mn} 本身都有在这种极化简并现象。

圆波导中 TM 模和 TE 模的波阻抗、相速度、相波长和能速度的计算公式分别与矩形波导相应公式相似，唯一不同的是截止波长 λ_c 的计算公式。圆波导中截止波长 λ_c 的计算公式为

$$\begin{cases}(\lambda_c)_{TM_{mn}} = \dfrac{2\pi R}{\mu_{mn}} \\ (\lambda_c)_{TE_{mn}} = \dfrac{2\pi R}{v_{mn}}\end{cases} \tag{3.8.3}$$

式中：v_{mn} 和 μ_{mn} 分别为 m 阶贝塞尔函数和 m 阶贝塞尔函数导数的第 n 个根。

2. 圆波导中 3 个主要模式

圆波导中有无限多个模式存在，最常用的 3 个主要模式为 TE_{11}、TE_{01} 和 TM_{01} 模。下面分别介绍这 3 种模式的特点和它的应用。

1）TE_{11} 模（$\lambda_c = 3.41R$）

TE_{11} 模的场结构图如图 3.8.3 所示。图 3.8.3（a）为横截面上的电磁场分布图，图 3.8.3（b）为纵截面上的电场分布，图 3.8.3（c）为波导壁上的壁电流分布图。

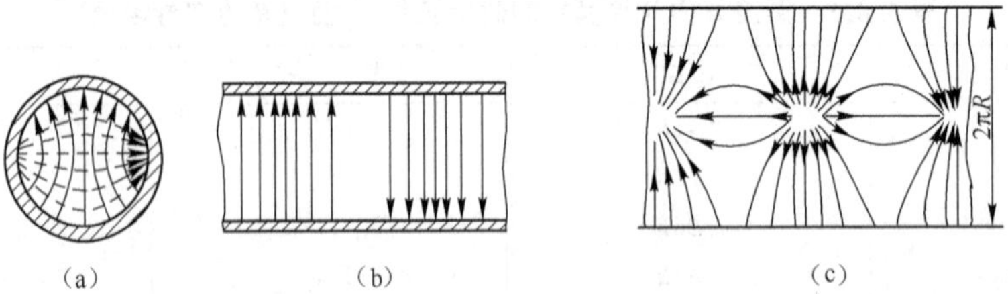

图 3.8.3　TE_{11} 模的场结构分布图

由图 3.8.3 可见，圆波导中 TE_{11} 模的场分布和矩形波导中 TE_{10} 模的场分布很相似，因此圆波导中 TE_{11} 模很容易通过矩形波导中 TE_{10} 模过渡得到，而且 TE_{11} 模的截止波长最长，容易实现单模传输。因此，圆波导的极化衰减器、波型变换器和铁氧体环形器均采用 TE_{11} 模作为工作模式，但由于 TE_{11} 模存在极化简并模，故不宜用来作为远距离传的的工作模式。

2）TE_{01} 模（$\lambda_c = 1.64R$）

TE_{01} 模的场结构如图 3.8.4 所示。图 3.8.4（a）为横截面上的电磁场分布图，图 3.8.4（b）

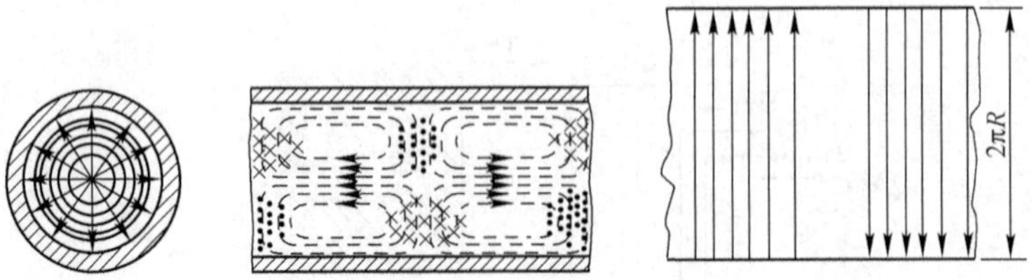

图 3.8.4　TE_{01} 模的场结构分布图

为纵截面上电磁场分布图，图 3.8.4（c）为波导壁上的壁电流的分布图。

由图可见，TE_{01}模的电场只存在 E_φ 分量，且在 $r=0$ 和 R 处，$E_\varphi=0$ 在波导壁上只有磁场的 H_z分量，故在壁上只有 J_φ 电流，且随频率的升高而减少，从而 TE_{01}模的导体损耗随频率升高而降低。因此，TE_{01}模常作为高品质因数谐振腔和远距离毫米波传输线的工作模式。另外，由于它是圆电模，也可作为连接元件和天线馈电系统的工作模式。但由于它不是主模，因此该模式作为工作模式时，必须设法抑制其它模式。

3）TM_{01}模（$\lambda_c=2.62R$）

TM_{01}模的场结构图如图 3.8.5 所示。图 3.8.5（a）为横截面上的电磁场分布图，图 3.8.5（b）为纵截面上的电磁场分布图，图 3.8.5（c）为波导壁上的壁电流分布图。由图 3.8.5 可见，磁场只有 H_φ 分量，是具有轴对称分布的圆磁场；电场有 E_z 分量，是在 $r=0$ 处 E_z 最大；壁电流只有纵向分量 J_z。因此，TM_{01}模具适用于微波天线馈线旋转铰链的工作模式。由于它具有 E_z 分量，便于和电子交换能量，可作电子直线加速器中的工作模式。但由于它的管壁电流具有纵向电流，故必须采用抗流结构的连接方式。

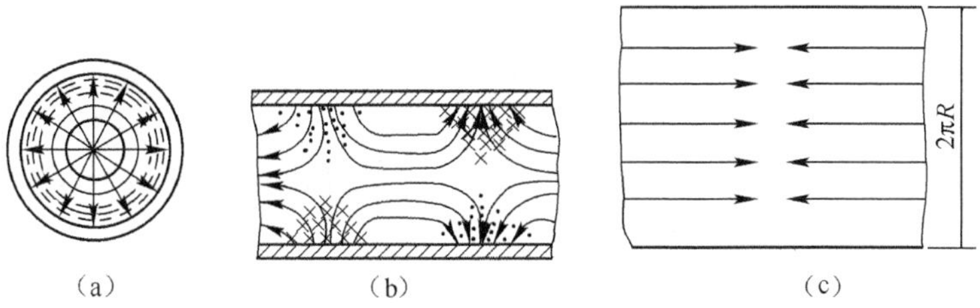

图 3.8.5　TM_{01}模的场结构图

3.9　计算机仿真分析

——矩形波导内 TE_{mn}模的电磁场结构 MATLAB 传真

仿真程序：

```
clear;
a = input( 尺寸宽边 );                    % 矩形波导尺寸 a
b = input( 尺寸窄边 );                    % 矩形波导尺寸 b
m = input( m' );                          % TEMmn 模工作模式设定
n = input( n' );
d = input( 采样精度 );                    % 采样精度
Hm = input( 幅值 );                       % Hz 的幅值,可以为任意值
f = input( 工作频率 );                    % 矩形波导的工作频率
t = input( 波传播时刻 );                  %  波传播 t 时刻的场结构图
lc = 2 * ((m/a)^2 + (n/b)^2)^0.5;         % TEMmn 截止波长
l = 3 * 10^8/f;                           % 波的工作波长
lg = l/((1 - (l/lc)^2)^0.5);              % 波导的波长
c = lg;                                   % 传输方向,取波导传播的方向
```

```
B = 2 * pi/lg;                                    % 相位常数的计算β = 2 * p_i/λ_g
w = B/(3 * 10^8);                                 % 角频率的计算
u = 4 * pi * 10^(-7);                             % 内环最内层的电流值

if(l > lc)
    return;  % 若工作波长大于截止波长,波不沿波导传播,则返回;
else
    x = 0:a/d:a;                                  % x 轴方向的常分量,精度为 a/d
    y = 0:b/d:b;                                  % y 轴方向的常分量,精度为 b/d
    z = 0:c/d:c;                                  % z 轴方向的常分量,其精度为 c/d
    [x1,y1,z1] = meshgrid(x,y,z);% 三维空间图形绘制采样点函数
Hx = -B. * a. * Hm. * sin(m * pi. /a. * x1). * cos(n * pi * y1. /b). * sin(w * t - B. * z1). /pi;
                                                  % 磁场在 x 轴上的分布函数
Hy = -B. * a. * Hm. * cos(m * pi * x1. /a). * sin(n * pi * y1. /b). * sin(w * t - B. * z1);
                                                  % 磁场在 y 轴上的分布函数
Hz = Hm. * cos(m * pi * x1. /a). * cos(n * pi * y1. /b). * cos(w * t - B * z1);
                                                  % 磁场在 z 轴上的分布函数
% figure;
quiver3(z1,x1,y1,Hz,Hx,Hy','b');                  % 绘制三维图以及线的颜色为深蓝色
xlabel('传输方向');
ylabel('波导宽边 a');
zlabel('波导窄边 b');
hold on;                                          % 继续
x2 = x1 - 0.001;                                  % 画 x2 图的与 x1 的间隔为 0.001
y2 = y1 - 0.001;
z2 = z1 - 0.001;
Ex = -w. * u. * a. * Hm. * cos(m * pi. /a. * x2). * sin(n * pi. /b. * y2). * sin(w * t - B. * z2). /pi;
                                                  % 电场在 y 轴上的分布函数
Ey = w. * u. * a. * Hm. * sin(m * pi. /a. * x2). * cos(n * pi. /b. * y2). * sin(w * t - B. * z2). /pi;
                                                  % 电场在 y 轴上的分布函数
Ez = zeros(size(z2));            % 电场在 z 轴上的函数,产生以 0 开始的矩阵,E_z = 0
% figure;
quiver3(z2,x2,y2,Ez,Ex,Ey','r');  % 画三维图形电场的分布图颜色为红色
xlabel('传输方向');
ylabel('波导宽边 a');
zlabel('波导窄边 b');
hold off;                                         % 结束
end
```

仿真结果如图 3.9.1 和图 3.9.2 所示。

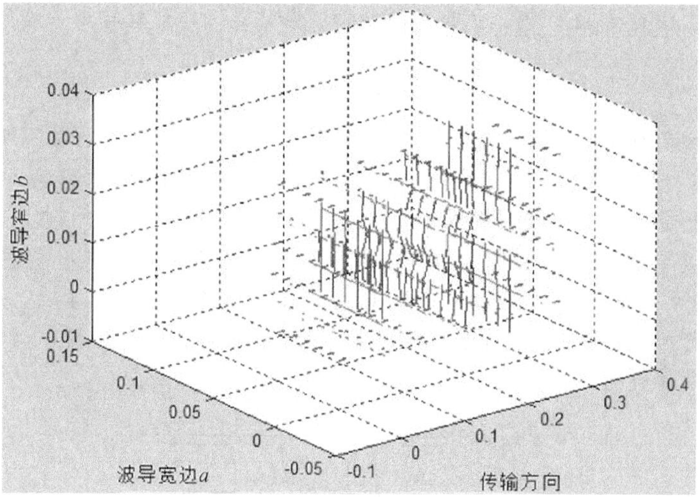

图 3.9.1　TE_{10}模矩形波导块结构仿真图

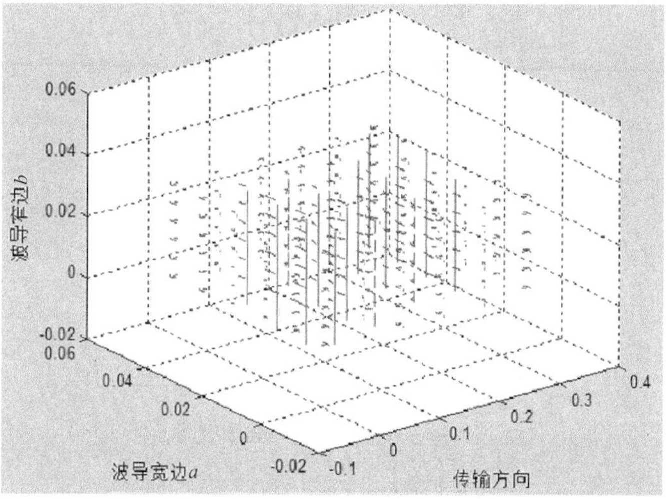

图 3.9.2　TE_{02}模矩形波导块结构仿真图

小　　结

1. 同轴线的主模是 TEM 模，保证单模传输的条件是工作波长与同轴线尺寸应满足关系

$$\lambda > \lambda_c(E_{11}) = \pi(a+b)$$

2. 带状线的主模是 TEM 模，保证单模传输的条件是工作波长与带状线尺寸应满足关系

$$w < \frac{\lambda_{\min}}{2\sqrt{\varepsilon_r}}, \quad b < \frac{\lambda_{\min}}{2\sqrt{\varepsilon_r}}$$

其特性阻抗与分布电容的关系为

$$Z_0 = \frac{1}{v_p C_1}$$

3. 微带线的主模是准 TEM 模，保证单模传输的条件是工作波长与微带线尺寸应满足关系

$$w \leqslant \frac{\lambda_{\min}}{2\sqrt{\varepsilon_r}}, \quad h \leqslant \frac{\lambda_{\min}}{2\sqrt{\varepsilon_r}}, \quad h \leqslant \frac{\lambda_{\min}}{4\sqrt{\varepsilon_r - 1}}$$

4. 耦合传输线的分析方法常采用奇、偶模参量法，耦合带状线中的奇、偶模均匀 TEM 模，用静态场方法求奇、偶模电容，最后求奇、偶模阻抗和相速度。耦合微带线中，奇、偶模均为准 TEM 模，用准静态场方法求奇、偶模电容，最后求奇、偶模阻抗和相速度。

5. 空心金属波导中只能传输 TE 模或 TM 模，不能传输 TEM 模。其分析主法为：求解满足金属波导边界条件的纵向方程（TE 模的$\nabla_T^2 H_z + k_c^2 H_z = 0$ 或 TM 模的$\nabla_T^2 E_z + k_c^2 E_z = 0$）即可得出纵向量 H_z、E_z，再代入纵横关系式 3.6.7 式，即可得出金属波导内的电磁场。

6. 金属波导的传输条件是 $\lambda > \lambda_c$ 或 $f > f_c$，传输特性有：

相速度

$$v_p = \frac{\omega}{\beta} = \frac{\lambda f}{\sqrt{1 - \left(\frac{\lambda}{\lambda_c}\right)^2}} = \frac{v}{\sqrt{1 - \left(\frac{\lambda}{\lambda_c}\right)^2}} > v$$

相波长

$$\lambda_p = \frac{2\pi}{\beta} = \frac{\lambda}{\sqrt{1 - \left(\frac{\lambda}{\lambda_c}\right)^2}} > \lambda$$

群速度

$$v_g = v_0\sqrt{1 - \left(\frac{\lambda}{\lambda_c}\right)^2} < v_0$$

$$Z_H = \frac{\omega\mu}{\beta} = \frac{\omega\mu}{k\sqrt{1 - \left(\frac{\lambda}{\lambda_c}\right)^2}} = \frac{\eta}{\sqrt{1 - \left(\frac{\lambda}{\lambda_c}\right)^2}} > \eta$$

波阻抗

$$Z_E = \frac{\beta}{\omega\varepsilon} = \frac{k\sqrt{1 - \left(\frac{\lambda}{\lambda_c}\right)^2}}{\omega\varepsilon} = \eta\sqrt{1 - \left(\frac{\lambda}{\lambda_c}\right)^2} < \eta$$

截止波长

$$\lambda_c = \frac{2}{\sqrt{\left(\frac{m}{a}\right)^2 + \left(\frac{n}{b}\right)^2}} \text{（矩形波导）}$$

$$(\lambda_c)_{TE} = \frac{2\pi R}{\mu_{mn}}, \quad (\lambda_c)_{TM} = \frac{2\pi R}{v_{mn}} \text{（圆波导）}$$

7. 波导中存在沿金属管壁流动的壁电流，垂直切割壁电流的开槽具有较强的电磁辐射能力，可用作开槽天线；沿着壁电流切割的开槽只能辐射较弱的电磁波，一般用于测量开槽。

习　题

3.1　波导为什么不能传输 TEM 波？

3.2　矩形波导中的 λ_c 与 λ_g，ν_p 与 ν_g 有什么区别与联系？它们与哪些因素有关？

3.3　何谓 TEM 波、TE 波、TM 波？其波阻抗和自由空间波阻抗有什么关系？

3.4　矩形波导的横截画尺寸为 $a = 25$ mm，$b = 10$ mm，传输频率为 10 GHz 的 TE_{10} 波，求截止波长 λ_c、波导波长 λ_g、相速 ν_p 和波阻抗 Z_{TE}。如果频率稍微增大，上述参量如何变化？如果波导尺寸 a 或 b 发生变化，上述参量如何变化？

3.5　矩形波导的尺寸为 $a \times b = 23 \times 10\ \text{mm}^2$，工作中心频率为 $f_0 = 9375\ \text{MHz}$，求单模工作的频率范围 $f_{\min} \sim f_{\max}$ 及中心频率对应的波导波长 λ_g 和相速 ν_p？

3.6　用 BJ－32 型（$a \times b = 72.14 \times 34.04\ \text{mm}^2$）波导做馈线，试问：

（1）工作波长为 6 cm 时，波导中能传输哪些波型？

（2）用测量线测得波导中传输 TE_{10} 波时两波腹之间的距离为 10.9 cm，求 λ_g 和 λ。

（3）波导中传输 TE_{10} 波时，设 $\lambda = 10\ \text{cm}$，求 ν_p 和 ν_g，λ_c 和 λ_g？

3.7　尺寸为 $a \times b = 23 \times 10\ \text{mm}^2$ 的矩形波导传输线，波长为 2 cm、3 cm、5 cm 的信号能否在该波导中传输？可能出现哪些传输波型？

3.8　一频率为 10 GHz 的 TE_{11} 波在矩形波导内传输，其磁场的纵向分量为

$$H_z = 10^{-8} \cos \frac{\pi}{3} x \cos \frac{\pi}{3} y \cdot e^{j(\omega t - \beta z)}$$

试求其他场量及 λ_g、λ_c、ν_p、ν_g。

3.9　用 MATLAB 画出 TE_{10} 波在 $t = 0$ 时，沿波导纵向变化一个周期时的三个正交截面上的场分布图。

3.10　写出矩形波导传输 TE_{10} 模时在波导内壁上的面电荷密度及线电流密度的表示式，并绘出电荷及电流分布，然后回答下列问题：

（1）全电流连续定律是否仍适用？为什么？

（2）绘出多种强辐射缝及弱辐射缝，并说明理由。

（3）波导测量线的槽为何开在宽边中线上？

3.11　有一阻抗匹配的矩形波导传输系统，在其中某处插入一金属膜片，其电纳为 j3，问在何处再插入一相同膜片即可恢复匹配？两膜片间的驻波系数是多少？

3.12　已知空气填充的波导尺寸为 $a \times b = 22.86\ \text{mm} \times 10.16\ \text{mm}$，工作波长为 3.2 cm，当波导终端接上负载 Z_L 时，测得驻波比 $\rho = 3$、第一个电场波节点离负载为 9 mm。试求：传输的波型；负载导纳的归一化值；若用单螺进行匹配，求螺钉距负载的距离，以及螺钉应提供的电纳。

3.13　一空气填充的波导，其尺寸为 $a \times b = 22.9\ \text{mm} \times 10.2\ \text{mm}$，传输 TE_{10} 模，工作频率为 $f = 9.375\ \text{GHz}$，空气的击穿强度为 30 kV/cm。求波导能够传输的最大功率。

3.14　试证明矩形波导中不同波型的场是正交的。

3.15　圆波导中波型指数 m 和 n 的意义是什么？它与矩形波导中的波型指数有何异同？

3.16　什么是简并波型？这种波型有什么特点？

3.17　欲在圆波导中得到单模传输，应选择哪一种波型？单模传输的条件是什么？

3.18　一圆波导的半径为 $a = 3.8\ \text{cm}$，求 TE_{01}、TE_{11}、TM_{01}、TM_{11} 各模式的波在该圆波导中传输时的截止波长；求 10 cm 波长的 TE_{11} 型波在该圆波导中传输的波导波长 λ_g。

3.19　一发射机的工作波长的范围为 10 ～ 20 cm，现用同轴线作馈线，在要求损耗最小的情况下求同轴线的尺寸。

3.20　设计一同轴线，其传输的最短工作波长为 10 cm，要求特性阻抗为 50 Ω，试计算空气填充的硬同轴线和聚乙烯填充的软同轴线的尺寸（聚乙烯的相对介电常数 $\varepsilon_r = 2.26$）。

3.21　试用 MATLAB 对各种微波传输线的特性进行仿真，并给出结果。

第4章　微波网络基础

本章结构

本章概述了微波系统网络理论的重要应用价值、基本分析思路和相对于低频电路网络的特点，分析了任何一个实际微波系统均可以等效为微波网络的理论依据，提出了模式电压、模式电流概念，具体给出了微波系统等效为微波网络的等效传输线和等效网络参考面，并以二端口网络为研究对象，重点讨论微波网络的五种基本网络参数、网络参量的测量及其网络的工作特性参量，最后给出了计算机仿真分析微波网络的应用实例。

4.1　微波网络概述

任何一个实际微波应用系统中，除了有前面介绍过的规则传输系统外，还包含具有独立功能的各种微波元件，如谐振元件、阻抗匹配元件、耦合元件等。这些元件的边界形状与规则传输线不同，从而在传输系统中引入了不均匀性，这些不均匀性在传输系统中除了产生主模的反射和折射外，还会引起高次模，加之边界条件复杂，严格用场解法分析往往十分繁杂，有时甚至不太可能。此外，在实际分析中往往不需要了解元件的内部场结构，而只关心它对传输系统工作状态的影响。微波网络理论正是在分析了场结构的基础上，用路的分析方法将微波元件等效为电抗或电阻元件，将实际的导波系统等效为传输线，从而将实际的微波系统简化为微波网络，如图 4. 1. 1 所示。

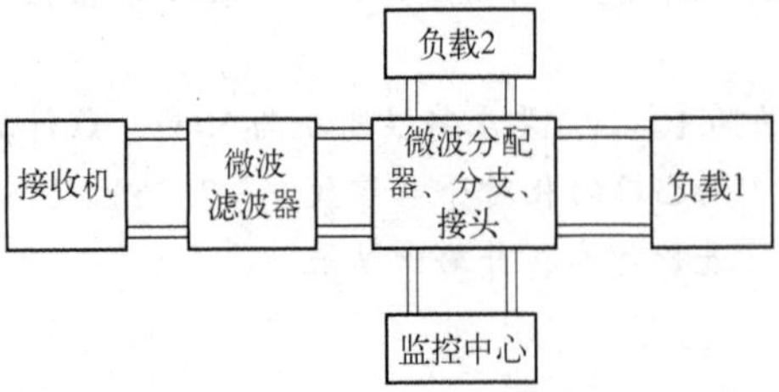

（a）结构示意图

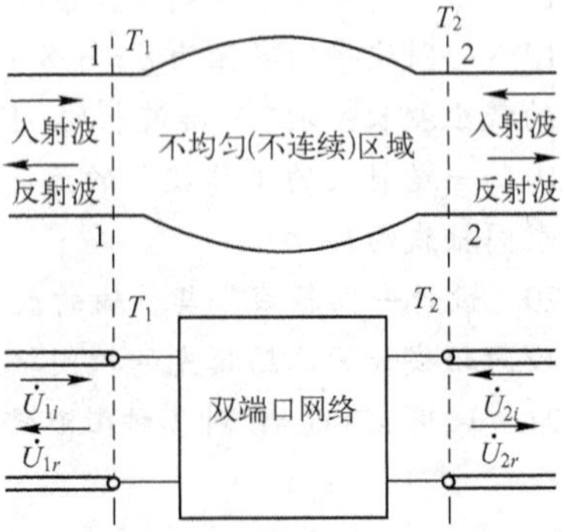

（b）等效示意图

图 4. 1. 1　微波系统结构示意图及其等效

任何一个微波系统，都是由各种微波元件和微波传输线组成。微波传输线的特性可以用广义传输线方程来描写，微波元件的特性可以用类似于低频网络的等效电路及参数来描述。因此任何一个复杂的微波系统都可以用电磁场理论和低频网络理论相结合的方法来求解，这种理论称为微波网络理论。

微波网络理论可分为网络分析和网络综合。网络分析的任务是根据实际的电路结构求出网络参量及其工作特性参量（如功率传递、阻抗匹配等，这些结果可以通过实际测量的方法来验证）；网络综合的任务是根据预定的工作特性参量应用数学方法，求出物理上可实现的网络结构以满足给定的工作特性要求。微波网络的分析和综合是分析和设计微波系统的有力工具，而微波网络分析又是微波网络综合的基础。

低频网络是微波网络的基础，因此低频网络的一些定律、定理、概念、方法等，可以移植过来使用，如基尔霍夫定律、回路电流法、节点电位法、叠加原理、互易定理、戴维南定理等都可以用来解决微波电路问题。但由于微波电路均属于分布参数系统，和低频网络相比微波网络具有如下特点：

（1）画出的等效电路及其参量是对一个工作模式而言的，对于不同的模式有不同的等效网络结构及参量。

（2）电路中不均匀点附近将会激起高次模，因此不均匀区段的网络端面（即参考面）需取得远离不均匀区，使不均匀区激励起的高次模衰减到足够小，此时高次模对工作模式的影响仅增加一个电抗值，可计入网络参量之内。

（3）由于均匀传输线是微波网络的一部分，它的网络参量与传输线的长度有关，因此整个网络参考面也要严格规定，一旦参考面移动，则网络参量就会改变。

（4）微波网络的等效电路及其参量只适用于某一个频段，当频率范围大幅度变化时，对于同一个网络结构的阻抗和导纳不仅有量的变化，而且性质也会发生变化，致使等效电路及其参量也发生改变，而且频率特性会重复出现。

4.2 等效传输线

任何一个微波系统，都是由各种微波元件和微波传输线组成，如图 4.1.1（a）所示。将微波元件等效为网络，而外接均匀传输线等效为双线传输线，那么所有微波系统都可以应用微波网络理论来解决。因此，首先要解决如何把任意实际传输系统外接的传输线等效为双线传输线的问题。

传输线理论是一种电路理论，它的基本参量是电压、电流。在第 2 章中，均匀传输线理论是建立在 TEM 传输线基础上的，因此电压和电流有明确的物理意义，而且电压和电流只与纵向坐标 z 有关，与横截面无关，而实际的非 TEM 传输线，如金属波导等，其电磁场 $\boldsymbol{E}$ 与 $\boldsymbol{H}$ 不仅与纵向 z 有关，还与横向 x、y 有关，这时电压和电流的意义十分不明确，例如矩形波导中电压取决于截面上两点的选择，而电流还可能有横向分量，如何将波导等效为长线？这就要对比波导和长线的传输特性，如表 4.2.1 所示。

表 4.2.1　波导和长线的传输特性对照表

长　线		波导（TE_{10}）	
相位常数	$\beta=\omega\sqrt{\mu\varepsilon}$	相位常数	$\beta=\omega\sqrt{\mu\varepsilon}\cdot\sqrt{1-\left(\frac{\lambda}{\lambda_c}\right)^2}$
特性阻抗	$Z_0=\sqrt{L_1/C_1}$	特性阻抗	$Z_{TE10}\cdot e=\frac{b}{a}\cdot\frac{\eta}{\sqrt{1-\left(\frac{\lambda}{2a}\right)^2}}$

长　线		波导（TE_{10}）	
传输功率	$P(z)=\frac{1}{2}U\cdot I^*$	传输功率	$P(z)=\frac{abE_{ym}^2}{480\pi}\sqrt{1-\left(\frac{\lambda}{2a}\right)^2}$
电磁场	横向电场和横向磁场	电磁场	横向电场 E_y，磁场 H_z 和 H_x
沿线电流、电压	$U(z)$、$I(z)$	沿线电流、电压	无

由表4.2.1可以看出，波导和长线都是能够传输电磁信号和能量的，且相位常数、特性阻抗、传输功率的特性是相一致的，但是波导中没有电压和电流的概念，要将波导等传输线等效为长线，就必须建立新的模型，引入模式电压和模式电流的概念，才能将均匀传输线理论应用于任意导波系统，这就是等效传输线理论。

1. 模式电压和模式电流

为了定义任意截面沿 z 方向单模传输的某一参考面上的模式电压与模式电流，作如下规定：

（1）模式电压 $U(z)$ 正比于横向电场 $\boldsymbol{E}_T$；模式电流 $I(z)$ 正比于横向磁场 $\boldsymbol{H}_T$；

（2）模式电压与模式电流的共轭乘积的实部等于平均传输功率，即

$$P=\frac{1}{2}\text{Re}[U(z)\overset{*}{I}(z)]$$

（3）模式电压与模式电流之比等于模式特性阻抗。

建立在模式电压、模式电流基础上的传输线称为等效传输线。原则上按规定根据各种模式的横向电场与横向磁场可导出相应的模式电压与模式电流，这里从略。由于微波元件不均匀性的存在使传输系统中出现多模传输，由于每个模式的功率不受其他模式的影响，而且各模式的传播常数也各不相同，因此每一个模式可用一独立的等效传输线来表示，如图4.2.1所示。这样可把传输 N 个模式的导波系统等效为 N 个独立的模式等效传输线，每根传输线只传输一个模式，其特性阻抗及传播常数各不相同，则整个多模系统就相当于 N 个单模系统的叠加而已，所以这里只讨论单模传输的微波网络。

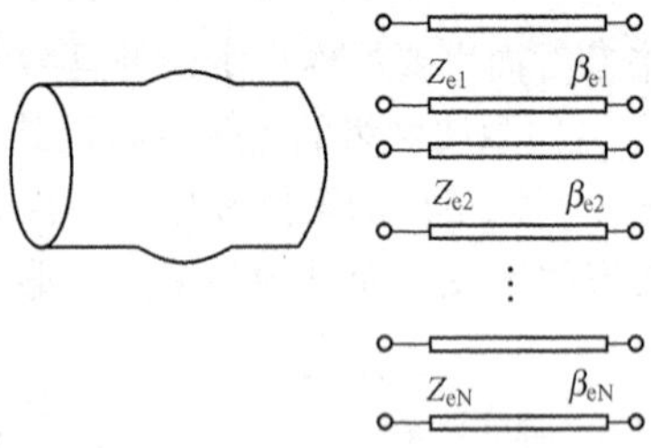

图4.2.1　多模传输时等效为一个多端口网络

2. 归一化模式电压和电流

由上面分析可知，任何一段均匀传输线均可以看成等效双线，并可应用传输线理论来进行分析。但必须指出：双线中电压和电流是唯一可以确定的，而等效双线中模式电压和模式电流不能唯一确定，这主要是由于不同模式的等效阻抗的不确定性引起的，为了消除这种不确定性，必须引进归一化阻抗的概念，即

$$\overline{Z}=\frac{Z}{Z_0}=\frac{1+\Gamma}{1-\Gamma} \tag{4.2.1}$$

式中：电压反射系数 Γ 可以直接测量，故归一化阻抗可以唯一确定，其中 Z_0 是等效双线的模式特性阻抗，即实际传输线的等效阻抗或波阻抗。

根据归一化阻抗概念可以导出归一化模式电压与归一化模式电流的定义

$$\overline{Z}=\frac{Z}{Z_0}=\frac{\frac{U(z)}{I(z)}}{Z_0}=\frac{\frac{U(z)}{\sqrt{Z_0}}}{I(z)\sqrt{Z_0}}=\frac{\overline{U}(z)}{\overline{I}(z)} \tag{4.2.2}$$

故归一化模式电压和归一化模式电流的定义为

$$\begin{cases}\overline{U}(z)=\dfrac{U(z)}{\sqrt{Z_0}}\\ \overline{I}(z)=I(z)\sqrt{Z_0}\end{cases}\tag{4.2.3}$$

同样归一化模式入射波和归一化模式反射波定义为

$$\begin{cases}\overline{U}_{\mathrm{i}}=\dfrac{U_{\mathrm{i}}}{\sqrt{Z_0}};\overline{U}_{\mathrm{r}}\ \dfrac{U_{\mathrm{r}}}{\sqrt{Z_0}}\\ \overline{I}_{\mathrm{i}}=I_{\mathrm{i}}\sqrt{Z_0}=\dfrac{U_{\mathrm{i}}}{Z_0}\sqrt{Z_0}=\overline{U}_{\mathrm{i}};\overline{I}_{\mathrm{r}}=I_{\mathrm{r}}\sqrt{Z_0}=-\dfrac{U_{\mathrm{r}}}{Z_0}\sqrt{Z_0}=-\overline{U}_{\mathrm{r}}\end{cases}\tag{4.2.4}$$

于是入射波功率和反射波功率可表示为

$$\begin{cases}P_{\mathrm{i}}=\dfrac{1}{2}\mathrm{Re}[\overline{U}_{\mathrm{i}}(z)\overline{I}_{\mathrm{i}}^{*}(z)]=\dfrac{1}{2}|\overline{U}_{\mathrm{i}}(z)|^2\\ P_{\mathrm{r}}=\dfrac{1}{2}\mathrm{Re}[\overline{U}_{\mathrm{r}}(z)\overline{I}_{\mathrm{r}}^{*}(z)]=\dfrac{1}{2}|\overline{U}_{\mathrm{r}}(z)|^2\end{cases}\tag{4.2.5}$$

则传输的有功功率为

$$P=P_{\mathrm{i}}-P_{\mathrm{r}}=\frac{1}{2}|\overline{U}_{\mathrm{i}}(z)|^2-\frac{1}{2}|\overline{U}_{\mathrm{r}}(z)|^2=\frac{1}{2}|\overline{U}_{\mathrm{i}}(z)|^2(1-|\Gamma|^2)\tag{4.2.6}$$

式中：$|\Gamma|^2$ 为功率反射系数。

对矩形金属波导的 TE_{10}模，具体求解其模式电压和模式电流的方法如下：

由波导的传输功率

$$P(z)=\frac{abE_{\mathrm{ym}}^2}{480\pi}\sqrt{1-\left(\frac{\lambda}{2a}\right)^2}=\frac{1}{2}|\overline{U}_{\mathrm{i}}(z)|^2(1-|\Gamma|^2)$$

而对于只有 $+z$ 方向传输的行波状态来说 $\Gamma=0$，所以有

$$\overline{U}_{\mathrm{i}}=\overline{I}_{\mathrm{i}}=\sqrt{P(z)}=\sqrt{\frac{abE_{\mathrm{ym}}^2}{480\pi}\sqrt{1-\left(\frac{\lambda}{2a}\right)^2}}$$

对于未归一化的模式电压和模式电流，则有

$$U_{\mathrm{i}}=\overline{U}_{\mathrm{i}}\sqrt{Z_{\mathrm{TE10\cdot e}}},\quad I_{\mathrm{i}}=\overline{I}_{\mathrm{i}}/\sqrt{Z_{\mathrm{TE10\cdot e}}}$$

4.3 微波元件等效为微波网络的原理

如图 4.1.1（a）所示的微波系统，均匀传输线部分均可被等效为长线，而非均匀区域（微波元件）则可等效为微波网络，划分均匀与非均匀区域的界线定义为微波网络的参考面，参考面以内部分为非均匀区域，参考面以外的部分为均匀传输线。如何选取参考面是微波网络理论的关键。

1. 网络参考面的选择

研究微波网络首先必须确定微波网络的参考面。参考面的位置可以任意选，但必须考虑以下两点：

① 单模传输时，参考面的位置尽量远离不连续性区域，这样参考面上的高次模场强可以忽略，只考虑主模的场强；

② 选择参考面必须与传输方向相垂直，这样使参考面上的电压和电流有明确的意义。

网络参考面一旦选定后，所定义的微波网络（就是由这些参考面所包围的区域）的参数也

就唯一被确定了。如果参考面位置改变，则网络参数也随之改变。对于单模传输情况来说，微波网络的外接传输线的路数与参考面的数目相等。如图4.3.1所示。其中图4.3.1（a）为同轴线低通滤波器，外接传输线为两路，其参考面有两个，故称为二端口网络；图4.3.1（b）为微带定向耦合器，它是四端口网络。

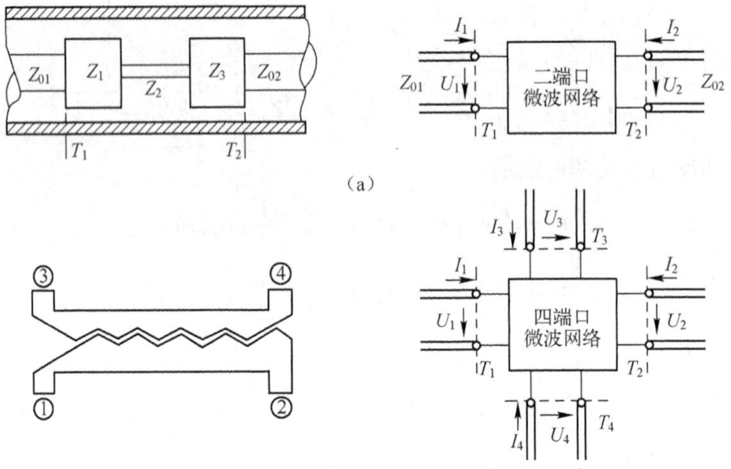

图4.3.1　两种微波元件等效网络

2. 微波元件等效为微波网络的原理

电磁场唯一性定理指出，如果一个封闭曲面（边界面）上的切向电场（或切向磁场）给定，或者一部分封闭面上给定切向电场，另一部分封闭面上给定切向磁场，那么这个封闭面内的电磁场就被唯一确定了。微波网络的边界是由理想导体和网络参考面所组成，而理想导体的边界条件是切向电场均等于零，因此只要给定参考面上切向电场（或切向磁场），或者一部分参考面上给定切向电场，另一部分参考面上给定切向磁场，则区域内的电磁场唯一确定。

如果网络内部的媒质是线性媒质，则描写网络内部电磁场的麦克韦斯方程为一组线性微分方程。同理，描写各个参考面上的模式电压和模式电流之间的关系的方程也是线性方程，这个网络称为线性网络。例如 n 端口线性网络，如果各个参考面上都有电流作用时，应用叠加原理，则任意参考面上的电压为各个参考面上的电流单独作用时在该参考面上引起的电压响应之和，即

$$\begin{cases} U_1 = Z_{11}I_1 + Z_{12}I_2 + \cdots + Z_{1n}I_n \\ U_2 = Z_{21}I_1 + Z_{22}I_2 + \cdots + Z_{2n}I_n \\ \cdots\cdots \\ U_n = Z_{n1}I_1 + Z_{n2}I_2 + \cdots + Z_{nn}I_n \end{cases} \tag{4.3.1}$$

式中：Z_{mn} 为阻抗参量，若 $m=n$ 称为自阻抗，若 $m \neq n$ 称为转移阻抗。

式（4.3.1）中的网络方程也可写成矩阵方程形式

$$\begin{bmatrix} U_1 \\ U_2 \\ \vdots \\ U_n \end{bmatrix} = \begin{pmatrix} Z_{11} & \cdots & Z_{1n} \\ \vdots & & \vdots \\ Z_{n1} & \cdots & Z_{nn} \end{pmatrix} \begin{bmatrix} I_1 \\ I_2 \\ \vdots \\ I_n \end{bmatrix} \tag{4.3.2}$$

或简写为

$$\boldsymbol{U} = \boldsymbol{Z}\boldsymbol{I} \tag{4.3.3}$$

式中：$\boldsymbol{U} = \begin{bmatrix} U_1 \\ U_2 \\ \vdots \\ U_n \end{bmatrix}$为电压列矩阵，$\boldsymbol{Z} = \begin{pmatrix} Z_{11} & \cdots & Z_{1n} \\ \vdots & & \vdots \\ Z_{n1} & \cdots & Z_{nn} \end{pmatrix}$为 $n \times n$ 阻抗方阵，$\boldsymbol{I} = \begin{bmatrix} I_1 \\ I_2 \\ \vdots \\ I_n \end{bmatrix}$为电流列矩阵。

由此可见，任何一个微波系统的不均匀性问题都可以用网络观点来解决，网络的特性可以用网络参量来描写。

3. 微波网络的分类

微波网络的种类很多，可以按各种不同的角度将网络进行分类。前面介绍了按端口数目分类为单口网络、双口网络、三口网络等；也可按网络的特性进行分类，一般可分为下列几种。

（1）线性与非线性网络。若微波网络参考面上的模式电压与模式电流呈线性关系，则描写网络特性的网络方程为线性代数方程，这种微波网络称为线性网络，否则为非线性网络。

（2）可逆和不可逆网络。若网络内只含有各向同性媒质，则网络参考面上的场量呈可逆状态，这种网络称为可逆网络，反之称为不可逆网络。一般非铁氧体的无源微波元件都可等效为可逆微波网络，而铁氧体微波元件和有源微波电路，则可等效为不可逆的微波网络。可逆网络与不可逆网络又可称为互易网络与非互易网络。

（3）无耗和有耗网络。若网络内部为无耗媒质，且导体是理想导体，即网络的输入功率等于网络的输出功率，这种网络称为无耗网络，反之称为有耗网络。

（4）对称和非对称网络。如果微波元件的结构具有对称性，则与它相对应的微波网络称为对称网络。反之称为非对称网络。

在后面内容中，将通过对实际网络的分析来对这些特性进行一一讨论。

4.4　二端口微波网络

1. 二端口微波网络的网络参量

在微波网络中，二端口微波网络是最基本的，例如衰减器、移相器、阻抗变换器和滤波器等均属于二端口微波网络。对于一个线性二端口微波网络，应用叠加原理，可以得到表征网络特性的线性方程组。

表征二端口微波网络的特性的参量可分为两大类：一类为反映参考面上电压与电流之间关系的参量，如阻抗参数 Z、导纳参数 Y 和转移参数 A；另一类为反映参考面上入波电压与出波电压之间关系的参量，如散射参数 S 和传输参数 T。

（1）阻抗参量、导纳参量和转移参量。如图 4.4.1 所示的二端口微波网络，参考面 T_1 和 T_2 远离不连续性区域，故只需要考虑主模的作用，应用叠加原理可以写出两个参考面上电压和电流之间三种不同的组合形式的线性方程组，从而可以得到三个网络参量。

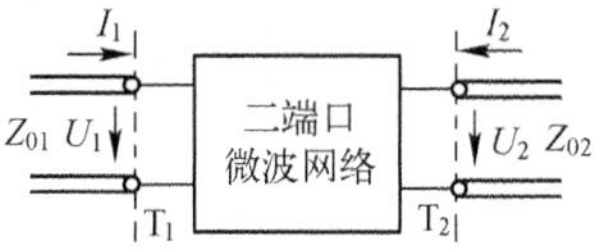

图 4.4.1　线性二端口网络

① 阻抗参量。当端口的电流 I_1、I_2 为激励，电压 U_1、U_2 为响应时，描写此时激励与响应之

间关系的参数定义为阻抗参数，用 Z 表示。用 T_1 和 T_2 两个参考面上的电流表示两个参考面上的电压的线性网络方程为

$$\begin{cases} U_1 = Z_{11}I_1 + Z_{12}I_2 \\ U_2 = Z_{21}I_1 + Z_{22}I_2 \end{cases} \tag{4.4.1}$$

简写为

$$\boldsymbol{U} = \boldsymbol{ZI}$$

式中：$\boldsymbol{Z}$ 为阻抗矩阵，其中 Z_{11} 和 Z_{22} 分别表示端口①和端口②的输入阻抗，Z_{12} 和 Z_{21} 分别表示端口①和端口②之间的转移阻抗。各阻抗参数定义如下：

$Z_{11} = \left.\dfrac{U_1}{I_1}\right|_{I_2=0}$ 表示 T_2 面开路时，端口①的输入阻抗；

$Z_{12} = \left.\dfrac{U_1}{I_2}\right|_{I_1=0}$ 表示 T_1 面开路时，端口②到端口①的转移阻抗；

$Z_{21} = \left.\dfrac{U_2}{I_1}\right|_{I_2=0}$ 表示 T_2 面开路时，端口①到端口②的转移阻抗；

$Z_{22} = \left.\dfrac{U_2}{I_2}\right|_{I_1=0}$ 表示 T_1 面开路时，端口②的输入阻抗。

由上述定义可知，$\boldsymbol{Z}$ 矩阵中的各个阻抗参数必须使用开路法测量，故也称为开路阻抗参数，而且由于参考面选择不同，相应的阻抗参数也不同。

为了便于记忆和应用，Z 参数的统一表达式可写为

$$Z_{ij} = \left.\frac{U_i}{I_j}\right|_{I_{\bar{j}}=0}$$

其中 $i=j$ 表示端口 i 的输入阻抗，$i \neq j$ 表示端口 j 到端口 i 的转移阻抗；$I_{\bar{j}}=0$ 表示不是端口 j 的其他端口的电流为零，即其他端口都开路；Z 参数的量纲都是 Ω。

对于互易网络（可逆网络）有

$$Z_{ij} = Z_{ji} \tag{4.4.2}$$

对于对称网络则有

$$Z_{ii} = Z_{jj} \tag{4.4.3}$$

在网络分析中，为了使理论分析具有普遍性，常把各参考面上的电压电流对所接传输线的特性阻抗归一化。如果 T_1 和 T_2 参考面处所接的特性阻抗分别为 Z_{01} 和 Z_{02}，则 T_1 和 T_2 参考面上的归一化电压及归一化电流分别为

$$\begin{cases} \bar{U}_1 = \dfrac{U_1}{\sqrt{Z_{01}}}; \bar{I}_1 = I_1\sqrt{Z_{01}} \\ \bar{U}_2 = \dfrac{U_2}{\sqrt{Z_{02}}}; \bar{I}_2 = I_2\sqrt{Z_{02}} \end{cases} \tag{4.4.4}$$

为了使归一化电压、电流的关系式和未归一化的电压、电流关系式保持不变，则归一化阻抗参量与未归一化阻抗参量之间的关系为

$$\begin{cases} \bar{Z}_{11} = \dfrac{Z_{11}}{Z_{01}}, \bar{Z}_{12} = \dfrac{Z_{12}}{\sqrt{Z_{01}Z_{02}}} \\ \bar{Z}_{22} = \dfrac{Z_{22}}{Z_{02}}, \bar{Z}_{21} = \dfrac{Z_{21}}{\sqrt{Z_{01}Z_{02}}} \end{cases} \tag{4.4.5}$$

于是归一化电压、电流的关系式为

$$\begin{cases}\overline{U}_1=\overline{Z}_{11}\overline{I}_1+\overline{Z}_{12}\overline{I}_2\\ \overline{U}_2=\overline{Z}_{21}\overline{I}_1+\overline{Z}_{22}\overline{I}_2\end{cases} \tag{4.4.6}$$

式（4.4.6）可以写成矩阵形式

$$\begin{bmatrix}\overline{U}_1\\ \overline{U}_2\end{bmatrix}=\begin{pmatrix}\overline{Z}_{11} & \overline{Z}_{12}\\ \overline{Z}_{21} & \overline{Z}_{22}\end{pmatrix}\begin{bmatrix}\overline{I}_1\\ \overline{I}_2\end{bmatrix} \tag{4.4.7}$$

【例 4-1】 已知如图 4.4.2 所示的线性可逆 T 形网络的元件阻抗 Z_1、Z_2、Z_3。

求：（1）T 形网络的 Z 参数；

（2）分析网络参数的性质。

解：（1）由 Z 参数定义得

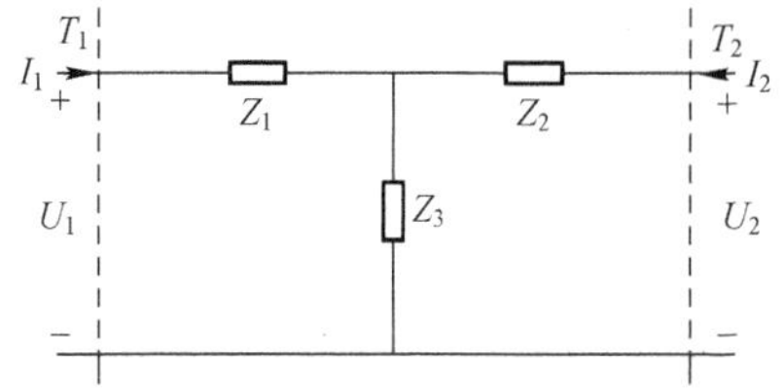

图 4.4.2　线性可逆 T 形网络

$$Z_{11}=\left.\frac{U_1}{I_1}\right|_{I_2=0}=Z_1+Z_3$$

$$Z_{22}=\left.\frac{U_2}{I_2}\right|_{I_1=0}=Z_2+Z_3$$

$$Z_{12}=\left.\frac{U_1}{I_2}\right|_{I_1=0}=Z_3$$

$$Z_{21}=\left.\frac{U_2}{I_1}\right|_{I_2=0}=Z_3$$

（2）性质分析：

由 $Z_{12}=Z_{21}=Z_3$ 得该网络具有可逆性，即当 $Z_{ij}=Z_{ji}$ 网络可逆，也可用矩阵形式表示当 $\boldsymbol{Z}=\boldsymbol{Z}^{\mathrm{T}}$（$\boldsymbol{Z}^{\mathrm{T}}$ 表示 $\boldsymbol{Z}$ 的转置矩阵）时网络可逆。

由对称的几何定义知，当 $Z_1=Z_2$，网络具有对称性，其网络参数 $Z_{11}=Z_{22}=Z_1+Z_3=Z_2+Z_3$，该网络具有对称性，即当 $Z_{ii}=Z_{jj}(i\neq j)$ 时，网络具有对称性。

② 导纳参量。如图 4.4.1 所示，当端口电压 U_1、U_2 为激励，端口电流 I_1，I_2 为响应时，描写激励与响应之间关系的参数为导纳参数。

用 T_1 和 T_2 两参考面的电压表示两参考面上的电流的线性网络方程为

$$\begin{cases}I_1=Y_{11}U_1+Y_{12}U_2\\ I_2=Y_{21}U_1+Y_{22}U_2\end{cases} \tag{4.4.8}$$

简记为

$$\boldsymbol{I}=\boldsymbol{Y}\boldsymbol{U}$$

式中：$\boldsymbol{Y}$ 为导纳矩阵，其中 Y_{11} 和 Y_{22} 分别为端口①和端口②的输入导纳，Y_{12} 和 Y_{21} 分别为端口①和端口②之间的转移导纳。各导纳参数的定义如下：

$Y_{11}=\left.\dfrac{I_1}{U_1}\right|_{U_2=0}$ 表示 T_2 面短路时，端口①的输入导纳；

$Y_{12}=\left.\dfrac{I_1}{U_2}\right|_{U_1=0}$ 表示 T_1 面短路时，端口②到端口①的转移导纳；

$Y_{21}=\left.\dfrac{I_2}{U_1}\right|_{U_2=0}$ 表示 T_2 面短路时，端口①到端口②的转移导纳；

$Y_{22}=\left.\dfrac{I_1}{U_2}\right|_{U_1=0}$ 表示 T_1 面短路时，端口②的输入导纳。

由上述定义可知，**Z** 矩阵中的各个导纳参数必须使用开路法测量，故也称为开路导纳参数，而且由于参考面选择不同，相应的阻抗参数也不同。

如果 T_1 面和 T_2 面所接传输线的特性导纳分别为 Y_{01} 和 Y_{02}，则式（4.4.8）的归一化表达式为

$$\begin{cases}\bar{I}_1=\bar{Y}_{11}\bar{U}_1+\bar{Y}_{12}\bar{U}_2\\ \bar{I}_2=\bar{Y}_{21}\bar{U}_1+\bar{Y}_{22}\bar{U}_2\end{cases} \tag{4.4.9 a}$$

或

$$\bar{\boldsymbol{I}}=\overline{\boldsymbol{Y}\boldsymbol{U}} \tag{4.4.9 b}$$

式中：

$$\bar{U}_1=\frac{U_1}{\sqrt{Z_{01}}},\quad \bar{U}_2=\frac{U_2}{\sqrt{Z_{02}}},\quad \bar{I}_1=I_1\sqrt{Z_{01}},\quad \bar{I}_2=I_2\sqrt{Z_{02}}$$

$$\bar{Y}_{11}=\frac{Y_{11}}{Y_{01}},\quad \bar{Y}_{12}=\frac{Y_{12}}{\sqrt{Y_{01}Y_{02}}},\quad \bar{Y}_{21}=\frac{Y_{21}}{\sqrt{Y_{01}Y_{02}}},\quad \bar{Y}_{22}=\frac{Y_{22}}{Y_{02}}$$

导纳参数的统一表达式为 $Y_{ij}=\left.\frac{I_i}{U_j}\right|_{U_j=0}\begin{cases}i=j & \text{端口 } i \text{ 的输入导纳}\\ i\neq j & \text{端口 } j \text{ 到端口 } i \text{ 的转移导纳}\end{cases}$，测试条件为其他端口短路。导纳参数的性质同阻抗参数：$Y_{ij}=Y_{ji}$ 为可逆网络，$Y_{ii}=Y_{jj}$ 为对称网络。

③ 转移参量（杂散参量）。当端口②的电压 U_2、电流 I_2 为激励、端口①的 U_1、I_1 为响应时，描写激励与响应关系的参数为转移参数 A。

用 T_2 面上的电压电流来表示 T_1 面上的电压、电流的网络方程，且规定进网络的方向为电流的正方向，出网络的方向为电流的负方向，如网络图 4.4.3 所示。对比图 4.4.1，可见图 4.4.3 中的电流 I_2 参考方向与图 4.4.1 中的相反。

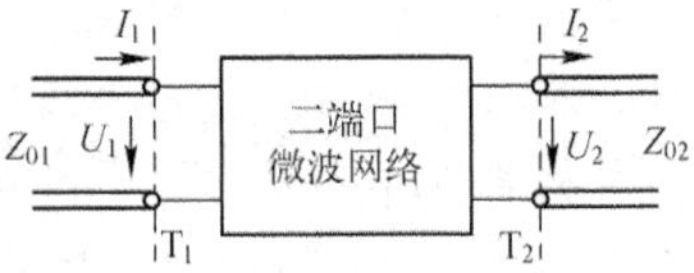

图 4.4.3　A 参数的二端口等效网络

其线性网络方程为

$$\begin{cases}U_1=A_{11}U_2+A_{12}I_2\\ I_1=A_{21}U_2+A_{22}I_2\end{cases} \tag{4.4.10 a}$$

写成矩阵的形式为

$$\begin{bmatrix}U_1\\ I_1\end{bmatrix}=\begin{bmatrix}A_{11} & A_{12}\\ A_{21} & A_{22}\end{bmatrix}\begin{bmatrix}U_2\\ I_2\end{bmatrix} \tag{4.4.10 b}$$

或简写为

$$\begin{bmatrix}U_1\\ I_1\end{bmatrix}=\boldsymbol{A}\begin{bmatrix}U_2\\ I_2\end{bmatrix} \tag{4.4.10 c}$$

式中：$\boldsymbol{A}=\begin{bmatrix}A_{11} & A_{12}\\ A_{21} & A_{22}\end{bmatrix}$为网络的转移矩阵，$A_{11}$、$A_{12}$、$A_{21}$、$A_{22}$ 为网络的转移参量。由式（4.4.10a）可导出转移参量的定义为

$A_{11}=\left.\frac{U_1}{U_2}\right|_{I_2=0}$　表示 T_2 面开路时，端口②到端口①面的电压转移系数；

$A_{12}=\left.\frac{U_1}{I_2}\right|_{U_2=0}$　表示 T_2 面短路时，端口②到端口①的转移阻抗；

$A_{21}=\left.\frac{I_1}{U_2}\right|_{I_2=0}$　表示 T_2 面开路时，端口②到端口①的转移导纳；

$A_{22}=\left.\dfrac{I_1}{I_2}\right|_{U_2=0}$ 表示 T_2 面短路时，端口②到端口①面的电流转移系数。

由上述定义看出，各个转移参量无统一量纲。

如端口电压、电流为归一化模式电压、模式电流，得归一化方程为

$$\begin{cases}\bar{U}_1=\bar{A}_{11}\bar{U}_2+\bar{A}_{12}\bar{I}_2\\ \bar{I}_1=\bar{A}_{21}\bar{U}_2+\bar{A}_{22}\bar{I}_2\end{cases}\tag{4.4.10 d}$$

式中：

$$\bar{A}_{11}=A_{11}\frac{\sqrt{Z_{02}}}{\sqrt{Z_{01}}},\quad \bar{A}_{12}=\frac{A_{12}}{\sqrt{Z_{01}}\sqrt{Z_{02}}},\quad \bar{A}_{21}=A_{22}\sqrt{Z_{01}}\sqrt{Z_{02}},\quad \bar{A}_{22}=A_{22}\frac{\sqrt{Z_{01}}}{\sqrt{Z_{02}}}$$

在微波电路中经常会遇到多个二端口网络的级联。例如，在滤波器、阻抗变换器和分支定向耦合器等元件中经常会碰到。为了要解决几个网络的级联的问题，常应用 **A** 矩阵。

当网络 N_1 和网络 N_2 相级联时，并设各参考面上电压、电流及其方向如图 4.4.4 所示，则网络 N_1 和 N_2 的转移矩阵分别为

$$\begin{bmatrix}U_1\\ I_1\end{bmatrix}=\begin{bmatrix}A_{11}&A_{12}\\ A_{21}&A_{22}\end{bmatrix}_{①}\begin{bmatrix}U_2\\ I_2\end{bmatrix}$$

$$\begin{bmatrix}U_2\\ I_2\end{bmatrix}=\begin{bmatrix}A_{11}&A_{12}\\ A_{21}&A_{22}\end{bmatrix}_{②}\begin{bmatrix}U_3\\ I_3\end{bmatrix}$$

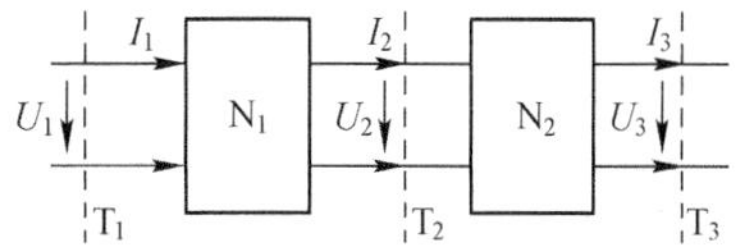

图 4.4.4　二端口等效级联网络

比较上面两式可得

$$\begin{bmatrix}U_1\\ I_1\end{bmatrix}=\begin{bmatrix}A_{11}&A_{12}\\ A_{21}&A_{22}\end{bmatrix}_{①}\begin{bmatrix}A_{11}&A_{12}\\ A_{21}&A_{22}\end{bmatrix}_{②}\begin{bmatrix}U_3\\ I_3\end{bmatrix}\tag{4.4.11 a}$$

于是得，T_1 和 T_3 两个参考面之间的组合网络的转移矩阵为

$$\boldsymbol{A}=\boldsymbol{A}_1\boldsymbol{A}_2\tag{4.4.11 b}$$

同理得，对于网络矩阵分别为 $\boldsymbol{A}_1$、$\boldsymbol{A}_2$、…、$\boldsymbol{A}_n$ 的 n 个两端口网络级联的组合网络的转移矩阵为

$$\boldsymbol{A}=\boldsymbol{A}_1\boldsymbol{A}_2\cdots\boldsymbol{A}_n\tag{4.4.12}$$

（2）散射参量和传输参量。上面我们由参考面上的电压和电流之间的关系，定义了阻抗、导纳和转移参量。实际上，在微波波段运用这些参量不太方便，一方面因为没有恒定的微波电压源和电流源，另一方面不容易得到理想的短路或开路终端。因此这些参量很难正确地测量。在微波技术中，不管电路如何变化，信号源输出功率可以设法保持不变，而且很容易得到匹配的终端负载。因此根据参考面上归一化的入波电压和归一化的出波电压之间关系导出的散射参量和传输参量很容易进行测量，这使散射参量和传输参量在微波网络中得到了较广泛的应用。

① 散射参量。如图 4.4.5 所示，规定二端口网络参考面 T_1 和 T_2 面上的归一化入波电压的正方向是进入网络的，归一化出波的正方向是流出网络的。这里的出波和入波的方向是针对网络而言的，不能简单的称为入射波和反射波，因为入射波与反射波是必须在有源端和负载端时才能定义，其中由源端传向负载端的为入射波，由负载端传向源端的为反射波，它们与出波和入波之间的关系如表 4.4.1 所示。

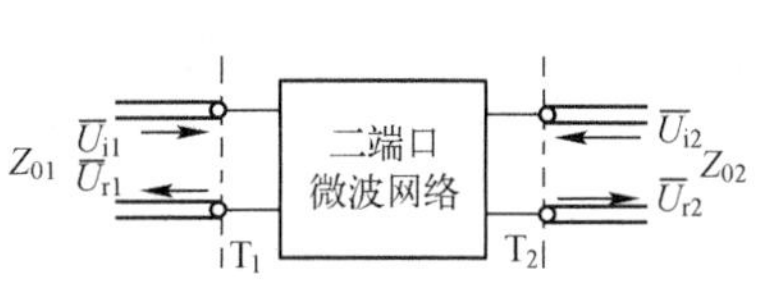

图 4.4.5　归一化参数的二端口网络

第❹章　微波网络基础

表 4.4.1　出波、入波与入射波、反射波的关系

信号流向 \ 出波、入波	$\overline{U}_{i1}$	$\overline{U}_{r1}$	$\overline{U}_{i2}$	$\overline{U}_{r2}$
T_1为源端，T_2为负载端	入射波	反射波	反射波	入射波
T_2为源端，T_1为负载端	反射波	入射波	入射波	反射波

若将端口的入波电压$\overline{U}_{i1}$、$\overline{U}_{i2}$为激励、端口出波$\overline{U}_{r1}$、$\overline{U}_{r2}$为响应，描写激励与响应之间关系的参数为散射参数。

应用叠加原理，可以写出用两个参考面上的入波电压来表示两个参考面上的出波电压的网络方程

$$\begin{cases}\overline{U}_{r1}=S_{11}\overline{U}_{i1}+S_{12}\overline{U}_{i2}\\ \overline{U}_{r2}=S_{21}\overline{U}_{i1}+S_{22}\overline{U}_{i2}\end{cases}\tag{4.4.13 a}$$

写成矩阵形式为

$$\begin{bmatrix}\overline{U}_{r1}\\ \overline{U}_{r2}\end{bmatrix}=\begin{bmatrix}S_{11} & S_{12}\\ S_{21} & S_{22}\end{bmatrix}\begin{bmatrix}\overline{U}_{i1}\\ \overline{U}_{i2}\end{bmatrix}\tag{4.4.13 b}$$

或简写为

$$\overline{\boldsymbol{U}}_r=\boldsymbol{S}\,\overline{\boldsymbol{U}}_i\tag{4.4.13 c}$$

式中：$\boldsymbol{S}$为散射矩阵，S_{11}、S_{12}、S_{21}和S_{22}为散射参量。由式（4.4.13a）导出散射参量的定义为

$S_{11}=\left.\dfrac{\overline{U}_{r1}}{\overline{U}_{i1}}\right|_{\overline{U}_{i2}=0}$　表示T_2面接匹配负载时，T_1面上的电压反射系数；

$S_{12}=\left.\dfrac{\overline{U}_{r1}}{\overline{U}_{i2}}\right|_{\overline{U}_{i1}=0}$　表示T_1面接匹配负载时，T_2面到T_1面的电压传输系数；

$S_{21}=\left.\dfrac{\overline{U}_{r2}}{\overline{U}_{i1}}\right|_{\overline{U}_{i2}=0}$　表示T_2面接匹配负载时，T_1面到T_2面的电压传输系数；

$S_{22}=\left.\dfrac{\overline{U}_{r2}}{\overline{U}_{i2}}\right|_{\overline{U}_{i1}=0}$　表示T_1面接匹配负载时，T_2面上的电压反射系数。

由于用散射参量来表示网络的反射系数和传输系数是很方便的，因此它是微波网络中最常用的一种参量。

【例 4-2】 如图 4.4.6 所示，可逆双口网络的负载Z_L引起的反射系数为Γ_2。试证明：T_1面的反射系数$\Gamma_1=S_{11}+\dfrac{S_{12}{}^2\Gamma_2}{1-S_{22}\Gamma_2}$。

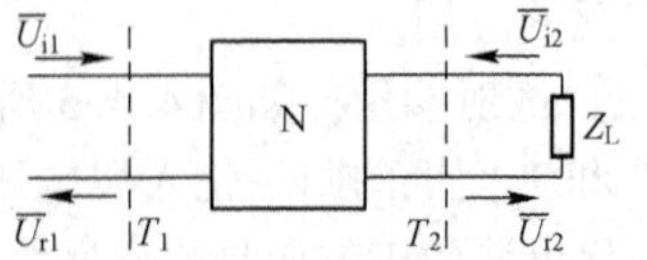

图 4.4.6　双口可逆网络

证明：由S参数的方程

$$\overline{U}_{r1}=S_{11}\overline{U}_{i1}+S_{12}\overline{U}_{i2}\tag{4.4.14 a}$$

$$\overline{U}_{r2}=S_{21}\overline{U}_{i1}+S_{22}\overline{U}_{i2}\tag{4.4.14 b}$$

由题意知，Γ_2 为负载处的反射系数，即

$$\Gamma_2 = \frac{\overline{U_{i2}}}{\overline{U_{r2}}} \tag{4.4.14 c}$$

Γ_1 为 T_1面的反射系数，则有

$$\Gamma_1 = \frac{\overline{U_{r1}}}{\overline{U_{i1}}} \tag{4.4.14 d}$$

又由网络可逆性，得

$$S_{12} = S_{21} \tag{4.4.14 e}$$

将式（4.4.14a）代入式（4.4.14d），得

$$\Gamma_1 = \frac{S_{11}\overline{U_{i1}} + S_{12}\overline{U_{i2}}}{\overline{U_{i1}}} = S_{11} + S_{12}\frac{\overline{U_{i2}}}{\overline{U_{i1}}} \tag{4.4.14 f}$$

由式（4.4.14b）解出$\overline{U_{i1}}$，即

$$\overline{U_{i1}} = (\overline{U_{r2}} - S_{22}\overline{U_{i2}})/S_{12} \tag{4.4.14 g}$$

再将式（4. 4.14g）代入式（4.4.14f），得

$$\Gamma_1 = S_{11} + S_{12} \cdot S_{21} \cdot \frac{\overline{U_{i2}}}{\overline{U_{r2}} - S_{22}\overline{U_{i2}}}$$

式（4.4.14g）的分子分母同除$\overline{U_{i2}}$，再联立式（4.4.14c）和式（4.4.14e），得

$$\Gamma_1 = S_{11} + S_{12}^2\frac{1}{\frac{1}{\Gamma_2} - S_{22}} = S_{11} + \frac{S_{12}{}^2\Gamma_2}{1 - S_{22}\Gamma_2} \tag{4.4.14 h}$$

由式（4.4.14h）可以看出：散射参量与网络的反射系数的关系，而反射系数可用定向耦合器直接测得，进而能够很容易确定网络的 S 参数。S 参数测试仪就是通过改变负载（即改变 Γ_2）来实现 S 参数测量的。

② 传输参量

当端口 2 的 U_{2i}、U_{2r}为激励，端口 1 的 U_{1i}、U_{1r}为响应时，描写激励与响应之间关系的参数为传输参量用 T 表示。

对于图 4.4.5 所示网络，应用叠加定理，可以写出用 T_2 面上的电压入波和出波来表示 T_1 面上的电压入波和出波的网络方程

$$\begin{cases} \overline{U}_{i1} = T_{11}\overline{U}_{r2} + T_{12}\overline{U}_{i2} \\ \overline{U}_{r1} = T_{21}\overline{U}_{r2} + T_{22}\overline{U}_{i2} \end{cases} \tag{4.4.15 a}$$

矩阵形式为

$$\begin{bmatrix} \overline{U}_{i1} \\ \overline{U}_{r1} \end{bmatrix} = \begin{bmatrix} T_{11} & T_{12} \\ T_{21} & T_{22} \end{bmatrix}\begin{bmatrix} \overline{U}_{r2} \\ \overline{U}_{i2} \end{bmatrix} \tag{4.4.15 b}$$

其中

$$\begin{bmatrix} T_{11} & T_{12} \\ T_{21} & T_{22} \end{bmatrix} = \boldsymbol{T} \tag{4.4.15 c}$$

式中：$\boldsymbol{T}$ 为散射矩阵，T_{11}、T_{12}、T_{21}和 T_{22}为散射参量。由式（4.3.15a）导出网络传输参数 T_{11} 的定义为

$$T_{11}=\frac{\overline{U}_{i1}}{\overline{U}_{r2}}\bigg|_{\overline{U}_{i2}=0}=\frac{1}{S_{21}}$$

表示 T_2 面接匹配负载时，T_1 面到 T_2 面的电压传输系数的倒数，其余参量没有直观的物理意义。

与 $\boldsymbol{A}$ 矩阵相类似，用 $\boldsymbol{T}$ 矩阵来讨论二端口网络的级联也很方便。不难证明对于传输矩阵分别为 $\boldsymbol{T}_1$、$\boldsymbol{T}_2$、…、$\boldsymbol{T}_n$ 的 n 个二端口网络级联时，其组合网络的传输矩阵为各个网络传输矩阵的乘积，即

$$\boldsymbol{T}=\boldsymbol{T}_1\boldsymbol{T}_2\cdots\boldsymbol{T}_n \tag{4.4.16}$$

2. 参考面移动对网络参量的影响

微波网络是一个分布参数系统，在传输线上移动参考面的位置时，则各参考面上的电压和电流是不相同的，故表征各参考面上的电压、电流（或入波电压和出波电压）之间关系的网络参量也随参考面移动而变化。这表明，一组网络参量是对一种参考面位置而言的，参考面位置移动后，网络参量就会改变。

对于用无耗传输线作为微波元件的连接线的微波系统来说，参考面的移动使入射波和反射波的相位超前或滞后。因此，参考面的移动对于用入波和出波电压来表征网络特性的散射参量和传输参量的影响规律比较简单。为此我们只讨论参考面移动对 S 参量的影响，至于对其它网络参量的影响可根据网络参量之间的转换公式求得。

对于如图 4.4.7 所示的二端口网络来说，设原网络的参考面为 T_1 和 T_2，两参考面上的入波电压和出波电压分别为 $\overline{U}_{i1}$、$\overline{U}_{i2}$ 和 $\overline{U}_{r1}$、$\overline{U}_{r2}$，其散射参量矩阵为 $\boldsymbol{S}$。现将参考面 T_1 和 T_2 向外移电长度分别为 θ_1 和 θ_2 到 T_1' 和 T_2'，T_1' 和 T_2' 参考面上的入波电压及出波电压分别为 $\overline{U}'_{i1}$、$\overline{U}'_{r1}$ 和 $\overline{U}'_{i2}$、$\overline{U}'_{r2}$，相应的散射矩阵为 $\boldsymbol{S}'$。根据传输线理论（沿波的传播方向，相位滞后；逆着波的传播方向，相位超前），可得 T_1、T_2 和 T_1'、T_2' 两对参考面之间入波电压及出波电压有如下关系

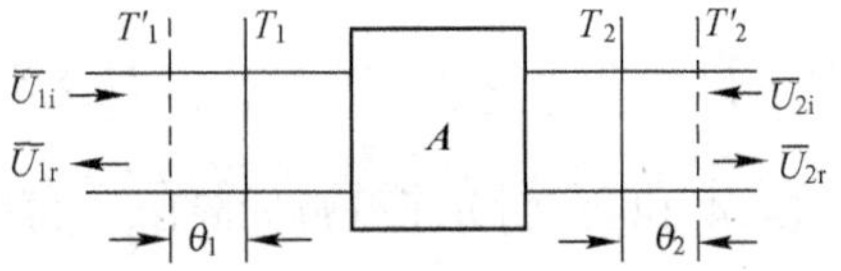

图 4.4.7　网络参考面的移动

$$\overline{U}'_{i1}=U'_{i1}\mathrm{e}^{\mathrm{j}\theta_1},\quad \overline{U}'_{r1}=\overline{U}_{r1}\mathrm{e}^{-\mathrm{j}\theta_1}$$

$$\overline{U}'_{i2}=\overline{U}_{i2}\mathrm{e}^{\mathrm{j}\theta_2},\quad \overline{U}'_{r2}=\overline{U}_{r2}\mathrm{e}^{-\mathrm{j}\theta_2}$$

根据 S 参量的定义有

$$S'_{21}=\frac{\overline{U}'_{r2}}{\overline{U}'_{i1}}\bigg|_{\overline{U}_{i2}=0}=\frac{\overline{U}_{r2}\mathrm{e}^{-\mathrm{j}\theta_2}}{\overline{U}_{i1}\mathrm{e}^{\mathrm{j}\theta_1}}\bigg|_{\overline{U}_{i2}=0}=S_{21}\mathrm{e}^{-\mathrm{j}(\theta_2+\theta_1)}$$

$$S'_{11}=\frac{\overline{U}'_{r1}}{\overline{U}'_{i1}}\bigg|_{\overline{U}_{2i}=0}=\frac{\overline{U}_{r1}\mathrm{e}^{-\mathrm{j}\theta_1}}{\overline{U}_{i1}\mathrm{e}^{\mathrm{j}\theta_1}}\bigg|_{\overline{U}_{2i}=0}=S_{11}\mathrm{e}^{-\mathrm{j}2\theta_1}$$

同理

$$S'_{22}=S_{22}\mathrm{e}^{-\mathrm{j}2\theta_2}$$

由网络的可逆性，得

$$S'_{12}=S'_{21}$$

由此可得

$$\boldsymbol{S}'=\begin{bmatrix} S_{11}\mathrm{e}^{-\mathrm{j}2\theta_1} & S_{12}\mathrm{e}^{-\mathrm{j}(\theta_2+\theta_1)} \\ S_{21}\mathrm{e}^{-\mathrm{j}(\theta_2+\theta_1)} & S_{22}\mathrm{e}^{-\mathrm{j}2\theta_2} \end{bmatrix} \tag{4.4.17 a}$$

设移动矩阵 $\boldsymbol{P}$ 为对角线矩阵，即

$$\boldsymbol{P}=\begin{bmatrix} e^{-j\theta 1} & 0 \\ 0 & e^{-j\theta 2} \end{bmatrix} \tag{4.4.17 b}$$

则有

$$\boldsymbol{S}'=\boldsymbol{PSP} \tag{4.4.17 c}$$

同理可得多端口网络参考面向外移时的对角线矩阵为

$$\boldsymbol{P}=\begin{bmatrix} e^{-j\theta 1} & \cdots & 0 \\ 0 & \ddots & 0 \\ 0 & 0 & e^{-j\theta n} \end{bmatrix} \tag{4.4.18}$$

$$\boldsymbol{S}'=\boldsymbol{PSP}$$

如果新的参考面是由原参考面向网络内部方向移动时，相应参考面的电长度θ取负值，移动对角线矩阵则取正指数。对于多口网络，若所有端口的新参考面均向网络内部移动时，则移动对角线矩阵为

$$\boldsymbol{P}=\begin{bmatrix} e^{j\theta 1} & \cdots & 0 \\ 0 & \ddots & 0 \\ 0 & 0 & e^{j\theta n} \end{bmatrix} \tag{4.4.19}$$

$$\boldsymbol{S}'=\boldsymbol{PSP}$$

综上，参考面向内移动时，对应的对角线矩阵取“+”指数幂；参考面向外，对应的对角线矩阵取“-”指数幂。对任意的多端口网络，均可按上述结论写出其对角线矩阵，再由$\boldsymbol{S}'=\boldsymbol{PSP}$得到移动后的散射参数矩阵。

3. 二端口微波网络参量的互相转换

上面我们讨论了阻抗、导纳、转移、散射和传输五种网络参量，它们都是描述同一个网络的特性，因而它们之间有内在的联系，即五种网络参量之间可以相互转换。推导它们之间转换关系的原理十分简单，但具体过程比较麻烦，这里只给出结果，列于表4.4.1中，以供参考。

4. 二端口网络参量的性质

一般二端口网络的5种网络参量均有4个独立参量，但当网络具有某种特性时，网络的独立参量将会减少，这一点在前面也进行了一些讨论，为了便于直接利用，这里更加具体地给出网络参量的性质。

（1）可逆网络。由Z参数和Y参数可知，可逆网络具有互易特性，即

$$\begin{cases} Z_{12}=Z_{21}, & \overline{Z}_{12}=\overline{Z}_{21} \\ Y_{12}=Y_{21}, & \overline{Y}_{12}=\overline{Y}_{21} \end{cases}$$

根据5种参量的转换关系（见表4.4.2）不难得到其他几种网络参量的互易特性为

$$A_{11}A_{22}-A_{12}A_{21}=1,\quad 或\overline{A}_{11}\overline{A}_{22}-\overline{A}_{12}\overline{A}_{21}=1 \tag{4.4.20 a}$$

$$S_{12}=S_{21} \tag{4.4.20 b}$$

$$T_{11}T_{22}-T_{12}T_{21}=1 \tag{4.4.20 c}$$

（2）对称网络。由Z参数和Y参数可知，一个对称网络具有下列特性

$$Z_{11}=Z_{22},\quad Y_{11}=Y_{22}$$

利用各种参量的转换关系不难得出其他参量的对称特性为

表 4.4.2　二端口网络五种网络参量矩阵的关系

	z	y	a	s	t
z	$\begin{bmatrix} z_{11} & z_{12} \\ z_{21} & z_{22} \end{bmatrix}$	$\frac{1}{\|z\|}\begin{bmatrix} z_{11} & -z_{12} \\ -z_{21} & z_{22} \end{bmatrix}$	$\frac{1}{z_{21}}\begin{bmatrix} z_{11} & \|z\| \\ 1 & z_{22} \end{bmatrix}$	$\frac{1}{(z_{11}+1)(z_{22}+1)-z_{12}z_{21}}\times\begin{bmatrix} (z_{11}-1)(z_{22}+1)-z_{12}z_{21}, & 2z_{21}, \\ 2z_{12} & (z_{22-1})(z_{11}+1)-2z_{12}z_{21} \end{bmatrix}$	$\frac{1}{2z_{21}}\times\begin{bmatrix} (z_{11}+1)(z_{22}+1)-z_{12}z_{21}, & (z_{11}-1)(z_{22}+1)-z_{12}z_{21}, \\ z_{12}z_{21}-(z_{22}-1)(z_{11}+1) & z_{12}z_{21}-(z_{22}-1)(z_{11}-1) \end{bmatrix}$
y	$\frac{1}{\|y\|}\begin{bmatrix} y_{22} & -y_{12} \\ -y_{21} & y_{11} \end{bmatrix}$	$\begin{bmatrix} y_{11} & y_{12} \\ y_{21} & y_{22} \end{bmatrix}$	$\frac{1}{y_{21}}\begin{bmatrix} -y_{22} & -1 \\ -\|y\| & -y_{22} \end{bmatrix}$	$\frac{1}{(y_{11}+1)(y_{22}+1)-y_{12}y_{21}}\times\begin{bmatrix} (1-y_{11})(1+y_{22})+y_{12}y_{21}, & -2y_{11}, \\ -2y_{12} & (1-y_{22})(1+y_{11})+y_{12}y_{21} \end{bmatrix}$	$\frac{1}{2y_{21}}\times\begin{bmatrix} y_{12}y_{21}-(y_{11}+1)(y_{22}+1), & -(1-y_{11})(1+y_{22})+y_{12}y_{21}, \\ (1+y_{11})(1-y_{22})+y_{12}y_{21} & (1-y_{11})(1-y_{22})-y_{12}y_{21} \end{bmatrix}$
a	$\frac{1}{a_{21}}\begin{bmatrix} a_{11} & \|a\| \\ 1 & a_{22} \end{bmatrix}$	$\frac{1}{a_{12}}\begin{bmatrix} a_{22} & -\|a\| \\ -1 & a_{11} \end{bmatrix}$	$\begin{bmatrix} a_{11} & a_{12} \\ a_{21} & a_{22} \end{bmatrix}$	$\frac{1}{\|a\|-(a_{11}+a_{21})(a_{21}+a_{22})}\times\begin{bmatrix} \|a\|-(a_{11}-a_{21})(a_{21}+a_{22}), & -2a_{21}, \\ -2\|a\|a_{21} & \|a\|-(a_{22}-a_{21})(a_{21}+a_{11}) \end{bmatrix}$	$\frac{1}{2a_{21}}\times\begin{bmatrix} (a_{11}+a_{21})(a_{21}+a_{22})-\|a\|, & (a_{11}-a_{21})(a_{21}+a_{22})-\|a\|, \\ \|a\|-(a_{11}+a_{21})(a_{22}-a_{21}) & \|a\|-(a_{11}-a_{21})(a_{21}-a_{22}) \end{bmatrix}$
s	$\frac{1}{(1-s_{11})(s_{22}-1)+s_{12}s_{21}}\times\begin{bmatrix} (s_{22}-1)(s_{11}+1)-s_{12}s_{21}, & -2s_{12}, \\ -2s_{12} & (s_{11}-1)(s_{22}+1)-s_{12}s_{21} \end{bmatrix}$	$\frac{1}{(s_{11}+1)(s_{22}+1)-s_{12}s_{21}}\times\begin{bmatrix} (1-s_{11})(s_{22}+1)-s_{12}s_{21}, & -2s_{21}, \\ -2s_{12} & (1-s_{22})(s_{11}+1)+s_{12}s_{21} \end{bmatrix}$	$\frac{1}{2s_{21}}\times\begin{bmatrix} s_{12}s_{21}-(s_{11}+1)(s_{22}-1), & (1-s_{11})(1-s_{22})-s_{12}s_{21}, \\ (s_{22}+1)(s_{11}+1)-s_{12}s_{21} & (s_{22}+1)(1-s_{11})+s_{12}s_{21} \end{bmatrix}$	$\begin{bmatrix} s_{11} & s_{12} \\ s_{21} & s_{22} \end{bmatrix}$	$\begin{matrix} \frac{1}{s_{21}} & -\frac{s_{22}}{s_{21}} \\ \frac{s_{11}}{s_{21}} & s_{12}-\frac{s_{11}s_{22}}{s_{21}} \end{matrix}$
t	$\frac{1}{t_{21}-t_{11}+t_{22}-t_{12}}\times\begin{bmatrix} -(t_{21}+t_{11}+t_{22}+t_{12}), & -2 \\ -2\|t\| & -(t_{21}+t_{11}+t_{22}+t_{12}) \end{bmatrix}$	$\frac{1}{t_{21}-t_{11}+t_{22}-t_{12}}\times\begin{bmatrix} -(t_{21}+t_{11}+t_{22}+t_{12}), & -2 \\ -2\|t\| & -(t_{21}+t_{11}+t_{22}+t_{12}) \end{bmatrix}$	$\frac{1}{2}\times\begin{bmatrix} t_{21}+t_{11}+t_{22}+t_{12}, & t_{12}+t_{11}-t_{22}-t_{21}, \\ t_{11}-t_{12}+t_{21}-t_{22} & t_{11}-t_{12}-t_{21}+t_{22} \end{bmatrix}$	$\begin{matrix} \frac{t_{21}}{t_{11}} & t_{22}-\frac{t_{12}t_{21}}{t_{11}} \\ \frac{1}{t_{11}} & -\frac{t_{12}}{t_{11}} \end{matrix}$	$\begin{bmatrix} s_{11} & s_{12} \\ s_{21} & s_{22} \end{bmatrix}$

注：表中的 [z]、[y]、[a] 均为归一化参量矩阵；[t]、[s] 表示 [T]、[S]，行列式 $\|y\|=y_{11}y_{22}-y_{12}y_{21}$、$\|z\|=z_{11}z_{22}-z_{12}z_{21}$、$\|a\|=a_{11}a_{22}-a_{12}a_{21}$。

$$S_{11}=S_{22} \tag{4.4.21 a}$$

$$T_{12}=-T_{21} \tag{4.4.21 b}$$

$$A_{11}=A_{22}\quad (Z_{01}=Z_{02}) \tag{4.4.21 c}$$

由此可见，一个对称二端口网络的两个参考面上的输入阻抗、输入导纳及电压反射系数一一对应相等。

（3）无耗网络。由电阻为耗能元件可知，对 Z 参数和 Y 参数，如其电阻部分为零，只有电抗部分，则为无耗，所以无耗网络的阻抗和导纳参量均为虚数，即

$$Z_{ij}=\mathrm{j}X_{ij},\quad Y_{ij}=\mathrm{j}B_{ij}\quad (i,j=1,2) \tag{4.4.22 a}$$

利用各种参量的转换关系不难得到 A 参量和 T 参量的无耗特性为

$$A_{11}\text{和}A_{22}\text{为实数},\quad A_{12}\text{和}A_{21}\text{为纯虚数} \tag{4.4.22 b}$$

$$T_{11}=T_{22}^*,\quad T_{12}=T_{21}^* \tag{4.4.22 c}$$

并且可以证明，一个无耗网络的散射矩阵 $\boldsymbol{S}$ 必须满足下列“幺正”条件（证明从略）

$$\boldsymbol{S}^+\boldsymbol{S}=\boldsymbol{1} \tag{4.4.22 d}$$

式中：

$$\boldsymbol{S}^+=\begin{bmatrix} S_{11}^* & S_{21}^* \\ S_{12}^* & S_{22}^* \end{bmatrix}$$

为 $\boldsymbol{S}$ 矩阵的共轭转置矩阵。

$$\boldsymbol{1}=\begin{bmatrix} 1 & 0 \\ 0 & 1 \end{bmatrix}$$

为单位矩阵。故式（4.4.22d）可表示为

$$\begin{bmatrix} S_{11}^* & S_{21}^* \\ S_{12}^* & S_{22}^* \end{bmatrix}\begin{bmatrix} S_{11} & S_{12} \\ S_{21} & S_{22} \end{bmatrix}=\begin{bmatrix} 1 & 0 \\ 0 & 1 \end{bmatrix} \tag{4.4.22 e}$$

将式（4.4.22e）展开，可得无耗可逆二端口网络的散射参量具有下列特性：

$$|S_{11}|=|S_{22}|\quad |S_{21}|=\sqrt{1-|S_{11}|^2} \tag{4.4.23}$$

若令

$$S_{11}=|S_{11}|\mathrm{e}^{\mathrm{j}\varphi_{11}},S_{12}=|S_{12}|\mathrm{e}^{\mathrm{j}\varphi_{12}}$$

$$S_{21}=|S_{21}|\mathrm{e}^{\mathrm{j}\varphi_{21}},S_{22}=|S_{22}|\mathrm{e}^{\mathrm{j}\varphi_{22}}$$

$$S_{11}^*S_{12}+S_{21}^*S_{22}=0,\quad S_{12}=S_{21}$$

则得

$$\varphi_{12}=\varphi_{21}=\frac{1}{2}(\varphi_{11}+\varphi_{22}\pm\pi) \tag{4.4.24}$$

若网络为无耗可逆且对称（$S_{11}=S_{22}$）的二端口网络，则有

$$\varphi_{12}=\varphi_{21}=\varphi_{11}\pm\frac{\pi}{2}=\varphi_{22}\pm\frac{\pi}{2} \tag{4.4.25}$$

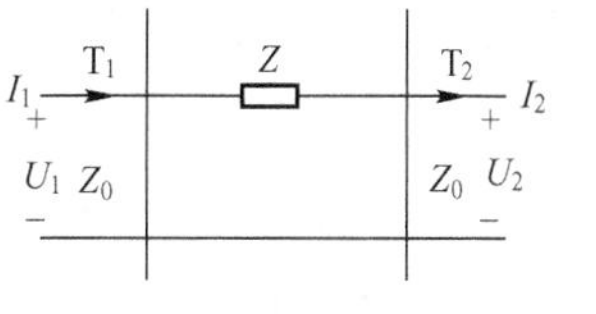

图 4.4.8　传输线串联阻抗电路

【例 4-3】 如图 4.4.8 图所示，传输线串联阻抗电路网络，求它的 $\boldsymbol{A}$ 和 $\boldsymbol{S}$ 矩阵。

解： 根据 A 参量的定义

$$A_{11}=\left.\frac{U_1}{U_2}\right|_{I_2=0}=1$$

$$A_{12}=\left.\frac{U_1}{I_2}\right|_{U_2=0}=Z$$

由网络的对称性，有

$$A_{11}=A_{22}=1$$

由网络的互易特性，即 $A_{11}A_{22}-A_{12}A_{21}=1$，有

$$A_{21}=\frac{A_{11}A_{22}-1}{A_{12}}=0$$

因此串联阻抗的 **A** 矩阵为

$$\boldsymbol{A}=\begin{bmatrix}1 & Z\\ 0 & 1\end{bmatrix}$$

这里 **A** 是非归一化矩阵，如果二端口网络的端口所接传输线的阻抗分别为 Z_{01} 和 Z_{02}，则归一化 $\overline{\boldsymbol{A}}$ 矩阵为

$$\overline{\boldsymbol{A}}=\begin{bmatrix}\overline{A}_{11} & \overline{A}_{12}\\ \overline{A}_{21} & \overline{A}_{22}\end{bmatrix}=\begin{bmatrix}\sqrt{\dfrac{Z_{02}}{Z_{01}}} & \dfrac{Z}{\sqrt{Z_{01}Z_{02}}}\\ 0 & \sqrt{\dfrac{Z_{01}}{Z_{02}}}\end{bmatrix}$$

如果该网络的 2 个端口所接的传输线特性阻抗均为 Z_0，则

$$\overline{\boldsymbol{A}}=\begin{bmatrix}1 & \dfrac{Z}{Z_0}\\ 0 & 1\end{bmatrix}=\begin{bmatrix}1 & \overline{Z}\\ 0 & 1\end{bmatrix}$$

下面可根据 **A** 与 **S** 参量的转换关系以及网络的对称性和可逆性，可求得该网络的 **S** 矩阵

$$\begin{cases}S_{11}=\dfrac{\overline{A}_{11}-\overline{A}_{22}+\overline{A}_{12}-\overline{A}_{21}}{\overline{A}_{11}+\overline{A}_{22}+\overline{A}_{12}+\overline{A}_{21}}=\dfrac{\overline{Z}}{\overline{Z}+2}\\ S_{12}=\dfrac{2}{\overline{A}_{11}+\overline{A}_{12}+\overline{A}_{21}+\overline{A}_{22}}=\dfrac{2}{\overline{Z}+2}\\ S_{21}=S_{12}=\dfrac{2}{\overline{Z}+2},S_{22}=S_{11}=\dfrac{\overline{Z}}{\overline{Z}+2}\end{cases}$$

所以

$$\boldsymbol{S}=\frac{1}{\overline{Z}+2}\begin{bmatrix}\overline{Z} & 2\\ 2 & \overline{Z}\end{bmatrix}$$

同理，我们还可以求出一些其他简单网络的对应参数，在微波电路中，将这些简单的网络称为基本电路单元，如果简单的电路单元的矩阵参量已知，则复杂网络的矩阵参量可以通过矩阵运算求得。常见基本单元电路及参数如表 4.4.3 所示。

表 4.4.3　基本电路单元的参量矩阵

电　路	*z*	*y*	*a*	*s*	*t*
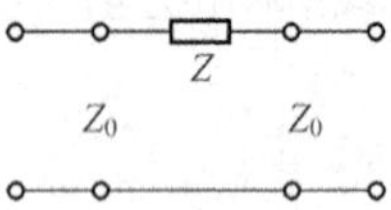		$\begin{bmatrix}\frac{1}{z} & -\frac{1}{z}\\ -\frac{1}{z} & \frac{1}{z}\end{bmatrix}$	$\begin{bmatrix}1 & z\\ 0 & 1\end{bmatrix}$	$\begin{bmatrix}\frac{z}{2+z} & \frac{2}{2+z}\\ \frac{2}{2+z} & \frac{z}{2+z}\end{bmatrix}$	$\begin{bmatrix}1+\frac{z}{2} & -\frac{z}{2}\\ \frac{z}{2} & 1-\frac{z}{2}\end{bmatrix}$

续表

电　路	z	y	a	s	t
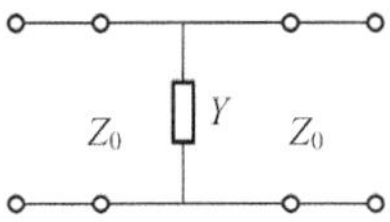	$\begin{bmatrix} \frac{1}{y} & \frac{1}{y} \\ \frac{1}{y} & \frac{1}{y} \end{bmatrix}$		$\begin{bmatrix} 1 & 0 \\ y & 1 \end{bmatrix}$	$\begin{bmatrix} \frac{-y}{2+y} & \frac{2}{2+y} \\ \frac{2}{2+y} & \frac{-y}{2+y} \end{bmatrix}$	$\begin{bmatrix} \frac{2+y}{2} & \frac{y}{2} \\ \frac{-y}{2} & \frac{2-y}{2} \end{bmatrix}$
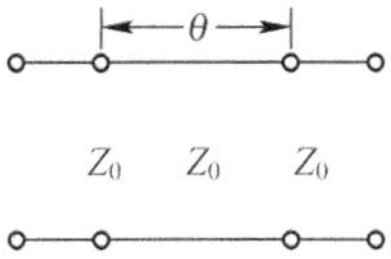	$\begin{bmatrix} -\mathrm{j}\cot\theta & \frac{1}{\mathrm{j}\sin\theta} \\ \frac{1}{\mathrm{j}\sin\theta} & -\mathrm{j}\cot\theta \end{bmatrix}$	$\begin{bmatrix} -\mathrm{j}\cot\theta & -\frac{1}{\mathrm{j}\sin\theta} \\ -\frac{1}{\mathrm{j}\sin\theta} & -\mathrm{j}\cot\theta \end{bmatrix}$	$\begin{bmatrix} \cos\theta & \mathrm{j}\sin\theta \\ \mathrm{j}\sin\theta & \cos\theta \end{bmatrix}$	$\begin{bmatrix} 0 & \mathrm{e}^{-\mathrm{j}\theta} \\ \mathrm{e}^{-\mathrm{j}\theta} & 0 \end{bmatrix}$	$\begin{bmatrix} \mathrm{e}^{-\mathrm{j}\theta} & 0 \\ 0 & \mathrm{e}^{-\mathrm{j}\theta} \end{bmatrix}$
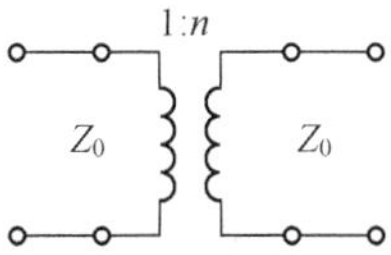			$\begin{bmatrix} \frac{1}{n} & 0 \\ 0 & n \end{bmatrix}$	$\begin{bmatrix} \frac{1-n^2}{1+n^2} & \frac{2n}{1+n^2} \\ \frac{2n}{1+n^2} & \frac{n^2-1}{1+n^2} \end{bmatrix}$	$\begin{bmatrix} \frac{1+n^2}{2n} & \frac{1-n^2}{2n} \\ \frac{1-n^2}{2n^2} & \frac{1+n^2}{2n} \end{bmatrix}$

注：表中 z、y 和 a 均为归一化矩阵，分别表示$[\bar{Z}]$、$[\bar{Y}]$和$[\bar{A}]$矩阵。

4.5　微波网络的工作特性参量

微波网络中信号的幅值、相位等物理量的变化通常都是用网络的工作特性参量来描述的。网络的工作特性参量和网络参数之间关系密切，可以相互转化，它们也是进行网络分析和网络综合的基本依据。

网络的工作特性参量可以从多个角度上定义和检测，因此有各种各样的工作特性参量。对于二端口网络来说，常用的工作特性参量有电压传输系数（T）、插入衰减（A）、插入相移（θ）、输入驻波比（ρ）。

1. 电压传输系数

电压传输系数（T）定义为网络输出端接匹配负载时，输出端参考面上的反射波电压与输入端参考面上的入射波电压之比，即

$$T = \left.\frac{\bar{U}_{r2}}{\bar{U}_{i1}}\right|_{\bar{U}_{i2}=0}$$

根据 S 参量的定义，上述定义即为网络参量 S_{21} 的定义，即

$$T = S_{21}$$

对于可逆二端口网络，则有

$$T = S_{21} = S_{12} \tag{4.5.1}$$

根据二端口网络 $\boldsymbol{S}$ 与 $\bar{\boldsymbol{A}}$ 的关系，便得到

$$T = S_{21} = \frac{2}{\bar{A}_{11} + \bar{A}_{12} + \bar{A}_{21} + \bar{A}_{22}} \tag{4.5.2}$$

电压传输系数（T）可用来分析衰减器、相移器及隔离器等微波元件的性能。

2. 插入衰减（L_I）和工作衰减（L_A）

插入衰减（L_I）定义为网络未插入前负载吸收的功率P_{L0}与网络插入后负载吸收的功率P_L之比的分贝数，即

$$L_I = 10\ \lg \frac{P_{L0}}{P_L} \tag{4.5.3}$$

其具体计算公式为

$$L_I = 10\ \lg \frac{|1 - S_{22}\Gamma_L|^2 \cdot |1 - \Gamma_g \Gamma_{in}|^2}{|S_{21}|^2 \cdot |1 - \Gamma_g \Gamma_L|^2} \tag{4.5.4}$$

式中：Γ_g、Γ_L、Γ_{in}分别为源端、负载端和网络插入点的反射系数。

插入衰减L_I是衡量网络插入前后源和负载间匹配情况的改善程度的。$L_I > 0$表明网络插入后负载吸收的功率小于插入前负载吸收的功率，即网络插入后，匹配状况变坏；$L_I = 0$表明网络插入前、后负载吸收的功率相等，匹配状况没有改善；$L_I < 0$表明网络插入后负载吸收的功率大于插入前负载吸收的功率，即网络插入后，匹配状况得到改善。但插入衰减L_I究竟为何值时，才能得到最佳匹配呢？式（4.5.4）不能直接得出，为了解决这个问题，又定义了工作衰减。

工作衰减（L_A）定义为源端匹配时信源最大输出功率P_a（也称资用功率）与网络输出端负载吸收功率P_L之比的分贝数，即

$$L_A = 10\ \lg \frac{P_a}{P_L} \tag{4.5.5}$$

其具体计算公式为

$$L_A = 10\ \lg \frac{|1 - S_{22}\Gamma_L|^2 \cdot |1 - \Gamma_g \Gamma_{in}|^2}{|S_{21}|^2 \cdot (1 - |\Gamma_g|^2)(1 - |\Gamma_L|^2)} \tag{4.5.6}$$

工作衰减是衡量网络插入后源和负载间匹配状况变坏程度的。若无源网络插入后，负载吸收的功率仍等于信源的资用功率，则$L_A = 0$，表明网络使负载和源之间达到了最佳匹配。当负载吸收功率$P_L < P_a$时，$L_A > 0$表明网络使源和负载失配，L_A越大，失配越严重。对于无源网络，由于负载吸收功率总是等于或小于信源的资用功率，故工作衰减L_A总是正值。

比较式（4.5.4）和式（4.5.6）可知，工作衰减和插入衰减的关系如下

$$L_A = L_I + 10\ \lg \frac{|1 - \Gamma_g \Gamma_L|^2}{(1 - |\Gamma_g|^2)(1 - |\Gamma_L|^2)} \tag{4.5.7}$$

即工作衰减和插入衰减之间差一个常数。对于源和负载都是匹配的二端口网络，即$\overline{Z}_L = \overline{Z}_g = 1$，由$\Gamma_g = \Gamma_L = 0$，可得

$$L_A = L_I = 10\ \lg \frac{1}{|S_{21}|^2} \tag{4.5.8 a}$$

即此时工作衰减等于插入衰减。利用无耗网络S参数关系，可对式（4.5.8a）进行变换，得

$$L_A = L_I = 10\ \lg \frac{1}{1 - |S_{11}|^2} + 10\ \lg \frac{1 - |S_{11}|^2}{|S_{21}|^2} \triangleq L_1 + L_2 \tag{4.5.8 b}$$

式（4.5.8b）表明，对于源和负载都匹配的网络系统，插入网络后引起的衰减由两部分构成：L_1为插入网络后引起的反射衰减（$\Gamma_{in} = S_{11}$），L_2为网络损耗引起的吸收衰减。如果所插入的网络是无耗的，则有$|S_{21}|^2 = 1 - |S_{11}|^2$，即吸收衰减项为零，插入网络后的衰减仅由反射衰减构成。

对于阻抗变换器和移相器之类的微波网络，应尽可能使吸收衰减和反射衰减都很小。对于

衰减器，只希望它有一定的吸收衰减，而反射衰减要尽可能地小，这样可以减少对信号源的影响。对于滤波器，由于它是利用其反射衰减的频率选择性滤去不必要的频率或频率范围，因此使它在阻带内有尽可能大的反射衰减，而在通带内要求吸收衰减尽可能小。

3. 插入相移（θ）

插入相移（θ）定义为网络输出端接匹配负载时，输出端的反射波对输入端的入射波的相移，即$\overline{U}_{r2}$与$\overline{U}_{i1}$的相位差，因此也是网络电压传输系数（T）的相位角，即

$$\theta = \arg T = \arg S_{21} \tag{4.5.9 a}$$

符号“arg”的意义是表示取它后面一个复数 T 的相角。

对于可逆网络，则有

$$S_{21} = S_{12} = T$$

故有

$$\begin{aligned} T = |T|e^{j\theta} = |S_{12}|e^{j\varphi_{12}} = |S_{21}|e^{j\varphi_{21}} \\ \theta = \varphi_{12} = \varphi_{21} \end{aligned} \tag{4.5.9' b}$$

4. 输入驻波比（ρ）

输入驻波比（ρ）定义为网络输出端接匹配负载时，输入端的驻波比。输入端驻波比与输入端反射系数模的关系为

$$\rho = \frac{1 + |\Gamma_{in}|}{1 - |\Gamma_{in}|} \tag{4.5.10}$$

当输出端接匹配负载时，输入端反射系数 $\Gamma_{in} = S_{11}$，故有

$$\rho = \frac{1 + |S_{11}|}{1 - |S_{11}|} \quad \text{或} \quad |S_{11}| = \frac{\rho - 1}{\rho + 1} \tag{4.5.11}$$

对于无耗网络，仅有反射衰减，因此插入衰减和输入驻波比 ρ 有如下关系

$$L_A = L_1 = 10\lg\frac{1}{|S_{12}|^2} = 10\lg\frac{1}{1 - |S_{11}|^2} = 10\lg\frac{(\rho + 1)^2}{4\rho} = 10\lg\frac{1}{|S_{21}|^2} \tag{4.5.12}$$

输入驻波比是阻抗变换器的主要工作特性，应尽可能减少网络的输入驻波比，从而减少网络对信号源的影响。

对于不同用途的微波网络来说，上述 4 个工作特性参量的主次地位各不相同，有时各个工作特性参量之间往往存在矛盾。例如滤波器的插入衰减的频率特性与插入相移的频率特性并不一致，一般来说，滤波器的主要指标是插入衰减的频率特性，如果两者均有要求，则必须折中考虑。

从上面的分析可知，网络的 4 个工作特性参量均与网络参量有关，如果网络参量能确定，则网络的工作持性参量可利用上面的关系式求得，反之亦然。

4.6 计算机仿真分析

1. 阻抗参数变换为 *Y*、*H*、*T* 参数程序

```
syms Z11 Z12 Z21 Z22
Z11 = input ( 'Z11 = ' );
Z12 = input ( 'Z12 = ' );
```

```
Z21 = input ( Z21 ≐ ) ;
Z22 = input ( Z22 ≐ ) ;
Z = [ Z11 ,Z12 ;Z21 ,Z22 ] ;
deltZ = Z11 * Z22 - Z12 * Z21 ;
Y11 = Z22/deltZ; Y12 = - Z12/deltZ;
Y21 = - Z21/deltZ; Y22 = Z11/deltZ;
Y = [ Y11 , Y12 ; Y21 , Y22 ]
H11 = deltZ/Z22 ; H12 = Z12/Z22 ;
H21 = - Z21/Z22 ; H22 = 1/Z22 ;
H = [ H11 ,H12 ;H21 ,H22 ]
T11 = Z11/Z21 ;T12 = deltZ/Z21 ;
T21 = 1/Z21 ;T22 = Z22/Z21 ;
T = [ T11 ,T12 ;T21 ,T22 ]
```

程序运行结果

```
Z11 =5 +10j
Z12 =8 +2j
Z21 =8 -2j
Z22 =100 +50j

Y =
    0.0355 - 0.0819i  -0.0012 + 0.0065i
    0.0019 + 0.0063i   0.0078 - 0.0044i

H =
    4.4560 +10.2720i  0.0720 - 0.0160i
   -0.0560 + 0.0480i  0.0080 - 0.0040i

T =
  1.0e +002 *

  0.0029 + 0.0132i  -0.4476 + 1.4506i
  0.0012 + 0.0003i   0.1029 + 0.0882i
```

2. 散射参数 *S* 与转移参数 *A* 变换程序

```
syms A11 A12 A21 A22
A11 = input ( A11 ≐ ) ;
A12 = input ( A12 ≐ ) ;
A21 = input ( A21 ≐ ) ;
A22 = input ( A22 ≐ ) ;
A = [ A11 ,A12 ;A21 ,A22 ] ;
SUMA = A11 + A12 + A21 + A22 ;
S11 = A11 + A12 - A21 - A22 ;S12 = 2 * ( A11 * A21 - A12 * A22 ) ;
```

```
S21 = 2;S22 = A12 + A22 - A11 - A21;
S = SUMA * [S11,S12;S21,S22]
syms S11 S12 S21 S22
S11 = input ( S11 ≐ );
S12 = input ( S12 ≐ );
S21 = input ( S21 ≐ );
S22 = input ( S22 ≐ );
A11 = S12 + (1 + S11) * (1 - S22)/S21; A12 = S12 - (1 + S11) * (1 + S22)/S21;
A21 = - S12 + (1 - S11) * (1 - S22)/S21;A22 = S12 + (1 - S11) * (1 + S22)/S21;
A = [A11,A12;A21,A22]
```

程序运行结果

```
A11 = 0.4 + 0.3j
A12 = 0.3 + 0.4j
A21 = 0.2j
A22 = 0.5

S =
  -0.2100 + 0.7800i   -0.2880 - 0.6660i
   2.4000 + 1.8000i    0.5700 + 0.2400i

S11 = 0.2j
S12 = 0.3 + 0.4j
S21 = 0.4 + 0.3j
S22 = 0.5

A =
   1.2200 - 0.0400i   -2.4600 + 1.7200i
   0.3800 - 1.1600i    2.3400 - 1.8800i
```

小　　结

1. 微波系统包括均匀传输线和非均匀的微波元件两个部分，均匀传输线可等效为双导线、微波元件可等效为网络，然后可用微波网络理论来研究任何一个复杂的微波系统。等效传输线中引入了的模式电压、模式电流的概念，其中归一化的模式电压、模式电流为

$$\begin{cases}\bar{U}(z)=\dfrac{U(z)}{\sqrt{Z_0}}\\ \bar{I}(z)=I(z)\sqrt{Z_0}\end{cases}$$

$$\begin{cases}\bar{U}_i(z)=\dfrac{U_i(Z)}{\sqrt{Z_0}};\quad \bar{U}_r(z)=\dfrac{U_r(z)}{\sqrt{Z_0}}\\ \bar{I}_i(z)=\dfrac{U_r(z)}{\sqrt{Z_0}}=\bar{U}_i(z);\quad \bar{I}_r(z)=-\dfrac{U_r(z)}{\sqrt{Z_0}}=-\bar{U}_r(z)\end{cases}$$

2. 主要的网络参数及其性质

阻抗参数 $Z_{ij}=\left.\frac{U_i}{I_j}\right|_{I_j=0}$ $i=j$ 为端口 i 的输入阻抗；$i\neq j$ 为端口 i 到端口 j 的转移阻抗

可逆的网络有 $Z_{12}=Z_{21}$，对称的网络有 $Z_{11}=Z_{22}$，无耗的网络有 Z_{ij}为纯虚数。

导纳参数 $Y_{ij}=\left.\frac{I_i}{U_j}\right|_{U_j=0}$ $i=j$ 为端口 i 的输入导纳；$i\neq j$ 为端口 i 到端口 j 的转移导纳

可逆的网络有 $Y_{12}=Y_{21}$，对称的网络有 $Y_{11}=Y_{22}$，无耗的网络有 Y_{ij}为纯虚数。

转移参数

$A_{11}=\left.\frac{U_1}{U_2}\right|_{I_2=0}$ 表示 T_2 面开路时，端口②到端口①的电压转移系数；

$A_{12}=\left.\frac{U_1}{I_2}\right|_{U_2=0}$ 表示 T_2 面开路时，端口②到端口①的转移阻抗；

$A_{21}=\left.\frac{I_1}{U_2}\right|_{I_2=0}$ 表示 T_2 面开路时，端口②到端口①的转移导纳；

$A_{22}=\left.\frac{I_1}{I_2}\right|_{U_2=0}$ 表示 T_2 面开路时，端口②到端口①电流转移系数。

可逆的网络有 $A_{11}A_{22}-A_{12}A_{21}=1$，对称的网络有 $A_{11}=A_{22}$，无耗的网络有 A_{ij}为纯虚数、A_{li}为实数。级联网络的转移参数有 $\boldsymbol{A}=\boldsymbol{A}_1\boldsymbol{A}_2\cdots\boldsymbol{A}_n$。

散射参数 $S_{nm}=\left.\frac{\overline{U}_{rn}}{\overline{U}_{im}}\right|_{\overline{U}_{im}=0}$ $n=m$ 为端口 m 的反射系数；$n\neq m$ 为端口 m 到端口 n 的传输系数

可逆的网络有 $S_{12}=S_{21}$，对称的网络有 $S_{11}=S_{22}$，无耗的钢络有 $\boldsymbol{SS}^{+}=1$。

参考面移动对 S 参数的影响（参考面向外移动取负角度，参考面向里移动取正角度）对应的移动矩阵为

$$\boldsymbol{P}=\begin{pmatrix} e^{-j\theta_1} & \cdots & 0 \\ 0 & \ddots & 0 \\ 0 & 0 & e^{-j\theta_n} \end{pmatrix}$$

$$\boldsymbol{S}=\boldsymbol{PSP}$$

传输参数的性质：可逆的网络有 $T_{11}T_{22}-T_{12}T_{21}=1$，对称的网络有 $T_{12}=-T_{21}$，无耗的网络有 $T_{11}=T_{22}^*$、$T_{12}=T_{21}^*$。

各网络参数之间的相互关系参看表 4.4.1，基本电路网络参数参看表 4.4.2。

3. 微波元件的性能可用网络的工作特性参量来描述，网络的工作特性参量和网络参量之间有密切关系，可以相互转换，具体关系如下：

电压传输系数 $$T=S_{12}=\frac{2}{\overline{A}_{11}+\overline{A}_{12}+\overline{A}_{21}+\overline{A}_{22}}$$

插入衰减 $$A=\frac{1}{|T|^2}=\frac{1}{|S_{21}|^2}$$

$$L=10\lg A=10\lg\frac{1}{|S_{21}|^2}\ (\text{dB})$$

插入相移 $$\theta=\arg T=\arg S_{21}=\varphi_{21}$$

输入驻波比 $$\rho=\frac{1+|S_{11}|}{1-|S_{11}|} \quad 或 \quad |S_{11}|=\frac{\rho-1}{\rho+1}$$

习　　题

4.1　散射参量有什么物理意义？其性质有哪些？

4.2　阻抗参量有哪些性质？与散射参量有什么换算关系？

4.3　双口网络共有哪几种参量？他们之间有什么换算关系？

4.4　互易双口网络与对称双口网络的参量有什么特点？这两种网络有什么关系？

4.5　转移参量有什么性质？其实用意义是什么？

4.6　设某系统如题4.6用图所示，该双口网络为互易对称无耗网络，在终端Γ_2处接匹配负载，测得距参考面T_1距离$L_1=0.125\lambda$处为电压波节点，驻波系数为1.5。求该双口网络的散射矩阵。

4.7　求题4.7用图所示并联网络的$\boldsymbol{S}$矩阵。

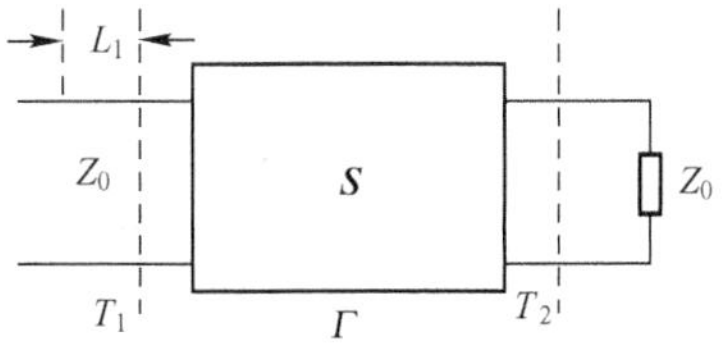

题4.6用图

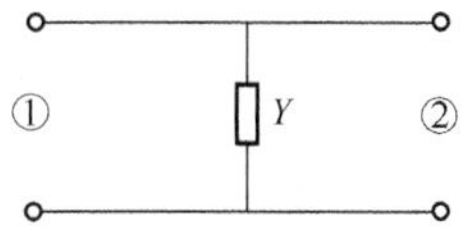

题4.7用图

4.8　设如题4.8用图所示的双口网络$\boldsymbol{S}$已知，终端接有负载Z_1，求归一化输入阻抗。

4.9　求如题4.9用图所示并联网络的$\boldsymbol{A}$矩阵。

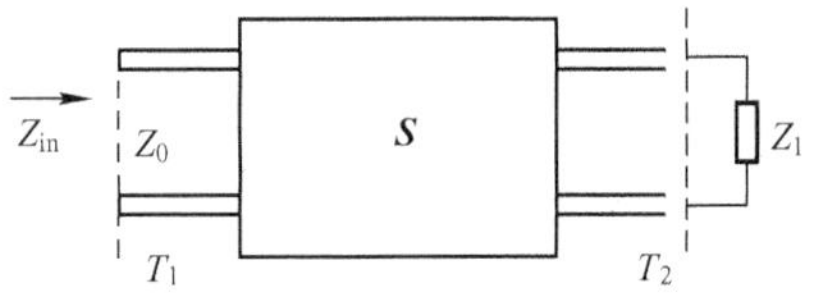

题4.8用图

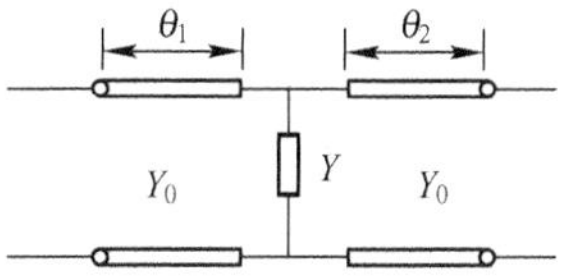

题4.9用图

4.10　求如题4.10用图所示双口网络的$\boldsymbol{Z}$矩阵。

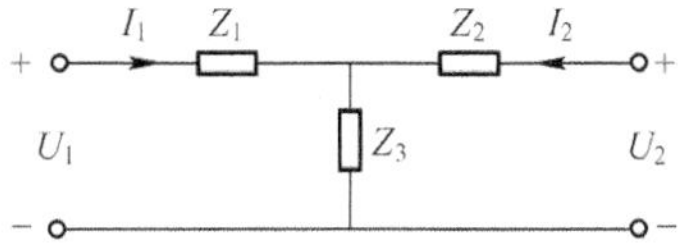

题4.10用图

4.11　测得某微波二端口网络的$\boldsymbol{S}$矩阵为

$$\boldsymbol{S}=\begin{bmatrix}0.1 & j0.8\\ j0.8 & 0.2\end{bmatrix}$$

问此二端口网络是否互易？是否无耗？若在端口2接短路负载，求端口1的反射系数。

4.12　试用网络矩阵形式证明终接负载Z_{L}、电长度为θ的无耗短截线的输入阻抗为

$$Z_{\mathrm{in}}=Z_0\frac{Z_{\mathrm{L}}+\mathrm{j}Z_0\tan\theta}{Z_0+\mathrm{j}Z_{\mathrm{L}}\tan\theta}$$

4.13　试证明可逆二端口网络参考面 T_2 处接负载导纳 Y_L 时，参考面 T_1 处的输入导纳为

$$Y_{in} = Y_{11} - \frac{Y_{12}^2}{Y_{22} - Y_L}$$

4.14　试证明如题 4.14 用图中所示的 2 个电路等效，并将图（b）中的 L'、C' 用图（a）中的 L、C 表示。

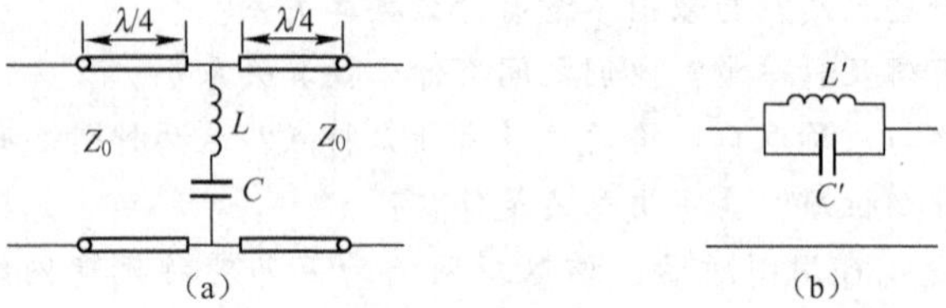

题 4.14 用图

4.15　利用 MATLAB 分析如题 4.15 用图所示，其中图（a）可等效为图（b）和图（c）所示电路。

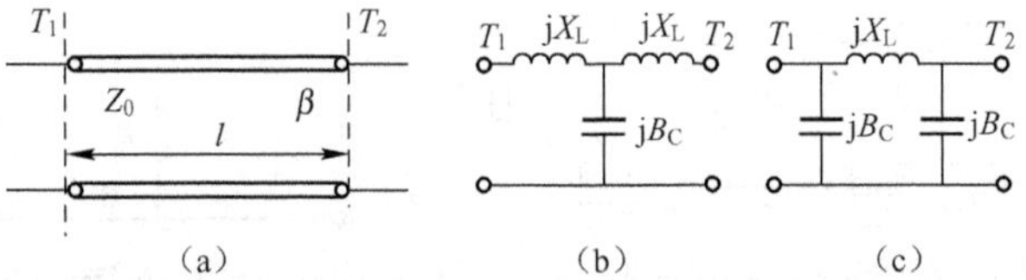

题 4.15 用图

4.16　利用 MATLAB 分析题 4.14，并求出 L'、C'。

第5章　微波元件

本章结构

任何一个微波系统都是由微波元件、有源电路和传输线构成的。与低频电路中集总参数的电感、电容和电阻元件不同，微波元件是由传输线构成，在系统中起着对微波能量的定向传输、分配、衰减、存储、隔离、滤波、相位控制、波形变换、阻抗匹配和变换的作用。因此，了解微波元件的工作原理、特性及设计方法是很重要的。

微波元件的种类很多。按传输线类型可分为波导型、同轴线型和微带线型；按功能可分为连接元件、终端元件、匹配元件、衰减元件、相移元件、分支元件、滤波元件、谐振器等；按变换的性质又可分为互易元件、非互易元件、线性元件等。本章主要采用等效网络法，分析最基本、最常见的典型元件的工作原理和基本特性。

5.1　基本电抗元件

在微波元件中，通常把表现为感性电抗或容性电抗的简单微波元件称为基本电抗元件。基本电抗元件在电路中起电感、电容或谐振电路的作用，是构成复杂微波元件的基本电抗单元，也可用来进行阻抗调配。基本电抗元件常常由传输线横向尺寸发生突变形成，即可以用传输线中的不均匀区来构成基本电抗元件。本节按照常用传输线的类型对基本电抗元件进行介绍。

5.1.1　波导中的基本电抗元件

1. 波导中的电容膜片

所谓膜片，就是一个导电性能很好、厚度远小于波导波长，但又远大于电磁波趋肤深度的薄金属片。分析时，可以把它看作理想导体。膜片有2类：一类是电容膜片；另一类是电感膜片，它们都可以分为对称和不对称的2种情况。下面分别讨论：

在波导的横向截面内平行于长边放置2块金属膜片，若其位置与尺寸对于平行长边的中轴线对称，则称为对称电容膜片；不对称，则称为不对称电容膜片，分别如图5.1.1（a）、（b）所示。

当波导宽壁上的轴向电流到达膜片时，要流进膜片。而电流到达膜片窗口时，传导电流被截断，在窗孔的边缘上积聚电荷而进行充放电，因此两膜片间就有电场的变化，即储存电能。这相当于在横截面处并联一个电容器，故这种膜片称为电容膜片，其等效电路如图5.1.1（c）所示。

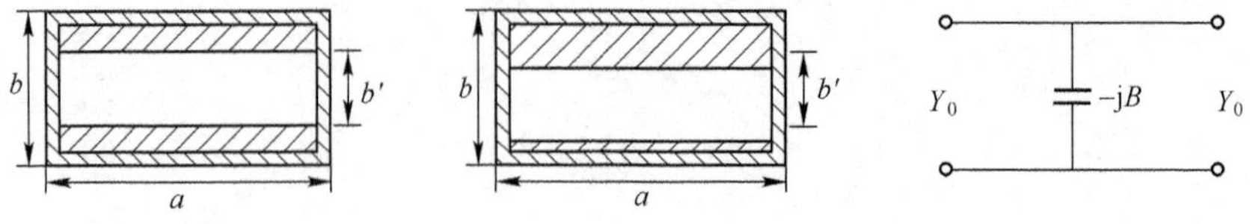

（a）　　（b）　　（c）

图 5.1.1　电容膜片及其等效电路

2. 波导中的电感膜片

把 2 个与波导等高的薄金属膜片分别放置于矩形波导横截面的左、右两边，就构成如图 5.1.2（a）、（b）所示的电感膜片，其中图 5.1.2（a）为对称电感膜片，图 5.1.2（b）为不对称电感膜片。

当在波导横向插进该膜片以后，使波导宽壁上的轴向电流产生分流，于是在膜片的附近必然会产生磁场，并集中一部分磁能，因此这种膜片为电感膜片，其等效电路图如图 5.1.2（c）所示。

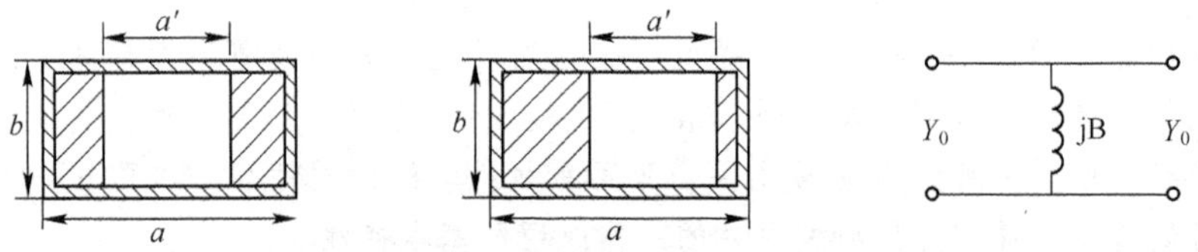

（a）　　（b）　　（c）

图 5.1.2　电感膜片及其等效电路

3. 波导中的谐振窗

在微波真空器件、气体放电器及波导中，常要用到谐振窗。例如，有时需要将波导分为真空和非真空 2 个区域，有时又要求不影响波的传输，则可以用到带有小窗口的金属薄片将两部分波导隔开，并用低损耗的介质（如聚四氟乙烯、陶瓷片、玻璃、云母片等）将窗口密封起来。图 5.1.3 给出了谐振窗的结构示意图和等效电路。它是在横向金属膜片上开有一个小窗，故称为谐振窗。

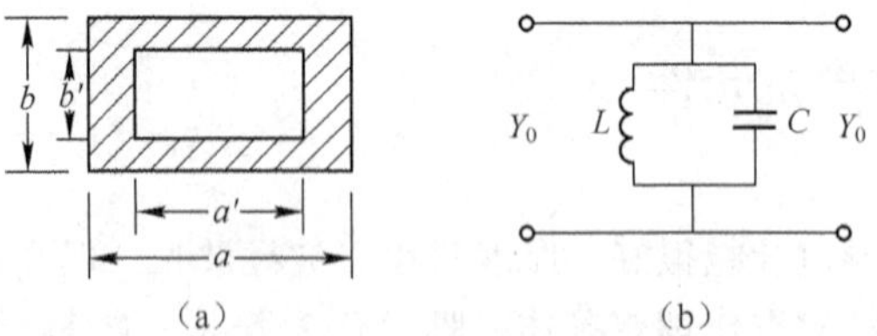

（a）　　（b）

图 5.1.3　谐振窗的结构示意图和等效电路

从结构上讲，它可以看成电容膜片和电感膜片的组合，其等效电路近似为 LC 并联回路，它具有谐振特性。当工作频率等于谐振频率时，电场和磁场能量相等，并联导纳为零，信号可无反射地通过，即为匹配状况。当工作频率低于谐振频率时，并联回路呈感性，谐振窗具有电感性；当工作频率高于谐振频率时，并联回路呈容性，谐振窗具有电容性。这 2 种情况都会对主波导中的信号造成很大的反射。

4. 销钉和螺钉

（1）销钉。销钉有 2 种类型：电感性销钉和电容性销钉。

在矩形波导中采用一根或多根垂直对穿波导宽壁的金属圆棒，称为电感销钉，其结构和等效电路如图 5. 1. 4 所示。电感销钉的电纳与销钉的粗细及根数有关，销钉越粗，电感电纳越大；根数越多，电纳越大。

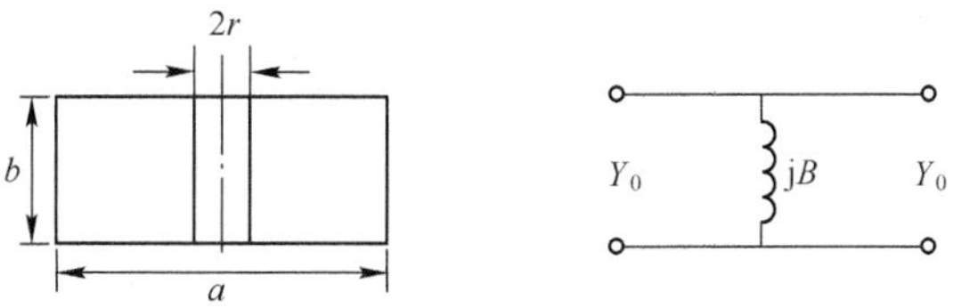

（a）　　（b）

图 5. 1. 4　电感性销钉结构和等效电路

在矩形波导中采用一根或多根垂直对穿波导窄壁的金属圆棒，称为电容销钉，其结构和等效电路如图 5. 1. 5 所示。电容销钉的电纳与销钉的粗细及根数有关，销钉越粗，电容电纳越小；根数越多，电纳越小。

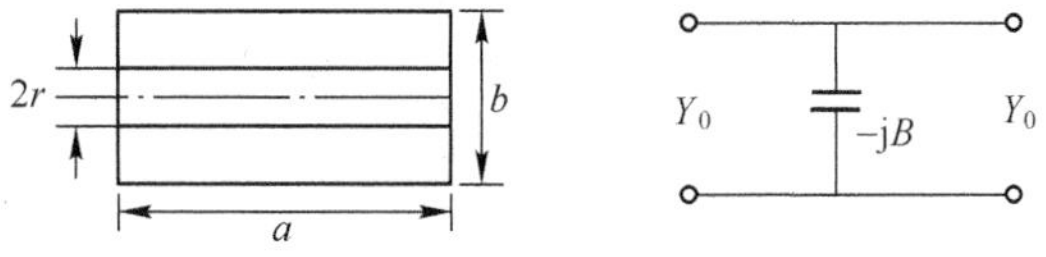

（a）　　（b）

图 5. 1. 5　电容性销钉结构和等效电路

（2）螺钉。膜片和销钉在波导内的位置和尺寸不容易调整，故只能作固定电抗元件使用。而螺钉插入波导的深度可以调节，电纳的性质和大小也随之改变，使用方便，是小功率微波设备中常采用的调谐和匹配元件。其结构和等效电路如图 5. 1. 6 所示。

螺钉越粗，插入越深，等效电容也越大；反之，等效电容则越小。另外，当螺钉位于波导宽壁的中心线处时，等效电容最大；离中心线越远，则等效电容越小。实验证明，螺钉和销钉的直径越粗其频带响应越宽。

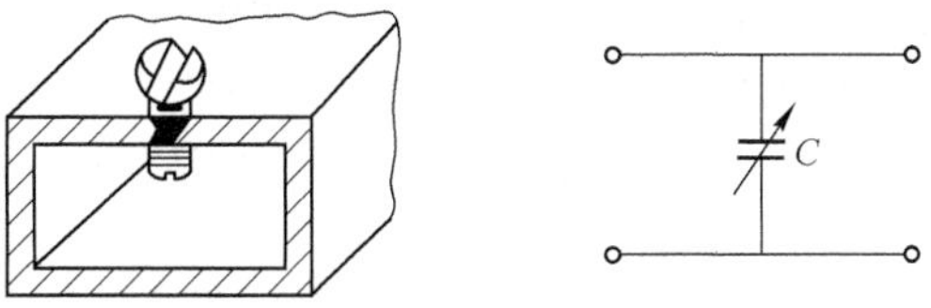

（a）　　（b）

图 5. 1. 6　螺钉结构和等效电路

5. 矩形波导中的阶梯

当不同截面尺寸的矩形波导相连时，连接处就要形成波导阶梯，出现不连续性，激发高次模。最常见的阶梯是 E 面阶梯和 H 面阶梯。

（1）E 面阶梯。对于如图 5. 1. 7（a）所示的矩形波导，把两个宽边相等、窄边不等的波导相连接即可构成 E 面阶梯，其结构如图 5. 1. 7（b）所示。由于阶梯出现在主模的电场 E 方向，故称为 E 面阶梯。这种阶梯使得电力线在阶梯处弯曲、有 z 分量，是 TM 模，这种模式的电场储能大于磁场储能，故该阶梯呈电容性，可等效为一个集总电容，其等效电路如图 5. 1. 7（c）所示，这里阶梯两侧波导的特性阻抗不相等。

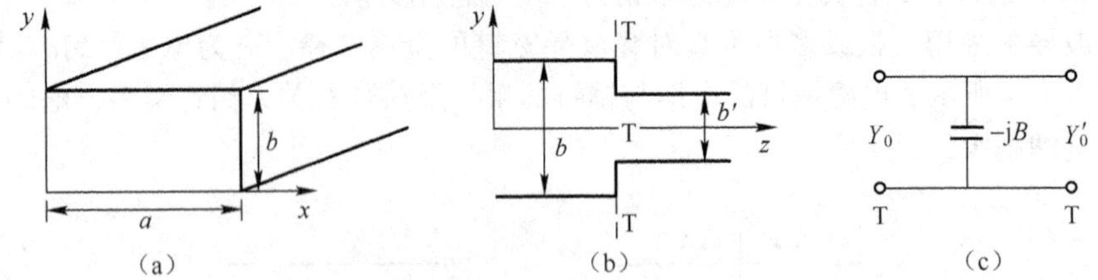

图 5.1.7　*E* 面阶梯的结构和等效电路

(2) *H* 面阶梯。把两个窄边相等、宽边不等的波导相连接即可构成 *H* 面阶梯，其结构如图 5.1.8 (b) 所示。由于阶梯出现在主模的磁场 *H* 方向，故称为 *H* 面阶梯。这种情况与电感膜片相似，可等效为一个集总电感，其等效电路如图 5.1.8 (c) 所示，这里阶梯两侧波导的特性阻抗不相等。

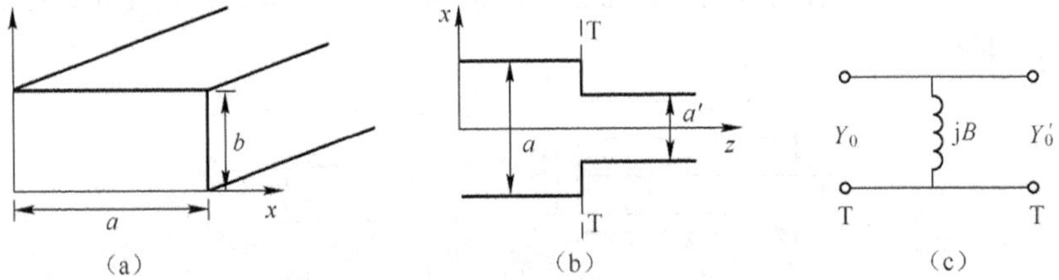

图 5.1.8　*H* 面阶梯的结构和等效电路

5.1.2　同轴线基本电抗元件

同轴线中的基本电抗元件主要有同轴阶梯和同轴芯线的电容间隙等。

1. 同轴线阶梯

同轴线的内导体半径发生突变所形成的阶梯，称为同轴线阶梯，如图 5.1.9 (a) 所示。这种阶梯的不连续性，会使主模（TEM 模）电磁场分布发生畸变，激起高次模。这些高次模是截止的，只存在于不连续区附近，稍远即衰减为零。由于 TEM 模只能有径向电场，而不连续区又只能在径向上，在阶梯处电力线弯曲，形成 z 方向的电场分量，故高次模应是 TM 模。这些高次模的电场能大于磁场能，故可用一并联的集总电容表示，如图 5.1.9 (b) 所示。

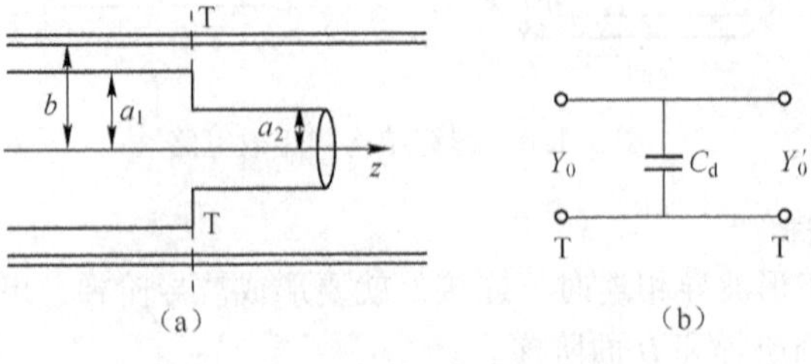

图 5.1.9　同轴线阶梯和等效电路

2. 同轴线开路端电容

在同轴线的开路端上由于边缘电荷的集中，产生了边缘电场 [如图 5.1.10 (a) 所示]，它可以等效为一个集总电容元件，如图 5.1.10（b）所示，显然在 T－T 处不是真正的开路端。对于开路端等效电容 C_d，可以把它用一小段同轴线来等效，如图 5.1.10（c）所示。其等效长度与 C_d的关系为

$$\Delta l = \frac{\lambda}{2\pi}\arctan\frac{\omega C_d}{Y_0} = \frac{\lambda}{2\pi}\arctan \omega Z_0 C_d \tag{5.1.1}$$

注意，应选择合适的同轴线外导体的内直径，使得无心线的右端圆波导中的主模截止，否则会影响开路性能。

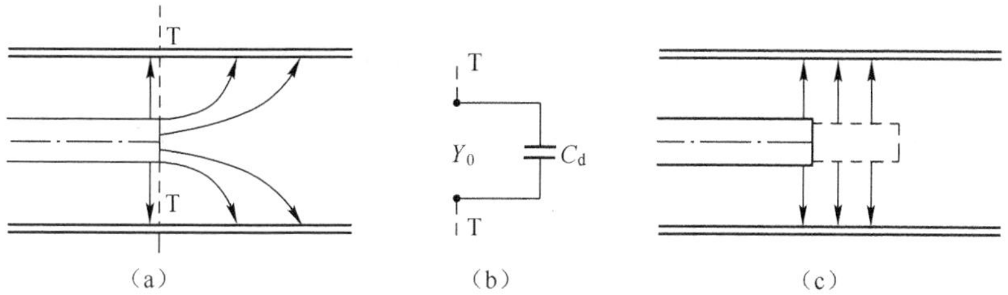

图 5.1.10　同轴线开路端及其等效电路、等效长度

3. 同轴线的电容间隙

为了在同轴线上获得串联电容，可以把同轴线的内导体断开，如图 5.1.11 所示。这种串联电容可以作为耦合电容，也可以作为隔直电容。产生所需电容的间隙宽度，可用理论或实验方法确定。

设同轴线外导体的内半径为 b，内半径为 a，电容间隙为 d，若 $d \ll \lambda$、$d \ll (b-a)$，则此间隙电容可写为

$$C = C_p + C_f$$

式中：C_p 是平板电容，$C_p = \frac{\pi\varepsilon a_2}{4d}$；$C_f$ 是边缘电容，$C_f = \varepsilon a \ln\frac{(b-a)}{d}$。

以上仅仅是间隙电容的一种近似计算，若需要准确得到间隙电容，还要用数值方法计算或实验方法确定。

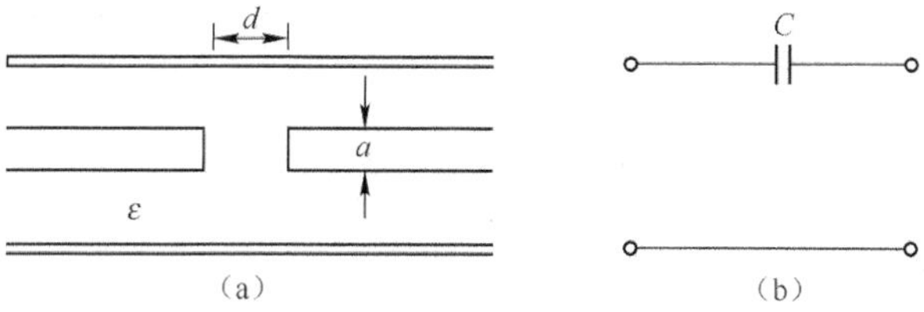

图 5.1.11　同轴线间隙及其等效电路

5.1.3　微带线基本电抗元件

微带线广泛应用于微波集成电路中，微带线中也经常会出现不连续性结构，如何处理和利用这些不连续性结构，是设计微带电路的关键问题。这里介绍由微带线中不连续性结构所形成的基本电抗元件。

1. 微带线的开路端

微带线不可能实现理想开路，因为在微带线导带突然中断处会出现电荷的堆积，引起边缘

电场效应。这种边缘电场的影响通常用2种方法表示：方法一是用一个等效集总电容表示，方法二是用长度为Δl的一段微带线表示。第二种方法在设计微带结构时常被采用，图5.1.12给出了这种表示方法。

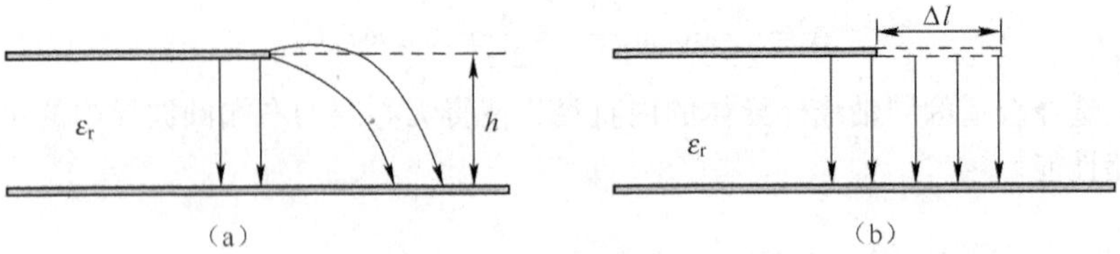

图5.1.12　微带开路端及其等效长度

设计微带线开路端的缩短长度的方法很多，所得计算的公式也不尽相同，其中一个公式是

$$\Delta l = \frac{1}{\beta}\arctan\left(\frac{4C+2\omega}{C+2\omega}\cot\beta C\right) \tag{5.1.2}$$

式中：$\beta = 2\pi/\lambda_g$，λ_g是微带线中的导波波长；$C = 2h\ln 2/\pi$。

实践表明，在氧化铝陶瓷基片上，阻抗为50 Ω左右的开路线，$\Delta l = 0.33h$是个很好的修正项，这个结果在1～10 GHz的频段都可用。

2. 微带线阶梯

当2根导带宽度不等的微带线相接时，在导带上出现了阶梯。阶梯上的电荷和电流分布同均匀微带线上的分布不同，从而引起高次模。微带阶梯可用2种电路来等效，一种等效电路是在传输线上串联一个电感；另一种等效电路是在传输线上并联一个电容。图5.1.13给出了用串联电感表示的等效电路，电感两边的传输线长度一正一负，表示宽度导带的长度被延伸了l而窄导带的长度被缩短了l。在实际应用中，X值和l值一般较小，对电路的影响不太大，故可以忽略；也可以把l看成零，而只考虑X的影响。

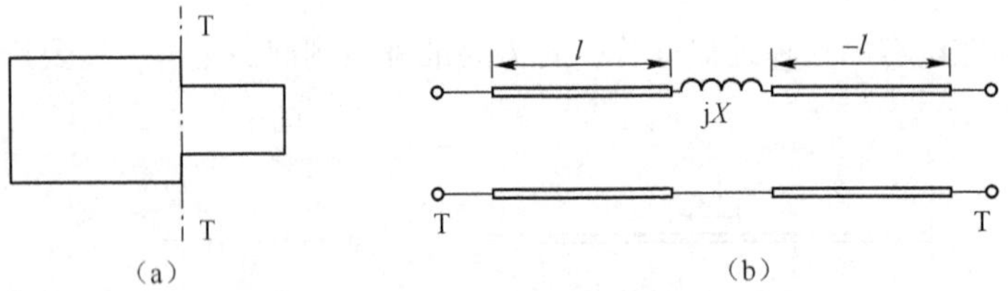

图5.1.13　微带线阶梯及其等效电路

3. 微带线的电容间隙

微带间隙是微带电路中常见的不连续性结构，它可用作耦合电容和隔直电容。在间隙很小时，可以把它看成一个串联电容，电容C值可用近似计算或实验方法确定。但在要求精确的情况下，电容间隙不能看成一个集总电容，而要用图5.1.14所示的π形等效电路来表示。

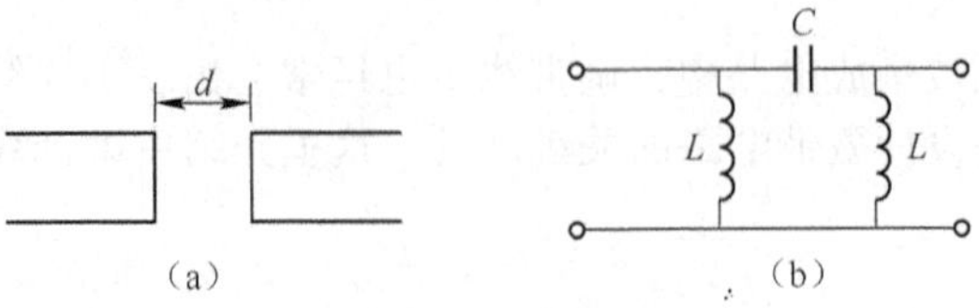

图5.1.14　微带线间隙及其等效电路

5.2 终接元件、转接元件与分支元件

5.2.1 微波终接元件

传输线终端所接元件称为终接元件，常用的终接元件有匹配负载和短路器2种。匹配负载和短路器都属于一端口的网络，但它们的功能截然不同。匹配负载是将所有的电磁能量全部吸收而无反射（$\rho=1$，$\Gamma=0$）；而短路负载是将所有的电磁能量全部反射回去，一点能量也不吸收（$\rho=\infty$，$\Gamma=1$）。下面分别讨论：

1. 匹配负载

匹配负载一般由一段传输线和能够吸收全部微波功率的材料组合而成。因传输线的类型不同，匹配负载又可分为波导式、同轴线式和微带线式等多种类型。

（1）波导匹配负载。图5.2.1（a）为低功率波导式匹配负载的结构示意图。它由一段短路波导和安装在波导中的吸收体组成。吸收体制作成尖劈形，以减少波的反射而获得较好的匹配效果。片式吸收体应安装于波导内电场最强的位置，与电场的极化方向相平行。尖劈的长度越长（一般为几个波长）则匹配程度越好，驻波系数可以做到$\rho\leqslant1.02$。这种低功率匹配负载一般用于微波测量中。

图5.2.1（b）为高功率波导式匹配负载的结构示意图。它是用水作为吸收材料的，称为水负载，在一段波导内安置一个前半部分呈圆锥形、后半部分呈圆柱形的玻璃容器，其后部分装有进水和出水管，使容器内的水不断地流动，以达到较好的散热效果。这种高功率匹配负载可用作大功率发射设备的负载（如天线）或大功率计的高频头。

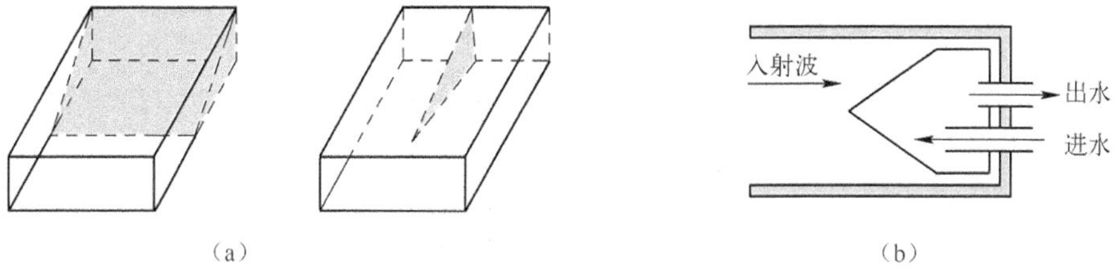

图5.2.1　波导匹配负载

（2）同轴线匹配负载。同轴线式匹配负载的结构形式很多，这里只介绍几种常用的。图5.2.2（a）所示的同轴线匹配负载，它们的外导体都是圆形，而内导体：一种是棒状薄膜电阻器，另一种是具有一定斜度的锥形薄膜电阻器。终端短路，以防止功率泄漏。薄膜的材料可以是碳、钽和镍铬合金等。把电阻做出锥形，可以使匹配性更好。还有一种结构形式如图5.2.2（b）所示，将吸收材料填充于内外导体之间，并使之成为尖劈形或阶梯形，负载终端也是短路。

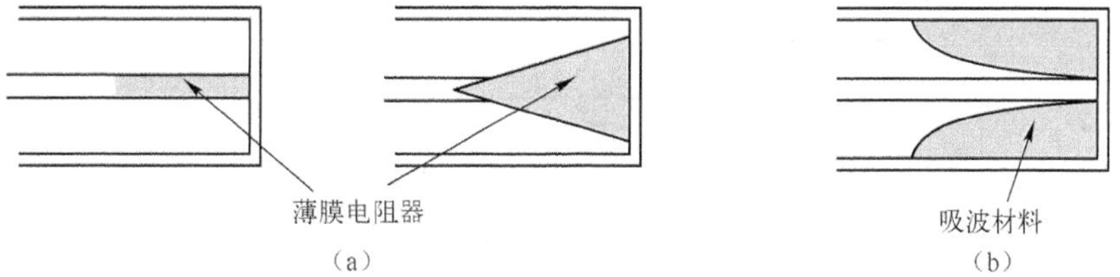

图5.2.2　同轴线匹配负载

（3）微带线匹配负载。微带线中常用的匹配负载如图5.2.3所示，它是一种吸收式匹配负载。阴影部分是电阻性的薄膜或厚膜材料（如镍铬合金电阻膜、钽电阻膜等），用以吸收微波功率。若尺寸选取适当，则可以在较宽的频带内得到良好的匹配效果。

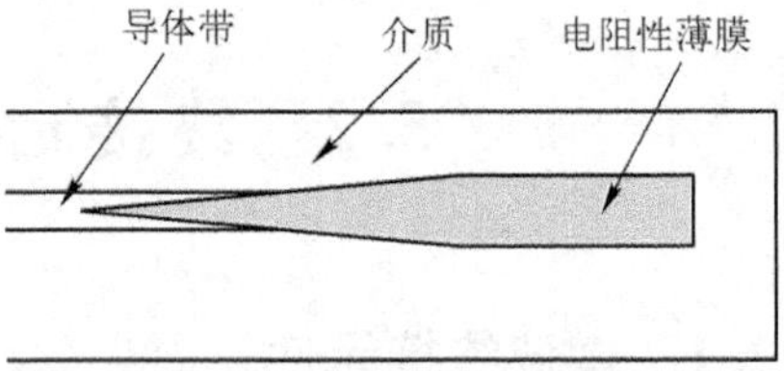

图5.2.3 微带线匹配负载

2. 短路负载

短路负载又称短路器，它的作用是将电磁能量全部反射回去、将同轴线或波导终端短路，分别称为同轴线和波导固定短路器。

在某些微波系统和微波测量仪器中，常采用短路面可以移动的短路负载。这种短路负载称为可调短路活塞。

对短路活塞的基本要求：保证接触处的损耗要小，并有良好的电接触，使其反射系数的模接近于1；传输大功率时保证接触处不发生跳火现象。

短路活塞按传输线形式分为同轴线型和波导型2种，按其结构分为接触式和抗流式两种。但由于接触式活塞在活塞移动时，接触不稳定，弹簧片又会逐渐磨损，在大功率时还会发生跳火现象，故接触式活塞很少采用。

图5.2.4给出了2个典型的抗流活塞。其中图5.2.4（a）为波导型的短路活塞，图5.2.4（b）为同轴型的短路活塞。其结构都是采用2段不同特性阻抗的$\lambda_p/4$变换器构成。其中一段为$\lambda_p/4$的短路线，另一段为$\lambda_p/4$的开路线，2段线串联起来能使活塞在a、b面处形成一个有效的短路面，以保证电接触良好，如图5.2.4（c）所示。但抗流活塞的尺寸和工作波长有关，因此频带

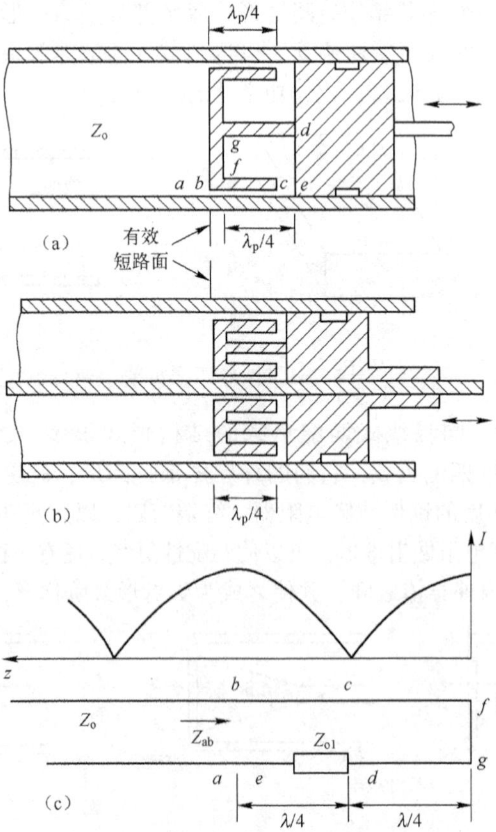

图5.2.4 2个典型的抗流活塞结构示意图

比较窄，一般只有 10% ～ 15% 的带宽。

5.2.2 微波转接元件

微波传输线形式很多，相应的转接元件也很多。在将不同类型的传输线或元件连接时，不仅要考虑阻抗匹配，还应该考虑模式的变换。下面介绍几种转接元件：

1. 同轴线 – 波导转接器

连接同轴线与波导的元件，称为同轴线 – 波导转接器，其结构如图 5.2.5 所示。它将同轴线的一端加信号，另一端的内导体伸入矩形波导内，则同轴线中 TEM 模就会激励起矩形波导中 TE_{10}模，反之亦然，这样实现了模式变换。为了要使同轴线与波导相匹配，要调节同轴线的内导体插入波导的深度 h，偏心距 d 及短路活塞位置 l。

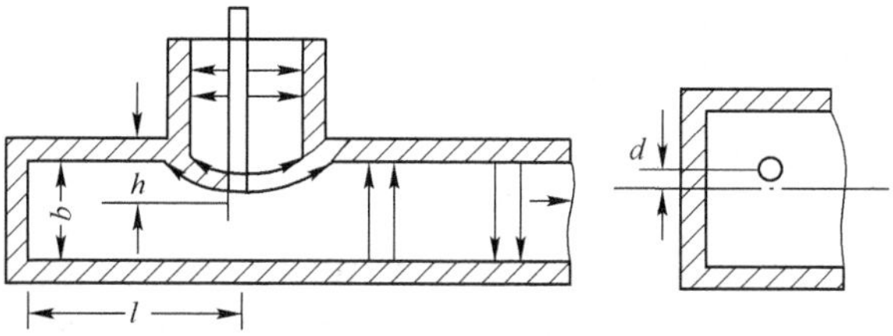

图 5.2.5 探针型同轴线 – 波导转接器

2. 波导 – 微带转接器

由于矩形波导的等效阻抗通常在 300 ～ 400 Ω 之间，而微带线特性阻抗一般为 50 Ω，而且矩形波导的高度 b 又比微带线衬底高度 h 大得多，二者若直接相连，将产生很大的反射，且结构上也不易实现，因此常在波导和微带线之间加一段脊波导过渡段来实现阻抗匹配。图 5.2.6（a）、（b）分别表示脊波导高度是渐变和阶梯变化的过渡段的转接器。

由图 5.2.6 可见，在微带线与单脊波导中间，有一段空气微带线，这是因为微带线的特性阻抗为 50 Ω，而单脊波导的等效阻抗为 80 ～ 90 Ω，它们并不相等，其间通过一段空气微带线作为过渡，可使匹配性能变好。

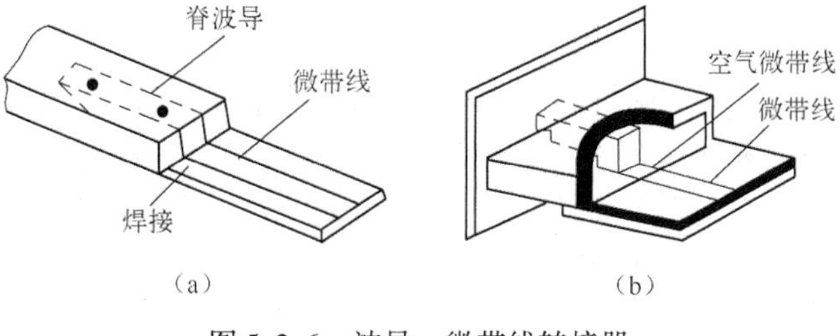

图 5.2.6 波导 – 微带线转接器

3. 同轴线 – 微带转接器

图 5.2.7（a）、（b）表示常用的同轴线与微带转接器的结构示意图。将同轴线的内导体向外延伸一小段（长度为 1 ～ 2 mm）与微带线中心导带搭接，同轴线的外导体与微带线的接地平面相连的外壳通过法兰盘用螺钉固定。只要同轴线与微带线的特性阻抗一致，由同轴线传来过来的 TEM 波电磁能量可几乎没有反射地馈入微带线中。实验表明，这种接头在 10 GHz 以下的频率范围内，可得到小于 1.15 的驻波比，在一般工程中应用得到满意的结果。

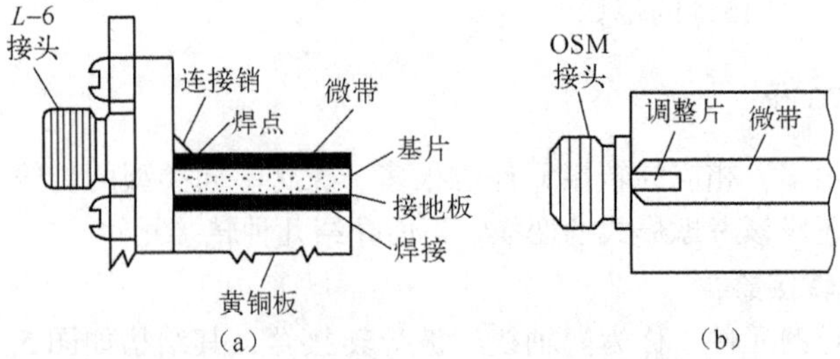

图 5.2.7　同轴线与微带线的转接器的结构示意图

4. 矩形波导圆波导模式变换器

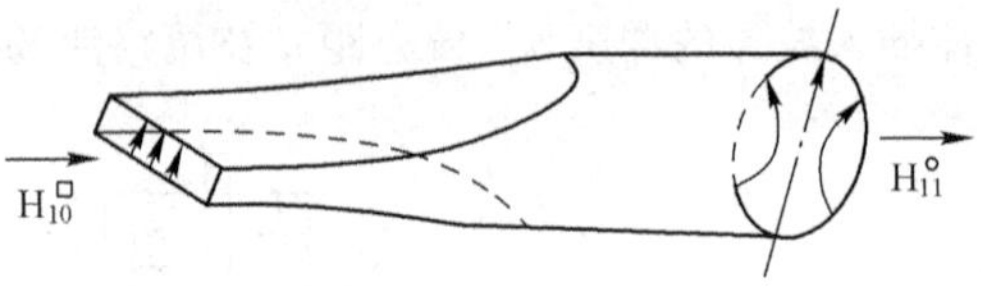

图 5.2.8　$TE_{10}^{\square}$模与TE_{11}°模的变换器示意图

矩形波导圆波导模式变换器，大多采用波导横截面的逐渐变化来达到模式的变换。图 5.2.8 给出了矩形波导中 $TE_{10}^{\square}$模变换到圆波导中TE_{11}°模的变换器，即$H_{10}^{\square}\to H_{11}^{\circ}$模式变换器，这种变换器主要用于微波铁氧体器件、可变衰减器及可变相移器中。图 5.2.9 给出了一种典型的$H_{10}^{\square}\to H_{01}^{\circ}$模式变换器的结构示意图。由于圆波导中$H_{01}^{\circ}$模损耗低，可作远距离传输线，常用这种变换器将矩形波导的元器件与圆波导元器件相连。

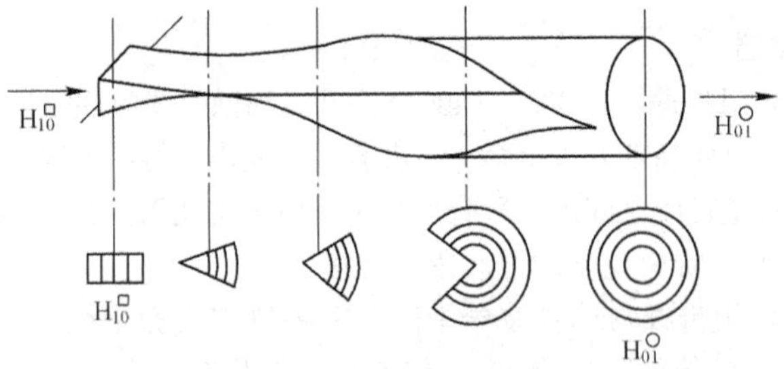

图 5.2.9　$H_{10}^{\square}\to H_{01}^{\circ}$模式变换器的结构示意图

5.2.3　微波分支元件

在实际应用中，有时候需要将信号源功率分别馈送给若干个分支电路的负载，例如，为了将发射机的功率分别馈送给天线的多个辐射单元，需要进行功率分配，这就要用到分支元件。分支元件的种类和结构形式很多，而且其功能并不限于功率分配，有时还能起到功率合成、调配以及其他的功能。在这类分支元件中，较常用的有波导 T 形接头及微带线功率分配器，在此，对这 2 种接头进行介绍。

1. 波导分支接头

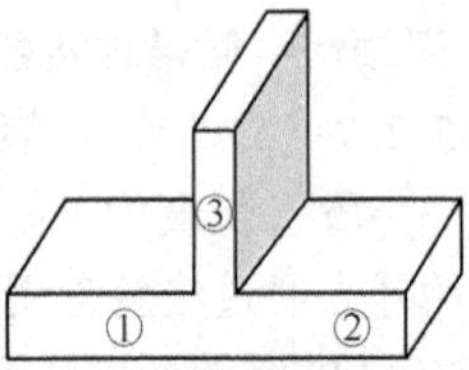

图 5.2.10　波导 E－T 接头结构

(1) E－T 接头。图 5.2.10 给出了波导分支结构，由于分支与主波导的主模 TE_{10}模的电场平面平行，因此称为 E－T 接头，又称 *E* 面 T 形分支。图 5.2.11 给出了 E－T 接头中与电场平行的纵向截面上的电场线分布图。

从图 5.2.11 中可得 E－T 接头的下述性质：

① 当 TE_{10}模信号从端口①输入时，则端口②和③有同相

输出。

② 当 TE_{10}模信号从端口②输入时，则端口①和③有同相输出。

③ 当 TE_{10}模信号从端口③输入时，则端口①和②有等幅反相输出。

④ 当 TE_{10}模信号从端口①和②同相输入时，则端口③输出最小；当信号从端口①和②等幅同相输入时，则端口③无输出（反相抵消）。且对称面 T 为电场波腹点。

⑤ 当 TE_{10}模信号从端口①和②反相输入时，则端口③有输出；当信号从端口①和②等幅反相输入时，则端口③有最大输出（同相叠加）。且对称面 T 为电场的波节点。

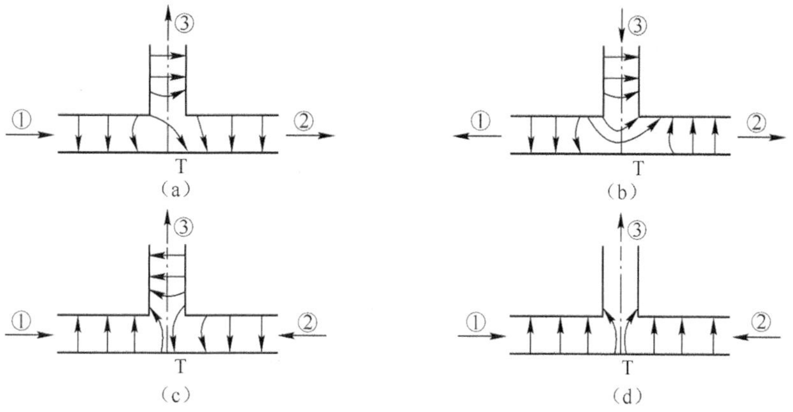

图 5.2.11　波导 E－T 接头处电场线分布图

(2) H－T 接头。图 5.2.12 所示的波导分支结构，由于分支与主波导主模 TE_{10}模的磁场平面平行，故称为 H－T 接头，又称 *H* 面 T 形分支。图 5.2.13 给出了 H－T 接头中与磁场平行的纵向截面上的电力线分布图。

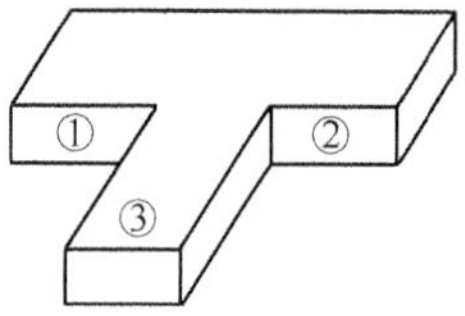

图 5.2.12　波导 H－T 接头结构

从图 5.2.13 中可得 H－T 接头的下述性质：

① 当信号自端口①输入时，则端口②和③有同相输出。

② 当信号自端口③输入时，则端口①和②有同相输出。

③ 当信号自端口①和②同相输入时，则端口③有最大输出，此时，端口③对称面处在电场驻波腹点。

④ 当信号自端口①和②反相输入时，则端口③输出最小，此时，端口③对称面处在电场驻波节点。当端口①和②等幅反相输入时，则端口③输出为零。

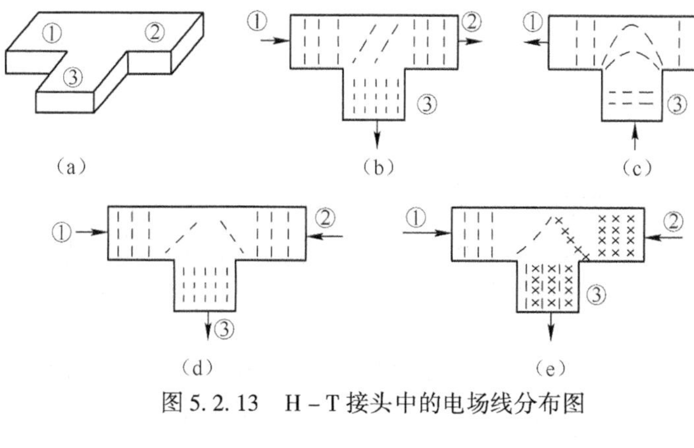

图 5.2.13　H－T 接头中的电场线分布图

H－T 接头与 E－T 接头情况不同，主波导宽壁电流被分支分流，因此 H－T 接头的 H 臂相当于并联在传输线中的电抗，同样调节 H 臂中的短路活塞的位置就可改变并联电抗的大小。它们都是三端口微波元件，可用于功率分配器或功率合成器。

（3）波导双 T 接头与魔 T 接头。如果将具有共同对称面的 E－T 接头和 H－T 接头组合起来，即构成双 T 接头，如图 5.2.14 所示。一般把 E 臂称为③端口，H 臂称为④端口，①和②臂称为平分臂，③和④臂称为隔离臂，根据 E－T 和 H－T 接头的特性可以得到双 T 接头的如下特性：

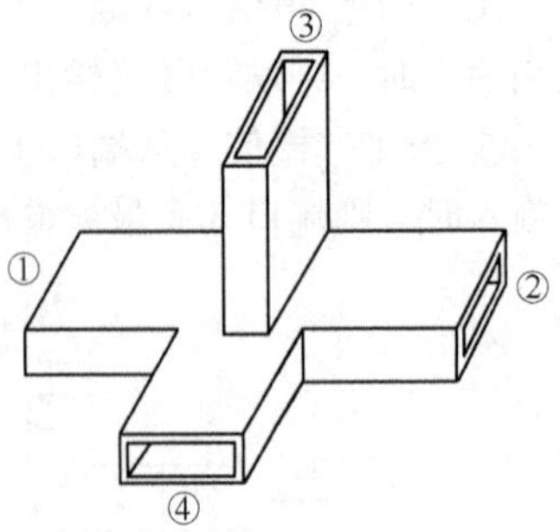

图 5.2.14　波导双 T 接头

① 当信号由 E 臂输入时，则端口①和②等幅反相输出，H 臂输出为零。

② 当信号由 H 臂输入时，则端口①和②等幅同相输出，E 臂输出为零。

③ 如果 E 臂和 H 臂均接匹配负载，当信号自端口①和②等幅同相输入时，则 H 臂有输出，E 臂输出为零；反之，当信号自端口①和②等幅反相输入时，则 E 臂有输出，H 臂输出为零。可见 E 臂和 H 臂互为隔离，①和②臂互为平分。不难写出双 T 接头的散射参量矩阵为

$$\boldsymbol{S}=\begin{pmatrix} S_{11} & S_{12} & S_{13} & S_{14} \\ S_{12} & S_{11} & -S_{13} & S_{14} \\ S_{13} & -S_{13} & S_{33} & 0 \\ S_{14} & S_{14} & 0 & S_{44} \end{pmatrix}$$

对于普通的双 T 接头，由于连接处结构突变，即使双 T 各臂均接匹配负载，接头处也会产生反射，为了要消除反射，通常在接头处加入匹配元件（如螺钉膜片或锥体），就可得到匹配的双 T 接头，也称魔 T 接头，它具有下列重要特性。

① 匹配特性：在理想情况下，它的 4 个端口是完全匹配的，只要端口①和②能调到匹配，则端口③和④一定匹配，即 $S_{11}=S_{22}=S_{33}=S_{44}=0$。

② 隔离特性：当 E 臂和 H 臂具有隔离特性时，则端口①和②也具有隔离特性。

③ 平分特性：当信号自 E 臂输入时，则反相等分给端口①和②，即 $S_{13}=-S_{23}$；当信号自 H 臂输入时，同相等分给端口①和②，即 $S_{14}=S_{24}$；当信号自端口①输入时，则同相等分给端口③和④，即 $S_{31}=S_{41}$；当信号自端口②输入时，则反相等分给端口③和④，即 $S_{32}=-S_{42}$。故魔 T 接头的散射矩阵为

$$\boldsymbol{S}=\frac{1}{\sqrt{2}}\begin{pmatrix} 0 & 0 & 1 & 1 \\ 0 & 0 & -1 & 1 \\ 1 & -1 & 0 & 0 \\ 1 & 1 & 0 & 0 \end{pmatrix}$$

2. 微带功率分配器

在微波集成电路中常常需要将微波功率分成两路或多路，因此要使用微带功率分配器。简单的微带 T 形接头不能完成良好的功率分配任务；用定向耦合器，则结构又趋于复杂，不够简便。而应用微带三端口功率分配器可以很好地解决这个问题。下面就来讨论三端口功率分配器的功率分配原理和设计公式。

图 5.2.15 所示为一个简单的三端口功率分配器，它是在 T 形接头的基础上发展起来的。当信号由端口①输入时，其功率从端口②和端口③输出。只要设计恰当，这 2 个输出功率可按一

定比例分配，同时两输出端保持相同的电压，电阻 R 中没有电流，不吸取功率。电阻 R 的作用是实现良好的输出端匹配，并保证两输出端之间有良好的隔离。

推导三端口功率分配器的设计公式时，先设端口①输入的信号由端口②和端口③输出，输出的功率分别为 P_2 和 P_3，并且按下列比例分配，即

$$P_3 = K^2 P_2 \tag{5.2.1}$$

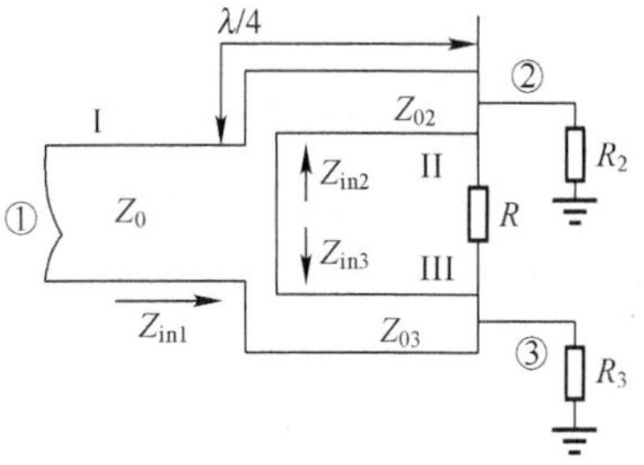

图 5.2.15　微带线三端口功率分配器

同时设 $U_2 = U_3$。端口②和端口③的输出功率与电压的关系是

$$P_2 = \frac{|U_2|^2}{2R_2},\quad P_3 = \frac{|U_3|^2}{2R_3} \tag{5.2.2}$$

将式（5.2.2）代入式（5.2.1）并考虑到 $U_2 = U_3$，得

$$\frac{|U_2|^2}{2R_2} = \frac{1}{K^2}\frac{|U_3|^2}{2R_3}$$

即

$$R_2 = K^2 R_3 \tag{5.2.3}$$

式中：R_2 和 R_3 分别是端口②和端口③的输出阻抗。若选 $R_2 = KZ_0$，$R_3 = Z_0/K$，则可满足式（5.2.1）。再考虑特性阻抗 Z_0 的选取，在 T 形接头处，臂Ⅱ的输入阻抗 Z_{in2} 与臂Ⅲ的输入阻抗 Z_{in3} 相并联，则端口①的输入阻抗为

$$Z_{in1} = \frac{Z_{in2}Z_{in3}}{Z_{in2} + Z_{in3}}$$

考虑到 $Z_{in2} = K^2 Z_{in3}$，同时，为了使输入端匹配，需令 $Z_{in1} = Z_0$，则有

$$Z_{in1} = \frac{Z_{in2}Z_{in3}}{Z_{in2} + Z_{in3}} = \frac{K^2}{1+K^2}Z_{in3} = Z_0$$

于是得

$$Z_0 = \frac{K^2}{1+K^2}Z_{in3} \quad 或 \quad Z_{in3} = \frac{1+K^2}{K^2}Z_0 \tag{5.2.4}$$

$$Z_{in2} = K^2 Z_{in3} = (1+K^2)Z_0$$

由于端口①到端口②和端口③之间的距离都是 $\lambda/4$，要使端口②和端口③都是匹配终端，则臂Ⅱ、臂Ⅲ的特性阻抗必须是

$$Z_{02} = \sqrt{Z_{in2}R_2} = Z_0\sqrt{K(1+K^2)} \tag{5.2.5}$$

$$Z_{03} = \sqrt{Z_{in3}R_3} = Z_0\sqrt{(1+K^2)/K^3} \tag{5.2.6}$$

电阻 R 起隔离作用，倘若没有电阻 R，那么当信号由端口②输入时，一部分功率进入臂Ⅰ，另一部分功率将经过支臂Ⅲ到达端口③；反之，当信号由端口③输入时，一部分功率进入臂Ⅰ，还有一部分功率经臂Ⅱ到达端口②。显然端口②与端口③之间相互影响，有耦合。为了消除这种现象，需在臂Ⅱ、臂Ⅲ之间跨接隔离电阻 R。当信号由臂Ⅰ输入时，由于 R 两端电位相等，无电流通过，不影响功率分配（相当 R 不存在一样）。若信号由端口②输入，一部分能量直接到达端口 1，余下的能量从电阻 R 和臂Ⅲ这两条路径到达端口③，只要电阻 R 的安装位置正确、电阻值选择合适，就可使经电阻 R 到达端口③的能量与经臂Ⅲ到达端口③的能量反相而相互抵消，使得端口③输出总能量极少。同理，当信号从端口③输入时，端口②的输出能量也极少。R 的值可由下式计算

$$R = \frac{1 + K^2}{K} Z_0 \tag{5.2.7}$$

对于实际的微带线功率分配器，端口②、端口③的输出阻抗 R_2、R_3 均应等于 Z_0（便于与后续电路匹配）。因此，须在端口②和端口③处各接一个 $\lambda/4$ 阻抗变换器，如图 5.2.16 所示。这时所加的 $\lambda/4$ 阻抗变换器的特性阻抗应分别是

$$Z_{04} = \sqrt{Z_0 R_2} = Z_0 \sqrt{K} \tag{5.2.8}$$

$$Z_{05} = \sqrt{Z_0 R_3} = Z_0 / \sqrt{K} \tag{5.2.9}$$

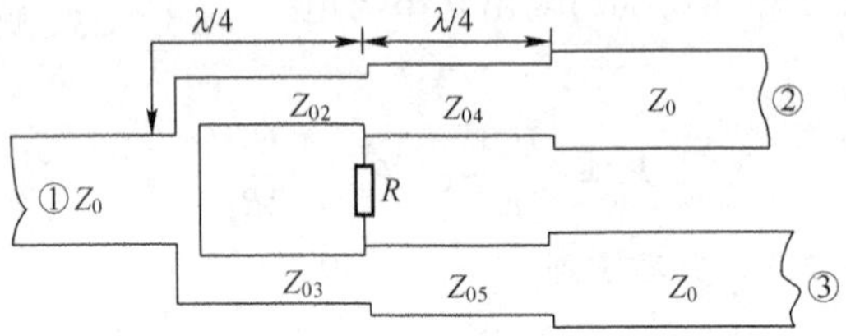

图 5.2.16　实际的微带线三功率分配器

式（5.2.7）、式（5.2.8）、式（5.2.9）分别给出了功率按 K^2 比例分配的三端口功率分配器的设计公式，如果该功率分配器是等功率分配器，即 $P_3 = P_2$，$K = 1$，则有

$$R_2 = R_3, \quad Z_{02} = Z_{03} = \sqrt{2} Z_0, \quad R = 2Z_0 \tag{5.2.10}$$

5.3　阻抗调配器与阻抗变换器

阻抗调配器和阻抗变换器是微波系统中的基本元件，在微波系统中经常会遇到反射问题，例如，负载阻抗与传输线的特性阻抗不相等、相同类型而不同特性阻抗的传输线相连接、不同类型的传输线相连接、传输线中接入一些必要的器件等均会引起电磁波的反射。这些反射波的存在会影响微波系统正常工作，使负载得不到最大功率，功率容量和效率都会降低，在大功率时还会出现打火现象，在微波测量系统中又会影响测量精度。因此必须消除这些反射波。

消除反射波的方法很多，其实质都是设法在终端负载附近产生一新的反射波，使它恰好和负载引起的反射波等幅反相，彼此抵消，从而达到匹配传输的目的。一旦匹配完善，传输线即处于行波工作状态。

为了匹配而插入的网络称为阻抗匹配网络。阻抗匹配网络有 2 种：一种是阻抗调配器，即匹配网络中的元件参数是可以调节的，设计方法采用图解法，即用 Smith 圆图来确定阻抗调配网络中各个电抗元件的参数；另一种是阻抗变换器，利用网络综合法，设计出满足一定技术指标的阻抗匹配网络，一旦根据需要设计好以后，不能任意改变。

5.3.1　阻抗调配器

阻抗调配器常用来匹配传输线特性阻抗和负载（或信号源）阻抗不等的情况的。阻抗调配器可分为分支调配器和螺钉调配器，前者可调的电抗元件是用改变分支线的长度来实现的，常用于平行双线和同轴线传输系统中；后者可调电抗元件是可调螺钉，常用于波导中。

1. 分支阻抗调配器

分支阻抗调配器按分支的多少可分单支节、双支节及多支节调配器。单支节调配器的工作原理在第 2.6 节已讨论过，这里不再赘述。

第 2.6 节曾指出，单支节调配器的最大优点是结构简单。但它是通过调节支节线的插入位置和支节线的长度来实现匹配的，在同轴线中支节的长度可应用短路活塞很易改变，但分支线插入位置很难改变，因此单支节调配器的应用受到一定的限制。为了克服以上缺点可采用双支节、三支节和多支节调配器。

(1) 双支节调配器。图 5.3.1 为同轴线双支节调配器的结构示意图，两支节同轴线并联于主同轴线中，两支节线的间距为 d，两支节的长度 l_1 和 l_2 用短路活塞来改变，以提供所需要的纯电纳，其等效电路如图 5.3.2（a）所示。图中参考面 T_1 和 T_2 分别表示支节 1 和 2 的轴线位置，T_1 和 T_2 相距 $d=\lambda/8$，$\overline{B}_1$ 和 $\overline{B}_2$ 分别为支节 1 和支节 2 的输入归一化电纳，$\overline{Y'}_1$ 和 $\overline{Y'}_2$ 分别为 T_1 和 T_2 参考面右侧（不包括 $\overline{B}_1$ 和 $\overline{B}_2$）向负载方向看的输入导纳，$\overline{Y}_1$ 和 $\overline{Y}_2$ 分别表示参考面 T_1 和 T_2 参考面左侧（不包括 $\overline{B}_1$ 和 $\overline{B}_2$）向负载方向看的输入导纳，下面用反推法来说明其调配原理。

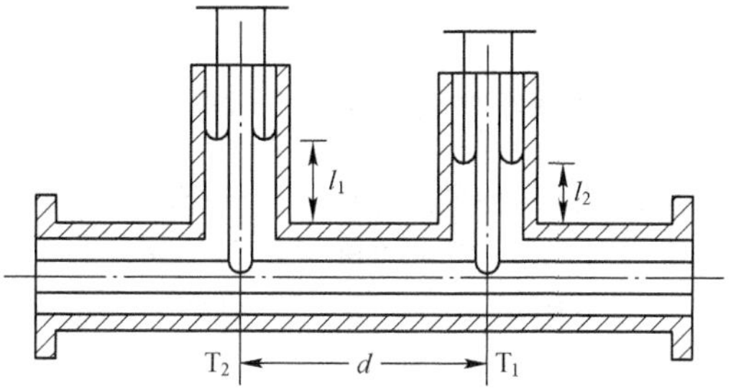

图 5.3.1　同轴线双支节调配器的结构示意图

为了要匹配，必须使 $\overline{Y}_2=1$。由等效电路可知

$$\overline{Y}_2 = Y'_2 + \mathrm{j}\,\overline{B}_2$$

即

$$\overline{Y}'_2 = 1 - \mathrm{j}\,\overline{B}_2 \tag{5.3.1}$$

因此，$\overline{Y}'_2$ 一定要落在 $\overline{G}=1$ 的单位圆上。由等效电路可知，$\overline{Y}'_2$ 与 $\overline{Y}_1$ 一定位于同一个驻波比圆上，而且由于 T_1 和 T_2 两参考面间距 $d=\lambda/8$，由此得到第二个结论：$\overline{Y}_1$ 一定要落在 $\overline{G}=1$ 的圆反时针旋转 $2\beta d=\pi/2$ 的辅助圆上。根据这两个结论不难理解下面的调配过程，如图 5.3.2（b）、（c）所示。

假设 $\overline{Y}'_1$ 位于导纳圆图的 a 点，由 a 点沿等 $\overline{G}$ 圆顺时针转到与辅助圆相交于 b（或 b'）点，即为 $\overline{Y}_1$ 的位置。再由 b（或 b'）点沿等 ρ 圆顺时针转到 $\overline{G}=1$ 的圆相交于 c（或 c'）点，该点即为 $\overline{Y'}_2$ 的位置。最后由 c（或 c'）点沿 $\overline{G}=1$ 的圆反时针（或顺时针）转到匹配 O 点，即 $\overline{Y}_2=1$，从而达到匹配。其中从 a 点到 b（或 b'）点所需要的电纳由第一支节提供，从 c（或 c'）点到 O 点所需的电纳由第二支节提供。因此调节两支节的长度即可实现匹配。

从上面分析可知，要获得匹配，$\overline{Y}_1$ 一定要落在辅助圆上。如果 $\overline{Y}_1$ 调不到辅助圆上，则用双支节调配器永远达不到匹配。对于图 5.3.3（a）所示的辅助圆，当 $\overline{Y}'_1$ 落在图 5.3.3（a）所示

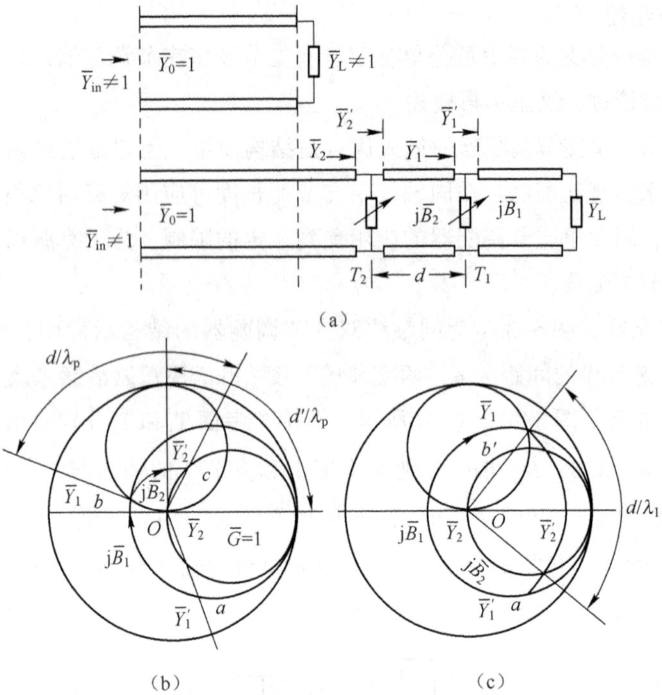

图 5.3.2　同轴线双支节调配器等效电路及调配圆图

的阴影内，则用双支节调配器永远达不到理想匹配，因此把辅助圆相切的等$\overline{G}$圆所包围的区域称为$\overline{Y}_1'$的“死区”范围，再由$\overline{Y}_1'$与$\overline{Y}_L$的关系可以确定$\overline{Y}_L$的“死区”范围。死区的范围随d/λ_p变化而变化，d/λ_p值越小，死区的范围越小。但 d 太小结构上不易实现，一般取$d/\lambda_p=1/8\sim1/4$。

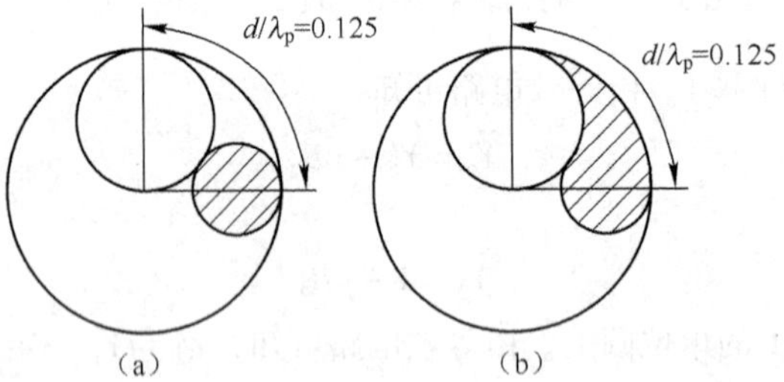

图 5.3.3　双支节调配器的调配死区

（2）三支节调配器。双支节调配器存在的“死区”，可采用三支节调配器来消除，其等效电路如图 5.3.4 所示。其调配原理和双支节相同，仅增加一个支节。当$\overline{Y}_1'$未落入匹配，则令第三支节长度为$\lambda_p/4$，使它提供电纳$\overline{B}_3=0$，即用第一和第二支节进行调配；当$\overline{Y}_1'$落入匹配“死区”内时，则令第一支节长度为$\lambda_p/4$，使它提供电纳$\overline{B}_1=0$，并将$\overline{Y}_1'$沿等驻波圆顺时针转过电长度d/λ_p，得到$\overline{Y}_2'$，此时$\overline{Y}_2'$一定转出“死区”范围，然后用第二和第三支节进行调配。

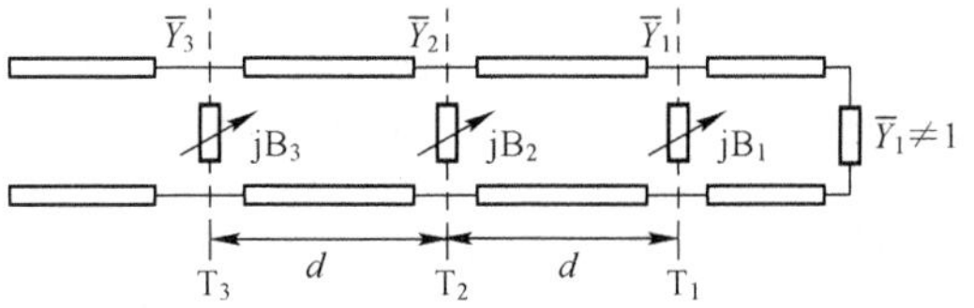

图 5.3.4　三支节调配器的等效电路

2. 螺钉调配器

在双线、同轴线和微带线传输系统中，并联电纳用分支来实现，而在波导系统内并联电纳用螺钉插入波导来实现，调节螺钉插入波导的深度，可以改变并联电纳的大小和性质，在一般情况下，螺钉插入的深度比较浅，即螺钉只能提供一个容性电纳，如5.1.1节所述。

螺钉调配器又可分为单螺钉、双螺钉和四螺钉调配器，图5.3.5给出了单螺钉和双螺钉调配器示意图。螺钉调配器的调配原理和分支调配器基本相同，唯一的差别是分支调配器中各分支能提供的电纳范围为 $-\infty\sim\infty$ 的任何电纳，而螺钉调配器中螺钉只能提供 $0\sim\infty$ 范围内的容性电纳。因此螺钉调配器的“死区”范围相应增加。

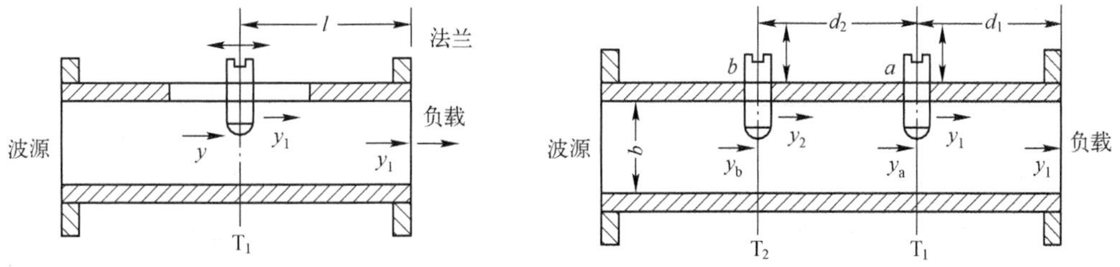

（a）单螺钉调配器　　（b）双螺钉调配器

图 5.3.5　螺钉调配器示意图

5.3.2　阻抗变换器

当负载阻抗和传输线特性阻抗不等，或两段特性阻抗不同的传输线相连接时均会产生反射，除用上面的阻抗调配器来实现阻抗匹配外，还可以用阻抗变换器来达到匹配。只要在两段所需要匹配的传输线之间，插入一段或多段传输线段，就能完成不同阻抗之间的变换，以获得良好匹配，故称为阻抗变换器。

按结构可分为同轴线阻抗变换器、矩形波导阻抗变换器、带状线和微带线阻抗变换器；按阻抗变换的规律可分为阶梯阻抗变换器和渐变式阻抗变换器。阶梯阻抗变换器又可分为最大平坦式及切比雪夫式阻抗变换器。下面讨论单节和多节阻抗变换器。

1. 单节阻抗变换器

第2章的2.6节曾经讨论了在两段特性阻抗分别为 Z_{01} 和 Z_{02} 的传输线中间，加一段长度等于 $\lambda_p/4$、特性阻抗为 $Z_0=\sqrt{Z_{01}Z_{02}}$ 的传输线段，可使阻抗达到匹配。这种原理和方法适用于所有的传输线。对于矩形波导同样也适用，使两段等效阻抗不等的波导获得匹配，即在等效阻抗分别为 Z_{e1} 和 Z_{e2} 的两段波导中间串接一段长度为 $\lambda_p/4$，其等效阻抗为

$$Z_0=\sqrt{Z_{e1}Z_{e2}} \tag{5.3.2}$$

对于传输 TE_{10} 模的矩形波导，其等效阻抗与尺寸的关系为

$$Z_e = \frac{b}{a} \frac{\eta}{\sqrt{1-\left(\frac{\lambda_0}{2a}\right)^2}} \tag{5.3.3}$$

由此可见，对于波导宽壁尺寸 a 相同，窄壁尺寸分别为 b_1 和 b_3 的两段矩形波导中间加一段矩形波导段，就能使两段矩形波导获得匹配，如图 5.3.6（a）所示。该波导段的长度为 $\lambda_p/4$，波导宽壁尺寸为 a，窄壁尺寸 b_2 必须满足

$$b_2 = \sqrt{b_1 b_3} \tag{5.3.4}$$

同理图 5.3.6（b）、（c）分别表示同轴线和微带线单节 λ/4 阻抗变换器的典型结构示意图。

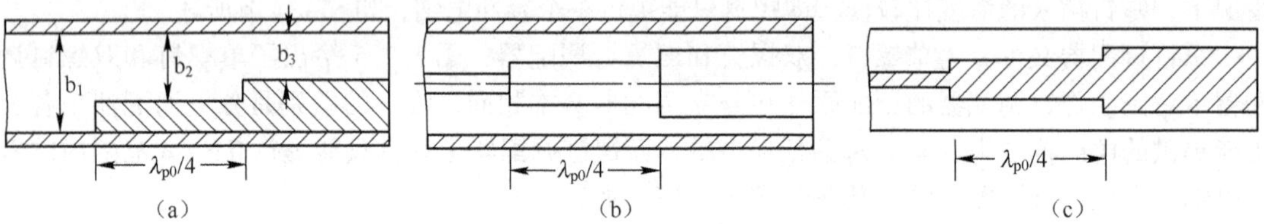

图 5.3.6　单节 λ/4 阻抗变换器的典型结构示意图

2. 多节 λ/4 阶梯阻抗变换器

在第 2 章 2.6 节中，用 λ/4 阻抗变换器可以实现阻抗匹配。但严格来说，只有在特定频率上才能满足匹配条件，即 λ/4 阻抗变换器的工作频带很窄。根据匹配的实质（反射波叠加相消），若要在较宽的工作频率内实现匹配，必须采用多节 λ/4 阻抗变换器，其形状像阶梯故称为阶梯阻抗变换器，如图 5.3.7（a）所示。这样一方面使每个连接处的尺寸变化比较小，另一方面对于 n 节 λ/4 阻抗变换器有 $n+1$ 个连接面，会产生 $n+1$ 个反射波，到达输入端时彼此有一定的相位差；再一方面由于反射波的增多使每一个反射波的振幅变小，这些反射波在输入端叠加结果，总有一些反射波在某些频率上彼此抵消或部分抵消，因此多节 λ/4 阻抗变换器能在较宽的频带内有较小的反射系数。图 5.3.7（b）给出了同轴线二阶阻抗变换器的结构示意图。

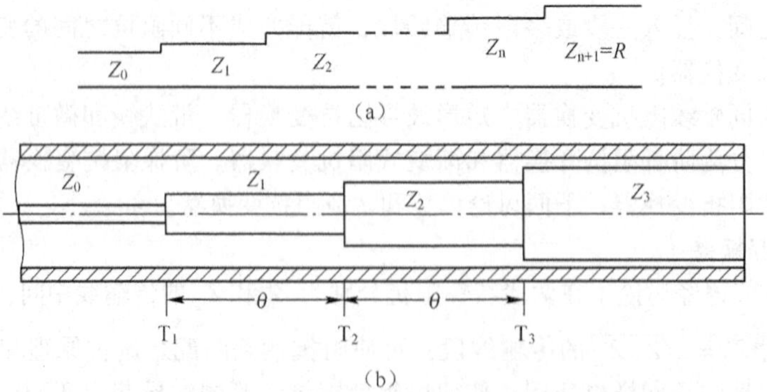

图 5.3.7　阶梯阻抗变换器的结构示意图

假设多节阻抗变换器各个连接面处的反射系数分别为 Γ_0、$\Gamma_1\cdots$，如果波导波长 λ_p 偏离中心波长 λ_{p0}，则每个阶梯的电长度 $\theta = \frac{\pi}{2} \cdot \frac{\lambda_{p0}}{\lambda_p}$。据理论分析得到多节阻抗变换器输入端的反射系

数模$|\Gamma|$是 $\cos\theta$ 的多项式，即

$$|\Gamma| = 2\,|\Gamma_0\cos N\theta + \Gamma_1\cos(N-2)\theta + \cdots|$$

若令$|\Gamma|=0$，则 $\cos\theta$ 有多个解，即表明有不止一个频率满足$|\Gamma|=0$，从而可以展宽频带。只要合理选择各阶梯段的特性阻抗 Z_1、Z_2、…、Z_n，就可得到所需的反射系数的频率特性。

根据无耗二端口网络的性质，网络输入端的反射系数和插入衰减有如下关系：

$$A = \frac{1}{1-|\Gamma|^2} = \frac{1}{1-|S_{11}|^2} > 1 \tag{5.3.5}$$

因此，网络的插入衰减可表示为

$$A = 1 + Q_N^2(\cos\theta) \tag{5.3.6}$$

式中：$Q_N(\cos\theta)$表示 $\cos\theta$ 多项式，多项式的各项系数均是各阶梯段的特性阻抗 Z_1、Z_2、…、Z_n的函数。

这个多项式可以选各种不同的函数来逼近它。当多项式 $Q_N^2(\cos\theta) = \varepsilon_r\cos^{2N}\theta$ 时，则可得到最大平坦特性的阻抗变换器；当多项式 $Q_N^2(\cos\theta) = \varepsilon_r T_N^2\cos(\theta/p)$时，则可以得到切比雪夫（等波纹）特性的阻抗变换器，如图 5.3.8 所示。实践证明：切比雪夫阶梯阻抗变换器具有最佳性能，即能满足一定的工作频带内反射系数均小于允许的最大反射系数$|\Gamma_{max}|$时，阻抗变换器的长度最短。

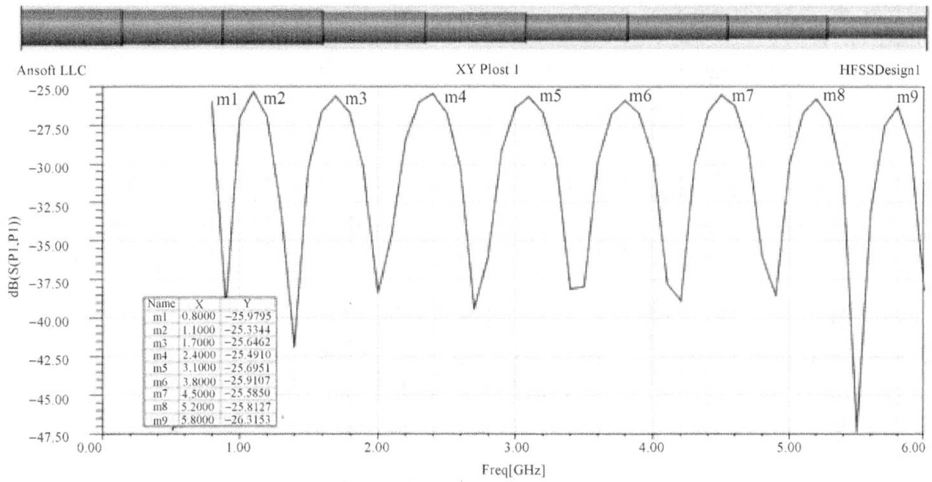

图 5.3.8　9 节同轴切比雪夫变换器模型与仿真结果

5.4　衰减器和相移器

5.4.1　衰减器

为了固定传输系统内传输功率的功率电平，传输系统内必须接入衰减器，对微波产生一定量的衰减。衰减量固定不变的称为固定衰减器，衰减量可在一定范围内调节的称为可变衰减器。

对衰减器的要求：输入驻波比小，频带宽。

衰减有吸收衰减器、截止衰减器和极化衰减器 3 种，下面讨论各种衰减器的工作原理和工作特性。

在波导内置入与电场方向平行的吸收片，当微波能量通过吸收片时，将吸收一部分能量而产生衰减，这种衰减器称为吸收衰减器。吸收片上通过的电场切向分量越强，它的衰减量越大。因此，改变吸收片在波导内的位置即可改变衰减的大小，这种衰减器称为可变衰减器。当吸收片从窄边移动到宽边的中心位置，则衰减量可在 0 ～ 35 dB 范围内连续变化，其衰减量可以从调节机构的刻度盘上直接读得，也可以从附加校正曲线上查得。

截止衰减器是在传输线中插入一小段横向尺寸较小的传输线段，使电磁波在这一小段传输线内处在截止状态下传输，即电磁波经过这段传输线后微波能量很快衰减。因此，控制截止传输线的长度，就可以调节衰减量的大小。

极化衰减器是在圆波导中置入可旋转的吸收片，从而改变衰减量大小的衰减器。衰减量大小与吸收片旋转角度有关，当吸收片在 0 ～ 90°范围内变化时，衰减量可在 0 ～∞ 范围内变化，这种衰减器可用来做绝对定标的标准衰减器。

5.4.2 移相器

移相器是对电磁波只产生一定的相移而不产生能量衰减的微波元件。对移相器主要要求是移相范围要大，且符合一定的变化规律，精度要高，插入驻波比要小，工作频带和功率容量必须符合要求等。

移相器可以分为固定移相器和可变移相器。

均匀传输线上相距长度为 l 的两点之间的相位差为

$$\varphi_2 - \varphi_1 = \beta l = \frac{2\pi}{\lambda_p} l \tag{5.4.1}$$

式（5.4.1）表明：改变相位的方法有 2 种：一种是改变传输线的长度 l，任何一种可以改变传输线长度的机构，都可以做成可变移相器；另一种是改变传输线的相位常数 β（或波导波长）。改变传输线相位常数的方法有很多，如在波导中放入可移动的介质片，就能改变相位常数 $\beta = \omega\sqrt{\mu\varepsilon}$，从而改变相移。因此，可变吸收衰减器结构与可变移相器结构形式完全相似，所不同的是，前者是改变吸收片的位置，后者是改变介质片的位置。

相移器在微波相位测量和微波管的负载特性测量中得到广泛应用。

5.5 定向耦合器

定向耦合器在微波技术中有着广泛的应用，如用来监视功率频率和频谱、进行功率的分配与合成、构成雷达天线的收发开关平衡混频器和测量电桥，还可以来测量反射系数和功率等。

定向耦合器的种类很多。按传输线类型来分有波导、同轴线带状线和微带线定向耦合器；按耦合方式来分有单孔耦合、多孔耦合、连续耦合和平行线耦合定向耦合器；按耦合输出的方向来分有同向耦合器和反向耦合器；按输出的相位来分有90°定向耦合器和180°定向耦合器；按耦合的强弱来分有强耦合、中等耦合和弱耦合定向耦合器。图 5.5.1 给出了几种定向耦合器的结构示意图，其中图 5.5.1（a）为微带分支定向耦合器，图 5.5.1（b）为波导单孔定向耦合器，图5.5.1（c）为平行耦合线定向耦合器，图5.5.1（d）为波导匹配双T，图5.5.1（e）为波导多孔定向耦合器，图5.5.1（f）为微带环行器。

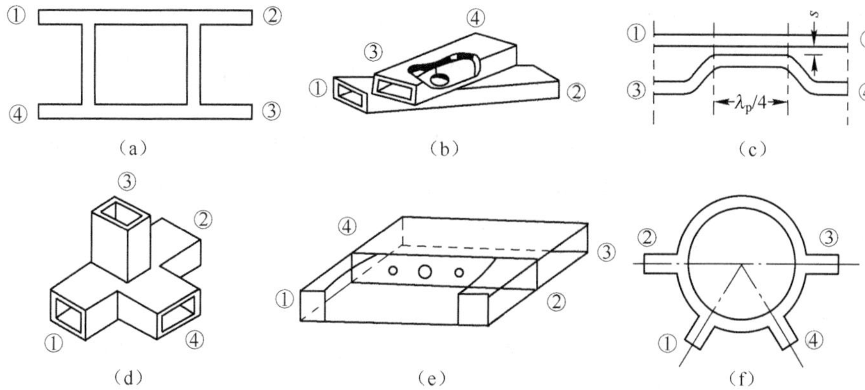

图 5. 5. 1　几种定向耦合器的结构示意图

5. 5. 1　定向耦合器的技术指标

定向耦合器是一个四端口网络，它有输入端口、直通端口、耦合端口和隔离端口，分别对应如图 5. 5. 2 所示的①、②、③、④端口。

定向耦合器的主要技术指标有耦合度、定向性、输入驻波比和工作带宽。

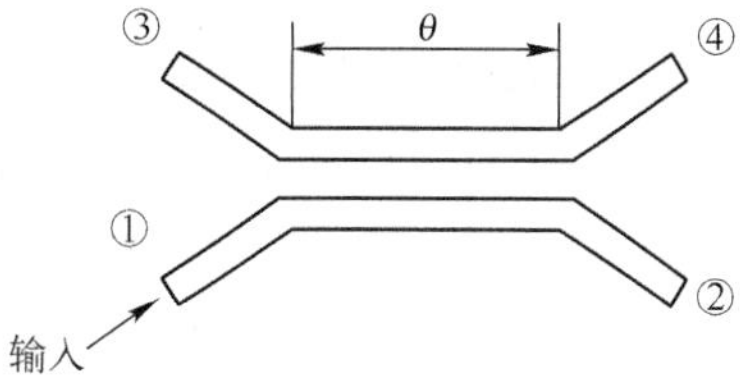

图 5. 5. 2　定向耦合器等效四端口网络

1. 耦合度 *C*

耦合度 C 定义为输入端口的输入功率 P_1 和耦合端口的输出功率 P_3 之比的分贝数，即

$$C = 10\ \lg \frac{P_1}{P_3}\,\mathrm{dB} \qquad (5.5.1)$$

由于定向耦合器是个可逆四端口网络，因此耦合度又可表示为

$$C = 10\ \lg\left[\frac{\dfrac{|\overline{U}_{i1}|^2}{2}}{\dfrac{|S_{13}\overline{U}_{i1}|^2}{2}}\right] = 20\ \lg \frac{1}{|S_{13}|}\,(\mathrm{dB}) \qquad (5.5.2)$$

由此可见，耦合度的分贝数越大，耦合越弱。通常把耦合度为 0 ～ 10 dB 的定向耦合器称为强耦合定向耦合器；把耦合度为 10 ～ 20 dB 的定向耦合器称为中等耦合定向耦合器；把大于 20 dB 的耦合度的定向耦合器称为弱耦合定向耦合器。

2. 隔离度 *I*

隔离度定义为输入端的输入功率 P_1 和隔离端的输出功率 P_4 之比（记作 I），即

$$I = 10\ \lg \frac{P_1}{P_4} = 10\ \lg\left[\frac{\dfrac{|\overline{U}_{i1}|^2}{2}}{\dfrac{|\overline{U}_{r4}|^2}{2}}\right] = 20\ \lg \frac{1}{|S_{14}|}\,(\mathrm{dB}) \qquad (5.5.3)$$

式（5. 5. 3）表明，I 越大，隔离端口输出越小，隔离性越好定向性愈好。

3. 定向性 *D*

在理想情况下，隔离端口应没有输出功率，但由于受设计公式和制造精度的限制，使隔离端口尚有一些功率输出。通常采用耦合端口和隔离端口的输出功率之比的分贝数来表示定向耦

合器的定向传输性能，称为定向性 D，即

$$D=10\lg\frac{P_3}{P_4}=10\lg\frac{|S_{31}|^2}{|S_{41}|^2}=20\lg\frac{|S_{31}|}{|S_{41}|}\ (\mathrm{dB}) \tag{5.5.4}$$

式（5.5.4）表明，D 越大，隔离端口输出越小，而耦合端口的输出越大，定向性越好。在理想情况下，$P_4=0$，即 $D=\infty$ 实际应用中，常对定向性提出一个最小值 $D_{\min}$。

由式（5.5.2）、式（5.5.3）、式（5.5.4）可得

$$D=I-C$$

4. 输入驻波比 ρ

将定向耦合器除输入端口外，其余各端口均接上匹配负载时，输入端的驻波比即为定向耦合器的输入驻波比。此时，网络的输入端的反射系数即为网络的散射参量 S_{11}，故有

$$\rho=\frac{1+|S_{11}|}{1-|S_{11}|} \tag{5.5.5}$$

5. 工作频带宽度

满足定向耦合器以上 4 个指标的频率范围，即为工作频带宽度，简称工作带宽。

5.5.2 波导型定向耦合器

1. 波导型定向耦合器分类

大多数波导定向耦合器的耦合都是通过在主、副波导的公共壁上的耦合孔来实现的，根据耦合孔的形状和位置不同，波导定向耦合器可分为单孔定向耦合器、多孔定向耦合器、十字孔定向耦合器等，如图 5.5.3 所示。但无论哪种耦合方式，它们都是通过耦合孔将主波导中的电磁能量耦合到副波导中，并具有一定的方向性。副波导各端口的输出功率的大小，决定于耦合孔的大小形状和位置。

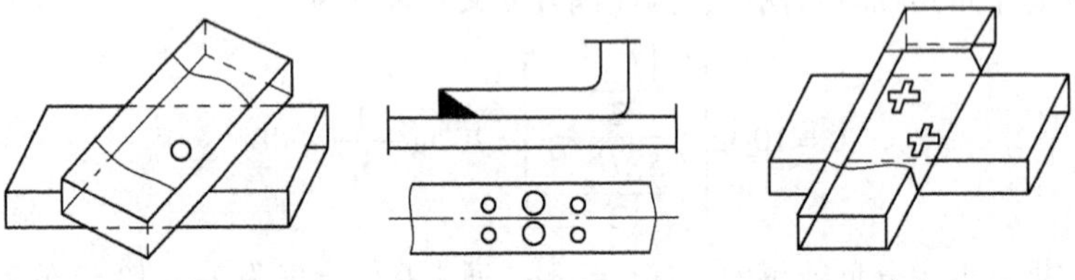

图 5.5.3　不同耦合孔的定向耦合器类型

2. 波导型定向耦合器工作原理

波导型定向耦合器中最简单是双孔定向耦合器，它是在 2 个波导的公共窄壁上开 2 个形状、尺寸完全相同，相距 $d=\lambda_{p0}/4$ 的耦合孔，如图 5.5.4（a）所示。在波导窄壁 $b/2$ 处，取一个水平纵截面，如图 5.5.4（b）所示。下面说明这种定向耦合器的工作原理。

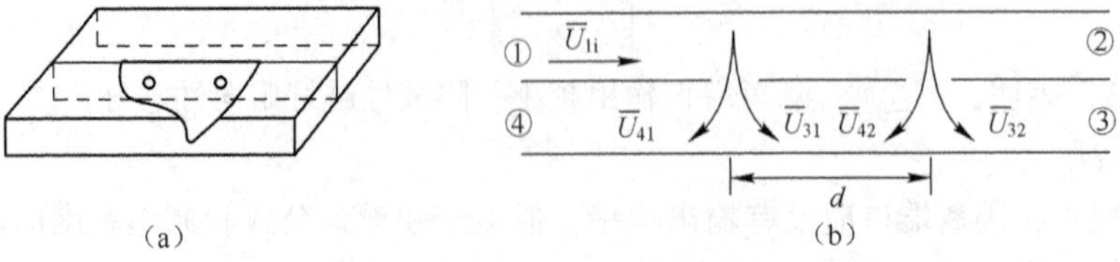

图 5.5.4　波导双孔定向耦合器

当 TE_{10} 模从主波导端口①输入向端口②传输时，主波导中 H_z 分量就会通过 2 个耦合孔耦合到副波导中，并分别向端口③和④传输。当 2 个耦合孔大小、形状均相等，且耦合孔很小时，设由端口①经过第一个耦合孔到达端口③和④的电磁波归一化电压 $\overline{U}_{41}=\overline{U}_{31}=q$，则由端口①经过第二个耦合孔到达端口③和④的电磁波归一化电压 $\overline{U}_{42}=\overline{U}_{32}=q\mathrm{e}^{-\mathrm{j}\beta d}$。到端口③的耦合波是通过 2 个耦合孔的正向耦合波的叠加，由于 2 个耦合波到端口③的由路程引起的相位均为 βd，故 2 耦合波在端口③为同相叠加而有输出，即

$$\overline{U}_3=\overline{U}_{31}\mathrm{e}^{-\mathrm{j}\beta d}+\overline{U}_{32}=2q\mathrm{e}^{-\mathrm{j}\beta d} \tag{5.5.6 a}$$

而端口④的耦合波是通过 2 个耦合孔的反向耦合波的叠加，由于 2 耦合波在端口④的因路程引起的相位差为 $2\beta d=\pi$，故端口④为 2 个反向耦合波的反相叠加，即

$$\overline{U}_4=\overline{U}_{41}+\overline{U}_{42}\mathrm{e}^{-2\mathrm{j}\beta d}=q(1+\mathrm{e}^{-2\mathrm{j}\beta d})=0 \tag{5.5.6 b}$$

由于 $d=\lambda_{p0}/4$，端口③有输出，$\overline{U}_3=2q\mathrm{e}^{-\mathrm{j}\frac{\pi}{2}}$，端口④无输出，$\bar{v}=0$，从而达到理想定向性。因耦合端（端口③）的输出波和（端口①）的输入波方向相同，故称为正向定向耦合器。

由上面分析可知，这种定向耦合器的定向性是由各孔耦合波相互干涉而得到的，只要控制耦合孔的大小、形状及孔距，使耦合波在一个方向上同相叠加而有输出，在另一个方向上反向相消而无输出或减少输出，从而得到定向性。

同理，如果耦合孔增多，参加干涉的耦合波个数也会增加，通过调整耦合孔的形状、大小和间距，就可以在多个频率上达到理想定向性，从而改善方向性的频率特性，这就构成了多孔定向耦合器。

5.5.3 平行耦合线定向耦合器

波导定向耦合器传输的是 TE 波和 TM 波，而传输 TEM 波的定向耦合器多采用平行耦合线实现，以带状线结构为主，也可以用微带线。通常，此类定向耦合器由两个等宽的主、副耦合线构成，耦合线的长度是中心波长的 1/4，即 $d=\lambda_{p0}/4$，各端口均接匹配负载 Z_0，如图 5.5.5（a）所示。

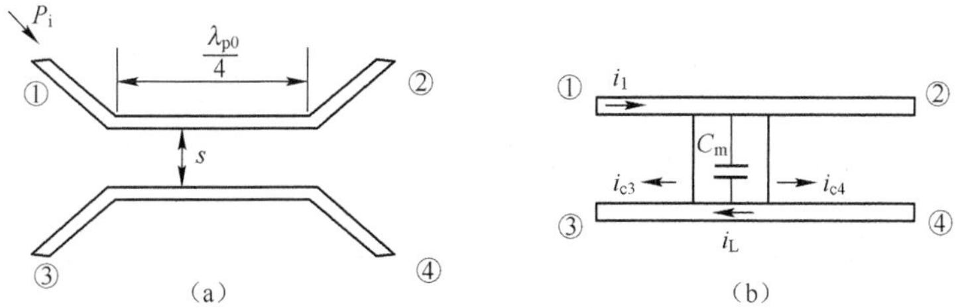

图 5.5.5 平行耦合线定向耦合器

当信号从端口①输入时，除向端口②传输外，通过两线之间的电磁耦合，还会向端口③和④传输。能量耦合既通过电场（以耦合电容表示）又通过磁场（以耦合电感表示），通过耦合电容 C_m 的耦合，在副传输线上引起的电流为 i_{c3} 和 i_{c4}。同时，由于电流 i_1 的交变磁场作用，在副传输线上有感应电流 i_L，由电磁感应定律知，该感应电流 i_L 与主传输线上的电流 i 相反，如图 5.5.5（b）所示。所以能量从端口①输入，则耦合口（端口③）的电流 i_{c3} 与 i_L 同相，叠加相长，端口④电耦合电流 i_{c4} 和磁耦合电流 i_L 反相相消，故端口④无输出，端口④是隔离口。

也可以用电压表示，电场耦合在副传输线中向端口③和端口④方向产生的电压是等幅同相的，而磁耦合在副传输线中向端口③和端口④产生的电压是等幅反相的，因此副传输线中③端口处的电压是同相叠加，有信号输出，而副传输线中端口④处的电压是反相抵消，在理想情况下，端口④无输出，可达到理想隔离。这种定向耦合器称为反向定向耦合器，而且端口②和端口③的输出信号相位差90°，故又称为90°反向定向耦合器。这种耦合线由于奇、偶模的速度不等，方向性较差，一般常采用锯齿形定向耦合器和介质覆盖定向耦合器，如图5.5.6所示。

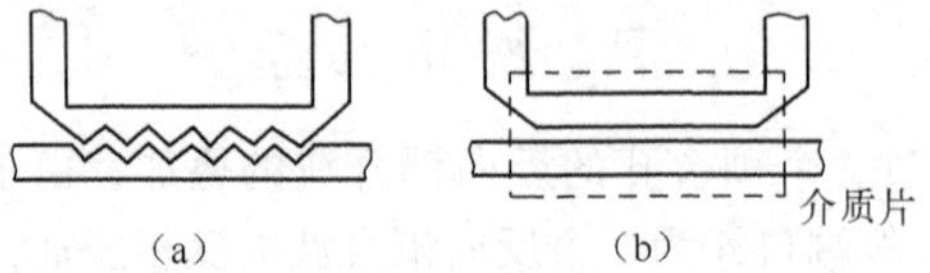

图5.5.6　锯齿形定向耦合器和介质覆盖定向耦合器

单节耦合线定向耦合器的频带比较窄，为了增宽频带可采用多节定向耦合器相级联，如图5.5.7（a）所示。平行线耦合器耦合的强弱与两线间距s有关，间距s越小，耦合越强。因耦合太强工艺上无法实现，因此常采用两只弱耦合定向耦合器相串接的办法得到强耦合定向耦合器。如两只8.34 dB的定向耦合器串接即可得到一只3 dB定向耦合器，如图5.5.7（b）所示。理想的3 dB定向耦合器能够实现匹配双T的基本特性，广泛的应用于器件的隔离和功率分配中。

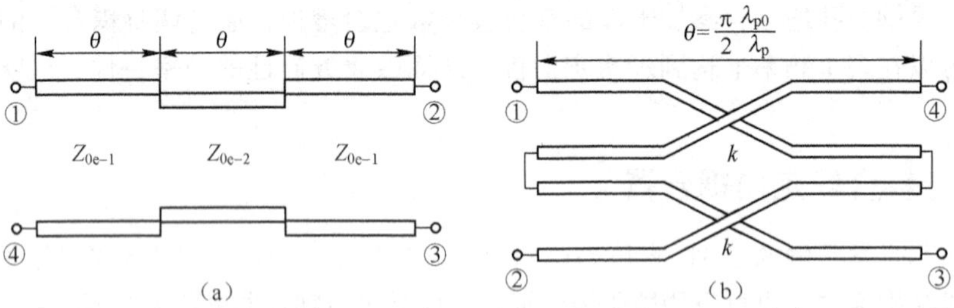

图5.5.7　多节定向耦合器相级联

5.5.4　分支定向耦合器

分支定向耦合器是由两根平行的主传输线和若干耦合分支线组成。分支线的长度及相邻分支线之间的距离均为$d=\lambda_{p0}/4$。这种分支定向耦合器可以用矩形波导、同轴线带状线和微带线来实现。波导型分支定向耦合器是由E－T分支组成，根据E－T分支的性质，分支线是串联在主线上的，因此是串联结构。而同轴型带状型和微带型分支是与主线相并联的，因此是并联结构。由于微带型分支定向耦合器在微带电路中得到广泛应用，故这里以它为例来分析分支耦合器的工作原理和工作特性，其结构图如图5.5.8（a）所示。当四端口输出线的归一化导纳均为$\overline{Y}_{01}=\overline{Y}_{02}=\overline{Y}_{03}=\overline{Y}_{04}=1$，则$a_1=a_2=a$，它是一个对称、可逆、无耗的四端口网络。

1. 双分支定向耦合器的工作原理

这种定向耦合器是通过两个耦合波的路程差引起的相位差来达到定向性的。如图5.5.8（a）所示的微带型双分支定向耦合器，当信号自端口①输入时，经过A点分A→B→C和A→D→C两路到达C点，由于两路信号波程相同，故两路信号波在C点同相相加，使端口③有输出；端口①的输入信号经过A点分A→D和A→B→C→D两路到达D点，由于两路信号的路程差为$d=\lambda_{p0}/2$，即相位差为π，故两路信号在D点反相消，使端口④无输出。故这种定向耦合器称为同向定向耦合器，由于端口②和端口③的输出相位差90°，故又称为90°同向定向耦合器。

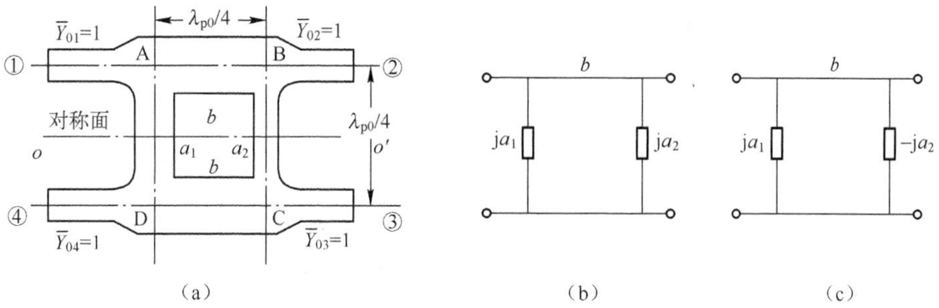

图 5.5.8　微带型双分支定向耦合器

2. 双分支定向耦合器的特性分析

双分支定向耦合器是一个四端口网络，如图 5.5.8（a）所示，分析比较麻烦，但由于它的结构上下对称于 oo'面，因此，同样可采用奇、偶模参量法进行分析。将原来的一个四端口网络分解成 2 个二端口网络，图 5.5.8（b）和图 5.5.8（c）分别为它的偶模和奇模的等效电路。具体分析方法与耦合线定向耦合器相同，这里仅给出对称双分支定向耦合器各线段的归一化导纳的设计公式

$$\begin{cases} |U_{3r}| = \sqrt{\dfrac{1}{\lg^{-1}\dfrac{C(\mathrm{dB})}{10}}} \\ b = \dfrac{1}{\sqrt{1-|U_{3r}|^2}} \\ a = b\,|U_{3r}| \end{cases} \tag{5.5.7}$$

式中：U_{3r}为耦合端③的反射波电压；C 为该耦合器的耦合度；b 为平行连接线的归一化导纳；a 为两个分支的归一化导纳。

同理，对于串联结构的波导分支定向耦合器，运用对偶定理也很容易得到结果，这个请读者自行分析。

由于各段长度均为 $d=\lambda_{p0}/4$，故在中心频率时，才能得到端口①理想匹配、端口①和④理想隔离的定向耦合器。若偏离中心频率，性能变差，一般带宽可做到 10% ～ 20% 。增加分支的数目可以增宽工作频带，对于多分支定向耦合器的分析还是采用奇、偶模参量法。不过奇、偶模二端口网络是多个基本电路的级联网络。

5.5.5　微带环形电桥

在微波系统中，除了定向耦合器和微波分支器件能够将一路信号按比例分成几路以外，微带环形电桥也是常用的功率分配器件。微带环形电桥是在波导环形电桥基础上发展起来的一种功率分配元件，其结构原理图如图 5.5.9 所示，它由全长为 $3\lambda_g/2$ 的环及与它相连的四个分支组成，分支与环并联。

其中端口①为输入端，该端口无反射，端口②、端口④等幅同相输出，而端口③为隔离端，无输出。其工作原理可用类似定向耦合器的波程叠加的方法进行分析。在这里不作详细分析，只给出其特性参数应满足的条件。

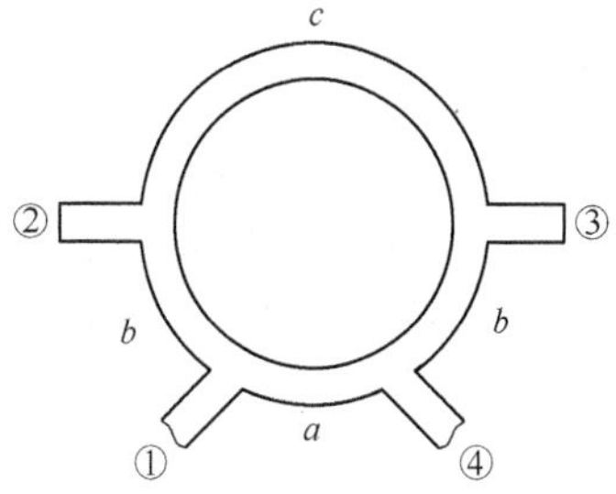

图 5.5.9　微带环形电桥结构原理图

设环路各段归一化特性导纳分别为 a、b、c，而 4 个

分支的归一化特性导纳为 1，则满足上述端口输入、输出条件下，各环路段的归一化特性导纳为

$$a = b = c = \frac{1}{\sqrt{2}} \tag{5.5.8}$$

而对应的散射矩阵为

$$[\boldsymbol{S}] = \frac{1}{\sqrt{2}}\begin{pmatrix} 0 & -\mathrm{j} & 0 & -\mathrm{j} \\ -\mathrm{j} & 0 & \mathrm{j} & 0 \\ 0 & \mathrm{j} & 0 & -\mathrm{j} \\ -\mathrm{j} & 0 & -\mathrm{j} & 0 \end{pmatrix} \tag{5.5.9}$$

5.6 微波谐振器

微波谐振器是具有储能和选频特性的微波元件，广泛应用于微波信号源、微波滤波器、波长计及磁控管中。微波谐振器类似于低频集总参数的 LC 谐振回路的储能和选频特性。但随着频率的升高，辐射损耗、导体损耗以及介质损耗都会急剧增加，使谐振回路的品质因素大大降低，选频特性变差；随着频率的升高电感量 L 和电容量 C 将越来越小，体积也越来越小，致使电感器和电容器的制作困难，机械强度变差，易击穿，且使振荡功率变小，因此集总参数的 LC 谐振回路不能用作微波波段的储能和选频元件。为了克服上述缺点，在微波波段，必须采用封闭式的微波谐振器（又称谐振腔）作为储能和选频元件，图 5.6.1 给出了由集总参数 LC 谐振回路到谐振腔的演变过程。

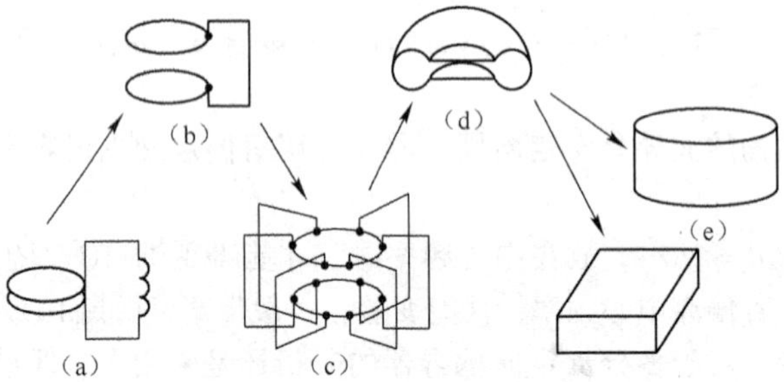

图 5.6.1　集总参数 LC 谐振回路到谐振腔的演变过程

微波谐振器主要有两大类：传输线型谐振器和非传输线型谐振器。前者是一段两端被开路或短路的传输线，例如：矩形谐振器、圆柱谐振器、同轴谐振器、微带谐振器和介质谐振器，如图 5.6.2 所示；后者是一种特殊形状谐振器，主要用来作各种微波电子管（如速调管、磁控管）的腔体。

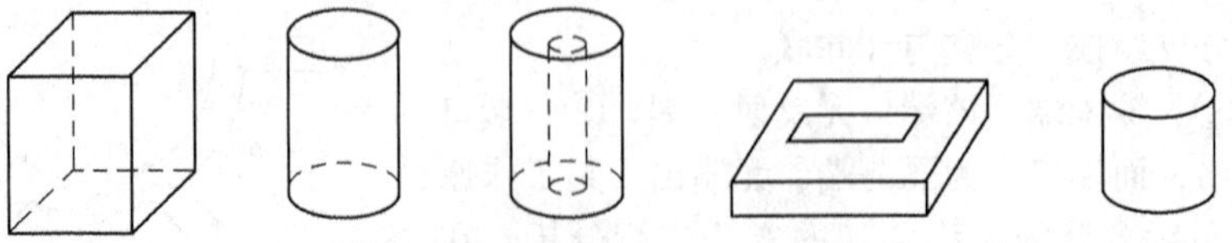

图 5.6.2　各类传输线型谐振器

本节将在介绍微波谐振腔的谐振频率、品质因数、等效电导等基本参量的基础上，重点介绍几种常见的传输线型微波谐振器，最后分析这些谐振腔的激励与耦合方式。

5.6.1 微波谐振腔的基本参量

在微波波段，集总参数 L、C、R 已经失去其具体的意义，通常将微波谐振腔的谐振频率 f_0、品质因数 Q_0 和等效电导 G_0 作为微波谐振腔的 3 个基本参量。

1. 谐振频率

谐振频率 f_0 是指谐振腔中某一模式发生谐振时的频率，它是描述谐振腔中电磁能量振荡规律的参量。在谐振时，腔内的电场能量和磁场能量彼此相互转化。对于金属空腔谐振器，可以看作一段两端短路的波导，因此，腔内的波沿横向及纵向均呈驻波分布，则腔体长度 l 和导波波长 λ_g 应满足

$$l = n\frac{\lambda_g}{2} \quad (n = 1, 2, \cdots) \tag{5.6.1}$$

则

$$\beta = 2\pi/\lambda_g = \frac{\pi n}{l} \quad (n = 1, 2, \cdots) \tag{5.6.2}$$

由波导理论得

$$k^2 = \omega^2\mu\varepsilon = \left(\frac{2\pi}{\lambda_g}\right)^2 + \left(\frac{2\pi}{\lambda_c}\right)^2 \tag{5.6.3}$$

谐振频率为

$$f_0 = \frac{v}{2\pi}\left[\left(\frac{n\pi}{l}\right)^2 + \left(\frac{2\pi}{\lambda_c}\right)^2\right]^{1/2} \tag{5.6.4}$$

式中：v 为介质中的波速；λ_c 为波导中相应模式的截止波长。

2. 品质因数

品质因数 Q_0 是表征微波谐振器频率选择性的重要参量，其定义为

$$Q_0 = 2\pi\frac{W}{W_T} = \omega_0\frac{W}{P_1} \tag{5.6.5}$$

式中：W 为谐振器中存储的电磁能；W_1 为一个周期内谐振器损耗的能量；P_1 为谐振器的损耗功率。而谐振器谐振时存储的电磁能为

$$W = W_e + W_m = \frac{1}{2}\int_V \mu|H|^2 dV = \frac{1}{2}\int_V \varepsilon|E|^2 dV \tag{5.6.6}$$

式中：V 为谐振器的体积。

谐振器的平均损耗主要由导体损耗引起，设导体表面电阻为 R_S（由平面波知识 $R_S = \sqrt{\frac{w_o\mu}{2\sigma}}$），则有

$$P_1 = \frac{1}{2}\oint_S |J_S|^2 R_S dS = \frac{1}{2}R_S\int_S |H_t|^2 dS \tag{5.6.7}$$

式中：H_t 为导体内壁切向磁场；J_S 为导体内表面的电流密度而 $\boldsymbol{J}_S = -\boldsymbol{n}\times\boldsymbol{H}_t$，$\boldsymbol{n}$ 为导体内壁的法向矢量；S 为谐振器导体内壁的表面积。于是有

$$Q_0 = \frac{\omega_0\mu}{R_S}\frac{\int_V |H|^2 dV}{\int_S |H_t|^2 dS} = \frac{2}{\delta}\frac{\int_V |H|^2 dV}{\int_S |H_t|^2 dS} \tag{5.6.8}$$

式中：δ 为导体内壁趋肤深度 $\delta=\sqrt{\dfrac{2}{\omega_0\mu}}$。因此，只要求得谐振器内场分布，即可求得品质因数 Q_0。

为粗略估计谐振器内的 Q_0 值，近似认为 $|H|=|H_t|$，这样式（5.6.8）可近似为

$$Q\approx\frac{2}{\delta}\frac{V}{S} \tag{5.6.9}$$

式中：S、V 分别表示谐振器的内表面积和体积。

由式（5.6.9）可见：

① $Q_0\propto\dfrac{V}{S}$，应选择谐振器形状使其$\dfrac{V}{S}$大；

② 因谐振器线尺寸与工作波长成正比，即 $V\propto\lambda_0^3$，$S\propto\lambda_0^2$，故有 $Q_0\propto\dfrac{\lambda_0}{\delta}$；由于 δ 仅为几微米，对厘米波段的谐振器，其 Q_0 值将在 $10^4\sim10^5$ 量级，比集总参数 LC 谐振回路的 Q 值大的多。

上面讨论的品质因数 Q_0是未考虑外接激励与耦合的情况，因此称之为无载品质因数或固有品质因数。

3. 等效电导

等效电导 G_0 是表征谐振器功率损耗特性的参量，若谐振器上某等效参考面的边界上取两点 a、b，并已知谐振器内的场分布，则等效电导 G_0 可表示为

$$G_0=R_S\frac{\oint_S|H_t|^2\mathrm{d}S}{\left(\int_a^b E\cdot\mathrm{d}l\right)^2} \tag{5.6.10}$$

可见等效电导 G_0 具有多值性，与所选择的点 a 和 b 有关。

5.6.2 几种常用的微波谐振器

1. 矩形空腔谐振器

矩形空腔谐振器是由一段长为 l、两端短路的矩形波导组成，如图 5.6.3 所示。与矩形波导类似，它也存在两类振荡模式，即 TE 模式和 TM 模式，其中主模为 TE_{10}模，其场分量表达式见第 3 章的式（3.7.43）。

（1）谐振频率f_0。对 TE_{10}模，$\lambda_c=2a$，由式（5.6.4）得

$$f_0=\frac{c\sqrt{a^2+l^2}}{2al} \tag{5.6.11}$$

式中：c 为自由空间的光速。对应谐振波长为

$$\lambda_0=\frac{2al}{\sqrt{a^2+l^2}} \tag{5.6.12}$$

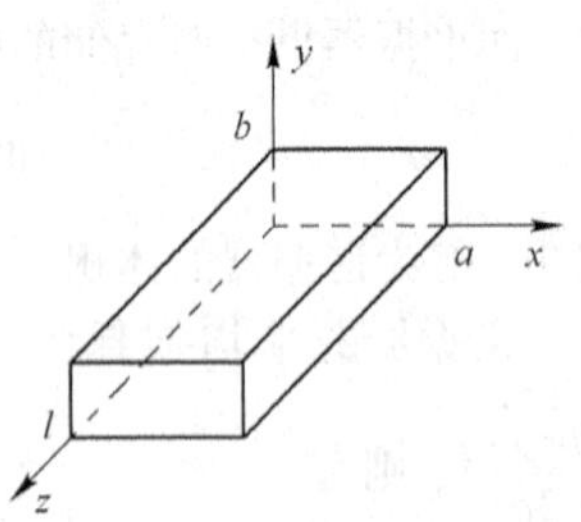

图 5.6.3　矩形谐振器及其坐标

（2）品质因数 Q_0。由 TE_{10}模的场表达式，可得

$$W=\frac{\mu}{2}\int_V|H|^2\mathrm{d}V=\frac{\mu abl}{8}E_0^2\left(\frac{1}{Z_{TE}^2}+\frac{\pi^2}{k^2\eta^2a^2}\right) \tag{5.6.13}$$

将 $Z_{TE}=\dfrac{k\eta}{\beta}$和矩形波导的 TE_{10}模的相位常数 $\beta=\sqrt{k^2-(\pi/a)^2}$代入式（5.6.13），整理得

$$W=\frac{\varepsilon abl}{8}E_0^2 \tag{5.6.14}$$

导体损耗功率为

$$P_1 = \frac{R_S}{2}\int_S |H_t|^2 \mathrm{d}S = \frac{R_S \lambda^2 E_0^2}{8\eta}\left(\frac{ab}{l^2} + \frac{bl}{a^2} + \frac{a}{2l} + \frac{l}{2a}\right) \tag{5.6.15}$$

所以品质因数 Q_0 为

$$Q_0 = \omega_0 \frac{W}{P_1} = \frac{(kal)^3 b\eta}{2\pi^2 R_S} \frac{1}{2a^3 b + 2bl^3 + a^3 l + al^3} \tag{5.6.16}$$

2. 微带谐振器

微带谐振器的形式很多，主要有传输线型谐振器（如微带线节型谐振器）和非传输线型谐振器（如圆形振器、环形振器和椭圆形谐振器），这 4 种微带谐振器分别如图 5.6.4 所示，其中，图 5.6.4（a）为微带线节型谐振器，图 5.6.4（b）、图 5.6.4（c）和图 5.6.4（d）分别为圆形振器、环形振器和椭圆形谐振器。

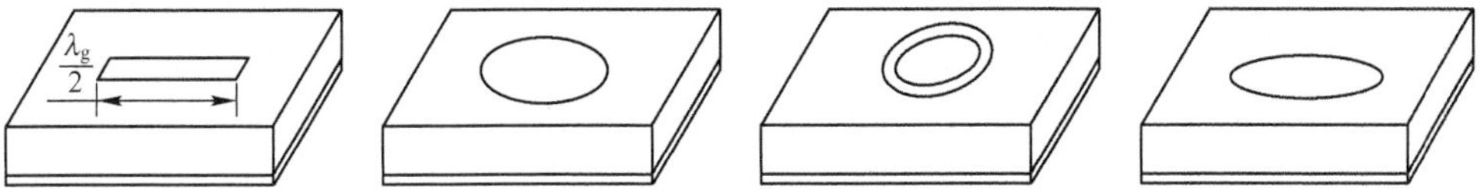

（a）　（b）　（c）　（d）

图 5.6.4　各种微带谐振器

（a）微带线节型谐振器　（b）圆形谐振器　（c）环形谐振器　（d）椭圆形谐振器

下面对微带线节型谐振器进行简单分析：

设微带线工作在准 TEM 模式，对于一段长度为 l 的终端开路的微带线，由传输线理论，其输入阻抗为

$$Z_{in} = -\mathrm{j}Z_0 \tan\beta l \tag{5.6.17}$$

式中：$\beta = \frac{2\pi}{\lambda_g}$，$\lambda_g$ 为微带线的带内波长。

根据并联谐振条件 $Y_{in} = 0$，得

$$l = \frac{p\lambda_{g0}}{2} \quad 或 \quad \lambda_{g0} = \frac{2l}{p} \quad (p = 1, 2, \cdots) \tag{5.6.18}$$

式中：λ_{g0} 为带内谐振波长。

根据串联谐振条件 $Z_{in} = 0$，得

$$l = \frac{(2p-1)\lambda_{g0}}{4} \quad 或 \quad \lambda_{g0} = \frac{4l}{2p-1} \tag{5.6.19}$$

由此可见，长度为 $\lambda_{g0}/2$ 整数倍的两端开路的微带线构成了 $\lambda_{g0}/2$ 微带谐振器；长度为 $\lambda_{g0}/4$ 奇数倍的一端开路一端短路的微带线构成了 $\lambda_{g0}/4$ 微带谐振器。由于实际上微带谐振器短路比开路难实现，所以通常采用终端开路型微带谐振器，但终端导带断开处的微带线不是理想的开路，因而计算的谐振长度要比实际的长度要长，一般有

$$l_1 + 2\Delta l = p\frac{\lambda_{g0}}{2} \tag{5.6.20}$$

式中：l_1 为实际导带长度；Δl 为缩短长度。

微带谐振器的损耗主要有导体损耗、介质损耗和辐射损耗，其总的品质因数 Q_0 为

$$Q_0 = \left(\frac{1}{Q_c} + \frac{1}{Q_d} + \frac{1}{Q_r}\right)^{-1} \tag{5.6.21}$$

式中：Q_c、Q_d、Q_r 分别是导体损耗、介质损耗和辐射损耗引起的品质因数，Q_c 和 Q_d 的计算公式为

$$Q_c = \frac{27.3}{\alpha_c \lambda_g} \tag{5.6.22}$$

$$Q_d = \frac{\varepsilon_e}{\varepsilon_r} \frac{1}{q \tan \delta} \tag{5.6.23}$$

式（5.6.22）和式（5.6.23）中：α_c为微带线的导体衰减常数（dB/m）；ε_e、q 分别为微带线的有效介电常数和填充因子。通常 $Q_r \gg Q_d \gg Q_c$，因此微带线谐振器的品质因数主要取决于导体损耗。

5.6.3 谐振器激励与耦合

波导的激励（Encourage）与耦合（Coupling）本质上是电磁波的辐射和接收，是微波源向波导内有限空间的辐射或从波导的有限空间接收电磁波信息。由于辐射和接收是互易的，因此激励与耦合有相同的场结构。严格地用数学方法来分析波导的激励问题是十分困难的，这里仅定性地对这一问题作以说明。激励波导的方法通常有 3 种：电激励、磁激励和电流激励。

电激励：将同轴线的内导体延伸一小段沿并电场方向插入矩形波导内构成探针激励，由于这种激励类似于电偶极子的辐射，故称电激励。在探针附近，由于电场强度会有 E_z 分量，电磁场分布与 TE_{10}模有所不同，而必然有高次模被激发，但当波导尺寸只容许主模传输时，激励的高次模将随着远离探针处而很快就会衰减，因此高次模不会在波导内传播。为了提高功率耦合效率，在探针处两边，波导与同轴线的阻抗应匹配，为此往往在波导一端接上一个短路活塞，如图 5.6.5（a）所示，其中：h 为探针插入深度，l 为短路活塞位置，b 为波导窄边宽度。调节探针插入深度 h 和短路活塞位置 l，可以使同轴线耦合到波导中去的功率达到最大。显然，短路活塞的作用是提供一个可调电抗以抵消与高次模相对应的探针电抗。

磁激励：将同轴线的内导体延伸一小段后弯成环形，将其端部焊在外导体上，然后插入波导中所需激励模式的磁场最强处，并使小环法线平行于磁力线，如图 5.6.5（b）所示。由于这种激励类似于磁偶极子辐射，故称磁激励。同样，也可连接一个短路活塞以提高耦合功率，但由于耦合环不容易和波导紧耦合，而且匹配困难，频带较窄，最大耦合功率也比探针激励小，故在实际中常用探针激励。

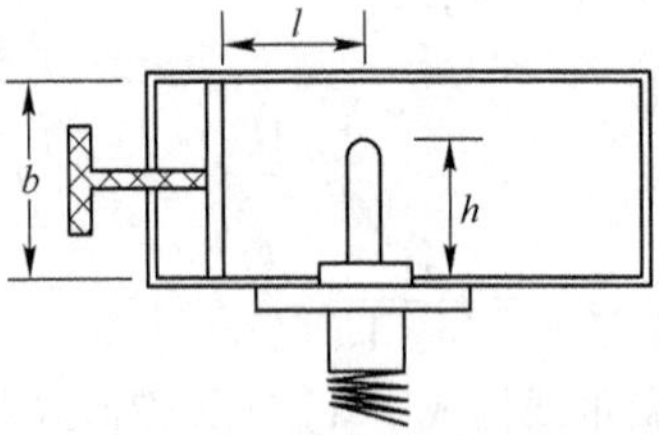

（a）

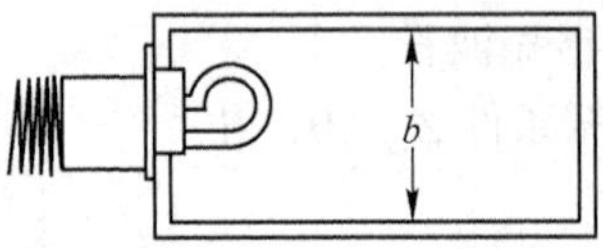

（b）

图 5.6.5　电激励与磁激励示意图

电流激励：在波导之间的激励往往采用小孔或缝激励，即在两个波导的公共壁上开孔或缝，使一波导的部分能量辐射到另一波导去，如图 5.6.6 所示，以此建立所要的传输模式。由于波导开口处的辐射类似于电流元的辐射故称为电流激励。另外，小孔或缝的激励方法还可用波导与谐振腔之间的耦合和两条微带之间的耦合等。

用平行耦合微带线来实现激励和耦合，如图 5.6.7 所示。不管是哪种激励和耦合，对谐振器来说，外接部分要吸收部分功率，因此品质因数有所下降，此时称之为有载品质因数，记作 Q_l，由品质因数的定义得

$$Q_l = \frac{\omega_0 W}{P_l'} = \frac{\omega_0 W}{P_l + P_e} = \left(\frac{1}{Q_0} + \frac{1}{Q_e}\right)^{-1} \tag{5.6.24}$$

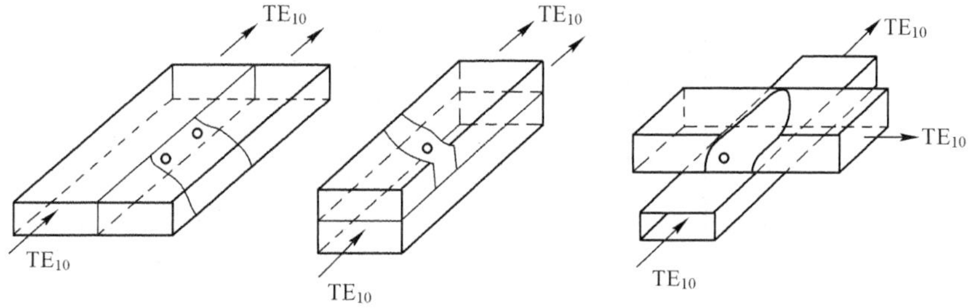

（a）　　　　　　（b）　　　　　　（c）

图 5.6.6　波导的小孔耦合

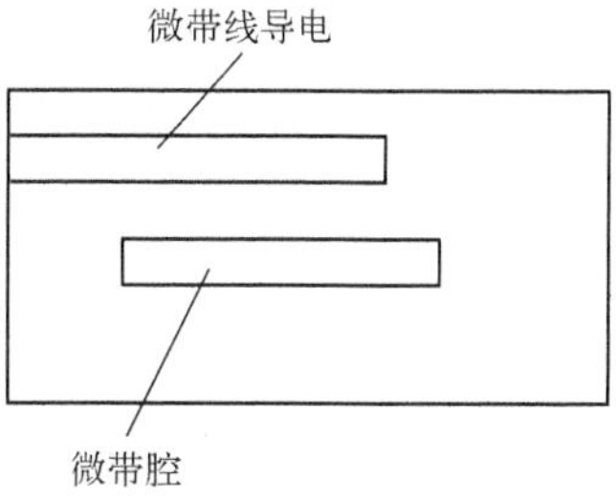

图 5.6.7　微带谐振器的耦合

式中：$P_1' = P_1 + P_e$；P_1 为负载功率；P_e 为外部电路损耗的功率；Q_e 称为（外部电路的）品质因数。一般用耦合系数 τ 来表征外接电路和谐振器相互影响的程度，即

$$\tau = \frac{Q_0}{Q_e} \tag{5.6.25}$$

所以

$$Q_1 = \frac{Q_0}{1+\tau} \tag{5.6.26}$$

这说明 τ 越大，耦合越紧，有载品质因数越小；反之，τ 越小，耦合越松，有载品质因数 Q_1 越接近无载品质因数 Q_0。

5.7　微波滤波器与微波铁氧体元件

5.7.1　微波滤波器

滤波器是用来分离不同频率信号的一种器件。它的主要作用是抑制不需要的信号，使其不能通过滤波器，而只让需要的信号通过。在通信、电子对抗、雷达等微波系统中，滤波器是必不可少的设备，同时滤波器还是构成多工器的基础。滤波器按频率的通带范围可分为低通、高通、带通和带阻 4 个类型，其插入衰减特性如图 5.7.1 所示。L_A 为衰减量，其中虚线为理想曲线。这 4 种滤波器，以带通滤波器的应用最为广泛。

滤波器主要技术指标如下：

① 截止频率与带宽。截止频率即通带的上下限频率 f_1 和 f_2，截止频率之差即为滤波器带宽。

② 通带衰减。即通带内允许的最大衰减，要求越小越好。

③ 带外抑制。即阻带衰减，要求越大越好。

④ 寄生通带。寄生通带是滤波器的特有指标，这是由于传输线是分布参数，对频率响应具有周期性的原因，其结果是离设计通带一定距离又产生了通带，一般各通带的中心频率成倍数关系。滤波器的截止频率一定不能落在寄生通带内。

⑤ 时延特性。信号通过网络的时间取决于群时延，表示为

$$t_d = \frac{d\varphi}{d\omega}$$

式中：φ 为滤波器的插入相移，即该网络的散射参量的相角。当插入 φ 与 ω 呈线性关系时，t_d 为

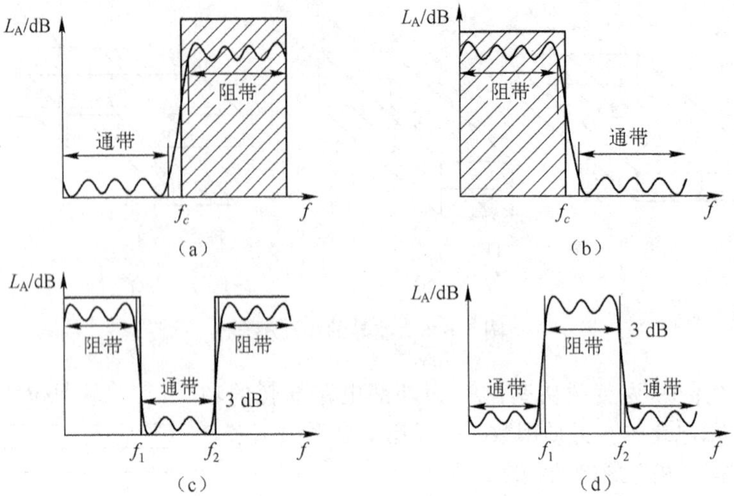

图 5.7.1　滤波器的响应特性

(a) 低通频率特性　(b) 高通频率特性　(c) 带通频率特性　(d) 带阻频率特性

常数，信号不会产生失真；当不是线性关系时，信号会失真。

图 5.7.2 ~ 图 5.7.4 分别给出了低通、高通和带通滤波器的实际结构图以及等效电路图。

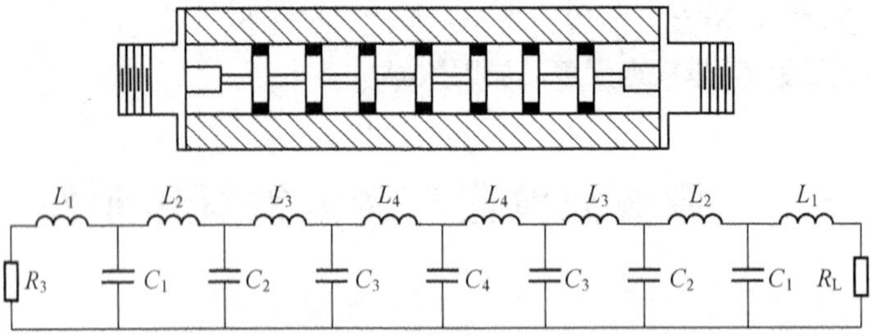

图 5.7.2　15 阶同轴结构低通滤波器的内部结构等效电路

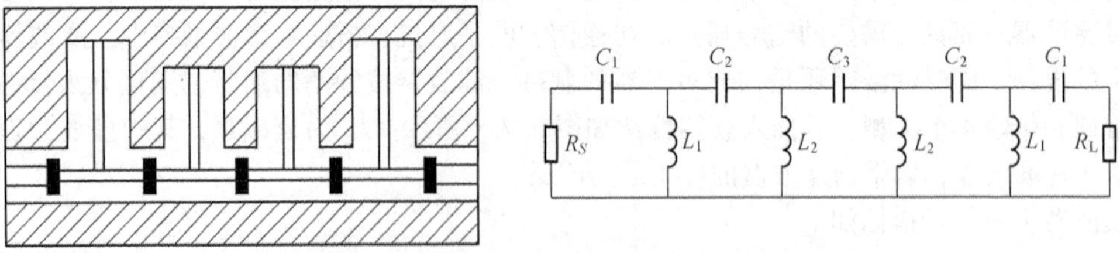

图 5.7.3　高通滤波器的内部结构、等效电路

图 5.7.2 是采用高阻抗传输线（实现串联电感）、低阻抗传输线（实现并联电容）交替级联组成的低通滤波器。图 5.7.3 是由同轴短截线（实现并联电感）和垫有聚四氟乙烯的内导体圆盘（实现串联电容）构成的高通滤波器。图 5.7.4（a）为波导带通滤波器的结构，每组电感膜片间隔 $\lambda_g/2$（实际略短于 $\lambda_g/2$），构成矩形波导谐振腔，腔与腔间的能量通过电感耦合传递，调整膜片大小可实现对不同频率的谐振和实现不同大小的耦合量（有时需加调谐螺钉或销钉），以实现所需通带和带内损耗。图 5.7.4（a）的等效电路如图 5.7.4（c）所示，多个并联 LC 谐振器（谐振频率相差的不大）的级联，图 5.7.4（b）为一个并联 LC 谐振器。一般相对带宽小于 20% 称为窄带带通滤波器，相对带宽大于 40% 称为宽带带通滤波器。

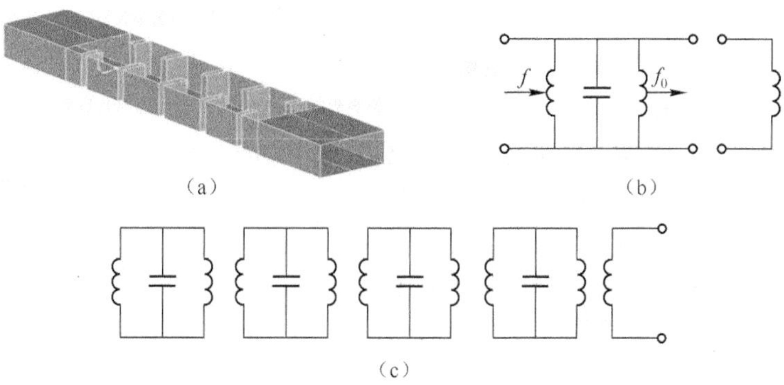

图 5.7.4　带通滤波器的内部结构、等效电路

5.7.2　铁氧体元件

1. 铁氧体对圆极化波的导磁率

在外加恒定磁场 H_0 时，铁氧体中的自旋电子会按右手螺旋绕着 H_0 旋转，称之为进动，旋转的角频率（即进动角频率）$\omega_0 = \gamma H_0$，其中，γ 是旋磁比，一般为 2.8 MHz/Oe（“Oe”表示磁场强度单位奥斯特，1 Oe = 79.577 5 A/m）。这种进动相当于回路的自由振荡，进动角频率相当于回路的自由振荡频率。

对于在铁氧体中传播的圆极化波，不论传播方向与 H_0 一致，相反或是垂直，凡是交变磁场 h 的旋向对 H_0 呈右手螺旋关系的，称为正圆极化波或右旋波；凡是交变磁场 h 的旋向对 H_0 呈左手螺旋关系的，称为负圆极化波或左旋波。例如，右旋圆极化波在铁氧体中传播，当其传播方向与 H_0 一致时为正圆极化，而当其传播方向与 H_0 相反时则为负圆极化，因为后者 h 的旋向刚好与 H_0 呈左手关系。

显然，正圆极化波 h 的旋向与自旋电子的进动方向一致，而负圆极化波的刚好相反，所以铁氧体对正负圆极化波呈现出不同的导磁率。一般来说，其相对导磁率如图 5.7.5 所示。μ^+ 表示对正圆极化波呈现的相对导磁率，μ^- 表示对负圆极化波呈现的相对导磁率。

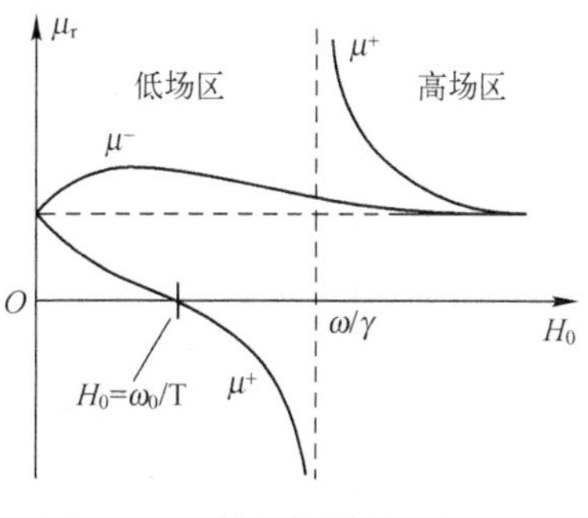

图 5.7.5　铁氧体材料的相对导磁率变化曲线

图 5.7.5 中：$H_0 > \omega/\gamma$，为高场区；$H_0 < \omega/\gamma$，为低场区；$H_0 = 0$ 时，铁氧体和普通均匀媒质一样。H_0 不同，μ^+ 与 μ^- 具有不同的数值，特别是 μ^+。当 $H_0 = \omega/\gamma$ 时，μ^+ 趋于无穷大，这种现象称为铁磁共振，发生铁磁共振时，铁氧体内部对电磁波的吸收非常大，致使电磁波在铁氧体内部无法传输，利用该特性可以制作铁氧体器件。

2. 微波铁氧体器件

（1）场移式隔离器。场移式隔离器是利用铁氧体在外加恒定磁场作用下，对正负圆极化波所具有的不同特性而构成的一种微波元件。它使正向传输的波无衰减（实际上是衰减很小）地通过，而对于反向传输的波则有较大的衰减。如在微波测量系统中使用隔离器，可以把负载不匹配所引起的反射波通过隔离器吸收掉，不让其返回信号源，使信号源稳定地工作。

场移式隔离器如图 5.7.6 所示，它由一段矩形波导和一片平行于窄壁的铁氧体片组成。铁氧体的右表面加有衰减片，外加较小的恒定磁场使之工作于低场区，磁场方向和矩形波导宽壁垂直。场移式隔离器是利用铁氧体对正、负圆极化磁场呈现不同的导磁率而制成的铁氧体器件。由图 5.7.7（a）可知，当 TE_{10} 波由①端向②端方向传输时，在铁氧体片处存在着逆时针旋转的交变磁场，该磁场相对于 H_0 而言为正圆极化。由于铁氧体工作于低场区中 $\mu^+<0$ 区域，而在铁氧体片右侧为空气，其 μ 值比 μ^+ 大许多，故磁场将主要由空气中通过，相应地铁氧体片附近的电场将很小，因而衰减片能吸收的能量也很少，电磁波将顺利通过波导。

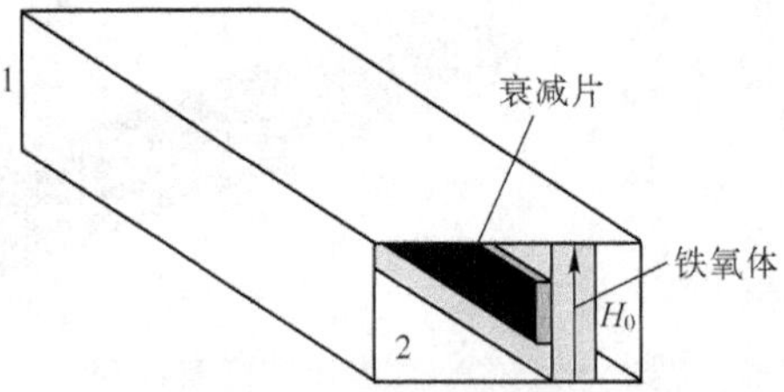

图 5.7.6　场移式隔离器

反之，当 TE_{10} 波由②端向①端方向传输时，在铁氧体片处的交变磁场为顺时针旋转，该磁场相对于 H_0 而言为负圆极化，铁氧体片处的导磁率为 μ^-，$\mu^->1$，使磁场向铁氧体片集中，该处电场也相应增大，衰减片对电磁波的衰减很大，使得由②端向①端传输的电磁波不能传播，起隔离作用，如图 5.7.7（b）所示。

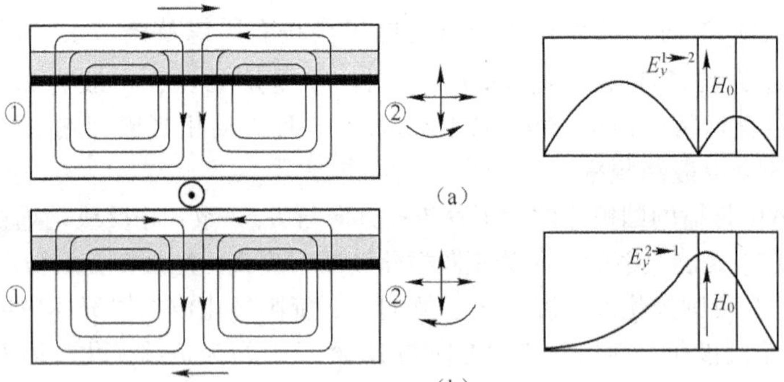

图 5.7.7　场移式隔离器工作原理

（2）共振式隔离器。图 5.7.8 所示的是一种共振式隔离器，设图 5.7.8 中铁氧体片放在矩形波导的右侧，外加直流磁场的方向同矩形波导的宽壁垂直，方向朝上。共振式隔离器的特点是恒定磁场强度正好等于磁共振所需要的数值，即铁氧体工作于图 5.7.5 的谐振吸收区。铁磁共振时，正圆极化磁场通过铁氧体衰减很大，负圆极化磁场则衰减很小。电磁波由①端向②端传播时，因右侧 TE_{10} 波的磁场为顺时针旋转，相对于 H_0 为负圆极化磁场，电磁波的衰减很小，顺利传播；反之，电磁波由②端向①端传播时，铁氧体处 TE_{10} 波的磁场变为逆时针旋转，相对于 H_0 为正圆极化磁场，电磁波的衰减很大，无法传播，因此，共振式隔离器也可以起到隔离作用。

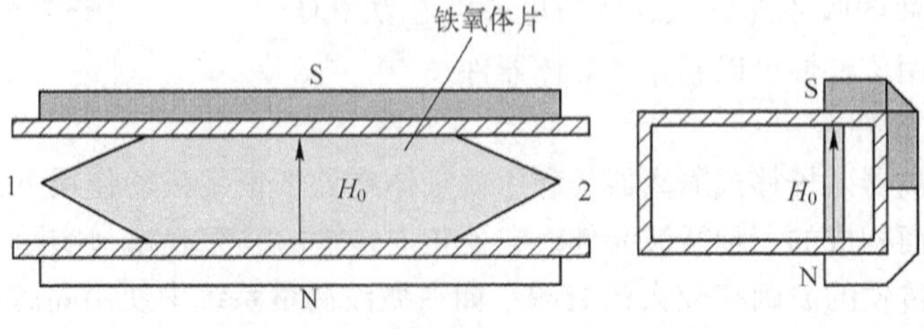

图 5.7.8　共振式隔离器工作原理

这两种隔离器各有优缺点，如下所述：

① 场移式隔离器所需的恒定磁场比较小，但是所用的衰减片既要衰减量大，使反向传输的

功率产生极大的衰减，又要占的地方小，以免正向传输的功率产生较大的衰减，因此工艺上不易实现，制造不易。此外，衰减片装在波导里，也不利于散热。

② 共振式隔离器的结构简单，功率容量大，但所需的恒定磁场比较大。

(3) 环行器。环行器是一种具有环行作用的微波器件。环行器原理如图 5.7.9 (a) 所示。

当电磁波从Ⅰ臂输入时，则由Ⅱ臂输出，Ⅲ臂无输出。以此类推，如从Ⅱ臂输入，则Ⅲ输出，Ⅰ无输出。因为是循环置换，故取名为环行器。

环行器中用得最多的是结环行器，下面以 Y 形环行器为例进行介绍。

如图 5.7.9 (b) 所示为 Y 形带状线环行器的结构图。该环行器的内导体为 Y 形金属板（称为 Y 结），它的 3 个臂互差 120°，分别与 3 个同轴线接头的芯线连接。Y 形板的上下各放一块圆饼形的铁氧体，铁氧体外面是外导体（圆形金属片，即带状线的接地板），外导体与 3 个同轴线接头的外导体连接，外导体外面再放置一块永磁铁，以供给铁氧体所需的直流磁场。3 个同轴线接头标有序号Ⅰ、Ⅱ、Ⅲ。

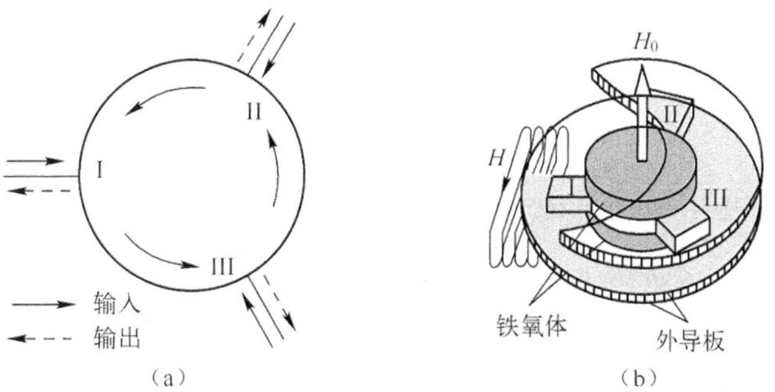

图 5.7.9　环形器原理图和 Y 形带状线环行器结构图

假定Ⅱ、Ⅲ端接匹配负载，高频能量从连接Ⅰ端的同轴电缆输入，在同轴电缆内电磁波为 TEM 波。到了 Y 地板处，电磁场按带状线的 TEM 波分布。交变电磁场集中在金属板与上下外导体之间，交变电场方向与金属板和外导体垂直，交变磁场 H 则与电场垂直，环绕金属板，其分布如图 5.7.9 (b) 所示。

因此，从Ⅰ端进入铁氧体的交变磁场为线极化磁场，其极化方向与恒定磁场 H_0 垂直。已知线极化磁场可分解为两个幅度相等的正、负圆极化磁场。如果铁氧体对正、负圆极化磁场提供的导磁率满足关系式 $\mu^- > \mu^+ > 0$，则铁氧体中，正圆极化磁场的相移常数小于负圆极化磁场的相移常数，因而在传播过程中，合成的线极化磁场的极化方向，就不断地以 H_0 为准向着右手螺旋的方向偏转。只要适当选择直流磁场强度和铁氧体尺寸，便可以使线极化磁场的极化方向旋转 120°，如图 5.7.10 所示。这时，在Ⅱ端处交变磁场与金属极的轴成垂直，交变电磁场能在带状线中激励起 TEM 波，高频能量可从连接Ⅱ端的同轴电缆输出。而在Ⅲ端，交变磁场与金属板的轴线平行，在带状线内不能激励 TEM 波，故高频能量不能从Ⅲ端输出，其输出的环行方向刚好是以 H_0 为准，呈左手螺旋关系。

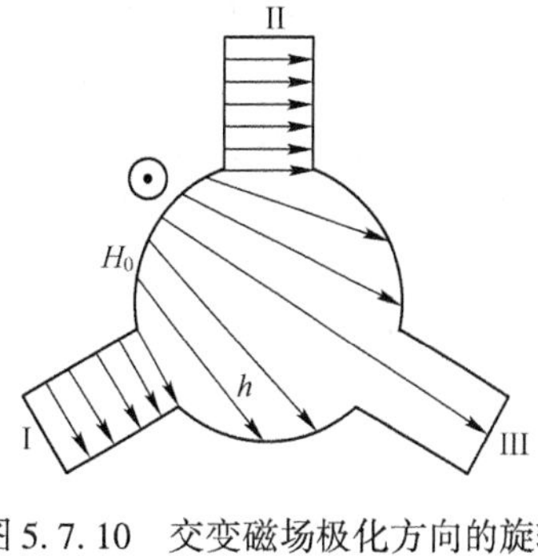

图 5.7.10　交变磁场极化方向的旋转

利用同样的方法可证明，高频能量从Ⅱ端输入时，只能从Ⅲ端输出，从Ⅲ端输入时则只能从Ⅰ端输出。输入与输出之间这种环行关系可用图 5.7.11 (a)

来表示，图5.7.11（a）中，箭头表示环行方向。如果直流磁场 H_0 方向相反（或者铁氧体工作于高场区，$H_0 > \omega/\gamma$，$\mu^- < \mu^+$），则Y形环行器的环行方向将与原来相反，如图5.7.11（b）所示。

（4）移相器。铁氧体移相器在雷达中最重要的应用是用于相控阵天线，具体是用以控制天线的馈电相位，使天线的波瓣快速扫描。图5.7.12是一种铁氧体移相器的结构示意图，图5.7.12中，两铁氧体片的位置选择在圆极化磁场存在的范围内（如图5.7.12中的A点及B点），铁氧体上所加直流磁场大小合适（$H_0 < \omega/\gamma$），使铁氧体的导磁系数满足关系式 $\mu^- > \mu^+ > 0$，则控制直流磁场的方向，可以改变电磁场在铁氧体中传播时的相移常数，从而达到控制移相器输出的相位的目的。

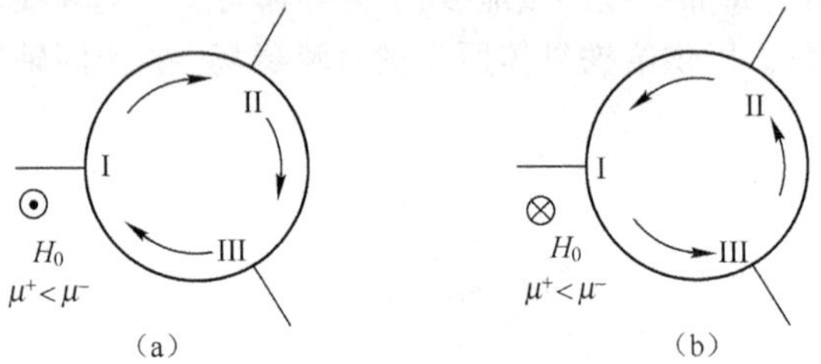

图5.7.11　Y形环行器的环行方向

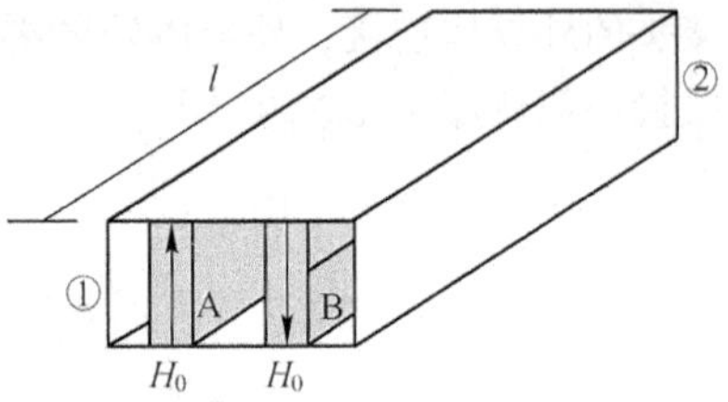

图5.7.12　铁氧体移相器

设电磁波（TE_{10}波）在移相器中传播的方向是由①端向②端，则当直流磁场 H_0 的方向为左上右下，即如图5.7.12所示时，波导内 TE_{10}波的磁场在左铁氧体片处为逆时针旋转，在右铁氧体片处为顺时针旋转，但对于各自相应的 H_0 方向而言，均为正圆极化，铁氧体对 TE_{10}波提供的导磁率为 μ^+，相移常数为 $\omega\sqrt{\mu_0\mu^+\varepsilon}$，通过 l 长度（相移段）以后，相位落后 $\omega l\sqrt{\mu_0\mu^+\varepsilon}$；如果将 H_0 倒过来，大小不变，则由于波导内场无改变，两铁氧体片处的磁场相对于各自的 H_0 均变为负圆极化，铁氧体提供的导磁率为 μ^-，TE_{10} 波通过 l 长度（相移段）以后，相位落后 $\omega l\sqrt{\mu_0\mu^-\varepsilon}$。这样，在电波传输方向不变的情况下，通过改变 H_0 的方向就可以得到相位差 $\Delta\varphi = \omega l(\sqrt{\mu^-} - \sqrt{\mu^+})\sqrt{\mu_0\varepsilon}$。通过控制 l 或 H_0 的大小，可以改变相位差值，从而达到我们需要的相移量。

5.8　计算机仿真分析

用MATLAB仿真同轴线谐振腔电磁场的程序

```
clear
    cc = 2.99792458e8;          % speed of light in free space
muz = 4.0 * pi * 1.0e - 7;      % permeability of free space
epsz = 1.0/(cc * cc * muz);     % permittivity of free space
ii = sqrt( - 1)

ie = 34;                        % number of grid cells in x - direction   r = 17mm   rout = 34mm
je = 20;
ke = 15;                        % number of grid cells in z - direction   l = 7.5mm
```

```
ib = ie + 1;
jb = je + 1;
kb = ke + 1;

dtheta = 2 * pi/je;
dx = 0.0005;                     % space increment of cubic lattice 0.5mm
dt = dx/(2.0 * cc);              % time step
nmax = 2000;                     % total number of time steps
cb = dt/epsz;
db = dt/muz/dx;

er = zeros(ie,jb,kb);
et = zeros(ib,jb,kb);
ez = zeros(ib,jb,ke);
hr = zeros(ib,jb,ke);
ht = zeros(ie,jb,ke);
hz = zeros(ie,jb,kb);
r = zeros(ib,jb,kb);
ez0 = zeros(ib,jb);
Nf = 1000
fmax = 100e+9
df = fmax/Nf

f0 = 30e+9

ndecay = 1/(2 * fmax * dt);
n0 = 1/(2 * f0 * dt);
t = 3.123/dx/ie/2;
for i = 1:ib
    r(i,:,:) = dx * ie + dx * (i-1);
end
    for i = 1:ib
ez0(i,:) = besselj(0,t * (ie + i - 1) * dx) * bessely(0,t * dx * 2 * ie) - bessely(0,t * (ie + i - 1) *
dx) * besselj(0,t * 2 * dx * ie);
    end

for n = 1:nmax

er(1:ie,2:jb,2:ke) = er(1:ie,2:jb,2:ke) +...

dt/dtheta/epsz/(r(1:ie,2:jb,2:ke) + dx/2). * (hz(1:ie,2:jb,2:ke) - hz(1:ie,1:je,2:ke)) -...
            dt/epsz/dx * (ht(1:ie,2:jb,2:ke) - ht(1:ie,2:jb,1:ke-1));

ez(2:ie,2:jb,1:ke) = ez(2:ie,2:jb,1:ke) +...
dt/epsz/dx * (ht(2:ie,2:jb,1:ke) - ht(1:ie-1,2:jb,1:ke)) + dt/epsz/2 * (ht(2:ie,2:jb,1:ke) +
ht(1:ie-1,2:jb,1:ke))./r(2:ie,2:jb,1:ke) -...
            dt/dtheta/epsz * (hr(2:ie,2:jb,1:ke) - hr(2:ie,1:je,1:ke))./r(2:ie,2:jb,1:ke);
```

```
et(2:ie,1:jb,2:ke) = et(2:ie,1:jb,2:ke) + dt/epsz/dx * (hr(2:ie,1:jb,2:ke) - hr(2:ie,1:jb,1:ke
-1) - hz(2:ie,1:jb,2:ke) + hz(1:ie - 1,1:jb,2:ke));
ez(5,5,3) = exp( - (((n - n0)/ndecay) * (n - n0)/ndecay)) + ez(5,5,3);
er(1:ie,1,2:ke) = er(1:ie,1,2:ke) +...
            dt/dtheta/epsz/(r(1:ie,1,2:ke) + dx/2). * (hz(1:ie,1,2:ke) - hz(1:ie,je,2:ke)) -...
dt/epsz/dx * (ht(1:ie,1,2:ke) - ht(1:ie,1,1:ke - 1));
ez(2:ie,1,1:ke) = ez(2:ie,1,1:ke) +...
dt/epsz/dx * (ht(2:ie,1,1:ke) - ht(1:ie - 1,1,1:ke)) + dt/epsz/2 * (ht(2:ie,1,1:ke) + ht(1:ie
-1,1,1:ke))./r(2:ie,1,1:ke) -...
            dt/dtheta/epsz * (hr(2:ie,1,1:ke) - hr(2:ie,je,1:ke))./r(2:ie,1,1:ke);

hr(2:ie,1:je,1:ke) = hr(2:ie,1:je,1:ke) -...
dt/muz/dtheta * (ez(2:ie,2:jb,1:ke) - ez(2:ie,1:je,1:ke))./r(2:ie,1:je,1:ke) + dt/muz/dx *
(et(2:ie,1:je,2:kb) - et(2:ie,1:je,1:ke));

ht(1:ie,1:jb,1:ke) = ht(1:ie,1:jb,1:ke) +...
dt/muz/dx * (er(1:ie,1:jb,1:ke) - er(1:ie,1:jb,2:kb) + ez(2:ib,1:jb,1:ke) - ez(1:ie,1:jb,1:ke));

hz(1:ie,1:je,2:ke) = hz(1:ie,1:je,2:ke) - dt/muz/2/(r(1:ie,1:je,2:ke) + dx/2). * (et(1:ie,1:
je,2:ke) + et(2:ib,1:je,2:ke)) -...
dt/muz/dx * (et(2:ib,1:je,2:ke) - et(1:ie,1:je,2:ke)) + dt/muz/dtheta/(r(1:ie,1:je,2:ke) +
dx/2). * (er(1:ie,2:jb,2:ke) - er(1:ie,1:je,2:ke));

hr(2:ie,jb,1:ke) = hr(2:ie,jb,1:ke) -...
dt/muz/dtheta * (ez(2:ie,2,1:ke) - ez(2:ie,jb,1:ke))./r(2:ie,jb,1:ke) + dt/muz/dx * (et(2:ie,
jb,2:kb) - et(2:ie,jb,1:ke));

hz(1:ie,jb,2:ke) = hz(1:ie,jb,2:ke) - dt/muz/2/(r(1:ie,jb,2:ke) + dx/2). * (et(1:ie,jb,2:ke)
 + et(2:ib,jb,2:ke)) -...
dt/muz/dx * (et(2:ib,jb,2:ke) - et(1:ie,jb,2:ke)) + dt/muz/dtheta/(r(1:ie,jb,2:ke) + dx/2).
 * (er(1:ie,2,2:ke) - er(1:ie,jb,2:ke));

gVer1(n) = ez(10,9,10);

end

ff = abs(gVer1);
plot(ff)
```

运行结果及波形：

```
ii  = 0 + 1.0000i
Nf  = 1000
fmax  = 1.0000e + 011
df  = 100000000
f0  = 3.0000e + 010
```

仿真结果如图 5.8.1 所示。

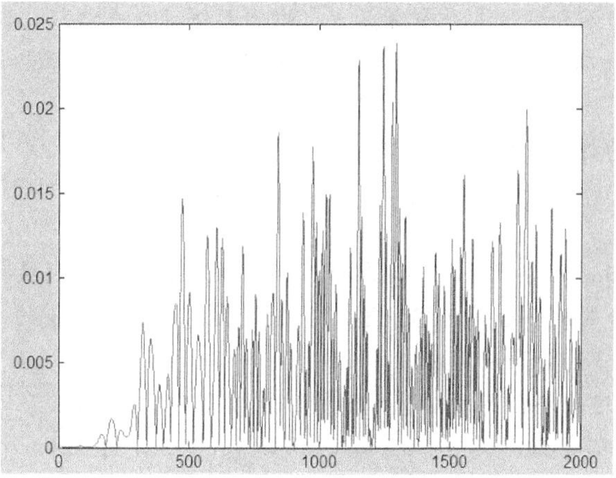

图 5.8.1　仿真图形

小　　结

本章主要应用前面已经学过的电磁场和微波技术的基本知识，对常用的微波无源器件进行了分析和介绍，讨论了基本电抗元件、终接元件、转接元件、分支元件、阻抗变换器、衰减器、相移器、定向耦合器、微波谐振器、微波滤波器与微波铁氧体元件等一些基本的微波器件，通过分析使大家掌握微波元件的基本知识和应用特性。

习　　题

5.1　在微波段为什么不能用普通集总参数元件？

5.2　在微波技术中，匹配的实质是什么？实现匹配的方法有哪些？

5.3　有一矩形波导终端接匹配负载，在负载处插入一可调螺钉后，如题 5.3 用图所示。测得驻波比为 1.94，第一个电场波节点离负载距离为 $0.1\lambda_g$，求此时负载处的反射系数及螺钉的归一化电纳值。

5.4　有一驻波比为 1.75 的标准失配负载，标准波导尺寸为 $a \times b = (2\times1)\ \text{cm}^2$，当不考虑阶梯不连续性电容时，求失配波导的窄边尺寸 b_1。

5.5　设矩形波导宽边 $a = 2.5\ \text{cm}$，工作频率 $f = 10\ \text{GHz}$，用 $\lambda_g/4$ 阻抗变换器匹配一段空气波导和一段 $\varepsilon_r = 2.25$ 的波导，如题 5.5 用图所示，求匹配介质的相对介电常数 ε'_r 及变换器长度。

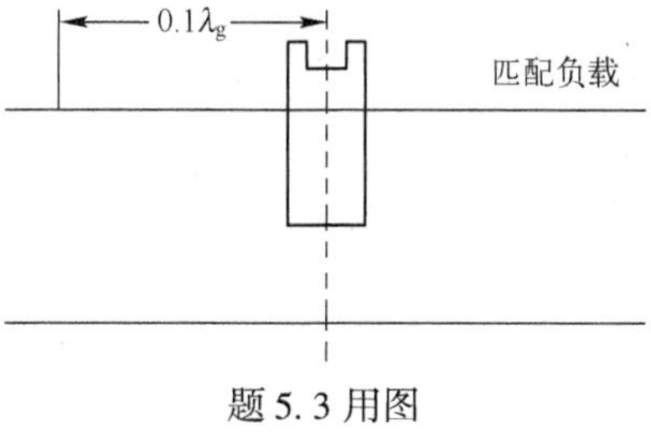

题 5.3 用图

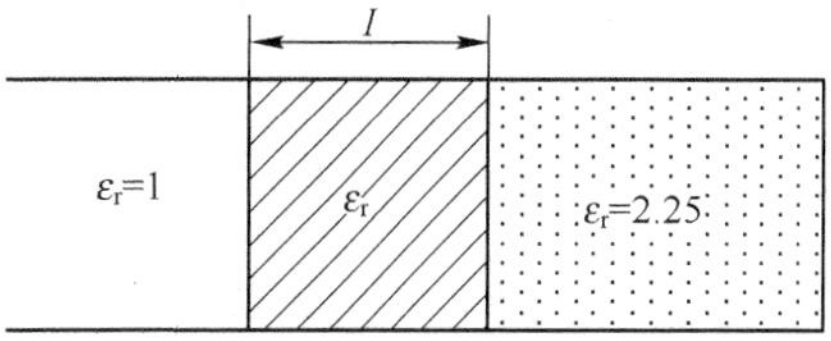

题 5.5 用图

5.6　当圆极化波输入到线圆极化转换器时，输出端将变换成线极化波，试分析其工作原理。

5.7　3 cm 标准波导某截面处归一化负载阻抗 $Z_L = 0.5 - j0.8$，设计一个电感窗进行匹配（$\lambda = 3$ cm）。

5.8　已知渐变线的特性阻抗变化规律为

$$\overline{Z}(z) = \frac{Z(z)}{Z_0} = e^{\frac{z}{l}\ln\overline{Z}_1}$$

式中，l 为线长；$\overline{Z}_1$ 是归一化负载阻抗，试求输入端电压反射系数的频率特性。

5.9　设某定向耦合器的耦合度为 33 dB，定向性为 24 dB，端口①的入射功率为 25 W，计算直通端口②和耦合端口③的输出功率。

5.10　画出双分支定向耦合器的结构示意图，并写出其 **S** 矩阵。

5.11　已知某平行耦合微带定向耦合器的耦合系数 K 为 15 dB，外接微带的特性阻抗为 50 Ω，求耦合微带线的奇、偶模特性阻抗。

5.12　试证明如题 5.12 用图所示微带环形电桥的各端口均接匹配负载 Z_0 时，各段的归一化特性导纳为 $a = b = c = \frac{1}{12}$

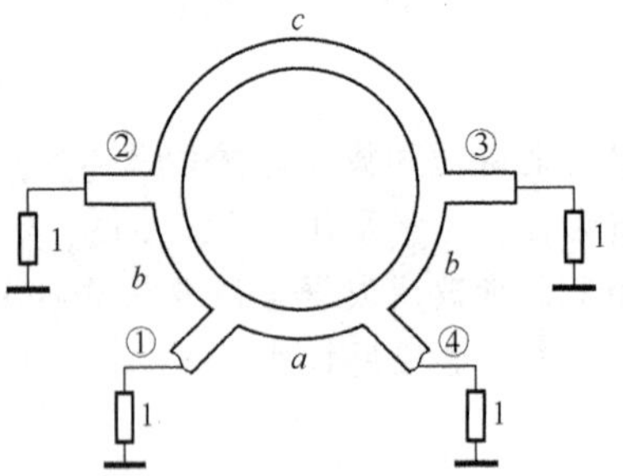

题 5.12 用图

5.13　写出下列各种理想双端口元件的 **S** 矩阵：

① 理想衰减器；

② 理想相移器；

③ 理想隔离器。

5.14　如题 5.14 用图所示为一铁氧体场移式隔离器，试确定其中 TE_{10} 模的传输方向是入纸面还是出纸面。

5.15　试说明如题 5.15 用图所示双 Y 结环行器的工作原理。

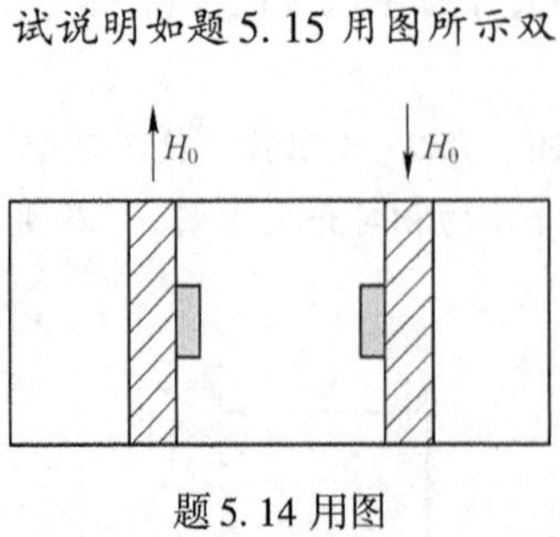

题 5.14 用图

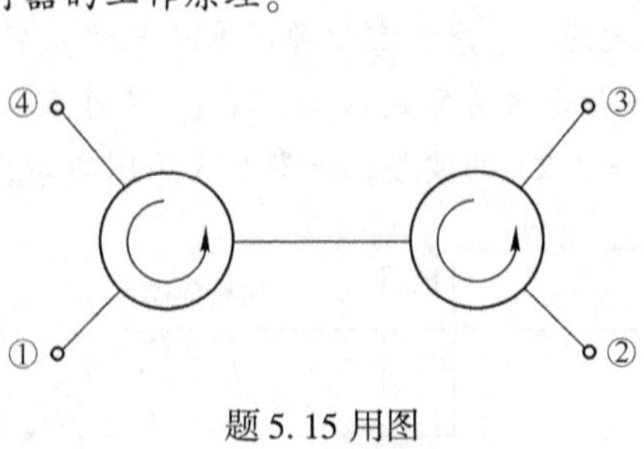

题 5.15 用图

5.16　试证明线性对称的无耗三端口网络如果反向完全隔离，则一定是理想 Y 结环形器。

5.17　设矩形谐振腔的尺寸的 $a = 5$ cm，$b = 3$ cm，$l = 6$ cm，试求 TE_{10} 模式的谐振波长和无载

品质因数 Q_0 的值。

5.18　已知不变阻抗的微带双分支定向耦合器的耦合度 $C=10\,\text{dB}$，计算主、副线特性导纳 b 及两分支线归一化特性导纳 a_1 和 a_2。

5.19　有一个半径为 5 cm，长度分别为 10 cm 和 12 cm 的 2 个圆柱谐振腔，分别求其最低振荡模式的振荡频率。

5.20　如何判断矩形波导中传输 TE_{10} 模式时的两个方向（入射波方向与反射波方向）的圆极化波是正圆极化波还是负圆极化波。

5.21　微波谐振器与外电路的耦合采用那些形式？耦合机制对谐振器有何影响？

第6章 微波有源器件与电路

本章结构

微波有源器件及其组成的微波有源电路，是微波技术的重要组成部分。按照我国工业界习惯，有源微波电路通常是指包含微波半导体管的电路，例如，微波低噪声放大器、功率放大器、微波混频器、微波振荡器、微波检波器、微波开关、微波限幅器等。在众多的微波电路和半导体器件中，放大器、混频器和振荡器是基本部分，是各类电子系统中几乎不可缺少的部分，因此在本章中，我们仅以放大器、混频器和振荡器作为主要讲解对象，同时介绍这些电路中所用的半导体器件。本章介绍了微波半导体管的结构、特性、工作机理，为能够正确选择和使用各种半导体器件提供参考，在对微波半导体管的性能有了足够了解的基础上，通过实际设计案例，给出正确设计与调测出优良微波电路的思路和设计过程。

6.1 微波晶体管放大器

6.1.1 概述

微波晶体管可分为双极晶体管和单极晶体管两种。双极晶体管分为PNP型或NPN型，这类晶体管有两种极性不同的载流子参与导电，也称为微波晶体三极管；单极晶体管只有一种导电机构，通常称为场效应晶体管。

微波晶体管放大器的重要指标是噪声系数和功率增益。晶体管放大器噪声的主要来源是微波晶体管本身及其输入、输出端的外接电路。为了降低其噪声系数，可以采取以下措施：

(1) 尽可能选用基极电阻r_b小、特征频率f_T高、放大系数β_0大的晶体管。

(2) 放大器输入端的匹配网络应尽可能使信号源导纳Y_s和最佳源导纳Y_{op}相等，达到最佳噪声匹配状态，此时放大器的噪声系数为晶体管的最小噪声系数。

(3) 在多级放大器中，前置放大器的噪声系数对多级放大器的总噪声系数的影响最大。因此，前置放大器应按最小噪声系数进行设计，而后面的主放大器则按最大功率增益进行设计。

功率增益是微波晶体管放大器的重要指标之一。由于实际微波晶体管放大器的源阻抗和负载阻抗不同，所得到的功率增益也不同。通常有实际功率增益G（负载吸收功率P_L与输入功率P_{in}之比）、转换功率增益G_T（负载吸收功率P_L与信号源输出的资用功率P_a之比）和资用功率增

益 G_a（负载吸收资用功率 P_{La} 与信号源输出的资用功率 P_a 之比）三种。对同一个放大器有 $G \geqslant G_T$ 和 $G_a \geqslant G_T$ 的关系，而当放大器的输入和输出端同时实现共轭匹配时，有 $G = G_a = G_T$。

6.1.2 微波晶体管放大器的稳定性

1. 微波晶体管放大器稳定的原则

在设计晶体管放大器时，必须保证放大器能稳定工作，不允许产生自激振荡，而且还要远离自激振荡状态，因为自激振荡的后果不仅会使有用信号功率减小、传输信息失真，甚至使晶体管根本无法正常工作，还有可能导致其损坏，所以，在稳定条件下讨论放大器的性能才具有实际意义。通常把晶体管的稳定程度分为两大类：无条件稳定和有条件稳定（也称绝对稳定条件和潜在不稳定条件）。在无条件稳定情况下负载阻抗与源阻抗可以任意选择，均可保证放大器稳定工作；而有条件稳定情况下负载阻抗与源阻抗不能任意选择，必须受一定条件的限制，否则放大器就不能稳定工作，会产生自激振荡，这对放大器来说是绝对不允许的。

放大器的稳定性主要决定于晶体管的本身参数、源阻抗及负载阻抗的性质和大小。要判别放大器是否稳定，可将放大器等效为一个二端口网络，如图 6.1.1 所示。若放大器的输入阻抗和输出阻抗的实部对任何无源终端负载而言都是正值，则电路为无条件稳定的；若出现负值（也即是负阻）就意味着放大器可能会产生自激振荡，这样的放大器就是不稳定的。

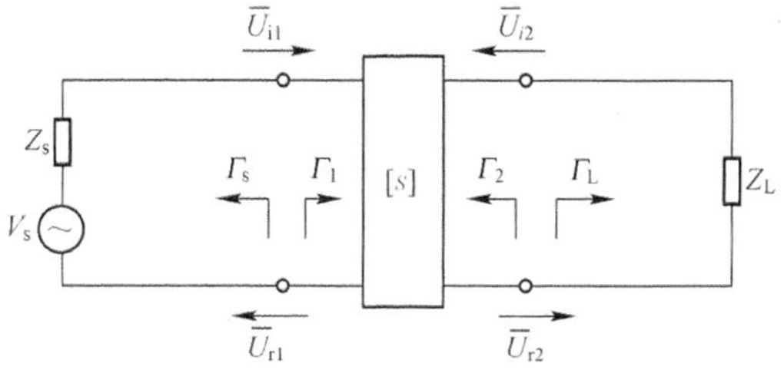

图 6.1.1 放大器的二端口网络

在图 6.1.1 中，设信号源阻抗为 Z_s、负载阻抗为 Z_L 和传输线特性阻抗为 Z_0，三者相等，即 $Z_s = Z_L = Z_0$。并设二端口网络的输入阻抗 $Z_1 = R_1 + jX_1$，输出阻抗 $Z_2 = R_2 + jX_2$，则输入端和输出端的反射系数及其模可分别表示为

$$\Gamma_1 = \frac{Z_1 - Z_0}{Z_1 + Z_0} = \frac{R_1 - Z_0 + jX_1}{R_1 + Z_0 + jX_1} \tag{6.1.1}$$

$$|\Gamma_1| = \sqrt{\frac{(R_1 - Z_0)^2 + X_1^2}{(R_1 + Z_0)^2 + X_1^2}} \tag{6.1.2}$$

$$\Gamma_2 = \frac{Z_2 - Z_0}{Z_2 + Z_0} = \frac{R_2 - Z_0 + jX_2}{R_2 + Z_0 + jX_2} \tag{6.1.3}$$

$$|\Gamma_2| = \sqrt{\frac{(R_2 - Z_0)^2 + X_2^2}{(R_2 + Z_0)^2 + X_2^2}} \tag{6.1.4}$$

由式（6.1.2）和式（6.1.4）可见：若 $R_1 > 0$ 且 $R_2 > 0$，则必有 $|\Gamma_1| < 1$ 和 $|\Gamma_2| < 1$，网络是无条件稳定的，反之，若 $R_1 < 0$ 或 $R_2 < 0$，则必有 $|\Gamma_1| > 1$ 或 $|\Gamma_2| > 1$，网络是不稳定的。

2. 放大器稳定性的判定

由前面分析可知，$|\Gamma_1| < 1$，输入端口无条件稳定的；$|\Gamma_1| > 1$ 为有条件稳定的，因此划分

网络输入端是无条件稳定还是有条件稳定的分界线是 $|\Gamma_1|=1$。

对图 6.1.1 的二端口网络，根据网络方程，容易得到

$$\Gamma_1=\frac{\overline{U}_{r1}}{\overline{U}_{i1}}=S_{11}+\frac{S_{12}S_{21}\Gamma_L}{1-\Gamma_L S_{22}} \tag{6.1.5}$$

$$\Gamma_2=\frac{\overline{U}_{r2}}{\overline{U}_{i2}}=S_{22}+\frac{S_{12}S_{21}\Gamma_s}{1-\Gamma_s S_{11}} \tag{6.1.6}$$

式（6.1.5）和式（6.1.6）中 Γ_s 和 Γ_L 分别表示网络源端和负载端的反射系数。故，令 $|\Gamma_1|=1$，则有

$$|\Gamma_1|=1=\left|S_{11}+\frac{S_{12}S_{21}\Gamma_L}{1-\Gamma_L S_{22}}\right|=\left|\frac{S_{11}-\Delta\Gamma_L}{1-S_{22}\Gamma_L}\right| \tag{6.1.7}$$

式中：$\Delta=S_{22}S_{11}-S_{12}S_{21}$。

将式（6.1.7）按模值的平方展开，并整理可得

$$|\Gamma_L^2|(|S_{22}|^2-|\Delta|^2)-2\mathrm{Re}[\Gamma_L^*(S_{22}^*-S_{11}\Delta^*)]+(1-|S_{11}|^2)=0 \tag{6.1.8}$$

式中：Re 表示取实部。

由式（6.1.8）可见，它是负载反射系数 Γ_L 的二次方程，将它进一步改写为

$$|\Gamma_L-\rho_2|=r_2 \tag{6.1.9}$$

式（6.1.9）是在 Γ_L 复平面上用极坐标表示的圆方程，其中圆心 ρ_2 和半径 r_2 分别为

$$\rho_2=\frac{S_{22}^*-S_{11}\Delta^*}{|S_{22}|^2-|\Delta|^2} \tag{6.1.10}$$

$$r_2=\left|\frac{S_{21}S_{12}}{|S_{22}|^2-|\Delta|^2}\right| \tag{6.1.11}$$

且有

$$\begin{aligned}|\rho_2|^2&=\left|\frac{S_{22}^*-S_{11}\Delta^*}{|S_{22}|-|\Delta|^2}\right|^2=\frac{(S_{22}^*-S_{11}\Delta^*)(S_{22}-S_{11}^*\Delta)}{(|S_{22}|-|\Delta|^2)^2}\\&=\frac{(1-|S_{11}|^2)(|S_{22}|^2-|\Delta|^2)+|S_{12}S_{21}|^2}{(|S_{22}|^2-|\Delta|^2)^2}\\&=\frac{1-|S_{11}|^2}{|S_{22}|-|\Delta|^2}+\frac{|S_{12}S_{21}|^2}{(|S_{22}|-|\Delta|^2)^2}\\&=\frac{1-|S_{11}|^2}{|S_{22}|-|\Delta|^2}+r_2^2\end{aligned} \tag{6.1.12}$$

因为 $|\Gamma_1|=1$ 是网络输入端口在 Γ_L 输出平面上稳定与不稳定的分界线，因此，式（6.1.9）对应的圆被称为输入端口的稳定判别圆，记作 S_2（也称为稳定圆）。

由于判别圆 S_2 把 Γ_L 平面分成两个区域，即 S_2 圆内区域和圆外区域，其中一个为稳定区域，则另一个必为不稳定区域。其具体判别方法是：若判别圆 S_2 包含 Γ_L 平面上的原点，则 S_2 圆内区域为稳定区域，圆外为不稳定区域；反之，若判别圆 S_2 不包含 Γ_L 平面上的原点，则 S_2 圆外区域为稳定区域，圆内为不稳定区域。图 6.1.2 给出了 Γ_L 平面上的稳定性判别图（图中用阴影部分表示不稳定区域），其中图 6.1.2（a）、（c）、（e）表示 S_2 圆外为稳定区域，图 6.1.2（b）、（d）、（f）表示圆内为稳定区域。

由式（6.1.12）中判别圆 S_2 的圆心 ρ_2 与半径 r_2 关系，可以进一步讨论放大器的稳定条件，便于定量地划分输出平面上的稳定区。

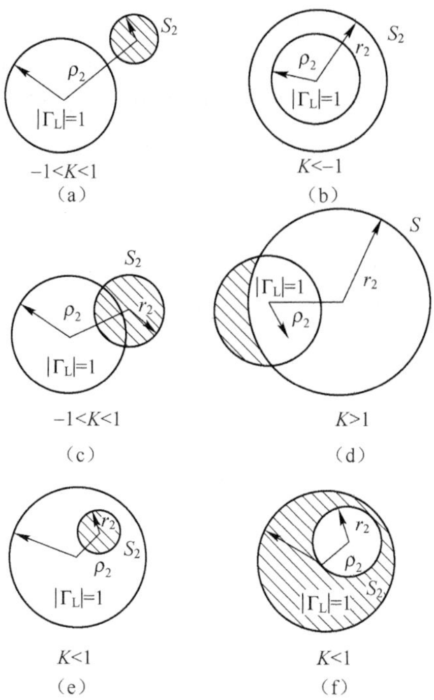

图 6.1.2　Γ_L 平面上的稳定性判别图（$|S_{11}|<1$ 的情况下）

（1）$|S_{22}|^2-|\Delta|^2>0$。由式（6.1.12）可知，必有 $|\rho_2|^2>r_2^2$，则原点在判别圆之外，故判别圆之外是稳定区，而判别圆之内为不稳定区，如图 6.1.2（a）、（c）和（e）的情况。若要使单位圆全部是稳定区，必须使单位圆与判别圆不相交，如图 6.1.2（a）的情况。此时必然满足 $|\rho_2|-r_2>1$，即 $|\rho_2|^2>(r_2+1)^2$，将其代入式（6.1.12），得

$$\frac{1-|S_{11}|^2}{|S_{22}|^2-|\Delta|^2}+r_2^2>1+2r_2+r_2^2$$

或

$$\frac{1-|S_{11}|^2}{|S_{22}|^2-|\Delta|^2}>1+\frac{2|S_{12}S_{21}|}{|S_{22}|^2-|\Delta|^2} \tag{6.1.13 a}$$

将式(6.1.13a)整理后得到绝对稳定条件为

$$1-|S_{11}|^2-|S_{22}|^2+|\Delta|^2>2|S_{12}S_{21}| \tag{6.1.13 b}$$

（2）$|S_{22}|^2-|\Delta|^2<0$。由式（6.1.12）可知，必有 $|\rho_2|^2<r_2^2$，此时原点包含在判别圆之内，故判别圆之内是稳定区，而判别圆之外为不稳定区域。如图 6.1.2（b）和（d）的情况。若要使单位圆内全部为稳定区，则必须使单位圆全部落在判别圆之内，如图 6.1.2（b）的情况。此时满足稳定条件 $r_2-|\rho_2|>1$，即 $|\rho_2|^2<(r_2-1)^2$，将其代入式 6.1.12 得

$$\frac{1-|S_{11}|^2}{|S_{22}|^2-|\Delta|^2}+r_2^2<1-2r_2+r_2^2$$

或

$$\frac{1-|S_{11}|^2}{|S_{22}|^2-|\Delta|^2}<1-2\frac{|S_{12}S_{21}|}{|S_{22}|^2-|\Delta|^2}=\frac{|S_{22}|^2-|\Delta|^2-2|S_{12}S_{21}|}{|S_{22}|^2-|\Delta|^2} \tag{6.1.14 a}$$

由于 $|S_{22}|^2-|\Delta|^2<0$，因此式（6.1.14a）两边同乘以 $|S_{22}|^2-|\Delta|^2$ 后必须改变不等式的方向，经整理后可得绝对稳定条件为

$$1-|S_{11}|^2-|S_{22}|^2+|\Delta|^2>-2|S_{12}S_{21}| \tag{6.1.14 b}$$

比较式（6.1.13b）和式（6.1.14b）可知，只要式（6.1.13b）能满足，则式（6.1.14b）一定能满足。这表明，无论原点是否包含在判别圆之内，它们的绝对稳定条件是相同的。这样可以统一定义稳定系数 K 为

$$K=\frac{1-|S_{11}|^2-|S_{22}|^2+|\Delta|^2}{2|S_{12}S_{21}|} \tag{6.1.15}$$

在图 6.1.2 中图（a）、图（b）的 $K>1$，用同样方法可对图 6.1.2 中的图（c）、图（d）、图（e）和图（f）进行分析，可得，图（c）和图（e）的 $-1<K<1$；图（d）的 $K<-1$，图（f）的 $K>1$。

所以放大器在输出平面上绝对稳定的必要条件是 $K>1$。由图 6.1.2（f）可知，这并非是充分条件。利用输入端的输入阻抗和反射系数之间的关系，很容易导出在 Γ_L 输出平面上的绝对稳定的充分必要条件为

$$\begin{cases}1-|S_{11}|^2>|S_{12}S_{21}| \\ K>1\end{cases} \tag{6.1.16}$$

同理可得输出端口在 Γ_s 输入平面上绝对稳定的充分必要条件为

$$\begin{cases}1-|S_{22}|^2>|S_{12}S_{21}| \\ K>1\end{cases} \tag{6.1.17}$$

综合上述结果，得到放大器绝对稳定工作的充分必要条件为

$$\begin{cases}1-|S_{11}|^2>|S_{12}S_{21}| \\ 1-|S_{22}|^2>|S_{12}S_{21}| \\ K>1\end{cases} \tag{6.1.18}$$

在设计放大器时，可根据晶体管的 S 参数，由式（6.1.18）来判别放大器的稳定性。若满足绝对稳定条件，就可用任意源阻抗和负载阻抗来设计放大器；若不满足绝对稳定条件，必须分别在输入与输出平面上画出判别圆，然后在稳定区域内选择适当的源阻抗和负载阻抗来设计放大器。

3. 微波晶体管的 S 参数的测量

微波晶体管的 S 参数的测量，可以直接从定义出发，采用测量微波阻抗的方法来测量 S_{11}、S_{22}，用测量功率比的方法测量 $|S_{12}|$、$|S_{21}|$，用测量驻波相移的方法来测量相位角 φ_{21}、φ_{12}，也可以从波的观念出发，采用反射计原理，直接测量反射波与入射波之比的方法测量 S_{11}、S_{22}，直接测量输出波与输入波之比的方法测量 S_{12}、S_{21}。所用的测量仪器多为微波网络分析仪。

需要指出的是，微波晶体管的 S 参数值与测量条件有关，为了使测量数据能够作为设计放大器的依据，必须在与放大器工作条件尽可能接近的环境下测量晶体管的 S 参数，即测量晶体管 S 参数时的工作频率、具体电压、电流工作点等环境都必须与用晶体管制作放大器时的使用环境尽可能一致。

6.1.3 小信号微波晶体管放大器的设计

对于小信号微波晶体管放大器，通常有下列技术指标：

（1）工作频率与频带宽度；

（2）功率增益；

（3）噪声系数；

（4）线性输出功率；

（5）输入和输出电压驻波比；

（6）稳定性。

图 6.1.3 是一个微波晶体管放大器的电路框图。各种类型的放大器都可采用该框图，其区别主要在于晶体管、输入和输出匹配网络的具体形式。小信号微波晶体管放大器的设计步骤大致归纳如下：

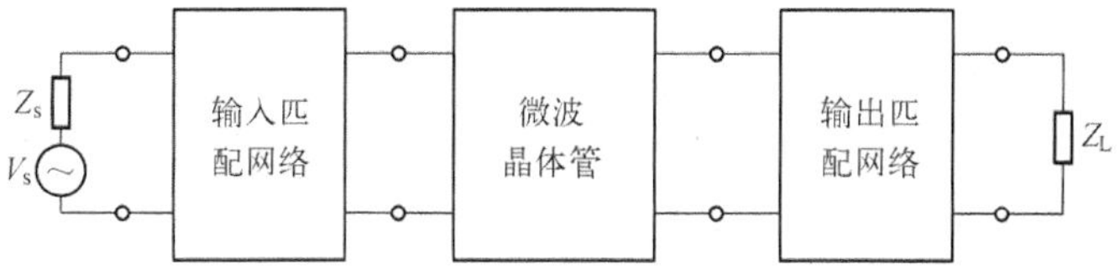

图 6.1.3　微波晶体管放大器的电路框图

（1）选择适当的晶体管和电路形式。微波晶体管放大器通常采用共发极（或共源极）电路，外电路结构选用同轴线或微带线形式。工作频率在 6 GHz 以下时，多选用双极晶体管；工作频率在 6 GHz 以上时，多采用场效应晶体管。通常采用晶体管特征频率f_T大于或等于 2 ～3 倍的工作频率。若设计低噪声放大器，则尽可能选f_T更高的低噪声微波晶体管。

（2）工作状态选择。微波晶体管的工作状态是由噪声、增益和输出电平决定的。为使放大器具有最低噪声，第一级工作点应根据最小噪声系数、并保证有足够的增益来选取最佳工作电流；中间各级应保证最佳增益条件兼顾噪声；放大器的末级应根据对饱和输出电平的要求来考虑，当要求饱和电平较高时，应在晶体管允许范围内选择较大的工作电流。

（3）晶体管 S 参数的测量。选好晶体管并确定电路结构及工作状态后，在所要求的频率范围内测量晶体管的 S 参数。

（4）判断稳定性。根据测得的 S 参数，利用式（6.1.18）来判断放大器的稳定性。如满足绝对稳定条件，则源阻抗和负载阻抗可任选；若不满足绝对稳定条件，必须画判别圆，并在稳定区内选择合适的源阻抗和负载阻抗来进行设计。

（5）设计输入、输出匹配网络。在判断稳定性的基础上，对于高增益放大器，应根据对增益和平坦度的要求设计输入和输出匹配网络；对低噪声放大器，除了应测出晶体管的 S 参数外，还应测出工作频带内的噪声系数，然后根据对噪声系数和增益的要求，设计输入和输出匹配网络。

设计微波晶体管放大器的输入和输出匹配网络的方法很多。一种叫图解法，即借助于圆图并利用计算机进行复杂的数值计算，以提供作图的依据，然后在圆图上确定网络参数，这是一种常用的基本方法。另一种是利用计算机辅助设计，获得最佳的输入和输出匹配网络参数。至于匹配网络的具体结构形式，可以是多种多样的。

在微波晶体管的二端口网络中，一般 S_{12} 很小，尤其是场效应晶体管的 S_{12} 更小，因此，在设计放大器时常将 S_{12} 忽略，即采用单向化设计方法。

当忽略 S_{12} 时，转换功率增益 G_T 变为单向转换功率增益 G_{Tu}，通过适当的推导可得

$$G_{Tu} = |S_{21}|^2 \frac{1-|\Gamma_s|^2}{|1-S_{11}\Gamma_s|^2} \cdot \frac{1-|\Gamma_L|^2}{|1-S_{22}\Gamma_L|^2} = G_0 G_1 G_2 \qquad (6.1.19)$$

式中：$G_0 = |S_{21}|^2$，表示输入、输出端均接阻抗 Z_0 时的正向转换功率增益；

$$G_1 = (1-|\Gamma_s|^2)/|1-S_{11}\Gamma_s|^2$$

它表示由晶体管的输入端与源之间的匹配情况所决定的附加增益；

$$G_2 = (1 - |\Gamma_L|^2) / |1 - S_{22}\Gamma_L|^2$$

它表示由晶体管的输出端与负载之间的匹配情况所决定的附加增益。

由 2.6 节知，当晶体管输入和输出端都是共轭匹配时，即 $\Gamma_s = S_{11}^*$ 和 $\Gamma_L = S_{22}^*$ 时，单向转换功率增益最大，其值为

$$G_{Tu} = G_0 G_{1max} G_{2max} = \frac{|S_{21}|^2}{(1 - |S_{11}|^2)(1 - |S_{22}|^2)} \tag{6.1.20}$$

在单向化设计中，如果要求放大器在某一个频率上获得最大增益，或者在设计窄带放大器时，因晶体管的 $|S_{21}|^2$ 随频率升高而下降，为了弥补高频端的增益下降，可将工作频带的高端设计成共轭匹配，以获得最大增益，而在低频端由于其失配产生适当的反射来降低增益，从而可在工作频带范围内得到平坦的增益。这样的设计方法称为最大增益设计法。在宽频带放大器设计时，必须采用等增益设计法。

下面通过实例简单介绍单向设计法。

【例 6-1】 要求设计工作频带为 1800 ～ 2000 MHz 的单级放大器。输入端和输出端的阻抗均为 50 Ω。

解：

(1) 选晶体管、测量 S 参数。由于频率较低，故选用双极晶体管，并在频率为 2 GHz、工作电压为 6 V、工作电流为 5 mA 情况下，测得该晶体管的 S 参数为

$$S_{11} = 0.277\angle -59°,\ S_{22} = 0.838\angle -31°$$

$$S_{12} = 0.278\angle -93°,\ S_{21} = 1.92\angle 64°$$

本设计采用微带电路，如图 6.1.4 所示。

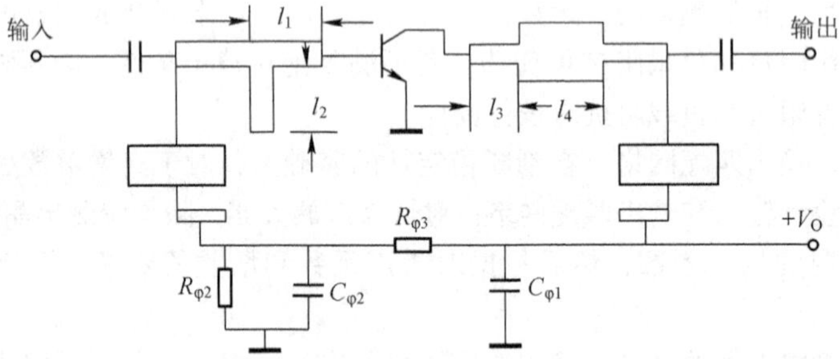

图 6.1.4　微带电路

由于 S_{12} 很小，可以忽略，故可采用单向化设计。为了获得最大增益，故输入和输出电路在频率为 2 GHz 上均采用共轭匹配，即使

$$\Gamma_s = S_{11}^* = 0.277\angle 59°,\ \Gamma_L = S_{22}^* = 0.848\angle 31°$$

由 $\overline{Z}_{in} = \dfrac{1+\Gamma}{1-\Gamma}$，得其相应的归一化阻抗值分别为

$$\overline{Z}_s = 1.17 + j0.6,\ \overline{Z}_L = 1.1 + j3.3$$

相应的归一化导纳值分别为

$$\overline{Y}_s = 0.68 - j0.35,\ \overline{Y}_L = 0.089 - j0.28$$

(2) 输入匹配网络的设计。设计输入匹配网络的目的是使它一端与 50 Ω 的源阻抗相匹配，

另一端与晶体管的输入阻抗共轭匹配。其电路采用并联开路线实现匹配,如图 6.1.4 中 l_1 和 l_2 所组成的网络。

所以 l_1 和 l_2 段的并联导纳应该等于输入端的特性导纳,即

$$\frac{1}{Z_{in}(l_1)}+\frac{1}{-jZ_0\cot(l_2)}=\frac{1}{Z_0}$$

而

$$Z_{in}(l_1)=Z_0\frac{1+\Gamma_s e^{-j2\beta l_1}}{1-\Gamma_s e^{-j2\beta l_1}}$$

根据上述公式,采用 MATLAB 软件辅助分析如下:

```
function q = myfun(p)    % 定义非线性方程组
x = p(1);
y = p(2);
q(1) = real((1 - 0.277 * exp(j * 59 * 3.14/180) * exp( -4 * j * 3.14 * x))/(1 + 0.277 * exp(j *
59 * 3.14/180) * exp( -4 * j * 3.14 * x)) + j * tan(2 * 3.14 * y) - 1);
q(2) = imag((1 - 0.277 * exp(j * 59 * 3.14/180) * exp( -4 * j * 3.14 * x))/(1 + 0.277 * exp(j *
59 * 3.14/180) * exp( -4 * j * 3.14 * x)) + j * tan(2 * 3.14 * y));
```

运行

```
x = fsolve('myfun',[0.5,0.5],optimset('Display','off'))
```

结果

```
x =
    0.4348
    0.5835
```

运行

```
x = fsolve('myfun',[0.25,0.25],optimset('Display','off'))
```

结果

```
x =
    0.2294
   -0.0833
```

综上分析,并考虑到传输线输入阻抗的半波长重复率,得 $l_1=0.435\lambda_p$、$l_2=0.083\ \lambda_p$ 或者 $l_1=0.230\ \lambda_p$、$l_2=0.417\ \lambda_p$。

(3) 输出匹配网络的设计。设计输出匹配网络的目的在于使一端与 50 Ω 的负载阻抗匹配,另一端与晶体管的输出阻抗共轭匹配。其匹配网络采用 $\lambda/4$ 阻抗变换器来实现,如图 6.1.4 中的 l_3 和 l_4 所组成的网络。

由于晶体管的 $S_{22}=0.848\angle-31°$,所以接入 l_3 的作用是使得它们串联的等效阻抗为纯电阻 KZ_0(K 为行波系数),再用 $l_4=\lambda_p/4$ 的传输线进行匹配,其特性阻抗 $Z_{01}=\sqrt{K}Z_0$。

采用 MATLAB 软件辅助分析如下:

编写计算程序

```
l3 = 0.25 - 31/180/4;
```

```
l3
K = (1 - 0.848)/(1 +0.848);  % 行波系数
K
Z01 = 50 * K^0.5;
Z01
```

运行结果

```
l3 =
    0.2069
K =
    0.0823
Z01 =
    14.3397
```

综上分析，得 $l_3 = 0.207\lambda_p$、$l_4 = \lambda_p/4$，$\lambda/4$ 传输线的特性阻抗为 $Z_{01} = 14.34\ \Omega$。

在实际匹配中，若采用微带线基片的介电常数为 $\varepsilon_r = 9.6$，$h = 1$ mm，则 50 Ω 微带线的线宽应为 $W = 0.96$ mm，等效介电常数 $\sqrt{\varepsilon_{re}} = 2.56$，而 14.34 Ω 微带线的线宽应为 $W = 6.5$ mm，等效介电常数 $\sqrt{\varepsilon_{re}} = 2.83$。然后可分别计算出对应于频率为 2 GHz（波长为 $\lambda_0 = 15$ cm）的各线段的几何长度，计算结果如表 6.1.1。

表 6.1.1　例 6–1 结果

名称	Z_0/Ω	W/mm	L/mm
l_1 线段	50	0.96	13.5
l_1' 线段	50	0.96	25.5
l_2 线段	50	0.96	24.3
l_2' 线段	50	0.96	4.85
l_3 线段	50	0.96	12.22
l_4 线段	14	6.5	13.25

在图 6.1.4 中的偏置电路，其偏压由 $\lambda_p/4$ 高阻抗线和低阻抗线段引入，这样可对射频起到扼流作用，防止信号漏入偏置电路而引起损耗。

该放大器的单向化增益可由式（6.1.20）得到，即

$$G_{Tu} = \frac{|S_{21}|^2}{(1-|S_{11}|^2)(1-|S_{22}|^2)} = 14.21 \quad 或 \quad 11.53\ \text{dB} \tag{6.1.21}$$

6.1.4　微波晶体管功率放大器

前面所讨论的放大器是小信号、低功率的，通常用于微波接收系统中。由于被放大的信号电平很低，不必考虑其失真问题，而在微波发射系统中被放大的电平要求很高，这样才能满足一定的功率要求，所以需要采用功率放大器。

由于微波晶体管功率放大器具有体积小、重量轻和耗电小等一系列优点，因此被广泛用于通信、雷达及测量仪器等领域。

设计时必须合理选择直流工作状态，以保证不超过晶体管的最大允许耗散功率 P_{cm}，否则可能损坏晶体管。晶体管的总热阻 R_T 与耗散功率 P_{cm}、晶体管最高允许的结温度 T_j 和环境温度 T_a

之间具有下式关系：

$$R_T = \frac{T_j - T_a}{P_{cm}} \tag{6.1.22}$$

其中总热阻 R_T 由晶体管热阻、晶体管到散热片的热阻和散热片本身的热阻所组成。因此，要尽可能改善晶体管本身及其外部电路的设计和使用条件，以提高晶体管的耗散功率。

微波功放的设计常采用大信号阻抗参数法，即在已知晶体管输入和输出阻抗的前提下，进行输入和输出匹配电路设计。为了提高放大器的功率增益，常采用共基放大电路，其简化等效电路如图 6.1.5 所示，图 6.1.5 中 L_{in} 为发射极的引线电感（一般小于 1 nH），R_{in} 为基极电阻（一般 0.8 ～ 8 Ω），L_0 为集电极引线电感（最小值为 0.6 ～ 1 nH），C_0 为集电极等效输出电容（近似等于结电容 C_{be}）。

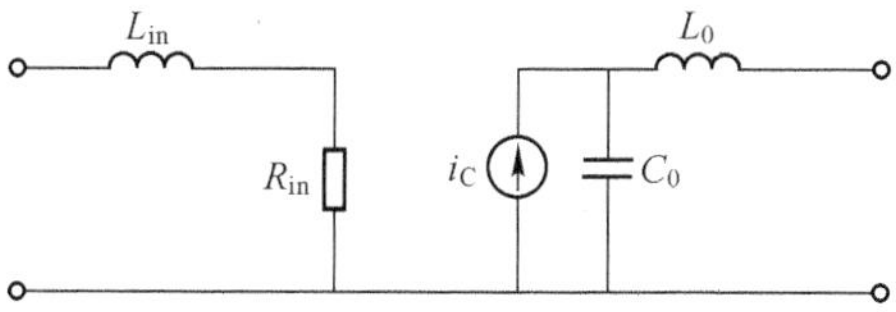

图 6.1.5　晶体管的等效电路

输出匹配电路的设计目的主要是为了满足输出功率和提高集电极效率。通常负载电阻 R_L 由式（6.1.23）（近似）计算得到

$$R_L \approx \frac{(V_{cc} - V_{sat})^2}{2P_{out}} \tag{6.1.23}$$

式中：V_{cc} 为集电极供电电压；V_{sat} 为晶体管在射频工作时的饱和压降；P_{out} 为输出功率。

输入匹配电路是根据功率增益和带宽要求进行设计的。在图 6.1.5 的等效电路中，因基极电阻 R_{in} 很小，故输入电路的 Q_{in} 值较高。例如，输出功率达几瓦的微波双极晶体管的 $Q_{in} \approx 10$，而它的输出电路的 Q_{out} 却比较低，约为 1 ～ 2。可见晶体管微波功率放大器的带宽主要由其输入电路来决定。为了满足带宽要求，通常采用由几节低通阻抗变换器组成的输入电路。

具体的晶体管输入与输出电路如图 6.1.6 所示。

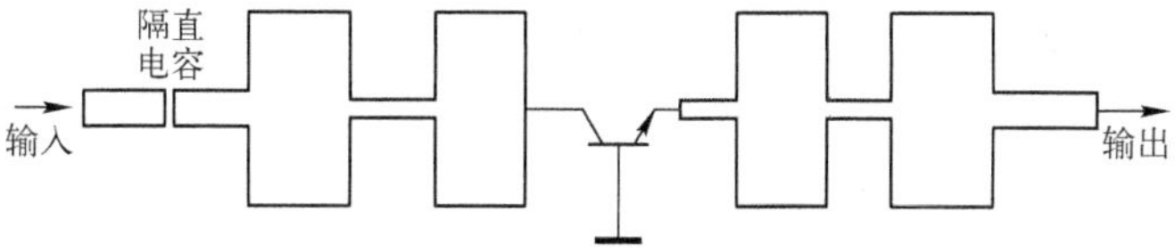

图 6.1.6　晶体管的输入与输出电路

6.2　微波混频器

微波混频器是一种常用的微波电路。目前，大多数微波中继通信都采用中频转接方式，即把接收到的微波信号转换成中频信号，经中频放大后，再转换成微波信号，然后由天线发射到下一基站。通常把这种转换频率的部件称为混频器。

混频器主要是由非线性元件和滤波器两部分组成，如图 6.2.1 所示。图 6.2.1（a）中：非线性元件是用来产生新的频率分量；滤波器是用来选出所需的频率分量。图 6.2.1（b）为其等效电路图。从频域观点来看，上变频器（发信混频器）的工作过程是将信号频谱从中频搬移到射频，而下变频器（收信混频器）的工作过程是将射频再搬移到中频，两者的工作过程正好相反。但上变频的工作电平较高（一般在 -20 dB 左右），为了提高混频器输出功率，一般采用变容二极管，故称发信混频为电抗混频；在收信混频器中，一般采用点接触二极管、肖特基表面势垒二极管和反向二极管等，它们都是变阻二极管，故称收信混频为电阻混频。

本节将首先简单介绍金属 - 半导体结二极管和变容二极管的特性，然后介绍混频器工作原理和主要性能指标，最后介绍典型的微波混频电路及其设计。

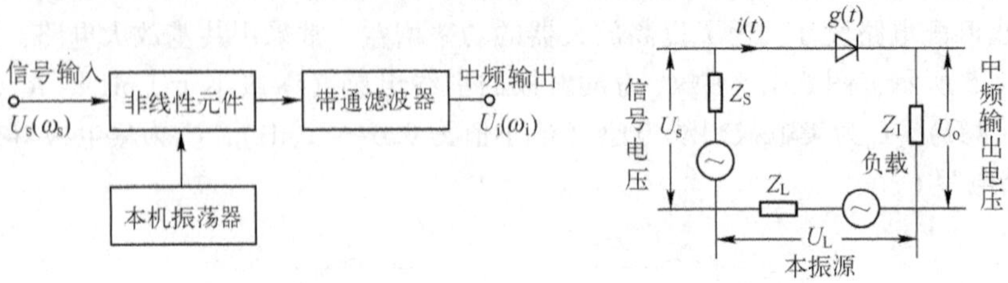

（a）混频器结构图　　（b）混频器等效电路图

图 6.2.1　混频器的结构图及其等效电路

6.2.1　金属 - 半导体结二极管

金属 - 半导体结二极管具有结损耗低和噪声性能好等优点，因此广泛应用在收信混频器中。金属 - 半导体结二极管有点接触型和面接触型之分。点接触型二极管是用一根金属丝（钨丝或磷铜丝）压接在半导体（锗、硅或砷化镓）表面上而形成的二极管，面接触型二极管是在高掺杂的 N 型半导体衬底（N^+层）上生长一层薄的外延层（N 层），并用氧化工艺形成二氧化硅来保护薄的外延层，再用光刻工艺在二氧化硅的表面开个小孔，并蒸发一层金属膜，这使小孔内的金属膜和 N 层半导体的交界面形成了金属 - 半导体结，然后在金属膜的表面再蒸发其他的金属膜（如金、银、铬等），并刻蚀成一定形状作为电极，再焊上引出线，最后封装成实用二极管，这就是面接触型的肖特基势垒二极管。点接触型二极管与面接触型二极管结构示意分别如图 6.2.2（a）、（b）所示。虽然两者结构工艺不同，但都属于金属 - 半导体结二极管，并具有相同的基本原理和基本特性，都可用来作微波混频管和检波管。

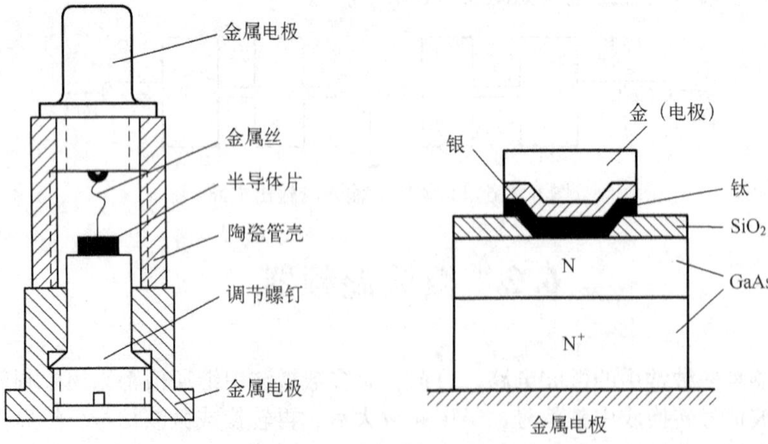

（a）　　（b）

图 6.2.2　肖特基势垒二极管

1. 金属 - 半导体结二极管的工作原理

金属的逸出功是大于半导体的。当它们互相接触时，金属原子核对电子的吸引力大于 N 型半导体中原子核对电子的吸引力。这使N型半导体中原子核周围的电子离开半导体而向金属扩散，其结果是在两者分界面的金属一侧因获得电子而带负电，半导体一侧因失去电子而带正电。

随着半导体向金属扩散电子的增多，这些金属一侧的电子将会给半导体中继续扩散来的电子产生越来越大的排斥力，与此同时，半导体中的正电荷也将越来越阻止电子向金属扩散，到某一时刻会达到平衡，半导体中的电子不再向金属扩散。此时耗尽层宽度用 W_0 表示。这样在分界面上由于电荷的堆积而形成一个势垒，称为接触势垒，如图6.2.3（a）所示。正由于接触势垒的形成，使得金属和半导体接触后具有单向导电的特性。

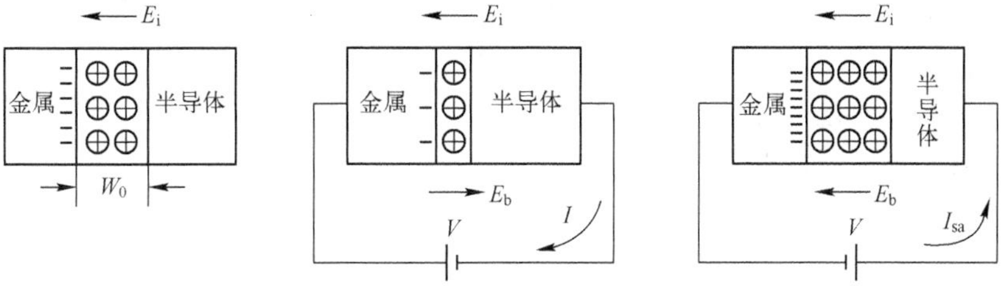

（a）　（b）　（c）

图 6.2.3　金属－半导体结在外加电压作用下的情况

当金属－半导体结加正向电压时，即金属接正、N型半导体接负的情况，此时，由于耗尽层是高阻区，外加电压几乎全部降在高阻区上，因而产生一个外加电场 E_b，如图6.2.3（b）所示。由图6.2.3（b）可见，外加电场 E_b 和内建电场 E_i 方向相反，因此总电场将削弱，维持这一电场的电荷数将减少，耗尽层将变薄（$W_1 < W_0$），表面势垒将降低。这使N型半导体中的电子又继续向金属扩散，致使电路中流过很大的正向电流 I。这就是金属－半导体结二极管导通情况。

反之，当金属－半导体结加反向电压时，由于外加电场 E_b 和内建电场 E_i 方向一致，使总的电场增加，因而空间电荷将增加，耗尽层将变厚（$W_2 > W_0$），表面势垒将增加，致使半导体中的电子难以越过高势垒向金属扩散，故电路中流过反向电流 I_{sa} 很小。

2. 金属－半导体结二极管的基本特性

前面已经定性介绍了金属－半导体结二极管的单向导电特性。描述这种特性的最好方式是用伏安特性来表示。

根据热电子发射理论分析，金属－半导体结的伏安特性可表示为

$$I = I_{sa}\left(e^{\frac{qU}{nkT}} - 1\right) \tag{6.2.1}$$

式中：I_{sa} 为反向饱和电流，它取决于金属－半导体结的性质和温度，与外加电压几乎无关。通常 I_{sa} 小于1 μA；q 为电子电荷量，其值为 1.6027×10^{-19} C；k 为波耳兹曼常数，其值为 1.38×10^{-23} J/K；T 为热力学温度；U 为外加电压；n 为斜率参数，它取决于制造工艺，一般值在1～2之间，理想情况 $n\approx1$。通常令 $q/e^{nkT}=\alpha$，α 表示非线性系数（量纲为1/V，室温下 $\alpha=30\sim40$），则伏安特性可表示为

$$I = I_{sa}\left(e^{\alpha U} - 1\right) \tag{6.2.2}$$

图6.2.4表示了金属－半导体结的伏安特性。由图6.2.4可知，正向电流很大，反向电流趋向于很小的饱和电流 I_{sa}；当反向电压等于 V_B 时，二极管发生击穿，电流突然增大。V_B 称为反向击穿电压（一般只有几伏特）；肖特基表面势垒二极管的反向击穿电压比点接触二极管高，因此性能较好。

将式（6.2.2）对电压 U 求导，可得到结电阻表达式为

$$R_j = \frac{1}{\alpha I_{sa} e^{\alpha U}} \tag{6.2.3}$$

金属－半导体结和 PN 结相似，因势垒区有正负电荷存在，相当于一个电容，此电容称为势垒电容或阻挡层电容。它可通过空间电荷与外加电压 U 之间关系导出，可表示为

$$C_j = A\sqrt{\frac{\varepsilon q N_D}{2(\varphi_s - U)}} \tag{6.2.4 a}$$

式中：A 为结面积；ε 为半导体介电常数；N_D 为半导体的掺杂浓度；φ_s 为接触电势差。

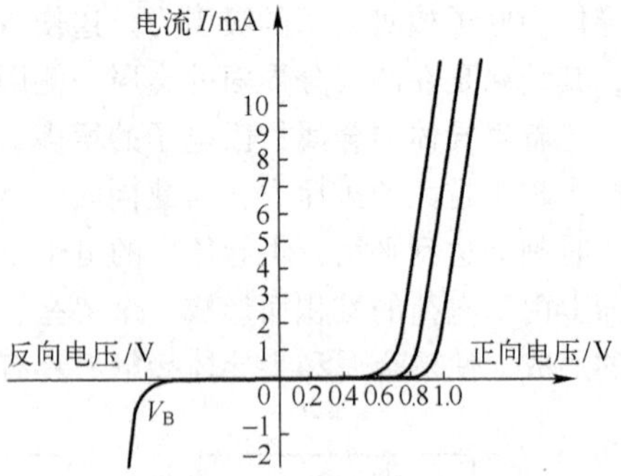

图 6.2.4　金属－半导体结的伏安特性

该电容也常用零偏压时的结电容 $C_j(0)$ 表示

$$C_j(U) = \frac{C_j(0)}{\left(1 - \frac{U}{\phi_s}\right)^{1/2}} \tag{6.2.4 b}$$

由此可见，金属－半导体结二极管不仅具有非线性电阻特性，而且还具有非线性电容特性。

3. 等效电路及其主要性能参数

金属－半导体结二极管除了用结电阻 R_j 和结电容 C_j 表示外，还应包括引线电感 L_s，接触电阻 R_s 和管壳电容 C_p 等。因此等效电路如图 6.2.5 所示。

金属－半导体结的主要特性参量如下：

（1）截止频率 f_T。截止频率定义为二极管零偏压时的结电容 $C_j(0)$ 的容抗值与接触电阻的阻值相等时的频率，其值为

$$f_T = \frac{1}{2\pi C_j(0) R_s} \tag{6.2.5}$$

它主要取决于半导体材料、掺杂浓度和结的几何形状。由于金属－半导体结的 $C_j(0)$ 和 R_s 都很小，因此截止频率 f_T 很高，目前用砷化镓材料制造的二极管截止频率一般可达 400 ～ 1 000 GHz，适用于 X 波段以上的微波收信混频器。

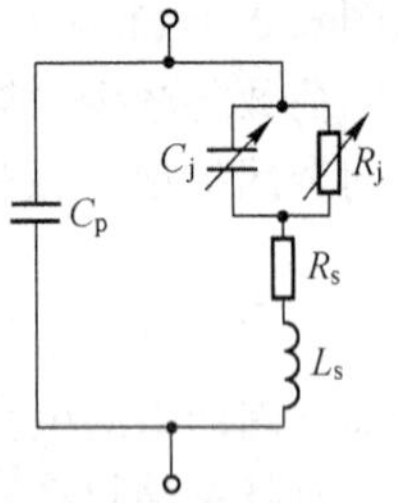

图 6.2.5　金属－半导体结二极管等效电路

（2）噪声温度比 t。噪声温度比定义为二极管的总输出噪声资用功率与其等效电阻 $(R_s + R_j)$ 在相同温度下的热噪声资用功率之比，又称噪声比，用 t 表示，即

$$t = \frac{\frac{n}{2}R_j + R_s}{R_j + R_s} \tag{6.2.6}$$

若 R_s 很小，满足 $R_j \gg R_s$，则式（6.2.6）可化简为 $t \approx n/2$。在理想情况下 $n \approx 1$，故混频二极管的最小噪声比为 1/2。实际器件必包含 R_s 的影响，因此厂家给出的测量值略大于 1，通常在 1 ～ 1.2 之间。

（3）整流电流。将 1 mW 的微波功率加到二极管上所产生的直流电流称为二极管的整流电流，它的大小表示二极管单向导电特性的好坏，通常在 1 ～ 2 mA 范围内。

（4）中频阻抗 R_{if}。当二极管加上额定的本振功率时，对指定的中频呈现的阻抗称为中频阻抗。通常肖特基表面势垒二极管的中频阻抗为 200 ～ 600 Ω。

6.2.2　变容二极管

微波变容二极管与一般的 PN 结二极管一样，也是由 P 型半导体与 N 型半导体接触、形成

PN 结的二极管，但它与一般的 PN 结二极管不同的是微波变容二极管形成的结电容（即势垒电容）对外电压变化反应极为敏感，并且结电容的电容量随电压呈现非线性变化，因而它是一种非线性电抗元件，具有广泛的用途，其中最主要的用途是用作上变频器。

变容二极管有台面型和平面型2 种结构，图6.2.6（a）是 GaAs 外延扩散型变容管管芯结构截面图，在 N^+ 衬底上用外延方法生长一层 N 层，用锌或二锌化砷杂质源扩散形成 P^+ 区。图6.2.6（b）是采用掺砷 N^+ 硅衬底，外延层为 N 层，其上由硼扩散形成 P^+ 区。

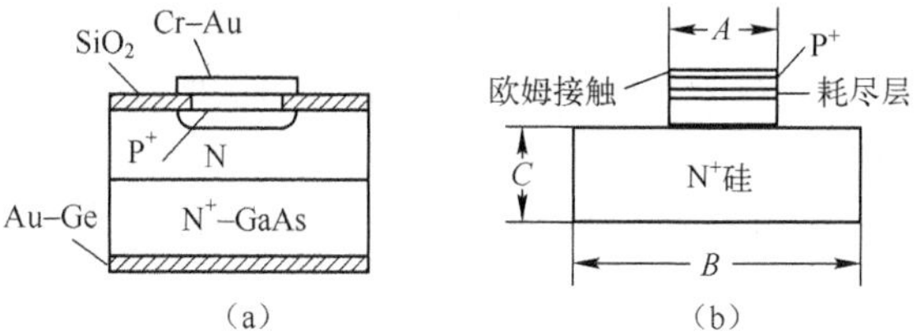

图6.2.6　变容二极管管芯结构图

微波变容二极管的封装形式与肖特基势垒二极管类似，有同轴型、微带型和梁式引线二极管等。其封装的等效电路如图6.2.7 所示，图6.2.7 中 L_s 为引线电感，C_p 为管壳电容，点划线框内为管芯等效电路，R_s 为接触电阻，C_j 为结电容，由于一般工作在反向偏压状态，结电阻 R_j 很大，图中忽略。

变容二极管的主要参数如下：

1. 结电容 C_j

PN 结势垒电容与偏压的关系为

$$C_j(U)=\frac{dq}{dV}=\frac{C_j(0)}{\left(1-\frac{U}{\phi_s}\right)^n} \tag{6.2.7 a}$$

式中：$C_j(0)$ 为零偏压时的结电容；ϕ_s 为零偏压时的 PN 结接触电势差；U 为二极管两端外加电压；n 是一个系数，它的大小决定于半导体中掺杂浓度的分布状态，因而 n 表征了结电容随电压变化的非线性程度，n 越大，非线性程度越显著。当 $n>1/2$ 时，相当于突变结的特性，常用于参量放大器及低次倍频；当 $n=1/3$ 时，相当于线性缓变结特性，常用于高次倍频；当 $n=1/15\sim1/30$ 时，相当于阶跃恢复结特性，常用于高次倍频及振荡器。变容二极管 C_j-U 特性曲线如图6.2.8 所示，图6.2.8 中也绘出了伏安特性，图中 U_B 为击穿电压，当 $U=U_B$ 时，$C_j(0)=C_{min}$，代入式（6.2.7a），可得

$$C_j(U)=\frac{C_j(0)}{\left(1-\frac{U}{\phi_s}\right)^n}=C_{min}\left(\frac{\phi_s-U_{min}}{\phi_s-U}\right)^n \tag{6.2.7 b}$$

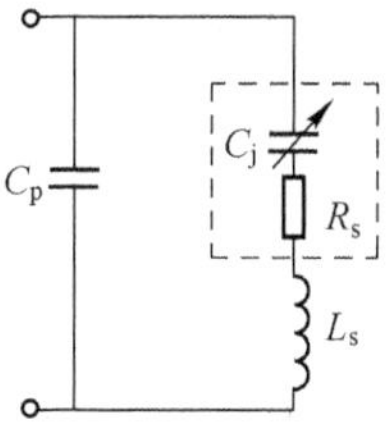

图6.2.7　变容二极管的封装等效电路

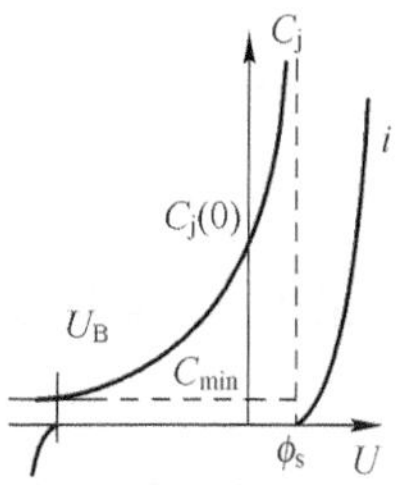

图6.2.8　变容管特性 C_j-U 和伏安特性

2. 反向击穿电压 U_B

一般定义反向击穿电压 U_B 为反向电流达到1 mA时反向偏置电压值，它限制了变容二极管的激励电平。图6.2.8中，变容二极管伏安特性在正向偏置下，电流基本上按指数规律随电压增大而增大，在反向偏置下，反向电流近似饱和，当反向电压达到二极管反向击穿电压 U_B 时，反向电流突然急剧增加。为了避免出现击穿电流以及随之产生的散弹噪声，通常将变容二极管的工作电压限制在击穿电压 U_B 和 ϕ_s 之间，即

$$U_B < U_0 + U_p(t) < \phi_s \tag{6.2.8}$$

式中：U_0 为直流偏置电压；$U_p(t)$ 为泵浦电压（即二极管两端加入的交流电压信号）。

3. 品质因数 Q 和截止频率 f_T

品质因数 Q 表示系统存储电磁能与消耗电磁能量之比，所以变容管的品质因数 Q 值为

$$Q = \frac{1/\omega C_j}{R_s} = \frac{1}{2\pi f R_s C_j} \tag{6.2.9 a}$$

Q 越高，说明变容管损耗越小。

定义 $Q=1$ 时的频率为晶体管的截止频率 f_T，则其值为

$$f_T = \frac{1}{2\pi R_s C_j} \tag{6.2.9 b}$$

一般以零偏压时的 Q 值和 f_T 值作为变容二极管的参数指标，即

$$Q_0 = \frac{1}{2\pi f R_s C_j(0)} \tag{6.2.9 c}$$

$$f_{T0} = \frac{1}{2\pi R_s C_j(0)} \tag{6.2.9 d}$$

并规定 $U=U_B$ 及 $C_j(0)=C_{min}$ 时，为额定截止频率，记为 f_{TB}，则有

$$f_{TB} = \frac{1}{2\pi R_s C_{min}} \tag{6.2.9 e}$$

4. 自谐振频率

由图6.2.7可见，封装变容二极管的等效电路具有谐振电路特性，定义变容管的串联自激振荡频率 f_{sr} 和并联自激振荡频率 f_{pr} 分别为

$$f_{sr} = \frac{1}{2\pi\sqrt{L_s C_j}} \tag{6.2.10 a}$$

$$f_{pr} = \frac{1}{2\pi\sqrt{L_s \dfrac{C_p C_j}{C_p + C_j}}} = f_{sr}\sqrt{1 + \frac{C_j}{C_p}} \tag{6.2.10 b}$$

对变容管组成的上变频器来说，希望不发生变容管自激振荡现象，应尽量减小封装电容，提高自激振荡的频率。

在实际应用中，利用变容二极管电容的非线性特性，能够实现微波变频、放大、控制、倍频等功能。

6.2.3 收信混频原理及其等效电路

1. 混频原理

如上所述，金属－半导体结具有非线性电阻特性。那么非线性电阻为什么会有混频作用呢？图6.2.9是收信混频器的原理图，图6.2.9中：u_s 是信号电压，可表示为 $u_s = V_s \cos \omega_s t$；$u_L$ 是本

振电压，可表示为 $u_L = V_L\cos\omega_L t$；u_{if}是中频电压；V_0为偏置电压；R_{if}是中频阻抗；ω_s和 ω_L分别表示信号和本振频率。这样加在二极管上的总电压为

$$u = V_0 + V_L\cos\omega_L t + V_s\cos\omega_s t \tag{6.2.11}$$

由于信号电压一般为接收机接收到的微弱信号，通常在微瓦级以下，电压幅度很小，可以认为它在伏安特性的线性范围内变化。为了得到良好的混频特性，要求本振功率通常超过 1 mW，故满足 $V_L \gg V_s$。并假设二极管的伏安特性为

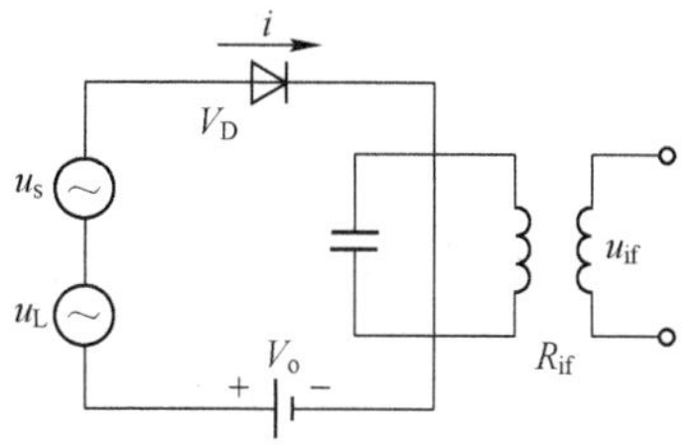

图 6.2.9　收信混频器的原理图

$$i = f(u) \tag{6.2.12}$$

将式（6.2.11）代入式（6.2.12），并在工作点附近展开成泰勒级数，有

$$\begin{aligned} i &= f(V_0 + V_L\cos\omega_L t + V_s\cos\omega_s t) \\ &= f(V_0 + V_L\cos\omega_L t) + f'(V_0 + V_L\cos\omega_L t)V_s\cos\omega_s t \\ &\quad + \frac{1}{2}f''(V_0 + V_L\cos\omega_L t)(V_s\cos\omega_s t)^2 + \cdots \end{aligned} \tag{6.2.13}$$

式中：右边第一项为直流和本振；右边第二项为本振各次谐波电流；右边第三项及其以后各项可以忽略（因 V_s很小），值得注意的是第二项。令

$$g(t) = f'(V_0 + V_L\cos\omega_L t) = \left.\frac{\mathrm{d}i}{\mathrm{d}u}\right|_{u = V_0 + V_L\cos\omega_L t} \tag{6.2.14}$$

由式（6.2.14）可知，$g(t)$为二极管电导，由于混频二极管是非线性元件，则其电导 $g(t) \neq$ 常数，即

$$g(t) = f'(V_0 + V_L\cos\omega_L t) \tag{6.2.15}$$

式（6.2.15）是随时间作周期性变化的偶函数，将它展开成傅里叶级数，即

$$g(t) = g_0 + 2\sum_{n=1}^{\infty} g_n\cos n\omega_L t \quad n = 1, 2, 3\cdots \tag{6.2.16 a}$$

式中：

$$g_0 = \frac{1}{2\pi}\int_0^{2\pi} g(t)\,\mathrm{d}(\omega_L t) \tag{6.2.16 b}$$

$$g_n = \frac{1}{2\pi}\int_0^{2\pi} g(t)\cos n\omega_L t\,\mathrm{d}(\omega_L t) \tag{6.2.16 c}$$

其中：g_0为二极管的平均混频电导；g_n为本振第 n 次谐波的混频电导。将式（6.2.15）和式（6.2.16a）代入式（6.2.13），并略去高次项，得到混频电流为

$$\begin{aligned} i &= f(V_0 + V_L\cos\omega_L t) + \left[g_0 + 2\sum_{n=1}^{\infty} g_n\cos\omega_L t)\right]V_s\cos\omega_s t \\ &= f(V_0 + V_L\cos\omega_L t) + g_0 V_s\cos\omega_s t + \sum_{n=1}^{\infty} g_n V_s\cos(n\omega_L \pm \omega_s)t \end{aligned} \tag{6.2.17}$$

在式（6.2.17）中：令 $n = 1, 2, 3\cdots$ 显然混频电流中除了包括直流、ω_L、ω_s等输入分量的电流外，还包括了 $n\omega_L$、$n\omega_L - \omega_s$、$n\omega_L + \omega_s$等穷多个不同频率的电流。主要频率的相对频谱位置如图 6.2.10 所示。值得注意的是中频，即

$$\omega_{if} = \omega_L - \omega_s(\omega_L > \omega_s) \tag{6.2.18 a}$$

$$\omega_{if} = \omega_s - \omega_L(\omega_s > \omega_L) \tag{6.2.18 b}$$

它是由一次混频电导 g_1和信号电压相乘的结果，即

$$(2g_1\cos\omega_L t)(V_s\cos\omega_s t)=g_1V_s\cos(\omega_s-\omega_L)t+g_1V_s\cos(\omega_s+\omega_L)t$$
$$=g_1V_s\cos\omega_{if}t+g_1V_s\cos(\omega_s+\omega_L)t \quad (6.2.19)$$

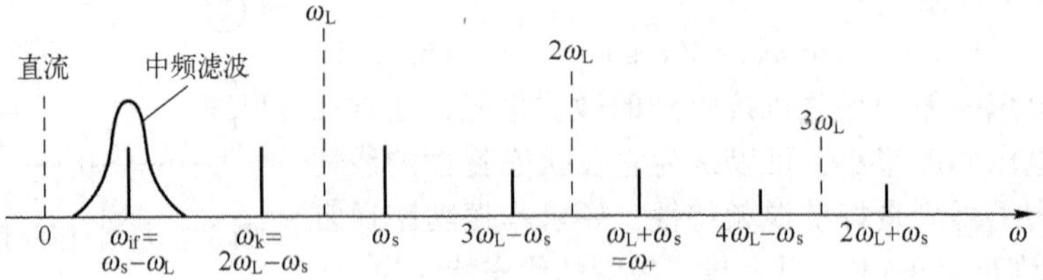

图 6.2.10　主要频率的相对频谱位置

由图 6.2.10 可见，混频电流中除了所需要的中频 ω_{if} 以外，还会产生许多不需要的频率分量，这些频率称为寄生频率，也带有一部分微波信号功率，因此造成损耗，此损耗称为净变频损耗，因此，设计时尽可能减少这些损耗，或者“回收”这些功率成为有用功率。在这些寄生频率中，最能引起观注的是和频 $\omega_+=\omega_L+\omega_s$ 及镜频 $\omega_k=2\omega_L-\omega_s$。镜频相对于本振而言和信号频率 ω_s 处于“镜像”的位置，故称之为“镜频”。和频 ω_+ 与镜频都是由本振的低次谐波（$n=1$ 或 $n=2$）差拍而成，它们都带有不可忽视的功率。在输入电路中使 ω_+ 与 ω_k 反射回二极管，并重新与本振混频，再次产生中频，如果相位合适，就能“回收”信号能量，减小变频损耗，即

$$\omega_L-\omega_k=\omega_L-(2\omega_L-\omega_s)=\omega_s-\omega_L=\omega_{if} \quad (6.2.20\ a)$$

$$\omega_+-2\omega_L=\omega_L+\omega_s-2\omega_L=\omega_s-\omega_L=\omega_{if} \quad (6.2.20\ b)$$

2. 混频器等效电路

如前所述，镜频及和频是两个值得重视的频率分量。两者相比，镜频更值得重视，因它距离信号频率最近（只差两倍中频），很容易落在信号通带内，并消耗在信号源内阻上。因此在分析推导等效电路时只考虑镜频的影响，在这种情况下，二极管上的电压有：

直流电压 V_0

本振电压 $u_L=V_L\cos\omega_L t$

信号电压 $u_s=V_s\cos\omega_s t$

中频电压 $u_{if}=-V_{if}\cos\omega_{if}t$

镜频电压 $u_k=-V_k\cos\omega_k t$

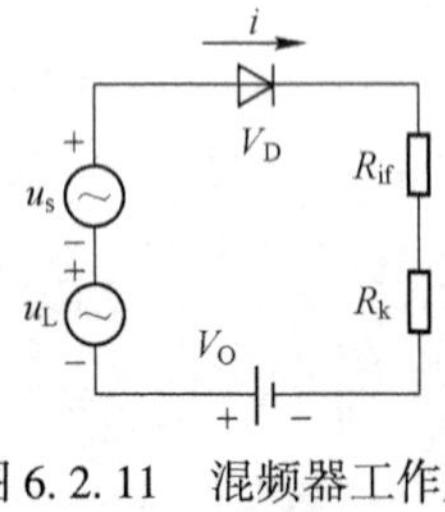

图 6.2.11　混频器工作原理图

这里 u_{if} 和 u_k 分别表示电流 i 流过中频电阻 R_{if} 和镜频电阻 R_k 所产生的压降，故取负号。它又会反向加到二极管上，如图 6.2.11 所示。将这些电压代入二极管伏安特性表达式式（6.2.12），并在工作点上展开成泰勒级数，略去直流项和高次项，可得到各个频率分量的电流。我们从中取出信号频率电流、中频电流和镜频电流，它们的幅值分别为

$$I_s=g_0V_s-g_1V_{if}+g_2V_k \quad (6.2.21\ a)$$

$$-I_{if}=g_1V_s-g_0V_{if}+g_1V_k \quad (6.2.21\ b)$$

$$-I_k=-g_2V_s-g_1V_{if}+g_0V_k \quad (6.2.21\ c)$$

这里规定流进网络电流为正，反之为负。因 i_{if} 和 i_k 是流向负载，即为流出网络的电流，故取负号。根据式（6.2.21a）、式（6.2.21b）和式（6.2.21c），可以画出混频器的等效电路，如图 6.2.12（a）所示，若镜频端负载 R_k 不同，则混频器输出特性不同，因此通常将混频器分为镜像匹配混频器、镜像短路混频器和镜像开路混频器。又因式（6.2.21 a）、式（6.2.21 b）和式（6.2.21 c）是一个三端口网络的线性方程式，三个端口分别为信号端、中频端和镜频端，其等效三端口网络如图 6.2.12（b）。将式（6.2.21a）、式（6.2.21b）和式（6.2.21c）改成矩阵形式

$$
\begin{bmatrix} I_s \\ -I_{if} \\ -I_k \end{bmatrix} = \begin{bmatrix} g_0 & -g_1 & g_2 \\ g_1 & -g_0 & g_1 \\ -g_2 & -g_1 & g_0 \end{bmatrix} \begin{bmatrix} V_s \\ V_{if} \\ V_k \end{bmatrix} \tag{6.2.21 d}
$$

简写成

$$
\boldsymbol{I} = \boldsymbol{gV} \tag{6.2.21 e}
$$

式中：$\boldsymbol{g}$ 称为混频器的导纳矩阵，它是研究混频电路的重要参数。

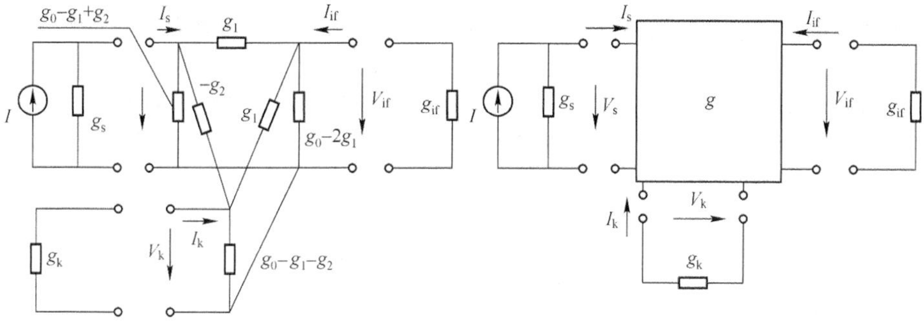

图 6.2.12　混频器的等效电路

6.2.4　混频器的主要特性

由混频器工作原理知，混频器是一个三端口网络，描写其特性的主要参数包括变频损耗、噪声系数、信号与本振端口的输入驻波系数、本振与信号之间的隔离度和信号的动态范围等。

1. 变频损耗

混频器的变频损耗定义为输入微波信号的资用功率与输出中频信号的资用功率之比，即

$$
L_m = \frac{P_s}{P_{if}} \tag{6.2.22 a}
$$

$$
L_m(\text{dB}) = 10\ \lg\frac{P_s}{P_{if}} \tag{6.2.22 b}
$$

变频损耗由 3 部分组成，即由寄生频率所引起的净变频损耗；由二极管寄生参量所引起的寄生损耗；由混频器输入和输出端失配所引起的失配损耗以及电路本身的损耗。

由等效电路分析得，净变频损耗与镜频端口的负载阻抗有关，镜像开路时净变频损耗最小，镜像匹配时变频损耗最大。而且净变频损耗随本振电压的幅度增大而减小。当本振电压幅度趋向无穷大时，镜像开路和镜像短路的变频损耗趋于零分贝，镜像匹配的变频损耗趋向于3 dB。这是因为当本振电压趋于无穷大时，二极管电导在零与无穷大之间转换，相当于理想开关。当镜像开路和短路时，镜频端无损耗，全部的信号功率变换为中频功率；而当镜像匹配时，信号功率只有一半转换为中频功率。变频损耗随本振电压幅度的变化关系如图 6.2.13所示，图 6.2.13中 L_1、L_2和 L_3分别表示镜像短路、匹配和开路情况下的变频损耗。

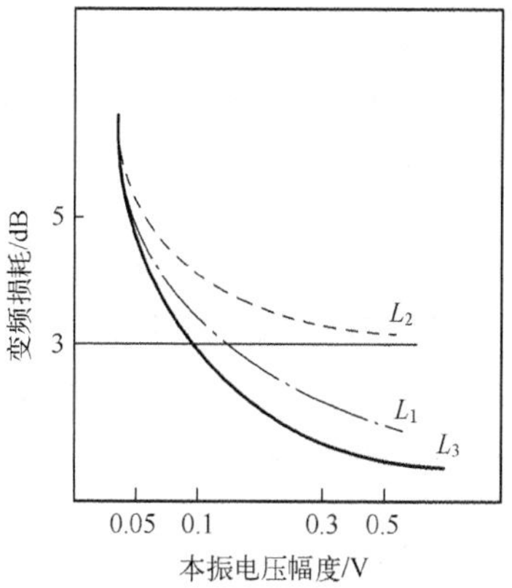

图 6.2.13　变频损耗随本振电压幅度的变化关系图

在前面分析的二极管等效电路图 6.2.5 中，串联电感 L_s 和管壳电容 C_p 可以包括在外电路中，接触电阻 R_s 和结电容 C_j 对外加的微波信号功率分别起着分压和分流作用，消耗一部分微波功率，从而引起变频损耗。由于 R_s 和 C_j 都是偏压的函数，因此调节偏压可以改变变频损耗。当 R_s 和 C_j 满足关系式 $R_j = 1/C_j\omega_s$ 时，可得到最小变频损耗，其值为

$$L_{j\,min} = 1 + \frac{2R_s}{R_j} \tag{6.2.23 a}$$

而且，由于二极管对微波信号呈现的结电阻 R_j 随本振电压变化，致使寄生参量影响随之变化。当本振功率较大时（R_j 减小，致使 R_s 的分压作用加大），或当本振功率太小时（R_j 增加，致使 C_j 的分流作用加大），变频损耗都会增加，因此本振功率有个最佳范围。

由于输入和输出端口不匹配引起信号功率与中频功率的损耗，称为失配损耗 L_r。当输入和输出端的驻波比分别为 ρ_1 和 ρ_2 时，失配损耗 L_r 表示为

$$L_r(\mathrm{dB}) = 10\ \lg \frac{(1+\rho_1)^2}{4\rho_1} + 10\ \lg \frac{(1+\rho_2)^2}{4\rho_2} \tag{6.2.23 b}$$

实际二极管混频器在 1 ～ 10 GHz 范围内变频损耗的典型值为 4 ～ 7 dB。

2. 混频器噪声系数 F_m

通常把噪声系数定义为输入端处于标准温度（290 K）时的线性二端口网络的输入端与输出端信噪比之比，即

$$F = \frac{P_{si}/P_{ni}}{P_{so}/P_{no}} \tag{6.2.24}$$

式中：P_{si} 和 P_{so} 分别表示输入端和输出端的信号资用功率；P_{ni} 和 P_{no} 分别表示输入端和输出端的噪声资用功率。

式（6.2.24）的噪声系数也适用于混频器的噪声系数，并根据变频损耗 L_m 的定义，可得到混频器噪声系数 F_m，即

$$F_m = L_m \frac{P_{no}}{P_{ni}} \tag{6.2.25}$$

当混频器为镜像开路和短路时，噪声系数 F_{m1} 为

$$F_{m1} = L_{m1}t_{m1} = t(L_{m1} - 1) + 1 \tag{6.2.26 a}$$

当混频器为镜像匹配时，噪声系数 F_{m2} 为

$$F_{m2} = L_{m2}t_{m2} = 2\left[t\left(\frac{L_{m2}}{2} - 1\right) + 1\right] \tag{6.2.26 b}$$

式（6.2.26 a）和式（6.2.26 b）中：t 为二极管的噪声温度比；L_{m1} 和 L_{m2} 分别为镜像开路（或短路）和镜像匹配时的变频损耗。因此，降低变频损耗，可以改善混频器噪声系数。接收机的总噪声系数为

$$F = L_m(t + F_{if} - 1) \tag{6.2.26 c}$$

式中：F_{if} 为中频放大器的噪声系数。

3. 信号端与本振端的隔离比 L_{sL}

L_{sL} 定义为输入微波信号功率与泄漏到本振端的信号功率之比，或本振功率与泄漏到信号端的本振功率之比，即

$$L_{sL}(\mathrm{dB}) = 10\ \lg \frac{P_s}{P_{Ls}} = 10\ \lg \frac{P_L}{P_{sL}} = L_{Ls}(\mathrm{dB}) \tag{6.2.27}$$

4. 其他特性

(1) 信号与本振端口的输入驻波系数。为了使信号和本振功率有效进入混频器，应对信号

和本振端的输入驻波系数提出要求，一般要求信号与本振端口的输入驻波系数要小一些。

（2）本振与信号之间的隔离度。如果输入信号功率泄漏到本振端，就会造成信号的损失；如果本振功率泄漏到信号端向外辐射，就会干扰其他部分的工作。因此，应对混频器本振端口与信号端口提出隔离度要求，本振端口与信号端口隔离度的典型值是 20 ～ 40 dB。

（3）输入信号的动态范围。输入信号上限和下限规定的范围称为输入信号的动态范围。对于微弱的输入信号，混频器中频输入功率与微波信号功率近似为线性关系，变频损耗为常数。当输入信号功率增加到一定电平时，信号的高次谐波不能忽略，混频产生的高次寄生频率分量增多，变频损耗增加。我们把变频损耗增加到比常数值大 1 dB 的输入功率叫做 1 dB 压缩点，并规定 1 dB 压缩点为混频器输入功率的上限。混频器的下限输入功率是能检测到接收信号时对应的最小输入信号功率，它取决于噪声电平。

6.2.5 混频器基本电路

微波收信混频器的电路形式很多，大致可分为三类：单端混频器、平衡混频器和双平衡混频器；根据采用的结构来分有同轴型、微带型和波导型。这里仅介绍最常用的微波混频器的基本电路。所谓微波混频器基本电路，是指在电路中不采用镜像回收技术时，镜像匹配混频器的基本电路。

1. 单端混频器

单端混频器结构简单，在要求不高的场合均采用这种电路。图 6.2.14 是一种微带结构的单端混频器的电路图。除混频二极管①以外，还包括了本振与信号的混合电路②、阻抗变换器③、低通滤波器④、中频通路与直流通路⑤。下面对这几部分组成进行详细分析。

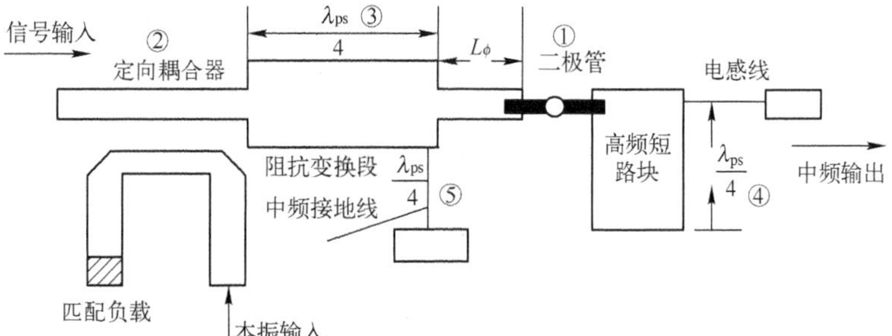

图 6.2.14　一种微带结构的单端混频器的电路图

（1）混频二极管。对应下变频器常采用肖特基势垒二极管，要求它具有足够高的截止频率 f_T，一般要求 $f_T > 10f_s$。

（2）混合电路。它的作用是将信号和本振功率同时加到二极管上，并且保证本振与信号之间有良好的隔离度。图 6.2.14 中采用定向耦合器作为混合电路，信号与本振分别从定向耦合器的两个隔离端口输入，将本振耦合到主线上并与信号同相叠加，再加到二极管上，同时保证信号与本振有良好的隔离性，耦合器的耦合度一般为 10 dB。

（3）阻抗变换器。它的作用是将定向耦合器 50 Ω 的输出阻抗和二极管的复阻抗相匹配，从而减少失配损耗。图 6.2.14 中先用长度为 L_ϕ 的相移段将二极管的复阻抗变换为纯电阻，然后利用 $\lambda_{ps}/4$ 阻抗变换段将此纯电阻变为 50 Ω。

（4）低通滤波器。它的作用是使信号、本振以及它们的谐波和镜频短路，而让中频通过。图 6.2.14 中采用高频短路块和高阻抗的电感线组成低通滤波器。

（5）中频通路与直流通路。它的作用是给二极管一个合适的偏压，并给直流和中频一个接地的通路，即为中频和直流接地线。通常采用长度为信号中心频率的 $\lambda_{ps}/4$ 的高阻抗线，它相当于一个对信号中心频率的 LC 并联谐振电路，输入端对中频信号呈现短路，构成中频接地，同时该 $\lambda_{ps}/4$ 短路线也兼作直流接地。

单端混频器虽然电路比较简单，但性能较差，只用于一些要求不高的场合。其主要缺点有两个：

（1）要求本振的功率较大。如前所述，本振功率是通过定向耦合器加到二极管上的，其耦合度在 10 dB 左右，因此外加本振输入功率应当为加到二极管上的本振功率的 10 倍，要求本振输入功率较大。

（2）噪声系数大。本振端在输入本振功率时必然伴随着一定的噪声功率输入。显然，与本振频率相差一个中频带宽的那些本振噪声频率分量混频以后也成为中频噪声，它使混频器输出噪声功率增加，噪声系数增大。

2. 平衡混频器

单平衡混频器使用两只混频管和功率电桥组成单平衡电路。微带混合环的单平衡混频器的原理电路图如图 6.2.15 所示。它其有和单端混频器相同的组成部分和功能，所不同的是混合电路采用混合环（或分支定向耦合器）。下面简单介绍单平衡混频器的工作原理。

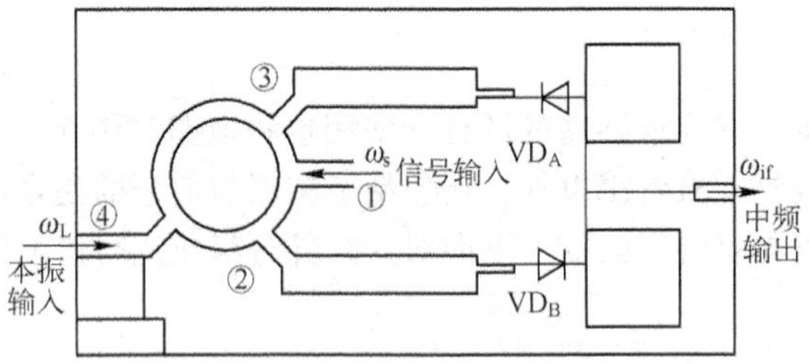

图 6.2.15　微带混合环的单平衡混频器的原理图

由图 6.2.15 可见，信号从混合环的①端加入，并等幅同相地加到两个混频二极管 VD_A 和 VD_B上，本振由④端输入，等幅反相（在环形桥中的波程差为$\frac{\lambda}{2}$，相位差为 π）地加到两个混频二极管上，即

VD_A 二极管上的信号电压 $u_{sA}=V_s\cos\omega_s t$

VD_B 二极管上的信号电压 $u_{sB}=V_s\cos\omega_s t$

VD_A 二极管上的本振电压 $u_{LA}=V_L\cos(\omega_L t-\pi)$

VD_B 二极管上的本振电压 $u_{LB}=V_L\cos\omega_L t$

如果假设两个二极管的特性完全相同，则在本振电压作用下，两个二极管的时变电导分别为

$$g_A(t)=g_0+2\sum_{n=1}^{\infty}g_n\cos n(\omega_L t-\pi)$$

$$g_B(t)=g_0+2\sum_{n=1}^{\infty}g_n\cos n\omega_L t$$

根据混频原理，流过两个二极管的中频电流分别为各自的一次时变电导与信号电压的乘积，即

$$\begin{cases}i_{ifA}=-g_1V_s\cos(\omega_L-\omega_s)t=-g_1V_s\cos\omega_{if}t\\ i_{ifB}=g_1V_s\cos(\omega_L-\omega_s)t=g_1V_s\cos\omega_{if}t\end{cases}\tag{6.2.28}$$

由图 6. 2. 15 可见，二极管 VD_A和 VD_B对于信号而言是反接的，流过的电流应反相；对中频负载而言它们是并联的，因此流过中频负载的中频电流为

$$i_{if} = -i_{ifA} + i_{ifB} = 2g_1 V_s \cos \omega_{if} t \tag{6.2.29}$$

如果两只二极管同向相接，则流过中频负载的中频电流为零，这就不能完成混频作用。克服上述问题的办法是采用如图 6. 2. 16 所示的中频变压器输出，则中频负载阻抗 R_{if}上仍然是两个二极管上中频电流的叠加输出。

由此可见，二极管的接向和中频负载的连接方法有关。若两管对于中频负载来说是并联时，则两管应反向连接；若两管对中频负载来说是串联时，则两管应同向连接。

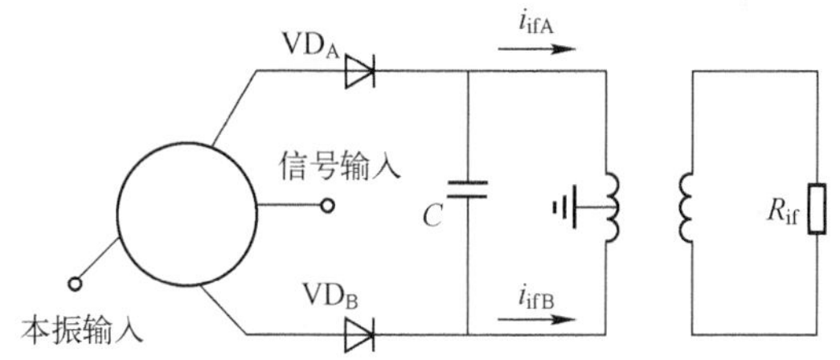

图 6. 2. 16　中频变压器输出型单平衡混频器

单平衡混频器与单端混频器相比具有以下优点：

(1) 具有抑制本振噪声的能力。任何一个振荡器，除了产生需要的频率分量外，也会产生一系列不需要的频率，其中和本振频率之差等于中频的这些频率分量经过混频后就成为中频噪声，这就是单端混频器噪声系数大的主要原因。而单平衡混频器中，加到 VD_A上的中频噪声电流 i_{ifnA}与加到 VD_B上的中频噪声电流 i_{ifnB}等幅同相，由于两混频管接法是相反的，则中频负载上的本振噪声电流为

$$i_{ifn} = -i_{ifnA} + i_{ifnB} = 0 \tag{6.2.30}$$

由此可见，单平衡混频器可以抑制本振噪声。

(2) 隔离度高。由于混合电路采用 3 dB 分支线定向耦合器，其端口①信号与端口④本振有很好的隔离性，提高了射频输入端与本地输入端（RF－LO）的隔离。

(3) 谐波干扰小。由于电路和管芯的结构对称，信号和本振的全部偶次谐波和互调分量被抵消。

(4) 本振功率小。由于混合电路采用 3 dB 分支线定向耦合器而不是 10 dB 的支节定向耦合器，本振输入功率几乎全部等分到两个混频二极管上，故单平衡混频器所需本振输入功率远小于单端混频器。

(5) 动态范围扩大。在理想匹配条件下，单平衡混频器将信号与本振功率全部分配在两个二极管子，因此，混频器的抗毁能力和动态范围均增加一倍。

3. 双平衡混频器

双平衡混频器又称为桥式混频器，它由 4 只特性完全相同的混频二极管构成环路，等效电路如图 6. 2. 17 所示。由于该混频器具有极强的对称性，它除了具有单平衡混频器的优点外，提高了隔离性、扩展了工作频带（一般可达几倍频程）。

4. 变容管上变频器

(1) 变容管上变频器的等效电路。变容管上变频器的输入信号含有泵浦电压、信号电压及产生的和频（上边带）$f_{out} = f_p + f_s > f_p$ 或者差频（下边带）$f_{out} = f_p - f_s < f_p$，因此相当于与变容管并联的三个分支。只允许 f_s、f_p和 f_{out}三个正弦电流分量通过变容管，其他频率分量均呈现开路。图 6. 2. 18 为其等效电路，图中省去了各分支的调谐滤波电路。

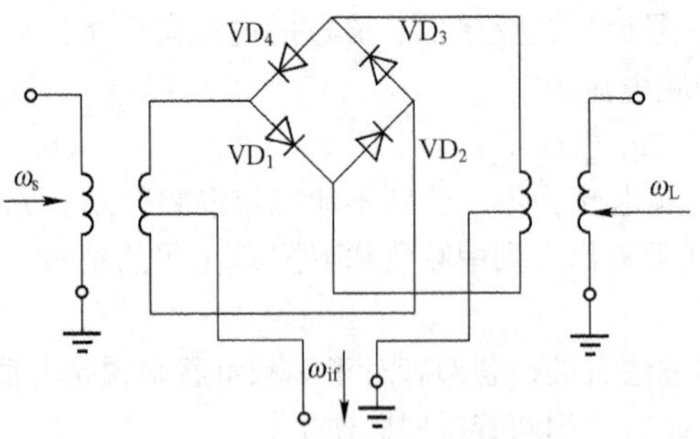

图 6.2.17　双平衡混频器等效电路

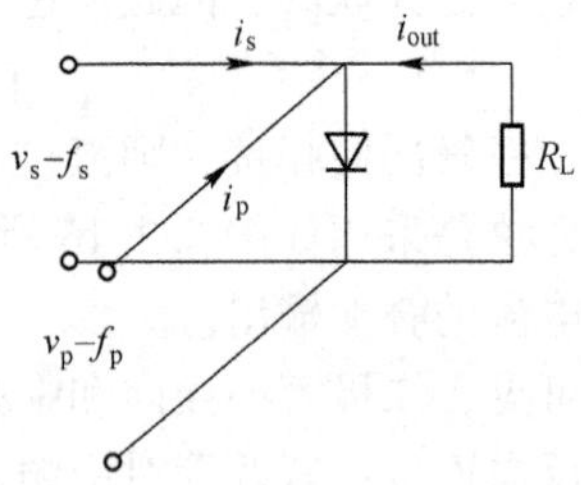

图 6.2.18　上变频器的等效电路

(2) 微波功率上变频器电路。由图 6.2.18 所示的微波上变频器的等效电路可知，电路中除了非线性器件外，还需有滤波回路与匹配电路，且要使 f_s、f_p 和 f_{out} 各频率之间有很好隔离，并滤除无用的边频分量，这就是对上变频器的要求。现介绍两种具体电路形式，如图 6.2.19 所示。

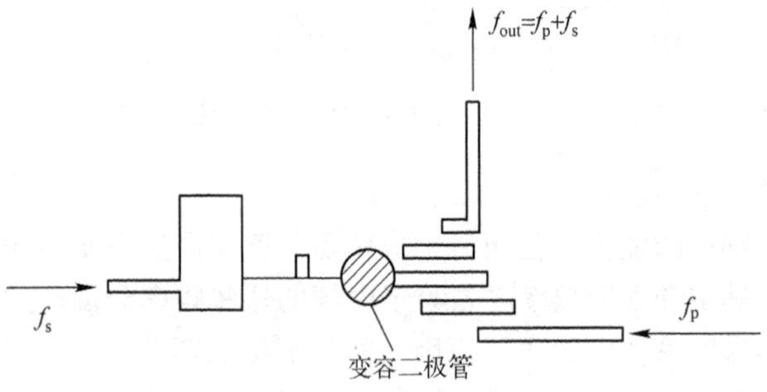

(a) 滤波器式微带上变频器

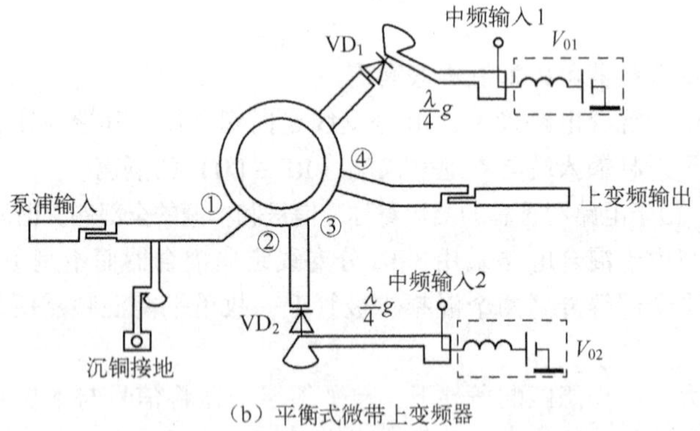

(b) 平衡式微带上变频器

图 6.2.19　微波功率上变频电路

图 6.2.19 (a) 输入信号回路设计为低通滤波阻抗变换器，既对变容管在 f_s 呈现的阻抗进行匹配和调谐，又对其他两个频率（即上、下边带频率及寄生频率）进行抑制。泵浦回路和输出回路采用带通滤波阻抗变换器，分别对变容管在 f_p 和 f_{out} 呈现的阻抗进行匹配和调谐，同时对其他频率呈现开路，这种变频器主要缺点是频带很窄。

图 6.2.19 (b) 由一个 3 dB 电桥、两个变容二极管 VD_1、VD_2 和一些用于阻抗变换和直流偏置的传输线组成。图 6.2.19 (b) 中未包括泵浦端口的隔离器和输出端口的带通滤波器。两个中频输入端的引线接到同一个中频放大器上，中频接地线采用高阻抗线和扇形短路块构成。根据 3dB 电桥特性，可得端口③有和频输出。这种电路具有很好的线性，但由于微波损耗大，其

效率很低，只有1%。

6.2.6 混频器设计举例

【例6-2】设计一个微带平衡混频器。工作中心频率为5 GHz，频带宽度大于15%，带内噪声系数 $F<7.5$ dB（包括前置中放噪声系数 $F_{if}=1.8$ dB）；输入驻波比 $\rho<2$。

解：

设计步骤如下：

（1）选择混频二极管。根据设计要求，故选用5厘米波段微带型的WH31型混频二极管。其参数为：变频损耗<5.0 dB；中频阻抗为200～500 Ω；噪声比<1.15；整流电流>1 mA/mW。

设计前需对混频管进行测试，取 $\rho=2.3$，$l_\phi=0.075\lambda_p$，可得归一化阻抗 $\overline{Z}_{VD}=0.55-j0.4$，$\overline{Y}_{VD}=1.2+j0.95$

（2）功率混合电路的设计。功率混合电路的形式很多，为了缩小尺寸，这里采用变阻定向耦合器，它既能实现功率混合作用，又能实现阻抗变换作用。电路形式采用3 dB变阻双分支微带定向耦合器，如图6.2.20（a）所示。该定向耦合器的等效电路及各支路阻抗值分别如图6.2.20（b）、（c）所示。其中 $Z_0=50\ \Omega$，行波比 $K=1/\rho=1/2.3$。基片为 $\varepsilon_r=9$，$h=0.8$ mm的陶瓷基片。按照混频二极管输入驻波比 $\rho=2.3$ 和变频长度 $l_\phi=0.075\lambda_p$ 进行分析，求得相应的微带线尺寸如表6.2.1所示。

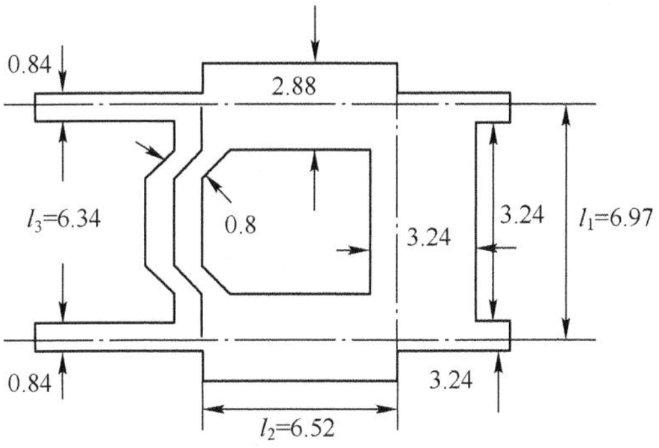

（a）

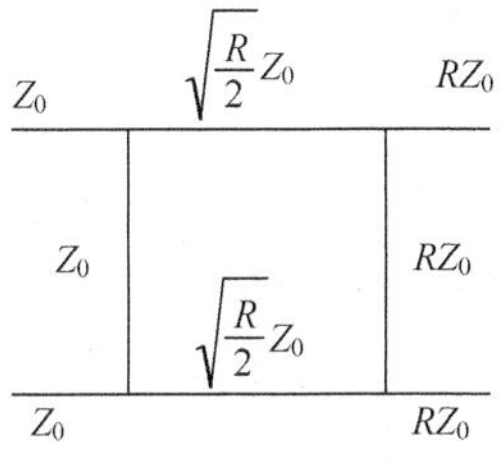

（b）

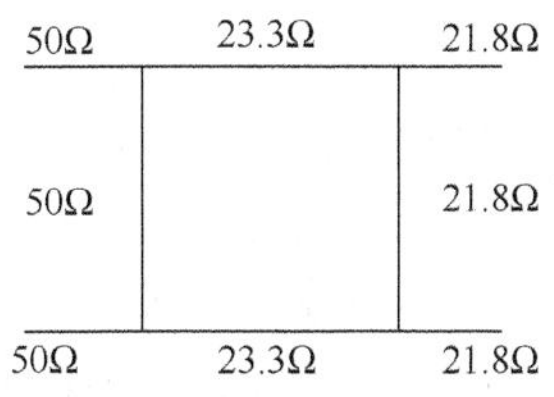

（c）

图6.2.20 定向耦合器结构图、等效电路及各支路阻抗值

表6.2.1 微带线尺寸

Z_0/Ω	W/h	W/mm	$\lambda_p/4$/mm
50	1.05	0.84	6.00
21.8	4.05	3.24	5.67
23.3	3.60	2.88	5.70

(3) 低通滤波器的设计。低通滤波器是由高频短路块及高阻抗的中频输出线组成，如图6.2.21所示。高频短路块采用一段低阻抗、长度为$\lambda_p/4$的开路线来实现，为了满足在频带的边缘处开路线的输入阻抗绝对值小于4，故取$Z_0=20\Omega$，并计算得到该开路线宽度$W\approx 3\text{ mm}$，长度$l\approx 5.65\text{ mm}$；中频输出线采用工艺上能实现的细带线，取$W=0.1\text{ mm}$，其特性阻抗$Z_0\approx 105\ \Omega$。

(4) 中频通路与直流通路的设计。中频与直流通路采用长度为$\lambda_p/4$的终端短路高阻抗线，这样可以不影响微波信号和本振信号，只实现中频与直流接地，其位置可加在本振的输入端。线宽$W=0.1\text{ mm}$，长度为6.5 mm。

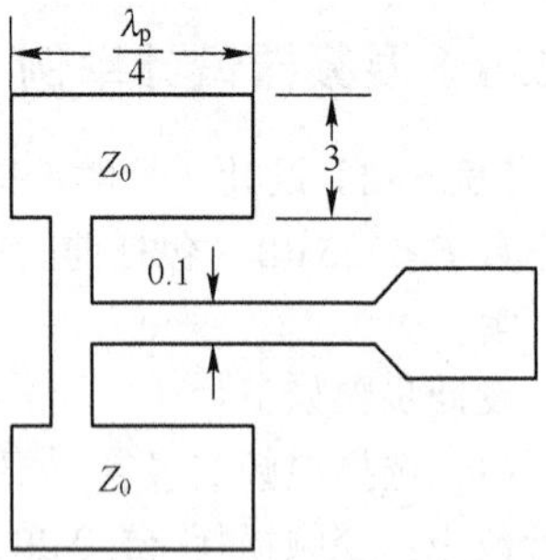

图6.2.21　低通滤波器

6.3　微波振荡器

6.3.1　概述

微波振荡器是在通信、雷达、电子对抗及测试仪表等各种微波系统中被广泛应用的重要部件之一。近年来，随着微波半导体器件的迅速发展，微波固态振荡器也得到迅速发展。

微波固态振荡器的基本特性如下：

1. 频率稳定度高

振荡器的振荡频率会受偏置电源的不稳定、环境温度以及负载阻抗的变化等因素的影响，致使频率发生漂移，其漂移的大小可用频率稳定度来描述。任何微波系统中对振荡器的频率稳定度都有一定的要求，例如，在微波和卫星通信中的射频频率的频率稳定度高于10^{-5}，只有这样才能保证长途通信中的频率漂移限制在允许的可靠接收范围内。

2. 谐波抑制度高

当晶体三极管或二极管工作在饱和状态时，振荡器将会产生许多不需要的谐波干扰。为此，必须仔细调整工作点，尽可能少产生不需要的谐波，然后通过调整输出滤波器，使谐波输出尽可能小。

3. 载噪比高

由于振荡电路的非线性，使半导体器件内的噪声对振荡器产生的单频信号进行调制，以致振荡器的输出频谱不是单频信号，而存在噪声边带，这会使接收端的信噪比降低。因此，必须尽可能提高载噪比。具体措施有：采用波纹系数小、性能稳定的直流偏置电路；采用外腔稳频法或注入锁定法，这既可以提高振荡器的频率稳定度，又可以降低噪声；尽可能提高振荡器谐振回路的品质因素等等。

本节将介绍负阻型振荡器的工作原理及其电路和微波晶体振荡器原理及其电路。

6.3.2　负阻型振荡器的工作原理及其电路

1. 负阻型振荡器工作原理

负阻型振荡器的工作原理可由它的等效电路图来进行说明，其等效电路图如图6.3.1所示。图中$Y_D=G_D+jB_D$是半导体器件的等效导纳，它是角频率和射频电压的函数；$Y_L=G_L+jB_L$是振荡器谐振回路及负载等外电路的等效导纳。根据振荡理论，负阻振荡器的振荡条件为

$$G_D + G_L < 0 \quad 或 \quad -G_D > G_L \tag{6.3.1}$$

在平衡条件下，半导体器件和外电路的等效导纳必须满足下面关系

$$Y_D(\omega, V) + Y_L(\omega) = 0 \tag{6.3.2}$$

$$G_D(\omega, V) + G_L(\omega) = 0 \tag{6.3.3 a}$$

$$B_D(\omega, V) + B_L(\omega) = 0 \tag{6.3.3 b}$$

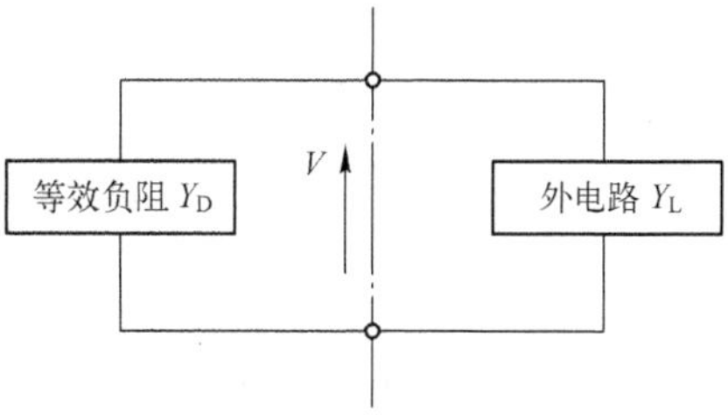

图 6.3.1　负阻型振荡器的等效原理电路图

式（6.3.3a）为振荡器幅度平衡条件，它决定振荡器的输出功率；而式（6.3.3b）为振荡器的相位平衡条件，它决定振荡器的振荡频率。同理，如果振荡器用串联等效电路来分析，则半导体器件和外电路的等效阻抗必须满足如下关系

$$Z_D(\omega, I) + Z_L(\omega) = 0 \tag{6.3.4}$$

$$R_D(\omega, I) + R_L(\omega) = 0 \tag{6.3.5 a}$$

$$X_D(\omega, I) + X_L(\omega) = 0 \tag{6.3.5 b}$$

根据对振荡过程的瞬态分析理论，可以证明：当增量 δ_I 与其对时间变化率 $\mathrm{d}\delta_I/\mathrm{d}t$ 为异号时，则该工作点为稳定工作点。也就是当 $\delta_I > 0$ 时，则要求 $\mathrm{d}\delta_I/\mathrm{d}t < 0$；或当 $\delta_I < 0$ 时，则要求 $\mathrm{d}\delta_I/\mathrm{d}t > 0$。由此可以推导出振荡器的稳定条件为（证明从略）

$$[SX'_L(\omega_0) - rR'_L(\omega_0)]R_D(I_0, \omega_0) > 0 \tag{6.3.6}$$

式中：

$$X'_L(\omega_0) = \left.\frac{\mathrm{d}X_L(\omega)}{\mathrm{d}\omega}\right|_{\omega=\omega_0}$$

$$R'_L(\omega_0) = \left.\frac{\mathrm{d}R_L(\omega)}{\mathrm{d}\omega}\right|_{\omega=\omega_0}$$

$$S = \frac{-I_0}{R_D(I_0, \omega_0)} \frac{\partial R_D(I_0, \omega_0)}{\partial I}$$

S 为器件负阻的饱和系数；

$$r = \frac{I_0}{R_D(I_0, \omega_0)} \frac{\partial X_D(I_0, \omega_0)}{\partial I}$$

r 为器件电抗的饱和系数。其中

$$\frac{\partial R_D(I_0, \omega_0)}{\partial I} = \left.\frac{\partial R_D(I, \omega)}{\partial I}\right|_{I=I_0}$$

$$\frac{\partial X_D(I_0, \omega_0)}{\partial I} = \left.\frac{\partial X_D(I, \omega)}{\partial I}\right|_{I=I_0}$$

如果按式（6.3.6）的方法，即用计算的方法判别工作点的稳定性，显然比较麻烦。这里介绍一种由式（6.3.6）导出的图解法，用它来判别振荡器的稳定工作点既方便又直观。

将器件阻抗线和负载阻抗线同时画在阻抗复平面上并相交于工作点（I_0，ω_0），如图 6.3.2

所示。如果从器件阻抗线的箭头顺时针方向转到负载阻抗线的箭头，所转过的角度 θ 小于 180°，则该点为稳定工作点，否则为不稳定工作点。此法也可以用来判别因负载线形状复杂，使它与器件阻抗线的交点不止一个的情况，如图 6. 3. 3 所示，由图 6. 3. 3 不难看出因 θ_1 和 θ_2 小于 180°，所以 P_1 和 P_2 点为稳定工作点；而 θ_3 大于 180°，故 P_3 为不稳定工作点。

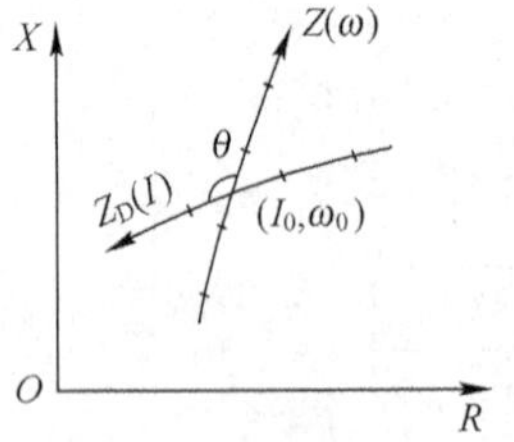

图 6. 3. 2　器件阻抗线和负载阻抗线的阻抗复平面图

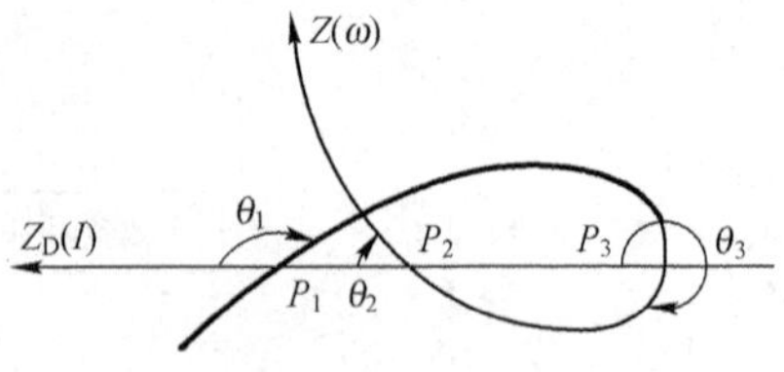

图 6. 3. 3　复杂形状负载线的稳定工作点判别图

2. 负阻振荡器电路设计

由前面负阻振荡理论可知，负阻振荡器电路应包括负阻器件和外电路两个部分，其中负阻器件的等效导纳 Y_D 或等效阻抗 Z_D 可由生产厂家给出，也可以测量得到；外电路包括调谐回路、阻抗匹配网络、抑制射频泄漏的直流偏置网络以及负载阻抗。

采用分布参数电路来调谐和匹配的微带体效应振荡器形式很多，这里介绍的一种是通过采用长度为 l 的短路短截线并接在距体效应管 d 处的输出传输线上来实现调谐和匹配作用的，如图 6. 3. 4（a）所示，图 6. 3. 4（b）为图 6. 3. 4（a）的等效电路。由图，并根据如下的振幅和相位平衡条件

$$R_L(f) = -R_D(f) \tag{6.3.7 a}$$

$$X_L(f) = -X_D(f) \tag{6.3.7 b}$$

可得，只要频率选定后，不难算出短路短截线的长度 l 和距离 d。

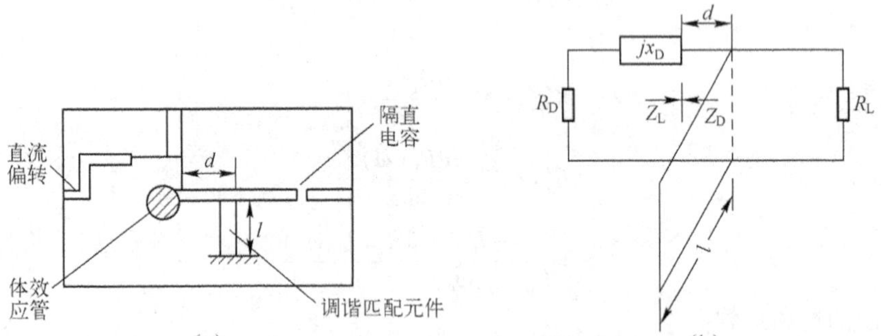

（a）　　（b）

图 6. 3. 4　负阻振荡器及等效电路

【**例 6–3**】设计如图 6. 3. 4 所示的调谐和匹配装置的体效应振荡器，其频率 f_0 为 10 GHz，测得体效应管的等效参数为 $Z_D = R_D + jX_D = -27.5 + j27.5\ \Omega$，并要求振荡器输出传输线、调谐和匹配用的开路线以及负载阻抗均为 50 Ω。

解：由式（6. 3. 4）平衡条件得到等效负载阻抗的归一化值

$$\overline{Z}_L = -\overline{Z}_D = -\frac{-27.5 + j27.5}{50} = 0.55 - j0.55$$

$$\overline{Y}_L = 0.9 + j0.9$$

利用导纳圆图不难求得短路线的长度 l 和接入位置 d，如图 6. 3. 5 所示。

由导纳圆图法得到两组解分别为

$$d=(0.5-0.30+0.015)\lambda_p=0.215\lambda_p$$

$$d'=(0.5-0.2+0.015)\lambda_p=0.315\lambda_p$$

$$l=(0.25+0.195)\lambda_p=0.445\lambda_p$$

$$l'=(0.305-0.25)\lambda_p=0.055\lambda_p$$

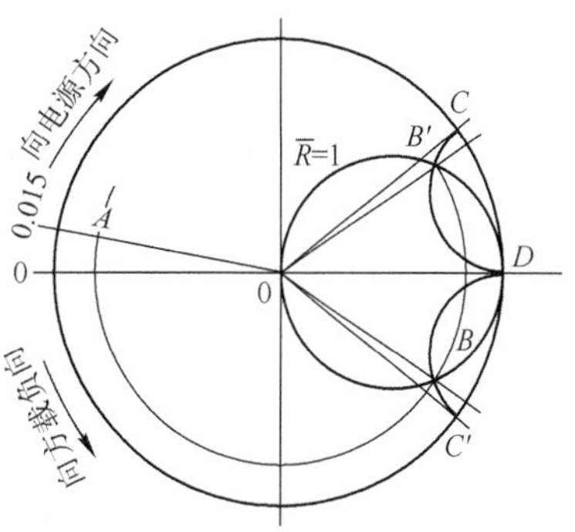

图 6.3.5　导纳圆图

若微带基片采用 $\varepsilon_r=9.6$，$h=0.8$ mm 的复合介质基片，则 50 Ω 微带线的导带宽度 $W=0.8$ mm，有效介电常数 $\varepsilon_{re}=6.45$。可求得频率为 10 GHz 的信号对应的微带波长 $\lambda_p=11.8$ mm。故两组解的几何长度为

$$\begin{cases}d=2.54\text{ mm}\\ l=5.25\text{ mm}\end{cases}\qquad \begin{cases}d'=3.72\text{ mm}\\ l'=\dfrac{\lambda_p}{2}+0.055\lambda_p=6.55\text{ mm}\end{cases}$$

6.3.3　微波晶体管振荡器的工作原理及其电路

微波晶体管振荡器因具有调频噪声低，频率稳定度较高，易于电调和锁相，且具有体积小、耗电少、效率高等优点，被广泛应用于通信、雷达以及测试系统中。

1. 微波晶体管振荡器的原理

与低频晶体管振荡器一样，微波晶体管振荡器可以看成具有再生反馈的放大器，如图 6.3.6 所示。和放大器的差别在于振荡器必须具有反馈网络，它的作用是将部分的输出信号以适当的电平及相位反馈到输入电路以维持振荡。振荡器的输出功率等于放大器的输出功率减去反馈到输入电路的功率及反馈网络所损耗的功率。反馈网络可以用外接元件，也可以利用晶体管内部的寄生元件，或用内外元件相结合来实现。虽然反馈网络的形式很多，但振荡器的基本形式仍然可归结为低频电路中常用的 3 种基本电路，分别如图 6.3.7（a）、（b）和（c）所示。由于微波段中心抽头的小电感很难实现，故在微波波段绝大多数采用图 6.3.7（a）、（c）所示的电路形式。而且在 S 波段上，不必外加反馈元件，即可维持振荡。

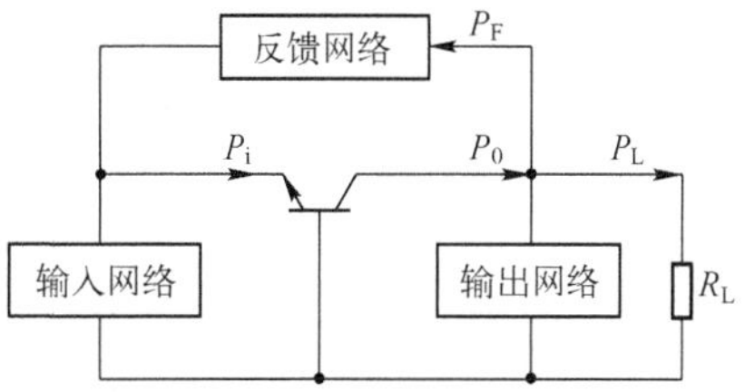

图 6.3.6　微波晶体管振荡器等效的再生反馈放大器

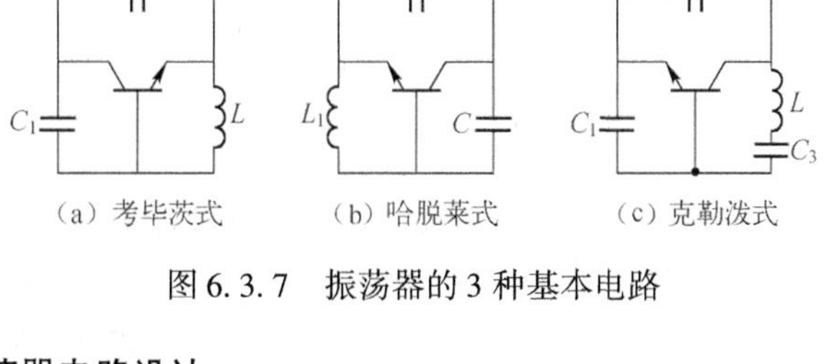

图 6.3.7　振荡器的 3 种基本电路

2. 微波晶体管振荡器电路设计

微波晶体管振荡器的设计要解决 2 个问题：一是选用合适的晶体管；二是设计振荡电路。

选用微波晶体管最重要的是两个参数：最高振荡频率 f_{max} 和最大可用功率增益 G_{max}。最高振荡频率 f_{max} 与晶体管的基极电阻 r_b、集电极电容 C_c 及增益带宽乘积 f_t 有如下关系：

$$f_{max} = \sqrt{\frac{f_t}{8\pi r_b C_c}} \tag{6.3.8}$$

式（6.3.8）中f_t决定于发射极至集电极的信号延迟时间τ_{ec}，即

$$f_t = \frac{1}{2\pi\tau_{ec}} \tag{6.3.9}$$

最大可用功率增益G_{max}的大小表征该晶体管可输出功率的大小，它与最高频率的关系为

$$G_{max} = \left(\frac{f_{max}}{f}\right)^2 = \frac{f_t}{8\pi f^2 r_b C_c} \tag{6.3.10}$$

式中：f为工作频率。

设计微波晶体管振荡器时，应挑选f_{max}和G_{max}大的晶体管，即挑选基极电阻r_b与集电极电容C_c小的晶体管。

利用S参数设计振荡器时，先将晶体管看作是一个二端口网络，测出它的散射参数（S参数），这样，当晶体管的一个端口接一个反馈元件Y_g后，余下端口的等效导纳Y_D（或阻抗Z_D）就可利用S参数换算成的导纳（或阻抗）矩阵参数来计算。根据图6.3.8可写出晶体管等效导纳Y_D的网络方程组为

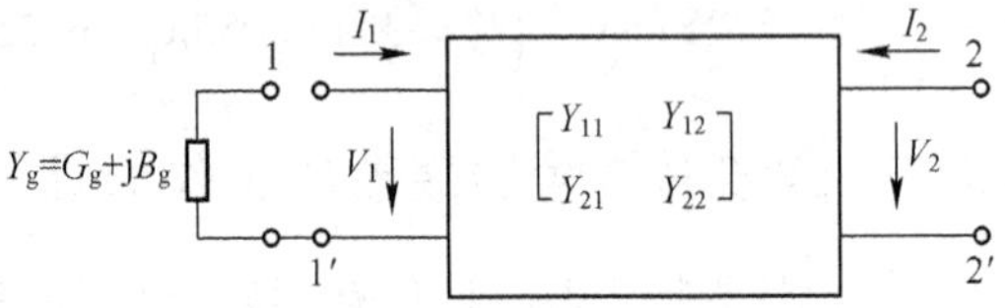

图6.3.8　晶体管等网络

$$\begin{cases} I_1 = Y_{11}V_1 + Y_{12}V_2 \\ I_2 = Y_{21}V_1 + Y_{22}V_2 \end{cases} \tag{6.3.11}$$

因为

$$I_1 = -Y_g V_1,\ I_2 = Y_D V_2$$

则联立以上方程组，可得等效导纳

$$Y_D = G_D + jB_D = \frac{I_2}{V_2} = Y_{22} - \frac{Y_{12}Y_{21}}{Y_{11} + Y_g} \tag{6.3.12}$$

式中：导纳参数可分别表示为

$$\begin{aligned} Y_{11} = G_{11} + jB_{11},\ Y_{12} = G_{12} + jB_{12} \\ Y_{21} = G_{21} + jB_{21},\ Y_{22} = G_{22} + jB_{22} \end{aligned} \tag{6.3.13}$$

因此

$$\begin{aligned} G_D = G_{22} - \mathrm{Re}\left[\frac{Y_{12}Y_{21}}{Y_{11} + Y_g}\right] \\ B_D = B_{22} - \mathrm{Im}\left[\frac{Y_{12}Y_{21}}{Y_{11} + Y_g}\right] \end{aligned} \tag{6.3.14}$$

式中：Re表示取实部；Im表示取虚部。在实际电路中，Y_g一般为纯电纳，即$Y_g = jB_g$。由式（6.3.13）和式（6.3.14）可以看出，当晶体管的Y参数已知时，G_D和B_D都是B_g的非线性函数。这里希望负电导G_D为最大值G_{Dmax}，因为G_D愈大，振荡愈强。将式（6.3.13）对B_g求导，并令该导数为零，即可求得B_g最佳值B_{gop}如下：

当$G_{11} > 0$时，则有

$$B_{gop} = -B_{11} + \frac{G_{11}\mathrm{Im}[Y_{12}Y_{21}]}{\mathrm{Re}[Y_{12}Y_{21}] + |Y_{12}Y_{21}|} \tag{6.3.15 a}$$

当$G_{11} < 0$时，则有

$$B_{gop}=-B_{11}-\frac{G_{11}\mathrm{Im}[Y_{12}Y_{21}]}{|Y_{12}Y_{21}|-\mathrm{Re}[Y_{12}Y_{21}]} \quad (6.3.15\ \mathrm{b})$$

将 B_g 的最佳值 B_{gop} 代入（6.3.13），即可得到相应的最大负电导 G_{Dmax} 值如下：

当 $G_{11}>0$ 时，有

$$G_{Dmax}=-\frac{|Y_{12}Y_{21}|+\mathrm{Re}[Y_{12}Y_{21}]}{2G_{11}}+G_{22} \quad (6.3.16\ \mathrm{a})$$

当 $G_{11}<0$ 时，有

$$G_{Dmax}=-\frac{|Y_{12}Y_{21}|-\mathrm{Re}(Y_{12}Y_{21})}{2G_{11}}+G_{22} \quad (6.3.16\ \mathrm{b})$$

为了求出能产生负电导的 B_g 范围，只要令式（6.3.13）为零即可，B_g 的范围为

$$-B_{11}+\frac{\mathrm{Im}[Y_{12}Y_{21}]}{2G_{22}}-\left[G_{11}-\frac{\mathrm{Re}[Y_{12}Y_{21}]}{2G_{22}}\right]\sqrt{C^2-1}<B_g<-B_{11}+\frac{\mathrm{Im}[Y_{12}Y_{21}]}{2G_{22}}+\left[G_{11}-\frac{\mathrm{Re}[Y_{12}Y_{21}]}{2G_{22}}\right]\sqrt{C^2-1} \quad (6.3.17)$$

式中：C 为稳定因子，是稳定系数 K 的倒数，它与晶体管等效网络的 Y 参数的关系为

$$C=\frac{|Y_{12}Y_{21}|}{2\mathrm{Re}[Y_{11}]\mathrm{Re}[Y_{22}]-\mathrm{Re}[Y_{12}Y_{21}]} \quad (6.3.18)$$

由式（6.3.17）可以看出，只有当稳定因子 C 满足下列条件，即

$$C>1\ 或\ C<0 \quad (6.3.19)$$

B_g 才有意义，晶体管等效导纳才可能出现负电导，即晶体管才可能振荡。

综上所述，用 S 参数设计微波晶体管振荡器的大致步骤如下：

（1）选择 f_t 高和 r_b、C_c 小的晶体管，这样可以保证晶体管的最高振荡频率 f_{max} 高和最大可用增益 G_{max} 大。

（2）在工作频率及一定的偏压条件下，测量晶体管等效二端口网络的 S 参数，并利用 S 参数与 Y 参数（或 Z 参数）的转换公式求出 Y 参数（或 Z 参数）。

（3）按式（6.3.18）求出稳定因子 C，并判别它是否满足 $C>1$ 或 $C<0$。若不满足，则可以通过外部反馈去改变等效网络参数，以使 $C>1$ 或 $C<0$。

（4）按式（6.3.15）求得晶体管等效网络的端接电纳 B_g 的最佳值 B_{gop}，并按式（6.3.17）算出出现负电导的 B_g 范围。

（5）按式（6.3.16）求出最佳端接电纳 B_{gop} 值对应的输出端的最大负电导 G_{Dmax} 值。

（6）根据振荡器的振幅平衡及相位平衡条件，选取负载导纳，即满足

$$G_L<-G_D,\quad B_L+B_D=0$$

（7）根据选用电路形式，计算电路尺寸。

【例 6-4】 要求设计一个微带结构的频率为 1400 MHz 的晶体管振荡器。

解：

（1）选用晶体管的 $f_t=1200$ MHz，电路采用共发射极形式。在 1400 MHz 的频率上，并把晶体管的基极作为输入端、集电极作为输出端口时，在 15 V 和 80 mA 的偏压条件下测得晶体管的 S 参数为

$$S_{11}=0.794\angle 108^\circ \qquad S_{12}=0.212\angle 33^\circ$$
$$S_{21}=0.735\angle -20^\circ \qquad S_{12}=0.511\angle -146^\circ$$

（2）利用转换公式，算出晶体管导纳参数

$$Y_{11}=13.18-j35.17\text{ mS}\qquad Y_{12}=-15.55-j3.50\text{ mS}$$

$$Y_{21}=-42.08+j35.68\text{ mS}\qquad Y_{22}=52.89+j33.56\text{ mS}$$

（3）按式（6.3.18）计算稳定因子 $C=1.43>1$，表明晶体管可能产生负阻。

（4）按式（6.3.15）和式（6.3.16）分别算出最佳 B_g 和最大的 G_D，即 $B_{gop}=31.93$ mS，$G_{Dmax}=-10.02$ mS。

（5）按式（6.3.17）算出能使晶体管产生负电导的 B_g 范围

$$25.38<B_g<37.26\text{ mS}$$

（6）为了使振荡器输出功率最大，故取 $G_D=-10.02$ mS，$B_g=31.93$ mS。按式（6.3.14）可算出相应的 $B_D=50$ mS，即得晶体管的等效导纳 $Y_D=-10.02+j50$ mS。

（7）按振荡器的振幅平衡条件及相位平衡条件得到负载导纳为 $Y_L=10.02-j50$ mS。

（8）若选用微带线的基片厚度为 1 mm，相对介电常数 $\varepsilon_r=9.6$，则 50 Ω 的微带线的中心导带宽度 $W\approx1$ mm，$\sqrt{\varepsilon_{re}}=2.54$。对应 $f=1400$ Mz 的微带波长为

$$\lambda_p=8.44\text{ cm}$$

（9）因 $B_g=31.93$ mS 为容性电纳，可采用长度 $l_1=0.161\lambda_p$，$\lambda_p=1.36$ cm，特性阻抗 Z_0 为 50 Ω，终端开路的微带线来实现。

（10）输出网络目的是把 $Y_L=10.02-j50$ mS 与 50 Ω（20 mS）输出线相匹配。利用圆图可算出两组解，它们分别为 $l_2=0.017\lambda_p=1.43$ mm，$l_3=0.205\lambda_p=17.3$ mm 或 $l_2'=0.102\lambda_p=8.6$ mm，$l_3'=0.295\lambda_p=24.9$ mm。

晶体管振荡器的高频电路如图 6.3.9 所示。

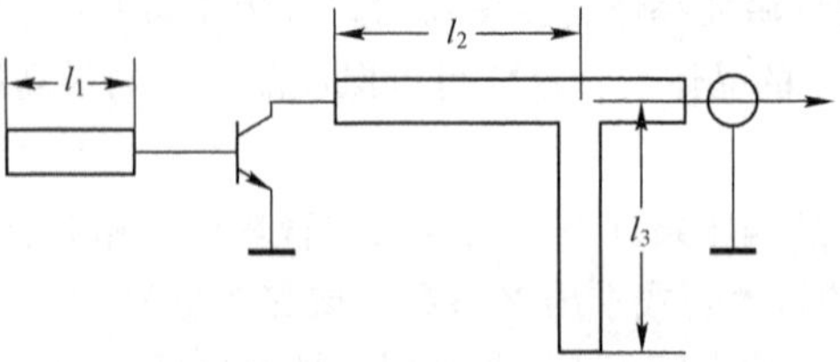

图 6.3.9　晶体管振荡器的高频电路

小　　结

1. 微波晶体管放大器的重要指标是噪声系数和功率增益。噪声的来源主要是晶体管本身及其输入、输出端的外接电路，尽可能选用基极电阻小、特征频率高和放大系数高的晶体管。因微波晶体管放大器的源阻抗和负载阻抗不同，所得到的功率增益也不同，通常有实际功率增益 G、转换功率增益 G_1 和资用功率增益 G_a 三种。对同一个放大器有 $G>G_T$ 和 $G_a>G_T$ 的关系，而当放大器的输入和输出端同时实现共轭匹配时，有 $G=G_a=G_T$，且 G_T 最大。

2. 放大器绝对稳定工作的充分必要条件为

$$\begin{cases}1-|S_{11}|^2>|S_{12}S_{21}|\\1-|S_{22}|^2>|S_{12}S_{21}|\\K=\dfrac{1-|S_{11}|^2-|S_{22}|^2+|\Delta|^2}{2|S_{12}S_{21}|}>1\end{cases}$$

3. 晶体管放大器设计要点

(1) 当频率低于6 GHz 时，采用双极晶体管；高于6 GHz 时，采用场效应晶体管，并尽可能选用特征频率 f_T 高、噪声系数 F 小的晶体管。

(2) 常采用共发射极或者共源极的微带电路。

(3) 输入和输出匹配网络常采用图解法，也可采用计算机辅助分析法。

4. 晶体管放大器的设计方法：按 S_{21} 的大小及稳定度可分为绝对条件下的单向化设计、非单向化双共轭匹配设计和潜在不稳定条件下的设计等三种微波晶体管放大器的设计方法。

5. 微波混频器主要是由非线性元件和滤波器组成，前者用来产生新的频率分量，后者是用来选出所需的频率分量。上变频的工作电平较高（一般在 −20 dB 左右），为了提高混频器输出功率，一般采用变容二极管，故称发信混频为电抗混频；在收信混频器中，一般采用点接触二极管、肖特基表面势垒二极管和反向二极管等，它们都是变阻二极管，故称收信混频为电阻混频。

6. 混频器的基本电路大致可分为3类：单端混频器、平衡混频器和双平衡混频器。任何一种混频器都由4个部分组成：功率混合电路、阻抗变换电路、低通滤波器和偏置电路。

7. 微波固态振荡器从振荡原理上来分有负阻型振荡器和反馈型振荡器两种类型，但它们产生振荡的机理是相同的，都归结为具有非线性的负阻特性，所不同的是前者在一定的直流偏压下晶体管本身具有负阻特性，后者微波晶体管必须和反馈电路结合在一起时才具有负阻特性。

8. 用 S 参数设计微波晶体管振荡器的大致步骤为：

(1) 选择 f_t 高、r_b 和 C_c 小的晶体管，由式（6.3.8）和式（6.3.10），这样可以保证晶体管的最高振荡频率 f_{max} 高和最大可用增益 G_{max} 大。

(2) 在工作频率和一定的偏压条件下，测量晶体管等效二端口网络的 S 参数，并利用 S 参数与 Y 参数（或 Z 参数）的转换公式求出 Y 参数（或 Z 参数）。

(3) 按式（6.3.18）求出稳定因子 C，并判别它是否满足 $C>1$ 或 $C<0$。若不满足可以通过外部反馈去改变等效网络参数，以使 $C>1$ 或 $C<0$。

(4) 按式（6.3.15）求得晶体管等效网络的端接电纳 B_g 的最佳值 B_{gop}，并按式（6.3.17）算出出现负电导的 B_g 范围。

(5) 按式（6.3.16）求出最佳端接电纳 B_{gop} 值对应的输出端的最大负电导 G_{Dmax} 值。

(6) 根据振荡器的振幅平衡条件和相位平衡条件，选取负载导纳，即满足

$$G_L < -G_D, \quad B_L + B_D = 0$$

(7) 根据选用电路形式，计算电路尺寸。

习　题

6.1　已知某微波晶体管的 $S_{11}=0.2\angle 90°$　$S_{22}=0.7\angle -45°$，当该晶体管接在50 Ω 系统中时，试求

(1) 信号源反射系数 Γ_S 和负载反射系数 Γ_L；

(2) 晶体管等效网络的输入和输出阻抗。

6.2　已知某微波晶体管放大器在50Ω 系统中测得的 $S_{12}\approx 0$，转换功率 $G_T=4$。

(1) 求 $Z_1=Z_2=300\angle 0°$时的 S_{11}、S_{22}，并判断其稳定性；

(2) 求微波晶体管输入和输出端同时共轭匹配时的单向转换功率增益；

(3) 如果 $Z_1=Z_2=300\angle 180°$时，那么该放大器的稳定性又如何变化？

6.3　试比较单端和平衡混频器的优缺点。

6.4　试设计微带型平衡混频器。要求：信号频率范围为 2 ～ 2.20 GHz，中频频率 f_1 = 30 MHz，噪声系数小于 8 dB。（微带基片 h = 1 mm，ε_τ = 9.6）

6.5　何谓振荡器的工作点？如何判别工作点稳定与否？

6.6　负阻振荡器的振荡条件是什么？

6.7　说明题 6.7 用图所示的电路中两二极管上信号的本振电压和相位关系，并求其输出电流频谱及中频输出电流。

6.8　试证明环形器平衡混频器能抵消本振引入的噪声。

6.9　如题 6.9 用图所示的并联型差频变频器，设 $f_s > f_p$，$f_1 = f_s - f_p$，试问：

（1）此系统能否构成负阻反射型参量放大器？

（2）此系统是否绝对稳定？

（3）此系统是否有功率增益？

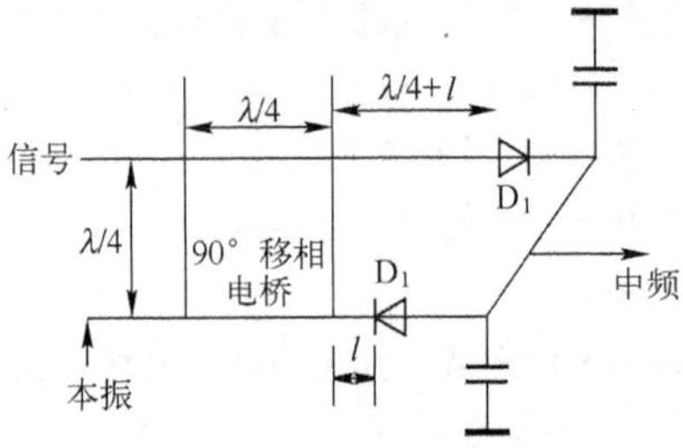

题 6.7 用图

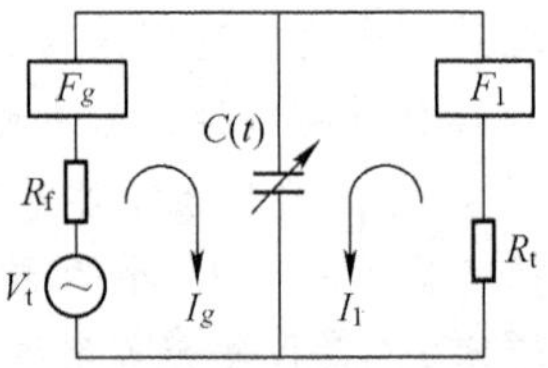

题 6.9 用图

6.10　如题 6.10 用图所示的三种参量放大器的结构图，试根据这些结构图分别绘出其等效电路。

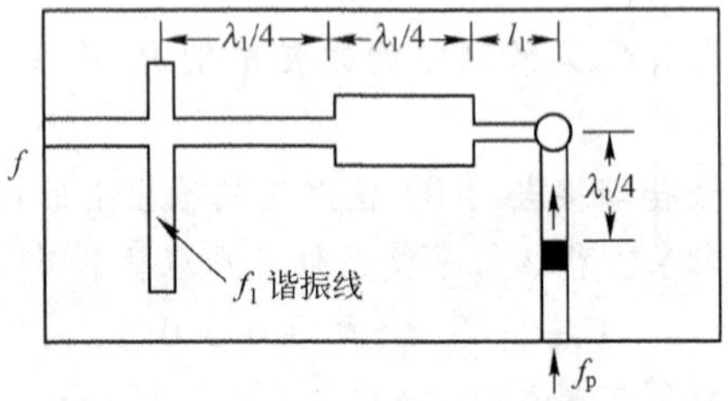

（a）微带参量放大器

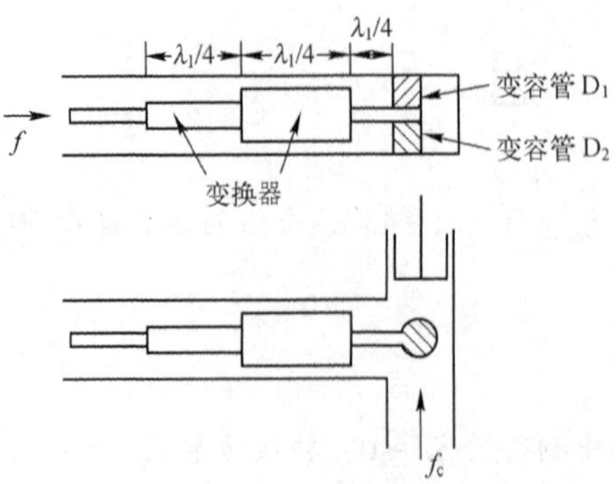

（b）腔体平衡参量放大器

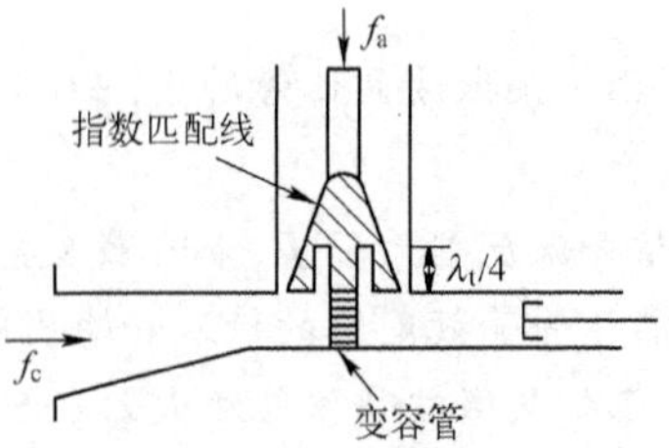

（c）腔体参量放大器

题 6.10 用图

6.11　如题6.11用图所示的一参量放大器等效电路，试根据此等效电路，画出其可能的微带和腔体参量放大器结构图各一例。

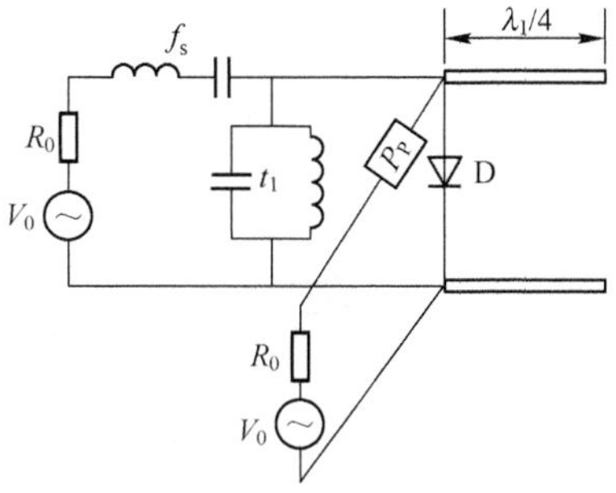

题6.11用图

第7章 天　线

本章结构

本章首先概述了天线的基本功能及天线在无线通信系统中的应用，然后重点分析了基本振子天线辐射场的特性，得出天线的基本电参数、接收天线特性及天线的收发互易性定理，并重点分析了对称振子天线、二元阵和均匀直线阵的辐射场，对常用线天线、面天线的原理及特性也进行了分析和介绍，最后分析了实际电波的传播特性。

7.1 引　言

无线电广播、通信、遥测、遥控以及导航等无线电系统都是利用无线电波来传递信号的，而无线电波的发射和接收都通过天线来完成。因此，天线设备是无线电系统中重要的组成部分。图7.1.1和图7.1.2给出了天线设备在两种典型的无线电系统中的地位，其中图7.1.1为无线电通信系统的基本方框图。图7.1.1中发射机产生的高频振荡能量经馈线后由发射天线变为电磁波能量，并向预定方向辐射，通过媒质传播到达接收天线附近；接收天线将接收到的电磁波能量变为高频振荡能量送入接收机，完成天线电波传输的全过程。

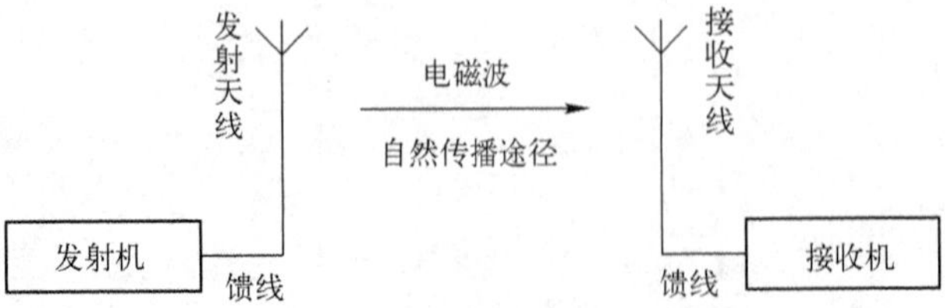

图7.1.1　无线电通信系统基本框图

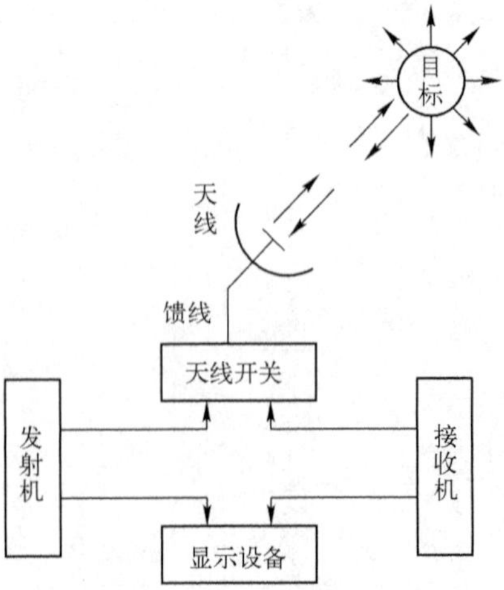

图7.1.2　无线电定位系统基本框图

图 7.1.2 为无线电定位系统的基本方框图，发射天线和接收天线常合用一副天线。利用天线开关的转换作用，分别接入发射机和接收机。当天线与发射机接通时，此天线作发射天线用，当天线与接收机接通时，此天线作接收天线用。(具体工作原理参见本章 7.2 节)

可见天线设备是将高频振荡能量和电磁波能量进行可逆转换的设备，是一种“换能器”。天线设备在完成能量转换的过程中，带有方向性，即对空间不同方向的辐射或接收效果并不一致，有空间方向响应的问题。其次天线设备作为一个单口元件，在输入端口面上常体现为一个阻抗元件或等值阻抗元件，与相连接的馈线或电路有阻抗匹配的问题。天线的辐射场分布或接收来波的场效应以及与接收机、发射机最佳的匹配，就是天线工程最关心的问题。本章侧重讨论天线的辐射场空间分布问题。

7.2　天线基本理论

本节概述了天线的主要应用和基本功能，通过分析基本振子的辐射得出天线辐射场的一般规律，分析了描述天线特性的主要电参数，最后介绍了接收天线的一般理论。

7.2.1　概论

通信的目的是传递信息，根据传递信息的途径不同，可将通信系统大致分为两大类：一类是在相互联系的网络中用各种传输线来传递信息，即所谓的有线通信，如电话、计算机局域网等有线通信系统；另一类是依靠电磁辐射通过无线电波来传递信息，即所谓的无线通信，如电视、广播、雷达、导航、卫星等无线通信系统。在如图 7.1.1 所示的无线通信系统中，需要将来自发射机的导波能量转换为无线电波，或者将无线电波转换为导波能量，这种用来发射和接收无线电波的装置称为天线。

发射机所产生的已调制的高频电流能量（或导波能量）经馈线传输到发射天线，通过发射天线将其转换为某种极化的电磁波能量，并向所需方向辐射出去。到达接收点后，接收天线将来自空间特定方向的某种极化的电磁波能量又转换为已调制的高频电流能量，经馈线输送至接收机输入端。天线作为无线电通信系统中一个必不可少的重要设备，它的选择与设计是否合理，对整个无线电通信系统的性能有很大的影响，若天线设计不当，就可能导致整个系统不能正常工作。

综上所述，天线应有以下功能：

① 天线应尽可能高效地完成导波能量与电磁波能量的相互转换。这首先要求天线是一个良好的电磁开放系统，其次要求天线与发射机或接收机匹配。

② 天线应使电磁波尽可能集中于确定的方向上，或对确定方向的来波最大限度的接收，即天线具有方向性。

③ 天线应能发射或接收规定极化的电磁波，即天线有适当的极化。

④ 天线应有足够的工作频带。

以上 4 点是天线最基本的功能，据此可定义若干参数作为设计和评价天线的依据。通信的飞速发展对天线提出了许多新的要求，天线的功能也不断有新的突破；除了完成高频能量的转换外，还要求天线系统对传递的信息进行一定的加工和处理，如信号处理天线、单脉冲天线、自适应天线和智能天线等。特别是自 1997 年以来，第三代移动通信技术逐渐成为国内外移动通信领域的研究热点，并迅速催生了第四代移动通信技术，而智能天线正是第三代、第四代移动通信系统的关键技术之一。

天线的种类很多，按用途可将天线分为通信天线、广播电视天线、雷达天线等；按工作波长，可将天线分为长波天线、中波天线、短波天线、超短波天线和微波天线等；按辐射元的类型可将天线分为线天线和面天线。所谓线天线是由半径远小于波长的金属导线构成，主要用于长波、中波和短波波段；面天线是由尺寸大于波长的金属或介质面构成的，主要用于微波波段，超短波波段则两者兼用。

把天线和发射机或接收机连接起来的传输线称为馈线。馈线的形式（随频率的不同）可分为双导线传输线、同轴线传输线、波导或微带线等。由于馈线和天线的联系十分紧密，有时把天线和馈线看成是一个部件，统称为天线馈线系统，简称天馈系统。

7.2.2 基本振子的辐射

基本振子可以认为是辐射电磁波的最小单元，它是均成线天线的基本组成部分，任意线天线均可看成是由一系列基本振子构成的。下面首先介绍电基本振子的辐射特性，再由电与磁的对偶性原理，分析磁基本振子的辐射特性。

1. 电基本振子

电基本振子是一段长度 l 远小于波长，电流振幅均匀分布、相位相同的直线电流元（电流 $i(t)=I\cos\omega t$）。在电磁场理论中，已给出了在球坐标原点 O 沿 z 轴放置的电基本振子（如图 7.2.1所示）在周围空间产生的电磁场为

$$\begin{cases} E_r=\dfrac{Il}{4\pi}\cdot\dfrac{2}{\omega\varepsilon_0}\cos\theta\left(\dfrac{-\mathrm{j}}{r^3}+\dfrac{k}{r^2}\right)\mathrm{e}^{-\mathrm{j}kr} \\ E_\theta=\dfrac{Il}{4\pi}\cdot\dfrac{1}{\omega\varepsilon_0}\sin\theta\left(\dfrac{-\mathrm{j}}{r^3}+\dfrac{k}{r^2}+\dfrac{\mathrm{j}k^2}{r}\right)\mathrm{e}^{-\mathrm{j}kr} \\ E_\varphi=0 \\ H_r=0 \\ H_\theta=0 \\ H_\varphi=\dfrac{Il}{4\pi}\sin\theta\left(\dfrac{1}{r^2}+\dfrac{\mathrm{j}k}{r}\right)\mathrm{e}^{-\mathrm{j}kr} \end{cases} \tag{7.2.1}$$

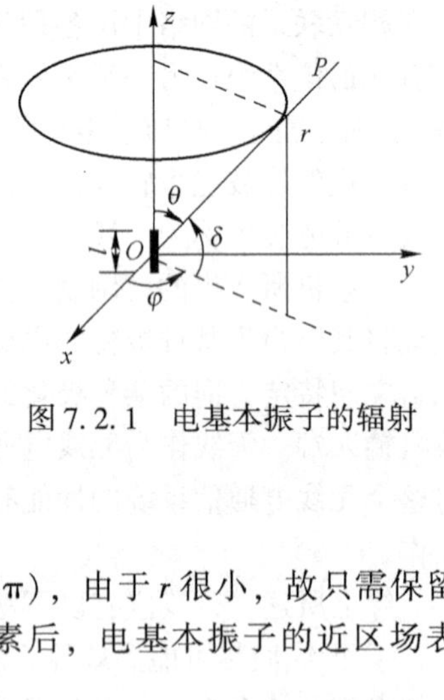

图 7.2.1 电基本振子的辐射

式中：$k=\omega\sqrt{\mu\varepsilon}$ 是媒质中电磁波的波数。

下面介绍电基本振子的电磁场特性。

(1) 近区场。在靠近电基本振子的区域（$kr\ll 1$ 即 $r\ll\lambda/2\pi$），由于 r 很小，故只需保留式（7.2.1）中的 $1/r$ 的高次项，并注意 $\mathrm{e}^{-\mathrm{j}kr}\approx 1$，考虑上述因素后，电基本振子的近区场表达式为

$$\begin{cases} E_r=-\mathrm{j}\dfrac{Il}{4\pi r^3}\cdot\dfrac{2}{\omega\ \varepsilon_0}\cos\theta \\ E_\theta=-j\dfrac{Il}{4\pi r^3}\cdot\dfrac{1}{\omega\ \varepsilon_0}\sin\theta \\ H_\varphi=\dfrac{Il}{4\pi r^2}\sin\theta \end{cases} \tag{7.2.2}$$

对式（7.2.2）进行分析可知：

① 在近区，电场 E_θ 和 E_r 与静电场中的电偶极子的电场相似，磁场 H_φ 和恒定电流场中的电流元的磁场相似，所以近区场称为准静态场。

② 由于场强与 $1/r$ 的高次方成正比，所以近区场随距离的增大而迅速减小，即离天线较远

时，可认为近区场近似为零。

③ 电场与磁场相位相差90°，说明坡印廷矢量为虚数，也就是说，电磁能量在场源和场点之间来回振荡，没有能量向外辐射，所以近区场又称为感应场。

（2）远区场。实际上，收、发两端之间的距离一般是相当远的（$kr \gg 1$，即 $r \gg \lambda/2\pi$），在这种情况下，式（7.2.1）中的 $1/r^2$ 和 $1/r^3$ 项比起 $1/r$ 项而言，可忽略不计，于是电基本振子的电磁场表示式简化为

$$\begin{cases} E_\theta = \mathrm{j}\dfrac{k^2 Il}{4\pi\omega\ \varepsilon_0 r}\sin\ \theta \mathrm{e}^{-\mathrm{j}kr} \\ H_\varphi = \mathrm{j}\dfrac{kIl}{4\pi r}\sin\ \theta \mathrm{e}^{-\mathrm{j}kr} \end{cases} \tag{7.2.3}$$

式中：

$$\begin{cases} k = \omega\ \sqrt{\varepsilon_0\mu_0}\ (\text{rad/m}) \text{ 称为真空（或空气）中的电磁波的波数；} \\ \omega = 2\pi f = 2\pi c/\lambda\ (\text{rad}) \text{ 为电磁波的角频率；} \\ \varepsilon_0 = \dfrac{1}{36\pi}\times 10^{-9}\ (\text{F/m}) \text{ 为真空（或空气）中介质的介电常数；} \\ \mu_0 = 4\pi\times 10^{-7}\ (\text{H/m}) \text{ 为真空（或空气）中介质的磁导率；} \\ \eta = \sqrt{\dfrac{\mu_0}{\varepsilon_0}} = 120\pi\ (\Omega) \text{ 为真空（或空气）中介质的电磁波的波阻抗。} \end{cases} \tag{7.2.4}$$

将式（7.2.4）代入式（7.2.3）得电基本振子的远区场为

$$\begin{cases} E_\theta = \mathrm{j}\dfrac{60\pi Il}{r\lambda}\sin\ \theta\ \mathrm{e}^{-\mathrm{j}kr} \\ H_\varphi = \mathrm{j}\dfrac{Il}{2r\lambda}\sin\ \theta\ \mathrm{e}^{-\mathrm{j}kr} \end{cases} \tag{7.2.5}$$

对式（7.2.5）进行分析可知：

① 在远区，电基本振子的场只有 E_θ 和 H_φ 两个分量，它们在空间上相互垂直，在时间上同相位，所以其坡印廷矢量 $S = \dfrac{1}{2}E\times H^*$ 是实数，且指向 r 方向。这说明电基本振子的远区场是一个沿着径向向外传播的横电磁波，所以远区场又称辐射场。

② $E_\theta/H_\varphi = \eta = \sqrt{\mu_0/\varepsilon_0} = 120\pi\ (\Omega)$ 是一常数，即等于空气中电磁波的波阻抗，因而远区场具有与平面波相同的特性。

③ 辐射场的强度与距离成反比，随着距离的增大，辐射场减小。这是因为辐射场是以近似球面波的形式向外扩散的，当距离增大时，辐射能量分布到了更大的球面面积上。

④ 在不同的方向上，辐射强度是不相等的。这说明电基本振子的辐射是有方向性的。

2. 磁基本振子的场

在讨论了电基本振子的辐射情况后，现在再来讨论一下磁基本振子的辐射。

在稳态电磁场中，静止的电荷产生电场、恒定的电流产生磁场。那么，是否有静止的磁荷产生磁场，恒定的磁流产生电场呢？迄今为止还不能在自然界中找到孤立的磁荷和磁流存在，但是，如果引入这种假想的磁荷和磁流的概念，可将一部分原来由电荷和电流产生的电磁场用能够产生同样电磁场的磁荷和磁流来取代，即将“电源”换成等效的“磁源”，这样就可以大大简化计算工作。这种特性既可以适用于稳态场，也可以适用于时变场。

这里给出电磁对偶性关系

$$\begin{cases} Q_e \Leftrightarrow Q_m \\ I_e \Leftrightarrow I_m \\ \varepsilon_0 \Leftrightarrow \mu_0 \\ \boldsymbol{E}_e \Leftrightarrow \boldsymbol{H}_m \\ \boldsymbol{H}_e \Leftrightarrow -\boldsymbol{E}_m \end{cases}$$

式中，下标 e 和 m 分别对应电源和磁源。

磁基本振子是一段长度 l 远小于波长，磁流振幅均匀分布、相位相同的直线磁流元（磁流 $i_m(t)=I_m i_m(t)=I_m\cos\omega t$），其放置位置同图 7.2.1 所示的电基本振子。

利用电磁对偶关系进行相应替换，即可由电基本振子的辐射场很快得出磁基本振子的辐射场，在实际使用中，小电流环的辐射场与磁偶极子的辐射场相同，常采用小电流环等效磁基本振子。

磁基本振子是一个半径为 b 的细线小环，且小环的周长满足 $2\pi b \ll \lambda$，如图 7.2.2 所示。假设其上有电流 $i(t)=I\cos\omega t$，由电磁场理论知，其磁偶极矩矢量为

$$\boldsymbol{p}_m=\boldsymbol{a}_z I\pi b^2=\boldsymbol{a}_z p_m \quad (\mathrm{Am}^2) \tag{7.2.6}$$

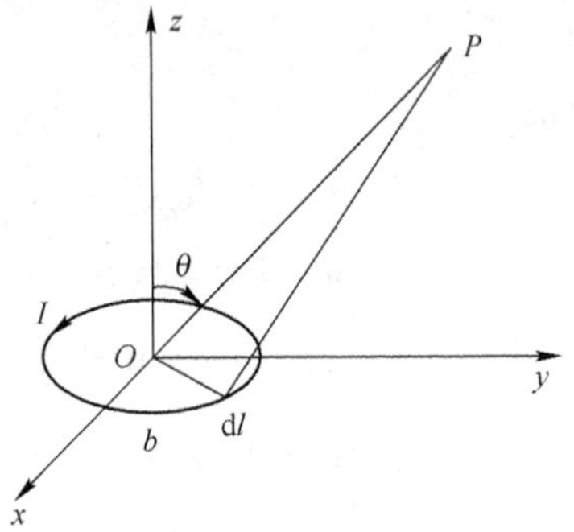

图 7.2.2　磁基本振子的辐射

根据电与磁的对偶性原理，只要将电基本振子场的表达式（7.2.1）中的 E 换为 H，H 换为 $-E$，ε_0 换成 μ_0，将 Il 换成 $I_m l=\mathrm{j}\omega\mu_0 p_m$，就可以得到沿 z 轴放置的磁基本振子的场，即

$$\begin{aligned} &E_r=E_\theta=H_\varphi=0 \\ &E_\varphi=-\mathrm{j}\frac{\omega\mu_0 p_m}{4\pi}\sin\theta\left(\frac{\mathrm{j}k}{r}+\frac{1}{r^2}\right)\mathrm{e}^{-\mathrm{j}kr} \\ &H_r=\mathrm{j}\frac{p_m}{2\pi}\cos\theta\left(\frac{k}{r^2}-\mathrm{j}\frac{1}{r^3}\right)\mathrm{e}^{-\mathrm{j}kr} \\ &H_\theta=\mathrm{j}\frac{p_m}{4\pi}\sin\theta\left(\mathrm{j}\frac{k^2}{r}+\frac{k}{r^2}-\mathrm{j}\frac{1}{r^3}\right)\mathrm{e}^{-\mathrm{j}kr} \end{aligned} \tag{7.2.7}$$

式中：$k=\omega\sqrt{\mu_0\varepsilon_0}=\dfrac{2\pi}{\lambda}$；$\eta=\sqrt{\dfrac{\mu_0}{\varepsilon_0}}$。

对于远场区做与电基本振子相同的近似，得磁基本振子的远场区辐射场的表达式

$$\begin{cases} E_\varphi=\dfrac{\omega\mu_0 p_m}{2r\lambda}\sin\theta\mathrm{e}^{-\mathrm{j}kr} \\ H_\theta=-\dfrac{1}{\eta}\dfrac{\omega\mu_0 p_m}{2r\lambda}\sin\theta\mathrm{e}^{-\mathrm{j}kr} \end{cases} \tag{7.2.8}$$

其辐射场的特性与电基本振子相似，这里不再赘述。

7.2.3　天线的电参数

1. 方向函数

由电基本振子的分析可知，天线辐射出去的电磁波虽然接近球面波，但却不是均匀球面波。因此，任何一个天线的辐射场都具有方向性。所谓方向性，就是在相同距离的条件下天线辐射场的相对值与空间方向（子午角 θ、方位角 φ）的关系，如图 7.2.3 所示。

这里引入归一化方向函数 $F(\theta,\varphi)$ 来表示天线的方向随 θ、φ 的关系，因此，方向函数可定义为

$$F(\theta,\varphi)=\frac{|E(\theta,\varphi)|}{|E_{\max}|} \tag{7.2.9}$$

结合式（7.2.5）或式（7.2.8）可得，基本振子天线的方向函数为 $F(\theta,\varphi)=|\sin\theta|$。

为了分析和对比方便，这里定义理想点源是无方向性天线，它在各个方向上、相同距离处产生的辐射场的大小是相等的，因此，它的归一化方向函数为：$F(\theta,\varphi)=1$。

2. 天线方向图及其有关参数

所谓天线方向图，是指在离天线一定距离处，辐射场的相对场强（归一化方向函数）随方向变化的曲线图，通常采用通过天线最大辐射方向上的两个相互垂直的平面方向图来表示。

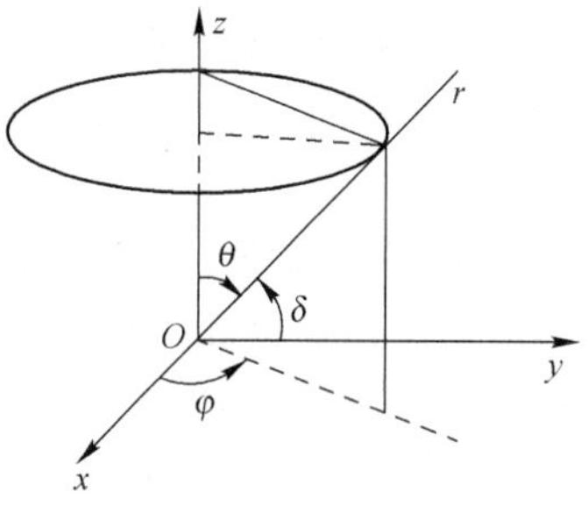

图 7.2.3　坐标参考图

（1）在地面上架设的线天线一般采用水平面和铅垂面两个相互垂直的平面来表示其方向图。

① 水平面：当仰角 δ 及距离 r 为常数时，电场强度随方位角 φ 的变化曲线如图 7.2.3 所示。

② 铅垂面：当 φ 及 r 为常数时，电场强度随仰角 δ 的变化曲线如图 7.2.3 所示。

（2）超高频天线，通常采用与场矢量相平行的两个平面来表示。

① E 平面：所谓 E 平面，就是电场矢量所在的平面。对于沿 z 轴放置的电基本振子而言，子午平面是 E 平面，即研究随着 θ 角的变化图像（φ = 常数）。

② H 平面：所谓 H 平面，就是磁场矢量所在的平面。对于沿 z 轴放置的电基本振子，赤道平面是 H 面，即研究随着 φ 角的变化图像（θ = 常数）。

【例 7－1】 画出沿 z 轴放置的电基本振子的 E 平面和 H 平面方向图。

解： ① E 平面方向图：在给定 r 处，E_θ 与 φ 无关；E_θ 的归一化场强值为 $|E_\theta|=|\sin\theta|$，也是电基本振子的 E 平面方向图函数，其 E 平面方向图如图 7.2.4（a）所示。

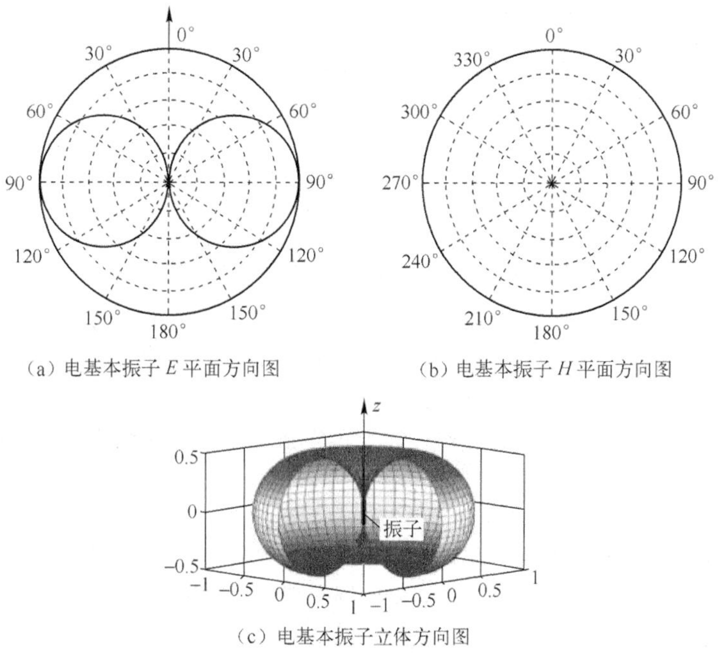

（a）电基本振子 E 平面方向图　（b）电基本振子 H 平面方向图

（c）电基本振子立体方向图

图 7.2.4　E 平面方向图

② H 平面方向图：在给定 r 处，对于 $\theta=\pi/2$，E_θ 的归一化场强值为 $|\sin\theta|=1$，也即方向函数 $F(\theta,\varphi)=1$，所以 H 平面方向图与 φ 无关。因而 H 平面方向图为一个圆，其圆心位于沿 z 方向的振子轴上，且半径为1，如图 7.2.4（b）所示。

将 E 面和 H 面的方向图画在三维坐标系中，即得天线辐射场的立体方向图，电基本振子的立体方向图如 7.2.4（c）所示。

但实际天线的方向图一般要比图 7.2.4 所示的方向图复杂，如图 7.2.5 所示。这是在极坐标中 E_θ 的归一化模值随空间方位角的变化曲线，通常有一个主要的最大值和若干个次要的最大值。头两个零值之间的最大辐射区域是主瓣（或称主波束），其他次要的最大值区域都是旁瓣（或称边瓣、副瓣）。

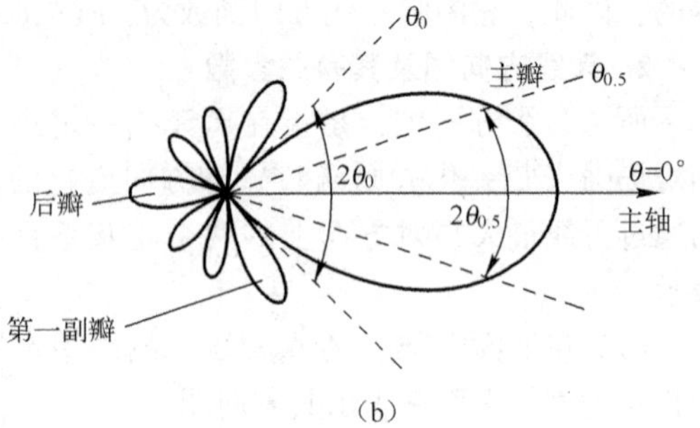

图 7.2.5　实际天线的方向图

3. 天线的方向图参数

（1）主瓣宽度

主瓣宽度是衡量天线的最大辐射区域的尖锐程度的物理量。通常它取方向图中主瓣的两个半功率点之间的宽度，在场强方向图中，等于最大场强 $1/\sqrt{2}$ 的两点之间的宽度，称为半功率波瓣宽度，一般用 $2\theta_{0.5}$ 表示；有时也将头两个零点之间的角宽作为主瓣宽度，称为零功率波瓣宽度，一般用 $2\theta_0$ 表示。如图 7.2.5 所示。

（2）旁瓣电平

旁瓣电平是指离主瓣最近且电平最高的第一旁瓣电平，一般以分贝表示。即

$$\mathrm{SLL}=10\lg\frac{S_{\mathrm{av,max2}}}{S_{\mathrm{av,max}}}(\mathrm{dB})=20\lg\frac{E_{\mathrm{max2}}}{E_{\mathrm{max}}}(\mathrm{dB}) \tag{7.2.10}$$

式（7.2.10）中，$S_{\mathrm{av,max2}}$ 和 $S_{\mathrm{av,max}}$ 分别为最大副瓣和主瓣的功率密度最大值；E_{max2} 和 E_{max} 分别为最大副瓣和主瓣的场强最大值。

方向图的旁瓣区是不需要辐射的区域，所以其电平应尽可能的低，且天线方向图中离主瓣越远的旁瓣的电平越低。第一旁瓣电平的高低，在某种意义上反映了天线方向性的好坏。另外，在天线的实际应用中，旁瓣的位置也很重要。

（3）前后比

前后比是指最大辐射方向（前向）电平与其相反方向（后向）电平之比，通常也是以分贝为单位，即

$$\mathrm{BF}=10\lg\frac{S_{\mathrm{av,max}}}{S_{\mathrm{av,back}}}(\mathrm{dB})=20\lg\frac{E_{\mathrm{max2}}}{E_{\mathrm{back}}}(\mathrm{dB}) \tag{7.2.11}$$

方向图参数虽能在一定程度上反映天线的定向辐射状态，但由于这些参数未能反映辐射在全空间的总效果，因此都不能单独体现天线集束能量的能力。例如，旁瓣电平较低的天线并不表明集束能力强，而旁瓣电平小也并不意味着天线方向性必然好。

为了更精确地比较不同天线的方向性，需要再定义一个表示天线集束能量的电参数，这就是方向系数。

（4）方向系数

方向系数定义为：在离天线某一距离处，天线在最大辐射方向上的辐射功率流密度 $S_{\max}$ 与相同辐射功率的理想无方向性天线在同一距离处的辐射功率流密度 S_0 之比，记为 D，即

$$D=\frac{S_{\max}}{S_0}=\frac{|E_{\max}|^2}{|E_0|^2} \tag{7.2.12}$$

按照这个定义式，可导出方向系数的一般计算公式。

设实际天线的辐射功率为 P_Σ，它在最大辐射方向上 r 处产生的辐射功率流密度和场强分别为 S_{max} 和 E_{max}；又设有一个理想的无方向性天线，其辐射功率为 P_Σ 不变，它在相同的距离上产生的辐射功率流密度和场强分别为 S_0 和 E_0。

由

$$S_0=\frac{P_\Sigma}{4\pi r^2}=\frac{|E_0|^2}{120\pi}$$

得

$$|E_0|^2=\frac{60P_\Sigma}{r^2}$$

再由方向系数的定义式（7.2.12）得

$$D=\frac{r^2\ |E_{max}|^2}{60P_\Sigma} \tag{7.2.13}$$

天线的归一化方向函数为 $F(\theta,\varphi)$，它在任意方向的场强与功率流密度分别为

$$|E(\theta,\varphi)|=|E_{max}|\cdot|F(\theta,\varphi)| \tag{7.2.14 a}$$

$$S(\theta,\varphi)=\frac{1}{2}\mathrm{Re}[E_\theta H_\varphi^*]=\frac{|E(\theta,\varphi)|^2}{240\pi} \tag{7.2.14 b}$$

将式（7.2.14a）代入式（7.2.14b），则功率流密度的表达式为

$$S(\theta,\varphi)=\frac{|E_{max}|^2}{240\pi}|F(\theta,\varphi)|^2 \tag{7.2.14 c}$$

再在半径为 r 的球面上对功率流密度进行面积分，就得到辐射功率

$$P_\Sigma=\oint_S S(\theta,\varphi)\mathrm{d}S=\frac{r^2\ |E_{max}|^2}{240\pi}\int_0^{2\pi}\int_0^{\pi}|F(\theta,\varphi)|^2\sin\theta\mathrm{d}\theta\mathrm{d}\varphi \tag{7.2.15}$$

将式（7.2.15）代入式（7.2.13），即得天线方向系数的一般表达式

$$D=\frac{4\pi}{\int_0^{2\pi}\int_0^{\pi}|F(\theta,\varphi)|^2\sin\theta\mathrm{d}\theta\mathrm{d}\varphi} \tag{7.2.16}$$

由式（7.2.16）可以看出，要使天线的方向系数大，不仅要求主瓣窄，而且要求全空间的旁瓣电平小。这里 $F(\theta,\varphi)$ 表示全空间归一化电平。

实际工程应用中，方向系数常用分贝来表示，这需要选择一个参考源，常用的参考源是各向同性辐射源（Isotropic，其方向系数为 1）和半波振子（Dipole，其方向系数为 1.64）。若以各向同性源为参考，分贝表示为 dBi，即

$$D(\mathrm{dBi})=10\ \lg D \tag{7.2.17}$$

若以半波振子为参考，分贝表示为 dBd，即

$$D(\mathrm{dBd})=10\ \lg D-2.15 \tag{7.2.18}$$

通常情况下，如果不特别说明，dB 指的是 dBi。

【例 7-2】 确定沿 z 轴放置的电基本振子的方向系数。

解： 由上面分析知电基本振子的归一化方向函数为

$$|F(\theta,\varphi)|=|\sin\theta|$$

将其代入方向系数的表达式，得

$$D=\frac{4\pi}{\int_0^{2\pi}\int_0^{\pi}\sin^2\theta\sin\theta\mathrm{d}\theta\mathrm{d}\varphi}=1.5$$

因此，电基本振子的方向系数以 dBi 表示，则 $D=10\ \log1.5\ =1.76$ dBi。若以 dBd 表示，则为

-0.39 dBd。可见，电基本振子的方向系数是很低的。

4. 天线效率

天线效率定义为天线辐射功率与输入功率之比，记为 η_A，即

$$\eta_A = \frac{P_\Sigma}{P_i} = \frac{P_\Sigma}{P_\Sigma + P_1} \tag{7.2.19}$$

式中：P_i为输入功率；P_1为欧姆损耗。

常用天线的辐射电阻 R_Σ来度量天线辐射功率的能力。天线的辐射电阻是一个虚拟的量，其定义如下：当通过某一电阻 R_Σ 的电流等于天线上的最大电流，其损耗的功率等于其辐射功率时，该电阻即为辐射电阻。显然，辐射电阻的高低是衡量天线辐射能力的一个重要指标，即辐射电阻越大，天线的辐射能力越强。

由上述定义得辐射电阻与辐射功率的关系为

$$P_\Sigma = \frac{1}{2} I_m^2 R_\Sigma \tag{7.2.20}$$

再结合式（7.2.15）得辐射电阻为

$$R_\Sigma = \frac{2P_\Sigma}{I_m^2} = \frac{r^2 \int_0^\pi \int_0^{2\pi} |E_{max}|^2 \cdot F^2(\theta,\varphi) \cdot \sin\theta \mathrm{d}\theta \mathrm{d}\varphi}{120\pi I_m^2} \tag{7.2.21 a}$$

又因为

$$|E_{max}| = \left|\frac{60\pi Il}{\lambda r}\right|^2$$

所以

$$R_\Sigma = \frac{30\pi l^2}{\lambda^2} \int_0^{2\pi} \int_0^\pi |F(\theta,\varphi)|^2 \cdot \sin\theta \mathrm{d}\theta \mathrm{d}\varphi \tag{7.2.21 b}$$

仿照引入辐射电阻的办法，定义损耗电阻 R_1为

$$R_1 = \frac{2P_1}{I_m^2} \tag{7.2.22}$$

将式（7.2.20）和式（7.2.22）代入式（7.2.19）得天线效率为

$$\eta_A = \frac{R_\Sigma}{R_\Sigma + R_1} = \frac{1}{1 + R_1/R_\Sigma} \tag{7.2.23}$$

可见，要提高天线效率，应尽可能提高 R_Σ，降低 R_1。

【例 7-3】 确定电基本振子的辐射电阻。

解：根据式（7.2.4）得电基本振子的远区场为

$$E_\theta = \mathrm{j}\frac{60\pi Il}{r\lambda}\sin\theta \mathrm{e}^{-\mathrm{j}kr}$$

将其代入式（7.2.15），得辐射功率为

$$P_\Sigma = \frac{r^2}{240\pi}\left(\frac{60\pi Il}{r\lambda}\right)^2 \int_0^{2\pi} \int_0^\pi \sin^2\theta \sin\theta \mathrm{d}\theta \mathrm{d}\varphi = 40\pi^2\left(\frac{Il}{\lambda r}\right)^2$$

由辐射电阻定义

$$R_\Sigma = \frac{2P_\Sigma}{I_m^2}，（这里 I_m = I 为电流幅值）$$

得辐射电阻为

$$R_\Sigma = 80\pi^2\left(\frac{l}{\lambda}\right)^2$$

5. 增益系数

增益系数是综合衡量天线能量转换和方向特性的参数，它是方向系数与天线效率的乘积，

记为 G，即

$$G = D \cdot \eta_A \tag{7.2.24}$$

由式（7.2.24）可知，天线方向系数和效率越高，则增益系数越高。现在来研究增益系数的物理意义。

将方向系数公式（7.2.12）和效率公式（7.2.19）代入式（7.2.24）得

$$G = \frac{r^2 \ |E_{max}|^2}{60P_i} \tag{7.2.25}$$

由式（7.2.25）可得，一个实际天线在最大辐射方向上的场强为

$$|E_{max}| = \frac{\sqrt{60GP_i}}{r} = \frac{\sqrt{60D\eta_A P_i}}{r} \tag{7.2.26}$$

假设天线为理想的无方向性天线，即 $D=1$，$\eta_A=1$，$G=1$，则它在空间各方向上的场强为

$$|E_{max}| = \frac{\sqrt{60P_i}}{r} \tag{7.2.27}$$

比较式（7.2.26）与式（7.2.27），可得天线的增益系数描述了实际天线与理想的无方向性天线相比，在最大辐射方向上将输入功率放大的倍数。

6. 极化和交叉极化电平（Polarization and Cross - polarization Level）

极化特性是指天线在最大辐射方向上电场矢量的方向随时间变化的规律。一般分为线极化、圆极化和椭圆极化（参见 1.7.3 节）。线极化又可分为水平极化（Horizontal Polarized）和垂直极化（Vertical Polarized）；圆极化和椭圆极化都可分为左旋和右旋。由平面波的垂直入射的相关知识知，当圆极化波入射到一个对称目标上时，反射波是反旋向的，在电视信号的传播中，利用这一性质可以克服由反射所引起的重影。

理想情况下，线极化意味着只有一个方向，但实际场合通常是不可能为纯线极化，因此，引入交叉极化电平来表征线极化的纯度。例如，一个垂直极化天线（电场方向是垂直的），交叉极化电平（Cross - polarization Level）是其在水平方向的电场分量，一般交叉极化电平是一个测量值，它比同极化电平（polarization Level）要小。对于圆极化天线，难以辐射纯圆极化波，其实际辐射的是椭圆极化波，这对利用天线的极化特性实现天线间的电磁隔离是不利的，因此引入椭圆度参数（即长轴与短轴之比）来表征圆极化纯度。

在通信和雷达中，通常是采用线极化天线，但如果通信的一方是剧烈摆动或高速运动的，为了提高通信的可靠性，发射和接收都应采用圆极化天线，典型的例子是车载 GPS 常用的圆极化天线；如果雷达是为了干扰和侦察对方目标，也要使用圆极化天线。另外，在人造卫星、宇宙飞船和弹道导弹等空间遥测技术中，由于信号通过电离层后会产生法拉第旋转效应，因此其发射和接收也采用圆极化天线。

7. 频带宽度（Frequency Band Width）

实际上，天线也并非工作在点频，而是有一定的频率范围。而上述电参数都是针对某一工作频率设计的。当工作频率偏离设计频率时，往往要引起天线各个参数的变化，例如，主瓣宽度增大、旁瓣电平增高、增益系数降低、输入阻抗特性和极化特性变坏等。当工作频率变化时，天线的有关电参数不超出规定范围的频率范围称为频带宽度，简称为天线的带宽。

8. 输入阻抗与驻波比（Input Impedance and Standing Wave Ratio）

要使天线辐射效率高，就必须使天线与馈线良好地匹配，也就是当天线的输入阻抗等于传输线的特性阻抗时，天线才能获得最大功率，如图 7.2.6 所示。

设天线输入端的反射系数为 Γ（或散射参数为 S_{11}），则天线的电压驻波比为

$$\rho = \frac{1+|\Gamma|}{1-|\Gamma|} \tag{7.2.28}$$

回波损耗为

$$L_r = -20\log_{10}|\Gamma| \tag{7.2.29}$$

输入阻抗为

$$Z_{in} = Z_0\frac{1+\Gamma}{1-\Gamma} \tag{7.2.30}$$

当反射系数 $\Gamma=0$ 时，$\rho=1$，此时 $Z_{in}=Z_0$，天线与馈线匹配，这意味着输入端功率全部被送到天线上，即天线得到最大功率。

一般将 $\rho\leqslant 2$（或 $|\Gamma|\leqslant 1/3$）的带宽称为输入阻抗带宽。当 $|\Gamma|=1/3$ 时，反射功率为输入功率的 11%。

9. 有效长度

有效长度是衡量天线辐射能力的又一个重要指标。

天线的有效长度定义如下：在保持实际天线最大辐射方向上的场强值不变的条件下，假设天线上电流分布为均匀分布时天线的等效长度。它是把天线在最大辐射方向上的场强和电流联系起来的一个参数，通常将归于输入电流 I_0 的有效长度记为 h_{ein}，把归于波腹电流 I_m 的有效长度记为 h_{em}，如图 7.2.7 所示。显然，有效长度愈长，表明天线的辐射能力愈强。

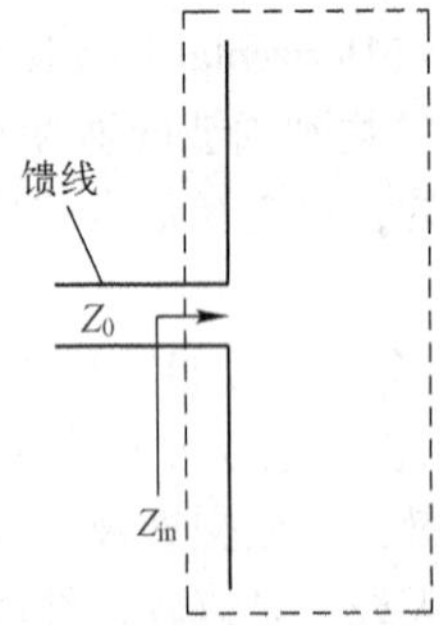

图 7.2.6　天线与馈线的匹配

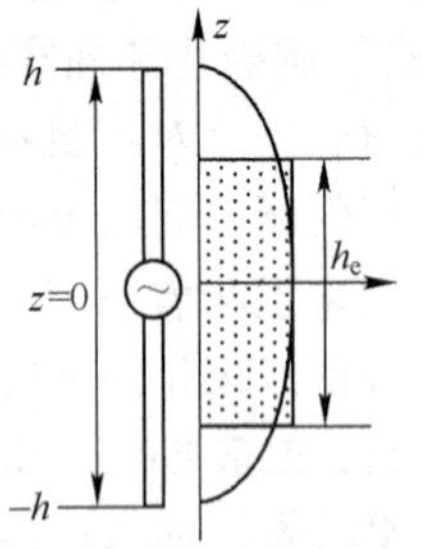

图 7.2.7　天线电流分布及有效高度示意图

根据有效长度的定义，归于波腹电流 I_m 的有效长度为

$$h_{em} = \frac{1}{I_m}\int_{-h}^{h} I(z)\,dz$$

根据有效长度的定义，归于输入点电流 I_0 的有效长度为

$$h_{ein} = \frac{1}{I_0}\int_{-h}^{h} I(z)\,dz$$

【例 7-4】 一长度为 $2h(h\ll\lambda)$ 中心馈电的短振子，如图 7.2.8 所示，其电流分布为：$I(z) = I_0\left(1-\frac{|z|}{h}\right)$，其中 I_0 为输入电流，也等于波腹电流 I_m，试求有效长度。

解：根据有效长度的定义，归于输入点电流的有效长度为

$$h_{ein} = \frac{I_0}{I_0}\int_{-h}^{h}\left(1-\frac{|z|}{h}\right)dz = h$$

这就是说，长度为 $2h$、电流不均匀分布的短振子在最大辐射方向上的场强与长度为 h、电流为均匀分布的振子在最大辐射方向上的场强相等，如图 7.2.9 所示。由于输入点电流等于波腹点电流，所以归于输入点电流的有效长度等于归于波腹点电流的有效长度，但一般情况下它们是不相等的。

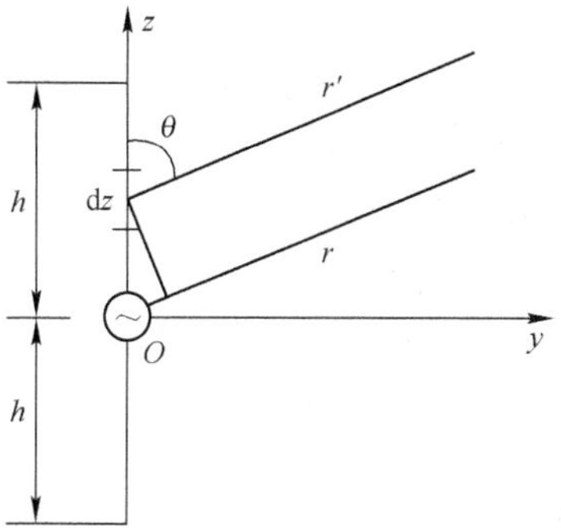

图 7.2.8　短振子的辐射

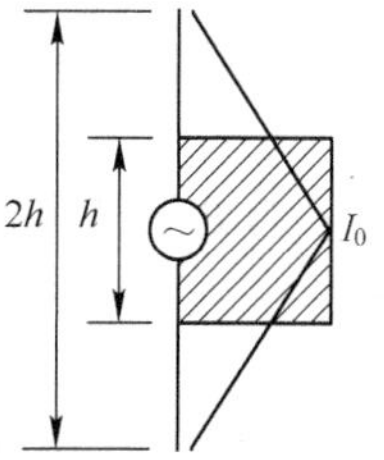

图 7.2.9　天线的有效长度

7.2.4　接收天线理论

1. 天线接收的物理过程及收发互易性

接收天线工作的物理过程：天线导体在空间电场的作用下产生感应电动势，并在导体表面激起感应电流，在天线的输入端产生感应电压，并在接收机回路中产生电流。所以接收天线是一个把空间电磁波能量转换成高频电流能量的转换装置，其工作过程是发射天线的逆过程。

图 7.2.10 为某一接收天线的示意图，它处于外来无线电波 E_i 的场中，发射天线与接收天线相距甚远，因此，到达接收天线上各点的电磁波是均匀平面波。设入射电场可分为两个分量：一个是垂直于射线与天线轴所构成平面的分量 E_v，另一个是在上述平面内的分量 E_h。只有沿天线导体表面的电场切线分量 $E_z = E_h \sin\theta$ 才能在天线上激起电流，在这个切向分量的作用下，天线元段 dz 上将产生感应电动势 $d\mathscr{E} = -E_z dz$。

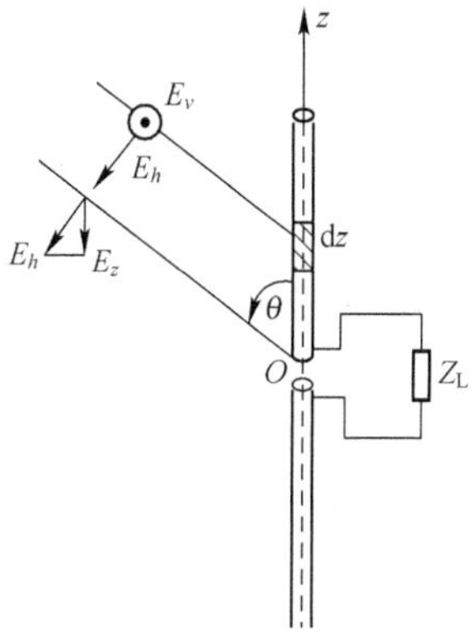

图 7.2.10　接收天线示意图

设在入射场的作用下，接收天线上的电流分布为 $I(z)$，并假设电流初相为零，则接收天线从入射场中吸收的功率 $dP = -I(z)d\mathscr{E}$，由上述分析得整个天线吸收的功率为

$$P = \int_{-l}^{l} I(z) e^{jkz\cos\theta} d\mathscr{E} = \int_{-l}^{l} E_z I(z) e^{jkz\cos\theta} dz \tag{7.2.31}$$

式中：因子 $e^{jkz\cos\theta}$ 是入射场到达天线上各元段的波程差。

根据电磁场的边值理论，天线在接收状态下的电流分布应和发射时电流分布相同。因此假设接收天线的电流分布为

$$I(z) = I_m \sin k(l - |z|) \tag{7.2.32}$$

则根据式（7.2.31）得接收功率为

$$\begin{aligned} P &= \int_{-l}^{l} E_h I_m \sin\theta \sin k(l - |z|) e^{jkz\cos\theta} dz \\ &= 2\int_{0}^{l} E_h I_m \sin\theta \sin k(l - z) \cos(kz\cos\theta) dz \end{aligned} \tag{7.2.33}$$

因此，接收天线输入电动势为

$$\mathscr{E} = \frac{P}{I_{in}} = \frac{2E_2 I_m}{I_m \sin kl} \sin\theta \int_{0}^{l} \sin k(l - z) \cos(kz\cos\ ) dz \tag{7.2.34}$$

根据 7.2.3 节的有效长度定义，有

$$h_{ein}=\frac{I_m}{I_m\sin kl}\int_{-l}^{l}\sin k(l-|z|)\,dz=\frac{2(1-\cos kl)}{k\sin kl} \tag{7.2.35}$$

将式（7.2.35）代入式（7.2.34）得接收天线的接收电动势表达式为

$$\mathscr{E}=E_h h_{ein}F(\theta)=E_i\cos\psi h_{ein}F(\theta) \tag{7.2.36}$$

式中：ψ 是入射场 E_i 与 θ 的夹角；h_{ein} 是接收天线归于输入电流的有效长度；$F(\theta)$ 是接收天线的归一化方向函数，它等于天线用作发射时的方向函数，这一性质称为天线的收发互易性定理。

可见，接收电动势 $\mathscr{E}$ 与天线发射状态下的有效长度成正比，且具有与发射天线相同的方向性。如果假设发射天线的归一化方向函数为 $F(\theta_i)$，最大入射场强为 $|E_i|_{max}$，则接收天线的接收电动势为

$$E=|E_i|_{max}\cdot F(\theta_i)\cos\psi\cdot h_{ein}F(\theta_i) \tag{7.2.37}$$

天线接收的功率可分为三部分，即

$$P=P_\Sigma+P_L+P_l \tag{7.2.38}$$

式中：P_Σ 为接收天线的再辐射功率；P_L 为负载吸收的功率；P_l 为导线和媒质的损耗功率。

接收天线的等效电路如图 7.2.11 所示。图中 Z_0 为包括辐射阻抗 $Z_{\Sigma0}$ 和损耗电阻 R_{l0} 在内的接收天线输入阻抗，Z_L 是负载阻抗。可见在接收状态下，天线输入阻抗相当于接收电动势 $\mathscr{E}$ 的内阻抗。

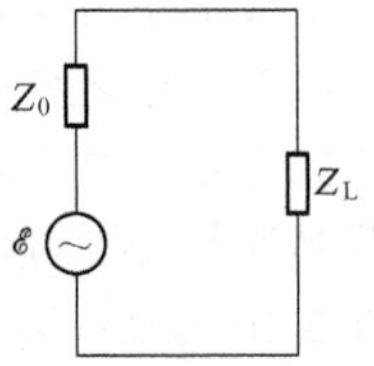

图 7.2.11　天线的等效电路

2. 有效接收面积

有效接收面积是衡量一个天线接收无线电波能力的重要指标。它的定义为：当天线以最大接收方向对准来波方向进行接收时，接收天线传送到匹配负载的平均功率为 P_{Lmax}，并假定此功率是由一块与来波方向相垂直的面积所截获，则这个面积就称为接收天线的有效接收面积，记为 A_e，即有

$$A_e=\frac{P_{Lmax}}{S_{av}} \tag{7.2.39}$$

式中：S_{av} 为入射到天线上电磁波的时间平均功率流密度，其值为

$$S_{av}=\frac{1}{2}\cdot\frac{E_i^2}{\eta} \tag{7.2.40}$$

根据图 7.2.11 接收天线的等效电路，传送到匹配负载的平均功率（忽略天线本身的损耗）为

$$P_{Lmax}=\frac{\mathscr{E}^2}{8R_{\Sigma0}} \tag{7.2.41}$$

当天线以最大方向对准来波方向时，接收电动势为

$$\mathscr{E}=E_i\cdot l \tag{7.2.42}$$

将式（7.2.40）、式（7.2.41）和式（7.2.42）代入式（7.2.39）有

$$A_e=\frac{30\pi l^2}{R_{\Sigma0}} \tag{7.2.43}$$

又因为辐射电阻

$$R_{\Sigma0}=\frac{30\pi l^2}{\lambda^2}\int_0^{2\pi}\int_0^{\pi}|F(\theta,\varphi)|^2\sin\theta\,d\theta\,d\varphi \tag{7.2.44}$$

所以有

$$A_e = \frac{\lambda^2}{\int_0^{2\pi}\int_0^{\pi} |F(\theta,\varphi)|^2 \sin\theta \mathrm{d}\theta \mathrm{d}\varphi} \tag{7.2.45}$$

将天线的方向系数式（7.2.16）代入式（7.2.45），得天线的有效接收面积为

$$A_e = \frac{D\lambda^2}{4\pi} \tag{7.2.46}$$

可见，如果已知天线的方向系数，就可知道天线的有效接收面积。例如，电基本振子的方向系数为 $D=1.5$，$A_e=0.12\lambda^2$。

如果考虑天线的效率，则有效接收面积为

$$A_e = \frac{G\lambda^2}{4\pi} \tag{7.2.47}$$

3. 等效噪声温度

接收天线把从周围空间接收到的噪声功率送到接收机的过程类似于噪声电阻把噪声功率输送给与其相连的电阻网络。因此接收天线等效为一个温度为 T_a 的电阻，天线输送给其匹配接收机的噪声功率 P_n 就等于该电阻所输送的最大噪声功率，即

$$T_a = \frac{p_n}{k\Delta f} \tag{7.2.48}$$

式中：$k=1.38\times10^{-23}$（J/K）为波耳兹曼常数；而 Δf 为与天线相连的接收机的带宽。

噪声源分布在天线周围的空间，天线的等效噪声温度为

$$T_a = \frac{D}{2\pi}\int_0^{2\pi}\int_0^{\pi} T(\theta,\varphi)\ |F(\theta,\varphi)|^2 \sin\theta \mathrm{d}\theta \mathrm{d}\varphi \tag{7.2.49}$$

式中：$T(\theta,\varphi)$为噪声源的空间分布函数；$F(\theta,\varphi)$为天线的归一化方向函数。

显然，T_a越高，天线送至接收机的噪声功率越大，反之越小。T_a取决于天线周围空间的噪声源的强度和分布，也与天线的方向性有关。

4. 接收天线的方向性

从以上分析可以看出，收、发天线是互易的，也就是说，对发射天线的分析，同样适合于接收天线。但从接收的角度讲，要保证正常接收，必须使信号功率与噪声功率的比值达到一定的数值。为此，对接收天线的方向性有以下要求：

① 主瓣宽度尽可能窄，以抑制干扰。但如果信号与干扰来自同一方向，即使主瓣很窄，也不能抑制干扰；另一方面，当来波方向易于变化时，主瓣太窄则难以保证稳定的接收。因此，如何选择主瓣宽度，应根据具体情况而定。

② 旁瓣电平尽可能低。如果干扰方向恰与旁瓣最大方向相同，则接收噪声功率就会较高，也就是干扰较大；对雷达天线而言，如果旁瓣较大，则由主瓣所看到的目标与旁瓣所看到的目标会在显示器上相混淆，造成目标的失落。因此，在任何情况下，都希望旁瓣电平尽可能的低。

③ 天线方向图中最好能有一个或多个可控制的零点，以便将零点对准干扰方向，而且当干扰方向变化时，零点方向也随之改变，这也称为零点自动形成技术。

7.3 线 天 线

线天线是指长度接近波长的细长结构（横向尺寸远小于纵向尺寸）的天线，可作为长波、中波和短波波段的辐射天线，广泛应用于通信、雷达等无线电系统中。本节首先由等效传输线理论出发，分析了对称振子天线的特性，接着介绍了天线阵的方向图理论及地面天线的分析方法，然后对一些工程常用行波天线、电视天线、移动基站天线、宽频带天线、智能天线天线进行了简单介绍。

7.3.1 对称振子天线

对称振子是由两段同样粗细和相等长度的直导线构成，在中间两个端点之间进行馈电，且以中间馈电点为中心而左右对称的。对称振子天线结构如图 7.3.1 所示，由于它结构简单，所以被广泛用于无线电通信、雷达等各种无线电设备中。它既可作为最简单的天线使用，如电视接收机最简单的天线设备，也可作为复杂天线阵的单元或面天线的馈源。

实际工程上计算对称振子的辐射场的近似方法是：把对称振子看成是终端开路的传输线两臂向外张开的结果，如图 7.3.2 所示，假设其上的电流分布仍与张开前一样，然后将振子分成许多小段，每一小段上的电流在某个瞬间可认为是各处相同，即把每个小段看作一个电基本振子，于是空间任一点的场强是许多电基本振子在该点产生场强的叠加。

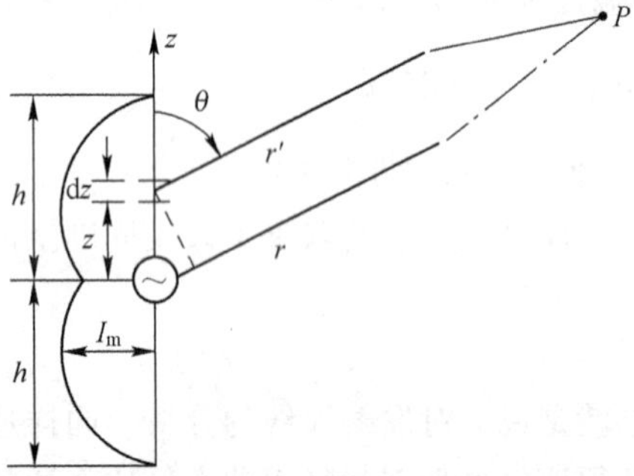

图 7.3.1　细振子的辐射

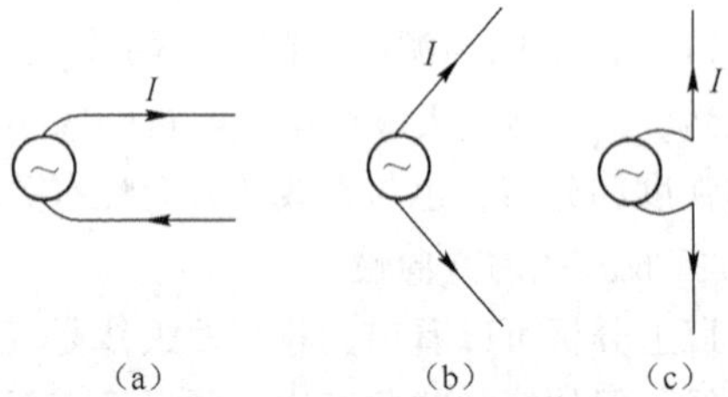

图 7.3.2　开路传输线与对称振子

令振子沿 z 轴放置（见图 7.3.1），其上的电流分布为

$$I(z) = I_m \sin\beta(h - |z|) \tag{7.3.1}$$

式中：β 为相移常数，且自由空间中有

$$\beta = k = \frac{2\pi}{\lambda_0} = \frac{\omega}{c}$$

式中：c 为自由空间电磁波的速度。

在距中心点距离为 z 处取电流元段 dz，则它对远区场的贡献为

$$dE_\theta = j\frac{60\pi}{\lambda}\sin\theta I_m \sin\beta(h - |z|)\frac{e^{-j\beta r'}}{r'}dz \tag{7.3.2}$$

在远区，由于 $r \gg h$，参照图 7.3.1，则 r' 与 r 的关系为

$$r' = (r^2 + z^2 - 2rz\cos\theta)^{1/2} \approx r - z\cos\theta \tag{7.3.3}$$

将式（7.3.3）代入式（7.3.2），同时令 $\frac{1}{r} = \frac{1}{r'}$，则细振子天线的辐射场为

$$E_\theta = \mathrm{j}\frac{I_m 60\pi}{\lambda}\frac{\mathrm{e}^{-\mathrm{j}\beta r}}{r}\sin\theta\int_{-h}^{h}\sin\beta(h-|z|)\mathrm{e}^{-\mathrm{j}\beta z\cos\theta}\mathrm{d}z$$

$$= \mathrm{j}\frac{I_m 60\pi}{\lambda}\frac{\mathrm{e}^{-\mathrm{j}\beta r}}{r}2\sin\theta\int_{0}^{h}\sin\beta(h-z)\cos(\beta z\cos\theta)\mathrm{d}z \tag{7.3.4}$$

$$= \mathrm{j}\frac{60 I_m}{r}\mathrm{e}^{-\mathrm{j}\beta r}F(\theta)$$

式中：

$$F(\theta) = \frac{\cos(\beta h\cos\theta) - \cos\beta h}{\sin\theta} \tag{7.3.5}$$

$|F(\theta)|$是对称振子的 E 面方向函数，它描述了归一化远区场$|E_\theta|$随 θ 角的变化情况。

图 7.3.3 分别画出了 4 种不同电长度（相对于工作波长的长度）：$\frac{2h}{\lambda}=\frac{1}{2}$，1，$\frac{3}{2}$和 2 的对称振子天线的归一化 E 面方向图，其中$\frac{2h}{\lambda}=\frac{1}{2}$和$\frac{2h}{\lambda}=1$ 的对称振子分别称为半波对称振子和全波对称振子，最常用的是半波对称振子。由图 7.3.3 的方向图可见，当电长度趋近于 3/2 时，天线的最大辐射方向将偏离 90°，而当电长度趋近于 2 时，在 $\theta=90°$平面内就没有辐射了。

由于$|F(\theta)|$不依赖于 φ，所以 H 面的方向图为圆。

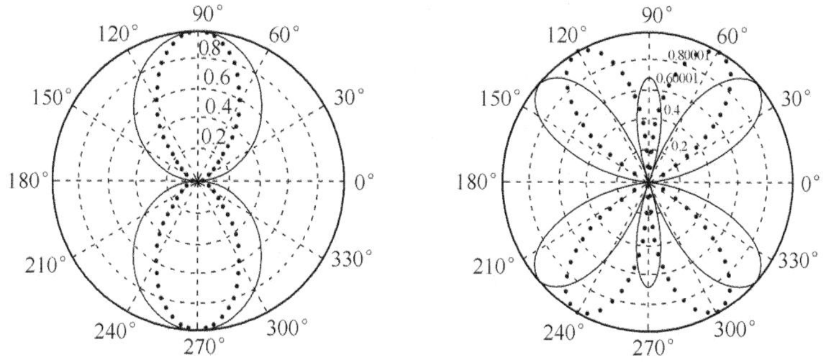

— 表示 $\frac{2h}{\lambda}=\frac{1}{2}$　　— 表示 $\frac{2h}{\lambda}=\frac{3}{2}$

··· 表示 $\frac{2h}{\lambda}=1$　　··· 表示 $\frac{2h}{\lambda}=2$

图 7.3.3　对称振子天线的归一化 E 面方向图

根据 7.2 节的式(7.2.15)，对称振子的辐射功率为

$$P_\Sigma = \frac{r^2|E_{max}|^2}{240\pi}\int_0^{2\pi}\int_0^{\pi}|F(\theta)|^2\sin\theta\mathrm{d}\theta\mathrm{d}\varphi$$

$$= \frac{r^2}{240\pi}\frac{60^2 I_m^2}{r^2}\int_0^{2\pi}\int_0^{\pi}|F(\theta)|^2\sin\theta\mathrm{d}\theta\mathrm{d}\varphi$$

化简后得

$$P_\Sigma = \frac{15}{\pi}I_m^2\int_0^{2\pi}\int_0^{\pi}|F(\theta)|^2\sin\theta\mathrm{d}\theta\mathrm{d}\varphi \tag{7.3.6}$$

将式（7.3.6）代入 7.2 节的式（7.2.20），得对称振子的辐射电阻为

$$R_\Sigma = \frac{30}{\pi}\int_0^{2\pi}\int_0^{\pi}|F(\theta)|^2\sin\theta\mathrm{d}\theta\mathrm{d}\varphi \tag{7.3.7}$$

将式（7.3.5）代入式（7.3.7）得

$$R_{\Sigma}=60\int_{0}^{\pi}\frac{[\cos(\beta h\cos\theta-\cos\beta h]^{2}}{\sin\theta}\mathrm{d}\theta \tag{7.3.8}$$

由式（7.3.8）利用仿真软件画出辐射电阻与 h/λ 的关系图如图 7.3.4 所示，在实际应用中一般可参看该图。

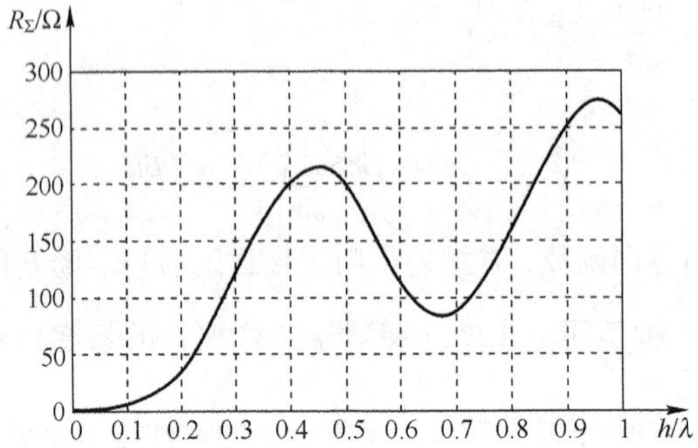

图 7.3.4　对称振子的辐射电阻与 h/λ 的关系曲线

1. 半波振子的辐射电阻及方向性

将 $\beta h=2\pi h/\lambda=\pi/2$ 代入式（7.3.5）即得半波振子的 E 面方向图函数

$$F(\theta)=\frac{\cos\left(\dfrac{\pi}{2}\cos\theta\right)}{\sin\theta} \tag{7.3.9}$$

该函数在 $\theta=90°$ 处具有最大值（为 1），而在 $\theta=0°$ 与 $\theta=180°$ 处为零，相应的方向图如图 7.3.3 所示。将式 7.3.9 代入式（7.3.7）得半波振子的辐射电阻为

$$R_{\Sigma}=73.1(\Omega) \tag{7.3.10}$$

将 $F(\theta)$ 代入式（7.2.16）得半波振子的方向函数

$$D=1.64 \tag{7.3.11}$$

由方程 $F(\theta)=\dfrac{\cos\left(\dfrac{\pi}{2}\cos\theta\right)}{\sin\theta}=\dfrac{1}{\sqrt{2}}$，可将其在 $0°<\theta<180°$ 范围内的两个解，这两个解之间的夹角为 78°，由方向图的主瓣宽度定义知，其半功率主瓣宽度为 78°。因而，半波振子的方向性比电基本振子的方向性（方向系数 1.5，主瓣宽度 90°）稍强一些。

2. 振子天线的输入阻抗

（1）特性阻抗。由传输线理论知，均匀双导线传输线的特性阻抗沿线不变，在第 2 章的式（2.2.10）中取 $\varepsilon_{r}=1$，则有

$$Z_{0}=120\ln\frac{D}{a} \tag{7.3.12}$$

式中：D 为两导线间距；a 为导线半径。

而对称振子两臂上对应线元之间的距离是可调的，如图 7.3.5 所示，设对应线元之间的距离为 $2z$，则对称振子在 z 处的特性阻抗为

$$Z_{0}(z)=120\ln\frac{2z}{a}(\Omega) \tag{7.3.13}$$

式中：a 为对称振子的半径。

将 $Z_{0}(z)$ 沿 z 轴取平均值即得对称振子的平均特性阻抗

$$\overline{Z_0} = \frac{1}{h}\int_{\delta}^{h} Z_0(z)\,\mathrm{d}z = 120\left(\ln\frac{2h}{a} - 1\right)(\Omega) \tag{7.3.14}$$

式中：δ 为对称振子馈电端的间隙的一半。

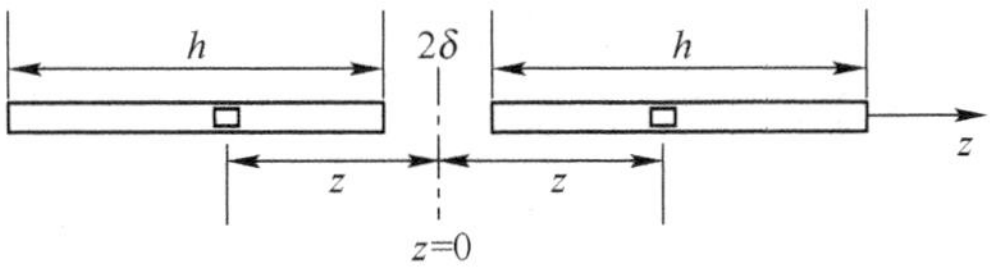

图 7.3.5　对称振子特性阻抗的计算

可见，$\overline{Z_0}$随 h/a 的变化而变化，在 h 一定时，a 越大，则$\overline{Z_0}$越小。

（2）对称振子上的输入阻抗。双线传输线几乎没有辐射，而对称振子是一种辐射器，它相当于具有损耗的传输线，其特性阻抗可用$\overline{Z}_0$。根据传输线理论，有耗传输线的输入阻抗除了和长度有关，还与对称振子上等效衰减常数 α 和相移常数 β 有关。下面对其等效衰减常数 α 和相移常数 β 分别进行讨论。

（3）对称振子上的等效衰减常数 α。由传输线的理论知，有耗传输线的衰减常数 α 为

$$a = \frac{R_1}{2Z_0} \tag{7.3.15}$$

式中：R_1为传输线的单位长度电阻。特性阻抗 Z_0 可用式（7.3.14）来计算。

对于对称振子而言，损耗是由辐射造成的，所以损耗功率 P_1等于辐射功率 P_Σ，则对称振子的单位长度电阻等于其单位长度的辐射电阻，记为 $R_{\Sigma 1}$，根据沿线的电流分布 $I(z)$，可求出整个对称振子的等效损耗功率为

$$P_1 = \int_0^h \frac{1}{2} I^2(z) R_{\Sigma 1}\,\mathrm{d}z \tag{7.3.16}$$

对称振子的辐射功率为

$$P_\Sigma = \frac{1}{2} I_{\mathrm{m}}^2 R_\Sigma \tag{7.3.17}$$

因为 $P_1 = P_\Sigma$，故有

$$\int_0^h \frac{1}{2} I^2(z)\ \mathrm{R}_{\Sigma 1}\,\mathrm{d}z = \frac{1}{2} I_{\mathrm{m}}^2 R_\Sigma \tag{7.3.18}$$

对称振子沿 0 ～ h 振子臂的电流分布为

$$I(z) = I_{\mathrm{m}} \sin\frac{2\pi}{\lambda}(h - z) \tag{7.3.19}$$

将式（7.3.19）代入式（7.3.18）得

$$R_{\Sigma 1} = \frac{2R_\Sigma}{\left[1 - \dfrac{\sin\dfrac{4\pi}{\lambda}h}{\dfrac{4\pi}{\lambda}h}\right]h} \tag{7.3.20}$$

（4）对称振子的相移常数 β。由传输线理论可知，有耗传输线的相移常数 β 为

$$\beta = \frac{2\pi}{\lambda}\sqrt{\frac{1}{2}\left[1 + \sqrt{1 + \left(\frac{R_1\lambda}{2\pi L_1}\right)^2}\right]} \tag{7.3.21}$$

式中：R_1和 L_1分别是对称振子单位长度的电阻（或辐射电阻）和电感。导线半径 a 越大，L_1越

小，相移常数和自由空间的波数 $k=2\pi/\lambda$ 相差就越大，令 $n_1=\beta/k$，由于一般情况下 L_1 的计算非常复杂，因此，n_1 通常由实验确定。

在不同的 h/a 值情况下，$n_1=\beta/k$ 与 h/λ 的关系曲线如图 7.3.6 所示。式（7.3.21）和图 7.3.6 都表明，对称振子上的相移常数 β 大于自由空间的波数 $k=\dfrac{2\pi}{\lambda}$，亦即对称振子上的波长短于自由空间波长，这是一种波长缩短现象，故称 n_1 为波长缩短系数，即

$$n_1=\frac{\beta}{k}=\frac{\lambda}{\lambda_a} \tag{7.3.22}$$

式中，λ 和 λ_a 分别为自由空间和对称振子上的波长。

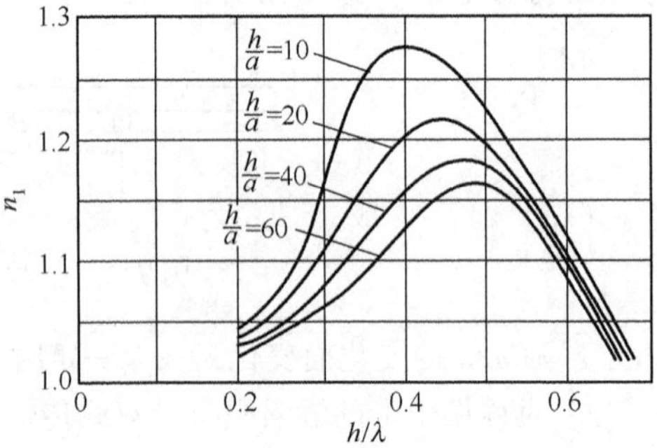

图 7.3.6　$n_1=\beta/k$ 与 h/λ 的关系曲线

造成上述波长缩短现象的主要原因有：

① 对称振子辐射引起振子电流衰减，使振子电流相速 v_P 减小，由 $\beta=\dfrac{2\pi}{\lambda_P}$ 得，相移常数 β 大于自由空间的波数 k，致使传输信号波长缩短；

② 由于振子导体有一定半径，末端分布电容增大（也称末端效应），末端电流实际不为零，这等效于振子长度增加，因而造成传输信号的波长缩短。振子导体越粗，末端效应越显著，波长缩短越严重。

图 7.3.7 是由仿真软件画出的 Z_{in} 与 h/λ 的关系曲线，由图 7.3.7 可以得到下列结论：

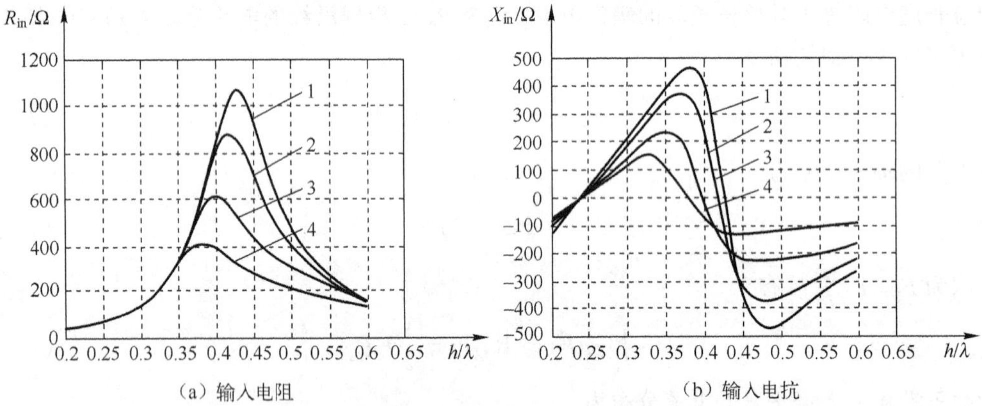

（a）输入电阻　　（b）输入电抗

“1” $-\overline{Z}_0=455\Omega$　“2” $-\overline{Z}_0=405\Omega$　“3” $-\overline{Z}_0=322\Omega$　“4” $-\overline{Z}_0=240\Omega$

图 7.3.7　对称振子的输入阻抗与 h/λ 的关系曲线

① 对称振子的平均特性阻抗 $\overline{Z}_0$ 越低，R_{in} 和 X_{in} 随频率的变化越平缓，其频率特性越好。由式（7.3.14）得，欲展宽对称振子的工作频带，可采用加粗振子直径的办法。如短波波段使用的笼形振子天线就是基于这一原理。

② $h/\lambda\approx0.25$ 时，对称振子处于串联谐振状态，而 $h/\lambda\approx0.5$ 时，对称振子处于并联谐振状态，无论是串联谐振还是并联谐振，对称振子的输入阻抗都为纯电阻。但在串联谐振点（即 $h=\lambda/4n_1$）附近，输入电阻随频率变化平缓，且 $R_{in}=R_\Sigma=73.1\ \Omega$。这就是说，当 $h=\lambda/4n_1$ 时，对称振子的输入阻抗是一个不大的纯电阻，且具有较好的频率特性，也有利于同馈线的匹配，这是半波振子被广泛采用的一个重要原因。而在并联谐振点附近，是一个高阻抗，且输入阻抗随频率变化剧烈，频率特性不好。

对于半波振子，其输入阻抗在工程上可按下式做近似计算

$$Z_{in}=\frac{R_\Sigma}{\sin^2\beta h}-\mathrm{j}\,\overline{Z}\cot\beta h \tag{7.3.23}$$

【例 7-5】 设对称振子的长度为 $2h=1.2$ m，半径 $a=10$ mm，工作频率为 $f=120$ MHz，试近似计算其输入阻抗。

解： 对称振子的工作波长为

$$\lambda=\frac{c}{f}=\frac{3\times10^8}{120\times10^6}=2.5(\mathrm{m})$$

所以

$$\frac{h}{\lambda}=\frac{0.6}{2.5}=0.24$$

查图 7.3.4，得

$$R_\Sigma=65(\Omega)$$

由式（7.3.14）得对称振子的平均特性阻抗为

$$\overline{Z_0}=120\left(\ln\frac{2h}{a}-1\right)=454.5(\Omega)$$

由 $h/a=60$ 查图 7.3.6，得

$$n_1=1.04$$

因而相移常数为

$$\beta=1.04k=1.04\cdot\frac{2\pi}{\lambda}$$

将以上的 R_Σ、$\overline{Z_0}$ 及 β 一并代入半波振子的输入阻抗公式（7.3.24）式，即得

$$\begin{aligned}Z_{in}&=\frac{R_\Sigma}{\sin^2\beta h}-\mathrm{j}\,\overline{Z_0}\cot\beta h\\&=\frac{65}{\sin^2(1.04\times2\pi\times0.24)}-\mathrm{j}454.5\cot(1.04\times2\pi\times0.24)\\&\approx60-\mathrm{j}1.1(\Omega)\end{aligned}$$

7.3.2 天线阵

单个天线的方向性是有限的，为了增强实际天线的方向性，通常会将若干个单元天线按一定的方式排列起来，这样的辐射系统称为天线阵（Antenna Array）。天线阵的辐射场是各单元天线辐射场的矢量和，只要调整好各单元天线辐射场之间的相位差，就可以得到所需的更强的方向性。构成天线阵的单元称为阵元，若各阵元的类型、尺寸、架设方位等均相同，称为相似元（实际的天线阵多由相似元组成）。阵元可以是半波振子、微带天线、缝隙天线或者其他形式的天线。按照阵元中心连线轨迹，天线阵可以分成直线阵、平面阵、圆环阵、共形阵和立体阵。下面先研究最简单的天线阵—二元阵，得出天线阵分析的一般分析方法和规律，然后再分析多元阵的情况。

1. 二元阵

设天线阵是由间距为 d 并沿 x 轴排列的两个相同的天线元所组成，如图 7.3.8 所示。假设天线元由振幅相等的电流所激励，但天线元 2 的电流相位超前天线元 1 的相位角为 ζ，它们的远区电场是沿 θ 方向的，于是有

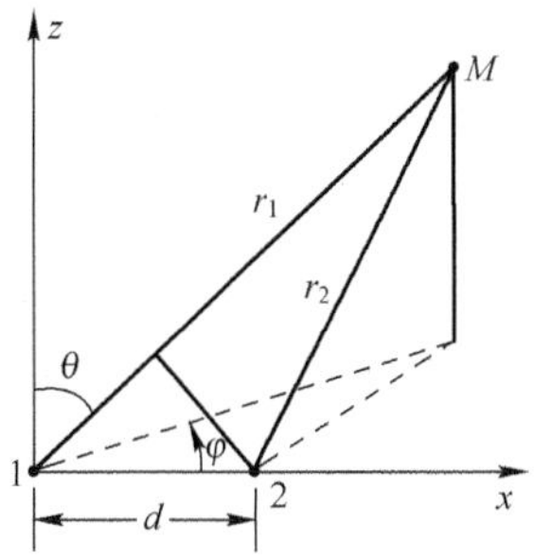

图 7.3.8　二元阵的辐射

$$E_{\theta1} = E_m F(\theta,\varphi)\frac{e^{-jkr_1}}{r_1} \tag{7.3.24}$$

$$E_{\theta2} = E_m F(\theta,\varphi)e^{j\xi}\frac{e^{-jkr_2}}{r_2} \tag{7.3.25}$$

式（7.3.24）和式（7.3.25）中，$F(\theta,\varphi)$是各相似天线元本身的方向图函数，E_m是电场强度振幅。将式（7.3.24）和式（7.3.25）相加得二元阵的辐射场为

$$E_\theta = E_{\theta1} + E_{\theta2} = E_m F(\theta,\varphi)\left[\frac{e^{-jkr_1}}{r_1} + \frac{e^{-jkr_2}}{r_2}e^{j\xi}\right] \tag{7.3.26}$$

由于观察点通常离天线相当远，故可认为由天线元 1 和自天线之 2 到点 M 的两射线平行，所以 r_2与 r_1的关系可写成

$$r_2 = r_1 - d\sin\theta\cos\varphi \tag{7.3.27}$$

同时考虑到远场，有

$$\frac{1}{r_1} \approx \frac{1}{r_2} \tag{7.3.28}$$

将式（7.3.27）和式（7.3.28）代入式（7.3.26）得

$$\begin{aligned} E_\theta &= E_m\frac{F(\theta,\varphi)}{r_1}e^{-jkr_1}\left[1 + e^{jkd\sin\theta\cos\varphi}e^{j\xi}\right] \\ &= \frac{2E_m}{r_1}F(\theta,\varphi)\cos\frac{\psi}{2}e^{-jkr_1}e^{-j\frac{\psi}{2}} \end{aligned} \tag{7.3.29}$$

式中：

$$\psi = kd\sin\theta\cos\varphi + \zeta \tag{7.3.30}$$

所以，二元阵辐射场的电场强度模值为

$$|E_\theta| = \frac{2E_m}{r_1}|F(\theta,\varphi)|\left|\cos\frac{\psi}{2}\right| \tag{7.3.31}$$

式中：$|F(\theta,\varphi)|$称为元因子；$\left|\cos\frac{\psi}{2}\right|$称为阵因子。元因子表示组成天线阵的单个辐射元的方向图函数，其值仅取决于天线元本身的类型和尺寸，它体现了天线元的方向性对天线阵方向性的影响。阵因子表示各相似元所组成的天线阵的方向性，其值取决于天线阵的排列方式及其天线元上激励电流的相对振幅和相位，与天线元本身的类型和尺寸无关。

由式（7.3.31）可以看出，天线阵的方向性由构成阵的单元天线的方向性（元因子）和排阵的方向性（阵因子）共同构成，即天线阵的方向函数等于元因子乘上阵因子，这就是天线图的方向图乘积性定理，该定理可推广至任何相似元构成的天线阵。

半波振子二元阵的元因子 $F(\theta,\varphi) = \dfrac{\cos\frac{\pi}{2}\cos\theta}{\sin\theta}$，则其电场强度模值

$$|E_\theta| = \frac{2E_m}{r_1}\left|\frac{\cos\left(\frac{\pi}{2}\cos\theta\right)}{\sin\theta}\right|\left|\cos\frac{\psi}{2}\right| \tag{7.3.32}$$

令 $\varphi = 0$，则 $\psi = kd\sin\theta\cos\varphi + \zeta = kd\sin\theta + \zeta$，所以二元阵的 E 面方向图函数为

$$|F_E(\theta)| = \left|\frac{\cos\left(\frac{\pi}{2}\cos\theta\right)}{\sin\theta}\right|\left|\cos\frac{1}{2}(kd\sin\theta + \zeta)\right| \tag{7.3.33}$$

式中：令 $\theta = \pi/2$，得到二元阵的 H 面方向图函数：

$$|F_{\mathrm{H}}(\varphi)| = \left|\cos\frac{1}{2}(kd\cos\varphi+\zeta)\right| \tag{7.3.34}$$

（1）边射阵。最大辐射方向在垂直于阵轴方向的天线称为边射式直线阵，简称边射阵。

如两个沿 x 方向排列、间距为 $\lambda/2$ 且平行于 z 轴放置的振子天线在等幅同相激励时的 H 面方向图。将 $d=\lambda/2$，$\zeta=0$ 代入式（7.3.34），即得到二元阵的 H 面方向图函数为

$$|F_{\mathrm{H}}(\varphi)| = \left|\cos\left(\frac{\pi}{2}\cos\varphi\right)\right| \tag{7.3.35}$$

按照式（7.3.35）画出其 H 面方向图如图 7.3.9 所示，最大辐射方向在垂直于天线阵轴（即 $\varphi=\pm\pi/2$）方向。这是由于在垂直于天线阵轴（即 $\varphi=\pm\pi/2$）方向，两个振子的电场正好同相相长，而在 $\varphi=0$ 和 $\varphi=\pi$ 方向上，由天线元的间距引入的波程差为 $\lambda/2$，相应的相位差为 180°，致使两个振子的电场相互抵消，因而在 $\varphi=0$ 和 $\varphi=\pi$ 方向上辐射场为零。

（2）端射阵。最大辐射方向在阵轴方向的天线称为端射式直线阵，简称端射阵。

如两个沿 x 方向排列、间距为 $\lambda/2$ 且平行于 z 轴放置的振子天线在等幅反相激励时的 H 面方向图。将 $d=\lambda/2$，$\zeta=\pi$ 代入式（7.3.34），即得到二元阵的 H 面方向图函数为

$$\begin{aligned}|F_{\mathrm{H}}(\varphi)| &= \left|\cos\frac{\pi}{2}(\cos\varphi+1)\right| \\ &= \left|\sin\left(\frac{\pi}{2}(\cos\varphi\right)\right|\end{aligned} \tag{7.3.36}$$

按照式（7.3.36）画出其 H 面方向图如图 7.3.10 所示，最大辐射方向在 $\varphi=0$ 和 $\varphi=\pi$ 方向上，即最大辐射方向沿天线阵轴方向。相对于图 7.3.9 而言，它们的最大辐射方向和零辐射方向正好互相交换了。这是由于在垂直于天线阵轴（即 $\varphi=\pm\pi/2$）方向，两个振子的电场正好反向，且无波程差，故它们的电场反相相消，而在 $\varphi=0$ 和 $\varphi=\pi$ 方向上，由天线元的间距引入的波程差正好被电流相位差所补偿，因而在 $\varphi=0$ 和 $\varphi=\pi$ 方向天线的电场同相相长，为最大辐射方向。

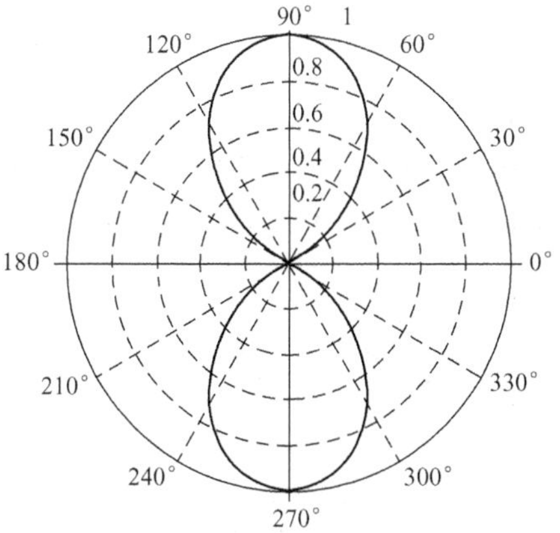

图 7.3.9　等幅同相二元阵（边射阵）

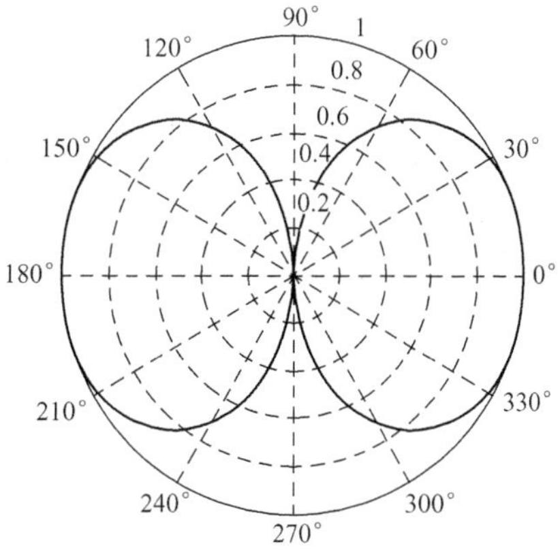

图 7.3.10　等幅反相二元阵（端射阵）

【例 7-6】 画出两个平行于 z 轴放置且沿 x 方向排列的半波振子，在 $\mathrm{d}=\lambda/4$、$\zeta=\pi/2$ 时的 H 面和 E 面方向图。

解： 将 $d=\lambda/4$、$\zeta=-\pi/2$ 代入式（7.3.34），得到 H 面方向图函数为

$$|F_{\mathrm{H}}(\varphi)| = \left|\cos\frac{\pi}{4}(\cos\varphi-1)\right| \tag{7.3.37}$$

将 $d=\lambda/4$、$\zeta=\pi/2$ 代入式（7.3.33），得到 E 面方向图函数为

$$\left|F_{\mathrm{E}}(\theta)\right| = \left|\frac{\cos\left(\frac{\pi}{2}\cos\theta\right)}{\sin\theta}\right|\left|\cos\frac{\pi}{4}(\sin\theta - 1)\right| \tag{7.3.38}$$

由方向图乘积性定理，画出 H 面、E 面方向图分别如图 7.3.11 和图 7.3.12 所示。

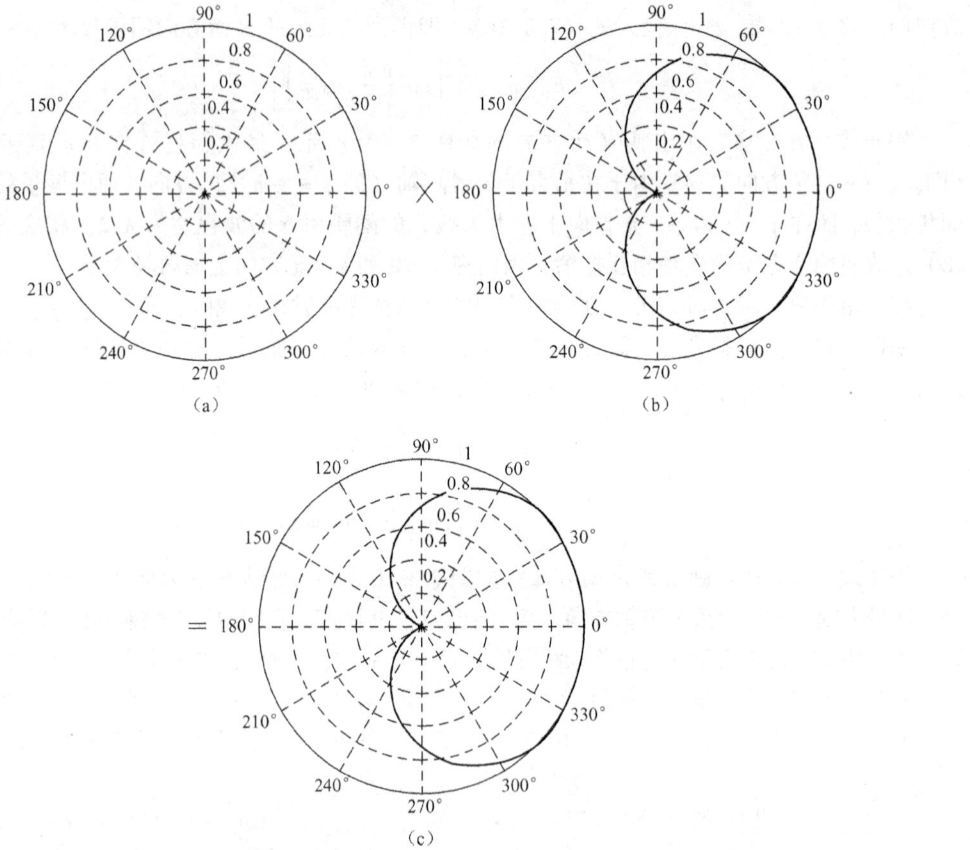

图 7.3.11　天线阵的 H 面方向图

由图 7.3.12 可知，单个振子的零值方向在 $\theta=0°$ 和 $\theta=180°$ 处，阵因子的零值在 $\theta=270°$ 处，所以，阵方向图共有三个零值方向，即 $\theta=0°$、$\theta=180°$、$\theta=270°$，阵方向图包含了一个主瓣和两个旁瓣。

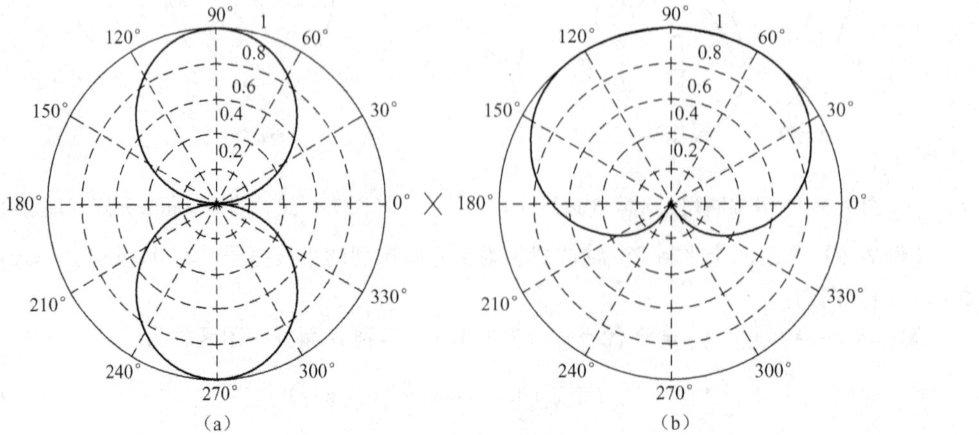

图 7.3.12　天线阵的 E 面方向图

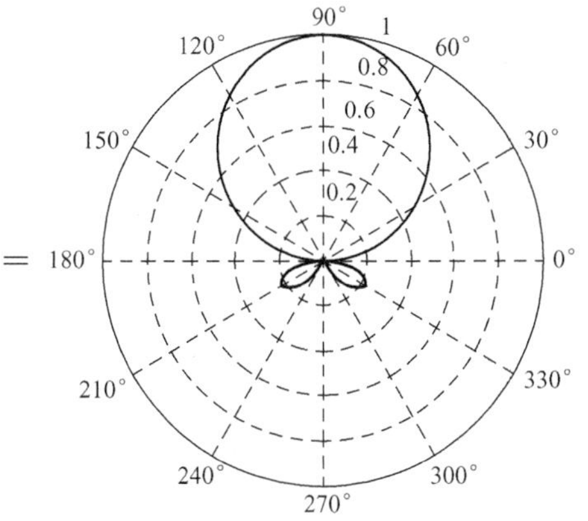

(c)

图 7. 3. 12　天线阵的 E 面方向图（续）

【例 7-7】由五个间距为 $\lambda/2$ 的各向同性元组成的五元阵，各元激励的相位相同（$\zeta=0$），振幅为 1∶4∶6∶4∶1，试讨论这个五元阵的方向图。

解： 这个五元阵可等效为由 2 个间距为 $\lambda/2$ 的四元阵组成的二元阵，而四元阵可看成由 2 个三元阵组成的二元阵，而三元阵又可看成由 2 个二元阵组成的二元阵，如图 7. 3. 13 所示。这样，元因子为二元阵的 3 次方，而阵因子均为二元阵，元因子、阵因子均由式（7. 3. 34）给出。根据方向图乘积定理，可得五元阵的 H 面方向图函数为

$$\left|F_{\mathrm{H}}(\varphi)\right| = \left|\cos\left(\frac{\pi}{2}\cos\varphi\right)\right|^{4} \tag{7.3.39}$$

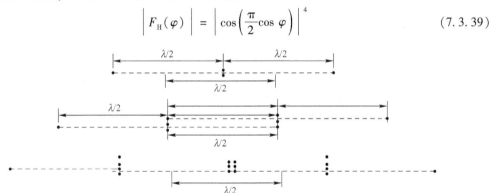

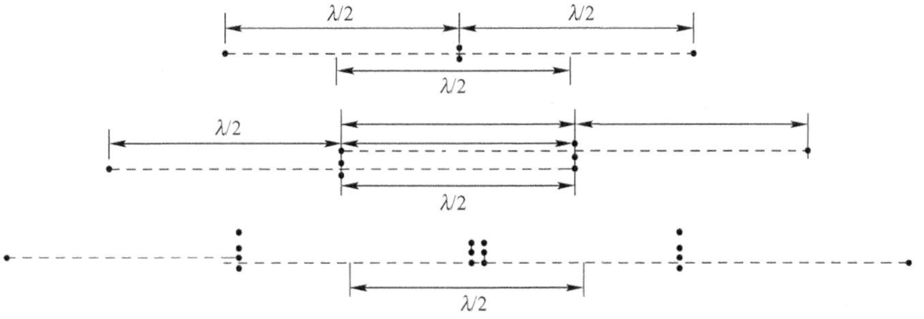

图 7. 3. 13　五元二项式阵的示意图

方向图如图 7. 3. 14 所示。将其与二元阵的方向图比较，显然五元边射阵的方向图较尖锐，即方向性强些，但两者的方向图均无旁瓣。

上述五元阵是天线阵的一种特殊情况，即这种天线阵没有旁瓣，称为二项式阵。在 N 元二项式阵中，天线元上电流振幅是按二项式展开的系数 $\binom{N}{n}$ 分布的，其中 $n=0$，1，…，$N-1$。

2. 均匀直线阵

为了更进一步加强阵列天线的方向性，阵元数目需要加多，多元阵中最简单常用的就是均匀直线阵，它是由等间距等幅激励而相位沿阵轴方向呈依次等量递增或递减的相似元构成的直线阵。

设天线阵是由间距为 d 并沿 x 轴排列的 N 个相同的天线元所组成，如图 7. 3. 15 所示。假设天线元上的电流振幅相等、相位依次超前角度为 ζ。

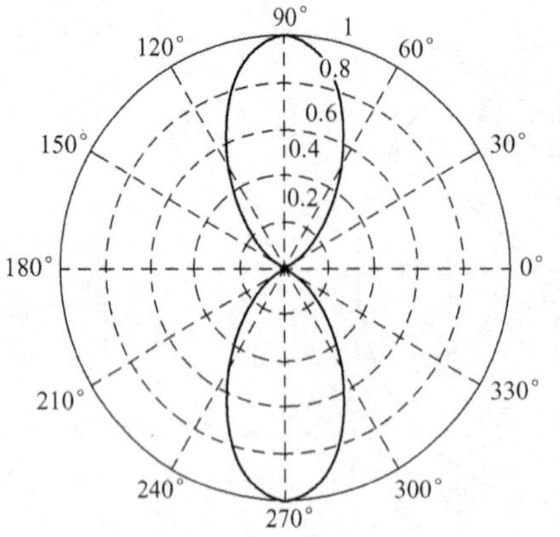

图 7.3.14　五元二项式阵的 H 面方向图

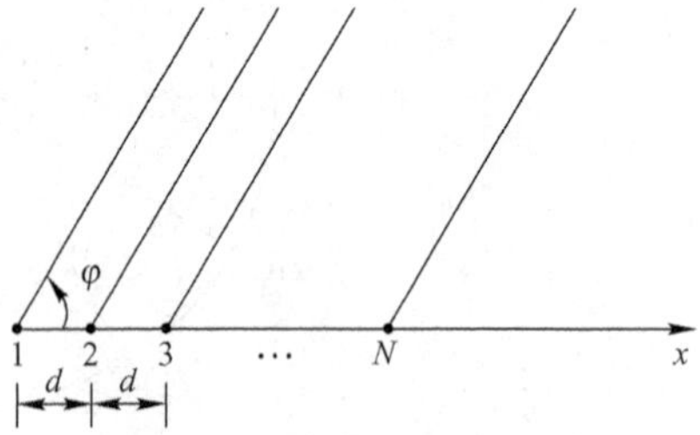

图 7.3.15　均匀直线阵

类似二元阵的分析，可得 N 元均匀直线的辐射场为

$$E_\theta = E_m \frac{F(\theta,\varphi)}{r} e^{-jkr} \sum_{i=0}^{N-1} e^{j \cdot i(kd\sin\theta\cos\varphi+\zeta)} \tag{7.3.40}$$

式中：令 $\theta=\pi/2$，得到 H 平面归一化方向图函数，即阵因子方向函数为

$$|A(\psi)| = \frac{1}{N}\left|1+e^{j\psi}+e^{j2\psi}+\cdots+e^{j(N-1)\psi}\right| \tag{7.3.41}$$

$$\psi = kd\cos\varphi+\zeta \tag{7.3.42}$$

利用等比数列的求和公式将式（7.3.41）化为三角函数形式

$$|A(\psi)| = \frac{1}{N}\left|\frac{1-e^{jN\psi}}{1-e^{j\psi}}\right| = \frac{1}{N}\left|\frac{\sin(N\psi/2)}{\sin(\psi/2)}\right| \tag{7.3.43}$$

将 $N=5$ 代如式（7.3.43），用 MATLAB 可画出均匀五元直线阵的方向图，如图 7.3.16 所示。第一旁瓣电平为 $20\lg(0.25)=-12$ dB。

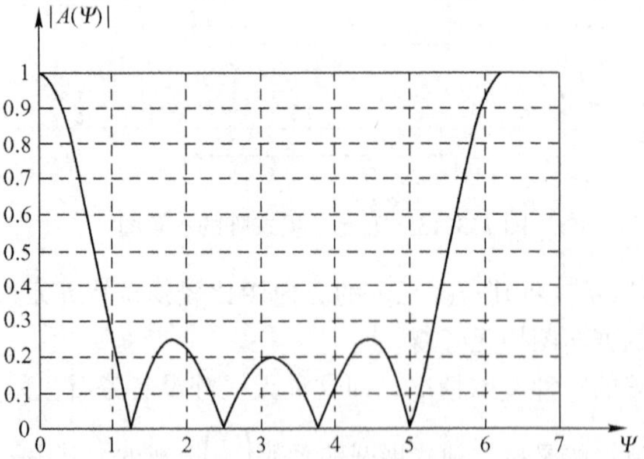

图 7.3.16　五元阵的归一化阵因子图

在实际应用中，不仅要让单元天线的最大辐射方向尽量与阵因子一致，而且单元天线多采用弱方向性天线，所以均匀直线阵的方向性调控主要是通过调控阵因子来实现的，所以下面重点讨论阵因子。

（1）主瓣方向。均匀直线阵的最大值发生在 $\psi=0$ 或 $kd\cos\varphi_m+\zeta=0$ 时，由此得出

$$\cos\varphi_m = -\frac{\zeta}{kd} \tag{7.3.44}$$

① 边射阵：最大辐射方向在垂直于阵轴方向上，即 $\varphi_m = \pm\pi/2$，由式（7.3.44）得 $\zeta = 0$。也就是说，在垂直于阵轴方向上，各阵元到观察点没有波程差，所以各阵元电流不需要有相位差，方向图类似图 7.3.9。

② 端射阵：最大辐射方向在阵轴方向上，即 $\varphi_m = 0$ 或 π，由式（7.3.44）得 $\zeta = -kd(\varphi_m = 0)$ 或 $\zeta = kd$（$\varphi_m = \pi$），也就是说，各阵元电流沿阵轴方向依次滞后 kd，方向图类似图 7.3.10。

可见，直线阵相邻阵元电流相位差 ζ 的变化，引起方向图最大辐射方向的相应变化。如果 ζ 随时间按一定规律重复变化，最大辐射方向连同整个方向图就能在一定空域内往返运动，即实现方向图扫描。这种通过改变相邻阵元电流相位差实现方向图扫描的天线阵，称为相控阵。

(2) 零辐射方向。阵方向图的零点发生在 $|A(\psi)| = 0$ 处，即

$$\frac{N\psi}{2} = \pm m\pi \qquad m = 1, 2, 3, \ldots \tag{7.3.45}$$

显然，边射阵与端射阵相应的以 φ 表示的零点方位是不同的。

(3) 主瓣宽度。当 N 很大时，头两个零点之间的主瓣宽度可近似确定。令 ψ_{01} 表示第一个零点，实际就是令式（7.3.45）中的 $m = 1$，则 $\psi_{01} = \pm 2\pi/N$。

① 边射阵（$\zeta = 0$，$\varphi_m = \pi/2$）

设第一个零点发生在 φ_{01} 处，则头两个零点之间的主瓣宽度为

$$2\Delta\varphi = 2(\varphi_{01} - \varphi_m)$$

又因为

$$\cos\varphi_{01} = \cos(\varphi_m + \Delta\varphi) = \frac{\psi_{01}}{kd}$$

因而有

$$\sin\Delta\varphi = \frac{2\pi}{Nkd}$$

所以

$$2\Delta\varphi = 2\cdot\arcsin\left(\frac{\lambda}{Nd}\right)$$

当 $Nd \gg \lambda$ 时，主瓣宽度为

$$2\Delta\varphi \approx \frac{2\lambda}{Nd} \tag{7.3.46}$$

式（7.3.46）是一个有实用意义的近似计算式。它表示了很长的均匀边射阵的主瓣宽度（以弧度计）近似等于以波长量度的阵长度的倒数的两倍。

② 端射阵（$\zeta = -kd, \varphi_m = 0$）

设第一个零点发生在 φ_{01} 及 $\psi_{01} = kd(\cos\varphi_{01} - 1)$ 处，则

$$\cos\varphi_{01} = \frac{\psi_{01}}{kd} + 1 = -\frac{2\pi}{Nkd} + 1 = 1 - \frac{\lambda}{Nd}$$

$$\cos\varphi_{01} = \cos\Delta\varphi = 1 - \frac{\lambda}{Nd}$$

当 $\Delta\varphi$ 很小时，$\cos\Delta\varphi \approx 1 - \frac{(\Delta\varphi)^2}{2}$，所以端射阵的主瓣宽度为

$$\Delta\varphi \approx \sqrt{\frac{2\lambda}{Nd}} \tag{7.3.47}$$

显然，均匀端射阵的主瓣宽度大于同样长度的均匀边射阵的主瓣宽度。

③ 旁瓣方位

旁瓣是次极大值，它们发生在 $\left|\sin\frac{N\psi}{2}\right|=1$ 处，即

$$\frac{N\psi}{2}=\pm(2n+1)\frac{\pi}{2}\quad n=1,2,3,\ldots \tag{7.3.48}$$

第一旁瓣发生在 $n=1$，即 $\psi=\pm 3\pi/N$ 方向。

④ 第一旁瓣电平

当 N 较大时，相对场强为

$$|A(\psi)|=\frac{1}{N}\left|\frac{1}{\sin(3\pi/2N)}\right|\approx\frac{1}{N}\left|\frac{1}{3\pi/(2N)}\right|=\frac{2}{3\pi}\approx 0.212 \tag{7.3.49}$$

若以对数表示，多元均匀直线阵的第一旁瓣电平为

$$20\lg 0.212=-13.5\ \text{dB}$$

当 N 很大时，此值几乎与 N 无关。也就是说，对于均匀直线阵，当第一旁瓣电平达到 -13.5 dB 后，即使再增加天线元数，也不能降低旁瓣电平。

【例 7-8】 间距为 $\lambda/2$ 的十二元均匀直线阵：

① 求归一化阵方向函数；

② 求边射阵的主瓣零功率波瓣宽度和第一旁瓣电平，并画出方向图；

③ 此天线阵为端射阵时，求主瓣的零功率波瓣宽度和第一旁瓣电平，并画出方向图。

解： 十二元均匀直线阵函数为

$$|A(\psi)|=\frac{1}{12}\left|\frac{\sin 6\psi}{\sin(\psi/2)}\right|$$

式中：$\psi=kd\cos\varphi+\zeta$。

其第一零点发生在 $\psi=\pm\frac{\pi}{6},\pm\frac{\pi}{3},\pm\frac{\pi}{2},\pm\frac{2\pi}{3}\pm\frac{5\pi}{6},\ \pm\pi$ 处。

将阵间距 $d=\lambda/2$ 代入上式得

$$\psi=\pi\cos\varphi+\zeta$$

具体方向图如图 7.3.17 所示。

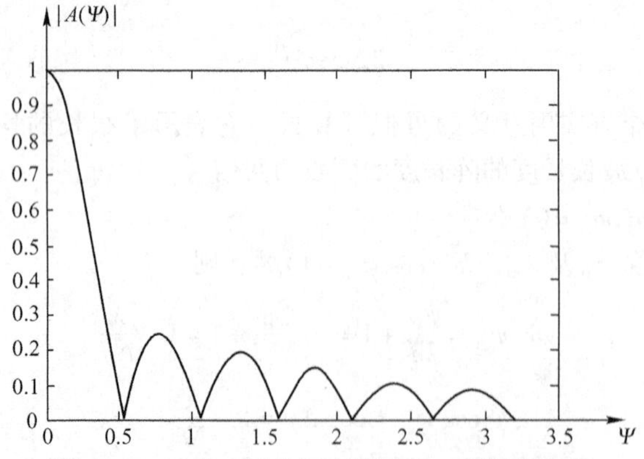

图 7.3.17　十二元均匀直线阵归一化阵方向图

对于边射阵，$\zeta=0$，所以，$\psi=\pi\cos\varphi$。

第一零点的位置为

$$\pi\cos\varphi_{01}=\frac{\pi}{6}$$

主瓣零功率波瓣宽度为

$$2\Delta\varphi = 2\left(90° - \arccos\frac{1}{6}\right) = 19.2°$$

具体方向图如图 7.3.18 所示。

第一旁瓣电平为

$$20\lg 0.212 = -13.5\ \text{dB}$$

对于端射阵，$\zeta = \pi$，所以，$\psi = \pi\cos\varphi - \pi$。

第一零点的位置为

$$\pi\cos\varphi_{01} - \pi = -\frac{\pi}{6}$$

主瓣零功率波瓣宽度为

$$2\Delta\varphi = 67°$$

具体方向图如图 7.3.19 所示。

第一旁瓣电平为

$$20\lg 0.212 = -13.5\ \text{dB}$$

可见，十二元均匀直线阵的第一旁瓣电平（13.5 dB）比五元均匀直线阵的第一旁瓣电平（12 dB）仅降低了 1.5 dB。

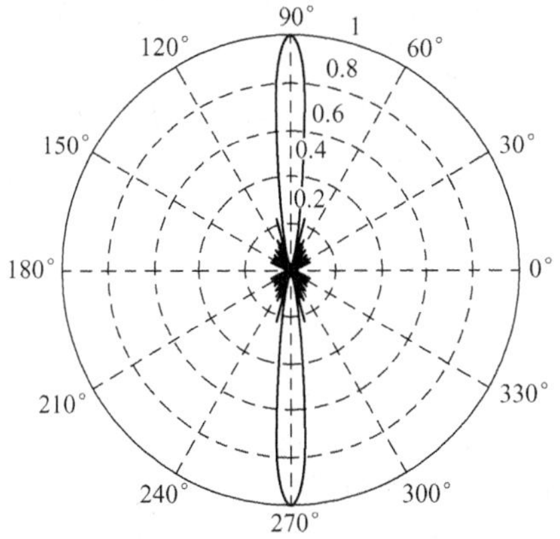

图 7.3.18　十二元均匀边射阵方向图

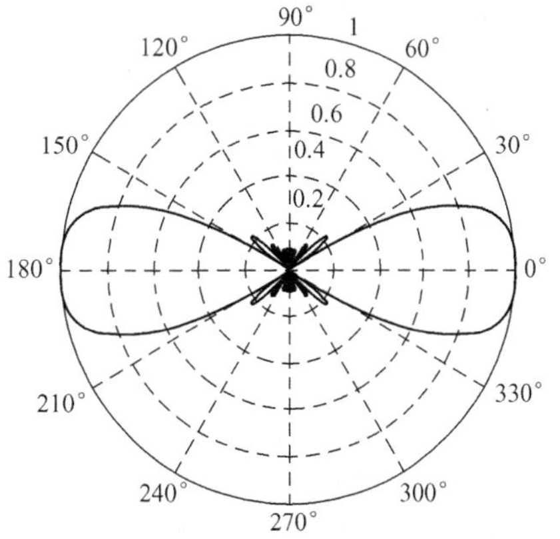

图 7.3.19　十二元均匀端射阵方向图

【例 7-9】 某五元边射阵，天线元间距为 $\lambda/2$，各元电流按三角形分布，其比值为 1∶2∶3∶2∶1，确定阵因子和归一化方向图，并将第一旁瓣电平与均匀五元阵相比较。

解： 五元锥形阵的归一化阵因子为

$$|A(\psi)| = \frac{1}{9}\left|1 + 2e^{j\psi} + 3e^{j2\psi} + 2e^{j3\psi} + e^{j4\psi}\right|$$

$$= \frac{1}{9}\left|\frac{1 - e^{j3\psi}}{1 - e^{j\psi}}\right|^2 = \frac{1}{9}\left|\frac{\sin\frac{3\psi}{2}}{\sin\frac{\psi}{2}}\right|^2$$

式中：$\psi = kd\cos\varphi + \zeta$，而 $\zeta = 0$，$d = \lambda/2$，所以

$$|A(\psi)| = \left|\frac{\sin\left(\frac{3}{2}\pi\cos\varphi\right)}{3\sin\left(\frac{1}{2}\pi\cos\varphi\right)}\right|^2$$

由均匀直线阵分析思路知，当 $|A(\psi)|=1$ 时，为主瓣中最大场强处，可以五元锥形阵的主瓣发生在 $\psi=0$ 即 $\varphi_m=\pm\pi/2$ 处，旁瓣发生在 $\varphi_m=0$、$\varphi_m=\pi$ 处，即

$$\left|\sin\left(\frac{3}{2}\pi\cos\varphi\right)\right|=1$$

此时 $|A(\psi)|=1/9$，其第一旁瓣电平为 $20\lg\left(\frac{1}{9}\right)=-19.2\ \text{dB}$，而图 7.3.16 五元均匀边射阵的第一旁瓣电平为 12 dB，显然不均匀分布直线阵旁瓣电平降低了，但主瓣宽度却增加了。其方向图可借助 MATLAB 画出，如图 7.3.20 所示。

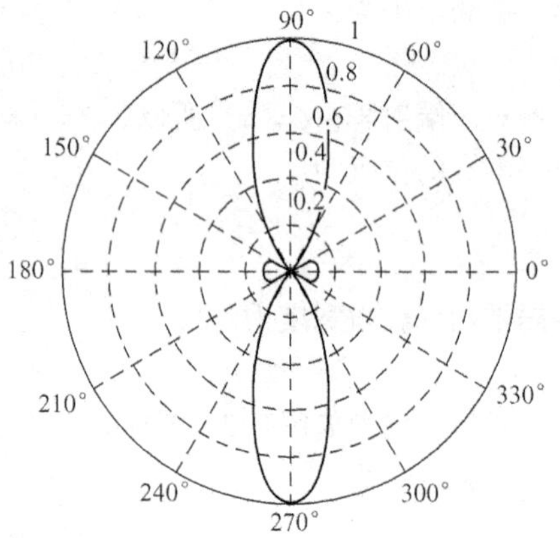

图 7.3.20 非均匀五元阵归一化阵因子方向图

天线阵方向图的主瓣宽度小，则旁瓣电平就高；反之，主瓣宽度大，则旁瓣电平就低。均匀直线阵的主瓣很窄，但旁瓣数目多、电平高；二项式直线阵的主瓣很宽，旁瓣就消失了。对发射天线来说，天线方向图的旁瓣是朝不希望的区域发射，从而分散了天线的辐射能量；而对接收天线来说，从不希望的区域接收，就要降低接收信噪比，因此它是有害的。但旁瓣又起到了压缩主瓣宽度的作用，从这点来说，旁瓣似乎又是有益的。实际上，只要旁瓣电平低于给定的电平，旁瓣是允许存在的。能在主瓣宽度和旁瓣电平间进行最优折中的是道尔夫－切比雪夫分布阵，这种天线阵在满足给定旁瓣电平的条件下，主瓣宽度最窄。道尔夫－切比雪夫分布阵具有等旁瓣的特点，其数学表达式是切比雪夫多项式。道尔夫－切比雪夫分布边射阵是最优边射阵，它所产生的方向图是最优方向。

7.3.3 地面天线

实际的天线辐射场要考虑地面的影响，在分析过程中我们将地面的影响等效为理想导体对辐射场的影响，采用镜像法分析地面直立振子天线和水平振子天线的辐射场及辐射特性。如图 7.3.21 所示，水平电流元的镜像为理想导电平面另一侧对称位置处的等幅反相电流元，称为负镜像；而垂直电流元的镜像为理想导电平面另一侧对称位置处的等幅同相电流元，称为正镜像；倾斜电流元的镜像与水平电流元的镜像相同，也为对称位置处的负镜像。值得注意的是，镜像流只在真实电流元所在处的半空间内有效。

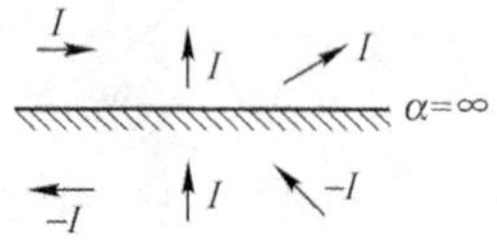

图 7.3.21 电流元的镜像

1. 直立振子天线

(1) 单极天线的辐射场及其方向图。在理想导电平面上的单极天线的辐射场，可看成与其镜像共同构成的对称振子天线辐射场的地面以上部分，即图 7.3.22 (a) 可镜像得图 7.3.22 (b)，直接应用自由空间对称振子的公式进行计算，即

$$E_\theta=\mathrm{j}\frac{60I_m}{r}e^{-jkr}\frac{\cos(\beta h\cos\theta)-\cos\beta h}{\sin\theta}\qquad(7.3.50)$$

式中：$\beta=k=\frac{2\pi}{\lambda}$；$I_m$ 为波腹点电流，工程上常采用输入电流表示。波腹点电流与输入点电流 I_0 的关系为

$$I(z)\big|_{z=0}=I_m\sin k(h-0)=I_0\qquad(7.3.51)$$

架设在地面上的线天线的两个主平面方向图一般用水平平面和铅垂平面来表示，当仰角 δ

及距离 r 为常数时，电场强度随方位角 φ 的变化曲线即为水平面方向图；当方位角 φ 及距离 r 为常数时，电场强度随仰角 δ 的变化曲线即为铅垂面方向图。

由图 7.3.22（b）可知，将 $\theta=90°-\delta$ 及式(7.3.51)都代入式(7.3.50)得架设在理想导电平面上的单极天线的方向函数

$$F(\delta)=\frac{\cos(kh\sin\delta)-\cos kh}{\cos\delta} \tag{7.3.52}$$

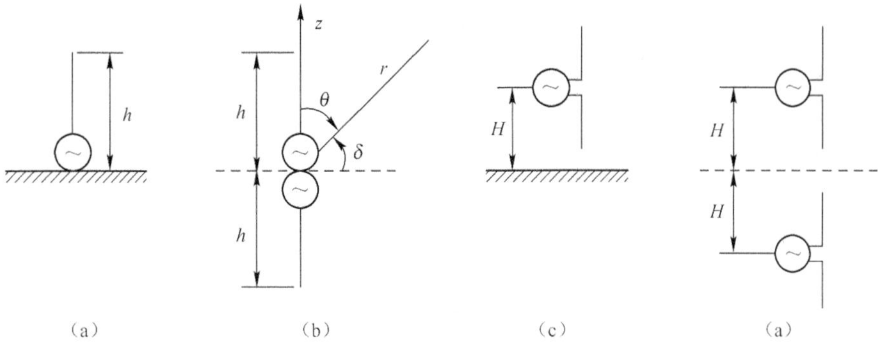

图 7.3.22　直立天线及其等效分析

其具体方向图如图 7.3.23 所示，相当于对称振子天线方向图倾倒 180°，并取地面以上部分的辐射场。

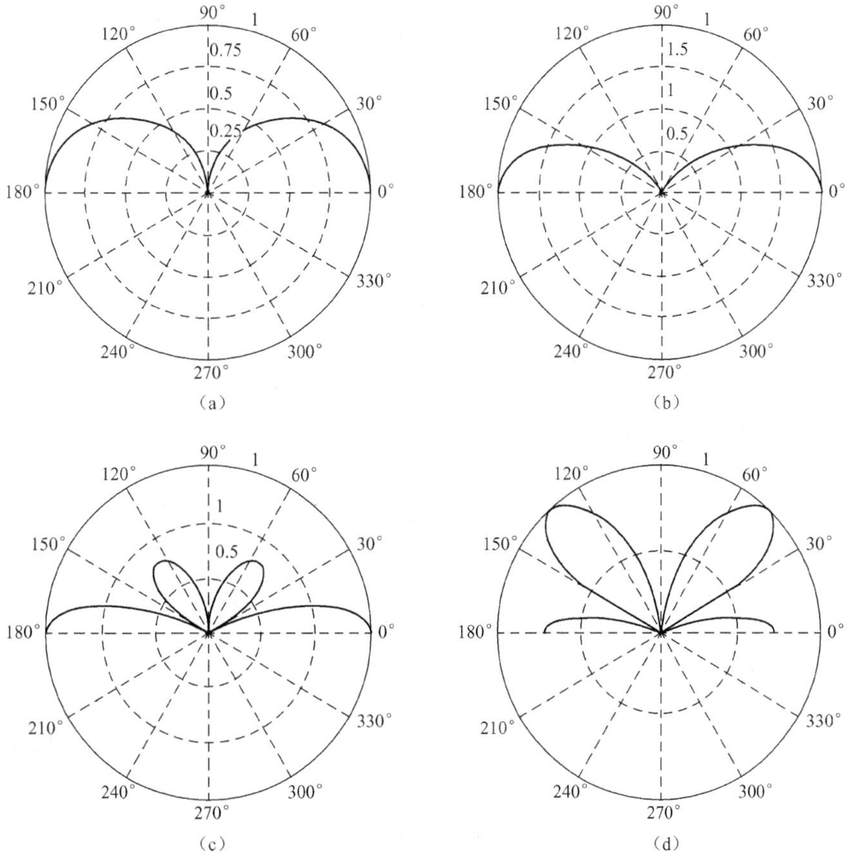

图 7.3.23　单极天线铅垂平面方向图

同理，如为地面直立对称振子天线［如图 7.3.22（c）所示］，其镜像分析可看成二元阵，如图 7.3.22（d）所示，具体分析参见二元阵，只是方向图取地面以上部分。

（2）有效高度。由式（7.3.51）得，天线电流归算于输入点电流 I_0 表达式为

$$I(z)=I_m \sin k(h-z)=\frac{I_0}{\sin kh}\sin k(h-z) \tag{7.3.53}$$

则天线归算子输点电流 I_0 的有效高度 h_{ein} 满足下面关系式

$$I_0 h_{ein}=\int_0^h I(z)\mathrm{d}z \tag{7.3.54}$$

将式（7.3.54）代入式（7.3.53）即得

$$h_{ein}=\frac{1-\cos kh}{k\sin kh} \tag{7.3.55}$$

若 $h \ll \lambda$，则有

$$h_{ein}=\frac{1}{k}\tan\frac{kh}{2}\approx\frac{h}{2} \tag{7.3.56}$$

可见，当单极天线的高度 $h \ll \lambda$ 时，其有效高度约为实际高度的一半，且辐射效率很低，一般为 10% 左右。

根据上述分析并类比对称振子天线可得，单极天线的辐射功率为

$$P_\Sigma=\frac{15}{2\pi}I_m^2\int_0^{2\pi}\int_0^{\pi}|F(\delta)|^2\cos\delta\mathrm{d}\delta\mathrm{d}\varphi$$

所以对 $h=\frac{\lambda}{30}$ 的单极天线，其辐射电阻为

$$R_\Sigma=30\int_0^{\pi}\frac{\left|\cos\left(\frac{\pi}{15}\sin\delta\right)-\cos\frac{\pi}{15}\right|^2}{\cos\delta}\mathrm{d}\delta$$

用 MATLAB 编程计算得

$$R_\Sigma=0.0191\ \Omega$$

可见，当天线高度 $h \ll \lambda$ 时，辐射电阻是很低的。

如没损耗电阻 $R_1=5\ \Omega$，根据效率的定义有

$$\eta=\frac{R_\Sigma}{R_\Sigma+R_1\sin^2 kh}=\frac{0.02}{0.02+5\sin^2\left(\frac{\pi}{15}\right)}=8.5\%$$

可见，单极天线的效率也很低。

（3）提高单极天线效率的方法。

① 提高天线的辐射电阻。提高天线辐射电阻的方法常采用天线加顶的办法，如图 7.3.24 所示。设顶电容为 C_a，天线的特性阻抗为 $\overline{Z_0}$，其等效的线段高度为 h'，则根据传输线理论有

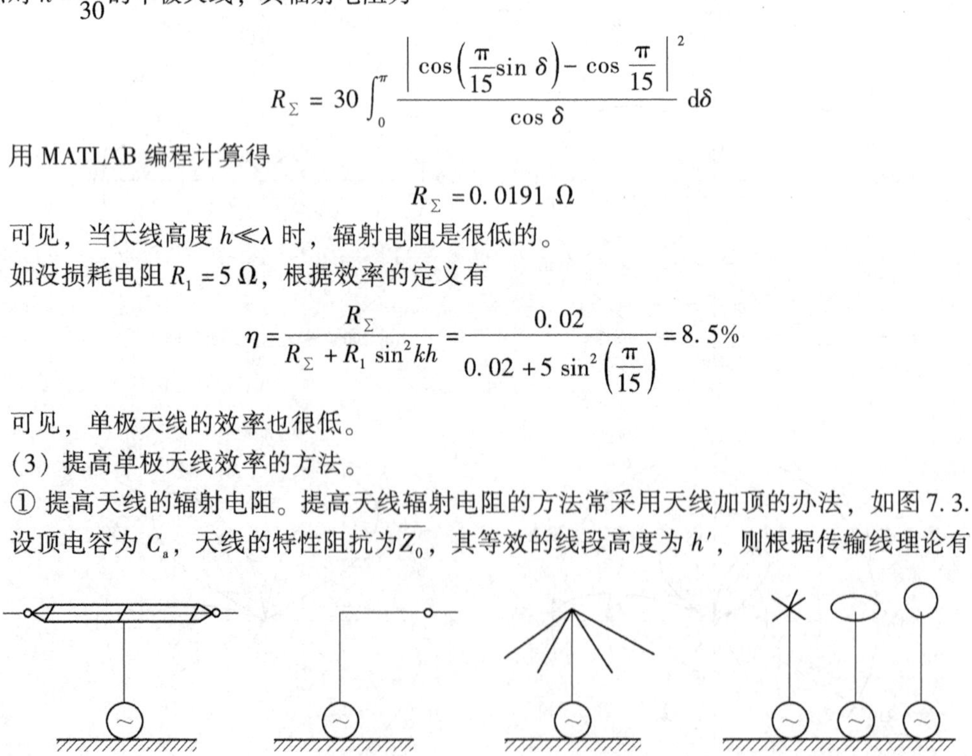

（a）T形天线　（b）L形天线　（c）伞形天线　（d）带辐射叶形、圆盘形、球形天线

图 7.3.24　加顶单极天线

$$\overline{Z_0}\cot kh' = \frac{1}{\omega C_a} \tag{7.3.57}$$

$$h' = \frac{1}{k}\operatorname{arccot}\frac{1}{\overline{Z_0}\omega C_a} \tag{7.3.58}$$

则天线加顶后虚高为

$$h_0 = h + h' \tag{7.3.59}$$

此时天线上的电流分布为

$$I(z) = \frac{I_0}{\sin kh_0}\sin k(h_0 - z) \tag{7.3.60}$$

天线的有效高度为

$$h'_{ein} = \frac{1}{I_0}\int_0^h I(z)\,dz = \frac{2\sin k\left(h_0 - \dfrac{h}{2}\right)\sin\dfrac{kh}{2}}{k\sin kh_0} \tag{7.3.61}$$

当 $h \ll \lambda$ 时，加顶后天线归于输入点电流的有效高度为

$$h'_{ein} \approx h\left(1 - \frac{h}{2h_0}\right) > 0.5h \tag{7.3.62}$$

可见，天线加顶后的有效高度提高了，从而天线的效率也会随之提高。

② 降低损耗电阻。单极天线铜损耗和周围介质损耗都相对不大，主要损耗来自于接地系统。通常认为接地系统的损耗主要是由两个因素引起的：其一是天线电流经地面流入接地系统时所产生的损耗—电场损耗，另一是天线上的电流产生磁场损耗。而对于电高度较小的直立天线，磁损耗是主要的，一般采用在天线底部加辐射状地网的方式减小这种损耗。

总的来说，单极天线的方向增益较低。要提高其方向性，在超短波波段也可以采用在垂直于地面的方向上排阵，这就是直立共线阵，其分析方法类似于天线阵，本书不再赘述。

2. 水平振子天线

水平振子天线经常应用于短波通信、电视或其他无线电系统中，这主要是因为：

① 水平振子天线架设和馈电方便；

② 地面电导率的变化对水平振子天线的影响较直立天线小；

③ 工业干扰大多是垂直极化波，因此用水平振子天线可减小干扰对接收的影响。

(1) 水平振子天线的方向图。水平振子天线的结构如图 7.3.25 所示。与直立天线的情况类似，无限大导电地面的影响可用水平振子天线的镜像来替代，因此，架设在理想导电地面上的水平振子天线的辐射场可以用该天线与其镜像所构成的二元阵来分析，但应注意该二元阵的两天线元是同幅反相的，如果地面上的天线相位为零，则其镜像的相位就是 π，如图 7.3.26 所示。于是此二元阵的合成场为

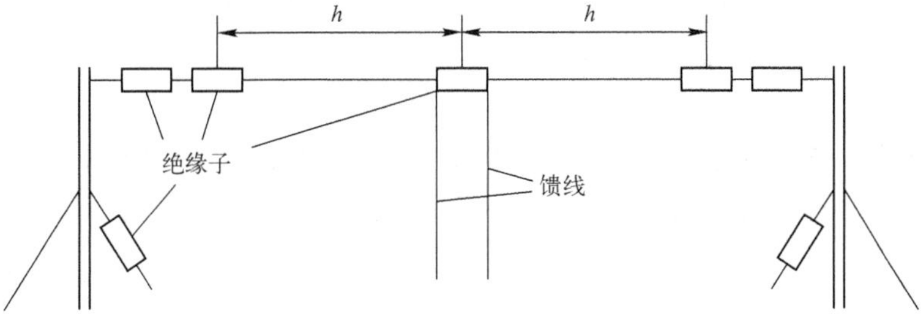

图 7.3.25　水平振子天线结构

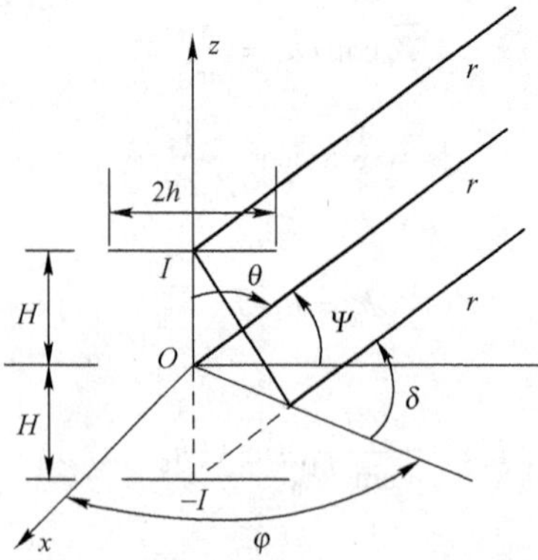

图 7.3.26　架设在理想地面水平振子天线辐射场

$$E = E_1 + E_2 = \mathrm{j}60I_\mathrm{m}\frac{\cos(kh\cos\psi) - \cos kh}{\sin\psi}\left(\frac{\mathrm{e}^{-\mathrm{j}kr_1}}{r_1} + \frac{\mathrm{e}^{-\mathrm{j}(kr_2+\pi)}}{r_2}\right) \tag{7.3.63}$$

式（7.3.63）中：ψ 是射线与振子轴线即 y 轴之间的夹角，如图 7.3.26 所示。在球坐标系中，由矢量的点乘运算可得

$$\begin{aligned}\cos\psi &= \boldsymbol{y}\cdot\boldsymbol{r} = \boldsymbol{y}\cdot(\boldsymbol{x}\sin\theta\cos\varphi + \boldsymbol{y}\sin\theta\sin\varphi + \boldsymbol{z}\cos\theta)\\ &= \sin\theta\sin\varphi\end{aligned} \tag{7.3.64}$$

又因为

$$\theta = 90° - \delta \tag{7.3.65}$$

$$\cos\psi = \cos\delta\sin\varphi, \sin\psi = \sqrt{1-(\cos\delta\sin\varphi)^2} \tag{7.3.66}$$

① 铅垂平面方向图

在 $\varphi = 90°$ 的铅垂平面，远区辐射场有下列近似关系：

在幅度项中，令

$$r_1 = r_2 = r \tag{7.3.67}$$

在相位项中，

$$r_1 \approx r - H\sin\delta \tag{7.3.68a}$$

$$r_2 \approx r + H\sin\delta \tag{7.3.68b}$$

将上述各式都代入式（7.3.63），得架设在理想导电地面上的水平振子天线的辐射场为

$$E = \mathrm{j}60I_\mathrm{m}\frac{\mathrm{e}^{-\mathrm{j}kr}}{r}\cdot\frac{\cos(kh\cos\delta) - \cos kh}{\sqrt{1-\cos^2\delta}}\cdot 2\mathrm{j}\sin(kH\sin\delta) \tag{7.3.69}$$

所以 $\varphi = 90°$ 的铅垂平面方向函数

$$|F(\delta)| = \left|\frac{\cos(kh\cos\delta) - \cos kh}{\sin\delta}\right|\cdot|\sin(kH\sin\delta)| \tag{7.3.70}$$

同理可得 $\varphi = 0°$ 的铅垂平面方向函数

$$|F'(\delta)| = |\sin(kH\sin\delta)| \tag{7.3.71}$$

由式（7.3.70）和式（7.3.71）画出其垂直平面方向图如图 7.3.27 所示，其中图 7.3.27（a）～（d）为 $\varphi = 90°$ 时的铅垂面方向图，图 7.3.27（e）～（d）为 $\varphi = 0°$ 时的铅垂面方向图。

由方向图 7.3.27 可得到如下结论：

a. 铅垂平面方向图形状取决于 $\frac{H}{\lambda}$，但不论 $\frac{H}{\lambda}$ 为多大，沿地面方向（即 $\delta = 0°$）辐射始

终为零。

b. $H \leqslant \dfrac{\lambda}{4}$ 时，在 $\delta = 60° \sim 90°$ 范围内场强变化不大，并在 $\delta = 90°$方向上辐射最大，这说明天线具有高仰角辐射特性，通常将这种具有高仰角辐射特性的天线称为高射天线。这种架设高度较低的水平振子天线，广泛使用在 300 km 以内的天波通信中。

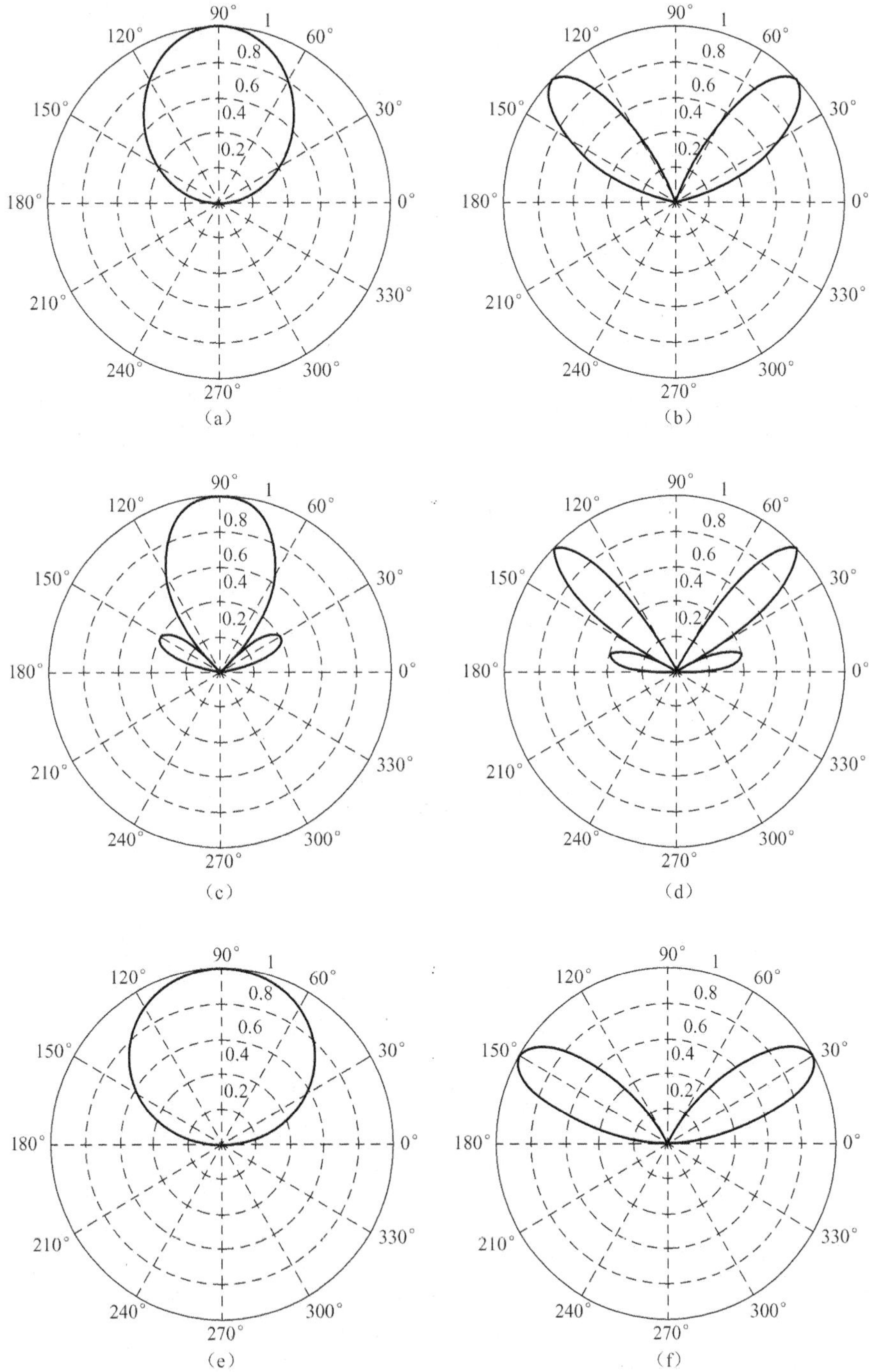

图 7. 3. 27　架设在理想地面上半波振子垂直平面方向图

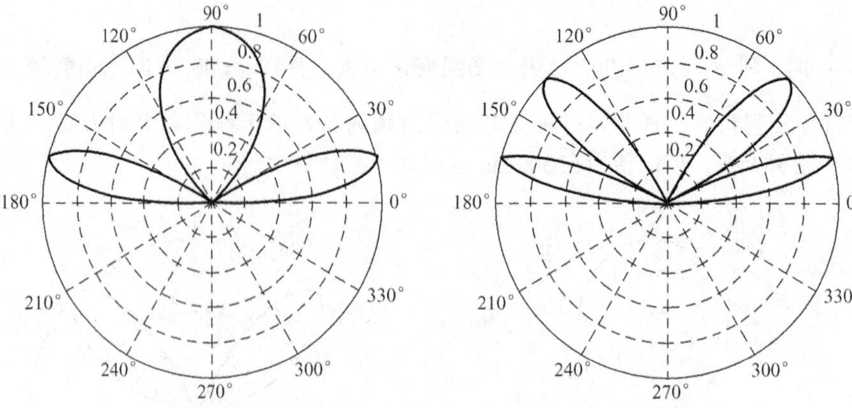

（g）　　　　　　（h）

图 7.3.27　架设在理想地面上半波振子垂直平面方向图（续）

c. $\varphi=0°$ 的垂直平面方向图仅取决于$\dfrac{H}{\lambda}$，且随着$\dfrac{H}{\lambda}$ 的增大，波瓣增多，第一波瓣（最靠近地面的波瓣）最强辐射方向的仰角 δ_{m1} 越小。在短波通信中，应使天线最大辐射方向的仰角 δ_{m1} 等于通信仰角 δ_0（δ_0 是根据通信距离及电离层反射高度来确定的），由此可以确定天线的架设高度 H。于是有

$$\sin(kH\sin\delta_{m1})=1 \tag{7.3.72}$$

$$\delta_0=\delta_{m1}=\arcsin\frac{\lambda}{4H} \tag{7.3.73}$$

所以天线的架设高度为

$$H=\frac{\lambda}{4\sin\delta_0} \tag{7.3.74}$$

② 水平平面方向图。仰角 δ 为不同常数时的水平平面方向函数为

$$|F(\delta,\varphi)|=\left|\frac{\cos(kh\cos\delta\sin\varphi)-\cos kh}{\sqrt{1-\cos^2\delta\sin^2\varphi}}\right|\cdot|\sin(kH\sin\delta)| \tag{7.3.75}$$

具体水平平面方向图如图 7.3.28 所示。

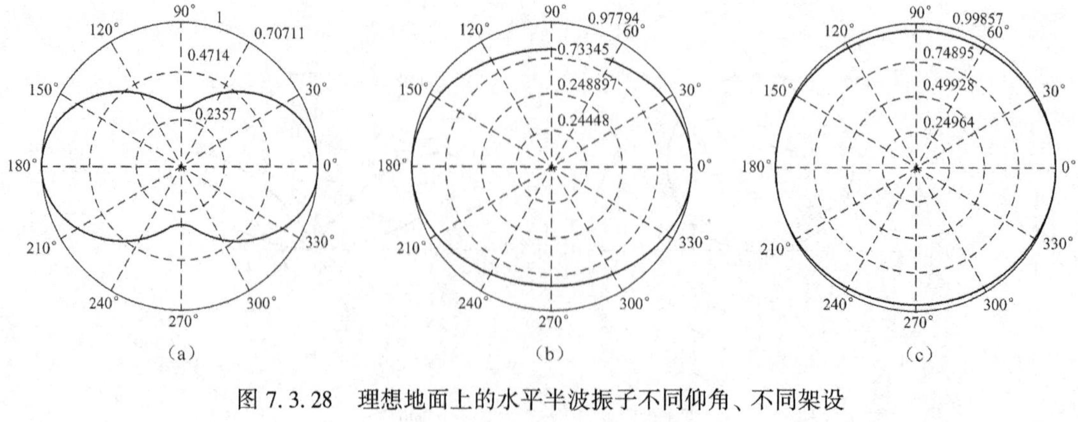

（a）　　　　　　（b）　　　　　　（c）

图 7.3.28　理想地面上的水平半波振子不同仰角、不同架设高度时的水平平面方向图

由图 7.3.28 可见：

a. 架设在理想地面上的水平对称振子不同仰角时的水平平面方向图与架设高度无关，但跟天线仰角有关，并且仰角越大，其方向性越弱。

b. 由于高仰角水平平面方向性不明显，因此在短波 300 km 以内距离的通信时，常把它作全方向性天线使用。

应该指出，上述分析仅当天线架设高度 $H \geqslant 0.2\lambda$ 时是正确的。如果不满足上述条件，就必须考虑地面波的影响了。

（2）水平振子天线尺寸的选择。为保证水平振子天线在较宽的频带范围内最大辐射方向不发生偏移，应选择振子的臂长 $h \leqslant 0.625\lambda$，以保证在与振子轴垂直的方向上始终有最大辐射，如图 7.3.29 所示。但当 h 太短时，天线的辐射能力变弱，效率将很低，加上天线的输入电阻太小而容抗很大，要实现天线与馈线的匹配就比较困难，因而天线的臂长又不能太短。通常应选择振子的臂长在下列范围内：

$$0.2\lambda \leqslant h \leqslant 0.625\lambda \tag{7.3.76}$$

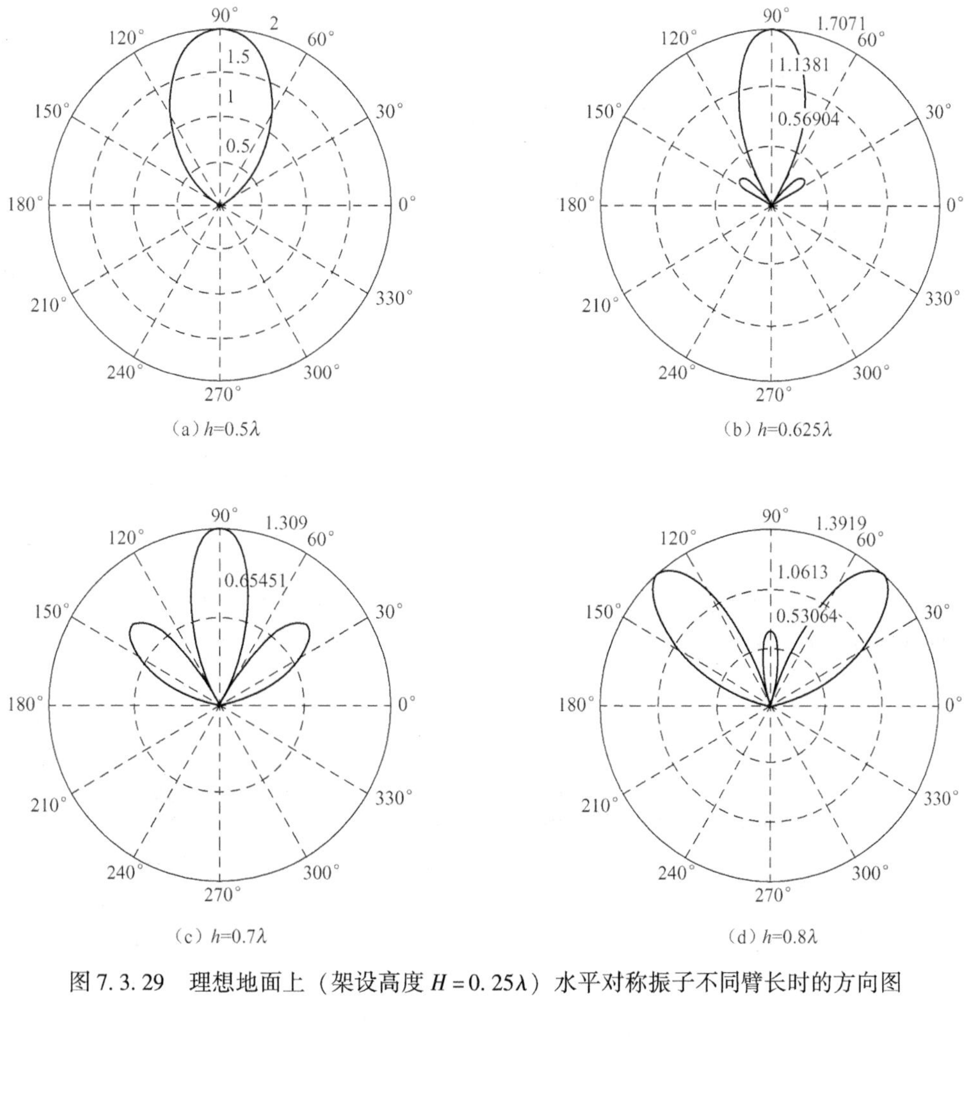

（a）h=0.5λ　（b）h=0.625λ

（c）h=0.7λ　（d）h=0.8λ

图 7.3.29　理想地面上（架设高度 $H=0.25\lambda$）水平对称振子不同臂长时的方向图

7.3.4 常用天线设备

1. 行波天线

前面所讲的振子天线，其上电流为驻波分布，如对称振子的电流分布为

$$I(z)=I_{\mathrm{m}}\sin\beta(h-z)=\frac{I_{\mathrm{m}}}{2\mathrm{j}}\left[\mathrm{e}^{\mathrm{j}\beta(h-z)}-\mathrm{e}^{\mathrm{j}\beta(z-h)}\right] \tag{7.3.77}$$

式中：右边的第一项表示从馈电点向导线末端传输的行波；右边的第二项表示从末端反射回来的从导线末端向馈电点传输的行波；负号表示反射系数为 -1。

当终端不接负载时（称终端开路），来自激励源的电流将在终端全部被反射。这样，振幅相等、传输方向相反的两个行波叠加就形成了驻波。凡天线上电流分布为驻波的均称为驻波天线。驻波天线是双向辐射的，输入阻抗具有明显的谐振特性，因此，一般情况下工作频带较窄。

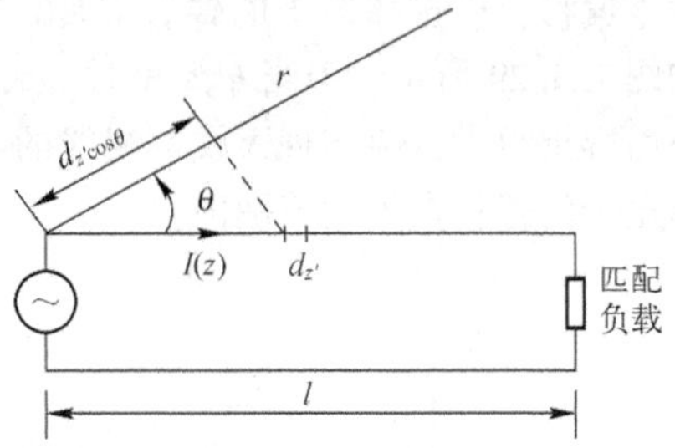

图 7.3.30　行波天线

如果天线上电流分布是行波，则此天线称为行波天线。通常，行波天线是由导线末端接匹配负载来消除反射波而构成，如图 7.3.30 所示。

（1）行波单导线天线的方向图。若天线终端接匹配负载，则天线上电流为行波分布

$$I(z)=I_0\,\mathrm{e}^{-\mathrm{j}\beta z} \tag{7.3.78}$$

忽略地面的影响，行波天线的辐射场为

$$E_\theta=\frac{\mathrm{j}60\pi}{\lambda r}\sin\theta\,\mathrm{e}^{-\mathrm{j}\beta r}\int_0^l I(z)\,\mathrm{e}^{\mathrm{j}\beta z\cos\theta}\mathrm{d}z \tag{7.3.79}$$

经积分，得

$$E_\theta=\frac{\mathrm{j}60\pi I_0}{\lambda r}\cdot\frac{\sin\theta}{1-\cos\theta}\cdot\sin\left[\frac{\beta l}{2}(1-\cos\theta)\right]\mathrm{e}^{-\mathrm{j}\beta\left[r+\frac{l}{2}(1-\cos\theta)\right]} \tag{7.3.80}$$

因而，单根行波单导线的方向函数为

$$F_\theta=\frac{\sin\theta\sin\left[\frac{\beta l}{2}(1-\cos\theta)\right]}{1-\cos\theta} \tag{7.3.81}$$

根据式（7.3.81）可画出行波单导线的方向图如图 7.3.31 所示，由图 7.3.31 可见，行波单导线的方向性具有如下特点：

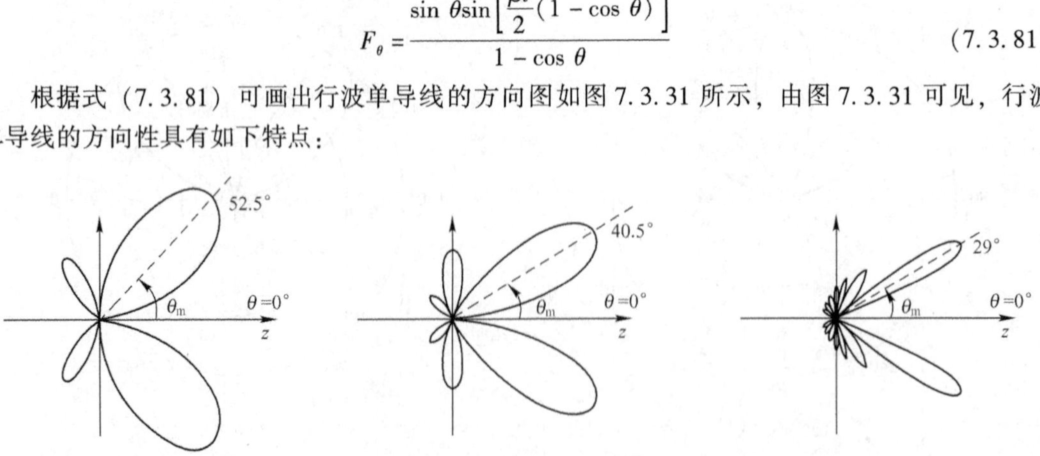

（a）$l=\lambda$　（b）$l=1.5\lambda$　（c）$l=3\lambda$

图 7.3.31　行波单导线方向图

① 沿导线轴线方向没有辐射。这是由于基本振子沿轴线方向无辐射之故。

② 导线长度愈长，最大辐射方向愈靠近轴线方向，同时主瓣越窄，副瓣越大，且副瓣数增多。

③ 当 l/λ 很大时，主瓣方向随 l/λ 变化趋缓，即天线的方向性具有宽频带特性。

当天线较长时，θ 很小，行波天线的最大辐射方向可近似由下式确定

$$\sin\left[\frac{\beta l}{2}(1-\cos\theta)\right]=1 \tag{7.3.82 a}$$

因此，有

$$\cos\theta_{\mathrm{m}}=1-\frac{\lambda}{2l} \tag{7.3.82 b}$$

由式（7.3.82b）可见，当 l/λ 较大，工作波长改变时，最大辐射方向 θ_{m}变化不大。

（2）V 形天线和菱形天线。为了增强行波单导体天线的增益，可以利用排阵的方法，最常用的是 V 形天线和菱形天线，其具体结构和方向图如图 7.3.32 所示，其中图 7.3.32（a）为 V 形天线菱形天线的结构和方向，图 7.3.32（b）为菱形天线的结构和方向图。

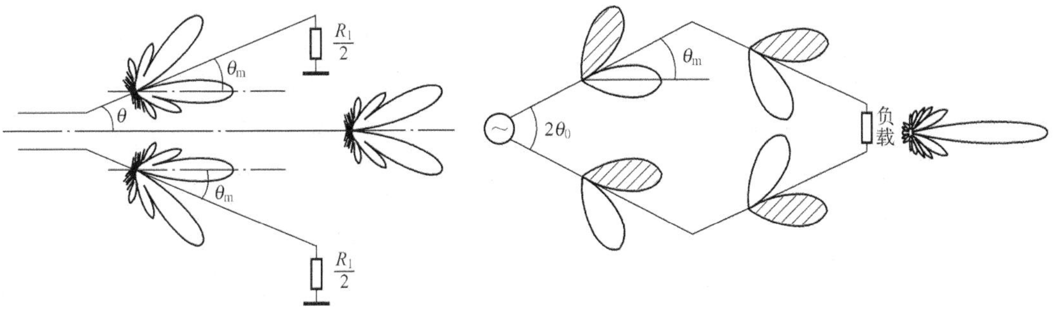

（a）V形天线(l/λ=10, θ=15°)　　（b）菱形天线

图 7.3.32　V 形天线和菱和天线结构及方向图

2. 电视天线

（1）电视发射天线的特点

① 频率范围宽。我国电视广播所用的频率范围：1 ～ 12 频道（VHF 频段）为 48.5 ～ 223 MHz；13 ～ 68 频道（UHF 频段）为 470 ～ 956 MHz。

② 覆盖面积大。

③ 在以零辐射方向为中心的一定的立体角所对的区域，电视信号变得十分微弱，因此零辐射方向的出现，对电视广播来说是不好的。

④ 由于工业干扰大多是垂直极化波，因此我国的电视发射信号采用水平极化，即天线及其辐射电场平行于地面。

⑤ 为了扩大服务范围，发射天线必须架在高大建筑物的顶端或专用的电视塔上，这就要求天线必须承受一定的风荷、防雷等。

以上这些特点除了要求电视发射天线功率大、频带宽、水平极化，还要求天线在水平面内无方向性，而在铅垂平面有较强的方向性。

（2）旋转场天线。设有两个电流大小相等 $I_1=I_2$、相位差 $\zeta=90°$的直线电流元，在水平面内垂直放置，如图 7.3.33 所示。

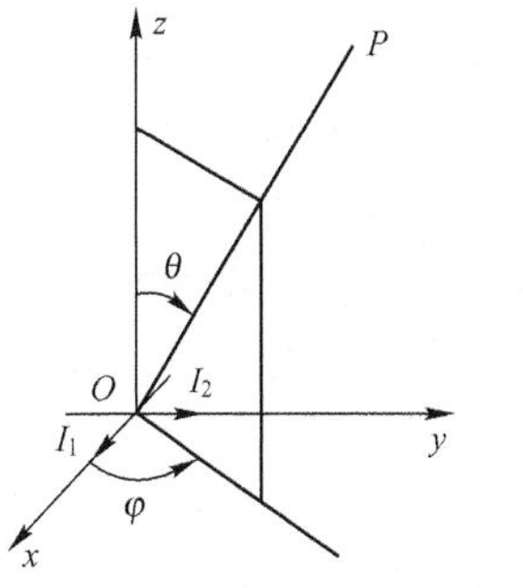

图 7.3.33　旋转场天线辐射场

在 xOy 平面内的任一点上，它们产生的场强分别为

$$\left.\begin{aligned} E_1 &= \frac{60\pi I_1 l}{r\lambda}\sin\varphi \mathrm{e}^{-\mathrm{j}kr}\mathrm{e}^{\mathrm{j}\omega t} \\ E_2 &= \frac{60\pi I_2 l}{r\lambda}\cos\varphi \mathrm{e}^{-\mathrm{j}kr}\mathrm{e}^{\mathrm{j}(\omega t+\zeta)} \end{aligned}\right\} \tag{7.3.83}$$

因而两电流元的合成场瞬时值为

$$E = E_1 + E_2 = A\sin(\omega t + \varphi) \tag{7.3.84}$$

式中：$A = \dfrac{60\pi Il}{r\lambda}$。

图 7.3.34（a）为旋转场天线在时刻（$t=0$）时的方向图，为“8”字形，该方向图随时间以角频率 ω 在水平面内旋转，如图 7.3.34（b）所示，其效果是在水平面内没有方向性，稳态方向图是个圆。

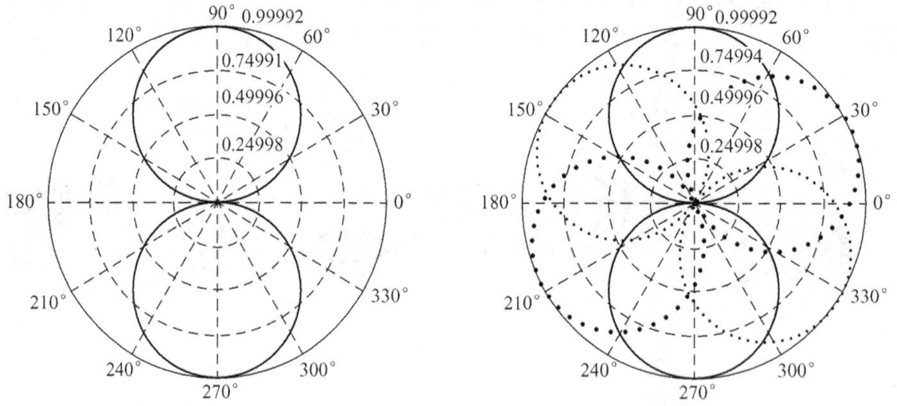

（a）单个电流元的方向图　　（b）旋转场天线方向图

图 7.3.34　单个电流元和两正交电流元的方向图

由于电流元的辐射比较弱，实际应用的旋转场天线，常常以半波振子作为单元天线，这时，场点 P 处的合成场强的归一化模值为

$$|E| = \sqrt{\left[\frac{\cos\left(\dfrac{\pi}{2}\cos\varphi\right)}{\sin\varphi}\right]^2 + \left[\frac{\cos\left(\dfrac{\pi}{2}\sin\varphi\right)}{\cos\varphi}\right]^2} \tag{7.3.85}$$

其方向图在水平面内基本上是无方向的，如图 7.3.35 所示。

为了提高铅垂面内的方向性，可以将若干正交半波振子以间距半波长排阵，然后安装在同一根杆子上，而同一层内的两个正交半波振子馈电电缆的长度相差 $\lambda/4$，以获得 90° 的相差，如图 7.3.36 所示。这种天线的特点是结构简单，但频带比较窄。电视发射天线要求有良好的宽频带特性，因此，在天线的具体结构上必须采取一定的措施。目前调频广播和电视台所用的蝙蝠翼天线就是根据上述原理和要求设计的，其结构如图 7.3.37 所示。蝙蝠翼天线的优点是频带很宽（相对带宽可达 20% ～ 25%）、不用绝缘子、固定方便、功率容量大。

在实际应用时，为了在水平平面内获得近似全向性，可将两副蝙蝠翼面在空间正交。为了增加天线的增益，可增加蝙蝠翼的层数，两层间距为一个波长即可。

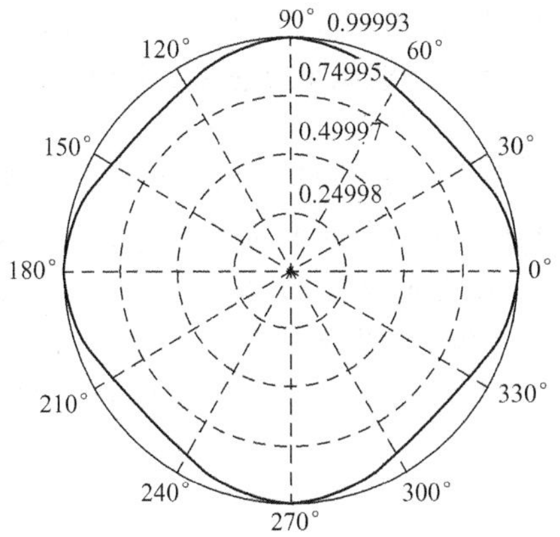

图 7.3.35　电流幅度相等、相差为 90°的正交半波振子的水平面方向图

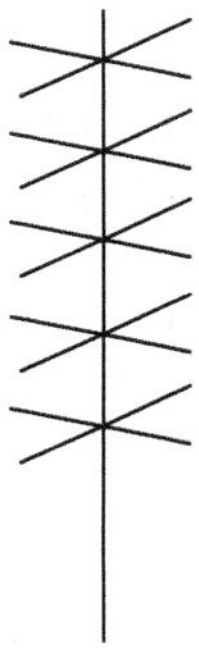

图 7.3.36　正交半波振子阵

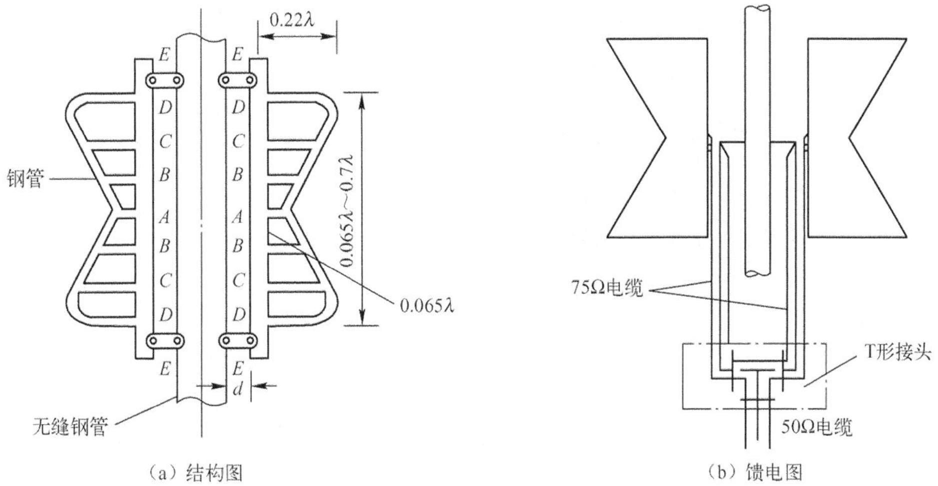

（a）结构图　　（b）馈电图

图 7.3.37　蝙蝠翼天线

3. 移动通信基站天线

顾名思义，移动通信是指通信双方至少有一方在移动中进行信息传输和交换。也就是说，通信中的用户可以在一定范围内自由活动，因此其通信的运行环境十分复杂，多径效应、衰落现象及传输损耗等都比较严重，而且移动通信的用户由于受使用条件的限制，只能使用结构简单、小型轻便的天线。这就对移动通信基站天线提出了一些特殊要求，具体如下：

① 为尽可能避免地形、地物的遮挡，天线应架设在很高的地方，这就要求天线有足够的机械强度和稳定性。

② 为使用户在移动状态下使用方便，天线应采用垂直极化。

③ 根据组网方式的不同，如果是顶点激励，采用扇形天线；如果是中心激励，采用全向天线。

④ 为了节省发射机功率，天线增益应尽可能的高。

⑤ 为了提高天线的效率及带宽，天线与馈线应良好地匹配。

VHF（150 MHz）和 UHF（900 MHz）移动通信基站天线一般是由馈源和角形反射器两部分组成的，为了获得较高的增益，馈源一般采用并馈共轴阵列和串馈共轴阵列两种形式；而为了承受一定的风荷，反射器可以采用条形结构，只要导线之间距 d 小于 0.1λ，它就可以等效为反射板。两块反射板构成120°反射器，如图7.3.38所示。反射器与馈源组成扇形定向天线，三个扇形定向天线组成全向天线。

馈源并馈形式如图7.3.39所示，直接由多路功分器就可以完成。串馈共轴阵列如图7.3.40所示，关键是利用180°移相器，使各振子天线上的电流分布相位接近同相，以达到提高方向性的目的。为了缩短天线的尺寸，实际中还采用填充介质的垂直同轴天线，其结构原理如图7.3.41（a）所示。辐射振子就是同轴线的外导体，辐射振子与辐射振子的连接由同轴线的内外导体交叉连接而成，如图7.3.41（b）所示。为使各辐射振子的电流等幅同相分布，则每段同轴线的长度为 $l=\lambda_g/2$（λ_g为工作波长）。

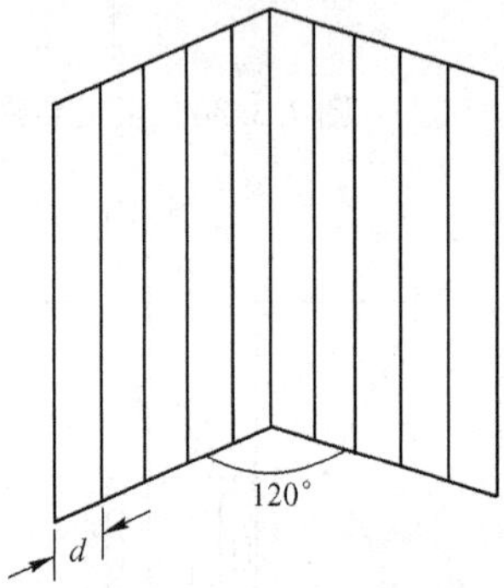

图7.3.38　120°角形反射器

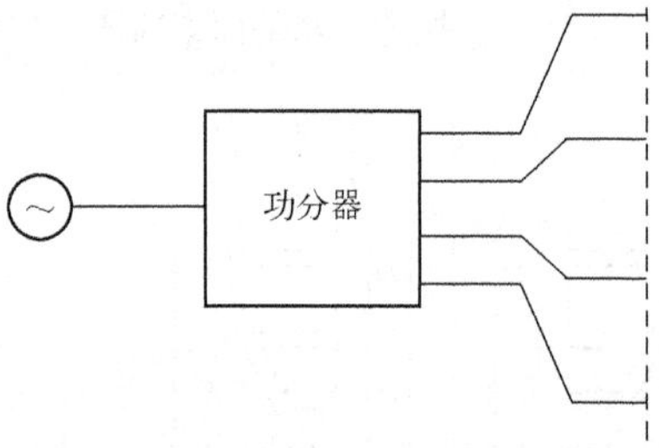

图7.3.39　并馈共轴阵列

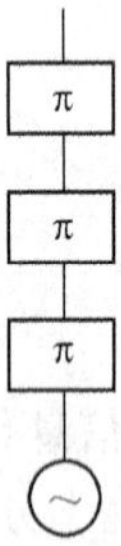

图7.3.40　串馈共轴阵列

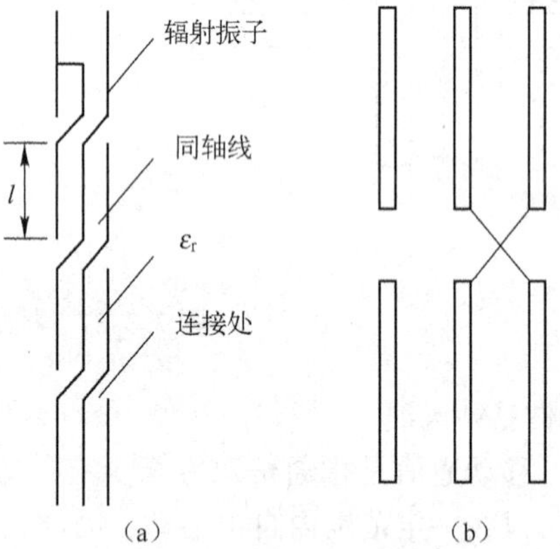

图7.3.41　同轴高增益天线

若同轴线内部充以介电常数为 $\varepsilon_r=2.25$ 的介质，则每段同轴线的长度为 $l=\dfrac{\lambda_g}{2}=\dfrac{\lambda}{2\sqrt{\varepsilon_r}}=\dfrac{\lambda}{3}$（$\lambda$ 为自由空间波长）。

可见，这种天线具有体积小、增益高、垂直极化、水平面内无方向性的特点。如果加角形反射器后，增益将更高。

4. 宽频带天线

在许多场合中，要求天线有很宽的工作频率范围。按工程上的习惯用法，若天线的阻抗、方向图等电特性在一倍频程（$f_{max}/f_{min}=2$）或几倍频程范围内无明显变化，就可称为宽频带天线；若天线能在更大频程范围内（比如 $f_{max}/f_{min}\geqslant10$）工作，而其阻抗、方向图等电特性基本上不变化时，就称为非频变天线。

（1）非频变天线的条件

① 角度条件。天线的形状仅取决于角度，而与其他尺寸无关，即

$$r=r_0 e^{a\varphi} \quad (a>0) \tag{7.3.86}$$

式中：r 为螺旋线矢径；φ 为极坐标中的旋转角；r_0 为 $\varphi=0°$ 时的起始半径；$1/a$ 为螺旋率，决定螺旋线张开的快慢。螺旋线与矢径之间的夹角 Ψ（如图 7.3.42 所示）处处相等的螺旋线称为等角螺旋线，且有 $\Psi=\arctan\left(\frac{1}{a}\right)$。平面等角螺旋线示意图如图 7.3.42 所示。

② 终端效应弱。实际天线的尺寸总是有限的，有限尺寸的结构不仅是角度的函数，也是长度的函数。因此，当天线为有限长时，是否具有近似无限长时的特性，是能否构成实际的非频变天线的关键。如果天线上电流衰减很快，则决定天线辐射特性的主要是载有较大电流的那部分，而其余部分作用较小，若将其截去，对天线的电性能影响不大，这样有限长天线就具有近似无限长天线的电性能，这种现象就称为终端效应弱。终端效应强弱取决于天线的结构。

满足上述两条件即构成非频变天线。非频变天线分为两大类：等角螺旋天线和对数周期天线。

（2）平面等角螺旋天线。如图 7.3.43 所示是由两个对称臂组成的平面等角螺旋天线，它可看成是一变形的传输线，2 个臂的 4 条边由下述关系确定：

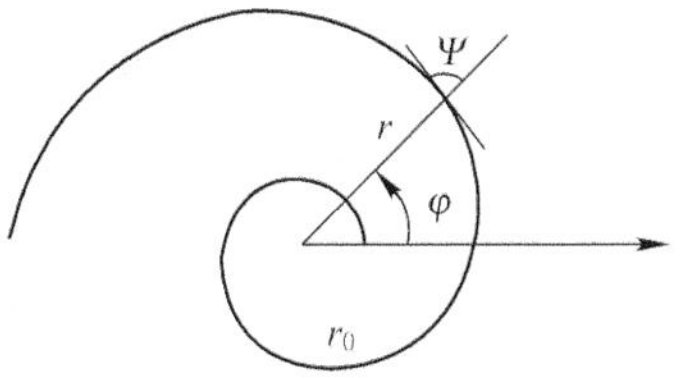

图 7.3.42　等角螺旋关系曲线图

图 7.3.43　平面等角螺旋天线

$$\begin{aligned} r_1&=r_0 e^{a\varphi}, r_2=r_0 e^{a(\varphi-\delta)}, \\ r_3&=r_0 e^{a(\varphi-\pi)}, r_4=r_0 e^{a(\varphi-\pi-\delta)} \end{aligned} \tag{7.3.87}$$

式中：δ 为同一臂的 2 个边缘线的旋转角。

在螺旋天线的始端由电压激励激起电流并沿 2 臂传输。当电流传输到 2 臂之间近似等于半波长区域时，便在此发生谐振，并产生很强的辐射，而在此区域之外，电流和场很快衰减。当增加或降低工作频率时，天线上有效辐射区沿螺旋线向里或向外移动，但有效辐射区的电尺寸不变，使得方向图和阻抗特性与频率几乎无关。实验证明：臂上电流在流过约一个波长后，迅速衰减到 20 dB 以下，终端效应很弱，因此，其有效辐射区就是周长约为一个波长以内的部分。

平面等角螺旋天线的辐射场是圆极化的，且双向辐射即在天线平面的两侧各有一个主波束，如果将平面等角螺旋天线的双臂绕制在一个旋转的圆锥面上，则可以实现锥顶方向的单向辐射，且方向图仍然保持宽频带和圆极化特性。平面和圆锥等角螺旋天线的频率范围可以达到 20 倍频程或者更大。

式（7.3.86）又可写为如下形式：

$$\varphi = \frac{1}{a}\ln\left(\frac{r}{r_0}\right) \tag{7.3.88}$$

因此，等角螺旋天线又称为对数螺旋天线。

(3) 对数周期天线

① 齿状对数周期天线。对数周期天线的基本结构是将金属板刻成齿状，如图 7.3.44 所示，齿是不连续的，其长度是由原点发出的两根直线之间的夹角所决定，相邻两个齿的间隔是按照等角螺旋天线设计中相邻导体之间的距离设计的，即

$$\frac{r_{n+1}}{r_n} = \frac{r_0 e^{a(\varphi-\delta)}}{r_0 e^{a(\varphi+2\pi-\delta)}} = e^{-2\pi a} = \tau(\text{小于 1 的常数}) \tag{7.3.89}$$

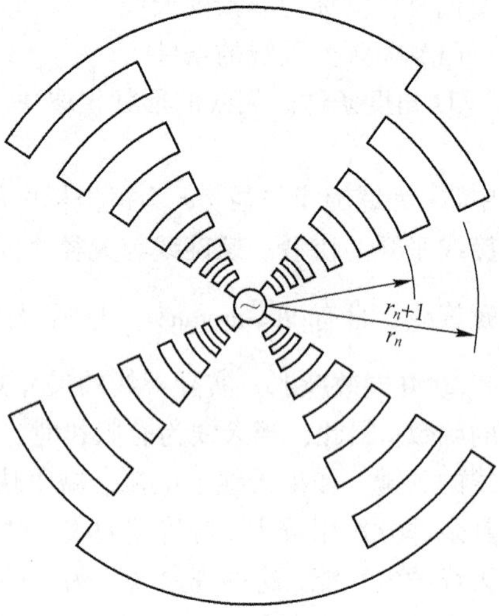

图 7.3.44　平面对数周期天线

对于无限长的结构，当天线的工作频率变化 τ 倍，即频率从 f 变到 τf，$\tau^2 f$，$\tau^3 f$ … 时，天线的电结构完全相同，因此在这些离散的频率点 f，τf，$\tau^2 f$…上具有相同的电特性，而在 $f \sim \tau f$，$\tau f \sim \tau^2 f$…等频率间隔内，天线的电性能有些变化，但是只要这种变化不超过一定的指标，就可认为天线基本上具有非频变特性。由于天线性能在很宽的频带范围内以 $\ln\frac{1}{\tau}$为周期重复变化，所以称为对数周期天线。

实际上，天线不可能无限长，而齿的主要作用是阻碍径向电流。实验证明：齿片上的横向电流远大于径向电流，如果齿长恰等于谐振长度（即齿的一臂约等于 $\lambda/4$）时，该齿具有最大的横向电流，且附近的几个齿上也具有一定幅度的横向电流，而那些齿长远大于谐振长度的各齿，其电流迅速衰减到最大值的 30 dB 以下，这说明天线的终端效应很弱，因此有限长的天线近似具有无限长天线的特性。

② 对数周期偶极子天线。对数周期偶极子天线是由 N 个平行振子天线的结构依据下列关系设计的

$$\frac{l_{n+1}}{l_n} = \frac{r_{n+1}}{r_n} = \frac{d_{n+1}}{d_n} = \tau \tag{7.3.90}$$

其中：l 表示振子的长度；d 表示相邻振子的间距；r 表示由顶点到振子的垂直距离。其结构如图 7.3.45 所示，天线的几何结构主要取决于参数 τ、α 和 σ，它们之间满足下列关系：

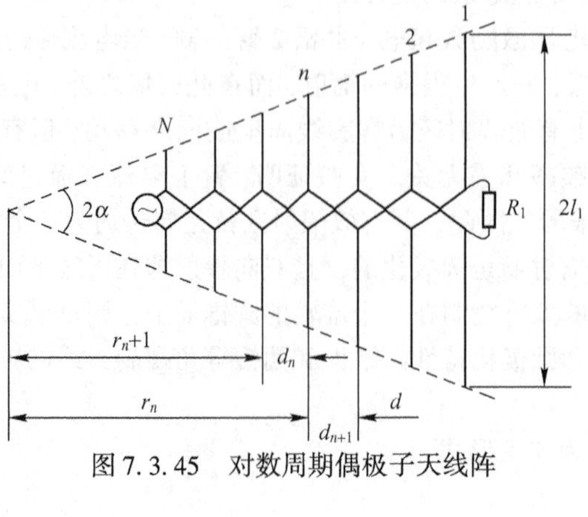

图 7.3.45　对数周期偶极子天线阵

$$\tan\alpha = \frac{l_n}{r_n} \tag{7.3.91}$$

$$\sigma = \frac{d_n}{4l_n} = \frac{1-\tau}{4\tan\alpha} \tag{7.3.92}$$

N 个对称振子天线用双线传输线馈电，且两相邻振子交叉连接。当天线馈电后，能量沿双绞线传输，当能量行至长度接近谐振长度的振子，或者说振子的长度接近于半波长时，由于发生谐振，输入阻抗呈现纯电阻，所以振子上电流大，形成较强的辐射场，把这部分称为有效辐射区，有效区以外的振子，由于与谐振长度差距很大，输入阻抗很大，因而其上电流很小，它们对辐射场的贡献可以忽略。当天线工作频率变化时，有效辐射区随频率的变化而左右移动，但电尺寸不变，因而，对数周期天线具有宽频带特性，其频带范围为 10 倍频程或者是 15 倍频程。

对数周期天线是端射型的、线极化天线，其最大辐射方向是沿连接各振子中心的轴线指向短振子方向，电场的极化方向平行于振子方向。

5. 智能天线

智能天线（Smart Antenna）是在自适应滤波和阵列信号处理技术的基础上发展起来的，其基本思路是利用各用户信号空间特征的差异，采用阵列天线技术，根据某个接收准则自动调节各阵元天线的加权向量，达到最佳接收和发射，使得在同一信道上接收和发送多个用户的信号而又不互相干扰。智能天线技术是 3G 和 4G 移动通信系统的核心技术。

使用智能天线技术的主要优点有：

① 具有较高的接收灵敏度；

② 使空分多址系统（SDMA）成为可能；

③ 消除在上下链路中的干扰；

④ 抑制多径衰落效应。

智能天线是在自适应天线的基础上发展起来的，下面分析它们的工作原理。

由天线阵理论知，改变阵元天线的电流幅度或相位会引起天线阵方向图的变化，自适应天线和智能天线的控制都是基于这一原理。自适应天线如图 7.3.46 所示，不同用户 A、B 等，先通过多工器合成为一路信号，然后分别以 W_1、W_2、…、W_D 进行加权后分为 D 路（D 为单元天线的个数）送到各单元天线上，若某一加权方式下的方向图如图 7.3.46（b）中的实线所示，当用户移动了，天线可以改变加权系数，以改变各天线元上的电流幅度或相位，达到改变辐射方向自动跟踪目标的目的，如图 7.3.46（b）中虚线所示。但自适应天线无法实现空间信道的复用，A、B 两点处于同一信道，且容易出现通信电磁干扰。

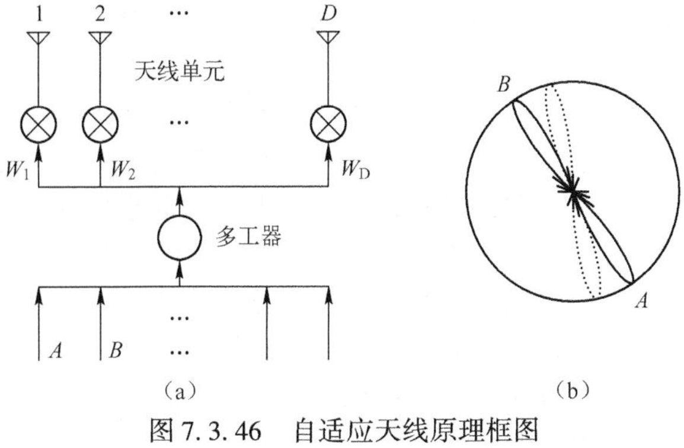

图 7.3.46　自适应天线原理框图

智能天线调整了信号加权和多路信号叠加的顺序，如图 7.3.47 所示，它是先将每个用户的信号以 W_{11}、W_{12}、…、W_{1D}进行加权后分为 D 路（D 为单元天线的个数），M 个用户就能得到 $M\times D$ 路信号，然后将 M 路信号合成一路，并送到各天线单元上。由各天线单元上的信号都是由 M 路不同加权系数信号组合成的，所以它们的波形各不相同，从而构成 M 个信道方向图。对每个传统信道，当只有 A 信号存在时，选取 W_{11}、W_{12}、…、W_{1D}，可以构成的信道方向图如图 7.3.48（a）所示；当只有 B 信号存在时，选取 W_{M1}、W_{M2}、…、W_{MD}，可以构成的信道方向图如图 7.3.48（b）所示；当 A、B 信号同时存在时，由场强叠加原理可得其方向图如图 7.3.48（c）所示，这里 A、B 信号是共用一个传输通道，且不相互干扰，从而实现了空分复用。

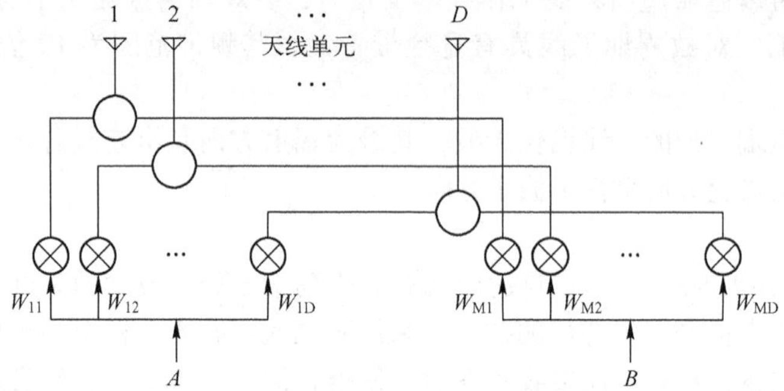

图 7.3.47　智能天线原理框图

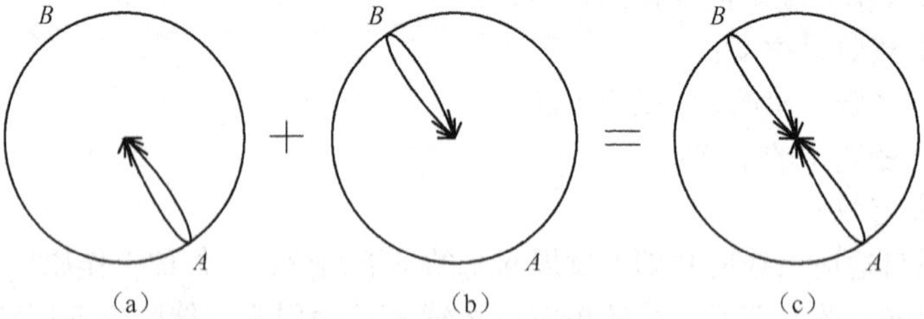

图 7.3.48　智能天线信道方向图

实际移动通信要采用的智能天线包含三个步骤，即来波到达角检测、数字波束形成和零点相消，它们都是由智能算法控制天线阵来实现的，因此智能算法是智能天线系统的核心部分。当天线阵接收到来自移动台的多径电波时，一是利用数字信号处理进行来波到达角估计（DOA），并通过高效、快速的算法来自动调整权值以便实现所需的空间和频率滤波；二是对天线阵采用数字方法进行波束形成，即数字波束形成（DBF），使天线主波束对准用户信号到达方向，旁瓣或零辐射方向对准干扰信号到达方向，从而节省了发射机的功率，减少了信号干扰与电磁环境污染。

具体智能算法分为两大类：一类是在时域中进行处理来获得天线最优加权，这些算法起源于自适应数字滤波器，像最小均方算法、递归最小均方误差算法等；另一类是在空间域对频谱进行分析来获得 DOA 的估计，它是通过使用瞬时空间取样、空间谱估计算法来得到天线的最优权值，如果处理速度足够快，可以跟踪信道的时变，所以空间谱估计算法在快衰落信道上优于时域算法。近来，人们又提出了时空联合算法以提高分辨率。当然，智能算法还在不断的研究探索中，相信在不远的将来会有更好的算法来满足日益增长的移动通信需求。

总之，智能天线将在以下几个方面提高移动通信系统的性能：

① 提高通信系统的容量和频谱利用效率；

② 增大基站的覆盖面积；

③ 提高数据传输速率；

④ 降低基站发射功率，节省系统成本，减少了信号干扰与电磁环境污染。

7.4 面 天 线

面天线（Aperture Antenna）用在无线电频谱的高频段，尤其是微波波段。面天线的种类很多，常见的有喇叭天线、抛物面天线、卡塞格伦天线等。这类天线所载的电流是分布在金属面上的，而金属面的口径尺寸远大于工作波长。面天线在雷达、导航、卫星通信以及射电天文和射电气象等无线电技术设备中获得了广泛的应用。

分析面天线的辐射问题，通常采用口径场法，它基于惠更斯－菲涅尔原理。即在空间任一点的场，是包围天线的封闭曲面上各点的电磁扰动产生的次级辐射在该点叠加的结果。对于面天线而言，常用的分析方法就是根据初级辐射源求出口径面上的场分布，进而求出辐射场。

7.4.1 面天线分析方法

1. 惠更斯元

面天线的结构包括金属导体面 S'、金属导体面的开口径 S（即口径面）及由 $S_0 = S' + S$ 所构成的封闭曲面内的辐射源，如图 7.4.1 所示。

由于在封闭面上有一部分是导体面 S'，所以其上的场为零，这样使得面天线的辐射问题简化为口径面 S 的辐射，即 $S_0 = S' + S \to S$，设口径上的场分布 E_S，根据惠更斯－菲涅尔原理，把口径面分割为许多面元 dS，称为惠更斯元。

如同电基本振子和磁基本振子是分析线天线的基本辐射单元一样，惠更斯元是分析面天线的基本辐射单元。设平面口径上一个惠更斯元 $dS = dxdy$，若面元上的切向电场为 E_y，切向磁场为 H_x，则根据等效原理，面元上的磁场等效为沿 y 轴方向放置，电流大小为 $H_x dx$ 的电基本振子；而面元上的电场则等效为沿 x 轴方向放置，磁流大小为 $E_y dy$ 的磁基本振子。因而惠更斯元可视为两正交的长度为 dy、大小为 $H_x dx$ 的电基本振子与长度为 dx、大小为 $E_y dy$ 的磁基本振子的组合，如图 7.4.2 所示，其中 $\boldsymbol{n}$ 为惠更斯元 dS 的外法线矢量。基本振子的电流矩 $I_y l$ 和磁流矩 $I_x^M l$（M 表示磁场相关的定义量）分别为

$$\begin{aligned} I_y l &= (H_x dx)dy = H_x dS \\ I_x^M l &= (E_y dy)dx = E_y dS \end{aligned} \tag{7.4.1}$$

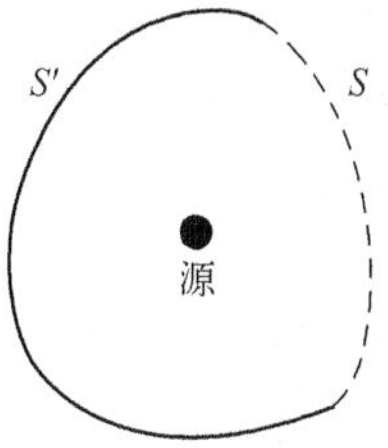

图 7.4.1 面天线的原理

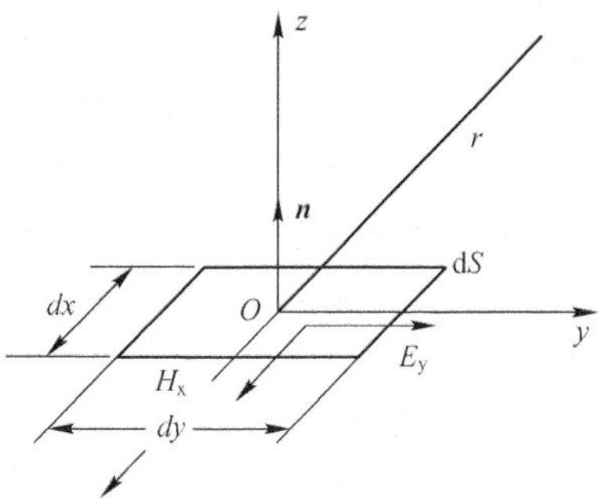

图 7.4.2 惠更斯元

类似 7.2.2 节介绍的沿 z 轴放置的电基本振子的辐射场，可得沿 y 轴放置的电基本振子辐射场为

$$
\begin{aligned}
\boldsymbol{E} &= -\mathrm{j}\frac{\eta I_y l}{2\lambda r}\mathrm{e}^{-\mathrm{j}kr}[\boldsymbol{a}_\theta\cos\theta\sin\varphi + \boldsymbol{a}_\varphi\cos\varphi] \\
\boldsymbol{H} &= -\mathrm{j}\frac{I_y l}{2\lambda r}\mathrm{e}^{-\mathrm{j}kr}[\boldsymbol{a}_\varphi\cos\theta\sin\varphi - \boldsymbol{a}_\theta\cos\varphi]
\end{aligned} \tag{7.4.2}
$$

同理，可得沿 x 轴放置的磁基本振子的远区场

$$
\begin{aligned}
\boldsymbol{E} &= \mathrm{j}\frac{I_x^{\mathrm{M}} l}{2\lambda r}\mathrm{e}^{-\mathrm{j}kr}[\boldsymbol{a}_\theta\sin\varphi + \boldsymbol{a}_\varphi\cos\theta\cos\varphi] \\
\boldsymbol{H} &= -\mathrm{j}\frac{I_x^{\mathrm{M}} l}{2\eta\lambda r}\mathrm{e}^{-\mathrm{j}kr}[\boldsymbol{a}_\theta\cos\theta\cos\varphi - \boldsymbol{a}_\varphi\sin\varphi]
\end{aligned} \tag{7.4.3}
$$

将式（7.4.1）代入式（7.4.2）和式（7.4.3），可得惠更斯元的辐射场为

$$
\mathrm{d}\boldsymbol{E} = \mathrm{j}\frac{\eta H_x\mathrm{d}S}{2\lambda r}\mathrm{e}^{-\mathrm{j}kr}\left[\boldsymbol{a}_\theta\sin\varphi\left(\frac{E_y}{\eta H_x} - \cos\theta\right) + \boldsymbol{a}_\varphi\cos\varphi\left(-1 + \frac{E_y}{\eta H_x}\cos\theta\right)\right] \tag{7.4.4}
$$

对于平面波，有 $E_y/H_x = -\eta$，因此式（7.4.4）简化为

$$
\mathrm{d}\boldsymbol{E} = \mathrm{j}\frac{E_y\mathrm{d}S}{2\lambda r}\mathrm{e}^{-\mathrm{j}kr}[\boldsymbol{a}_\theta\sin\varphi(1+\cos\theta) + \boldsymbol{a}_\varphi\cos\varphi(1+\cos\theta)] \tag{7.4.5}
$$

在式（7.4.5）中令 $\varphi = 90°$得面元在 E 平面的辐射场

$$
\mathrm{d}E_{\mathrm{E}} = \mathrm{j}\frac{E_y\mathrm{d}S}{2\lambda r}\mathrm{e}^{-\mathrm{j}kr}(1+\cos\theta) \tag{7.4.6}
$$

同样令 $\varphi = 90°$得面元在 H 平面的辐射场

$$
\mathrm{d}E_{\mathrm{H}} = \mathrm{j}\frac{E_y\mathrm{d}S}{2\lambda r}\mathrm{e}^{-\mathrm{j}kr}(1+\cos\theta) \tag{7.4.7}
$$

由于式（7.4.6）与式（7.4.7）两等式右边在形式上相同，故惠更斯元在 E 面和 H 面的辐射场可统一为

$$
\mathrm{d}E = \mathrm{j}\frac{E_y\mathrm{d}S}{2\lambda r}\mathrm{e}^{-\mathrm{j}kr}(1+\cos\theta) \tag{7.4.8}
$$

因此，惠更斯元的方向函数为

$$
|F(\theta)| = \left|\frac{1}{2}(1+\cos\theta)\right| \tag{7.4.9}
$$

按式（7.4.9）可画出 E 面和 H 面的方向图如图 7.4.3 所示。由图 7.4.3 可以看出，惠更斯元的最大辐射方向与其本身垂直。如果平面口径由这样的面元组成，而且各面元同相激励，则此同相口径面的最大辐射方向势必垂直于该口径面。

2. 平面口径的辐射

微波波段的无线电设备，如抛物面天线及喇叭天线，它们的口径面 S 都是平面，所以讨论平面口径的辐射有普遍的实用意义。设平面口径面位于 xOy 平面上，坐标原点到观察点 M 的距离为 R，面元 $\mathrm{d}S$ 到观察点 M 的距离为 r，如图 7.4.4 所示。

将面元 $\mathrm{d}S$ 在两个主平面上的辐射场式（7.4.8）的 $\mathrm{d}E$ 沿整个口径面积分，即得平面口径辐射场的一般表达式。

如图 7.4.4 所示，设有一任意形状的平面口径位于 xOy 平面内，口径面积为 S，其上的口径场仍为 E_y，因此该平面口径辐射场的极化与惠更斯元的极化相同。坐标原点至观察点 $M(r,\theta,\varphi)$的距离为 R，面元 $\mathrm{d}S(x_S, y_S)$到观察点的距离为 r，将惠更斯元的主平面辐射场积分可得到平

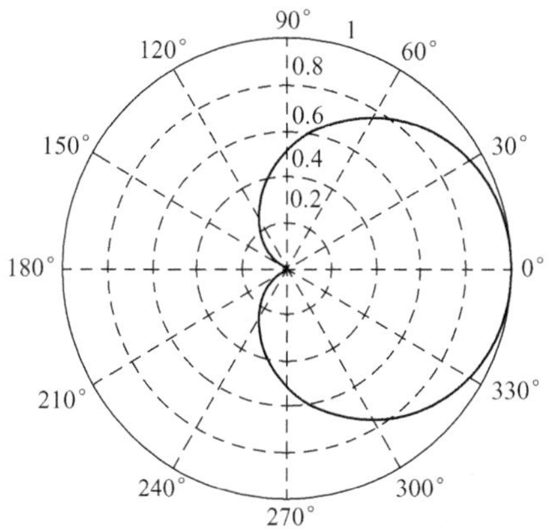

图 7.4.3　惠更斯元的方向图

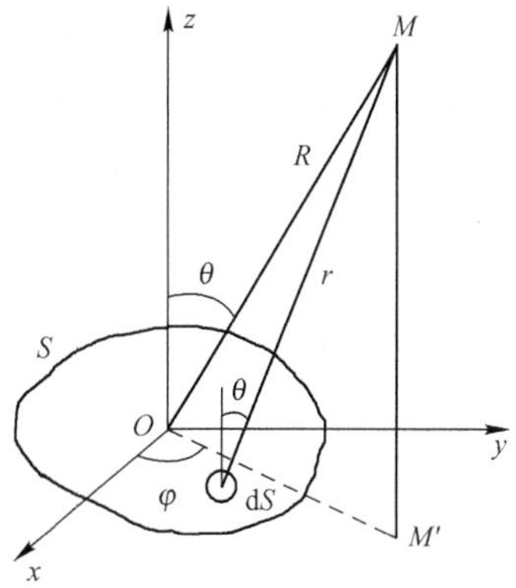

图 7.4.4　平面口径的辐射场

面口径在远区的两个主平面辐射场为

$$E_M = j\frac{1}{2R\lambda}(1+\cos\theta)\iint_S E_y(x_S, y_S)e^{-jkr}dx_S dy_S \tag{7.4.10}$$

$$r = \sqrt{(x-x_S)^2+(y-y_S)^2+(z-z_S)^2} \tag{7.4.11}$$

场点 M 的坐标用球坐标表示为

$$\begin{cases} x = R\sin\theta\cos\varphi \\ y = R\sin\theta\sin\varphi \\ z = R\cos\theta \end{cases} \tag{7.4.12}$$

将式（7.4.12）代入式（7.4.11），当观察点很远时，可认为 R 与 r 近似平行，r 可表示为

$$r \approx R - (x_S\sin\theta\cos\varphi + y_S\sin\theta\sin\varphi) \tag{7.4.13}$$

将式（7.4.13）代入式（7.4.10）得任意口径面在远处辐射场的一般表达式为

$$E_M = j\frac{e^{-jkR}}{R\lambda}\frac{1+\cos\theta}{2}\iint_S E_y e^{jk(x_S\sin\theta\cos\varphi + y_S\sin\theta\sin\varphi)}dS \tag{7.4.14}$$

对于具体口径面天线的辐射场，将口径场的分布 E_y 代入式（7.4.14），对口径面 S 进行相应的积分即可，由于篇幅的限制这里就不再详细分析，具体口径场的特性请参看《天线与电波传播》的相关资料。

7.4.2　抛物面天线

1. 抛物面天线的工作原理及分析方法

（1）抛物面天线的工作原理。抛物面天线的结构如图 7.4.5 所示，首先来介绍一下旋转抛物面天线的几何特性。在 yOz 平面上，焦点 F 在 z 轴且顶点通过原点的抛物线方程为

$$y^2 = 4fz \tag{7.4.15}$$

式（7.4.15）中：f 为抛物线焦距。

由此抛物线绕 OF 轴旋转而形成的抛物面方程为

$$x^2 + y^2 = 4fz \tag{7.4.16}$$

抛物线方程也经常用原点与焦点 F 重合的极坐标（ρ，ψ）来表示，即

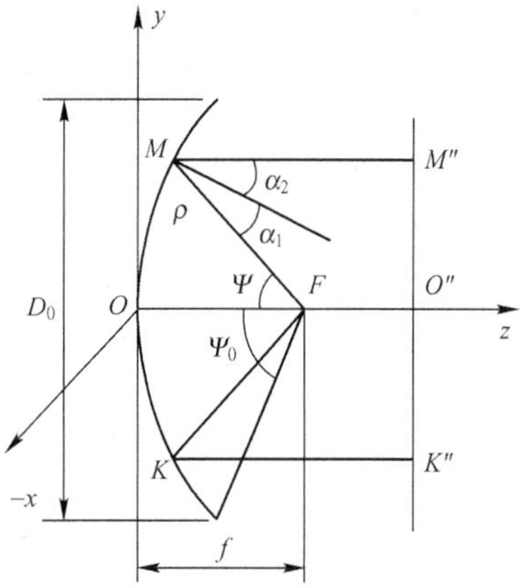

图 7.4.5　抛物面几何关系图

$$\rho = \frac{2f}{1+\cos\psi} = f\sec^2\frac{\psi}{2} \tag{7.4.17}$$

式（7.4.17）中：ρ 为从焦点 F 到抛物面上任一点 M 的距离，ψ 为 ρ 与轴线 OF 的夹角。

设 $D_0=2a$ 为抛物面口径的直径，ψ_0为抛物面口径的张角，则两者的关系为

$$\frac{f}{D_0} = \frac{1}{4}\cot\frac{\psi_0}{2} \tag{7.4.18}$$

抛物面的形状可用焦距直径比或口径张角的大小来表征，实用抛物面的焦距直径比一般为 0.25 ～ 0.5。

旋转抛物面天线具有以下 2 个重要性质：

① 抛物线的特性之一：通过其上任意一点 M 作与焦点的连线 FM，同时作一直线 MM''平行于 OO''，则抛物线上 M 点切线的垂线（抛物线在 M 点的法线）与 MF 的夹角 α_1 等于它与 MM''的夹角 α_2，因此抛物面为金属面时，从焦点 F 发出的以任意方向入射的电磁波，经抛物面天线反射后都平行于 OF 轴。使馈源相位中心与焦点 F 重合，即从馈源发出的球面波，经抛物线反射后变为平面波，形成平面波束。

② 抛物线的特性之二：其上任意一点到焦点 F 的距离与它到准线的距离相等。在抛物面口径上，任一直线 $M''O''K''$与其准线平行，由图 7.4.5 可得

$$FM + MM'' = FK + KK'' = FO + OO'' = f + OO''$$

即从焦点发出的各条电磁波射线经抛物面反射后到抛物面口径上的波程为一常数，等相位面为垂直于 OF 轴的平面，抛物面的口径场为同相场，反射波为平行于 OF 轴的平面波。

（2）分析方法。通常求解抛物面天线辐射场的方法有两种：

① 口径场法。根据 7.4.1 节中的惠更斯原理，抛物面天线的辐射场可以用包围源的任意封闭曲面（$S'+S$）上各次级波源产生的辐射场的叠加。对于具体的抛物面天线，S'为抛物面的外表面，S 为抛物面的开口径。这样，在 S'上的场为零，在口径 S 上各点场的相位相同。所以只要求出口径面上的场分布，就可以利用 7.4.1 节的式（7.4.14）对圆口径同相场进行积分来计算抛物面天线的辐射场。

② 面电流法。先求出馈源辐射的电磁场在反射面上激励的面电流密度分布，然后由面电流密度分布再求抛物面天线的辐射场。

这是采用口径场法来求解抛物面天线的辐射场。

2. 抛物面天线的辐射特性

（1）口径场分布。计算口径场分布时，要依据两个基本定律——几何光学反射定律和能量守恒定律，而且必须满足以下几个条件：

① 馈源辐射理想的球面波，即它有一个确定的相位中心并与抛物面的焦点重合；

② 馈源的后向辐射为零；

③ 抛物面位于馈源辐射场的远区，即不考虑抛物面与馈源之间的耦合。

由于抛物面是旋转对称的，所以要求馈源的方向图也是旋转对称的，即仅是旋转角 ψ 的函数，如图 7.4.6（a）所示。设馈源的辐射功率为 P_Σ，方向函数为 $D_f(\psi)$，则它在 ψ 和$(\psi+d\psi)$之间的旋转角内的辐射功率为

$$\begin{aligned}P(\psi,\psi+d\psi) &= \frac{P_\Sigma D_f(\psi)}{4\pi\rho^2}\cdot(\rho d\psi\cdot 2\pi\rho\sin\psi)\\ &= \frac{1}{2}P_\Sigma D_f(\psi)\sin\psi d\psi\end{aligned} \tag{7.4.19}$$

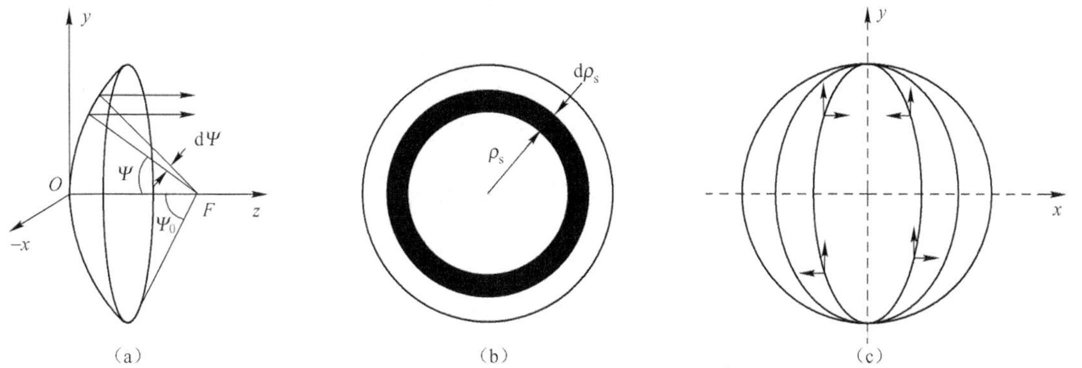

图 7.4.6　抛物面天线口径场分布示意图

假设口径上的电场为 E_S，则口径上半径为 ρ_S 和 $\rho_S+\mathrm{d}\rho_S$ 的圆环内（如图 7.4.6（b）所示）的功率为

$$P(\rho_S,\rho_S+\mathrm{d}\rho_S)=\frac{1}{2}\cdot\frac{|E_S|^2}{120\pi}\cdot 2\pi\rho_S\mathrm{d}\rho_S \tag{7.4.20}$$

又因为射线经抛物面反射后都与 z 轴平行，根据能量守恒定律，馈源在 ψ 和（$\psi+\mathrm{d}\psi$）角度范围内投向抛物面的功率等于被抛物面反射在口径面上半径为 ρ_S 和 $\rho_S+\mathrm{d}\rho_S$ 的同轴圆柱面之间的功率。

因此，式（7.4.19）与式（7.4.20）相等，可求得

$$|E_S|^2=60P_\Sigma D_f(\psi)\sin\psi\frac{d\psi}{\rho_S\mathrm{d}\rho_S} \tag{7.4.21}$$

利用式（7.4.16）可得

$$\rho_S^2=x^2+y^2=4fz=4f(f-\rho\cos\psi)=4f^2\left(1-\frac{\rho}{f}\cos\psi\right)$$

可得

$$\rho_S=2f\tan\frac{\psi}{2} \tag{7.4.22}$$

$$\mathrm{d}\rho_S=f\sec^2\frac{\psi}{2}\mathrm{d}\psi \tag{7.4.23}$$

将式（7.4.22）和式（7.4.23）代入式（7.4.21），得口径场的表达式为

$$|E_S|=\sqrt{60P_\Sigma D_f(\psi)}\frac{\cos^2\frac{\psi}{2}}{f}=\frac{\sqrt{60P_\Sigma D_f(\psi)}}{\rho} \tag{7.4.24}$$

由式（7.4.24）可见，即使馈源是一个无方向性的点源，$D_f(\psi)=$ 常数，E_S 随 ρ 的增大仍按 $1/\rho$ 规律逐渐减小。通常，馈源的辐射也是随 ψ 的增大而减弱，考虑两方面的原因，口径场的大小由口径面沿径向 ρ 逐渐减小，越靠近口径边缘，场越弱，但各点的场的相位都相同。图 7.4.6（c）为口径面上电磁场的极化方向。

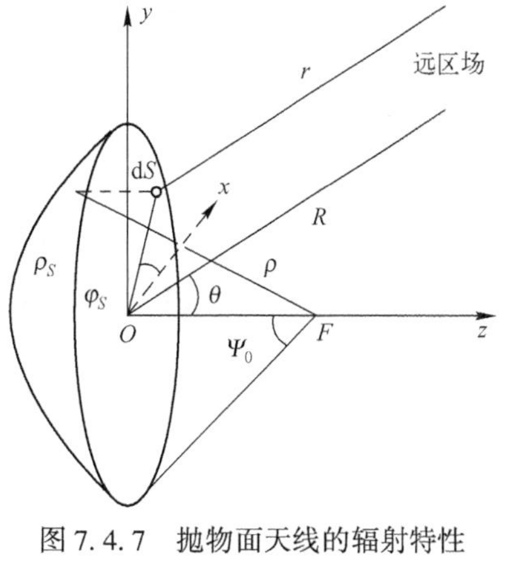

图 7.4.7　抛物面天线的辐射特性

（2）方向函数。抛物面天线的辐射场如图 7.4.7 所示，由式（7.4.14）求圆口径辐射场的表达式，并令 $\varphi=90°$，得

$$E_E = j\frac{e^{-jkR}}{R\lambda}\cdot\frac{1+\cos\theta}{2}\iint_S E_S e^{jk\rho_S\sin\varphi_S\sin\theta}dS \tag{7.4.25}$$

式中：
$$dS=\rho_S d\rho_S d\varphi_S \tag{7.4.26}$$

将式（7.4.24）和式（7.4.26）代入式（7.4.25），得

$$E_E = j\frac{f\sqrt{60P_\Sigma}\,e^{-jkR}}{R\lambda}\cdot(1+\cos\theta)\int_0^{2\pi}\int_0^{\varphi_0}\sqrt{D_f(\psi)}\tan\frac{\psi}{2}e^{j2kf\tan\frac{\psi}{2}\sin\varphi_S\sin\theta}d\psi d\varphi_S \tag{7.4.27}$$

式中：f 为抛物面的焦距。

又根据零阶贝塞尔函数 $J_0(t) = \frac{1}{2\pi}\int_0^{2\pi}e^{jt\sin\varphi_S}d\varphi_S$

得 E 面归一化方向函数可表示为

$$F_E(\theta) = \int_0^{\psi_0}\sqrt{D_f(\psi)}\tan\frac{\psi}{2}J_0(ka\cot\frac{\psi_0}{2}\tan\frac{\psi}{2}\sin\theta)d\psi \tag{7.4.28}$$

式中：a 为抛物面口径半径；ψ_0为口径张角。

因为抛物面是旋转对称的，馈源的方向函数也是旋转对称的，所以抛物面天线的 E 面和 H 面方向函数相同，并表示为

$$F(\theta) = \int_0^{\psi_0}\sqrt{D_f(\psi)}\tan\frac{\psi}{2}J_0\left(ka\cot\frac{\psi_0}{2}\tan\frac{\psi}{2}\sin\theta\right)d\psi \tag{7.4.29}$$

如果给定抛物面的张角 ψ_0及馈源方向函数 $D_f(\psi)$，即可由 MATLAB 画出天线方向图。

一般情况下，馈源的方向图越宽，口径张角越小，口径场则越均匀，因而抛物面方向图的主瓣越窄、旁瓣电平越高。另外，旁瓣电平除了直接与口径场分布的均匀程度有关外，馈源在 $\psi>\psi_0$以外的漏辐射也是旁瓣的部分，漏辐射越强，则旁瓣电平越高。此外，反射面边缘电流的绕射、馈源的反射、交叉极化等都会影响旁瓣电平。

对于大多数抛物面天线，主瓣宽度在如下范围内：

$$2\theta_{0.5}=K\frac{\lambda}{2a}(K=65^\circ\sim80^\circ) \tag{7.4.30}$$

其中如果口径场分布较均匀，系数 K 应取少一些，反之取大一些；当口径边缘场比中心场约低 11 dB 时，系数 K 可取为 70°。

（3）方向系数与最佳照射。

① 口径利用系数

抛物面天线的方向系数为

$$D=\frac{R^2\,|E_{max}|^2}{60P'_\Sigma} \tag{7.4.31a}$$

式中：P'_Σ为口径辐射功率，其表达式为

$$P'_\Sigma=\frac{1}{2\times120\pi}\iint_S|E_S|^2dS \tag{7.4.31b}$$

将方向系数表达式和式（7.4.31）代入式（7.4.30），得

$$D=\frac{4\pi S}{\lambda^2}\frac{\left|\iint_S E_S dS\right|^2}{S\iint_S\left|E_S\right|^2dS}=\frac{4\pi}{\lambda^2}S\upsilon \tag{7.4.32}$$

式中：υ 为口径利用因数，即

$$v = \frac{\left|\iint_S E_S \mathrm{d}S\right|^2}{S\iint_S \left|E_S\right|^2 \mathrm{d}S} \tag{7.4.33}$$

由于 $\left|\iint_S E_S \mathrm{d}S\right|^2 \leqslant S\iint_S \left|E_S\right|^2 \mathrm{d}S$，所以 $v\leqslant 1$（均匀分布时 $v=1$），反映了口径场分布均匀性。

将口径场表达式式（7.4.24）代入式（7.4.33），并化简得

$$v = \cot^2\frac{\psi_0}{2}\frac{\left|\int_0^{\psi_0}\sqrt{D_f(\psi)}\tan\frac{\psi}{2}\mathrm{d}\psi\right|^2}{\frac{1}{2}\int_0^{\psi_0}D_f(\psi)\sin\psi\mathrm{d}\psi} \tag{7.4.34}$$

v 与张角 ψ_0 及馈源方向函数 $D_f(\psi)$ 的关系可以描述如下：

a. 张角 ψ_0 一定时，馈源方向函数 $D_f(\psi)$ 变化越快，方向图越窄，则口径场分布越不均匀，口径利用因数越低。

b. 馈源方向函数 $D_f(\psi)$ 一定时，张角 ψ_0 越大，则口径场分布越不均匀，口径利用因数越低。

② 口径截获系数。馈源辐射的功率在 $2\psi_0$ 角范围内会被反射面截获，其余的功率都溢失在自由空间。设馈源辐射的功率为 P_Σ，投射到反射面上的功率为 P'_Σ，则截获系数定义为

$$v_1 = \frac{P'_\Sigma}{P_\Sigma} \tag{7.4.35}$$

因为

$$P'_\Sigma = \frac{P_\Sigma}{2}\int_0^{\psi_0}D_f(\psi)\sin\psi\mathrm{d}\psi \tag{7.4.36}$$

所以

$$v_1 = \frac{1}{2}\int_0^{\psi_0}D_f(\psi)\sin\psi\mathrm{d}\psi \tag{7.4.37}$$

如果给定抛物面的张角 ψ_0 及馈源方向函数 $D_f(\psi)$，即可借助 MATLAB 得到口径截获因数 v_1。v_1 与张角 ψ_0 及馈源方向函数 $D_f(\psi)$ 的关系可以描述如下：

张角 ψ_0 一定时，馈源方向函数 $D_f(\psi)$ 变化越快，方向图越窄，则口径截获因数越高。

馈源方向函数 $D_f(\psi)$ 一定时，张角 ψ_0 越大，则口径截获因数越高。

显然与口径利用因数的变化特性是相反的。

③ 方向系数因数。由式（7.4.36）可得方向系数

$$D = \frac{R^2\left|E_{\max}\right|^2}{60P'_\Sigma} = \frac{R^2\left|E_{\max}\right|^2}{60P_\Sigma}\cdot v_1 = \frac{4\pi S}{\lambda^2}vv_1 = \frac{4\pi S}{\lambda^2}g \tag{7.4.38}$$

式中：$g = vv_1 \leqslant 1$，称为方向系数因数，它是用来判断抛物面天线性能优劣的重要参数之一。即

$$g = \cot^2\frac{\psi_0}{2}\left|\int_0^{\psi_0}\sqrt{D_f(\psi)}\tan\frac{\psi}{2}\mathrm{d}\psi\right|^2 \tag{7.4.39}$$

由上面的分析知，v 和 v_1 随张角的变化关系恰好相反，所以用方向系数因数来衡量抛物面天线的性能，存在最佳张角，ψ_{opt} 称为最佳张角，此时馈源对抛物面的照射称为最佳照射，一般 $g = g_{\max} = vv_1 = 0.83$。

（4）其他因素的影响

上述的结论是在假定馈源辐射球面波、方向图旋转对称且无后向辐射等理想情况下得到的。

但实际上：

a. 馈源方向图一般不完全对称，它的后向辐射也不为零；

b. 馈源和它的支杆对口径有一定的遮挡作用；

c. 反射面表面由于机械误差呈非理想抛物面；

d. 馈源不能准确地安装在焦点上，使口径场不完全同相。

考虑上述诸多因素，应对 g 进行修正，通常取 0.35 ～ 0.5。

另外，由于抛物面几乎不存在热损耗，即 $\eta \approx 1$，所以 $G \approx D$。这是抛物面天线一个很大的优点。

3. 抛物面天线的偏焦及应用

由于安装等工程或设计上的原因，馈源的相位中心与抛物面的焦点不重合，这种现象称为偏焦。偏焦分为两种：使馈源沿垂直于抛物面轴线的方向运动，即产生横向偏焦；使馈源沿抛物面轴线方向往返运动，即产生纵向偏焦。对于普通的抛物面天线而言，偏焦会使天线的电性能下降。

但在实际应用中，有时需要波瓣偏离抛物面轴向做上、下或左右摆动，或者使波瓣绕抛物面轴线做圆锥运动，也就是使波瓣在小角度范围内扫描，以达到搜索目标的目的。利用一种传动装置，使馈源沿垂直于抛物面轴线方向连续运动，即可实现波瓣扫描。在抛物面天线的焦点附近放置多个馈源，可形成多波束，用来发现和跟踪多个目标。所以大尺寸偏焦时可用作搜索，而正焦时可用作跟踪，这样一部雷达可以同时兼作搜索和跟踪两种用途。

7.4.3 卡塞格伦天线

卡塞格伦天线是双反射面天线（旋转抛物面作主反射面，旋转双曲面作副反射面），它已在卫星地面站、单脉冲雷达和射电天文等系统中广泛应用。与单反射面天线相比，它具有下列优点：

① 由于天线有两个反射面，几何参数增多，便于按照各种需要灵活地进行设计；

② 可以采用短焦距抛物面天线作主反射面，减小了天线的纵向尺寸；

③ 由于采用了副反射面，馈源可以安装在抛物面顶点附近，使馈源和接收机之间的传输线缩短，减小了传输线损耗所造成的噪声。

1. 卡塞格伦天线的几何特性

卡塞格伦天线是由主反射面、副反射面和馈源三部分组成的。主反射面是由焦点在 F' 点焦距为 f 的抛物线绕其焦轴旋转而成；副反射面是由一个焦点在 F_1 点（称为虚焦点，与抛物面的焦点 F 重合）、另一个焦点在 F_2 点（称为实焦点，在抛物面的顶点附近）的双曲线绕其焦轴旋转而成，主、副面的焦轴重合；馈源通常采用喇叭天线，它的相位中心位于双曲面的实焦点 F_2 上，如图 7.4.8 所示。

双曲面具有以下重要性质：

(1) 双曲面的特性之一。双曲面的任一点 N 处的切线 τ 把 N 对两焦点的张角 $\angle F_2NF$ 平分。连接 F、N 并延长之，与抛物面相交于点 M。

这说明由 F_2 发出的各射线经双曲面反射后，反射线的延长线都相交于 F 点。因此由馈源 F_2 发出的球面波，经双曲面反射后，其所有的反射线就像从双曲面的另一个焦点发出来的一样，这些射线经抛物面反射后都平行于抛物面的焦轴。

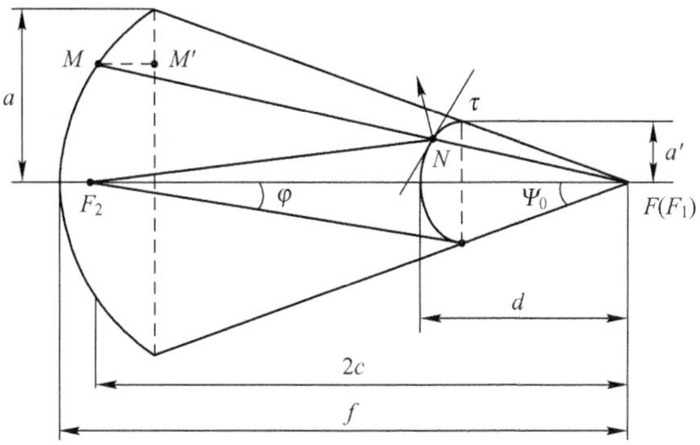

图 7.4.8　卡塞格伦天线的几何特性

（2）双曲面的特性之二。双曲面的任一点到两焦点的距离之差等于常数，由图 7.4.8 可得

$$F_2N - FN = C_1 \qquad (7.4.40)$$

根据抛物面的几何特性：

$$FN + NM + MM' = C_2 \qquad (7.4.41)$$

式（7.4.40）和式（7.4.41）中的 C_1、C_2 分别表示两个常数。

将式（7.4.40）和式（7.4.41）相加得

$$F_2N + NM + MM' = C_1 + C_2 = \text{Const} \qquad (7.4.42)$$

这就是说，由馈源在 F_2 发出的任意电磁波经双曲面和抛物面反射后，到达抛物面口径时所经过的波程相等。

2. 卡塞格伦天线的几何参数

卡塞格伦天线有 7 个几何参数，如图 7.4.8 所示，其中抛物面天线有三个参数：$2a$，f 和 ψ_0，双曲面有 4 个参数：$2a'$，d（顶点到焦点的距离），$2c$ 和 φ。

由 7.4.2 节的内容可知

$$a = 2f\tan\frac{\psi_0}{2} \qquad (7.4.43)$$

而由图 7.4.8 可以得到

$$a'\cot\varphi + a'\cot\psi_0 = 2c \qquad (7.4.44)$$

$$\frac{a'}{\sin\psi} - \frac{a'}{\sin\psi_0} = 2(c - d) \qquad (7.4.45)$$

将式（7.4.45）进一步化简得

$$1 - \frac{\sin\frac{1}{2}(\psi_0 - \varphi)}{\sin\frac{1}{2}(\psi_0 + \varphi)} = \frac{d}{c} \qquad (7.4.46)$$

式（7.4.43）、式（7.4.44）和式（7.4.46）就是卡塞格伦天线的 3 个独立的几何参数关系式。通常根据天线的电指标和结构要求，选定 4 个参数，其他 3 个参数即可根据这三个式子求出。

3. 卡塞格伦天线的工作原理

延长馈源至副面的任一条射线 F_2N 与该射线经副、主面反射后的实际射线 MM' 的延长线相交于 Q，由此方法得到的 Q 点的轨迹是一条抛物线，如图 7.4.9 所示，

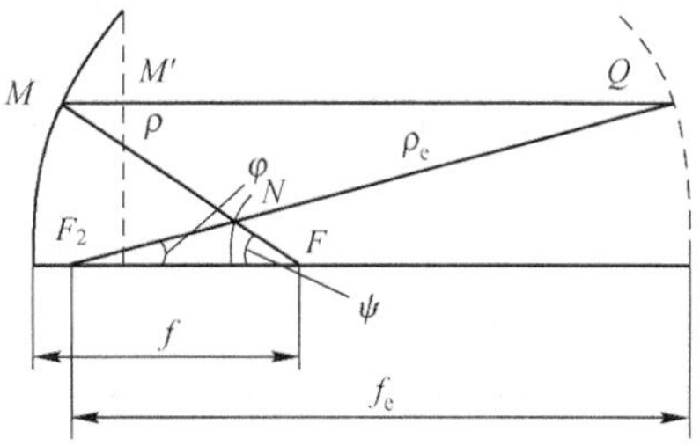

图 7.4.9　卡塞格伦天线的工作原理

于是有

$$\rho\sin\psi=\rho_e\sin\varphi \tag{7.4.47}$$

根据抛物面方程

$$\rho=\frac{2f}{1+\cos\psi} \tag{7.4.48}$$

将式（7.4.48）代入（7.4.47），并化简得

$$\rho_e=\frac{2f}{1+\cos\varphi}\cdot\frac{\tan\dfrac{\psi}{2}}{\tan\dfrac{\varphi}{2}} \tag{7.4.49}$$

令 $A=\tan\frac{\psi}{2}/\tan\frac{\varphi}{2}$则式（7.4.49）可以写为

$$\rho_e=\frac{2fA}{1+\cos\varphi}=\frac{2f_e}{1+\cos\varphi} \tag{7.4.50}$$

可见式（7.4.50）表示一条抛物线，其焦点为 F_2，焦距为 f_e。

由此等效抛物线旋转形成的抛物面称为等效抛物面，此等效抛物面的口径尺寸与原抛物面的口径尺寸相同，但焦距放大了 A 倍，而放大倍数为

$$A=\frac{f_e}{f}=\tan\frac{\psi}{2}/\tan\frac{\varphi}{2}=\frac{e+1}{e-1} \tag{7.4.51}$$

式中：e 为双曲线的离心率。

具体实际的面天线电参数见表 7.4.1。

表 7.4.1　三种实际天线的电参数

天线形式	旋转抛物面天线	标准卡塞格伦天线	改进型的塞格伦天线
用途	无线电测高仪	机载微波辐射计	卫星通信地面站
工作频段/MHz	5 700～5 900	9 250～9 450	5 925～6 425；3 700～4 200
反射面尺寸/cm	63	主面直径 80 副面直径 15	主面直径 1 000 副面直径 910
馈源	角锥喇叭 4.5 cm×3.5 cm	波纹喇叭	变张角多模喇叭
增益系数/dB	28.5	34.5	53（6 175 Hz） 50.5（3 950 Hz）
增益因子	0.48	0.54	0.78
波瓣宽度	*H* 面 5.5° *E* 面 5.9°	2°47′ 2°40′	0.43° 0.45°
副瓣电平/dB	−15	−16	−15
驻波比	1.3	1.2	≤1.5
其他			噪声温度 $T_A\leqslant 40$ K 仰角 $\delta=10°$

7.5 电波传播

实际的电磁波传播并非在理想的自由空间进行，而是在一定的媒质中传输，不同的媒质对无线电波的影响是不一样的，在通常的传输距离上，电波传播的损耗也是非常大的。在计算给定的通信线路时，必须对电波传播的分析给予足够的重视，否则无法保证通信系统的通信质量，本节在对无线电波基本传输特性分析的基础上，重点分析常见的传输方式及特性，如视距传播、天波传播、地波传播和散射传播。

7.5.1 电波传播的基本概念

1. 无线电波在自由空间的传播

天线置于自由空间中，假设发射天线是一理想的无方向性天线，若它的辐射功率为 P_{Σ} W，则离天线 r 处的球面上的功率流密度为

$$S_0 = \frac{P_{\Sigma}}{4\pi r^2} \text{ W/m}^2 \tag{7.5.1}$$

功率流密度又可以表示为

$$S_0 = \frac{1}{2}\mathrm{Re}[E \times H^*] = \frac{|E_0|^2}{240\pi} \tag{7.5.2}$$

因此，离天线 r 处的电场强度 E_0 值为

$$|E_0| = \frac{\sqrt{60P_{\Sigma}}}{r} \tag{7.5.3}$$

又假设发射天线是一实际天线，其辐射功率仍为 P_{Σ}，设它的输入功率为 P_i，若以 G_i 表示实际天线的增益系数，则在离实际天线 r 处的最大辐射方向上的场强为

$$|E_0| = \frac{\sqrt{60P_iG_i}}{r} \tag{7.5.4}$$

如果接收天线的增益系数为 G_R，有效接收面积为 A_e，则在距离发射天线 r 处的接收天线接收的功率为

$$P_R = S_0 \cdot A_e = \frac{P_iG_i}{4\pi r^2} \cdot \frac{\lambda^2 G_R}{4\pi} \tag{7.5.5}$$

将输入功率与接收功率之比定义为自由空间的基本传输损耗，即

$$L_{bf} = \frac{P_i}{P_R} = \left(\frac{4\pi r}{\lambda}\right)^2 \cdot \frac{1}{G_iG_R} \tag{7.5.6}$$

将式（7.5.6）取对数得

$$\begin{aligned} L_{bf} &= 10\ \lg\frac{P_i}{P_R} \\ &= 32.45 + 20\ \lg f(\text{MHz}) + 20\ \lg r(\text{km}) - G_i(\text{dB}) - G_R(\text{dB}) \end{aligned} \tag{7.5.7}$$

由式（7.5.7）可知，虽然自由空间不会吸收电磁波能量，但随着传播距离的增大，导致发射天线的辐射功率分布在更大的球面上，因此自由空间传播的损耗是一种扩散式的能量自然损耗。

2. 传输媒质对电波传播的影响

（1）传输损耗（信道损耗）。电波在实际的媒质（信道）中传播时是有能量损耗的，这种能

量损耗可能是由于大气对电波的吸收或散射引起的，也可能是由于电波绕过球形地面或障碍物的绕射而引起的。在传播距离、工作频率、发射天线、输入功率和接收天线都相同的情况下，设接收点的实际场强为 E、功率为 P_R'，而自由空间中的场强为 E_0、功率为 P_R，则信道的衰减因子 A 定义为

$$A(\text{dB}) = 20\lg\frac{|E|}{|E_0|} = 10\lg\frac{P_R'}{P_R} \tag{7.5.8}$$

则实际传输损耗 L_b 为

$$L_b = 10\lg\frac{P_i}{P_R'} = 10\lg\frac{P_i}{P_R} - 10\lg\frac{P_R'}{P_R} = L_{bf} - A(\text{dB}) \tag{7.5.9}$$

若不考虑天线的影响，即令 $G_i = G_R = 1$，则实际的传输损耗为

$$L_b = 32.45 + 20\lg f(\text{MHz}) + 20\lg r(\text{km}) - A(\text{dB}) \tag{7.5.10}$$

式中：右边的前三项为自由空间损耗 L_{bf}；A 为实际媒质的损耗。不同的传播方式、传播媒质，信道的传输损耗不同。

（2）衰落现象。所谓衰落，一般是指信号电平随时间的随机起伏。根据引起衰落的原因分类，大致可分为吸收型衰落和干涉型衰落。

吸收型衰落主要是由于传输媒质电参数的变化，使得信号在媒质中的衰减发生相应的变化而引起的。如大气中的氧气、水汽以及由水汽凝聚而成的云、雾、雨、雪等都对电波有吸收作用。

由于气象的随机性，这种吸收的强弱也有起伏，形成信号的衰落。由这种原因引起的信号电平的变化较慢，所以称为慢衰落，如图 7.5.1（a）所示。慢衰落通常是指信号电平的中值（5 分钟中值、小时中值、月中值等）在较长时间间隔内的起伏变化。

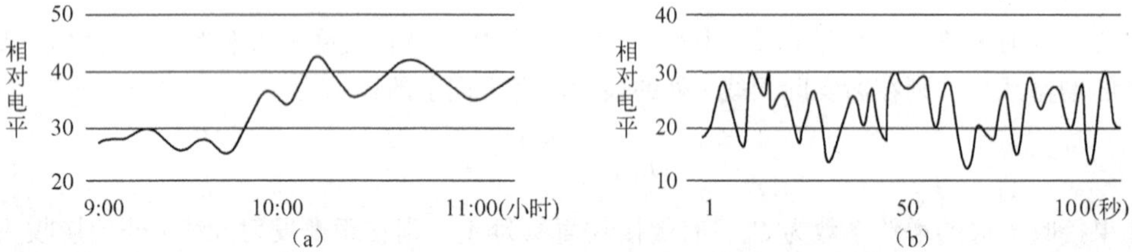

图 7.5.1　衰落现象

干涉型衰落主要是由随机多径干涉现象引起的。在某些传输方式中，由于收、发两点间存在若干条传播路径，典型的如天波传播、不均匀媒质传播等，在这些传播方式中，传输媒质具有随机性，因此到达接收点的各路径的时延是随机变化的，致使合成信号幅度和相位都发生随机起伏。这种起伏的周期很短，信号电平变化很快，故称为快衰落，如图 7.5.1（b）所示。这种衰落在移动通信信道中表现得更为明显。

快衰落叠加在慢衰落之上。在较短的时间内观察时，快衰落表现明显，慢衰落不易被察觉。信号的衰落现象严重地影响电波传播的稳定性和系统的可靠性，需要采取有效措施（如分集接收等）来加以克服。

（3）传输失真。无线电波通过媒质除产生传输损耗外，还会产生失真——振幅失真和相位失真。产生失真的原因有两个：一是媒质的色散效应，二是随机多径传输效应。

色散效应是由于不同频率的无线电波在媒质中的传播速度有差别而引起的信号失真。载有信号的无线电波都占据一定的频带，当电波通过媒质传播到达接收点时，由于各频率成分传播速度不同，因而不能保持原来信号中的相位关系，引起波形失真。至于色散效应引起信号畸变

的程度，则要结合具体信道的传输情况而定。

设接收点的场是两条路径传来的相位差 $\varphi=\omega\tau$ 的两个电场的矢量和。如图 7.5.2（a）所示，最大的传输时延与最小的传输时延的差值定义为多径时延 τ。对所传输信号中的每个频率成分，相同的 τ 值引起不同的相差。例如，对 f_1，若 $\varphi_1=\omega_1\tau=\pi$，因两矢量反相抵消，此分量的合成场强呈现最小值；而对 f_2，若 $\varphi_2=\omega_2\tau=2\pi$，因两矢量同相相加，此分量的合成场强呈现最大值，如图 7.5.2（b）所示。其余各成分以此类推。显然，若信号带宽过大，就会引起较明显的失真。所以一般情况下，信号带宽不能超过 $1/\tau$。因此，引入相关带宽的概念，定义相关带宽

$$\Delta f=\frac{1}{\tau} \tag{7.5.11}$$

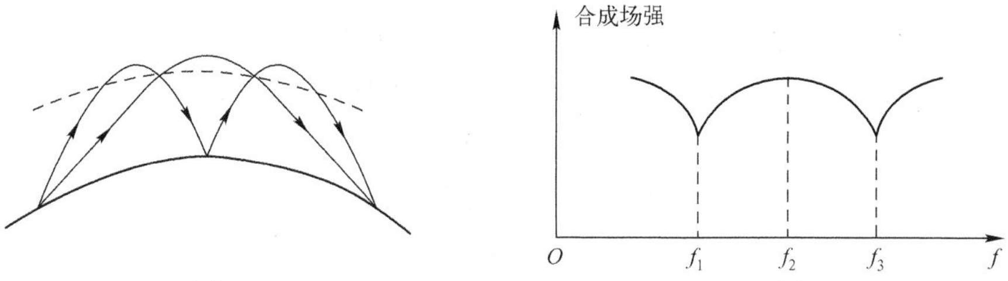

图 7.5.2　多径传输效应

（4）电波传播方向的变化。当电波在无限大的均匀、线性媒质内传播时，射线是沿直线传播的。然而电波传播实际所经历的空间场所是复杂多样的：不同媒质的分界处将使电波折射、反射；媒质中的不均匀体（如对流层中的湍流团）将使电波产生散射；球形地面和障碍物将使电波产生绕射；特别是某些传输媒质的时变性使射线轨迹随机变化，使得到达接收天线处的射线入射角随机起伏，使接收信号产生严重的衰落。因此，在研究实际传输媒质对电波传播的影响问题时，电波传播方向的变化也是重要内容之一。

7.5.2　视距传播

1. 视线距离

设发射天线高度为 h_1、接收天线高度为 h_2'，如图 7.5.3所示。由于地球曲率的影响，当两天线 A、B 间的距离 $r<r_v$ 时，两天线互相“看得见”；当 $r>r_v$时，两天线互相“看不见”，距离 r_v 为收、发天线高度分别为 h_2 和 h_1 时的视线极限距离，简称视距。图 7.5.3 中，AB 与地球表面相切，a 为地球半径，由图可得到以下关系式：

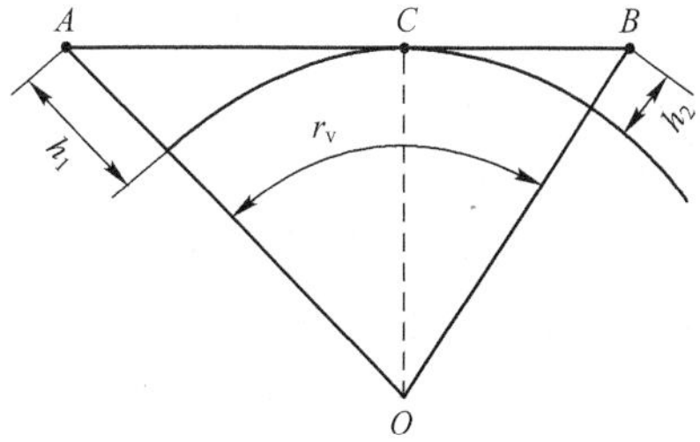

图 7.5.3　视线距离

$$r_v=\sqrt{2a}\left(\sqrt{h_1}+\sqrt{h_2}\right) \tag{7.5.12}$$

将地球半径 $a=6.370\times10^6$m 代入（7.5.12）式，即有

$$r_v=3.57\left(\sqrt{h_1}+\sqrt{h_2}\right)\times10^3\ \text{m} \tag{7.5.13}$$

式中：h_1和 h_2的单位为米。

视距传播时，电波是在地球周围的大气中传播的，大气对电波产生折射与衰减。由于大气层是非均匀媒质，其压力、温度与湿度都随高度而变化，大气层的介电常数是高度的函数。

在标准大气压下，大气层的介电常数 ε_r 随高度增加而减小，并逐渐趋近于1，因此大气层的折射率 $n=\sqrt{\varepsilon_r}$ 随高度的增加而减小。若将大气层分成许多薄片层，每一薄层是均匀的，各薄层

的折射率 n 随高度的增加而减小。这样当电波在大气层中依次通过每个薄层界面时，射线都将产生偏折，因而电波射线形成一条向下弯曲的弧线，如图 7.5.4 所示。

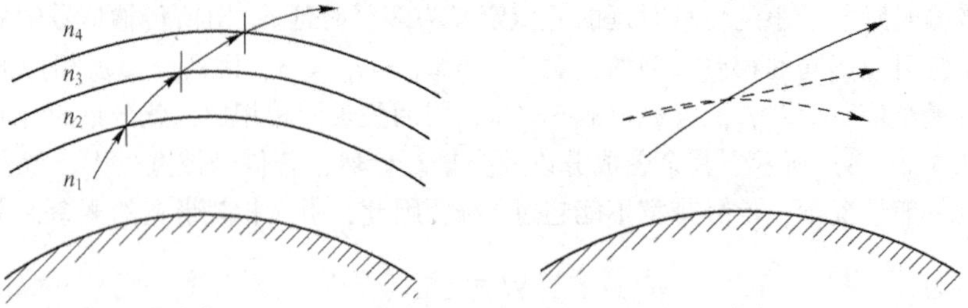

图 7.5.4　大气层对电波的折射

当考虑大气的不均匀性对电波传播轨迹的影响时，视距公式应修正为

$$r_v = \sqrt{2a_e}\left(\sqrt{h_1} + \sqrt{h_2}\right) = 4.12\left(\sqrt{h_1} + \sqrt{h_2}\right) \times 10^3\ \text{m} \tag{7.5.14}$$

在光学上，$r < r_v$ 的区域称为照明区，$r > r_v$ 的区域称为阴影区。由于电波频率远低于光学频率，故不能完全按上述几何光学的观点划分区域。通常把 $r < 0.8r_v$ 的区域称为照明区，将 $r > 1.2r_v$ 的区域称为阴影区，而把 $0.8r_v < r < 1.2r_v$ 的区域称为半照明半阴影区。

2. 大气对电波的衰减

大气对电波的衰减主要来自两个方面。一方面是云、雾、雨等小水滴对电波的热吸收及水分子、氧分子对电波的谐振吸收。热吸收与小水滴的浓度有关，谐振吸收与工作波长有关。另一方面是云、雾、雨等小水滴对电波的散射，散射衰减与小水滴半径的 6 次方成正比，与波长的 4 次方成反比。当工作波长短于 5 cm 时，就应该考虑大气层对电波的衰减，尤其当工作波长短于 3 cm 时，大气层对电波的衰减将趋于严重。就云、雾、雨、雪对微波传播的影响来说，降雨引起的衰减最为严重，对 10^4 MHz 以上的频率，由降雨引起的电波衰减在大多数情况下是可观的。因此在地面和卫星通信线路的设计中都要考虑由降雨引起的衰减。

3. 场分析

在视距传播中，除了自发射天线直接到达接收天线的直射波外，还存在从发射天线经地面反射到达接收天线的反射波，如图 7.5.5 所示。因此接收天线处的场是直射波与反射波的叠加。

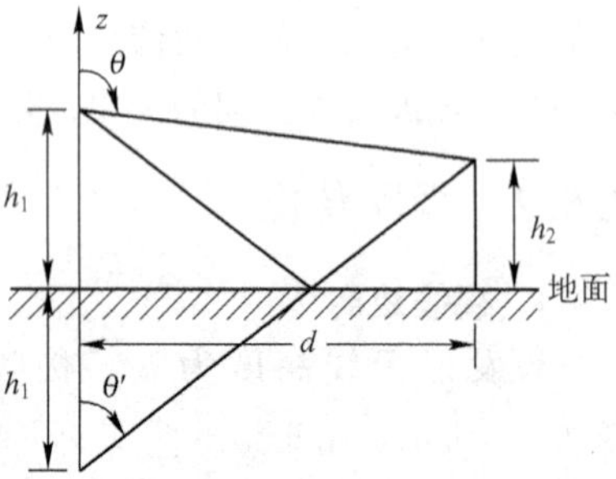

图 7.5.5　直射波与反射波

设 h_1 为发射天线高度，h_2 为接收天线高度，d 为收、发天线间距，$\boldsymbol{E}$ 为接收点场强，$\boldsymbol{E}_{\theta 1}$ 为直射波，$\boldsymbol{E}_{\theta 2}$ 为反射波。根据上面的分析，接收点的场强为

$$\boldsymbol{E} = \boldsymbol{E}_{\theta 1} + \boldsymbol{E}_{\theta 2} \tag{7.5.15}$$

$$\left.\begin{aligned} \boldsymbol{E}_{\theta 1} &= \boldsymbol{a}_r E_0 f(\theta)\frac{\mathrm{e}^{-\mathrm{j}kr}}{r} \\ \boldsymbol{E}_{\theta 2} &= \boldsymbol{a}_{r'} R E_0 f(\theta')\frac{\mathrm{e}^{-\mathrm{j}kr'}}{r'} \end{aligned}\right\} \tag{7.5.16}$$

式中：R 为反射点处的反射系数，$R = |R|\mathrm{e}^{\mathrm{j}\varphi}$，$f(\theta)$ 为天线方向函数。

如果两天线间距离 $d \gg h_1, h_2$，则有

$$\left.\begin{aligned} &\theta = \theta' \\ &\boldsymbol{E} = \boldsymbol{a}_r E_0 f(\theta)\frac{\mathrm{e}^{-\mathrm{j}kr}}{r}F \end{aligned}\right\} \tag{7.5.17}$$

式中：$F=1+|R|e^{-j[k(r'-r)-\varphi]}$

$$r'-r\approx\frac{(h_1+h_2)^2}{2d}-\frac{(h_2-h_1)^2}{2d}=\frac{2h_1h_2}{d} \tag{7.5.18}$$

将式（7.5.18）和式（7.5.16）代入式（7.5.17）得

$$F=1+|R|e^{-j(2kh_1h_2/d-\varphi)}$$

当地面电导率为有限值时，若射线仰角很小，则有

$$R_H\approx R_V\approx 1 \tag{7.5.19}$$

式中：R_H为水平极化波的反射系数；R_V垂直极化波的反射系数。

对于视距通信信道来说，电波的射线仰角是很小的（通常小于1°），所以有

$$|F|=|1-e^{j2kh_1h_2/d}|=2\left|\sin\left(\frac{2\pi h_1h_2}{d\lambda}\right)\right| \tag{7.5.20}$$

由式（7.5.20）可得到下列结论：

① 当工作波长和收、发天线间距不变时，接收点场强随天线高度 h_1 和 h_2 的变化而在零值与最大值之间波动，如图 7.5.6 所示。

② 当工作波长 λ 和两天线高度 h_1 和 h_2 都不变时，接收点场强随两天线间距的增大而呈波动变化，间距减小，波动范围减小，如图 7.5.7所示。

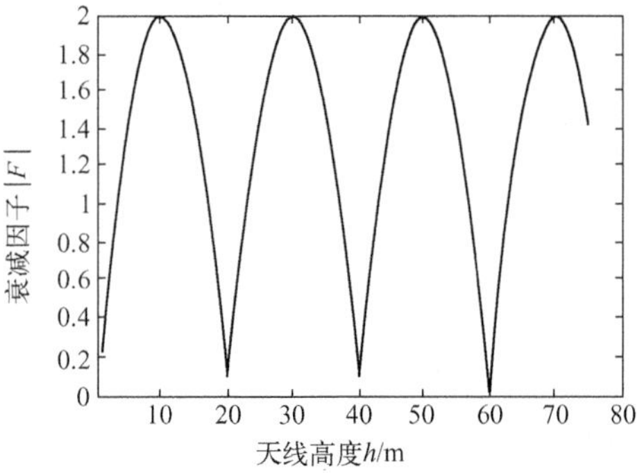

图 7.5.6　接收点场强随天线高度的变化曲

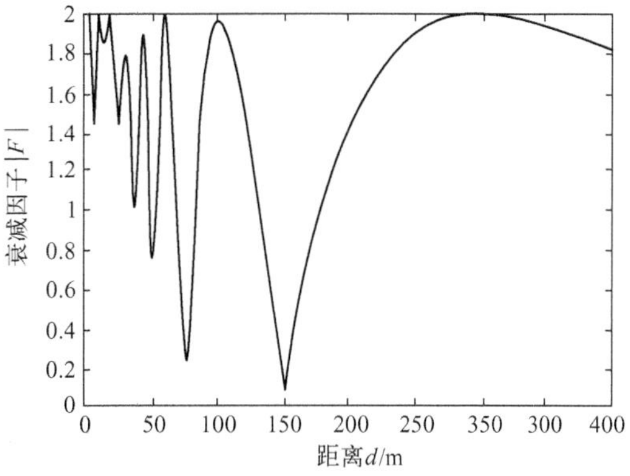

图 7.5.7　接收点场强随间距 d 的变化曲线

③ 当两天线高度 h_1 和 h_2 和间距 d 不变时，接收点场强随工作波长 λ 呈波动变化，如图 7.5.8 所示。

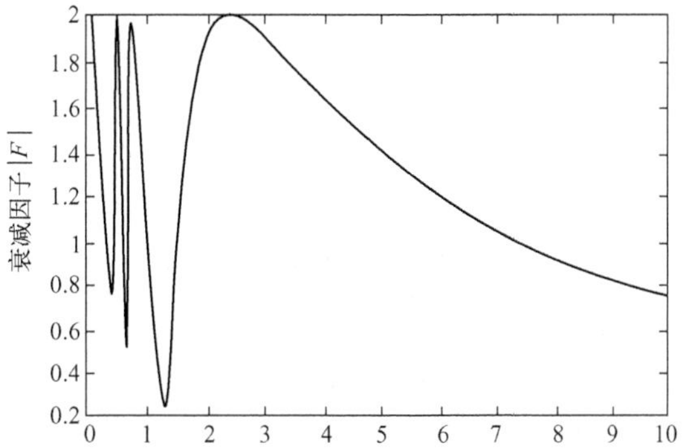

图 7.5.8　接收点场强随工作波长 λ 的变化曲线

由上面的分析知，由于反射波的存在，接收点场强的稳定性不好，所以在通信信道路径的设计和选择时，要尽可能地利用起伏不平的地形或物体，使反射波场强削弱或改变反射波的传播方向，使其不能到达接收点，以保证接收点场强的稳定。

7.5.3 天波传播

天波传播通常指自发射天线发出的电磁波经高空电离层反射后到达接收点的传播方式，主要用于中波和短波波段。

1. 电离层概况

电离层是地球高空大气层的一部分，从离地面 60 km 的高度一直延伸到 1 000 km 的高空。由于电离层电子密度不是均匀分布的，因此，按电子密度随高度的变化相应地分为 D，E，F_1，F_2 4 层，每一个区域的电子浓度都有一个最大值，如图 7.5.9 所示。电离层主要是太阳的紫外辐射形成的，因此其电子密度与日照密切相关—白天大，晚间小，而且晚间 D 层消失；电离层电子密度又随四季不同而发生变化。

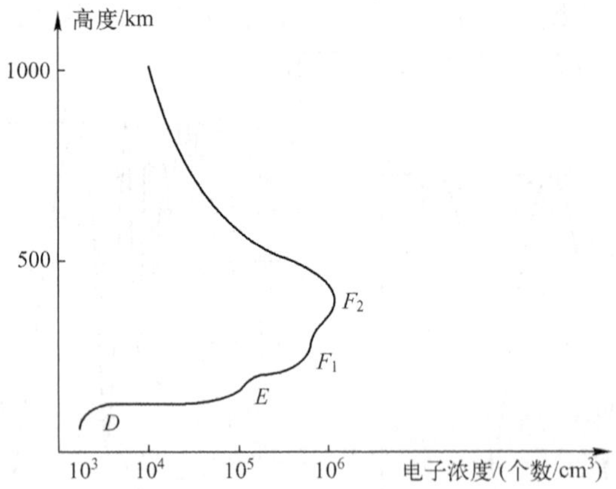

图 7.5.9　电离层电子密度的高度分布图

2. 无线电波在电离层中的传播

仿照电波在视距传播中的介绍方法，可将电离层分成许多薄片层，每一薄片层的电子密度是均匀的，但彼此是不等的。根据经典电动力学可得自由电子密度为 N_e 的各向同性均匀媒质的相对介电常数为

$$\varepsilon_r = 1 - \frac{80.8N_e}{f^2} \tag{7.5.21}$$

其折射率为

$$n = \sqrt{1 - \frac{80.8N_e}{f^2}} < 1 \tag{7.5.22}$$

式（7.5.21）和式（7.5.22）中：f 为电波的频率。

当电波入射到空气与电离层界面时，由于电离层折射率小于空气折射率，折射角大于入射角，射线要向下偏折。当电波进入电离层后，由于电子密度随高度的增加而逐渐减小，因此各薄片层的折射率依次变小，电波将连续下折，直至到达某一高度处电波开始折回地面。可见，电离层对电波的反射实质是电波在电离层中连续折射的结果，如图 7.5.10 所示。在各薄片层间的界面上连续应用折射定律可得

$$n_0 \sin\theta_0 = n_1 \sin\theta_1 = \cdots\cdots = n_i \sin\theta_i \tag{7.5.23}$$

式中：n_0为空气折射率，$n_0 = 1\theta_0$为电波进入电离层时的入射角 n_i 为第 i 层电离层中的折射率，θ_i 为第 i 层进行第 $i+1$ 层的入射角。

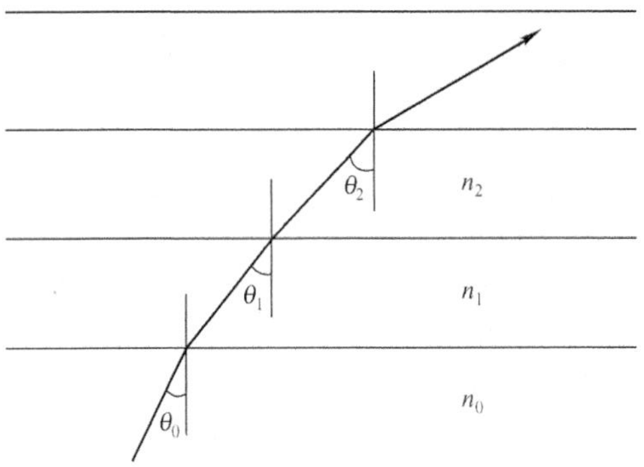

图 7.5.10　电离层对电波的连续折射

设电波在第 i 层处到达最高点，然后即开始折回地面，则将 $\theta_{\mathrm{i}} = 90°$代入式（7.5.23）得

$$\sin\theta_0 = n_i = \sqrt{1 - \frac{80.8N_i}{f^2}} \tag{7.5.24}$$

或

$$f = \sqrt{80.8N_i}\sec\theta_0 \tag{7.5.25}$$

式（7.5.25）揭示了天波传播时，电波频率 f（Hz）与入射角 θ_0 和电波折回处的电子密度 N_{i}（电子数/m^3）三者之间的关系。由此引入下列几个概念：

（1）最高可用频率。由式（7.5.25）可求得，当电波以 θ_0 角度入射时，电离层能把电波"反射"回来的最高可用频率为

$$f_{\max} = \sqrt{80.8N_{\max}}\sec\theta_0 \tag{7.5.26}$$

式中：$N_{\max}$为电离层的最大电子密度。

也就是说，当电波入射角 θ_0 一定时，随着频率的增高，电波反射后所到达的距离越远。当电波工作频率高于$f_{\max}$时，由于电离层不存在比 $N_{\max}$更大的电子密度，因此电波不能被电离层"反射"回来而穿出电离层，如图 7.5.11 所示，这正是超短波和微波不能以天波传播的原因。

（2）天波静区。由式（7.5.24）可得电离层能把频率为f（Hz）的电波"反射"回来的最小入射角 $\theta_{0\min}$为

$$\theta_{0\min} = \arcsin\sqrt{1 - \frac{80.8N_{\max}}{f^2}} \tag{7.5.27}$$

当入射角 $\theta_0 < \theta_{0\min}$时，电波不能被电离层"反射"回来，这使得以发射天线为中心的、一定半径的区域内就不可能有天波到达，从而形成了天波的静区，如图 7.5.12 所示。

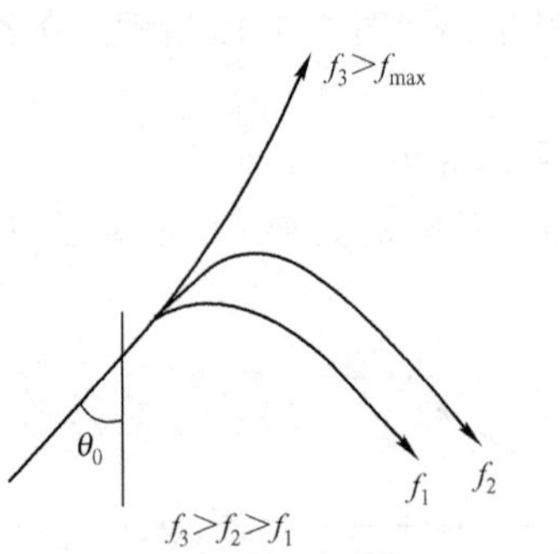

图 7.5.11　θ_0 一定而频率不同时的射线

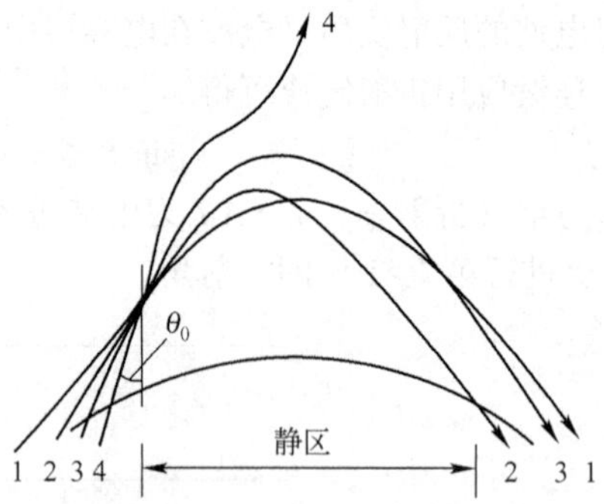

7.5.12　频率一定时通信距离与入射角的关系

(3) 多径效应。由于天线射向电离层的是一束电波射线，各根射线的入射角稍有不同，它们将在不同的高度上被“反射”回来，因而有多条路径到达接收点（如图 7.5.13 所示），这种现象称为多径传输。由于受气候变化的影响，各射线间的波程差也不断变化，从而使到达接收点的合成场的大小发生波动，这种多径传输引起的接收点场强的起伏变化称为多径效应，多径效应会造成信号的衰落。

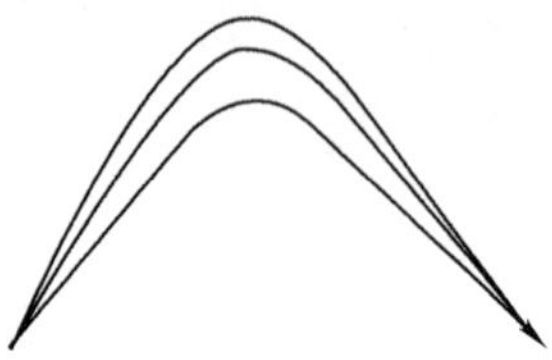

图 7.5.13　多径效应

(4) 最佳工作频率 f_{opt}。电离层中自由电子的运动将耗散电波的能量，使电波发生衰减，但电离层对电波的吸收主要是 D 层和 E 层。因此，为了减小电离层对电波的吸收，天波传播应尽可能采用较高的工作频率。

$$f_{opt}=0.85f_{max}$$

还需要注意的是，电离层的 D 层对电波的吸收是很严重的，夜晚，D 层消失，致使天波信号增强，这正是晚上能接收到更多短波电台的原因。

总之，天波通信具有以下特点：

① 频率的选择很重要，频率太高，电波穿透电离层射向太空；频率太低，电离层吸收太大，以致不能保证必要的信噪比。因此，通信频率必须选择在最佳频率附近。

② 天波传播的随机多径效应严重，多径时延较大，信道带宽较窄。

③ 天波传播不太稳定，衰落严重，在设计电路时必须考虑衰落影响，使电路设计留有足够的电平余量。

④ 电离层所能反射的频率范围是有限的，一般是短波范围。由于波段范围较窄，因此短波电台特别拥挤，电台间的干扰很大，尤其是夜间，由于电离层吸收减小，电波传播条件有所改善，台间干扰更大。

⑤ 由于天波传播是靠高空电离层的反射，因而受地面的吸收及障碍物的影响较小，也就是说这种传播方式的传输损耗较小，因此能以较小功率进行远距离通信。

⑥ 天波通信，特别是短波通信，建立迅速，机动性好，设备简单，是短波天波传播的优点之一。

7.5.4　地面波传播

无线电波沿地球表面传播，称为地波传播或表面波传播，这种传播方式，信号相对稳定，基本上不受气象条件、昼夜及季节变化的影响。但随着电波频率的增高，地面传播损耗迅速增大，因此这种传播方式一般只适用于中波、长波和超长波传播。

设有一直立天线架设于地面之上，辐射的垂直极化波沿地面传播时，若大地是理想导体，则接收天线接收到的仍是垂直极化波，如图 7.5.14 所示。实际上，大地是非理想导电媒质，垂直极化波的电场沿地面传播时，就在地面感应出与其一起移动的正电荷，进而形成电流，从而产生欧姆损耗，造成大地对电波的吸收；并沿地表面形成较小的电场水平分量，致使电波向前倾斜，并变为一狭长椭圆极化波，如图 7.5.15 所示。显然，波前的倾斜程度反映了大地对电波的吸收程度。

由以上分析可以得到如下结论：

① 垂直极化波沿非理想导电地面传播时，由于大地对电波能量的吸收作用，产生了沿传播方向的电场纵向分量 E_{z1}，因此可以用 E_{z1} 的大小来说明传播损耗的情况。当地面的电导率越小或电波频率越高，E_{z1} 越大，说明传播损耗越大。

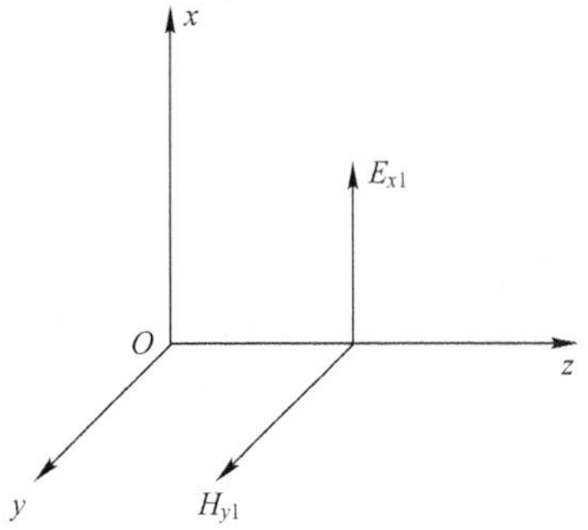

图 7.5.14　理想导电地面的场结构

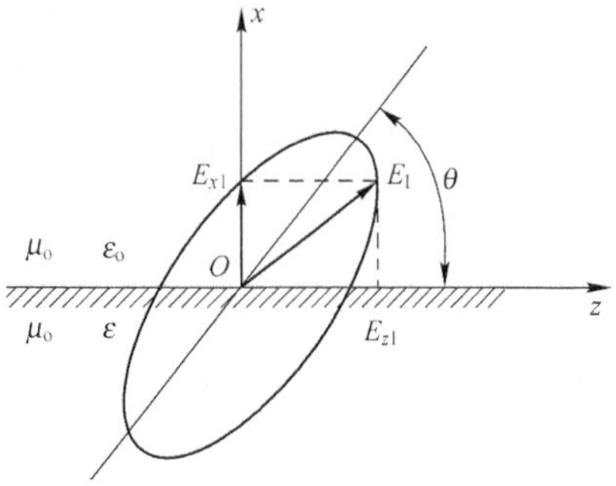

图 7.5.15　非理想导电地面的场结构

② 地面波的波前倾斜现象在接收地面上的无线电波中具有实用意义。由于 $E_{x1} \gg E_{z1}$，故在地面上采用直立天线接收较为适宜，如直立鞭状天线。但在某些场合，由于受到条件的限制，也可以采用低架水平天线接收。

③ 地面波由于地表面的电性能及地貌、地物等并不随时间很快地变化，并且基本上不受气候条件的影响，因此信号稳定，这是地面波传播的突出优点。

④ 有绕射损耗。障碍物越高，波长越短，则绕射损耗越大。长波绕射能力强，中波次之，短波较弱，而超短波绕射能力最弱。所以，地面波传播主要适用于长、中波通信方式。

应该指出，地面波的传播情况与电波的极化形式有很大关系。地面导体损耗对沿地表的电场损耗较大，计算表明，电波沿一般地面介质传播时，水平极化波比垂直极化波的传播损耗要高数十分贝。所以只有垂直极化波才能进行地面波传播。

7.5.5　不均匀媒质的散射传播

除了上述三种基本传输方式外，还有散射波传播。电波在低空对流层或高空电离层下缘遇到不均匀的介质团时就会发生散射，散射波的一部分到达接收天线处，如图 7.5.16 所示，这种传播方式称为不均匀媒质的散射传播。电离层散射主要用于 30 ～ 100 MHz 频段，对流层散射主要用于 100 MHz 以上频段。就其传播机理而言，电离层散射传播与对流层散射传播有一定的相似性就其应用广度来说，电离层散射传播不如对流层散射传播方式应用广泛。现以对流层散射为例，简单介绍不均匀媒质的散射传播原理。

对流层是大气的最低层，通常是指从地面算起至高达(13 ± 5) km 的区域，在太阳的辐射下，受热的地面通过大气的垂直对流作用，对流层升温。一般情况下，对流层的温度、压强、湿度不断变化，在涡旋气团内部及其周围，介电常数会有随机的小尺度起伏，形成了不均匀的介质团。当超短波、短波投射到这些不均匀体上时，就在其中产生感应电流，不均体成为一个二次辐射源，将入射的电磁能量向四面八方再辐射，于是电波就到达不均匀介质团能“看见”但电波发射点却不能“看见”的超视距范围。电磁波的这种无规则、无方向的辐射，即为散射，相应的介质团称为散射体，如图 7.5.16 所示。对于任一固定的接收点来说，其接收场强就是收、发双方都能“看见”的那部分空间（收、发天线波束相交的公共体积中的所有散射体）的再辐射场的总和。通过上述分析，可以看出对流层散射传播具有下列特点：

① 由于散射波相当微弱，即传输损耗很大（包括自由空间传输损耗、散射损耗、大气吸收损耗及来自天线方面的损耗，一般超过200 dB），因此对流层散射通信要采用大功率发射机、高灵敏度接收机和高增益天线。

② 由于湍流运动的特点，散射体是随机变化的，它们之间在电性能上是相互独立的，因而它们对接收点的场强影响是随机的。这种随机多径传播现象，使信号产生严重的快衰落。这种快衰落一般通过采用分集接收技术来克服。

③ 这种传播方式的优点是容量大、可靠性高、保密性好、单跳跨距达300 ～ 800 km，一般用于无法建立微波中继站的地区，如海岛之间或跨越湖泊、沙漠、雪山等地区。有时也可作为应急通信方案，在军事和应急指挥系统中具有重要的意义。

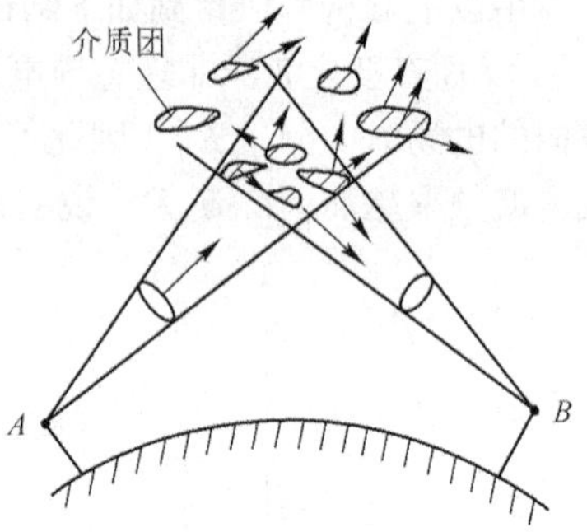

图 7.5.16　不均匀媒质传播

7.6　天线的仿真分析

天线与电波传播问题的分析往往比较复杂，合理使用计算机进行辅助分析，不仅极大简化运算，而且能够得出三维立体的天线方向图，使读者能够更加形象的感受到天线辐射场的空间分布，提高学习效果。本节采用 MATLAB 对部分主要天线进行了仿真分析，给出了具体程序，启发读者自主学习。

1. 二元天线阵方向图仿真分析

具体程序如下：

```
clear;clc;
sita = meshgrid(0:pi/90:pi);
fai = meshgrid(0:2 * pi/90:2 * pi)';
l = 0.25;
d = 1.25;
beta = 0;
m = 1;
r1 = abs(cos(2 * pi * l * cos(sita)) - cos(2 * pi * l))./abs(sin(sita) + eps);
r2 = sqrt(1 + m * m + 2 * m * cos(beta + 2 * pi * d * sin(sita). * sin(fai)));
r3 = r1. * r2;
r1max = max(max(r1));
r2max = max(max(r2));
r3max = max(max(r3));
```

```
[x1,y1,z1] = sph2cart(fai,pi/2 - sita,r1/r1max);
[x2,y2,z2] = sph2cart(fai,pi/2 - sita,r2/r2max);
[x3,y3,z3] = sph2cart(fai,pi/2 - sita,r3/r3max);
subplot(3,1,1);
surf(x1,y1,z1);axis([ -1 1  -1 1  -1 1]);shading interp; % µ ¥ Ôª Òò × Ó
subplot(3,1,2);
surf(x2,y2,z2);axis([ -1 1  -1 1  -1 1]);shading interp; % ÕóÒò × Ó
subplot(3,1,3);
surf(x3,y3,z3);axis([ -1 1  -1 1  -1 1]);shading interp; % ³Ë≫ý
rotate3d
```

程序运行结果如图 7.6.1 所示。

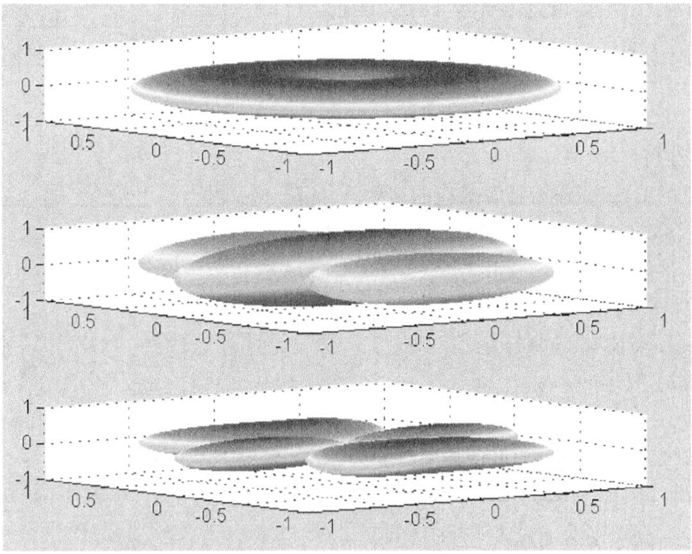

（a）二元阵的立体方向图

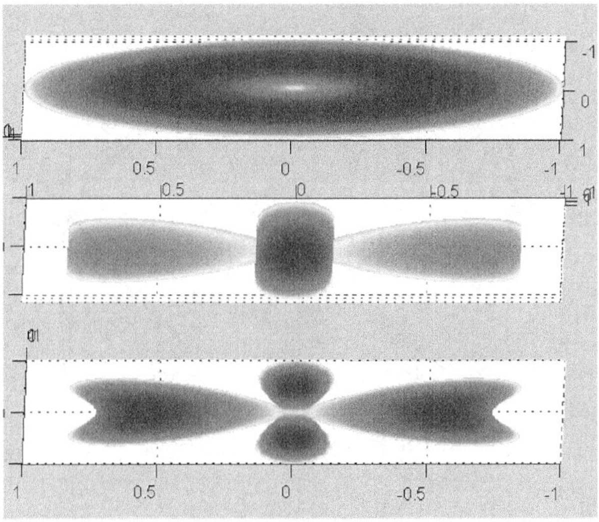

（b）二元阵的 H 面方向图

图 7.6.1　二元阵方向图仿真图

2. 边射阵仿真分析

具体程序如下：

```
clc
clear all
f = 3e10; %30 GHz,厘米波
i = 1; % 天线电流幅值
lambda = (3e8)/f; % lambda = c/f 为波长
beta = 2. * pi/lambda;
N = 15;
t = 0:0.01:2 * pi;
d1 = lambda/4; % 没有栅瓣效应的边射阵,间隔 d < 波长
W1 = beta. * d1. * cos(t); % 定义 kdcos 方向角
z1 = (N/2). * W1;
z2 = (1/2). * W1;
F1 = sin(z1)./(N. * sin(z2));
K1 = abs(F1);
d2 = lambda * 1.5; % 没有栅瓣效应的边射阵,间隔 d > 波长
W2 = beta. * d2. * cos(t); % 定义 kdcos 方向角
z3 = (N/2). * W2;
z4 = (1/2). * W2;
F2 = sin(z3)./(N. * sin(z4));
K2 = abs(F2);
figure(1)
subplot(121);polar(t,K1);title('边射阵 f = 30 GHz,N = 15,d = 1/4 波长');
subplot(122);polar(t,K2);title('边射阵 f = 30 GHz,N = 15,d = 1.5 倍波长');
```

程序运行结果如图 7.6.2 所示。

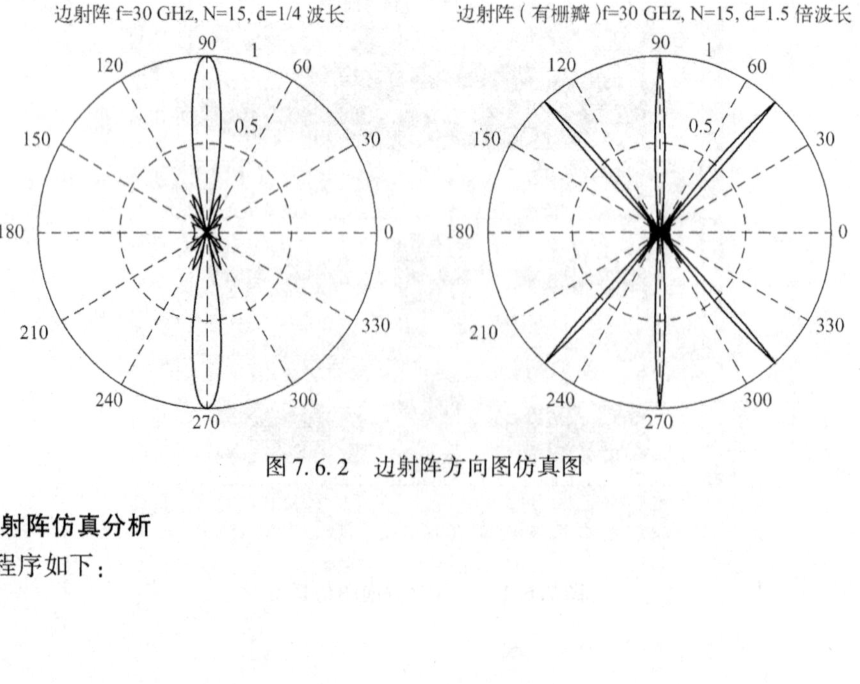

图 7.6.2　边射阵方向图仿真图

3. 端射阵仿真分析

具体程序如下：

```
clc
clear all
f = 3e10; % 30 GHz,厘米波
i = 1; % 天线电流幅值
lambda = (3e8)/f; % lambda = c/f 为波长
beta = 2. * pi/lambda;
N = 15;
t = 0:0.01:2 * pi;
d1 = lambda/4; % 没有栅瓣效应的端射阵,间隔 d < 1/2 波长
W1 = beta. * d1. * cos(t); % 定义 kdcos 方向角
z1 = ((N/2). * W1) + N/2 * beta * d1;
z2 = ((1/2). * W1) + 1/2 * beta * d1;
F1 = sin(z1)./(N. * sin(z2));
K1 = abs(F1);
d2 = lambda * 0.7; % 有栅瓣效应的端射阵,间隔 d > 1/2 波长
W2 = beta. * d2. * cos(t); % 定义 kdcos 方向角
z3 = ((N/2). * W2) + N/2 * beta * d2;
z4 = ((1/2). * W2) + 1/2 * beta * d2;
F2 = sin(z3)./(N. * sin(z4));
K2 = abs(F2);
figure(2)
subplot(121);polar(t,K1);title('边端阵,f = 30 GHz,N = 15,D = 1/4 波长');
subplot(122);polar(t,K2);title('边端阵 f = 30 GHz,N = 15,d = 1.5 倍波长');
```

程序运行结果如图 7.6.3 所示。

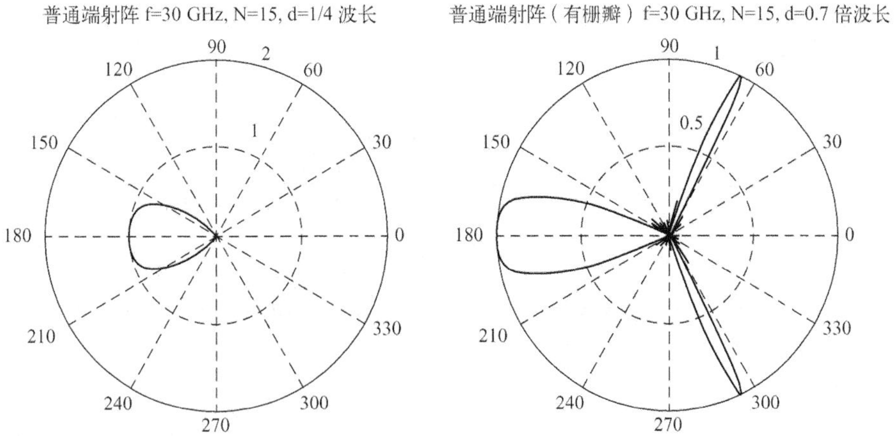

图 7.6.3　端射阵方向图仿真图

小　　结

1. 了解天线在无线电系统中的作用和天线的主要特性参数。掌握电波传播的基本知识，建

立无线电通信的总体设计思想、总体观念。

2. 掌握线性叠加原理在辐射场分析中的应用方法。

3. 掌握线天线和面天线的分析方法及结果，注意地面对天线辐射场和电波传播的影响。

4. 掌握使用各类天线的标准归一化方向函数，能定性描绘各类天线的方向图，并能做出性能的分析、评价及正确选用。

5. 了解一些常用的天线设备，掌握其性能和特点。

6. 掌握电波传播的途径和对应传播特性，具有一定的根据实际工程要求合理选择通信信道能力。

习　　题

7.1　简述天线的功能。

7.2　天线的电参数有哪些?

7.3　按极化方式划分，天线有哪几种?

7.4　从接收角度讲，对天线的方向性有哪些要求?

7.5　设某天线的方向图如题7.5用图所示，试求主瓣零功率波瓣宽度、半功率波瓣宽度、第一旁瓣电平。

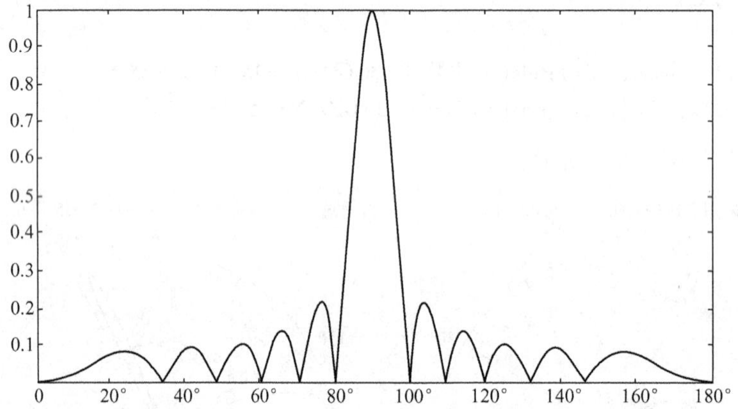

题7.5用图

7.6　长度为$2h(h\ll\lambda)$沿z轴放置的短振子，中心馈电，其电流分布为$I(z)=I_m\cdot\sin k(h-|z|)$，式中$k=2\pi/\lambda$，试求短振子的

① 辐射电阻。

② 方向系数。

③ 有效长度（归于输入电流）。

7.7　有一个位于xOy平面的、很细的矩形小环，环的中心与坐标原点重合，环的两边尺寸分别为a和b，并与x轴和y轴平行，环上电流为$i(t)=I_0\cos\omega t$，假设$a\ll\lambda$、$b\ll\lambda$，试求小环的辐射场及两主平面方向图。

7.8　有一长度为dl的电基本振子，载有振幅为I_0、沿$+y$方向的时谐电流，试求其方向函数，并画出在xOy面、xOz面、yOz面的方向图。

7.9 一半波振子臂长 $h=35$ cm、直径 $2a=17.35$ mm，工作波长 $\lambda=1.5$ m，试计算其输入阻抗。

7.10 有两个平行于 z 轴并沿 x 轴方向排列的半波振子，若：

① $d=\lambda/4$，$\zeta=\pi/2$。

② $d=3\lambda/4$，$\zeta=\pi/2$。

试分别求其 E 面和 H 面方向函数，并画出方向图。

7.11 十二元均匀直线阵的各元间距为 $\lambda/2$，求：

① 天线阵相对于 ψ 的归一化阵方向函数。

② 分别画出工作于边射状态和端射状态的方向图，并计算其主瓣半功率波瓣宽度和旁瓣电平。

7.12 两等幅馈电的半波振子沿 z 排列，若：

① $d=\lambda/4$，$\zeta=\pi/2$。

② $d=\lambda/4$，$\zeta=-\pi/2$。

它们的辐射功率都为 1 W，计算上述两种情况在 xOy 平面内 $\varphi=30°$、$r=1$ km 处的场强值。

7.13 设在相距 1.5 km 的两个站之间进行通信，每个站均以半波振子为天线，工作频率为 300 MHz。若一个站发射的功率为 100 W，则另一个站的匹配负载中能收到多少功率？

7.14 直立振子的高度 $h=10$ m，当工作波长 $\lambda=300$ m 时，求它的有效高度以及归于波腹电流的辐射电阻。

7.15 已知 T 形天线的水平部分长度为 100 m、特性阻抗为 346 Ω，垂直部分长度为 100 m、特性阻抗为 388 Ω，其工作波长 $\lambda=600$ m，求天线的有效高度与辐射电阻。

7.16 设长度为 L 的行波天线上，电流分布为 $I(z)=I_0e^{-j\beta z}$，试求其方向函数，并画出 $L=\lambda$ 和 $L=5\lambda$ 的方向图。

7.17 试以对数周期天线为例，简述宽频带天线的工作原理。

7.18 什么是抛物面天线的最佳照射？

7.19 旋转抛物面天线由哪几部分组成？

7.20 旋转抛物面天线对馈源有哪些基本要求？

7.21 卡塞格伦天线与旋转抛物面天线相比，有哪些优点？

7.22 什么是天波传播？简述天波传播的特点。

7.23 何谓天波传播的静区？

7.24 试分析夜晚听到的电台数目多且杂音大的原因。

7.25 什么是地面波传播？简述地面波的波前倾斜现象。

7.26 不均匀媒质传播方式主要有哪些？简述对流层散射传播的原理。

7.27 假设有一位于 xOy 平面内尺寸为 $a\times b$ 的矩形口径，口径场为均匀相位、余弦振幅分布：$f(x)=\cos(\pi x/a)$，$|x|\leqslant a/2$ 并沿 y 方向线极化。试求：

① xOz 平面的方向函数。

② 主瓣的半功率波瓣宽度。

③ 第一个零点的位置。

④ 第一旁瓣电平。

7.28 矩形口径尺寸与题 7.27 相同，若其口径场振幅分布为：$E(x)=E_0+E_0\cos(\pi x/a)$，相位仍为均匀分布，求其口径利用因数。

7.29 设旋转抛物面天线的馈源功率方向图

$$D_f(\psi)=\begin{cases}D_0\sec^2\left(\dfrac{\psi}{2}\right) & 0°\leqslant\psi\leqslant 90°\\ 0 & \psi>90°\end{cases}$$

抛物面直径 $D=150\,\text{cm}$，工作波长 $\lambda=3\,\text{cm}$，如果要使抛物面口径场振幅分布为：口径边缘处场强等于口径中心处场强的 $1/\sqrt{2}$。试求：

① 焦比 f/D。

② 口径利用因数。

③ 天线增益。

7.30　设口径直径为 2 m 的抛物面天线，其张角为 67°，设馈源的方向函数为

$$D_f(\psi)=\begin{cases}(2n+1)\cos^n\psi & 0°\leqslant\psi\leqslant 90°\\ 0 & \psi>90°\end{cases}$$

当 $n=2$，$\lambda=10\,\text{cm}$ 时，估算此天线的方向函数及主瓣半功率波瓣宽度；若改用 $n=4$ 的馈源，口径利用因数、主瓣宽度及旁瓣电平将如何变化？

附录 A　基本坐标及变换关系

A.1　基本坐标系

1. 直角坐标系

直角坐标系中的 3 个坐标变量是 x、y、z，如附图 A.1 所示。

它们的变化范围是$\begin{cases} -\infty < x < \infty \\ -\infty < y < \infty \\ -\infty < z < \infty \end{cases}$

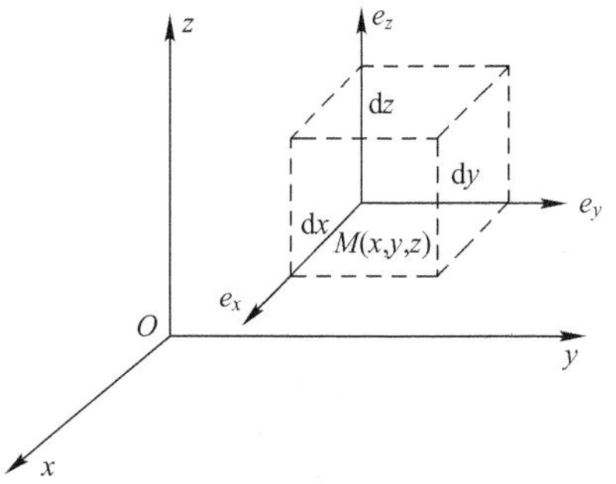

附图 A.1

直角坐标系下，任意矢量的表示方法为

$$\boldsymbol{A} = \boldsymbol{e}_x A_x + \boldsymbol{e}_y A_y + \boldsymbol{e}_z A_z$$

直角坐标系小的面元表示为$\begin{cases} \mathrm{d}S_x = \mathrm{d}y\mathrm{d}z \\ \mathrm{d}S_y = \mathrm{d}x\mathrm{d}z \\ \mathrm{d}S_z = \mathrm{d}x\mathrm{d}y \end{cases}$，面元均为矢量，方向沿下标的正向。

直角坐标系小的体元表示为 $\mathrm{d}V = \mathrm{d}x\mathrm{d}y\mathrm{d}z$。

2. 圆柱坐标系

圆柱坐标系中的 3 个坐标变量是 r、φ、z，如附图 A.2 所示。

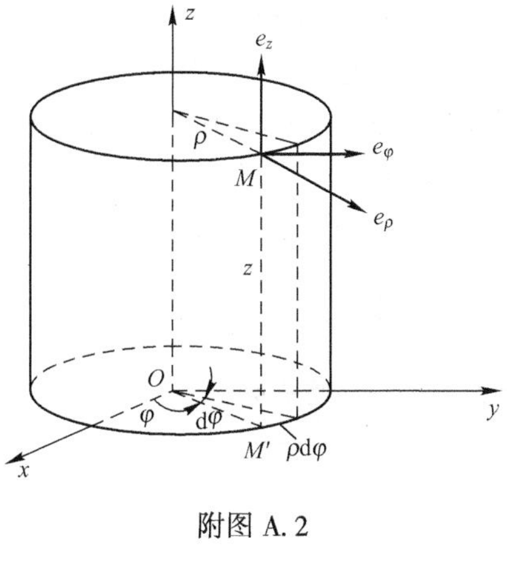

附图 A.2

它们的变化范围是$\begin{cases}0\leqslant\rho<\infty\\0\leqslant\varphi\leqslant2\pi\\-\infty<z<\infty\end{cases}$

圆柱坐标系下，任意矢量的表示方法为

$$\boldsymbol{A}=\boldsymbol{e}_\rho A_\rho+\boldsymbol{e}_\varphi A_\varphi+\boldsymbol{e}_z A_z$$

圆柱坐标系小的面元表示为$\begin{cases}\mathrm{d}S_\rho=\mathrm{d}l_\varphi\mathrm{d}l_z=\rho\mathrm{d}\varphi\mathrm{d}z\\\mathrm{d}S_\varphi=\mathrm{d}l_\rho\mathrm{d}l_z=\mathrm{d}\rho\mathrm{d}z\\\mathrm{d}S_z=\mathrm{d}l_\rho\mathrm{d}l_\varphi=\rho\mathrm{d}\rho\mathrm{d}\varphi\end{cases}$，面元均为矢量，方向沿下标的正向。

圆柱坐标系小的体元表示为 $\mathrm{d}V=\mathrm{d}l_\rho\mathrm{d}l_\varphi\mathrm{d}l_z=\rho\mathrm{d}\rho\mathrm{d}\varphi\mathrm{d}z$。

3. 球坐标系

球坐标系中的3个坐标变量是r、θ、φ，如附图A.3所示。

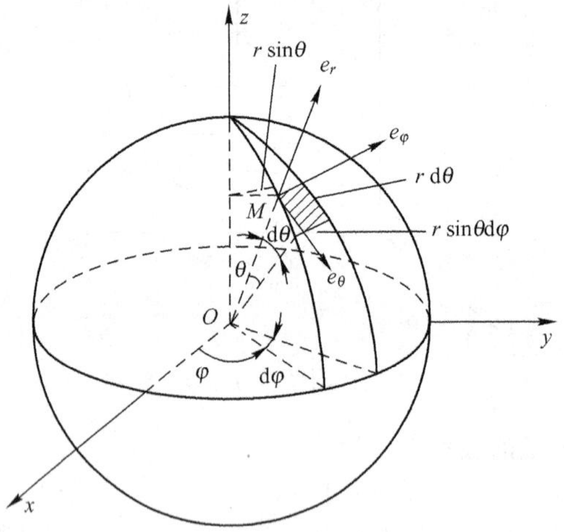

附图A.3

它们的变化范围是$\begin{cases}0\leqslant r<\infty\\0\leqslant\theta\leqslant\pi\\0\leqslant\varphi\leqslant2\pi\end{cases}$

球坐标系下，任意矢量的表示方法为

$$\boldsymbol{A}=\boldsymbol{e}_r A_r+\boldsymbol{e}_\theta A_\theta+\boldsymbol{e}_\varphi A_\varphi$$

球坐标系小的面元表示为$\begin{cases}\mathrm{d}S_r=\mathrm{d}l_\theta\mathrm{d}l_\varphi=r^2\sin\theta\mathrm{d}\theta\mathrm{d}\varphi\\\mathrm{d}S_\theta=\mathrm{d}l_r\mathrm{d}l_\varphi=r\sin\theta\mathrm{d}r\mathrm{d}\varphi\\\mathrm{d}S_\varphi=\mathrm{d}l_r\mathrm{d}l_\theta=r\mathrm{d}r\mathrm{d}\theta\end{cases}$，面元均为矢量，方向沿下标的正向。

球坐标系小的体元表示为 $\mathrm{d}V=\mathrm{d}l_r\mathrm{d}l_\theta\mathrm{d}l_\varphi=r^2\sin\theta\mathrm{d}r\mathrm{d}\theta\mathrm{d}\varphi$。

A.2 坐标系变量关系

1. 直角坐标系和圆柱坐标系之间的变量关系

$$\begin{cases}x=\rho\cos\varphi\\y=\rho\sin\varphi\\z=z\end{cases}$$

$$\begin{cases}\rho = \sqrt{x^2+y^2} \\ \varphi = \arctan\dfrac{y}{x} = \arcsin\dfrac{y}{\sqrt{x^2+y^2}} = \arccos\dfrac{x}{\sqrt{x^2+y^2}} \\ z = z\end{cases}$$

2. 直角坐标系和球面坐标系之间的变量关系

$$\begin{cases}x = r\sin\theta\cos\varphi \\ y = r\sin\theta\sin\varphi \\ z = r\cos\theta\end{cases}$$

$$\begin{cases}r = \sqrt{x^2+y^2+z^2} \\ \theta = \arccos\dfrac{z}{\sqrt{x^2+y^2+z^2}} = \arcsin\dfrac{\sqrt{x^2+y^2}}{\sqrt{x^2+y^2+z^2}} \\ \varphi = \arctan\dfrac{y}{x} = \arcsin\dfrac{y}{\sqrt{x^2+y^2}} = \arccos\dfrac{x}{\sqrt{x^2+y^2}}\end{cases}$$

3. 圆柱坐标系和球面坐标系之间的变量关系

$$\begin{cases}\rho = r\sin\theta \\ \varphi = \varphi \\ z = r\cos\theta\end{cases}$$

$$\begin{cases}r = \sqrt{\rho^2+z^2} \\ \theta = \arcsin\dfrac{\rho}{\sqrt{\rho^2+z^2}} = \arccos\dfrac{z}{\sqrt{\rho^2+z^2}} \\ \varphi = \varphi\end{cases}$$

A.3 坐标系的单位矢量之间变换

1. 直角坐标系和圆柱坐标系的单位矢量变换关系

$$\begin{bmatrix}\boldsymbol{e}_\rho \\ \boldsymbol{e}_\varphi \\ \boldsymbol{e}_z\end{bmatrix} = \begin{bmatrix}\cos\varphi & \sin\varphi & 0 \\ -\sin\varphi & \cos\varphi & 0 \\ 0 & 0 & 1\end{bmatrix}\begin{bmatrix}\boldsymbol{e}_x \\ \boldsymbol{e}_y \\ \boldsymbol{e}_z\end{bmatrix}$$

$$\begin{bmatrix}\boldsymbol{e}_x \\ \boldsymbol{e}_y \\ \boldsymbol{e}_z\end{bmatrix} = \begin{bmatrix}\cos\varphi & -\sin\varphi & 0 \\ \sin\varphi & \cos\varphi & 0 \\ 0 & 0 & 1\end{bmatrix}\begin{bmatrix}\boldsymbol{e}_\rho \\ \boldsymbol{e}_\varphi \\ \boldsymbol{e}_z\end{bmatrix}$$

2. 直角坐标系和球坐标系的单位矢量变换关系

$$\begin{bmatrix}\boldsymbol{e}_x \\ \boldsymbol{e}_y \\ \boldsymbol{e}_z\end{bmatrix} = \begin{bmatrix}\sin\theta\cos\varphi & \cos\theta\cos\varphi & -\sin\varphi \\ \sin\theta\sin\varphi & \cos\theta\sin\varphi & \cos\varphi \\ \cos\theta & -\sin\theta & 0\end{bmatrix}\begin{bmatrix}\boldsymbol{e}_r \\ \boldsymbol{e}_\theta \\ \boldsymbol{e}_\varphi\end{bmatrix}$$

$$\begin{bmatrix}\boldsymbol{e}_r \\ \boldsymbol{e}_\theta \\ \boldsymbol{e}_\varphi\end{bmatrix} = \begin{bmatrix}\sin\theta\cos\varphi & \sin\theta\sin\varphi & \cos\theta \\ \cos\theta\cos\varphi & \cos\theta\sin\varphi & -\sin\theta \\ -\sin\varphi & \cos\varphi & 0\end{bmatrix}\begin{bmatrix}\boldsymbol{e}_x \\ \boldsymbol{e}_y \\ \boldsymbol{e}_z\end{bmatrix}$$

3. 圆柱坐标系和球坐标系的单位矢量变换关系

$$\begin{bmatrix} \boldsymbol{e}_r \\ \boldsymbol{e}_\theta \\ \boldsymbol{e}_\varphi \end{bmatrix} = \begin{bmatrix} \sin\theta & 0 & \cos\theta \\ \cos\theta & 0 & -\sin\theta \\ 0 & 1 & 0 \end{bmatrix} \begin{bmatrix} \boldsymbol{e}_\rho \\ \boldsymbol{e}_\varphi \\ \boldsymbol{e}_z \end{bmatrix}$$

$$\begin{bmatrix} \boldsymbol{e}_\rho \\ \boldsymbol{e}_\varphi \\ \boldsymbol{e}_z \end{bmatrix} = \begin{bmatrix} \sin\theta & \cos\theta & 0 \\ 0 & 0 & 1 \\ \cos\theta & -\sin\theta & 0 \end{bmatrix} \begin{bmatrix} \boldsymbol{e}_r \\ \boldsymbol{e}_\theta \\ \boldsymbol{e}_\varphi \end{bmatrix}$$

附录 B　矢量恒等式

1. 矢量和与积

$\boldsymbol{A}+\boldsymbol{B}=\boldsymbol{B}+\boldsymbol{A}$

$\boldsymbol{A}\cdot\boldsymbol{B}=\boldsymbol{B}\cdot\boldsymbol{A}$

$\boldsymbol{A}\times\boldsymbol{B}=-\boldsymbol{B}\times\boldsymbol{A}$

$(\boldsymbol{A}+\boldsymbol{B})\cdot\boldsymbol{C}=\boldsymbol{A}\cdot\boldsymbol{C}+\boldsymbol{B}\cdot\boldsymbol{C}$

$(\boldsymbol{A}+\boldsymbol{B})\times\boldsymbol{C}=\boldsymbol{A}\times\boldsymbol{C}+\boldsymbol{B}\times\boldsymbol{C}$

$\boldsymbol{A}\cdot(\boldsymbol{B}\times\boldsymbol{C})=\boldsymbol{B}\cdot(\boldsymbol{C}\times\boldsymbol{A})=\boldsymbol{C}\cdot(\boldsymbol{A}\times\boldsymbol{B})$

$\boldsymbol{A}\times(\boldsymbol{B}\times\boldsymbol{C})=(\boldsymbol{A}\cdot\boldsymbol{C})\boldsymbol{B}-(\boldsymbol{A}\cdot\boldsymbol{B})\boldsymbol{C}$

2. 矢量微分

$\nabla(u+v)=\nabla u+\nabla v$

$\nabla\cdot(\boldsymbol{A}+\boldsymbol{B})=\nabla\cdot\boldsymbol{A}+\nabla\cdot\boldsymbol{B}$

$\nabla\times(\boldsymbol{A}+\boldsymbol{B})=\nabla\times\boldsymbol{A}+\nabla\times\boldsymbol{B}$

$\nabla(uv)=v\,\nabla u+u\,\nabla v$

$\nabla\cdot(u\boldsymbol{A})=u\,\nabla\cdot\boldsymbol{A}+\boldsymbol{A}\cdot\nabla u$

$\nabla\times(u\boldsymbol{A})=u\,\nabla\times\boldsymbol{A}+\nabla u\times\boldsymbol{A}$

$\nabla(\boldsymbol{A}\cdot\boldsymbol{B})=\boldsymbol{A}\times(\nabla\times\boldsymbol{B})+\boldsymbol{B}\times(\nabla\times\boldsymbol{A})+(\boldsymbol{A}\cdot\nabla)\boldsymbol{B}+(\boldsymbol{B}\cdot\nabla)\boldsymbol{A}$

$\nabla\cdot(\boldsymbol{A}\times\boldsymbol{B})=\boldsymbol{B}\cdot\nabla\times\boldsymbol{A}-\boldsymbol{A}\cdot\nabla\times\boldsymbol{B}$

$\nabla\times(\boldsymbol{A}\times\boldsymbol{B})=\boldsymbol{A}(\nabla\cdot\boldsymbol{B})-\boldsymbol{B}(\nabla\cdot\boldsymbol{A})+(\boldsymbol{B}\cdot\nabla)\boldsymbol{A}-(\boldsymbol{A}\cdot\nabla)\boldsymbol{B}$

$\nabla\cdot\nabla u\equiv\nabla^2 u$

$\nabla\times\nabla u\equiv 0$

$\nabla\cdot(\nabla\times\boldsymbol{A})\equiv 0$

$\nabla\times(\nabla\times\boldsymbol{A})=\nabla(\nabla\cdot\boldsymbol{A})-\nabla^2\boldsymbol{A}$

3. 矢量积分

$$\int_\tau \nabla\cdot\boldsymbol{A}\mathrm{d}\tau=\oint_s \boldsymbol{A}\cdot\mathrm{d}\boldsymbol{S}$$

$$\int_s (\nabla\times\boldsymbol{A})\cdot\mathrm{d}\boldsymbol{S}=\oint_l \boldsymbol{A}\cdot\mathrm{d}\boldsymbol{l}$$

$$\int_\tau \nabla u d\tau=\oint_s u\mathrm{d}\boldsymbol{S}$$

$$\int_\tau \nabla\times\boldsymbol{A}\mathrm{d}\tau=-\oint_s \boldsymbol{A}\times\mathrm{d}\boldsymbol{S}$$

$$\int_s \nabla u\times\mathrm{d}\boldsymbol{S}=-\oint_l u\mathrm{d}\boldsymbol{l}$$

4. 梯度、散度、旋度和拉普拉斯运算

(1) 直角坐标系中

$$\nabla u=\frac{\partial u}{\partial x}\boldsymbol{a}_x+\frac{\partial u}{\partial y}\boldsymbol{a}_y+\frac{\partial u}{\partial z}\boldsymbol{a}_z$$

$$\nabla\cdot\boldsymbol{A}=\frac{\partial A_x}{\partial x}+\frac{\partial A_y}{\partial y}+\frac{\partial A_z}{\partial z}$$

$$\nabla\times\boldsymbol{A}=\begin{vmatrix}\boldsymbol{a}_x & \boldsymbol{a}_y & \boldsymbol{a}_z\\ \frac{\partial}{\partial x} & \frac{\partial}{\partial y} & \frac{\partial}{\partial z}\\ A_x & A_y & A_z\end{vmatrix}$$

$$\nabla^2 u=\frac{\partial^2 u}{\partial x^2}+\frac{\partial^2 u}{\partial y^2}+\frac{\partial^2 u}{\partial z^2}$$

（2）圆柱坐标系中

$$\nabla u=\frac{\partial u}{\partial\rho}\boldsymbol{a}_\rho+\frac{1}{\rho}\frac{\partial u}{\partial\varphi}\boldsymbol{a}_\varphi+\frac{\partial u}{\partial z}\boldsymbol{a}_z$$

$$\nabla\cdot\boldsymbol{A}=\frac{1}{\rho}\frac{\partial}{\partial\rho}(\rho A_\rho)+\frac{1}{\rho}\frac{\partial A_\varphi}{\partial\varphi}+\frac{\partial A_z}{\partial z}$$

$$\nabla\times\boldsymbol{A}=\frac{1}{\rho}\begin{vmatrix}\boldsymbol{a}_\rho & \rho\,\boldsymbol{a}_\varphi & \boldsymbol{a}_z\\ \frac{\partial}{\partial\rho} & \frac{\partial}{\partial\varphi} & \frac{\partial}{\partial z}\\ A_\rho & \rho A_\varphi & A_z\end{vmatrix}$$

$$\nabla^2 u=\frac{1}{\rho}\frac{\partial}{\partial\rho}\left(\rho\frac{\partial u}{\partial\rho}\right)+\frac{1}{\rho^2}\frac{\partial^2 u}{\partial\varphi^2}+\frac{\partial^2 u}{\partial z^2}$$

（3）球坐标系中

$$\nabla u=\frac{\partial u}{\partial r}\boldsymbol{a}_r+\frac{1}{r}\frac{\partial u}{\partial\theta}\boldsymbol{a}_\theta+\frac{1}{r\sin\theta}\frac{\partial u}{\partial\varphi}\boldsymbol{a}_\varphi$$

$$\nabla\cdot\boldsymbol{A}=\frac{1}{r^2\sin\theta}\left[\frac{\partial}{\partial r}(r^2\sin\theta A_r)+\frac{\partial}{\partial\theta}(r\sin\theta A_\theta)+\frac{\partial}{\partial\varphi}(rA_\varphi)\right]$$

$$\nabla\times\boldsymbol{A}=\frac{1}{r^2\sin\theta}\begin{vmatrix}\boldsymbol{a}_r & r\boldsymbol{a}_\theta & r\sin\theta\,\boldsymbol{a}_\varphi\\ \frac{\partial}{\partial r} & \frac{\partial}{\partial\theta} & \frac{\partial}{\partial\varphi}\\ A_r & rA_\theta & r\sin\theta A_\varphi\end{vmatrix}$$

$$\nabla^2 u=\frac{1}{r^2}\frac{\partial}{\partial r}\left(r^2\frac{\partial u}{\partial r}\right)+\frac{1}{r^2\sin\theta}\frac{\partial}{\partial\theta}\left(\sin\theta\frac{\partial u}{\partial\theta}\right)+\frac{1}{r^2\sin^2\theta}\frac{\partial^2 u}{\partial\varphi^2}$$

附录 C　常用导体材料的特性

材料	电导率/$S\cdot m^{-1}$（20℃）	趋肤深度/m	表面电阻率/Ω
金	4.098×10^{7}	$0.0786/\sqrt{f}$	$3.104\times10^{-7}\sqrt{f}$
银	6.173×10^{7}	$0.0641/\sqrt{f}$	$2.529\times10^{-7}\sqrt{f}$
铜	5.813×10^{7}	$0.0660/\sqrt{f}$	$2.606\times10^{-7}\sqrt{f}$
铬	3.846×10^{7}	$0.0812/\sqrt{f}$	$3.204\times10^{-7}\sqrt{f}$
铝	3.816×10^{7}	$0.0815/\sqrt{f}$	$3.216\times10^{-7}\sqrt{f}$
黄铜	2.564×10^{7}	$0.0994/\sqrt{f}$	$3.924\times10^{-7}\sqrt{f}$
青铜	1.000×10^{7}	$0.1592/\sqrt{f}$	$6.283\sqrt{f}$
钨	1.825×10^{7}	$0.1178/\sqrt{f}$	$4.651\times10^{-7}\sqrt{f}$
锌	1.67×10^{7}	$0.1232/\sqrt{f}$	$4.862\times10^{-7}\sqrt{f}$
镍	1.449×10^{7}	$0.1322/\sqrt{f}$	$5.220\times10^{-7}\sqrt{f}$
铁	1.03×10^{7}	$0.1568/\sqrt{f}$	$6.191\times10^{-7}\sqrt{f}$
铂	9.52×10^{6}	$0.1631/\sqrt{f}$	$6.440\times10^{-7}\sqrt{f}$
硅钢	2×10^{6}	$0.3559/\sqrt{f}$	$1.405\times10^{-6}\sqrt{f}$
不锈钢	1.1×10^{6}	$0.4799/\sqrt{f}$	$1.894\times10^{-6}\sqrt{f}$
石墨	7.0×10^{4}	$1.9023/\sqrt{f}$	$7.510\times10^{-6}\sqrt{f}$

注：f是频率，单位为 Hz。

附录 D　常用介质材料的特性

特性材料	$\lambda = 10$ cm		$\lambda = 10$ cm		热传导率（25℃）W/(cm·℃)	热膨胀系数10^{-6}/℃
	ε_r	$\tan\delta$	ε_r	$\tan\delta$		
聚四氟乙烯	2.08	0.4×10^{-3}	2.1	0.4×10^{-3}		
聚乙烯	2.26	0.4×10^{-3}	2.26	0.5×10^{-3}		
聚苯乙烯	2.55	0.5×10^{-3}	2.55	0.7×10^{-3}		
夹布胶木			3.67	0.6×10^{-3}		
石英	3.78	0.1×10^{-3}	3.80	0.1×10^{-3}	0.0008	0.55
氧化铍（99.5%）			6.0	0.3×10^{-3}	0.13	6.0
氧化铍（99%）			6.1	0.1×10^{-3}		
氧化铝（96%）			8.9	0.6×10^{-3}	0.02	6.0
氧化铝（99%）			9.0	0.1×10^{-3}		
氧化铝（99.6%）			9.5～9.6	0.2×10^{-3}	0.02	
氧化铝（99.9%）			9.9	0.025×10^{-3}	0.02	
尖晶石			9	10^{-3}～10^{-4}	0.01	7
蓝宝石			9.3～11.7	0.1×10^{-3}	0.02	5.0～6.6
石榴石铁氧体			13～16	0.2×10^{-3}	0.03	
砷化钛			73.3	1.6×10^{-3}		
二氧化钛			85	0.4×10^{-3}	0.002	8.3
金红石			100	0.4×10^{-3}		

参 考 文 献

[1] 谢处方，绕克谨．电磁场与电磁波．3 版．北京：高等教育出版社，1999.
[2] 杨儒贵．电磁场与电磁波．北京：高等教育出版社，2003.
[3] 宋铮，张建华，唐伟．电磁场、微波技术与天线．西安：西安电子科技大学出版社，2011.
[4] 廖承恩．微波技术基础．西安：西安电子科技大学出版社，1995.
[5] 吴万春，梁昌洪．微波网络及其应用．北京：国防工业出版社，1980.
[6] 盛振华．电磁场微波技术与天线．西安：西安电子科技大学出版社，1995.
[7] 刘学观，郭辉萍．微波技术与天线．西安：西安电子科技大学，2011.
[8] R. E. Collin Foundations for Microwave Engineering. McGraw – Hill Book Co. , 1966.
吕继尧译．微波工程基础（中译本）．北京：人民邮电出版社，1985.
[9] 梁昌洪．简明微波．北京：高等教育出版社，2006.
[10] 李宗谦等．微波工程基础．北京：清华大学出版社．2004.
[11] 王新稳，李萍．微波技术与天线．西安：西安电子科技大学出版社，1999.
[12] 谢宗浩，刘雪樵．天线．北京：北京邮电学院出版社，1992.
[13] 徐之华．天线．长沙：国防科技大学出版社，1990.
[14] 单秋山．天线．北京：国防工业出版社，1989.
[15] 宋铮，张建华，黄冶．天线与电波传播．西安：西安电子科技大学出版社，2003.
[16] David M. Pozar. Microwave Engineering. Addison – Wesley Publishing Company, Inc. , 1990.
[17] 周朝栋，王元坤，周良明．线天线理论与工程．西安：西安电子科技大学出出版社，1988.
[18] 陈振国．微波技术基础与应用．北京：北京邮电大学出版社，1996.
[19] 何红雨．电磁场数值计算法与 MATLAB 实现．武汉：华中科技大学出版社，2004.
[20] 张志涌等．掌握和精通 MATLAB. 北京：北京航空航天大学出版社，1999.
[21] 王蕴仪等．微波器件与电路．南京：江苏科学技术出版社，1981.
[22] 周月臣．微波电路．北京：北京邮电学院出版社，1922.
[23] 吴宏雄，丘秉生．微波技术．广州：中山大学出版社，1995.
[24] 李绪益．电磁场与微波技术（下册）．广州：华南理工大学出版社，2002.
[25] 阎润卿，李英惠．微波技术基础．北京：北京理工大学出版社，2004
[26] Kai Chang. RF And Microwave Wireless system. Newyork：Johe wiley & Sons Inc. , 2000.
[27] 孟庆翻．微波技术．合肥：合肥工业大学出版社，2005.
[28] 吴明英，毛秀华．微波技术．西安：西北电讯工程学院出版社，1979.
[29] 许坤生．天线与电波传播．北京：中国铁道出版社，1979.
[30] R. E. 柯林．天线与无线电波传播．大连：大连海运学院出版杜，1987.
[31] 董金明，林萍实，邓晖．微波技术．北京：机械工业出版社，2014.
[32] 张德齐．微波天线．北京：国防工业出版社，1987.
[33] 谢处方等．天线原理与设计．西安：西北电讯工程学院出版社，1985.
[34] 李世智．电磁辐射与散射问题的矩量法．北京：电子工业出版社，1985.
[35] 沈爱国，宋铮．双频微带天线新进展．电波科学学报，2000，9（15）.
[36] 付云起，袁乃昌，温熙森．微波光子晶体天线技术．北京：国防工业出版社，2006.

参考文献